개념이해

쉽게 풀어 쓴

개정판

디지털 통신 이론

Fundamentals of Analog and Digital Communications

| 조병학 지음 |

光文閣
www.kwangmoonkag.co.kr

머리말

인간은 근본적으로 자기의 의사를 남에게 전달하고, 다른 사람, 다른 세계와 소통하고 싶다는 욕망이 있다. 갓난아기는 울음소리로 엄마와 소통한다. 울음이 엄마에게 의사전달을 할 수 있는 유일한 통신 수단인 셈이다. 인간에게 있어서 태어나자마자 갖게 되는 이 유일한 통신수단이 없었다면 인류는 지금처럼 번성할 수 없었을지도 모른다. 생존에 필수적인 먹고 자고 배설하는 모든 문제에 대한 해결이 매우 어려울 것이기 때문이다.

통신은 이와 같이 인간에게 있어 떼어내려 해도 뗄 수 없는 매우 근본적이며 생존과 번영에 직결되는 중요한 요소로 인류의 역사와 함께 그 기술의 발전을 거듭하여 왔다. 선사시대의 손짓 몸짓이나 언어, 부호나 그림, 문자 같은 신호로 의사나 정보를 전달하는 원시적인 통신 수단으로부터 시작하여 전자기적인 현상을 이용하여 원격지에 정보를 전달하는 전신기나 전화기를 거쳐, 이제 인류는 인터넷과 스마트폰으로 대표되는 모바일 인터넷 세상에 살 수밖에 없는 호모 모빌리쿠스(Homo Mobilicus), 호모 인터넷쿠스(Home Internetcus)가 되었고, 사물인터넷(IoT), 만물인터넷(IoE)으로 대표되는 초연결 사회(Hyper-connected society)의 도래를 눈앞에 두고 있다.

그러나 인류에게 이처럼 중요하고도 필수 불가결한 통신 기술에 대해, 많은 사람들의 경우, 사용자 입장에서의 지식과 이해의 저변은 넓어졌으나, 공학적 견지에서의 이해의 폭과 지식의 저변은 상대적으로 매우 미흡하다는 생각이 든다. 이는 그 간 대학에서 사용되는 많은 통신이론 교재들이 복잡한 수식과 이론 위주로 구성되어 있어 전문대학 학생이나 일반 사람들이 공학적으로 쉽게 접근하고 이해하는데 어려움이 있었기 때문일 것이다.

이에 필자는 통신 기술에 대해 관심이 있는 사람이면 누구나 전문적 지식이 없더라도 개념적으로 쉽게 접근하고 이해할 수 있도록 하는 통신이론 교재가 필요하다는 생각에서, 10여 년간의 통신이론 강의 경험과 자료를 토대로 본 책자를 집필하였다.

이에 따라 본 저서에서는 각 장마다 첫머리에 해당 장에서 파악해야 할 주제를 학습목표로 제시하였고, 이에 대한 개념적 접근과 이해가 용이하도록 가급적 복잡한 수식을 이용한 해석보다는 주로 그림과 아날로지(analogy, 유추)를 통해 설명하고자 노력하였다. 또한 주제를 이해하는데 필요한 핵심 용어(key word)들을 따로 모아서 요약 정리하였고, 보충 설명이나 심화 학습이 필요한 부분에 대해서는 참고 사항으로 구분하여 기술함으로써 독자의 학습 편의를 돕고자 하였으며, 학습한 내용에 대한 개념 정리와 요약을 위해서 각 장의 말미에 연습문제도 수록하였다.

본 저서의 구성은 다음과 같다. 맨 처음 제1장은 통신의 개요, 제2장은 신호와 시스템에 대해 기술하였고, 제3장은 아날로그 변 · 복조, 제4장은 디지털 통신의 개요, 제5장은 디지털 변 · 복조, 제6장은 다중화와 다원접속, 그리고 부록으로 순서로 기술하였다.

저자 나름대로는 의도한 바에 충실하도록 노력하였으나, 천학비재(淺學菲才)한 저자의 필력으로는 기대에 미치지 못하는 부분이 적지 않으리라 생각되며, 이러한 부분에 대해서는 독자 여러분의 기탄없는 의견과 조언을 바란다. 아무쪼록 본 교재가 현대의 복잡한 통신 기술을 이해하고자 하는 독자 여러분과 통신에 입문하는 대학생 여러분께 유용한 길잡이가 될 수 있기를 기대한다.

끝으로 이 교재가 출간될 수 있도록 세심한 배려와 도움을 아끼지 않으신 출판사 관계자 여러분과 사장님께 깊은 감사의 말씀을 전한다.

2017년 7월에

저자 조병학 씀

CONTENTS

목 차

CONTENTS

제 1 장

통신의 개요

■ 학습목표

- 통신의 정의, 관련 용어, 목표 등 일반적인 개념에 대해 파악한다.
- 전기 통신의 역사에 대해 살펴본다.
- 일반적인 통신 시스템의 기본적인 구성에 대해 알아본다.
- 주파수란 무엇이며 통신에 이용되는 주파수 대역 구분과 할당에 대해 알아본다.
- 아날로그와 디지털의 차이는 무엇이며 이들 통신 시스템의 성능 및 품질을 나타내는 변수는 무엇인지 학습한다.

1.1 통신의 정의

1.1.1 통신(通信)이란?

통신(communication)의 사전(辭典)적 의미는 소식을 전하는 것. 또는, 소식 · 우편 · 전신 · 전화 등으로 정보나 의사(意思)를 전달하는 일이라고 되어 있다. 또한 백과사전(百科事典)적 의미는 인간의 의사(意思) · 지식 · 감정 또는 각종 자료를 포함한 정보(情報)를 격지(隔地)(공간적) 사이에서 주고받는 작용 · 작위(作爲) 또는 현상을 말한다. 또한, 영어로 'communication'은 '공통되는(common)', 혹은 '공유한다(share)' 라는 뜻의 라틴어 'communis'(파생 단어 가운데에는 공동체를 의미하는 'community'가 있음)에서 유래한다. 따라서 어원을 통해 통신은 결코 혼자 하는 것이 아니며, 본질적으로 누군가와 나누는 것임을 알 수 있다.

인간은 상호 간에 의사소통을 하지 않고서는 생활을 영위할 수 없다. 이러한 의사소통은 인류의 생존과 번영에 필수 불가결한 것이므로 통신은 인류 역사와 함께 발전해 왔다. 즉 인간은 아주 오랜 옛날부터 언어나 음성, 표정 또는 손짓 · 발짓 등에 의해 자기 의사나 정보를 타인에게 전달하여 왔는데, 점차 활동 반경이 넓어지면서 언어만으로는 의사소통의 한계성을 느끼게 되었고, 이를 극복하기 위해 그림이나 기호, 문자 등을 돌이나 뼈, 나무, 벽 등에 새겨서 시간과 공간(장소)을 달리하는 사람들에게 생각과 정보를 전달하는 방법을 고안하게 되었다. 이에 따라 시간이나 공간을 달리하는 사람에게도 의사나 정보를 전달할 수 있게 되었는데, 이처럼 시간을 달리하거나 서로 떨어져 있는 상대방에게 의사나 지식, 감정 또는 정보를 전달하는 행위를 통신이라 한다. 현대에 와서는 격지의 상대방이 사람뿐 아니라 장치나 기계일 수도 있다. 즉 지금의 통신이란 인간이나 기계 간에 지식과 정보의 장소적 이동, 즉 전달 기능을 하는 일종의 서비스 행위라고도 할 수 있다.

근대적 의미에서의 통신은 파발마(擺撥馬), 우편, 전화, 전신 등의 통신 수단을 통하여 이루어지는 통신 서비스 행위를 의미하였다. 여기서 통신 수단이란 통신 서비스에 있어서 필수불가결한 물적 매개체로, 통신 통로, 통신기기, 통신 전달 동력이 이에 속하며, 이를 통신의 3대 요소라고도 한다. 이 때, 이러한 통신 수단을 보유하고 통신 서비스를 전담하는 행위를 통신업이라고 하는데, 수요의 급속한 팽창과 더불어 빠르게 기계화, 자동화, 전기 · 전자화하여 오늘날과 같은 고도의 통신 서비스가 가능하게 되었다.

통신은 앞서 언급한 바, 전달 기능을 하는 일종의 서비스 행위라는 점에서 교통(traffic)과 유사한 특성을 가지며, 흔히 교통과 유추(analogy)를 통해 이해하는 것이 편리할 경우가 많다. 이는 넓은 의미에서 교통(交通)을 사람과 재화(財貨) 및 음성과 신호를 장소적으로 이동시키는 서비스 행위라고 한다면, 사람과 재화를 이동시키는 행위는 운송, 운수이고, 음성이나 신호를 이동시키는 행위는 통신이기 때문이다. 또한, 넓은 의미에서는 방송이나 신문과 같이 불특정 다수에게 정보를 전달하는 것도 통신에 해당하나, 좁은 의미에서는 우편물과 전기통신과 같은 개별적 전달 행위를 통신이라 하겠다.

요 약

- 통신이란 인간의 의사(意思), 지식, 감정 또는 각종 정보(情報)를 격지(隔地) 간에 주고 받는 작위(作爲)
- 협의의 통신은 우편물과 전기통신과 같은 개별적 전달 행위

1.1.2 전기통신(電氣通信)이란?

앞 절에서는 통신이란 무엇인가에 대해 포괄적인 범주에서 살펴보았다. 그런데 이 책에서 주로 다루게 될 통신 분야는 소리나 음성, 파발마나 우편 등이 아닌 전기 또는 전자적 방법, 즉 매질의 전자기적 교란(攪亂)을 통해, 문자, 음성, 영상 등을 송수신 하는 것이다. 이러한 통신을 구분하여 **전기통신**(telecommunication)이라 한다.

국제전기통신협약(International Telecommunication Convention, ITU Convention)에 정의된 전기통신은 "유선 · 무선 · 광선 또는 기타 전자기적 방식에 의한 모든 종류의 기호 · 신호 · 문언 · 영상 · 음향 또는 정보의 모든 전송 · 발사 · 수신의 작용" 으로 되어 있다. 또한 우리나라 전기통신기본법에서는 "유선 · 무선 · 광선 및 기타의 전자적 방식에 의하여 부호 · 문언 · 음향 또는 영상을 송신하거나 수신하는 것(제2조 제1호)"으로 정의하고 있다.

이러한 전기통신은 송수신 지점 간을 연결하는 **전송매체(電送媒體, transmission media)**에 따라 **유선(有線)통신**과 **무선(無線)통신**으로 구분되는데 전송매체가 선로(線路)인 경우를 유선통신, 전자기파가 **복사(輻射, radiation)**되는 자유 공간 자체인 경우를 무선통신이라 한다. 또한 전송되는 정보의 형태에 따라 문자를 보내는 전신, 음성을 보내는 전화나 라디오, 영상을 보내는 모사전송(팩시밀리)과 사진전신, 송 · 수신자 간에 약속된 부호를 보내는 데이터 통신이나 텔레미터, 음성과 영상을 동시에 보내는 텔레비전 등으로 구분할 수 있다.

요 약

- 전기통신은 매질(媒質)의 전자기(電磁氣)적 교란(攪亂)을 통해 정보를 주고 받는 것
- 국제전기통신협약(ITU convention)의 전기통신에 대한 정의
  유선, 무선, 광선 또는 전자기적 방식에 의한 모든 종류의 기호, 신호, 문언, 영상 음향, 또는 정보의 모든 전송, 발사, 수신의 작용

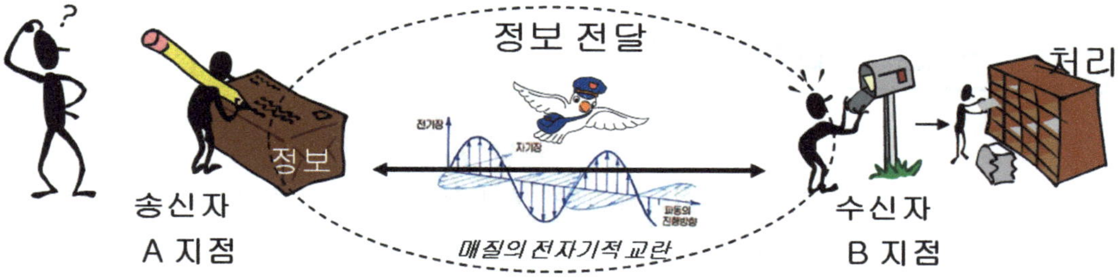

그림 1-1. 전기통신의 정의

1.1.3 통신공학(通信工學)이란?

통신공학(通信工學)은 인간의 언어, 문자와 같은 포괄적인 범주의 통신이 아닌 전기통신을 다루는 공학 분야를 말한다. 즉 전기 또는 전자적 신호를 통해 정보를 전달하고 처리하는 방법을 다루는 학문으로 유선 · 무선 · 광선 또는 기타 전자기적 방식을 이용하여 필요한 정보를 어떻게 하면 신속하고 정확하게 효율적으로 전달할 수 있는가를 연구하는 학문이다. 즉 전자기적 신호(信號, signal)를 통해 정보를 전달하고 처리하는 기술을 다루는 학문이라 할 수 있다. 여기서 신호란 음성, 손짓, 몸짓, 부호, 표지, 전파, 광파, 음파 등과 같이, 정보를 전달하거나 지시하는 데 사용되는 측정 가능한 물리적 수단으로, 어떤 현상을 시간, 공간에 따라 변화하는 물리량(physical quantity)으로 표시한 일종의 함수라고 볼 수 있다. 이러한 신호에 대해서는 다음 장에서 자세하게 다루기로 한다.

요 약

- 전자기적 신호를 통해 정보를 전달하고 처리하는 기술을 다루는 학문
- 신호를 효율적으로 정확하게 주고 받는 수단을 다루는 학문

1.2 통신 기술의 목표

오늘날 통신 기술은 날로 발전하고 있는데, 과연 통신 기술은 어떠한 목표를 지향하여 발전되어왔는가? 하는 **통신 기술 목표**에 대해 생각해보기로 하자. 그 해답은 앞서 언급한 통신공학의 정의에서도 알 수 있듯이, 통신하고자 하는 송 · 수신자 간에 어떻게 하면 보다 **빠르고 정확하며** 그러면서도 **효율적(경제적)**으로, 즉 적은 비용으로 전달할 수 있는가에 있다. 그러므로 통신 기술은 이러한 3가지 목표를 발전의 방향으로 삼아 기술 개발을 해온 것이다. 그러면 이러한 기술 발전 목표를 이루려면 어떻게 해야 하고 어떠한 기술들이 관련되어 있는지 살펴보기로 하자.

우선 '**빠르게**'에 대해서는 두 말할 것도 없이 정보 신호(디지털 통신의 경우라면 데이터)의 전송속도를 높여야 하는데, 이를 위해서는

첫 번째로는 대역폭이 넓어야 한다.

두 번째로는 새로운 디지털 변조 기법을 사용하여 심볼당 전달할 수 있는 데이터 비트 수를 많게 하여야 한다.

세 번째로는 보내고자 하는 데이터를 압축하여야 한다.

첫 번째로 대역폭이 넓으면 왜 전송 속도가 빨라질 수 있는가 하는 것은 별다른 통신에 관한 전공 지식이 없더라도 교통(traffic)을 유추(analogy)하여 생각해보면 이해하기 쉽고 자명해진다. 이는 통신과 교통은 모든 면에서 특성이 유사하기 때문이다. 아래 그림에 나타낸 대로 통신에 있어 대역폭을 도로의 폭이라 생각하고 통신에 있어 대역폭에서 나누어진 채널을 도로의 차선이라 생각하면 된다. 교통량의 커다란 증가만 없다면 도로 폭이 넓고 차선 수가 많을수록 차량의 속도를 높일 수 있음은 경험으로도 잘 알 수 있다.

두 번째로는 변조 기법인데 근본 원리는 송 · 수신자 간에 약속된 어느 1개의 물리적 신호 파형을 1개의 심볼(symbol)이라고 한다면, 이를 수신자가 받아서 1비트의 데이터가 아닌 여러 비트의

데이터를 얻어낼 수 있게 하는 것이다. 즉 한 심볼에 부여된 데이터 비트 수를 많게 하는 방법을 사용하는 것이다. 이러한 원리를 적용한 디지털 변조 기법의 대표적인 예가 최근 널리 사용되고 있는 QAM(진폭 위상 변조)이다. 보통 64QAM 또는 256QAM과 같이 앞에 숫자가 붙는데 이를 M이라 하면 $M = 2^k$, 즉 2의 배수가 붙는다. 만일 64QAM 이라면 $64 = 2^6$이므로 1개의 심볼 당 수신자가 얻어낼 수 있는 데이터 비트 수는 6개가 되므로 단순히 1개의 심볼마다 1개의 데이터 비트를 전송하는 경우보다 전송 속도가 6배나 빨라지는 결과를 얻을 수 있는 것이다. 이때 얼마나 큰 M 값을 사용할 수 있는 가는 통신 채널의 사정에 따라 달라지는데, 통신 채널에 잡음이 적을수록, 신호대 잡음비(SNR)가 높을수록 M의 값을 크게 할 수 있다. 이는 마치 교통에 있어 도로의 질에 따라 차량 속도가 좌우되는 것과 마찬가지이다. 즉 비포장 도로나 굴곡이 심한 험로에서는 차량 속도가 줄어들 수밖에 없고, 고속도로 같이 굴곡도 없이 평탄하게 쭉 뻗어있는 길에서는 차량 속도를 높일 수 있는 것과 마찬가지 이치이다. 교통에 있어서 비포장 도로나 굴곡이 심한 험로는 통신에 있어 잡음이 심한 대역의 채널에 해당한다고 할 수 있다.

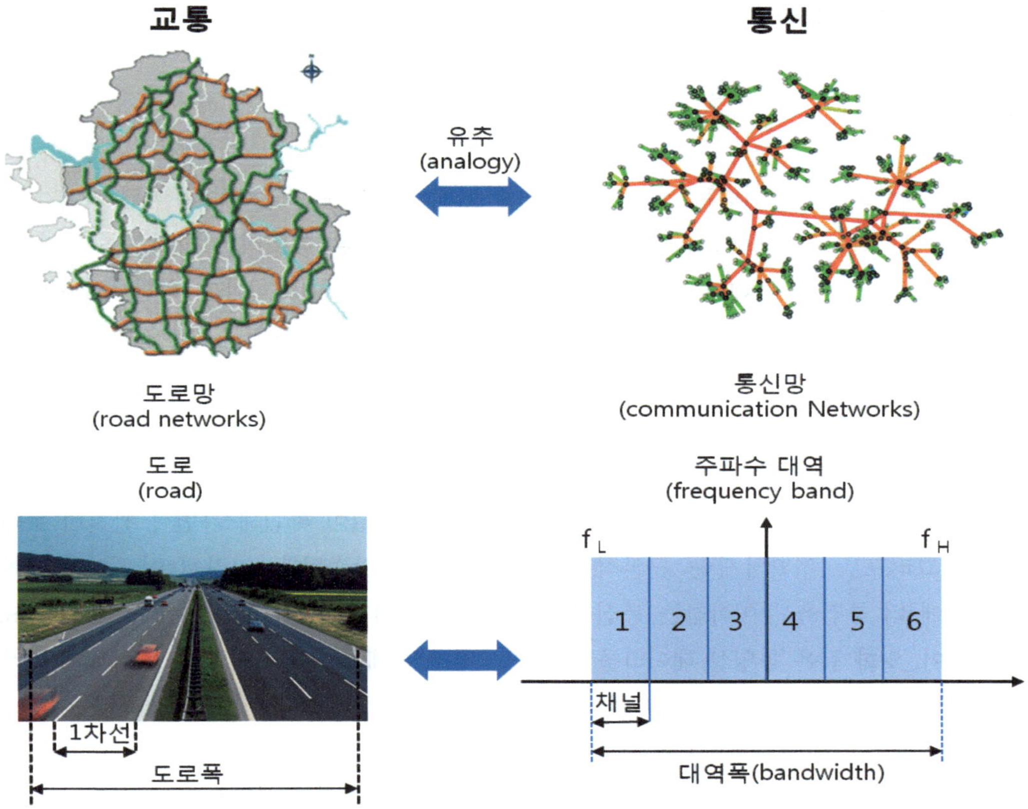

그림 1-2. 교통과 통신의 유추

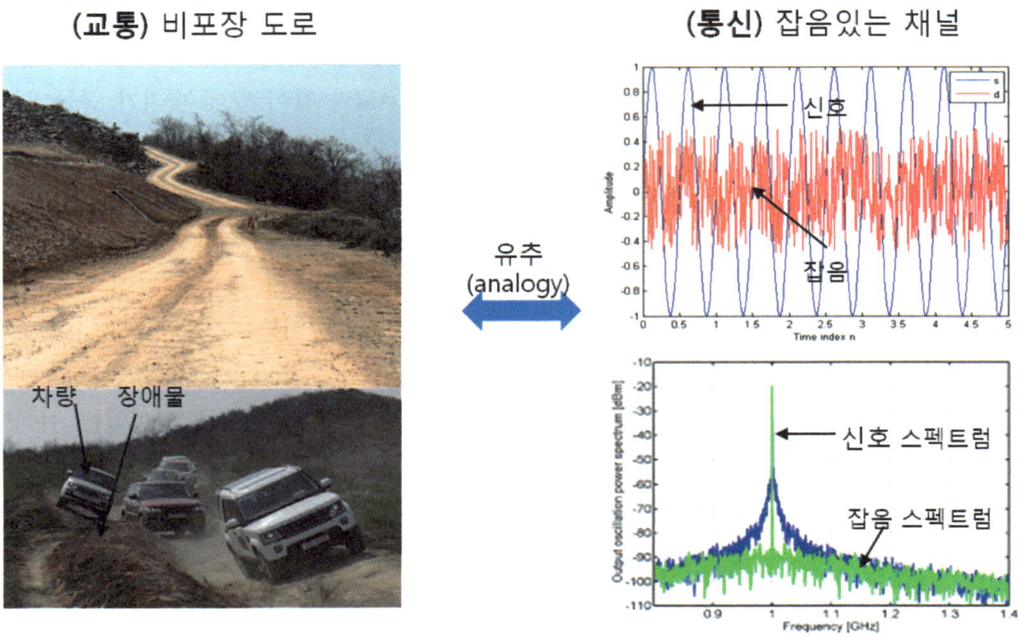

그림 1-3. 비포장 도로와 잡음 채널의 유추

세 번째로 데이터를 압축한다는 것은 수신자에게 동일한 의사를 전달하되, 부여된 의미가 적거나 반복적인 데이터 등을 제거하든지, 좀 더 양(비트 수)이 적은 데이터로 대체하는 등의 압축 기법을 사용하여 전송되는 데이터 자체의 양을 적게 한다는 것이다. 이를 **원천부호화(source coding)**라고 하는데 이렇게 할 경우 물리적인 데이터의 전송 속도는 동일하지만 결과적으로 궁극의 목적인 의사 전달의 속도를 빠르게 할 수 있다. 즉 고정보밀도(high information density)의 데이터를 전송한다는 의미이다. 이는 앞서 언급한 효율성하고도 관계된다고 볼 수 있다.

그 다음, '**정확하게**'에 대해서는 어떠한 기술이 어떻게 사용되는지 살펴보기로 하자. 정보를 정확하게 전달하려면 비트 하나하나마다 잘 전달되었는지 일일이 확인해 가면서 천천히 보내면 될 것이다. 그러므로 '정확하게'는 근본적으로 '빠르게'와는 상충된다. 따라서 이 두 개의 목적 중, 어느 것에 더 중점을 두어야하는 통신 서비스인가에 따라 타협점을 찾는 trade-off가 필요하다. 예를 들어, 영화 같은 동영상 데이터를 전송하는 경우는 데이터가 깨져서 다소 에러가 발생하더라도 동영상이 끊어지지 않고 제때제때 수신되는 것이 중요하다. 그래서 이러한 통신 서비스를 **스트리밍 서비스**라고 한다. 반면, 온라인 금융 서비스 같은 경우엔 다소 늦더라도 금융 데이터가 에러 없이 정확하게 전달되는 것이 중요하다. 만일 자신의 통장에서 1,000,000원을 거래처에 온라인 이체했는데, 상대방이 10,000원만 받았다고 한다면 얼마나 황당하겠는가? 따라서 이때는 데이터의 전송 속도가 느리고 효율성이 떨어지더라도 에러 없는 데이터 전송을 가장 중시해야 한다. 물론 데이터 보안도 중요시하여야 함은 말할 필요도 없다. 그러면 통신에 있어 데이터를 에러 없이 정확하게 전달하는 기법은 어떠한 것이 있는가? 우선 통신 채널의 잡음을 줄여서 신호 대 잡음비(SNR)를 개선하는 것이다. 이는 에러 발생 가능성을 자체를 줄이고자 하는 방식으로 원리적으로 확실하며 효과는 좋을 수 있으나, 통신 채널의 잡음 상황은 늘 급변할 수 있고, 또한 통신 채널의 잡음을 어느 수준 이하로 낮춘다는 것이 실질적으로는 쉽지 않거나 가능하더라도 많은 비용이 드는 경우가 많다. 따라서 데이터 에러는 언제나 있을 수 있다는 가정 하에, 만일 에러가 발생했을 경우 수신측에서 이를 검출하여 송신자에게 재전송 요구를 하거나, 수신측이 에러를 스스로 알아서 정정하는 방법을 사용한다. 전자의 방식을 **에러검출/재전송**(error detection/retransmission) **방식**이라 하고 후자의 방식을 **전방오류정정**(Forward Error Correction) **방식**이라 한다. 그런데 이러한 방법들에는 반드시 지불해야 할 비용이 있다. 에러 검출이나 정정을 위해서는 원래 보내고자 하는 데이터 외에 일정한 알고리즘에 의해 만들어진 여분의 데이터(redundancy)를 덧붙여서 보내야하는 것이다. 나중에 학습하게 되겠지만 이렇게 하는 것을 **채널부호화**(channel coding)라고 한다. 이러한 채널부호화는 실제 정보 데이터의 전송 효율을 떨어뜨리게 된다. 에러 검출이나 정정 능력을 높이고자 할수록 여분의 데이터, 즉 용장 데이터 비트 수도 늘어나므로 전송 효율이 그만큼 더 낮아지는 것이다.

지금까지 언급한 이러한 과정들을 우리가 흔히 접하며 느낄 수 있는 물류 유통을 유추하여 보면 좀 더 이해하기 쉽다. 우리가 물건을 원거리에 있는 지인에게 택배로 부칠 경우, 내용물이 파손되지 않고 안전하게 전달되도록 해주기 위해서는 포장을 잘 해야 할 것이다. 엉성하게 포장하거나 완충재 없이 박스 포장을 하게 되면, 부피나 무게는 작아질 수 있으나, 운송 도중 일부가 손실되거나 파손되는 경우가 발생할 수 있을 것이다. 즉 물건을 손상 없이 온전하게 보내고자 할수록, 포장 부피가 늘어나 운송해야 할 물품의 부피와 무게가 증가할 수밖에 없고, 물품 수신자는 수신자대로 물건을 받아 포장을 풀고 뜯는 작업이 더 힘들어질 수밖에 없는 것이다. 그렇게 해서 꺼낸 물건이 포장 박스의 크기의 1/10도 안된다면 어떻겠는가? 포장 해체에 드는 비용과 노력에 비해 내용물은 그야말로 보잘 것이 없다면 허탈하지 않을 수 없을 것이다. 통신에 있어 채널부호화는 유통에 있어 일종의 포장 작업이라 여기고, 전송하고자 하는 데이터의 성격에 따른 에러 요구 조건에 맞추어 최적화하는 것이 반드시 필요하다.

마지막으로 '**효율적(경제적)으로**'에 대해 살펴보자. 빠르게 전송하려면 대역폭이 넓어야 하는 것은 이미 언급한 바 있다. 그런데 우리가 통신에 사용하는 물리적인 주파수 대역은 이미 딱 주어진 자원으로 필요하다고 해서 마음대로 늘릴 수도 없고, 늘려서 사용할 수도 없을 뿐 아니라 전용하여 사용하는데 막대한 비용을 지불하여야 한다. 따라서 대역폭은 비용 절약을 위해서라도 될 수 있는 한 적게 사용하면서도 주어진 대역폭 내에서 최대한 빠르게 전송할 수 있는 기술을 사용하여야 한다. 그러한 기술이 바로 앞에서 언급한 데이터를 압축하는 원천부호화 기술이나 전송 심볼당 데이터 비트 수를 늘리는 디지털 변조 기술인 것이다.

이상, 통신 기술이 지향하는 발전 목표에 대해서 기술하였다. 설명한 내용을 물류 유통에 비유하여 나타내어 보면 아래 그림과 같다.

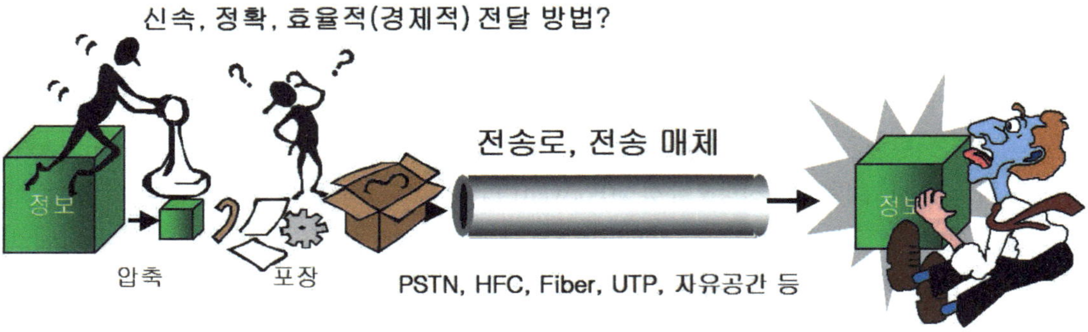

그림 1-4. 통신 기술의 목표

요 약

통신 기술의 목표는 정보원과 목적지 간에 정보를 빠르고 정확하게 효율적으로 전달하는 데 있다.

- 빠르고 ---〉 원천 부호화(압축), 변복조 기법, 전송로 대역폭 확대
- 정확하게 ---〉 채널 부호화, CNR, SNR 개선
- 효율적(경제적)으로 ---〉 원천 부호화(압축), 변복조 기법

1.3 전기 통신의 역사

이 절에서는 전기 통신 기술 역사를 간략히 살펴봄으로써 오늘날의 이처럼 발전된 스마트 이동통신 시대의 통신 기술을 되씹어보고, 곧 도래할 유비쿼터스(ubiquitous), 사물인터넷 통신 시대의 발전 방향을 생각해보는 기회를 가져보고자 한다.

전기통신의 역사에 있어 어떤 발견이나 발명이 통신 기술 발전에 큰 영향을 끼치고 기여를 했는지에 대해서는 사람마다 다소 간 차이가 있을 수 있으나, 대체적으로 1837년 **모르스**의 전신기 발명, 1876년 **알렉산더 그레이엄 벨**의 전화기 발명, 그리고 1901년 마르코니의 대서양 횡단 무선 통신 실험 성공을 꼽는 데는 큰 이견이 없을 것이다. 또한 모르스의 전신기의 발명에는 1831년 페러데이의 전자기 유도현상의 발견이, **마르코니**의 무선통신 실험 성공에는 헤르츠의 전자기파 존재의 실험적 입증이 밑받침에 되었음은 부정할 수 없다.

이러한 전기통신의 역사에 있어 중요한 역할을 끼친 주요 사안을 연대별로 정리해보면 다음과 같다.

- 1837 : 모르스(Morse) 전신기 시연 (1837. 5 patented)
- 1844 : 모르스 부호 통신 이용한 전신 사업 개시 [1844, 5,24(금) 워싱턴~볼티모어, 64km]
- 1876 : A.G. Bell 전화기 발명
- 1901 : G. 마르코니 대서양 횡단 무선 통신 실험 성공 [영국 콘월 폴두(Cornwall Polhdu ~ 캐나다 뉴펀들랜드 세인트존스(Newfoundland St. John's), 약 3,570Km]
- 1905 : 라디오를 통한 음성, 음악 발신
- 1928 : Philo T. Farnsworth 전자식 TV(Electronic Television) 시스템 등장
- 1931 : 전신 전화 서비스 시작
- 1936 : 영국 BBC, TV 방송 시작
- 1945 : John Mercuri, 전자적 디지털 컴퓨터 ENIAC 개발
- 1947 : 트랜지스터 발명(W. H. Brattain, J. Barden, W. Shockley)
- 1948 : 샤논의 정보이론에 관한 논문 발표(Claude Elwood Shannon, "A Mathematical Theory of Communication", Bell System Technical Journal)
- 1957 : 최초의 인공위성 Sputnik 1 발사(소련)
- 1964 : 전자식 교환시스템 도입
- 기타

  1976 : PC 개발 → 1981 : IBM PC 등장 → 1984 : 애플의 매킨토시 PC 등장

  1983 : 모토롤라 Mobile Phone (Dyna TAC 8000) 등장

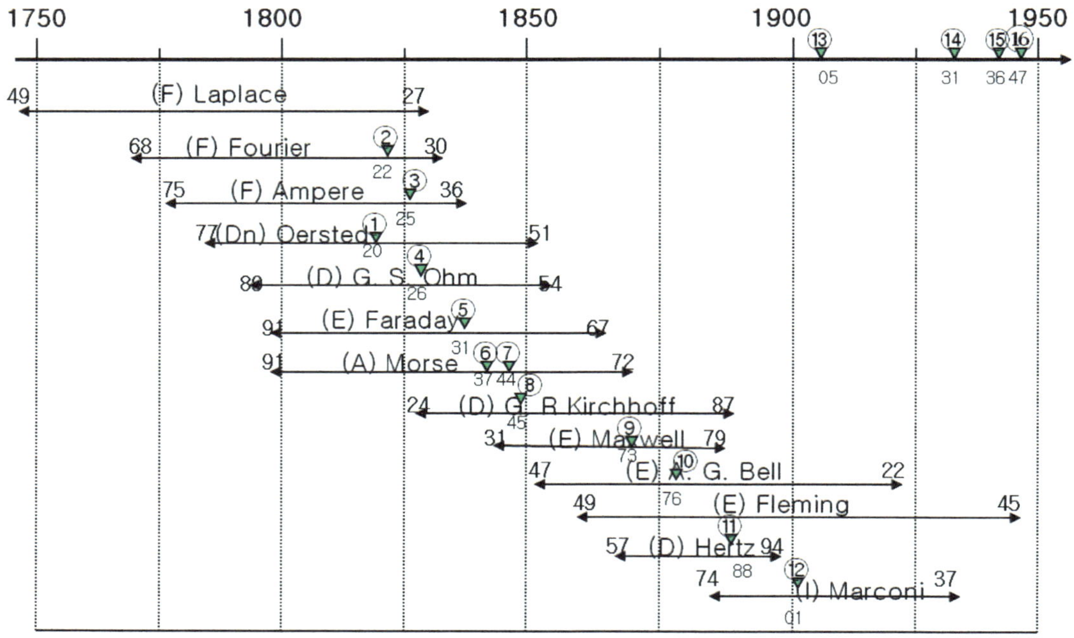

그림 1-5. 전기통신의 역사의 주요 연대표

① 전류의 자기 작용 발견
② 푸리에 정리(푸리에 해석)
③ 앙페르 법칙 : 전류와 자기장의 관계
④ 옴의 법칙 : 전류와 전압과의 관계
⑤ 패러데이 법칙: 전자기 유도 작용 발견
⑥ 모스 전신기 출현
⑦ 모스 전신기를 이용한 전기통신 성공(워싱턴~볼티모어, 64Km)
⑧ 키르히호프 법칙 : 전기회로에서의 전하량 보존 및 에너지 보존 법칙
⑨ 전자기파의 존재 확인(1873) : 맥스웰 방정식(1864)
⑩ 전화기 발명
⑪ 전자기파의 실험적 입증 : 헤르츠의 전자기파의 발생과 검출 실험
⑫ 마르코니 대서양 횡단 무선통신 성공(영국 폴두~캐나다 세인트존스, 3570Km)
⑬ AM 라디오 방송 출현
⑭ 전신전화 서비스 시작
⑮ 흑백TV 방송 시작 : 영국 BBC
⑯ TR의 발명 : 윌리엄 쇼클리, 존 바든, 월터 브래튼

이제 눈을 돌려 국내의 전기통신 역사를 간단히 살펴보기로 하자.

국내에 전기통신이 처음 도입된 것은 1885년 9월로, 청나라의 자본과 덴마크의 기술로 건설된 서로전신선(西路電信線), 즉 인천과 한성 간에 전신시설이 가설된 시점이다. 이후 기간전신선과 각 지선이 속속 가설되어 전국적인 전신망을 구축하게 되었다.

한편 무선통신을 처음 이용한 것은 1908년으로, 대한제국 내의 각 전신국에서 외국의 무선전보를 취급하기 시작하면서였다. 이후 우리가 자체적으로 무선전보를 도입한 것은 1910년 9월, 정부의 항로표지감시선인 광제호에서 무선통신을시작한 것이 효시다.

그 후 대한민국 정부가 수립된 이후 국내의 전기통신 역사의 주요 사안은 다음과 같다.

- 1962년 자동식 전화교환기의 국내 생산
- 1965년 텔렉스교환기 설치
- 1967년 마이크로웨이브 통신망이 개설
- 1970년 위성통신 지구국 개통
- 1971년 서울과 부산 간 장거리전화제 개통
- 1979년 전자식 교환기 설치
- 1980년 컬러 텔레비전 방영
- 1982년 무선호출 서비스 시작
- 1983년 공중전화교환망을 데이터통신과 팩시밀리통신에 개방
- 1984년 차량 전화 서비스(일명 : 카폰) 시작(한국이동통신서비스주식회사)
- 1987년 가입 전화시설 1,000만 회선 돌파, 전화의 전국 자동화를 실현.
- 1988년 휴대형 이동 전화 등장(1G)
- 1996년 CDMA 방식 이동통신 서비스 개시(2G)
- 1997년 CDMA 방식 PCS 상용서비스 개시(2.5G)
- 2002년 IMT2000(CDMA 2000 EV-DO) 서비스 개시(3G)
- 2011년 LTE(Long Term Evolution) 서비스 개시(3.9G)
- 2013년 LET-Advanced, WiBro-Advanced 서비스 개시(4G)

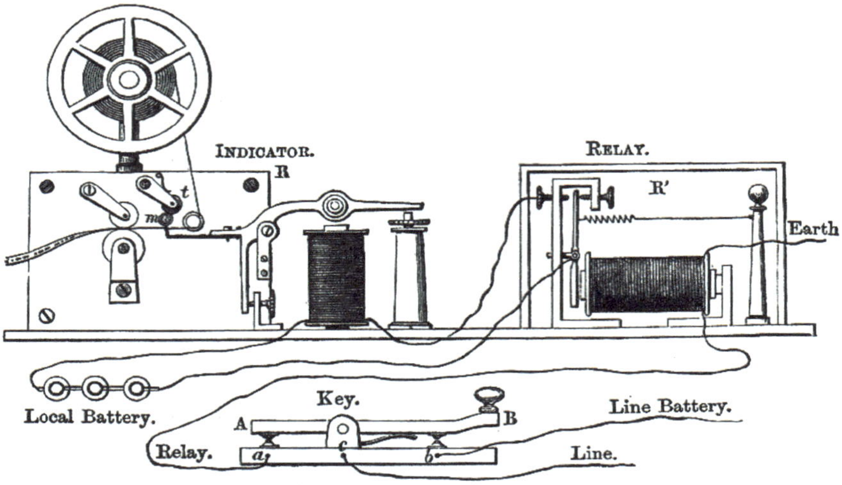

MORSE'S APPARATUS, WITH RELAY.

그림 1-6. 모르스 전신 장치(미국 특허)

(1) 모르스 기록기(Morse register)

(2) 개량된 모르스 기록기(수신기(receiver))

(3) 모르스 전신키(Morse telegraph key)

(4) 모르스 릴레이(Morse relay)

그림 1-7. 모르스 전신 장치

그림 1-8. 벨의 전화기 개념도

(1) 벨 전화기 송화기 (2) 벨 전화기 수화기(철제박스형) (3) 벨 전화기 수화기

그림 1-9. 벨 전화기 장치

참 고

- **모르스 (Samuel Finley Breese Morse, 1791~1872, 미국)**

1791년 4월 27일 매사추세스 찰스타운에서 출생하였다. 아버지 제디 다이어는 유명한 조합교회(組合敎會) 목사인 동시에 지리학자였다. 예일대학교를 졸업한 뒤, 화가가 되기 위하여 1811년 영국으로 건너가 그림 공부를 하였다. 그곳에서 아델피 미술가 협회가 주최한 대회에서 조각으로 상을 받는 등 화가로서 이름이 알려졌으나, 생활이 어려워지자 1815년 미국으로 다시 돌아왔다. 귀국 후에도 어려운 생활이 계속 되자 먹고 살기 위해 초상화를 그리기도 했다. 그러다가 그림 솜씨를 크게 인정받아 1826년에 내셔널 디자인 아카데미의 초대 회장과 이어 뉴욕대학의 회화와 조각과 교수로 재직하면서 경제적 안정과 사회적인 지위 얻게 되었다.

그 후 모르스는 1832년 이태리에서 미술 연구차 유학하고 돌아오던 뉴욕행 슈리호 선상(船上)에서 찰스 잭슨이라는 한 의학자가 프랑스에서 얻은 선물이라며 보여준 전자석과 최신 전자기학(Electro magnetics)에 관한 내용을 전해 듣고, 문득 아이디어가 떠올라 전신기를 만들어 보기로 결심하고 대학 동료인 L.D. 게일과 공장주(工場主) A. 베일의 협력을 얻어 마침내 **1837년에 독자적인 알파벳 기호와 자기장치(自記裝置)를 완성하였다.** 그 기호가 개량된 것이 모르스 부호이다. 처음에는 국가 자금과 유럽에서의 특허권 획득에 실패했으나, 1843년 워싱턴~볼티모어 간의 시험선(試驗線) 가설비 3만 달러의 예산을 획득하여, 이듬해 5월에 유명한 "하나님이 만드신 것"이라는 말을 베일 앞으로 송신하였다. 1856년, H. 시블리가 웨스턴유니언 전신회사를 설립한 다음부터 모르스는 특허를 통해 처음으로 그의 발명의 보상을 받게 된다.

아무튼 1832년 전자통신에 대한 구체적인 아이디어를 갖고 유럽 유학에서 돌아온 모르스는 뉴욕대학의 미술과 조각교수로 있으면서 5년 동안 같은 대학 화학교수로 있던 레오널드 게일 교수의 도움을 받아 연구에 전념하게 된다. 연구가 진행되면서 그에게 하나 더 필요한 것은 바로 실험에 따르는 재정 문제이었다. 그는 돈 많은 사람들과 미국 정부에 이 일의 중요성을 설명하고 자금 지원을 요청하였지만 어느 누구도 이 일에 재정적으로 후원하겠다고 나서는 사람은 없었다. 심지어 영국 등 유럽을 오고 가면서 동분서주하였지만 아무런 소득도 얻을 수 없었다. 재정적 어려움과 더불어 그가 하는 모든 일은 실패의 연속이었다. 그는 완전히 무일푼이 되어 끼니를 걱정할 만큼 방황을 거듭하였다. 대부분의 신앙인들이 그렇듯 그도 환난을 통하여 인내하는 법을 배우고 연단을 거쳐 성숙된 신앙인이 되어 갔는지 모른다. 이런 고통스런 기간은 무려 11년 동안이나 지속되었다. 그렇지만 그는 결코 하나님을 원망하거나 떠난 적이 없었다. 이때의 상황을 그는 이렇게 적고 있다.

"이렇게 일이 안 풀린다는 것이 도무지 알 수 없는 일이었지만 이 모든 것도 하나님의 인도하심에 따른 섭리라는 것을 나는 확신하고 있지요"

참으로 놀라운 믿음의 고백이 아닐 수 없다.

이렇게 끈질긴 노력 끝에 1843년 모르스는 결국 전신기에 관한 정부의 관심을 이끌어내는데 성공한다. 최초의 전선은 수도 워싱턴으로부터 약 64km 떨어진 볼티모어까지 연결되었다. 1844년 5월 24일 금요일 마침내 역사적인 날이 왔다. 모르스는 조금은 긴장되면서도 감격한 표정이었지만 먼저 전신기 앞에 앉아 조용히 묵상기도를 드렸다. 많은 사람들은 이 신기하고 놀라운 발명품을 구경하려고 몰려들었다. 최초로 전송되는 공식 문장은 믿음 좋은 그의 오랜 친구의 어린 딸에게 `선택권이 주어졌다. 물론 그녀는 자신의 아버지와 모르스 아저씨를 통하여 사무엘 모르스의 일생을 지탱하고 그에게 영감을 불어넣어준 분이 과연 누구인지 너무도 잘 알고 있었다. 당연히 그 내용은 하나님께 대한 감사와 믿음의 고백이었다.

"하나님의 행하신 일이 어찌 그리 크뇨! (See what God has done!)" 민수기 23장 23절의 이 말씀은 이렇게 전신기를 통하여 모르스의 부호로 최초로 볼티모어에 전해졌다. 모르스 부호란 점과 선으로 알파벳을 표현한 아주 과학적인 기호였다. 전신기는 이 부호들을 종이에 써 내려갔던 것이다. 이 내용을 수신한 볼티모어에서는 다시 꼭 같은 내용을 워싱턴으로 보냄으로써 통신은 완벽하게 이루어졌다.

예술가였던 그가 이러한 발명을 하게 된 데에는 남다른 아픔이 있었다. 그가 35세 되던 1825년, 고향을 떠나 워싱턴D.C에서 미국 독립전쟁의 영웅 프랑스 라파예트 후작의 모습을 그릴 때 말을 타고 급히 달려온 메신저가 '아내가 위급하다'는 내용의 아버지가 쓴 편지를 전해줬다. 당시 그는 아내가 있던 곳에서 500km나 떨어진 곳에 있었기 때문에 편지가 일주일이나 지나서 도착하였고, 모르스는 편지를 받은 즉시 뉴헤이븐의 집으로 돌아갔지만 고향에 도착했을 때는 이미 아내는 세상을 떠났고 장례식까지 끝난 뒤였다. 물론 오늘날과 같이 빠른 통신 수단이 있었다면 이러한 일은 일어나지 않았을 것이다. 이러한 가슴 아픈 사건이 그로 하여금 소식을 빠르게, 멀리 전달할 수 있는 통신 장치를 발명하게 한 원동력이 되었으리라 생각된다.

참고

- **알렉산더 그레이엄 벨 (Alexander Graham Bell, 1847~1922, 미국)**

스코틀랜드 에든버러에서 태어나 1882년 미국으로 귀화한 과학자이자, 발명가. 영국 왕립 고등학교를 졸업 후, 유니버시티 칼리지 런던(University College London : UCL)에서 음성학 학사를 받았으며, 졸업 후 발성법 교사로 있다가 교육자인 아버지를 도와 청각장애인의 발음 교정, 언어 교정에 종사하였다. 런던대학교에서 생리 해부학 강의를 들은 후, 캐나다를 거쳐 미국의 보스턴에 가서 청각장애인 학교를 세우고 보스턴 대학교의 발성학 교수가 되었다. 그는 음성의 연구에서 전기적인 원거리 통화법을 고안하였다고 알려져 있었으나 이는 잘못된 것으로써 1837년에 이미 전화에 대한 기본적인 개념은 제시되어 있었다. 그러다 1876년 3월 최초의 자석식 전화기를 발명하고, 1878년 1월 영국 빅토리아 여왕 잎에서 전화기를 시연하였다. 곧이어 1878년 1월 28

일 미국 코네티컷 뉴해븐(New Haven)에 최초의 상업 전화 교환기가 설치되었다. 1878년 1월에 에디슨과 공동으로 벨 전화 회사를 설립했다. 그 후 계속 청각장애인과 발성 문제, 축음기, 광선 전화 등의 연구에 몰두하다 만년에는 항공기의 연구에 전념하였다. 1880년에는 사이언스지를 창간하였다.

벨은 최초의 실용적인 전화기의 발명가로 알려지고 있으나 사실 전화기를 최초로 발명한 사람은 이탈리아의 안토니오 무치로, 벨보다 무려 16년이나 앞서서 전화기를 발명했다. 하지만 발명품을 자신의 이름으로 등록하기 위해서는 돈이 필요했는데 안토니오 무치는 가난해서 임시특허 등록을 해야만 했다. 그러다가 벨이 전화기를 발명하여 정식으로 자신의 발명품으로 특허등록을 하자, 무치는 이를 문제 삼아 소송을 걸었으나, 승소 직전 무치가 심장마비로 사망하면서 공식적으로 벨이 전화기 발명자로 결정되었던 것이다. 또한 벨이 특허 등록 신청을 한 1876년 2월 14일, 같은 날 전화기 발명품 특허 신청을 한 엘리샤 그레이라는 사람이 있었는데 벨이 불과 두 시간 차이로 먼저 발명 특허를 신청을 함으로써 미국 특허 사무국은 벨에게 전화 발명 특허를 주었고 결과적으로 최초 전화기 발명자로 인정받게 되었다.

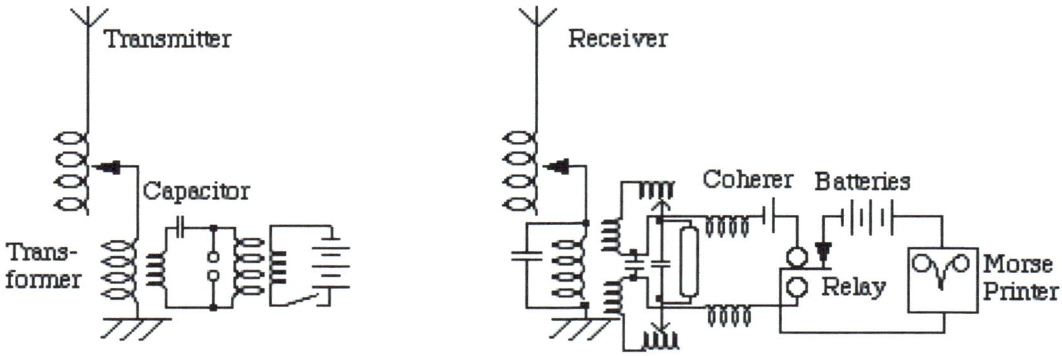

그림 1-10. 마르코니 무선 송수신 장치의 개념도

(1) 마르코니 스파크 갭 송신기 (2) 마르코니 코히어러 수신기

그림 1-11. 마르코니의 무선 송수신 장치

(1) 마르코니와 스파크 갭 송신기 (2) 1901년 마르코니와 무선장치

그림 1-12. 마르코니와 무선 장치

참 고

• 마르코니 (Guglielmo Marconil, 1874~1937, 이탈리아)

이탈리아의 전기 공학자. 1895년 헤르츠의 전자기파 이론에 기초하여 최초로 **무선 전신을 실용화함**으로써 현대 장거리 무선통신의 기초를 이루었다. 마르코니는 볼로냐 근교에서 지주인 주세페 마르코니의 둘째 아들로 태어났다. 그의 어머니 애니 제임슨은 아일랜드계/스코틀랜드계였다. 볼로냐와 피렌체에서 교육을 받고 리보르노의 기술학교로 가서 물리학 공부를 했다. 거기서 전자기파 기술을 연구했다. 1895년에 마르코니는 볼로냐 근처에 있는 아버지의 간단한 도구로 헤르츠의 전자기파 이론에 기초하여 실험을 했다. 전압을 높이는 유도 코일과 불꽃 방전기와 수신기가 달린 코히러가 부착된 기구로 실험을 했다. 짧은 거리에서 예비실험을 한 후 코히러를 개량하고 안테나를 사용하여 신호 전달의 범위를 증가시키는 것도 알아냈다.

이러한 실험을 거듭하여, 무선 전신 장치를 발명하고, 이듬해 영국으로 가서 특허를 얻었으며, 9마일 떨어진 지점 사이의 무선 송수신에 성공하였다. 또 영국 해군 대연습에서 약 120km 거리 사이의 통신에 성공하고, 1899년에는 그의 무선 통신기를 이용해 영국에서 등대선 조난 구제에 처음으로 성공하였다. 1901년에는 대서양을 사이에 두고 영국 콘월 폴두(Cornwall Polhdu)와 캐나다 뉴펀들랜드 세인트 존스(Newfoundland St. John's) 사이, 약 3,570km 거리에서 행한 대서양 횡단 무선 통신에 성공하여, 이때부터 무선은 함선을 비롯한 각종 통신에 실용화되고, 1907년에는 그에 의해 유럽과 미국 사이의 공공 통신 사업이 시작되었다. 1909년에는 독일의 카를 페르디난트 브라운과 함께 노벨 물리학상을 공동수상하기도 하였다.

1914년에는 이탈리아 원로원 의원이 되었으며, 1929년에 비토리오 에마누엘레 3세로부터 후작 작위를 받았다. 1923년에는 베니토 무솔리니가 검은 셔츠 단으로 불리는 보수우익 단체를 위시한 파시스트당을 중심으로 한, 일당제 체제를 수립하였을 때 이에 동참하여 파시스트당의 당원이 되었고, 1930년에는 당내에서의 활동을 인정받아 무솔리니로부터 이탈리아 왕립 학회의 학회장으로 임명되기도 하였으며 파시스트 대평의회 의원이 되었다. 말년의 이러한 친(親) 파시즘적인 행태는 말년의 그에 대한 역사적 평가를 좋지 않게 하였다.

참 고

- **전자기파의 발생과 검출 실험 : 하인리히 루돌프 헤르츠(Heinrich Rudolf Hertz, 1857~1894, 독일)**

1887년 헤르츠는 프랑크의 이론을 근거로 전자기파(electromagnetic wave)를 발생시키고 이를 검출할 수 있는 실험 장치를 고안하게 된다. 아래 그림에서 왼쪽은 놋쇠로 만든 둥근 전극을 아주 가까이 두고 양극과 음극의 전극을 짧은 순간 바꾸면서 고전압을 인가함으로써 공기 중에서 방전이 일어나도록 한 것이다. 이때 전자기파가 발생한다. 오른쪽의 고리모양의 원형 도선은 전자기파의 검출 장치로 고리 위쪽에 약간 떨어진 작은 두 개의 구 사이에서 작은 불꽃의 방전이 일어나게 된다. 이는 발생 장치에서 만들어진 전자기파가 공간을 이동하여 작은 고리 모양의 검출 장치에서 검출되었음을 뜻한다. 이로써 맥스웰이 언급한 "공중을 가로지르는 파동"의 존재가 확인되었다.

헤르츠는 이 파동을 "헤르츠파"라고 이름 붙였는데 이것이 곧 오늘날의 전자기파다.

(실험에 대한 설명)

헤르츠는 아래 그림과 같은 장치를 이용한 실험을 통해 전자기파의 존재를 확인하였는데, 그림에서와 같이 금속으로 된 두 개의 큰 구에 약간의 갭을 갖는 막대기 모양의 전극을 달고 유도 코일을 통해 발생된 고전압을 인가하면 큰 구에 저장된 많은 전하에 의해 형성된 전기장이 변화하면 주위에 자기장이 형성되고 이 자기장의 변화로 인하여 다시 공간에 전기장에 만들어지는 과정이 반복되면서 공간으로 전기장과 자기장이 파동의 형태로 이동한다. 작은 고리에 도달된 파동의 전기장에 의해 고리 양쪽 끝의 구에 각기 다른 전하가 대전되고 다시 반대 전하로 바뀌면서 방전 현상이 일어나는 것을 볼 수 있다. 이때 이러한 현상이 잘 검출되기 위해서는 이동하는 전자기파의 진동수와 작은 고리의 고유 진동수가 같아야 된다. 고리는 코일 하나와 축전기 하나가 연결된 LC회로와 같다. 이때 이 LC회로의 고유 진동수는 $\frac{1}{2\pi\sqrt{LC}}$ 이다.

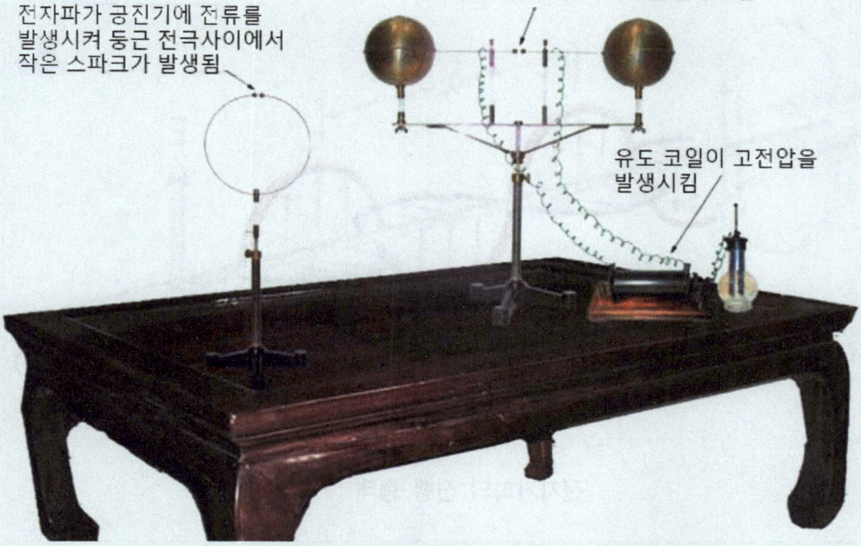

헤르츠의 전자기파 검출 실험(전자기 유도 불꽃 방전 실험)

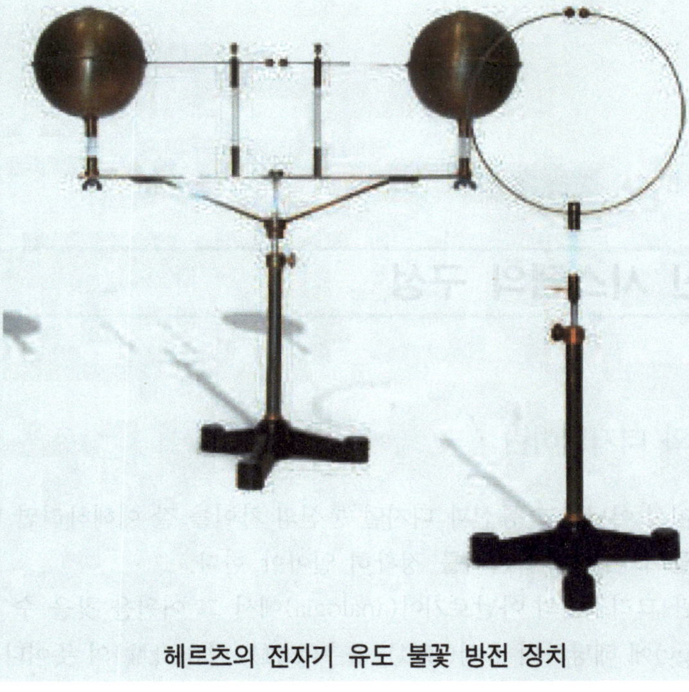

헤르츠의 전자기 유도 불꽃 방전 장치

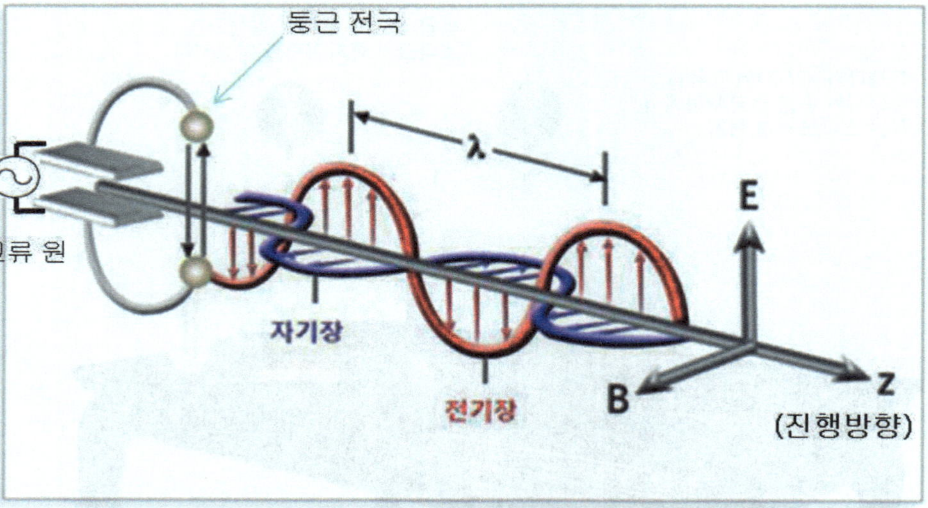

전자기파의 진행 형태

1.4 통신 시스템의 구성

1.4.1 아날로그와 디지털이란

우리가 통신에 있어서 아날로그 통신과 디지털 통신의 차이를 잘 이해하려면 먼저 아날로그와 디지털의 개념과 이들이 어떻게 다른지를 정확히 알아야 한다.

아날로그(analog)란 그리스어의 아날로기아(analogia)에서 그 어원을 찾을 수 있다. 현대 영어로는 아날로지(analogy)에 해당하며 유사(類似), 유추(類推), 비유(比喩)의 뜻이다. 논리학에선 대비 논법(對比 論法)을 뜻하기도 한다. 다시 말해 자연의 현상에 대해 유사하게 모사(模寫)한다는 의미이다. 따라서 아날로그란 시간, 빛, 소리 같은 자연의 물리적 현상이나 물리량을 그대로 모사하기 위해 연속적인 수치로 나타낸 것이다. 예를 들면 시침이나 분침, 초침이 연속적으로 회전하는 시계나, 막대형의 알코올 온도계, 바늘이 지진의 강도에 따라 움직이는 지진계 등이 아날로그 방식이라 할 수 있다.

반면에 **디지털(digital)**은 영어의 디지트(digit), 즉 사람의 손가락이나 동물의 발가락이라는 의미에서 유래한 말이다. 사람이 손가락을 이용하여 물건이나 가축 등을 헤아릴 때는 하나, 둘, 셋, 1, 2, 3과 같이 딱 딱 떨어지는 불연속적인 양을 셀 때 사용하며, 3.1415926……, 3.152789…..등의 숫자를 셀 때는 사용하지 않는다. 따라서 디지털이란 언어 자체엔 기본적으로 불연속의 개념이 내포되어있다. 즉 물리적 현상이나 물리량을 불연속적인 값에 대응시켜 취급하는 것을 디지털이라고 한다. 예를 들면 연속적으로 바늘이 회전하는 방식이 아니라 시간, 분, 초 단위로 나누어, 그때그때 숫자, 즉 단속적이고 계수적인 형태의 숫자로 시간을 표시해주는 시계가 디지털 방식이다. 이 경우 초와 초 사이의 시간은 표시되지 않으므로 알 수가 없다. 소위 말해 분해능이 초 단위로 정해진다. 따라서 디지털은 그때그때 표시되는 순간의 사이의 값들은 알 수가 없다는 단점이 있다. 아날로그의 경우는 분해능을 어떤 정해진 값으로 정의할 수 없고 정확하게 읽을 수 있든 아니든 어느 순간에라도 값이 존재한다는 차이점이 있다.

따라서 아날로그의 디지털과 아날로그의 가장 큰 차이점은 아날로그는 연속적이고 디지털은 불연속적이라는 것이다. 우리가 사는 세상은 아날로그이지만 그것을 데이터화, 정보화하는 과정에서 샘플링이라는 절차를 통해 디지털화 할 때, 불연속적인 유한개의 값으로 바뀌게 될 수밖에 없다. 이때 연속적인 아날로그를 디지털화 할 때 얼마나 잘게 쪼개서 값을 얻어내느냐 하는 것이 바로 앞서 언급한 분해능이며, 이 분해능이 높을수록 원래의 모습에 가깝다고 할 수 있다.

아날로그는 어떠한 신호의 크기를 표현 할 때 그 크기와 정확히 일치하는 숫자로 표현하지만 디지털은 신호의 크기를 미리 정해놓은, 불연속적으로 양자화 된 몇 가지 값들 중의 하나로 근사화하여 표현하게 된다. 따라서 아날로그는 신호의 미세한 크기 차이를 표현할 수 있지만, 디지털은 실제 샘플링 된 값이 정확히 일치하지 않더라도 이미 정해진 몇 개의 숫자 중 가장 가까운 값으로 근사화시킬 수밖에 없는 한계를 가지고 있다. 하지만 디지털은 데이터를 한 자리씩 끊어서 다루는 방식이라 애매모호하지 않으면서 정밀도를 높일 수 있고, 정해진 값, 정해진 양이므로 다루기 편리하며, 0과 1의 2진수로 표현할 수 있어서 컴퓨터에 최적하다는 장점으로 때문에 현대 문명에서는 대부분 디지털 방식이 쓰이고 있는 것이다.

참고로 아날로그와 디지털의 장점과 단점을 비교하면 다음과 같다.

표 1-1 아날로그와 디지털의 장단점 비교

	아날로그	디지털
장점	• 아주 세밀한 표현이 가능하다	• 분명하고도 정확한 표현이 가능하다 • 정보의 저장과 전달이 쉽고, 변형 없이 전달 가능하다
단점	• 물리량(예: 신호)을 전달할 때마다 변형될 수 있다.	• 원래의 물리현상이나 물리량을 디지털로 변환하는 과정에서 오차가 발생하므로 원래의 정보를 그대로 기록하고 재생할 수 없다

요 약

- 아날로그와 디지털의 가장 큰 차이점은 아날로그는 연속적이고 디지털은 불연속적이라는 것이다.

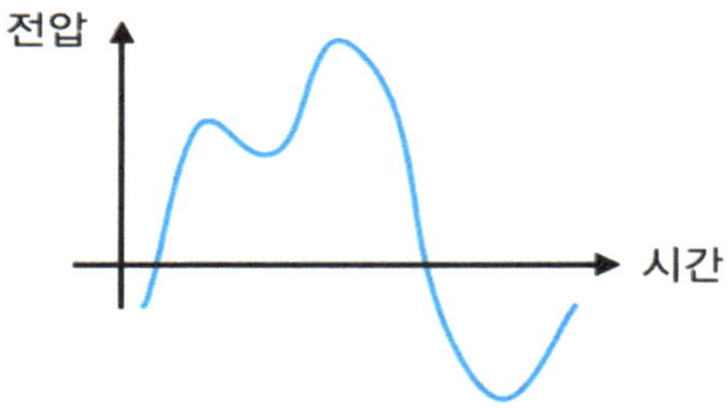

(1) 아날로그 신호

(2) 디지털 신호

그림 1-13. 아날로그 신호와 디지털 신호

(1) 아날로그 시계

(2) 디지털 시계

그림 1-14. 아날로그와 디지털 시계

1.4.2 통신 시스템의 구성

통신 시스템은 일반적으로 아래 그림에서와 같이 송신측 단말기(terminal equipment), 송신기(transmitter), 전송 매체(채널; channel), 수신기(receiver)와 수신측 단말기로 구성된다. 그림에서 송신측 단말기는 송신자로부터의 정보원(메시지)을 적절한 형태의 전기 신호로 만들어 송신기에 전달하고 수신측 단말기는 수신기로부터 복원된 전기 신호를 받아 수신자가 의미를 파악할 수 있는 정보(메시지)로 변환하여 전달하는 역할을 한다. 예를 들면 전화기나 PC 등이 이와 같은 단말기에 속한다. 또한 송신기는 정보 전달의 효율성과 신뢰성을 높이기 위해 음성이나 데이터와 같은 정보 신호를 채널에 적합한 형태의 전기적 신호로 변환하여 전송하며, 수신기는 이 신호를 받아 다시 원래 형태의 신호로 복원시켜주는 역할을 한다. 이러한 과정을 보통 변조와 복조라고 하고 데이터 통신 시스템에서는 각각 부호화(encoding), 복호화(decoding)라고도 한다. 또한 이러한 역할을 하는 기기를 **변조기(modulator)**와 **복조기(demodulator)**, 또는 **부호화기(encoder)**, **복호화기(decoder)**라고 한다. 이때 변조와 복조 기능을 둘 다 가진 기기를 모뎀(modem)이라 한다. 변조는 전송 매체를 동시에 다수의 사용자 이용하면서도 신호를 빠르고 효율적으로 전송하기 위해 원래의 정보 신호를 높은 주파수의 반송파(carrier)에 실어서 보내는 것인데, 이는 마치 우리가 마트에 가서 쇼핑을 하거나 많은 물건을 옮길 때 카트나 캐리어를 이용하면 편리하고 효율적으로 일을 처리할 수 있는 것과 마찬가지로, 전달하고자 하는 기저 대역의 정보 신호라는 물건을 반송파라는 캐리어에 실어서 수신자에게 전달하는 것이다. 좀 더 구체적인 변조의 정의와 목적 등에 대해서는 다음에 자세히 다루기로 한다.

아래 그림에서 **전송 매체**는 광섬유, 동축케이블, 구리선과 같은 유선 매체나 자유 공간과 같은 무선 매체를 의미하며 신호를 전달하는 물리적 수단이다. 이를 보통 **채널(channel)**이라고 한다. 채널은 원래, 물길, 수로, 도랑, 도관(導管), 수관, 또는 물체를 통과 · 경유하는 경로, 통로, 접근 수단 등 여러 가지로 쓰이는 용어인데, 통신에서는 신호를 전달하는 경로나 통로를 의미한다. 이러한 채널은 통신에 있어서 신호 전달의 장애 요소인 잡음이 주로 작용하는 곳이므로 잡음 특성과 주파수 특성이 중요하다. 샤논(Shannon)이 정의한 통신 시스템 모델(Shannon Weaver's model of a communication)에서도 원하지 않는 신호인 잡음(noise)이 주로 채널에 작용하며 통신 시스템에서 고려해야 할 주요 요소의 하나임을 보여주고 있다. 이러한 잡음은 발생원인 측면에서 볼 때, 자연 발생적인 것도 있지만 신호 간의 간섭(interference)이나 전송 간의 통신 기기에서의 왜곡(distortion)의 의한 것도 있으므로 통신 시스템에 있어 매우 중요하게 다루어야 할 요소 중에 하나이다. 이에 따라 어떠한 통신 시스템의 성능을 평가할 때도 신호 대 잡음비(SNR; Signal to Noise Ratio)나 비트오율(BER: Bit Error Rate)을 주요 파라미터로 이용하고 있다.

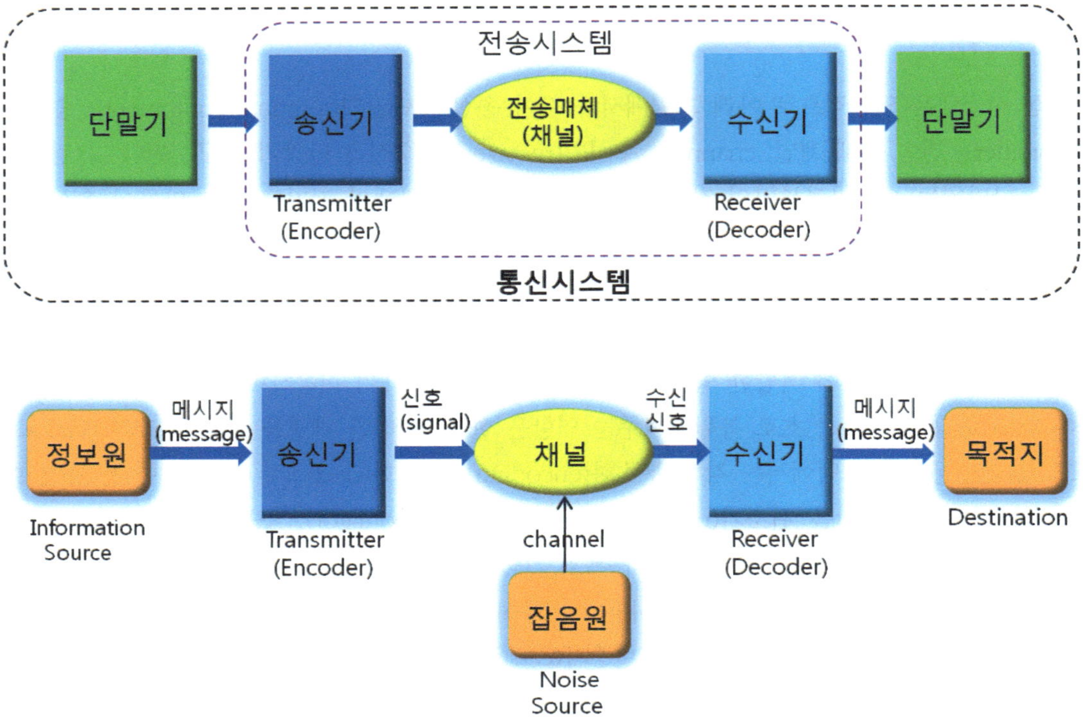

샤논-위버의 통신시스템 모델
(Shannon-Weaver 's model of a communication system)

그림 1-15. 일반적인 통신 시스템 구성

1.4.3 디지털 통신 시스템의 구성

디지털 통신의 경우 송신자의 메시지가 어떠한 과정을 거쳐서 수신자에게 까지 전달되는지를 살펴봄으로써 디지털 통신 시스템의 일반적인 구성을 살펴보고자 한다. 디지털 통신 시스템의 구성은 아래 그림과 같다. 우선, 송신시스템에서 음성의 경우, 마이크로부터의 출력되는 아날로그 신호를 디지털 신호로 변환하기 위해서 **A/D 변환**(ADC : Analog Digital Conversion)이 필요하다. 물론 사용자 PC로부터 출력되는 데이터의 경우는 굳이 A/D 변환을 할 필요가 없다. 일단 신호를 디지털 데이터의 비트 스트림으로 변환하고 난 이후는 이전의 1.2절에서 언급했듯이 물류 운송에서와 같이 이를 압축하고 포장하는 과정이 필요한데 이것이 바로 각각 **원천부호화**(source coding)와 **채널부호화**(channel coding)이다. 원천부호화는 정보원의 중복성을 제거함으로써 데이터양을 줄이는(압축하는) 것이고, 채널부호화는 원천 데이터에 어떤 법칙에 따른 잉여 비트를 추가하여 전송 간에 발생 수 있는 에러를 검출하거나 정정하는 기능을 수행하도록 하는 것이다. 원천부호화를 거친 후에는 채널부호화하기 전에 통신이나 네트워크 보안(security)을 위해 통상적으로 **암호화**(encryption) 과정을 거친다. 이후 채널부호화를 거쳐서 **변조**(modulation)를 하여 높은 주파수 대역의 신호로 변환한 뒤에 송신 증폭기를 거쳐 송신하게 되는데, 다른 정보원의 데이터를 한꺼번에 묶어서 전송해야 할 경우에는 채널 부호화 후에 **다중화**(multiplexing)를 거쳐 변조하게 된다. 변조는 기저 대역의 신호 스펙트럼을 높은 주파수 대역 신호 스펙트럼으로 천이하는 과정으로 이렇게 함으로써 혼신 방지, 다원 접속, 안테나 소형화 등이 가능하게 되고 송신 전파의 복사(radiation) 효율이 높아지게 된다.

수신시스템은 채널을 중심으로 송신시스템의 역 과정으로 보면 된다. 데이터의 경우, 안테나로부터 받은 수신 신호를 고주파 수신 증폭기를 거쳐 증폭한 후, 복조하여 기저 대역 신호로 변환하고, 필요할 경우 역다중화(demultiplexing)를 거쳐서, 채널복호화(channel decoding), 암호화를 푸는 해독화(decryption), 압축을 푸는 원천 복호화(source decoding)를 거쳐서 복원된 원래의 데이터를 수신자 단말기(PC)에 전달하고, 음성의 경우는 원천복호화 된 비트 스트림을 다시 D/A 변환(Digital to Analog Conversion) 함으로써 원래의 아날로그 음성 신호 파형을 복원하게 된다.

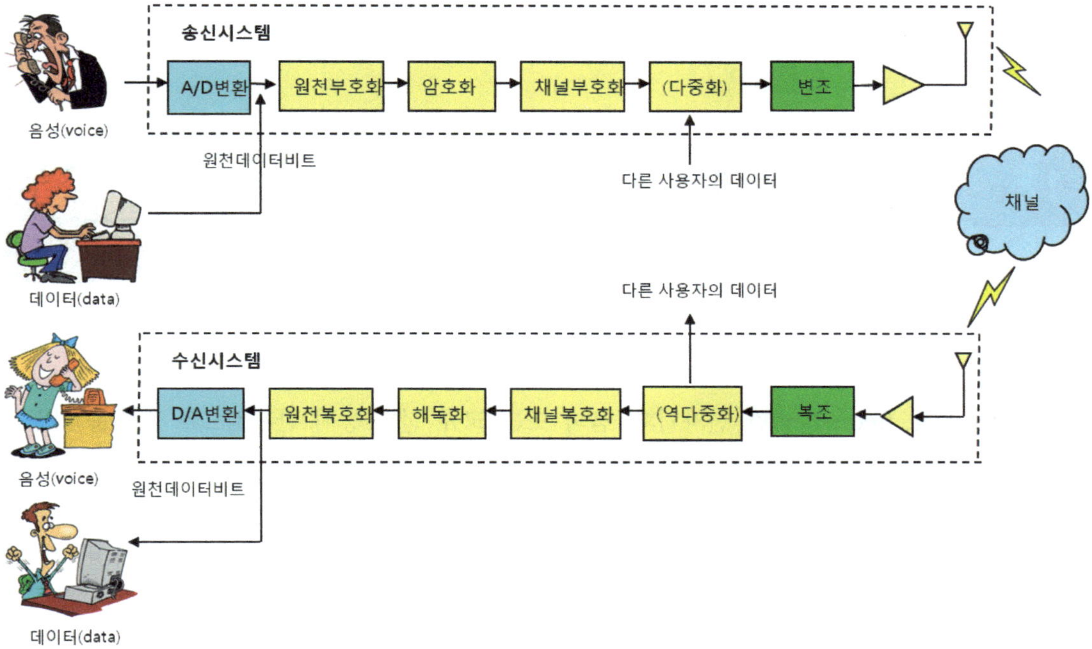

그림 1-16. 디지털 통신 시스템 구성

참고

- 요즘 널리 사용하고 있는 스마트 폰과 같은 디지털 이동통신 시스템은 어떠한 과정을 거쳐 통화가 되는 것인지 그 동작 원리와 과정을 생각하여 보자.

스마트 폰의 동작 원리와 과정

1.5 주파수 대역과 할당

1.5.1 주파수란 무엇인가?

주파수(周波數, frequency)란 전자기파, 음파 또는 교류 전류 등이 반복적으로 방향을 바꾸는 주기적 파상(波狀) 현상의 1초 동안 반복되는 횟수를 말한다. 영어로 주파수를 뜻하는 'frequency'의 사전적 의미도 '빈발, 빈번, 빈도, 횟수, 진동수'이므로, 1초 동안에 같은 변화를 몇 번 반복하느냐를 수치로 나타낸 것이라 할 수 있다. 따라서 주파수의 단위를 언급하자면 당연히 [회/초]라고 할 수 있겠으나, 1906년 창설된 국제전기기술위원회(International Electronic Commission)가 전자기 유도 불꽃 방전 실험을 통해 세계 최초로 전자기파의 존재를 입증한 하인리히 루돌프 헤르츠(Hertz)의 업적을 기리고자, 전자기파의 초당 진동수, 즉 주파수를 나타내는 단위를 헤르츠[Hz]로 지정해, 국제적 표준 단위로 활용하고 있다.

물결파 또는 전자기파와 같은 파동(波動, wave)을 아래 그림에서와 같이 가로축을 시간으로 하여 표현하는 경우에는 마루와 마루 사이 또는 골과 골 사이를 **주기(period)**라 하고 마루나 골과 중간점 사이의 크기를 **진폭(amplitude)**이라 한다. 이때 주파수는 주기의 역수로

$$\text{주파수}(f)[Hz] = \frac{1}{\text{주기}(T)[\sec]}$$

인 관계가 있다.

만일 어느 시점에서의 파동을 가로 축을 공간상의 위치(거리)로 하여 표현하는 경우에는 마루와 마루 사이 또는 골과 골 사이를 **파장(波長, wave length)**이라 하는데, 파동의 전파(傳播) 속도(velocity)를 $v[m/\sec]$ 라고 하면 파동의 속도는 파장(길이)과 그 파동이 1초간 반복되는 횟수(주파수)의 곱으로 표현할 수 있다. 이는 파장을 사람의 보폭으로 생각하고 주파수를 1초간의 걸음걸이 수로 생각하면 이해하기 쉽다. 따라서 이들 간에는 다음과 같은 관계가 있다.

$$v[m/\sec] = f \cdot \lambda, \quad f[Hz] = v/\lambda$$

전자파도 일종의 파동이므로 전자파의 속도도 $v = f \cdot \lambda$ 관계가 성립한다. 그런데 맥스웰이 이론적으로 구한 전자파에 대한 파동 방정식에 따르면 대기 중(엄격하게는 진공 중)에서의 전자파의 속도는 매질의 전기적 특성에 따라 달라지며

$$v = \frac{1}{\sqrt{\epsilon_0 \mu_0}} = 2.99792458 \times 10^8 \cong 3.0 \times 10^8 [m/\sec] = c$$

로 광속(光速)과 같다. 여기서 ϵ_0는 진공에서의 유전율(誘電率, permittivity)로, $\epsilon_0 = 8.858 \times 10^{-12}[F/m]$, μ_0는 투자율(透磁率, permeability)로 $\mu_0 = 4\pi \times 10^{-7}[H/m]$이다.

따라서 파장이 1[m]인 전자파의 경우

$$f = \frac{c}{\lambda} = \frac{3 \times 10^8}{1} = 3 \times 10^8 [Hz]$$

로, 주파수가 $300[MHz]$임을 알 수 있다.

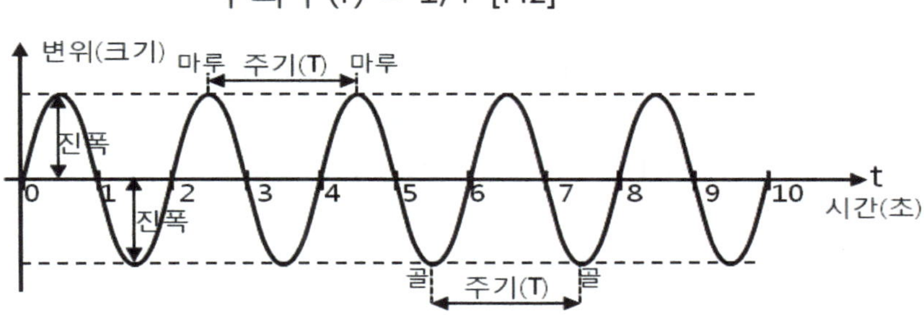

(a) 주파수(f) = 0.5 [Hz]

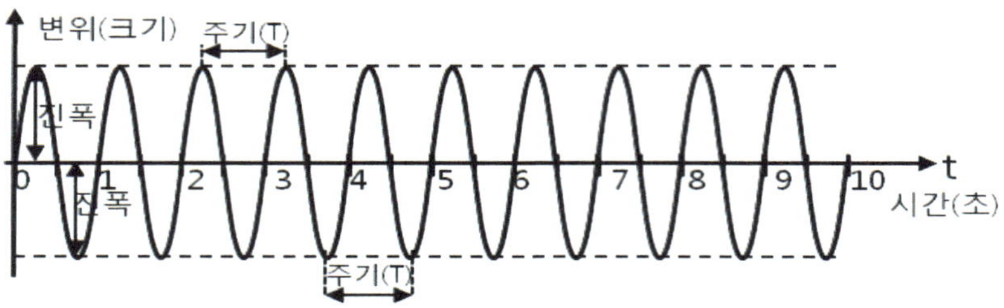

(b) 주파수(f) = 1 [Hz]

그림 1-17. 파동(wave)의 주기와 주파수

요 약

■ **주기 신호의 주요 변수**

진폭(Amplitude) : 원점에서부터 한쪽 방향으로의 최대 점까지의 신호 크기를 말한다. 즉 최고점에서의 수직 높이 또는 최저점에서의 골의 깊이이다.

주기(period) : 시간적, 공간적 반복되는 신호나 파동의 1개 사이클(cycle)당 걸리는 시간이다. 즉 위의 그림에서 신호 파형의 골과 골 또는 마루와 마루 사이의 구간이다.

주파수(frequency) : 주기의 역수로 신호나 파동이 단위 시간당 반복되는 회수(싸이클 수)를 의미한다.

위상(phase) : 동일 주파수에서 시간차나 편위를 나타내는 물리량으로 반복되는 파형에서 어느 한 순간의 사이클 상에서의 위치를 나타낸다. 단위는 라디안[Radian] 또는 각도[°]이다.

참 고

● **파동(波動, wave)**

파동이란 공간이나 물질의 한 부분에서 생긴 주기적인 진동이 시간의 흐름에 따라 주위로 멀리 퍼져나가는 현상을 의미한다. 예를 들면 잔잔한 호수에 돌을 던지면 던져진 자리를 중심으로 원형 고리 모양의 물결이 가장자리로 퍼져 나가게 현상을 경험했을 것이다. 이를 물결파라고 하는데 이와 같이 어떠한 매질의 진동이 주위로 전파되어 나가는 것을 파동이라 한다.

이와 같은 파동을 표현하는 데는 크게 공간적 방법과 시간적 방법이 있다. 즉, 아래 그림에서와 같이 시간의 흐름을 멈춘 채, 어느 한 시점에서 관찰한 파동은 가로 축은 거리, 세로 축은 변위(displacement)로 하여 표현하게 되며 진폭, 파장(λ), 마루, 골 등의 용어가 사용된다. 또한 공간의 한 점에서 시간이 흐름에 따른 파동의 모습을 나타내는 데는 가로 축은 시간, 세로 축은 변위로 하여 표현하게 되며 주기, 진동수(주파수) 등의 용어가 사용된다. 이는 모두 공간상으로나 시간상으로 하나의 모양을 반복적으로 보이는 주기적인 파동을 위해서 정의된 용어들이다.

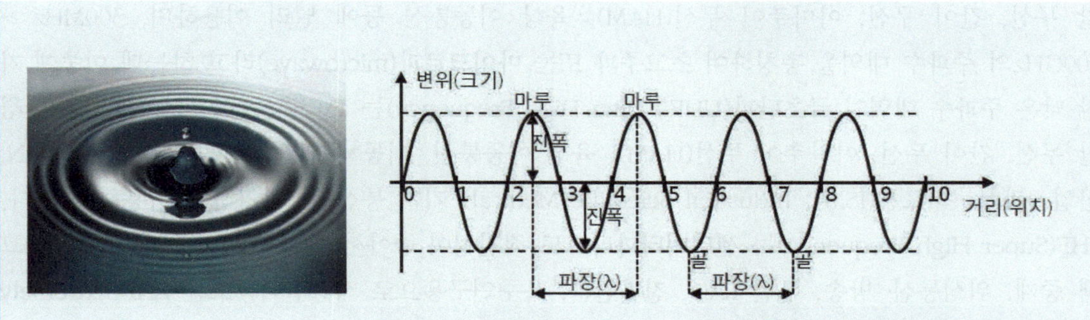

파동

1.5.2 전파와 전자(기)파의 차이점

우리는 종종 **전파(電波)**와 **전자파(電磁波, electromagnetic wave)**는 동일한 것을 의미하는 것인지 아닌지 혼란스런 경우가 있을 것이다. 방송국이나 무선국에서는 주로 전파라 하고, 다양한 전자제품을 사용하는 생활 가전에서는 전자파라고 하는데 이들은 사실 물리적으로 동일한 것이다. 다만 주파수 범위에 있어 차이가 있어서, 전자기파 중에 실용상 필요에 의해 정부가 법적으로 관리하는 전자파를 특별히 **전파**라고 한다. 즉 전자파의 일부가 전파인 것이다. 전파에 해당하는 주파수 범위는 다음 그림에서와 같이 3[kHz] ~ 3000[GHz] 이다.

1.5.3 전파의 주파수 대역 구분

전파의 주파수 대역은 파장을 10배 단위로 구분하여 가장 긴 파장의 전파부터 초장파, 장파, 중단파, 단파, 초단파, 극초단파로 구분하고 있다. 따라서 이에 해당하는 주파수는

$$f[Hz] = \frac{c}{\lambda} = \frac{3 \times 10^8 [m]}{\lambda}$$

에 의해 초장파는 3kHz ~ 30kHz, 장파는 30kHz ~ 300kHz 등 첫머리 숫자가 3으로 시작되는 주파수 대역으로 구분된다.

전파는 주파수에 따라 특성이 달라서, 아래 그림에 나타낸 바와 같이 주파수 대역별로 용도가 정해져 있다. 이 중에서 **단파(HF ; High Frequency)**는 지구의 전리층에서 반사되는 특성을 이용하여 대륙 간 국제통신이나 국제단파방송, 아마추어 무선(HAM), 선박, 항공기 통신 등에 이용하고, **초단파(VHF ; Very High Frequency)**는 FM 방송, TV 방송, 지상파 DMB, 항공관제, 소방 · 경

찰 무선, 간이 무선, 아마추어 무선(HAM), 육상 이동통신 등에 널리 이용하며, 300MHz ~ 300GHz의 주파수 대역을 총칭하여 초고주파 또는 **마이크로파**(microwave)라고 하는데 이중에 가장 낮은 주파수 대역인 **극초단파**(UHF ; Ultra High Frequency)는 TV 방송, 이동전화(휴대폰), 경찰 무선, 간이 무선, 아마추어 무선(HAM), 육상 이동통신, 이동체 위성통신, 레이더, 무선LAN, 산업 · 과학 · 의료용(ISM : Industrial Scientific Medical) 기기 통신 등 다양하게 사용하고 있다. SHF(Super High Frequency)는 **센티미터파**라고도 직진성이 좋아서 마이크로파 중계, 방송프로그램 중계, 위성통신· 방송, 무선 LAN, 전파천문, 우주연구용으로 사용한다. 또한 EHF(Extremely High Frequency)는 파장이 1mm ~ 1cm이므로 **밀리파**라고도 하며 주로 위성통신, 레이더, 전파천문용도로 사용한다. 이보다 파장이 좀 더 짧아서 0.1mm ~ 1mm 정도의 전파는 **서브밀리파**라고도 하며 이 역시 전파천문용으로 사용한다. 여기서 한 가지 재미있는 것은 주파수가 높다는 것을 강조하는 용어를 사용하는데 있어서 다음과 같은 순서로 사용하고 있다는 사실이다.

Very (High) 〈 Ultra (High) 〈 Super (High) 〈 Extremely (High)

참고로 기억해두면 여러 가지로 유용하리라 생각된다.

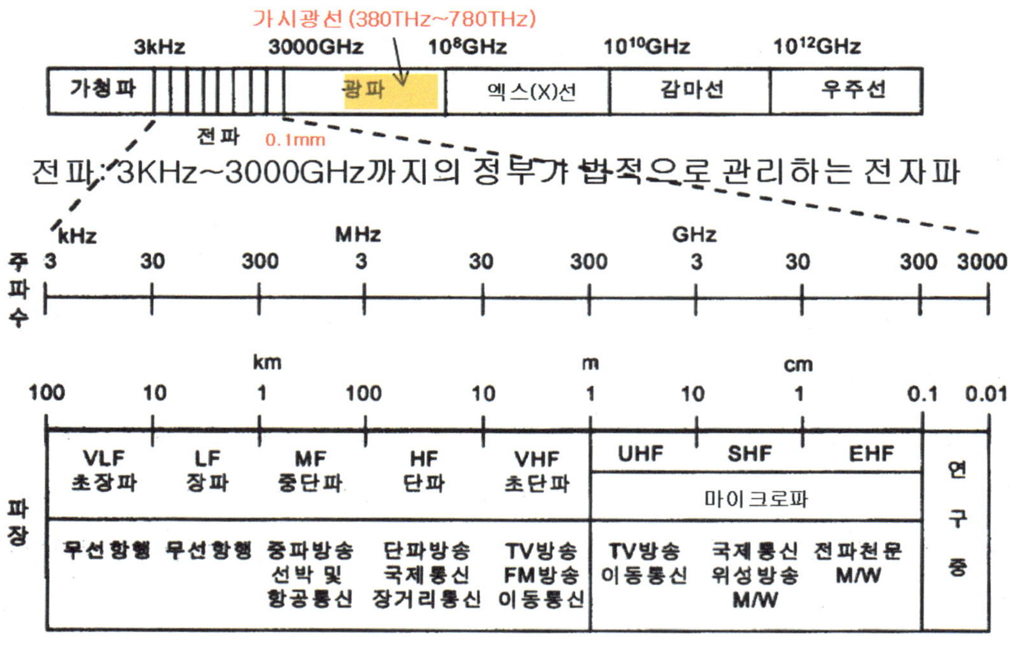

그림 1-18. 주파수 대역 구분

아래 그림은 국내 휴대전화 이동통신과 무선 데이터 서비스, 국제항공 및 위성 이동통신용 주파수 할당 내역인데, 주로 800MHz 대역의 초단파(VHF ; Very High Frequency)부터 2GHz 대역의 극초단파(UHF ; Ultra High Frequency)를 사용하고 있다.

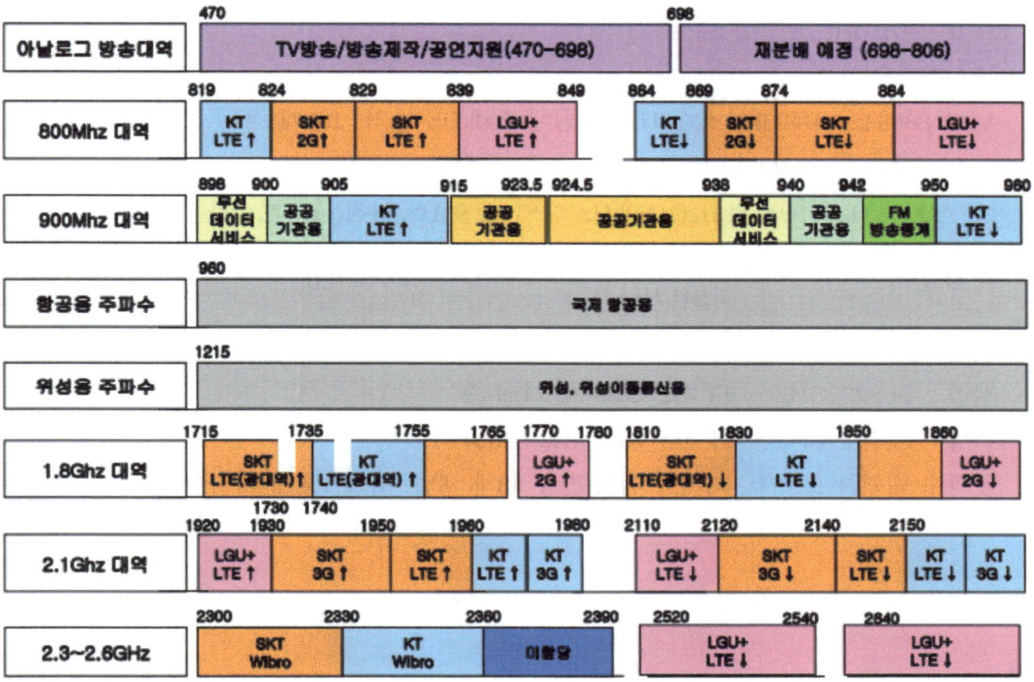

그림 1-19. 국내 이동통신 주파수 대역 할당

아래 그림은 국내 방송 주파수의 할당 내역이다. 158kHz의 장파부터 12GHz 대역(Ku-밴드)의 센티미터파(SHF ; Super High Frequency)까지 사용하고 있다.

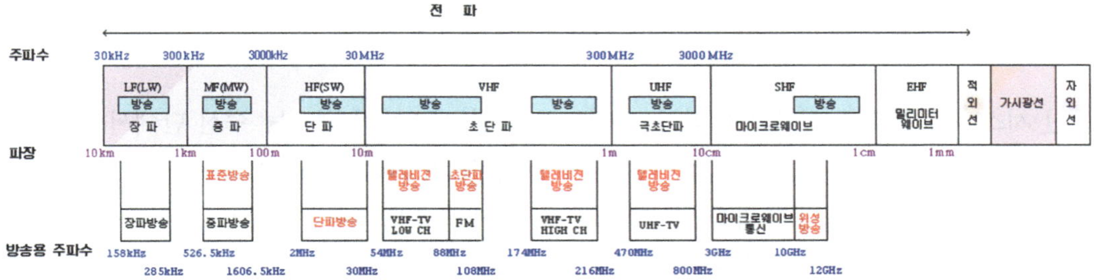

그림 1-20. 국내 방송 주파수 대역 할당

국내 TV 방송과 라디오 방송(AM, FM)의 자세한 주파수 대역과 채널 수는 다음과 같다.

(1) TV 방송

VHF Low band : 54MHz ~ 88MHz(5개 채널)

VHF High band : 174MHz ~216MHz(7개 채널)

UHF : 470MHz ~ 752MHz(47개 채널)

(2) FM 라디오 방송

VHF 88MHz ~108MHz (20MHz 대역)에 200kHz 간격, 100개 채널

(3) AM 라디오 방송 (MF)

MF 526.5kHz ~1606.5kHz(1080kHz 대역)에 9kHz 간격, 120개 채널

※채널 수 = $\dfrac{1606.5(kHz) - 526.59(kHz)}{9(kHz)} = \dfrac{1080}{9} = 120$

(4) 위성 방송

상향 : 14.527 GHz ~ 14.752 GHz (Ku-band)

하향 : 11.730 GHz ~ 11.954 GHz (Ku-band)

주파수 대역폭 27MHz, 디지털 위성 방송 48개 채널, 최대 168개 까지 위성 방송 채널 서비스 가능

1.6 통신 시스템의 성능변수

1.6.1 아날로그 통신 시스템의 성능변수

통신 시스템의 품질을 평가함에 있어, 아날로그 통신 시스템의 경우는 수신 단에서의 신호 대 잡음비(S/N)를 기준으로 성능을 평가한다. **신호 대 잡음비(S/N ; Signal/Noise 또는 SNR ; Signal to Noise Ratio)**는 신호전력과 잡음전력의 비율을 데시벨[dB]로 나타낸 것으로 정보를 전달하는 신호의 세기가 잡음에 비해 얼마나 강한가를 나타낸다. 앞서 언급한 통신 시스템의 구성에서 볼 때 송신기에서 전송된 신호가 채널을 거치면서 채널 잡음이 더해지고 그 신호를 수신기가 수신하여 복조나 그 밖의 신호 처리 과정에서 좀 더 잡음에 더해지는데 이렇게 수신기에서 송신된 원래

신호를 복원해낼 때의 신호전력과 잡음전력의 비율을 평가 파라미터로 삼는 것이다. 여기서 채널 잡음은 교통으로 비유하자면 통신의 전송 채널에 해당하는 도로의 품질을 좌우하는 도로 폭, 굴곡도와 경사도, 포장 상태와 같은 것으로 볼 수 있을 것이다.

수신 단에서의 신호 대 잡음비는 수신 신호를 복조한 뒤 얻어진 기저대역 신호전력과 잡음전력의 비율로 이와 비슷한 개념의 **반송파 대 잡음비**(C/N ; Carrier/Noise **또는** CNR ; Carrier to Noise Ratio)와는 구분하여 사용할 필요가 있다. 반송파 대 잡음비는 복조하기 전, 반송파가 있는 변조된 신호 전력의 잡음 전력에 대한 비율이다. 수신기에서는 수신 신호에 대한 처리 과정을 거칠수록 잡음이 더하여지므로 통상적으로 C/N가 S/N보다 높다.

1.6.2 디지털 통신 시스템의 성능변수

통신 시스템의 품질을 평가함에 있어서 디지털 통신 시스템의 경우는 채널에서의 E_b/N_o에 대한 **비트오율**(BER ; Bit Error Rate)로 성능을 평가한다. 예를 들어 채널 E_b/N_o= 20[dB]일 때 BER = 1.0×10^{-6} 이라고 하면, 해당 채널에서 백만 비트의 데이터가 전송될 때 그 중에 한개 비트에서 에러가 발생할 수 있다는 의미이다. 이때 E_b/N_o는 잡음 밀도에 대한 1비트 구간 내에서의 디지털 신호 전력과의 비율을 나타내는데 이는 아날로그 신호에 있어 신호 대 잡음비와 같은 개념으로 보면 된다. 다만 1비트의 데이터 구간에서의 신호전력과 잡음전력의 비율을 나타낸다는 것이 차이점이다. 따라서 신호 대 잡음비(S/N)과 E_b/N_o의 관계는 다음과 같다.

$$\frac{S}{N} = \left(\frac{E_b}{N_o}\right) \cdot \left(\frac{R}{W}\right)$$

여기서 W는 대역폭으로 단위는 [Hz]이고, R은 데이터 전송 속도로 단위는 [bps], 즉 [bits/sec]이다.

따라서 신호 대 잡음비는 E_b/N_o에 전송 대역폭에 대한 전송 속도의 비율을 곱하면 된다. 또한

$$\frac{E_b}{N_o} = \left(\frac{S}{N}\right) \cdot \left(\frac{W}{R}\right) [dB]$$

즉 E_b/N_o는 신호 대 잡음비에다 전송 속도에 대한 대역폭의 비율을 곱하면 된다.

이상을 정리하면 디지털 통신 시스템의 성능은 전송 채널의 E_b/N_o에 대한 BER로 나타내는데, 예를 들면 "채널 E_b/N_o = 11[dB]일 때 BER = 2.0×10^{-7} (PSK 변조 시)이다"로 표현한다. 이때 여러 가지 E_b/N_o 값에 대한 BER을 구하여 그래프 형태로 나타낸 것이 다음 그림과 같은 그래프이다. 이 그래프는 가로 축이 E_b/N_o, 세로 축이 BER인 곡선으로 그 모습이 마치 폭포수와 같다 하여 waterfall 곡선이라고 한다. 아래 그림의 **BER 곡선**은 E_b/N_o 함수로 BER을 $P_b(e)$라 하면 대개

$$P_b(e) = \frac{1}{2} erfc\left(\sqrt{\frac{E_b}{2N_o}}\right)$$

로 **상보 에러 함수**(complementary error function : Q **함수**)의 형태를 갖는다. 이러한 에러 함수에 대해서는 나중에 참고 사항에서 다루기로 한다.

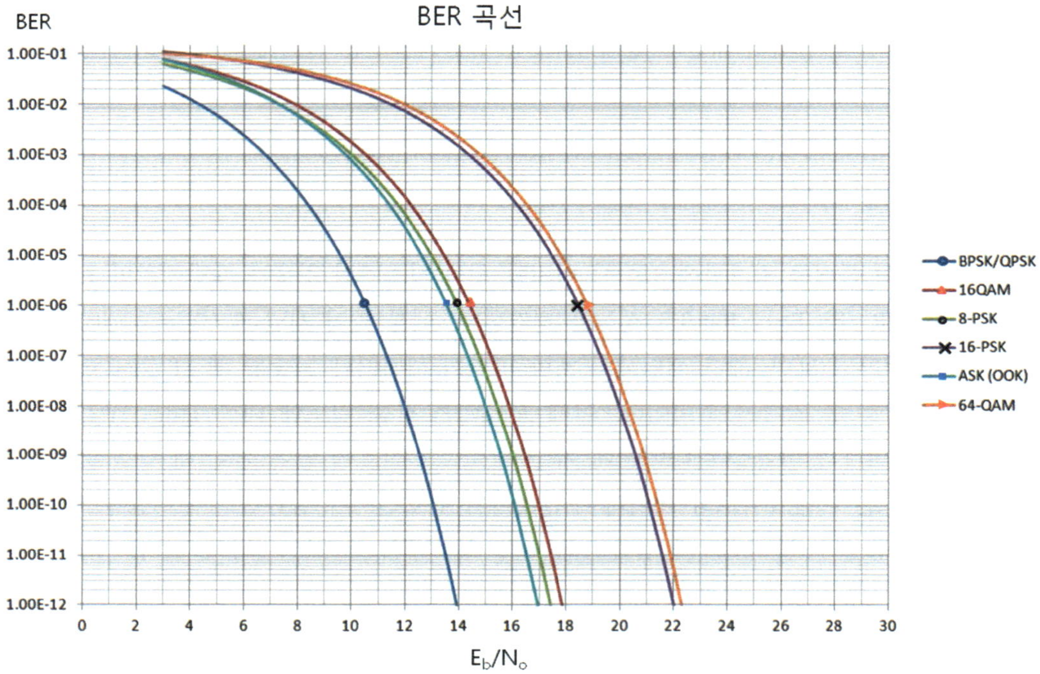

그림 1-21. 디지털 통신 시스템의 BER 곡선

참 고

- **샤논-하틀리의 정리(Shannon-Hartley's Theorem)와 샤논의 한계값(Shannon's limit)**

디지털 신호의 전송 속도는 1초당 몇 비트의 데이터가 전송되는 지를 나타내며 단위는 [bps] (bit per second)이다. 전송 속도가 높으려면 마치 도로 폭이 넓고 도로 상태가 잘 포장된 고속도로처럼 양호해야 차량 속도를 높일 있듯이 전송 대역폭이 넓고 채널의 S/N비가 높아야 한다. 통신 시스템에서 이와 같은 전송 속도와 대역폭 및 S/N비의 관계를 이론적으로 정의한 것이 **샤논-하틀리의 정리(Shannon-Hartley's Theorem)**이다. 즉 정보 이론 관점에서의 채널 용량을 C라 하면

$$C = W\log_2\left(1+\frac{S}{N}\right)\ [bps]$$

C : 채널용량(channel capacity) [bps] [bits/sec]

W : 대역폭(Band Width) [Hz]

S/N : 신호 대 잡음비

이라는 것으로 1928년 하틀리가 기초 예비 작업을 하였고, 샤논이 그의 논문 〈A Mathematical Theory of Communication〉(Claude E. Shannon,1948)에서 수학적으로 정확하게 유도하였다 (샤논 제3정리).

이때 샤논은 어떠한 전송 채널을 통해 임의의 작은 비트오율(BER)로 전송할 수 있는 부호화 방법이 반드시 존재한다고 하면서, 이러한 방법이 가능한 최소의 채널 S/N비, 즉 E_b/N_o의 이론적인 한계치가 $-1.59[dB]$라고 제시하였는데, 이는 $S/N=(E_b/N_o)(C/W)$로 놓고 E_b/N_o에 대해 정리한 후, $x=C/W$로 놓고 $x\to 0$ 때(대역폭을 무한대로 할 때)의 극한 값을 구한 것이다. 즉

$$\lim_{x\to 0}\left(\frac{E_b}{N_o}\right)=\lim_{x\to 0}\frac{1}{x}(2^x-1)=\lim_{x\to 0}\frac{(2^x-1)}{x}$$

여기서 $f(x)=2^x-1$, $g(x)=x$ 라고 하면 $2=e^{\ln 2}$ 이므로 $f(x)=2^x-1=e^{x\ln 2}-1$이고 $f'(x)=\dfrac{d(e^{\ln 2x}-1)}{dx}=\ln 2\,e^{\ln 2x}$, $g'(x)=1$ 이므로

$$\lim_{x\to 0}\left(\frac{E_b}{N_o}\right)=\lim_{x\to 0}\left\{\frac{f(x)}{g(x)}\right\}=\lim_{x\to 0}\left\{\frac{f'(x)}{g'(x)}\right\}=\lim_{x\to 0}(\ln 2\,e^{x\ln 2})$$
$$=\ln 2=0.6931=-1.59[dB]$$

이다. 이때 $\dfrac{E_b}{N_o}=-1.59[dB]$를 **샤논의 한계값** (Shannon's limit)이라 한다. 이는 이론적으로 E_b/N_o가 0.6931배 (-1.59[dB]) 이상인 경우에만 통신이 가능하다는 의미이다.

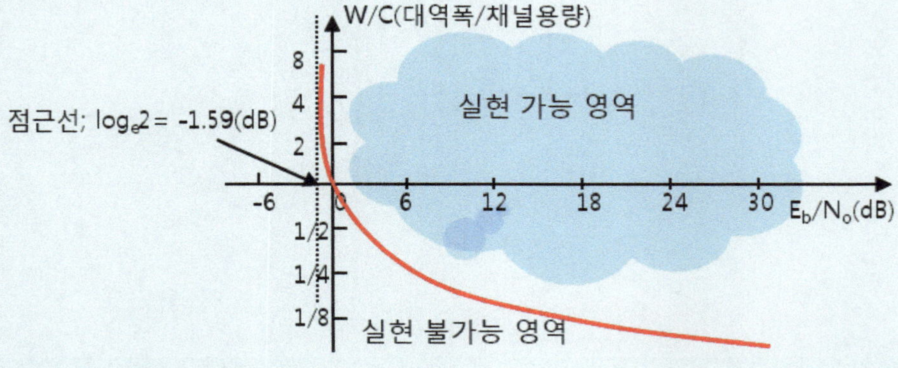

예 제 1-1

신호 대 잡음비가 30[dB]인 전송 채널에서 2진 데이터를 2Mbps 전송 속도로 통신하기 위해서 필요한 최소한의 전송 대역폭은 얼마인가? (단, 전송 속도/대역폭 = 1인 변조 기술을 사용한다고 가정한다)

(풀이) 샤논-하틀리의 정리에 따라

$$C = W\log_2(1+\frac{S}{N})\,[bps]$$

여기서 통신용량 $C = 2[Mbps]$, $S/N = 30[dB]$이므로 필요한 전송 대역폭은

$$W = C/[\log_2(1+S/N)] = 2\times10^6/\log_2 1001 \cong 2.01\times10^5\,[Hz] = 0.21\,[MHz]$$

가 된다.

제1장 연습문제

(주관식 문제)

1. 통신의 정의는 무엇인지 간단히 설명하라.
2. 전기통신이란 무엇인지 설명하라.
3. 통신공학이란 어떠한 것을 다루는 학문인가?
4. 통신기술의 발전 목표는 무엇인지 설명하라.
5. 전기통신의 역사에 있어 가술 발전에 커다란 영향을 미친 진전(break through)은 무엇이었는지 생각하여 보고 그 인물에 대해서도 알아보라.
6. 아날로그와 디지털의 원래의 의미는 무엇이고 어떻게 다른지 설명하라.
7. 아날로그 신호와 디지털 신호의 차이점을 설명하라.
8. 일반적인 통신 시스템 구성도를 그리고 설명하라.
9. 일반적인 디지털 통신 시스템 구성도를 그리고 설명하라.
10. 샤논(Shannon)의 통신계(통신 시스템) 모델을 그리고 설명하라.
11. 주파수란 무엇이고 주기와의 어떤 관계가 있는지 설명하라.
12. 주파수 대역 구분은 무엇을 기준으로 어떻게 나누었는지 기술하라.
13. 전파와 전자기파는 같은 것인지 다른 것인지, 다르다면 무엇이 다른지 설명하라.
14. 국내 주파수 대역 할당에 대해서 알아보라.
15. 아날로그 통신 시스템과 디지털 통신 시스템의 성능평가에 쓰이는 변수는 무엇인가?
16. E_b/N_o의 물리적 의미는 무엇이며 신호 대 잡음비(SNR)와는 어떠한 관계가 있는가?
17. 다음 괄호 안에 적절한 용어는 무엇인가?
    통신이란 인간의 의사, 지식, 감정 또는 (　　)를 격지 간에 주고받는 행위이며 전기통신이란 매질의 전자기적 교란을 통해 (　　)를 주고받는 것이다.
18. 다음 그림과 같은 디지털 통신 시스템 구성도에서 ①과 ②는?

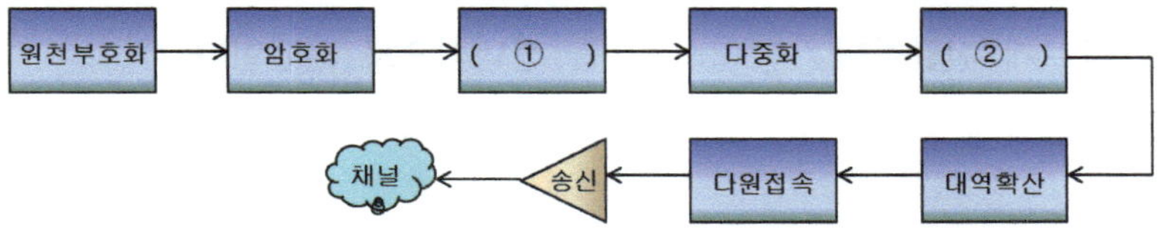

제1장 연습문제

19. 다음 그림과 같은 일반적인 디지털 통신 시스템의 구성도에서 빈칸 (1)~(5)을 채워라.

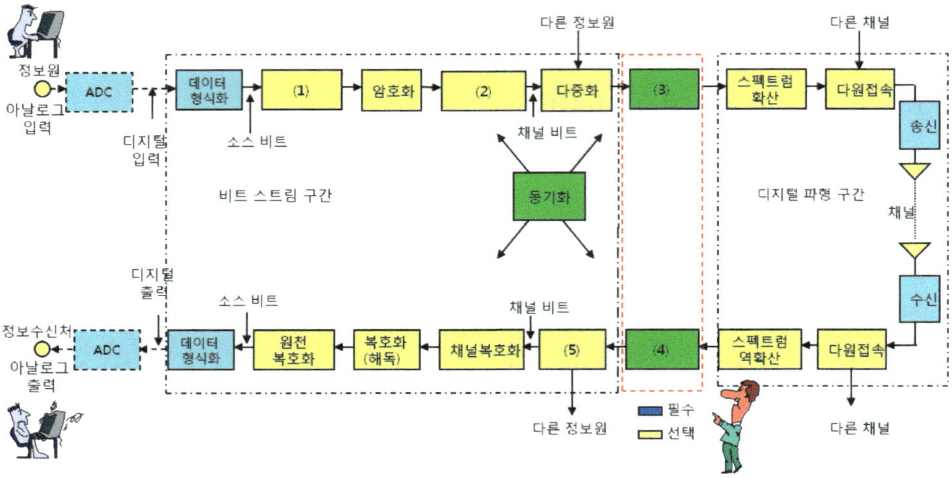

20. 신호 대 잡음비 SNR(Signal to Noise Ratio)와 비트오율(BER : Bit Error Rate)의 관계를 설명하라.

(객관식 문제)

21. 통신 기술의 발전 방향과 그에 대한 방법으로 올바른 것은?

   ① 빠르게 --- 변복조 기법
   ② 정확하게 --- 원천부호화(압축)
   ③ 경제적으로 --- 채널부호화(에러정정)
   ④ 효율적으로 --- 대역폭 확대

22. 통신의 목적과 발전 목표로 적당하지 않은 것은?

   ① 정보를 빠르게 전달한다 ② 정보를 선택적으로 전달한다
   ③ 정보를 정확하게 전달한다 ④ 정보를 경제적으로 전달한다

23. 전파에 대한 설명으로 옳지 않은 것은?

① 전파는 전자파에 속한다.

② 전파는 법률로 정의하여 구속하는 전자파이다.

③ 전파는 현재 300GHz 이하의 전자파로 규정하고 있다.

④ 전파는 국제 공동자원으로 관리하기 위해 ITU가 정한 주파수 범위 내의 전자파이다.

24. 다음 그림과 같은 신호의 주파수와 주기는 얼마인가?

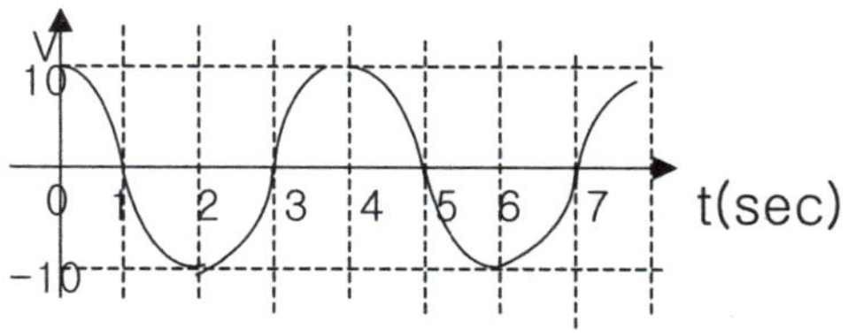

① 주파수 $f = 1[Hz]$, 주기 $T = 1[sec]$

② 주파수 $f = 0.5[Hz]$, 주기 $T = 2[sec]$

③ 주파수 $f = 0.25[Hz]$, 주기 $T = 4[sec]$

④ 주파수 $f = 2[Hz]$, 주기 $T = 0.5[sec]$

25. 3GHz 전파의 명칭과 파장으로 올바른 것은?

① SHF --- 1cm ② SHF --- 3cm

③ UHF --- 10cm ④ UHF --- 30cm

26. 300 MHz 전파의 명칭과 파장으로 올바른 것은?

① VHF --- 10m ② UHF --- 1m

③ SHF ---- 10cm ④ EHF --- 1cm

27. UHF 신호의 주파수 대역으로 맞는 것은?

① 3MHz ~ 30MHz ② 30MHz ~ 300MHz

③ 100MHz ~ 1GHz ④ 300MHz ~ 3GHz

28. 국내 TV의 주파수 대역으로 맞지 않는 것은?

① HF ② VHF ③ UHF ④ 54MHz ~ 890MHz

제1장 연습문제

29. 다음은 통신 시스템의 구성도이다 (1)에 알맞은 것은?

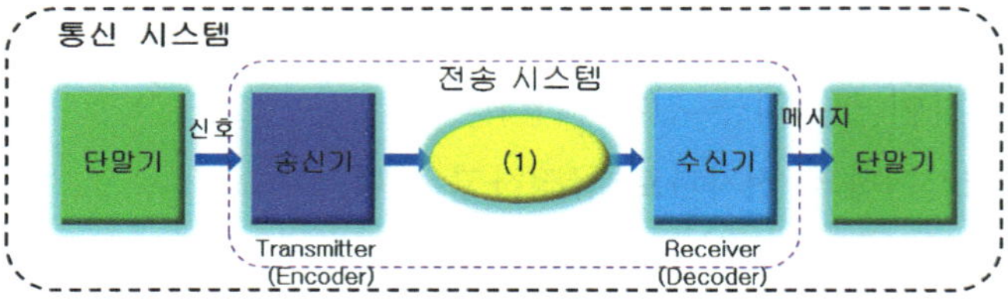

① 전송매체 ② 변조기 ③ 암호화기 ④ 복조기

30. 통신 시스템의 성능을 평가하는 변수를 적은 것 중 옳은 것은?

① 아날로그 : SNR, 디지털 : BER

② 아날로그 : CNR, 디지털 : SNR

③ 아날로그 : E_b/N_o, 디지털 : BER

④ 아날로그 : SNR, 디지털 : CNR

31. $\frac{E_b}{N_o}$ = 30(dB)인 디지털 신호를 4kHz 대역폭에 16kbps로 송신하면 이에 해당하는 신호 대 잡음비(SNR)는 얼마인가? (단 $\frac{E_b}{N_o} = \frac{S}{N} \cdot \frac{W(Hz)}{R(bps)}$ 이다.)

① 60 dB ② 66 dB ③ 33 dB ④ 36 dB

제2장

신호와 시스템

2.1 신호의 정의와 표현
2.2 신호의 종류
2.3 신호 해석과 필요 지식
2.4 신호의 푸리에 급수 표현
2.5 푸리에 변환
2.6 시스템의 표현과 종류
2.7 시스템의 특성 해석
2.8 시스템의 신호 왜곡
▣ 연습문제

■ 학습목표

- 신호란 무엇인지 그 정의와 표현 방식에 대해 알아본다
- 주파수, 주기, 파장, 속도, 진폭 등 신호의 파라미터에 대해 학습하고 어떠한 관계가 있는지 파악한다
- 여러 가지 기준에 따라 신호가 어떻게 분류되는지 살펴본다
- 신호 대 잡음비, 잡음, 대역폭 등, 신호의 해석에 필요한 여러 가지 기본 지식을 익힌다
- 통신에서 가장 널리 쓰이는 신호의 변환 방법인 푸리에 급수와 푸리에 변환에 대해 학습한다
- 시스템의 표현 방법과 그 종류에 대해 살펴본다
- 시스템의 임펄스 응답이나 스텝 응답과 같이 시스템 특성을 해석하는 방법을 파악한다
- 시스템의 신호 왜곡과 그 종류에 대해서 살펴보고 무왜곡 시스템 조건을 알아본다

2.1 신호의 정의와 표현

2.1.1 신호의 정의와 특징

신호(信號, signal)는 음성, 손짓, 몸짓, 부호, 표지, 전파, 광파, 음파 등과 같이, 정보를 전달하거나 지시하는 데 사용되는 측정 가능한 물리적 수단으로, 어떤 현상을 시간, 공간에 따라 변화하는 물리량(physical quantity)으로 표시한 일종의 함수라 할 수 있다.

예를 들면 교류 전압, 전류와 같이 시시각각 변화하는 시변 량을 진폭, 주파수와 위상을 가진 정현파(正弦波, sine wave) 형태의 물리적 파형으로 나타낸 것이라든지, 디지털 데이터 1, 0을 5V와 −5V의 전압을 가진 구형파(矩形波, square wave)로 나타낸 것, 맥박이 뛰는 것을 시간축 상에서 변화하는 전기 신호로 변환할 경우 나타나는 펄스(pulse)파 등이 그 예이다, 통신에서는 전달하고자 하는 현상을 주로 시간이나 주파수의 함수로 표현하는데 이 경우는 전압이나 전류의 변화량이라는 정보를 시간의 함수로 표현한 예라 할 수 있다.

이러한 신호는 다음과 같은 특징이 있다.

- 수학적으로 한 개 이상의 독립변수의 함수로 표현된다.
- 다양한 물리적 현상의 동작 또는 성질을 표현한다.
- 신호가 변화하는 양상 속에 정보가 담겨 있다.

요 약

- 신호(信號, signal)란 정보를 전달하거나 지시하는데 사용되는 측정 가능한 물리적 수단으로, 어떤 현상을 시간, 공간에 따라 변화하는 물리량(physical quantity)으로 표시한 함수
- 신호란 시간이나 주파수의 함수로 표현될 수 있는 정보의 운반체

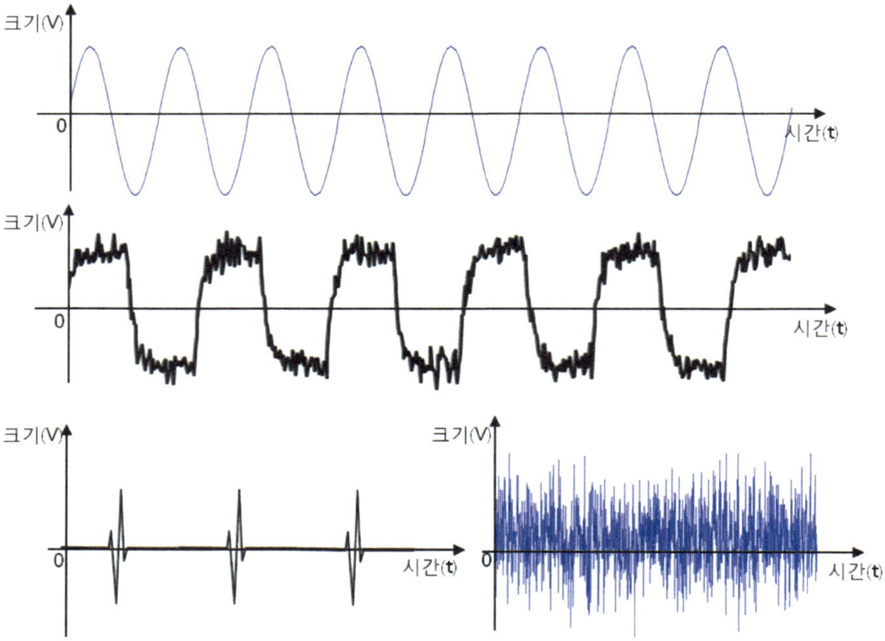

그림 2-1. 여러 가지 신호 파형

2.1.2 신호의 표현 방식

통상적으로 통신 신호는 시간에 따라 변화하는 전기 신호이므로 주로 시간축 상에서의 관찰하게 되는데 이를 주파수축 상에서 표현한 것을 **스펙트럼**(spectrum)이라 한다. 이는 시간축 상에서의 신호파형을 여러 가지의 주파수를 가진 정현파 신호 성분들의 합으로 이루어진 것으로 해석하여 각각의 주파수 성분별로 크기와 위상을 나타낸 것이다. 전기통신 분야에서 가장 기본적인 신호 중의 하나가 **정현파(正弦波)** 신호이다, 이는 흔히 **사인**(sine)**파**라고 하는 것인데 일반적으로 다음과 같은 식으로 나타낸다.

$$f(t) = A\sin(\omega t + \theta_0) = A\sin(2\pi f t + \theta_0)$$

여기서 A는 **진폭**(Amplitude), θ_0는 **초기 위상**(Phase), f는 **주파수**(frequency)이고, ω 는 **각주파수**(angular frequency) 또는 **각속도**(angular velocity)이다.

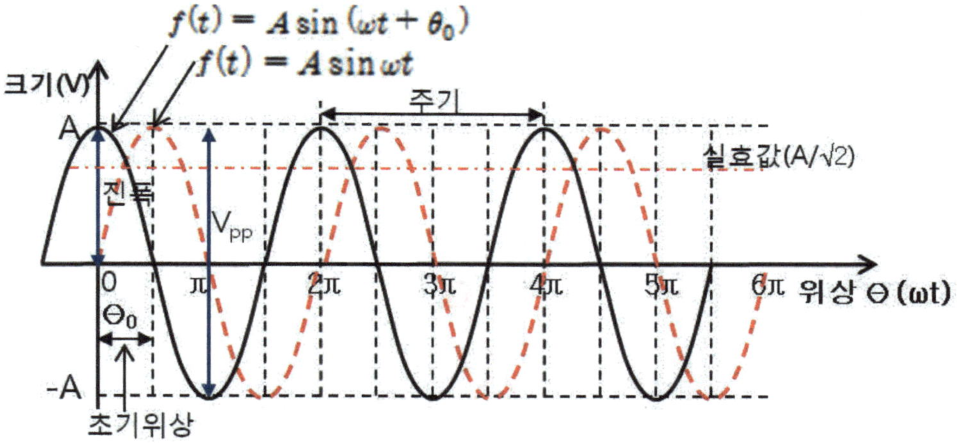

그림 2-2. 정현파 신호

각주파수(angular frequency)는 원운동계에서 1초 동안 이동한 원주 상에서의 거리를 각도로 표시한 것이다. 즉, 직선운동계에서의 속도 $v[m/esc]$와 마찬가지로 원운동계에서의 속도라고 보면 된다. 즉 직선운동계에서 속도를 v, 거리를 d라고 할 때, t라는 시간 동안 이동한 거리는

$d = vt$

인 것과 마찬가지로 원운동계에서도 원주 상에서의 이동거리, 즉 호의 길이 d는

$d = \omega t$

그런데 원주 상에서의 이동 거리 d를 호도법에 의해 각도(위상)로 대체하여 θ[rad]로 표시하면

$\theta = \omega t$

가 된다. 따라서 아래 그림과 같이 어떤 물체 Q가 반지름 r인 원주 위를 ω의 속도로 이동하고 있다고 가정하고, 1회전하여 제자리에 왔을 때까지의 원주 상의 이동거리를 각도로 표시하면 360°, 즉 $2\pi[rad]$이고, 이때 걸린 시간 t는 주기(period)인 T이므로

$$\omega = \frac{2\pi}{T}[rad/\sec]$$

가 된다. 그런데 주파수 $f = \frac{1}{T}$ 이므로

$$\omega = \frac{2\pi}{T} = 2\pi f\ [rad/\sec]$$

인 관계가 있다.

우리는 이제 이 책에서 많은 경우, 주파수를 나타낼 때, 주파수 f[Hz]와 각주파수 $\omega[rad/\sec]$를 혼용하여 사용할 것이다. 이는 수학적인 수식의 전개 상 각주파수 ω를 이용하는 것이 편리할

경우가 많기 때문이다. 따라서 f와 ω는 2π 만큼 차이가 난다는 위의 관계식을 잘 이해하여 두면 앞으로 통신이론을 이해하는데 여러 가지로 편리할 것이다.

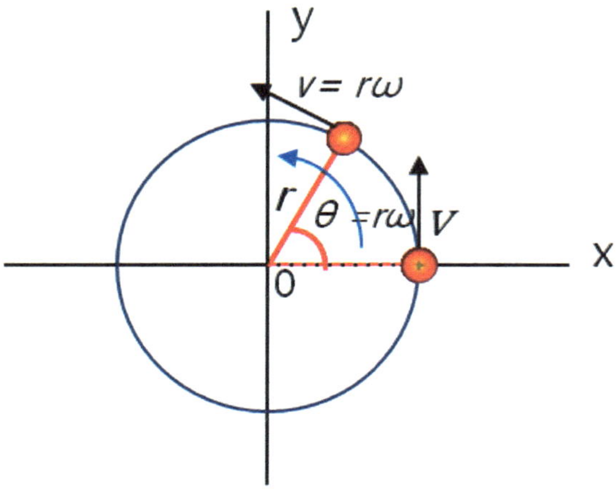

그림 2-3. 원운동계에서의 위상과 각주파수

요 약

$$\omega = 2\pi f\ ,\quad f = \frac{\omega}{2\pi}\ ,\quad \theta = \omega t$$

참 고

- **호도법**

1회전(cycle)의 각도를 360°로 한 이유는 옛 바빌로니아 인이 일년을 360일이라 생각한데서 유래했다고 한다. 호도법은 각도 대신 원의 호 길이로써 각으로 표시하고자 한 것이다. 즉, 반지름 r과 길이가 같은 호의 길이를 l이라 할 때, 이것에 의해 만들어지는 중심각의 크기를 1라디안(radian)으로 정의하면 전체 원주의 길이는 $2\pi r$이고 이를 각도로 표시하면 360°이므로 $2\pi r : 360^{\circ} = r : 1\,[rad]$ 에서 $1\,[rad] = \frac{360^{\circ}}{2\pi}$ 되므로 $1\,[rad] = 57^{\circ}\,17'\,45''$ 이다. 호도법은 삼각함수 내에 있는 라디안이라는 값을 실수로 취급함으로써 삼각함수를 실수에서 실수로 가는 함수로 취급할 수 있고 미적분에 있어 계수가 붙지 않게 되는 장점이 있다.

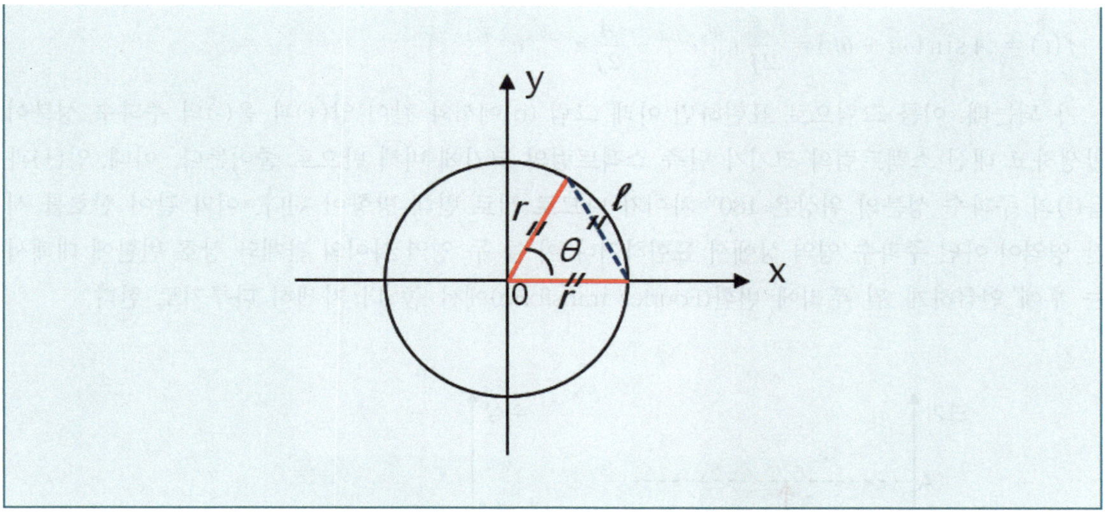

앞서, 신호를 주파수축 상에서 나타낸 것을 스펙트럼이라 한다고 언급하였는데, 이러한 스펙트럼에 대해 알아보자. 스펙트럼은 신호의 주파수 성분별 크기와 위상을 나타내므로 이론적으로 완전한 정현파는 순수하게 단일 주파수 성분만 존재하므로 스펙트럼을 도식화하여 그리면 다음 그림과 같다. 이때 스펙트럼을 표현하는 방식에는 아래 그림 (a)에서와 같이 실제로 존재하는 양(+) 주파수만으로 표현하는 방식과 양(+)과 음(-) 두 개의 주파수로 표현하는 방식이 있는데 전자를 단측 스펙트럼 , 후자를 양측 스펙트럼이라고 한다. 음(-)의 주파수는 실제로 존재하지는 않지만 양측 스펙트럼으로 표현하는 이유는 통신이론을 수학적으로 다룸에 있어 수식을 전개하거나 이해하는데 편리하기 때문이다. 예를 들면 사인(sine)과 코사인(cosine) 함수는 **오일러의 공식(Euler's formula)**을 써서 다음과 같은 지수함수 형태의 수식으로 바꾸어 표현할 수가 있다.

$$e^{j\theta} = \cos\theta + j\sin\theta, \quad e^{-j\theta} = \cos\theta - j\sin\theta$$

$$\cos\theta = \frac{e^{j\theta} + e^{-j\theta}}{2}, \quad \sin\theta = \frac{e^{j\theta} - e^{-j\theta}}{2j}$$

통신이론에서 가장 기본적인 신호파형으로 다루고 있는 사인(sine)과 코사인(cosine) 함수를 이와 같이 지수함수로 형태로 바꾸어 계산하면 곱셈이나 나눗셈을 지수에 대한 덧셈과 뺄셈으로 쉽게 할 수 있고 나중에 다루게 될 변조(modulation) 과정에서 양측파대(double side band)가 발생되는 현상을 좀 더 쉽게 이해할 수 있게 된다. 예를 들어 사인파를 지수 형태로 표현할 경우

$$f(t) = A\sin(\omega t + \theta_0) = \frac{A}{2j}e^{j\theta_0}e^{j\omega t} - \frac{A}{2j}e^{-j\theta_0}e^{-j\omega t}$$

가 되는데, 이를 그림으로 표현하면 아래 그림 (b)에서와 같이 양(+)과 음(-)의 주파수 성분이 발생하고 대신 스펙트럼의 크기가 단측 스펙트럼의 크기에 비해 반으로 줄어든다. 이때, 양(+)과 음(-)의 주파수 성분의 위상은 180° 차이가 나므로 서로 반대 방향이 된다. 이와 같이 신호를 시간 영역이 아닌 주파수 영역 상에서 표현하거나 이 들 두 영역 사이의 관계와 상호 변환에 대해서는 후에 언급하게 될 푸리에 변환(Fourier transform)에서 좀 더 자세히 다루기로 한다.

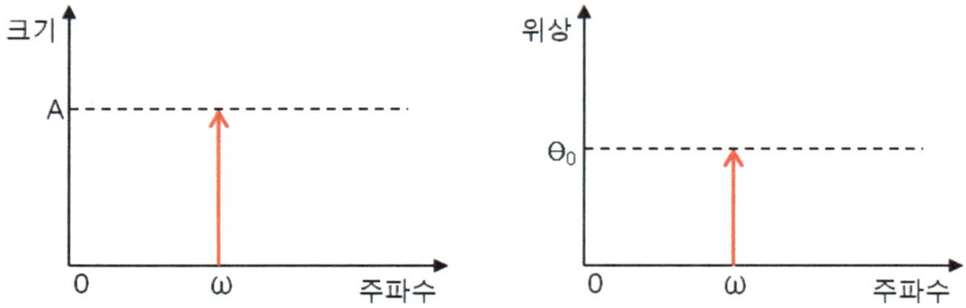

(a) 정현파의 단측 스펙트럼 표현

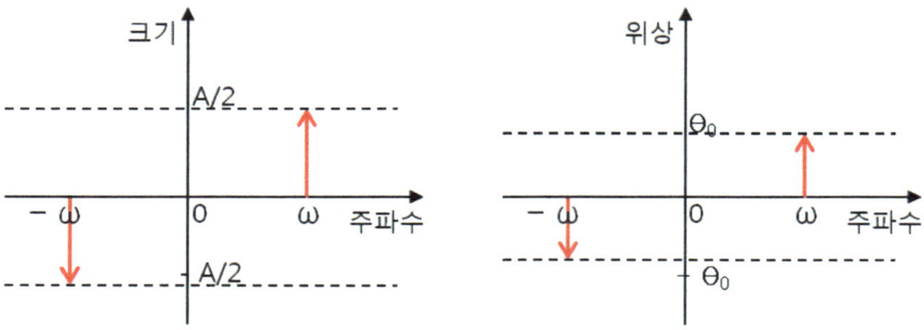

(b) 정현파의 양측 스펙트럼 표현

그림 2-4. 정현파 신호의 스펙트럼

2.2 신호의 종류

2.2.1 신호의 분류

신호는 여러 가지 기준에 따라 다음과 같이 분류할 수 있다.

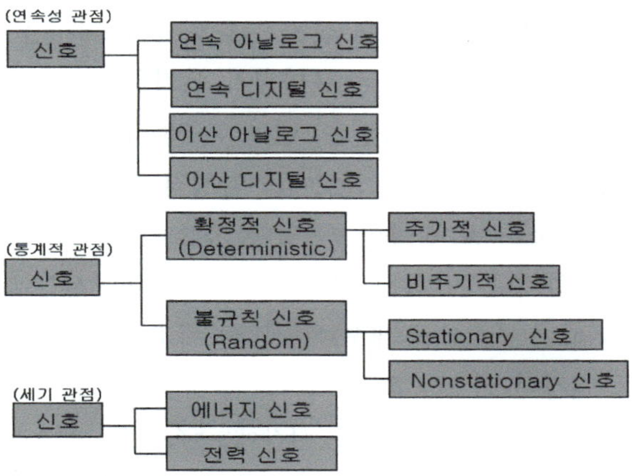

그림 2-5. 신호의 종류

- 파형의 크기 및 시간적 연속성에 따라
  - 크기의 연속성 : 아날로그 신호(analog signal)와 디지털 신호(digital signal)
  - 시간적 연속성 : **연속 신호**(continuous-time signal)와 **이산 신호**(discrete-time signal)

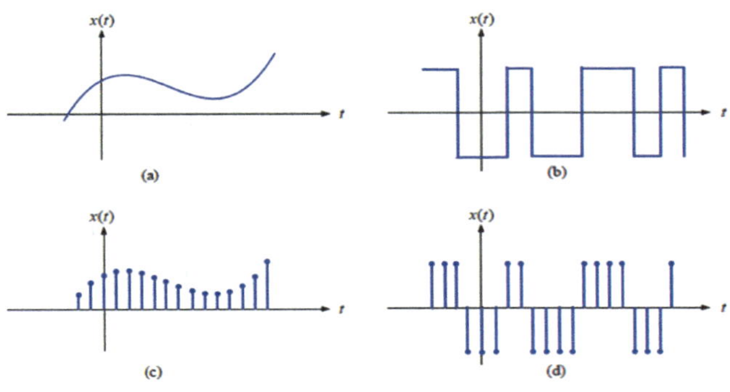

(a) 연속시간, 아날로그

(b) 연속시간, 디지털

(c) 이산시간, 아날로그

(d) 이산시간, 디지털

그림 2-6. 연속신호와 이산신호

- 파형의 주기성에 따라(신호의 통계적 관점)
  - **주기(週期) 신호**(periodic signal) : 동일 형태의 파형이 반복되는 신호
  - **비주기 신호**(aperiodic signal, non-periodic signal) : 동일 형태 파형의 반복성이 없는 신호
- 신호의 불확실성에 따라(신호의 통계적 관점)
  - **결정적 신호**(deterministic signal) : 과거 값으로부터 미래 값을 예측할 수 있는 신호로 신호 파형을 명확한 시간 함수로 표현 가능한 신호. 모든 주기적 신호, 비주기적 신호 중에도 과도적 신호(transient signal) 등이 이에 속한다.
  - **비결정적 신호**(nondeterministic signal) 또는 **랜덤 신호**(random signal, **불규칙 신호**) : 어떤 주어진 시간 내에서 불규칙한 값을 갖는 신호로 신호 파형을 명확하게 표현 불가능한 신호. 이 같은 신호의 경우, 수식으로 표현되기 어려우므로 확률과 통계적 방법에 의해 표현하고 다루게 된다. 이러한 과정을 랜덤 과정(random process) 또는 확률 과정(stochastic process)이라 한다. 랜덤 신호에는 **안정적 신호**(stationary signal) 와 **비안정적 신호**(non-stationary signal) 로 분류할 수 있다. 신호의 평균값(mean)과 분산값(variance)이 시간에 따라 변화하거나 어떠한 경향도 띠지 않으며 (시간에 대해 독립적이며) 다만 상호 분산값(covariance, 상호상관 계수)이 시간차에 따라서만 변화할 때(시간차의 함수일 때) 이러한 신호를 안정적 신호라 하고 이와는 반대로 평균값이나 분산값 중 어느 하나라도 시간에 따라 일정하지 않고 변화하는(시간에 종속적인) 신호를 비안정적 신호라 한다.
- 신호 및 잡음 해석의 용이성을 위해(신호의 세기 관점)
  - **전력 신호**(power signal) : 평균 전력이 유한하나 에너지는 무한대인 신호로, 주로 무한 시간에 걸쳐 주기적이거나 통계적인 규칙성을 보이는 신호가 이에 속하며 대부분의 주기적인 아날로그 신호가 이에 해당한다. 달리 설명하면, 모든 시간에 대해서 진폭이 유한하며, 0이 아닌 전력을 갖는 신호, 즉

    $$0 < P = \lim_{T \to \infty} \frac{1}{T} \int_{-T/2}^{T/2} |x(t)|^2 \, dt < \infty$$

    인 신호이다. 예를 들면 일정 크기의 신호가 끊임없이 지속되는 직류신호라든지 교류신호 같은 경우, 신호의 전체 시간에 대한 적분 값(에너지)은 무한대가 되므로 별 의미를 갖지 못한다. 이때는 에너지의 시간 미분 값(시간 변화율)인 전력, 특히 평균 전력이 물리적으로 큰 의미를 갖는다. 이러한 경우의 신호를 전력 신호라 한다. 참고로 시간에 따라 진폭이 무한히 단순 증가하는 램프(ramp) 신호의 경우는 전력 신호에 속하지 않는다.
  - **에너지 신호**(energy signal) : 신호 에너지가 유한하나 평균 전력은 0인 신호로, 주로 유한 시간 지속되는 펄스 또는 지속 시간이 짧은 파형의 신호가 이에 속하며 디지털 통신 해석 신호로 유용하다. 달리 설명하면, 신호의 시간에 대한 적분 값이 0이 아니면서 유한한 에

너지를 갖는 신호이다. 즉

$$0 < E = \int_{-\infty}^{\infty} |x(t)|^2 dt < \infty$$

인 신호이다. 예를 들어 디지털 심볼 파형은 보통 관심 있는 비트 단위 시간에서 평균 전력이 0이 되므로 전력은 별로 쓸모없는 척도가 된다. 따라서 이러한 디지털 파형을 설명하는 데에는 유한한 크기를 갖는 에너지가 보다 좋은 척도가 된다. 또한 펄스 파의 경우 전체 시간에 걸쳐 적분한 총에너지의 양이 일정하므로 이에 물리적인 의미가 있다. 이 같은 신호를 에너지 신호라고 한다.

- 물리량에 대한 수학적 표현 및 해석의 확장을 위해
  - 복소 신호(complex signal) : 복소수를 이용하여 신호를 표현한 경우

    (예) 직각 좌표계 : $\hat{Z}(t) = a\cos\theta + jb\sin\theta = a\cos\omega t + jb\sin\omega t$

    극 좌표계 : $\hat{Z}(t) = A(t)e^{j\theta(t)}$

    절대치 : $A = \sqrt{a^2 + b^2}$, 위상(편각): $\theta = \tan^{-1}\dfrac{b}{a}$

  - 실수 신호(real signal) : 실수를 이용하여 신호를 표현한 경우

    (예) $x(t) = A\cos\omega t$, $y(t) = A\sin\omega t$

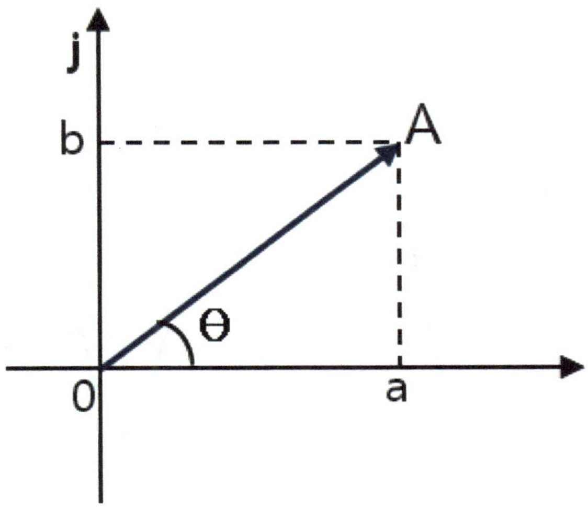

그림 2-7. 복소 신호 표현

요 약

전력 신호(power signal)와 에너지 신호(energy signal)

- 전력 신호

$$P = \lim_{T \to \infty} \frac{1}{2T} \int_{-T}^{T} |x(t)|^2 \, dt \neq \infty \; (0 < P < \infty),\ \text{이 때}\ E = \infty\ \text{임}$$

(예) $x(t) = A\,u(t)$

- 에너지 신호

$$E = \lim_{T \to \infty} \int_{-T}^{T} |x(t)|^2 \, dt = \int_{-\infty}^{\infty} |x(t)|^2 \, dt \neq \infty \; (0 < E < \infty),\ \text{이 때}\ P = 0\ \text{임}$$

(예) $x(t) = A e^{-\alpha t} u(t)$

2.2.2 신호 파형의 예

2.2.2.1 주기 신호 파형의 예

다음 그림에서와 같이 마루와 마루 또는 골과 골 사이의 기간인 주기마다 동일 형태의 파형이 반복된다. 따라서 주기 신호의 수식적 표현은 다음과 같다.

$f(t) = f(t + nT)$, $n = 1, 2, 3, \ldots$

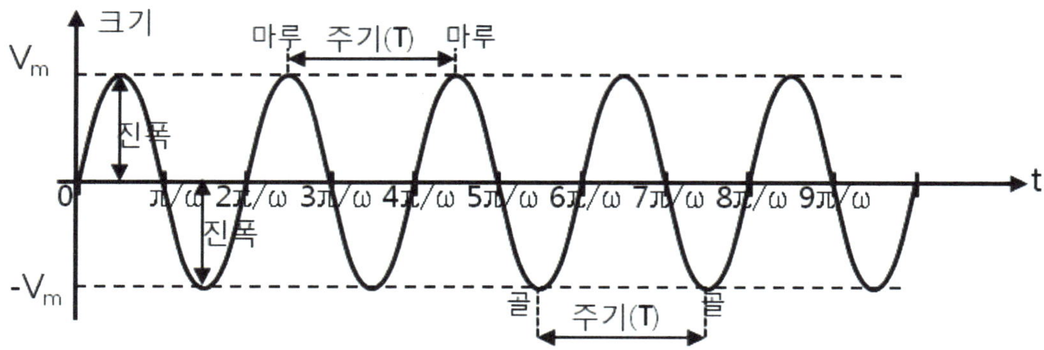

그림 2-8. 주기 신호

■ **정현파(正弦波)** : **사인(sine)파**, 자연계에 존재하는 가장 순수한 파

$$f(t) = f(t + nT)\ ,\ \ T = \frac{2\pi}{\omega},\ \ n = 1, 2, 3, \ldots \qquad \text{and}$$

$$f(t) = A\sin(\omega t + \theta_0)\ ,\ \ \omega = \frac{2\pi}{T},\ \ \theta_0 = \omega t_0$$

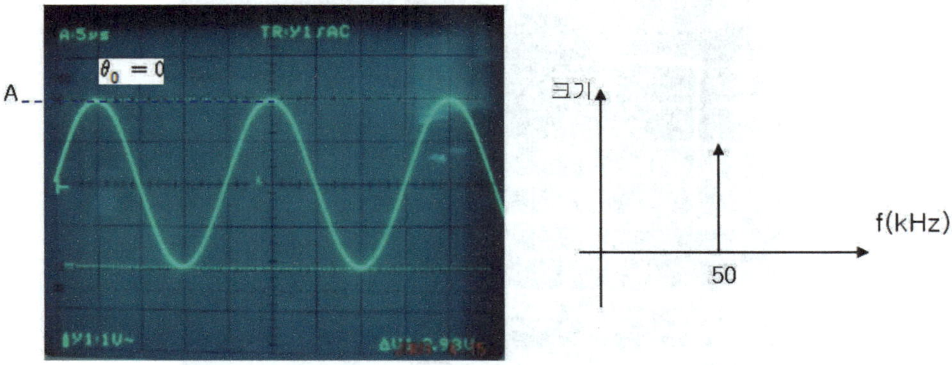

그림 2-9. 정현파 신호 파형과 스펙트럼

■ **여현파(餘弦波)** : **코사인(cosine)파**, 정현파와 ± 90°차이가 나는 파

$$f(t) = f(t + nT)\ ,\ \ T = \frac{2\pi}{\omega},\ \ n = 1, 2, 3, \ldots \qquad \text{and}$$

$$f(t) = A\cos(\omega t + \theta_0)\ ,\ \ \omega = \frac{2\pi}{T},\ \ \theta_0 = \omega t_0$$

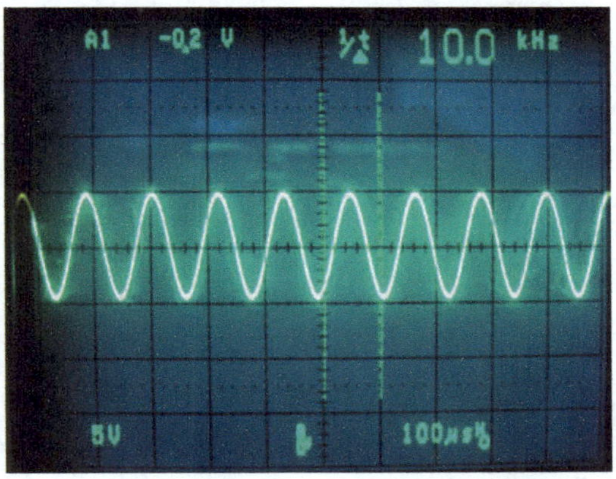

그림 2-10. 코사인파 신호 파형

■ **구형파(矩形波)** : 직사각형(rectangular) 파

$$f(t) = f(t + nT), \quad T = 2\tau, \quad n = 1, 2, 3, ... \quad \text{and}$$

$$f(t) = A\,rect(\frac{t}{\tau}) = \begin{cases} A, & 0 \le t < \tau \\ -A, & -\tau < t < 0 \end{cases}$$

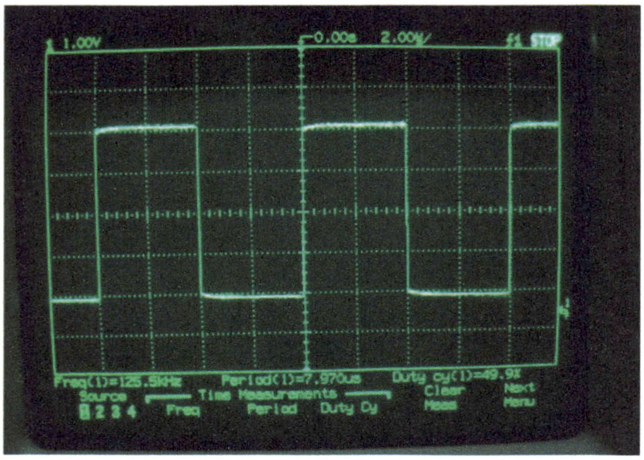

그림 2-11. 구형파 신호 파형

■ **삼각파** : 삼각형(triangular) 파

$$f(t) = f(t + nT), \quad T = 2\tau, \quad n = 1, 2, 3, ... \quad \text{and}$$

$$f(t) = A\Lambda(\frac{t}{\tau/2}) = \left\{ A(1 - \frac{|t|}{\tau/2}), \ -\tau \le t < \tau \right\}$$

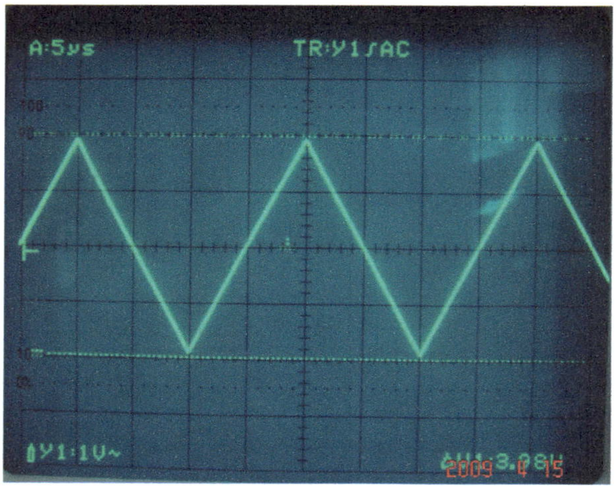

그림 2-12. 삼각파 신호 파형

■ **톱니파** : 톱니(sawtooth) 형태의 파형

$f(t) = f(t + nT)$, $T = 2\tau$, $n = 1, 2, 3, ...$ and

$f(t) = \{(A/\tau)t\ ,\ -\tau \le |t| < \tau\}$

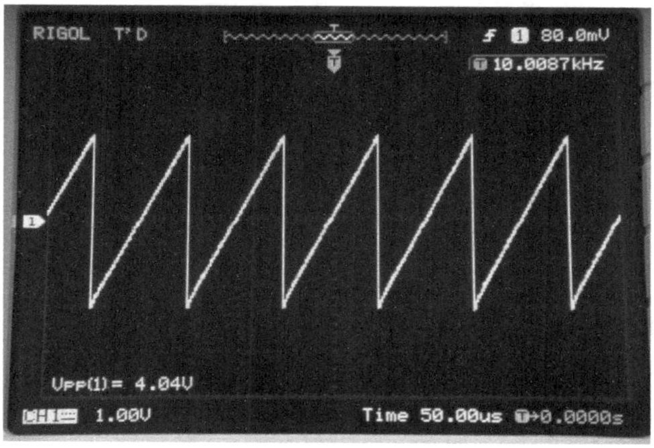

그림 2-13. 톱니파 신호 파형

2.2.2.2 비주기 신호 파형의 예

다음 그림과 같은 파형의 경우는 주기적인 반복성이 없는 신호 비주기 신호이다.

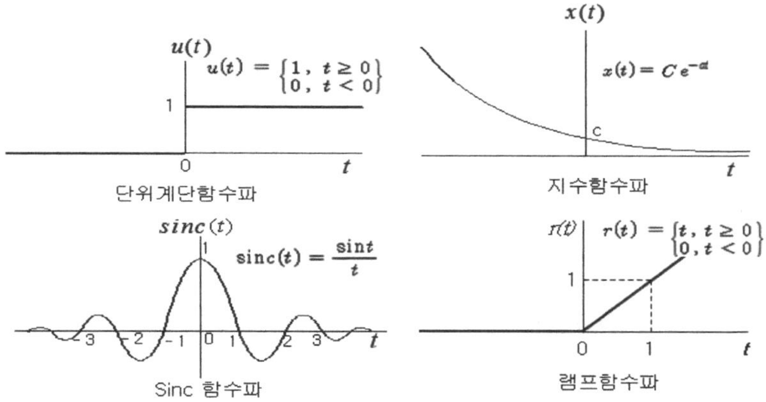

그림 2-14. 비주기 신호 파형의 예

예제 2-1

$f(t) = A(1 - e^{-\frac{t}{\tau}})$, $t > 0$은 비주기적 신호인가? 어떠한 파형인지 살펴보라

참 고

- 삼각함수(Trigonometrical Function)

$$\sin\theta,\ \cos\theta,\ \tan\theta,\ \sec\theta = \frac{1}{\cos\theta},\ \csc\theta = \frac{1}{\sin\theta}$$

[그림1] 사인곡선

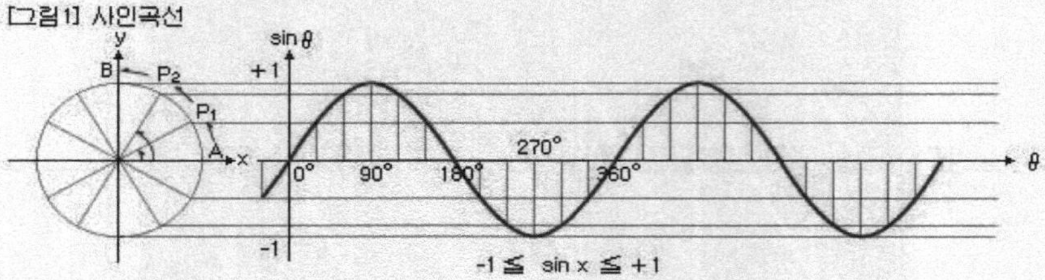

[그림2] 코사인곡선

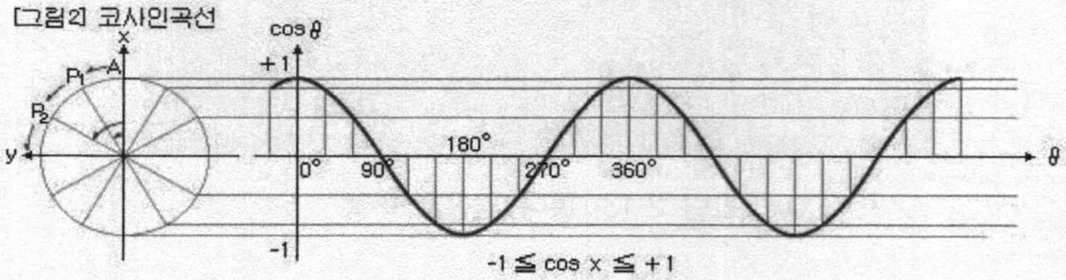

[그림3] 탄젠트곡선

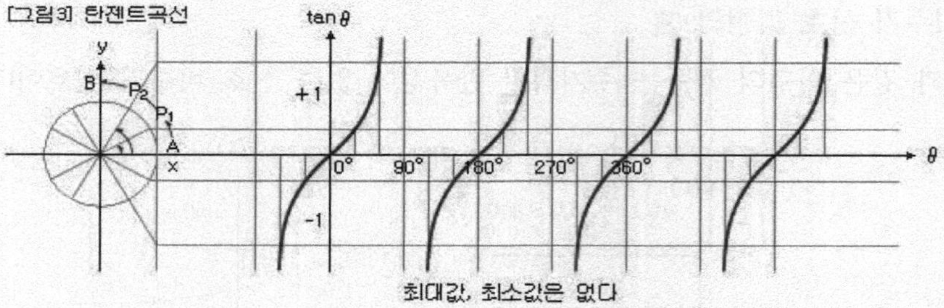

참 고

- 오일러의 공식 (Euler's Formula)

$$e^{j\theta} = \cos\theta + j\sin\theta,\quad e^{-j\theta} = \cos\theta - j\sin\theta$$

$$\cos\theta = \frac{e^{j\theta} + e^{-j\theta}}{2},\quad \sin\theta = \frac{e^{j\theta} - e^{-j\theta}}{2j}$$

따라서 $f(t) = A\cos(\omega t + \theta) = \frac{A}{2}(e^{j\theta}e^{j\omega t} + e^{-j\theta}e^{-j\omega t})$로 표현할 수 있다

이 공식은 테일러 급수(Taylor series)에서 a= 0인 경우인, 맥클로린 급수(Maclaurin series)를 이용하여 증명할 수 있다.

- **레온하르드 오일러(Leonhard Euler) (1707.4.15.~1783.9.18.)**

18세기 스위스의 수학자, 물리학자. 해석학의 아버지라고 불림, 현대적인 수학 기호들의 대부분을 처음으로 사용했던 수학자로도 유명하며, 대표적으로 1734년에는 함수의 기호로 f(x)를 처음 사용함. 오일러의 공식(Euler' s formula)은 1768년에 출판된 오일러의 저서의 서론에 수록된 것으로 모든 실수 x에 대해

$$e^{ix} = \cos x + i \sin x$$

가 성립한다는 것임.

참 고

- **오일러의 공식 (Euler's Formula)의 증명**

오일러 공식은 테일러 급수(Taylor series)에서 $a = 0$ 일 때의 급수인 맥크로린 급수(Maclaurin series)로 증명 가능하다. 테일러 급수는 $f(x)$가 무한번 미분 가능한 매끈한 함수(smooth function)일 때

$$f(x) = \sum_{n=0}^{\infty} \frac{f^{(n)}(a)}{n!}(x-a)^n$$

$$= f(a) + \frac{f'(a)}{1!}(x-a) + \frac{f''(a)}{2!}(x-a)^2 + \frac{f^{(3)}(a)}{3!}(x-a)^3 + \ldots\ldots \frac{f^{(n)}(a)}{n!}(x-a)^n +$$

이다는 것이다. 이때 $a = 0$ 인 경우를 맥클로린 급수라고 하며 다음 식과 같다.

$$f(x) = f(0) + \frac{f'(0)}{1!}x + \frac{f''(0)}{2!}x^2 + \frac{f^{(3)}(0)}{3!}x^3 + \ldots\ldots \frac{f^{(n)}(0)}{n!}x^n +$$

따라서 오일러 공식의 좌측 항인 e^x와 우측 항인 $\cos x$와 $\sin x$를 맥클로린 급수로 전개하여 더한 식을 서로 비교하여 동일하다는 것을 보임으로써 증명할 수 있다.

참 고

- **e [오일러의 수 (Euler's number), 네이피어 상수(Napier's constant)]**

자연 로그(natural logarithm) $\ln$의 밑수로 사용되는 수학적 상수(mathematical constant) 중 하나이다. 값이 2.71828 18284.... 인 무리수(irrational number)이며 순환하지 않는 무한소수이며 π와 더불어 초월수(transcendental number)라고 한다.

e가 특정한 상수임을 발견한 사람은 야코프 베르누이이다. 그는 복리식 원리 합계 계산에 있어서 이율

과 기간 사이에 일정한 관계가 있는데 일정 기간이 지났을 때의 원리 합계는 특정한 비율을 나타내게 된다는 사실을 발견하게 된다. 즉, 기간이 n이고 이율을 1/n이라 하면, 이 원리 합계의 극한은 다음과 같이 네이피어의 로그표에 사용된 밑수 e에 점근한다는 것을 발견하였다.

$\lim_{n \to \infty}(1+\frac{1}{n})^n = \lim_{x \to 0}(1+x)^{\frac{1}{x}} = 2.71828... = e$인 것이다.

이는 다음과 같은 테일러 급수(Tayler series)를 이용한 e의 근삿값 계산 결과와도 일치한다.

$$e = \sum_{n=0}^{\infty}\frac{1}{n!} = 1 + \frac{1}{0!} + \frac{1}{1!} + \frac{1}{2!} + \frac{1}{3!} + \frac{1}{4!} + ... = 2.7182 .....$$

또한 $f(x) = \frac{1}{x}$ 함수를 $x = 1$부터 어떤 값까지 적분한 결과가 1이 될 때, 즉 $\int_1^e \frac{1}{x}dx = 1$이 되는 값이 바로 e이다. e를 밑수로 하는 지수함수(exponential function)는 미분이나 적분을 하여도 그 자체가 되어 $\frac{d}{dx}e^x = e^x$, $\int e^x\, dx = e^x + C$이고, 또한 e를 밑으로 하는 로그함수인 자연로그 함수 $g(x) = \log_e x = \ln x$ 는 $\frac{d(\ln x)}{dx} = \frac{1}{x}$, $\int \ln x\, dx = x\ln x - x + C$가 된다.

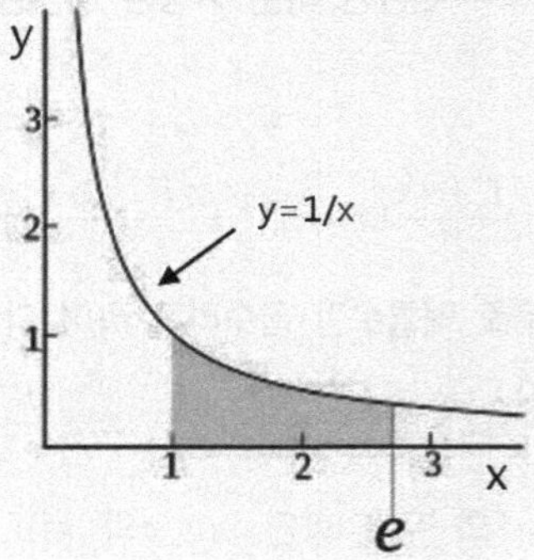

n	$(1 + 1/n)^n$
1	2.00000
2	2.25000
5	2.48832
10	2.59374
100	2.70481
1,000	2.71692
10,000	2.71815
100,000	2.71827

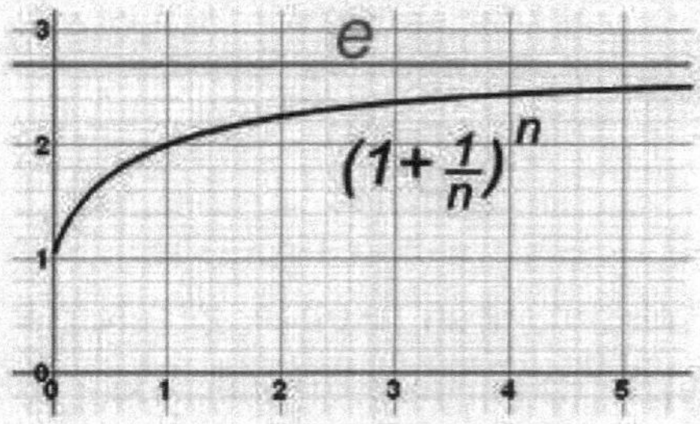

$f(n) = \left(1+\frac{1}{n}\right)^n$ 의 그래프

- **초월수(transcendental number)**

정수 혹은 유리수 계수를 가지는 일변수 다항 방정식의 근이 될 수 없는 수, 반대로 근이 될 수 있는 수는 대수(代數 : Algebraic number)라고 함

- **지수함수** $f(x)=e^x$ 의 그래프

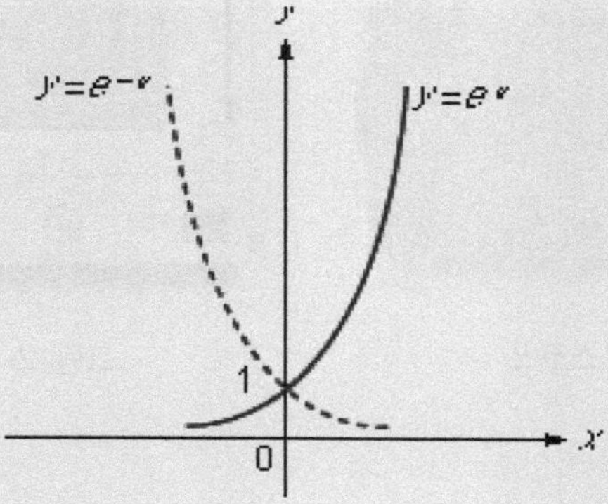

2.3 신호 해석과 필요 지식

2.3.1 신호 해석 방법

신호를 해석하는 방법은 크게 두 가지로 나눌 수 있는데 첫 번째는 시간 영역(time domain)에서 신호 파형 분석하는 방법이고, 두 번째는 주파수 영역(frequency domain)에서 스펙트럼을 분석하는 방법이다. 시간 영역에서 신호 파형을 측정하는 대표적인 장비는 **오실로스코프**(oscilloscope)이고 주파수 영역에서 스펙트럼을 측정하는 대표적인 장비는 **스펙트럼 분석기**(spectrum analyzer)이다.

시간 영역에서 해석할 경우 시간축 상에서 신호파의 크기는 물론, 신호의 시간에 따른 변화 주기, 주파수, 위상 등을 알 수 있고, 주파수 영역에서 해석할 경우는 신호의 주파수 성분과 그의 크기, 위상 등을 알아낼 수 있다.

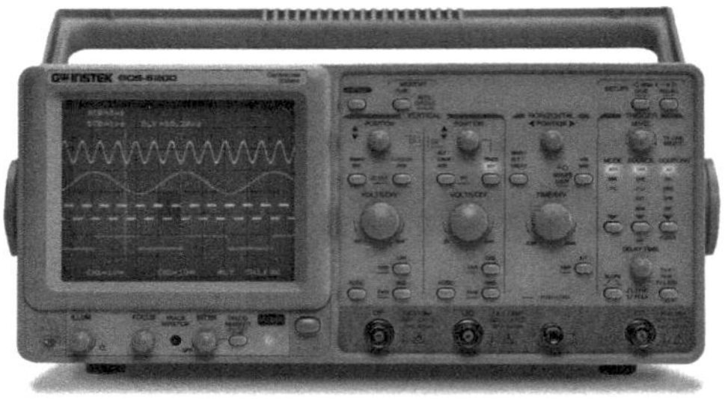

그림 2-15. 오실로스코프

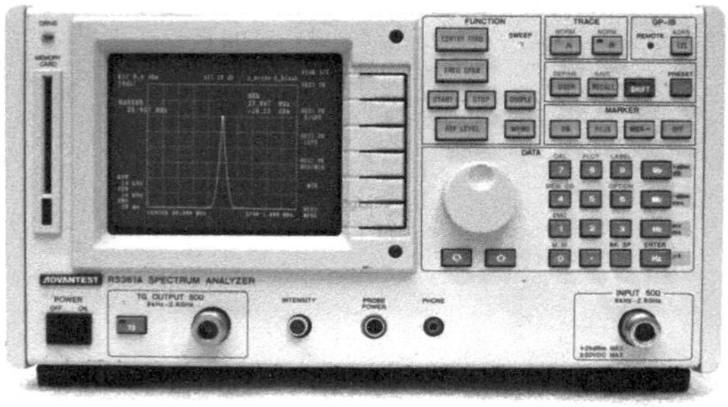

그림 2-16. 스펙트럼 분석기

2.3.2 신호 해석에 필요한 지식

2.3.2.1 데시벨(deciBel, dB) 단위계

(1) 데시벨(deciBel), [dB]

데시벨(deciBel)은 '데시(deci)'와 '벨(Bell)'의 합성어로 데시(deci)는 $\frac{1}{10}$을 의미하고 벨(Bel)은 전화기를 발명한 것으로 알려진 음성학자 알렉산더 그레이엄 벨(Alexander Graham Bell, 1847-1922)의 이름을 딴 것이다. 데시벨의 유래는 다음과 같다. 예전에 벨 연구소(Bell Labs)에서는 음성, 음향이나 각종 전자기적 신호 세기를 다루어야 했는데 그 범위가 매우 넓어서 한눈에 보기도 어렵고 계산하기도 불편하여 이러한 값들에 밑수 10을 사용하는 상용로그(log)를 붙여 사용하기 시작했다고 한다. 이 단위가 벨(Bel, [B])이었다. 그런데 1 [B]은 10배에 해당하므로 단위가 너무 커서 상용하기에는 불편한 점이 많아 벨[B] 단위의 $\frac{1}{10}$에 해당하는 단위를 정의하여 사용하게 되었는데 그것이 바로 데시벨(deciBel, [dB])이다. 벨에 접두어인 '데시(deci)'는 $\frac{1}{10}$벨[B] 의 의미이다. 결국 데시벨은 자연계의 단위가 아닌 인간이 쓰기 편하게 만들어낸 단위인 것이다.

데시벨은 두 개의 전력 값의 크기의 상대적 비율을 상용로그로 표시한 값의 단위로, 상대 레벨에 속하며 음성, 음향이나 또는 전자기적 신호와 같이 범위가 매우 넓고 로그 함수적으로 증감하는 신호를 다루는 음향공학, 전자공학, 통신공학 같은 분야에서 많이 사용된다.

전술한 **벨[B]**과 **데시벨[dB]**의 정의는 다음 식과 같다

$$[B] = \log_{10}\left(\frac{P_o}{P_i}\right).$$

$$[dB]_{Power} = 10\log_{10}\left(\frac{P_o}{P_i}\right)$$

여기서 P_o, P_i는 전력(power), 에너지, 소리의 세기 등의 양이다. 이때 전력은 전압의 제곱에 비례하는 관계($P \propto V^2$)가 있으므로 전압비의 제곱이 전력비가 되고, 이를 위의 데시벨 식에 대입하면 로그함수의 성질에 의해 다음 식과 같이 된다.

$$[dB]_{Voltage} = 10\log_{10}\left(\frac{V_o}{V_i}\right)^2 = 20\log_{10}\left(\frac{V_o}{V_i}\right)$$

따라서 데시벨을 전압비로 표시할 경우에는 로그 앞의 계수가 20이 됨을 알 수 있다. 예를 들어 어떠한 신호 증폭기의 입력 및 출력의 전압 비인 전압이득(voltage gain, G)을 나타내는 단위로 사용하는 경우

$$G[dB] = 20\log_{10}\left(\frac{V_o}{V_i}\right)$$

가 된다. 또한 데시벨은 소리의 강함(음압 레벨, SPL)의 비교나 감쇠 량 등을 에너지 비로 나타낼 때에도 사용하는데, 어떤 기준치 A에 대한 B의 데시벨 값을 L_B라 하면

$$L_B[dB] = 10\log_{10}\left(\frac{B}{A}\right)$$

가 된다.

그렇다면 이와 같이 신호 세기를 로그 스케일(log scale)로 하면 뭐가 좋을까?

전술한 내용에 따라 대충 예상하겠지만 다음과 같은 편리한 점이 있다.

- 자연계의 넓은 범위의 수치를 간략하게 표현할 수 있다. 즉 0.00000....1의 작은 값부터 100000....의 매우 큰 값까지 +, - 부호와 '0'의 개수(자리 수)로 표시하면 되므로 광범위한 수치들을 간단하게 표현할 수 있다.
- 실제 수치의 곱을 로그함수의 성질에 따라 합으로 나타낼 수 있다. 예를 들어 송신기나 수신기에서 증폭기나 수동기기를 여러 단 종속 연결할 때, 증가하거나 감소하는 신호레벨을 하나하나 곱하고 나누어 계산하기가 매우 불편하지만 dB 스케일로 모든 신호 레벨을 표시하면 아주 간단하게 더하기 빼기로 모든 계산이 가능하므로 매우 편리하다는 것이다.
- 음성신호와 관련된 인간의 청력 특성이 로그 함수적으로 변화하므로 로그 스케일이 실제 자연계의 현상과 잘 맞는다. 가령 10V의 신호로 진동하는 스피커의 소리보다 인간이 두 배 정도 큰 소리로 느끼려면 20V 아닌 100V 정도 인가해주어야 한다는 것이다. 즉 인간의 귀는 실제 전압(자연 상태에서의 측정값)보다는 그에 대한 dB 값에 비례하여 느끼게 된다는 것이

다. 특히 주파수를 가지는 신호에 대해서는 로그 스케일이 실제 현상과 잘 맞는다. 이것이 교류 회로나 RF를 다루는 전기, 전자, 통신공학 분야에서 dB 단위를 주로 사용하는 이유 중에 하나이다.

(2) 데시벨계 절대 레벨 단위

전술한 바, 데시벨은 두 개의 값에 대한 비율을 나타낸 상대 레벨 단위이다. 이와는 달리 로그 스케일을 사용하되, 상대 비율이 아닌 정해진 레벨을 나타내는 절대 레벨 단위가 있는데 이는 다음과 같다.

- $[dBm]$: $1mW$를 기준으로 표시한 신호 전력 단위, $1\ mW = 0\ [dBm]$이다.

  $$[dBm] = 10\log_{10}\left(\frac{P_o}{1\,[m\,W]}\right)$$

  주로 RF 신호나 TV 신호 전력과 같은 여러 가지 통신 및 방송 신호 전력을 표시하는 단위로 사용한다. 예를 들어 $1[W]$는 $1[m\,W]$의 1000배이므로

  $1\,[W] = 30\,[dBm]$

  임을 기억하면 편리하다.

- $[dBm\,V]$: $1m\,V_{rms}$를 기준으로 표시한 신호 전압 단위, $1\ m\,V = 0\ [dBm\,V]$이다. 여기서 V_{rms}는 실효치를 의미한다.

  $$[dBm\,V] = 20\log_{10}\left(\frac{V_o}{1\,[m\,V_{rms}]}\right)$$

  TV 신호 전압을 표시하는 단위로 많이 사용한다. 예를 들어 동축케이블에 $15[dBm\,V]$의 TV 신호가 인가된다면 실제 신호 레벨은 실효값으로 $10^{0.75}\times 1\,[m\,V] \cong 5.6\,[m\,V]$이다.

- $[dB\mu V]$: $1\mu V_{rms}$를 기준으로 표시한 신호 전압 단위, $1\ \mu V = 0\ [dB\mu V]$이다.

  $$[dB\mu V] = 20\log_{10}\left(\frac{V_o}{1\,[\mu V_{rms}]}\right)$$

  TV 신호 전압을 표시하는 단위로 많이 사용한다.

  여기서 $1[m\,V] = 1000[\mu V]$이므로

  $1[dBm\,V[= 60\,[dB\mu V]$

  인 관계가 있음을 기억하면 편리하다.

2.3.2.2 실효값과 평균값

(1) 실효값 (RMS value)

교류(交流, Alternating Current)는 직류와 달리 전압이나 전류의 크기와 위상이 주기적으로 바

뀌기 때문에 전류와 전압의 곱인 전력도 순간마다 다르게 된다. 따라서 이런 경우에는 평균 전력을 구하여 그 값으로 전력을 나타내는 것이 합리적이다. 이때 교류를 시간에 따른 변화가 없이 일정한 직류로 대체한다고 가정할 경우, 교류의 평균 전력과 동일한 전력을 생산할 수 있는 등가적인 전압이나 전류값(직류값)을 **실효(實效)값**이라 정의한다. 교류의 실효값은 교류신호를 제곱(Square)한 뒤, 시간 평균값(Mean)을 구하여 이에 대한 제곱근(Root)을 구하면 되므로 영어로 **RMS(Root-Mean-Square)** 값이라고 한다.

예를 들어 교류전압 $v_o(t) = V_m \sin\omega t$ 이고 $T = 2\pi$ 라고 할 때, 실효값은

$$V_{rms} = \sqrt{\frac{1}{T}\int_0^T v_o^2(t)dt} = \sqrt{\frac{1}{T}\int_0^T V_m^2 \sin^2\omega t\, dt}$$
$$= \sqrt{\frac{1}{T}\int_0^T V_m^2 (\frac{1-\cos 2\omega t}{2})\, dt} = \frac{V_m}{\sqrt{2}} \cong 0.707\, V_m$$

이 된다.

우리가 흔히 교류 220V라고 하는 것은 실효치를 의미한다. 즉 직류 220V가 발생시키는 전력과 동일한 전력을 생산할 수 있는 교류전압을 의미하는데 교류는 사인파이기 때문에

직류 220V와 같은 전력이 되기 위해서는 실제 파형의 진폭은 220[V] 보다 $\sqrt{2}$ 배인 311[V]이고 첨두-첨두(peak-peak) 값은 $2\sqrt{2}$ 배인 622[V]가 된다.

(2) 평균값 (average value, mean)

교류신호의 **평균값(mean, average)**은 교류 전압이나 전류 신호 파형의 면적을 직사각형 형태로 변환할 때 높이에 해당하는 값이다. 따라서 시간축 상에서 일정한 값을 갖는 직류 성분이다. 따라서 수학적으로는 교류신호에 대해서 1주기 적분한 뒤 주기로 나눈 값이 된다. 그런데 사인파나 코사인 파형의 교류신호를 1주기에 대해서 평균값을 구하면 0이 되기 때문에 교류신호의 평균값은 엄밀하게 보면 교류신호의 절대값에 대한 평균값, 즉 절대 평균값을 의미한다. 예를 들어 교류전압 $v_o(t) = V_m \sin\omega t$ 이고 $T = 2\pi$ 라고 할 때, 평균값은

$$V_{av} = \frac{1}{T}\int_0^T |v(t)|\, dt = \frac{1}{2\pi}\int_0^{2\pi} |V_m \sin\omega t|\, dt = \frac{1}{\pi}\int_0^{\pi} V_m \sin\omega t\, dt = \frac{2}{\pi} \cong 0.637\, V_m$$

이 된다. 따라서 우리가 사용하는 교류220V의 경우, 직류 성분값은 $220\sqrt{2} \times 0.637 \cong 198[V]$ 가 된다.

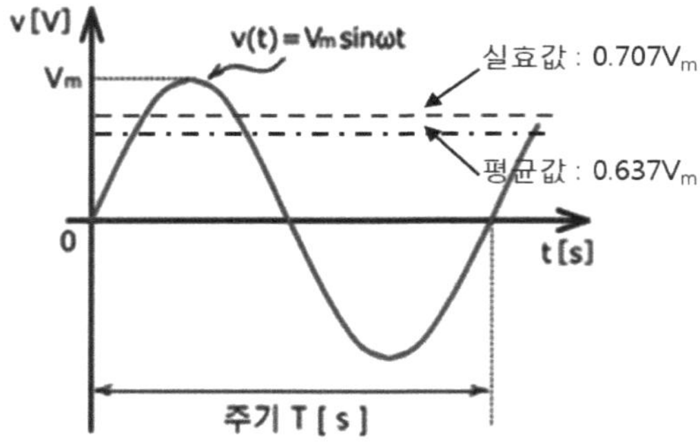

그림 2-17. 교류신호의 실효값과 평균값

2.3.2.3 잡음

잡음(雜音, noise)이란 한 마디로 '희망하지 않는 신호' 라 할 수 있다. 내가 들어야할 신호 외에는 모두 다 잡음인 것이다. 전기 회로에 있어서 신호 전달을 방해하는 요인을 잡음이라고도 한다. 이러한 잡음을 발생 원인별로 구분하면 열잡음과 같이 전기회로 자체에서 발생하는 내부 잡음, 시스템 내부의 왜곡(distortion)에 의해 발생하는 잡음 그리고 외부로부터 유입되는 잡음이나 외부 신호와의 간섭에 의해 생기는 외적 잡음 등으로 나누어 볼 수 있다. 이러한 잡음의 종류를 정리해보면 다음과 같다.

(1) 열잡음 (thermal noise)

전자회로를 구성하는 도체나 저항체 속의 자유전자, 또는 반도체 내의 전자는 마치 열에 의해 분자가 불규칙한 분자운동을 하듯이 개별적으로 불규칙한 열운동을 한다. 이 불규칙한 전자운동에 의해 발생되는 불규칙한 형태의 전자기적 교란이 바로 **열잡음(thermal noise)**이다. J. 존슨이 열잡음을 측정하여 발생 식을 도출하고, 이것을 실험적으로 검증했으므로 일명 존슨 잡음(Johnson noise)이라고도 하며, 나이퀴스트(Nyquist)가 이론적으로 설명했다 하여 나이퀴스트 잡음(Nyquist noide)이라고도 한다. 열잡음은 다음과 같은 특징을 가지고 있다.

- 불규칙하다(random) : 평균값이 0, 분산이 σ^2인 시불변(time-invariant)의 안정적(stationary) 신호이다.
- 가산적(additive)이다 : $s_o(t) = s_i(t) + n(t)$ 와 같이 잡음에 포함된 출력 신호를 입력신호와 잡음의 선형 조합으로 표현 가능하다.
- **백색 잡음(white noise)**라고 한다 : 마치 빛의 삼원색을 가색 혼합하면 백색광이 되듯이 거의 모든 주파수 성분을 포함하기 때문에 백색 잡음이라 하며 음향 회로에서는 '쏴아' 하는 소리로 들린다.

■ 통계적으로 가우시안 분포(Gaussian distribution) 정규분포 (normal distribution)를 갖는다

주파수 대역폭이 B [Hz]인 시스템에서의 저항체에서 발생하는 열잡음 전압을 실효치로 나타내면

$$V_{n_{(rms)}} = \sqrt{4kTBR}\,[\mathrm{V}]$$

이다. 여기서 k는 볼츠만(Boltzmann) 상수로 $k = 1.38 \times 10^{-23}$[J/K]이고, $B\,[\mathrm{Hz}]$는 주파수 대역폭, $T\,[\mathrm{K}]$는 절대온도 및 R은 저항체의 저항값을 나타낸다. 위 식에서 알 수 있듯이 잡음전압의 실효치는 절대온도, 저항값, 대역폭에 비례하며, 주파수와는 관계가 없다. 또한 다음 그림에서와 같이 열잡음을 등가 회로로 대체하였을 때 최대 전력 전달을 위해 임피던스를 정합시킨 경우, 즉 열잡음 등가회로의 임피던스 Z_n과 부하의 임피던스 Z_L이 동일할 경우의 열잡음 전력은

$$P_{n\,\max} = \frac{e_{nrms}^2}{4R} = kTB\,[W]$$ 이다.

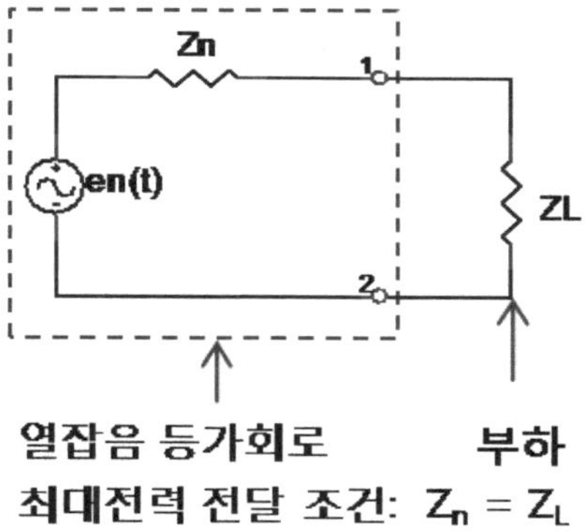

그림 2-18. 열잡음 등가회로

(2) 반도체에서의 잡음

■ **산탄 잡음**(shot noise)

반도체 소자의 자유전자나 정공 같은 캐리어(carrier)의 불규칙적인 발생과 재결합, 그리고 소수 캐리어의 불규칙적인 확산 등에 의해 발생하는 잡음이다. 주로 중간 대역의 주파수인 1 kHz ~ 1 MHz 정도의 넓은 대역에 걸쳐 발생하는 잡음이다.

■ **플리커 잡음**(flicker noise)

저주파수 대역에서 지배적인 잡음으로 플리커는 깜빡인다는 의미이므로 일명 깜박이 잡음이라고도 한다. 트랜지스터와 같은 반도체 소자의 베이스와 이미터 접합면에서 전자운동의 완만한 변동에 의해 발생하는 것으로 저주파수 대역에서 주파수가 반으로 감소할 때마다 잡음전력이 2배씩 증가하므로(잡음지수가 3 [dB/oct] 로 증가함) 주파수에 반비례 한다 하여 $1/f$ **잡음**이라고도 한다.

■ **분배 잡음(partition noise)**

높은 주파수 대역(10 MHz 이상)에 발생하는 잡음으로 전력이득이 주파수에 따라 감소하는데 따른 결과이다. 따라서 주파수에 따라 잡음 지수가 6 [dB/oct]씩 증가하게 되는데 이는 잡음전력이 일정하다고 할 때, 주파수가 2배될 때마다 신호전력이 4배씩 감소한다는 의미이다.

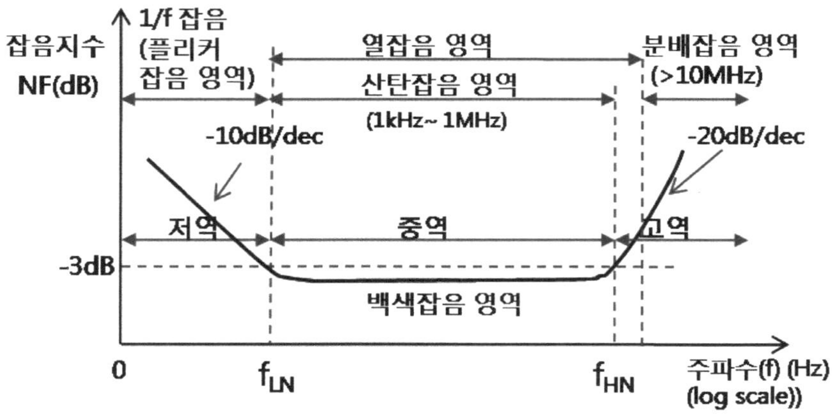

그림 2-19. 반도체 내에서의 잡음 특성

(3) 위상 잡음 (phase noise)

기준 주파수(발진 주파수, 반송파 주파수 등) 근처에서 계속적으로 변하게 되는 위상 편차에 의해 기준 주파수 스펙트럼 가까운 주변에 나타나는 원치 않는 복사(輻射) 성분으로 시간 축에서의 파형을 보면 위상이 조금씩 밀리고 틀어져서 파형이 찌그러진 것처럼 보이게 되므로 **위상 잡음(phase noise)**이라고 부른다. 실제 주요 원인은 반도체 내의 열잡음과 $1/f$ 잡음 때문이다.

위상 잡음은 주파수 영역에서 측정되며, 반송파의 기준 주파수로부터의 일정한 오프셋(offset) 주파수에서의 잡음 성분 비율로 표시한다. 즉, 1 [Hz]의 대역폭 내에 포함되는 신호 출력에 대한 잡음 성분의 비율[dBc/Hz]로 나타낸다. 위상 잡음은 수신기에서의 잡음 성분 증가에 기여하고 인접 신호의 의도하지 않은 하향 주파수 변환을 초래하는 등, 좋지 않은 영향을 끼치므로 최대한 억제해야 할 요소이다. 이러한 위상 잡음을 스펙트럼 분석기로 측정 결과로 설명한다면, 원하는 기준 주파수 스펙트럼 형태가 얼마나 예리하고(sharp) 깨끗한 형태인가를 나타내는 지표라고 볼 수 있다.

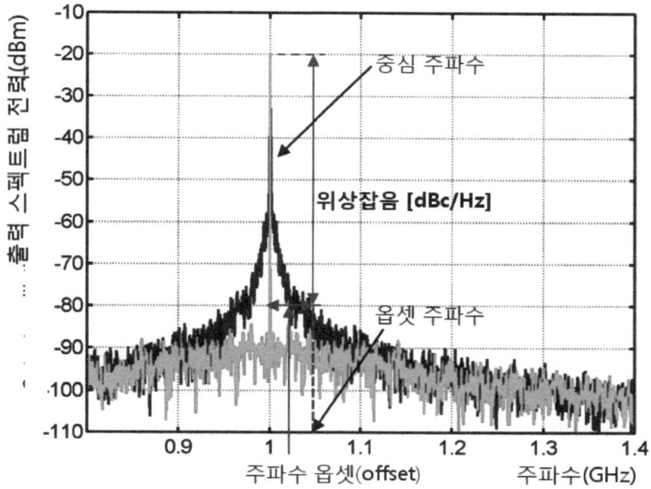

그림 2-20. 위상잡음

2.3.2.4 신호 대 잡음비

신호 대 잡음비(S/N ; Signal/Noise 또는 SNR : Signal to Noise Ratio)는 신호전력과 잡음전력의 비율을 데시벨[dB]로 나타낸 것으로, 정보를 전달하는 신호의 세기가 잡음에 비해 얼마나 강한가를 나타내며 다음 식으로 정의한다. 아래 식에서 S 는 신호파의 전력[W]이고 N은 잡음전력[W]이다.

$$S/N[dB] = 10\log_{10}\left(\frac{S}{N}\right)$$

2.3.2.5 잡음 지수

전자기기에 전원을 켜면 저항체에 의한 열잡음이 발생하며 따라서 이러한 기기에 신호가 입력되면 신호에 이러한 내부 잡음이 더해져서 출력 신호의 신호 대 잡음비 입력 신호의 신호 대 잡음비보다 나빠진다. 신호를 증폭하는 증폭기의 경우도 입력된 신호가 증폭되어 전력이 증가하지만 잡음전력 또한 증가하여 출력신호의 신호 대 잡음비가 나빠지는 것이다. 즉 이상적인 경우에만 입력과 출력의 신호 대 잡음비가 같고 그 외의 경우는 항상 나빠진다. 따라서 전자기기, 즉 증폭기, 통신기기 등이 자체적으로 입력신호의 신호 대 잡음비를 얼마나 열화 시키는지를 나타내주는 계수가 **잡음지수**(NF, Noise Figure)이다. 특히 통신기기에 있어 수신기의 잡음 특성을 나타내는 중요한 변수이며 다음 식으로 정의된다.

$$NF[dB] = 10\log_{10}\left(\frac{S_i/N_i}{S_o/N_o}\right)$$

위 식에서 $\frac{S_i}{N_i}$는 입력 신호의 **신호 대 잡음비**이고 $\frac{S_o}{N_o}$는 출력 신호의 신호 대 잡음비이다. 즉 출력 신호 대 잡음비에 대한 입력 신호 대 잡음비의 비율이다. 그런데 입력 신호 대 잡음비가 출력 신호 대 잡음비 보다 크므로 잡음지수는 1보다 크며 장치가 잡음을 전혀 발생시키지 않는 이상적(ideal)인 경우라면 잡음지수 $NF = 0(dB)$, 즉, 1 이 된다.

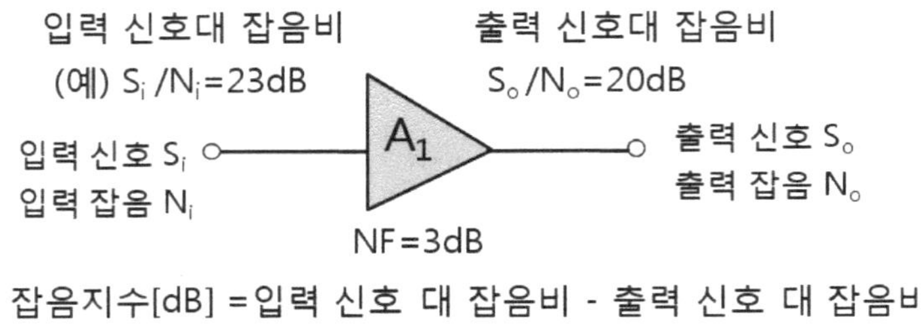

그림 2-21. 잡음지수의 정의

■ 잡음지수의 계산

증폭기가 종속 연결된 수신기에서의 잡음지수에 대해서 고려하여 보자. 이 경우, 총 잡음지수는 단일 증폭기의 잡음지수보다 증가할 것은 당연하다. 그러나 각 단의 잡음지수의 선형적 합(linear combination)이 아니라 첫 번째 단 증폭기의 잡음지수에 거의 좌우된다. 이러한 경우의 총 잡음지수는 잘 알려진 다음과 같은 **후리스의 공식**(Friis's formula)에 의해 구할 수 있다.

$$F = F_1 + \frac{(F_2 - 1)}{G_1} + \frac{(F_3 - 1)}{G_1 G_{2_1}} + \frac{(F_4 - 1)}{G_1 G_{2_1} G_3} + \ldots\ldots + \frac{(F_n - 1)}{G_1 G_{2_1} G_3 \cdots G_{n-1}}$$

위 식에서 $F_i\ (i = 1, 2, 3 \ldots\ldots n)$는 [dB]가 아닌 배율로 표시한 각 단의 잡음지수이고 $G_i\ (i = 1, 2, 3 \ldots\ldots n)$은 배율로 표시한 각 단의 전력이득이다. 위 식에서 알 수 있 듯이 다단 증폭기의 총 잡음지수는 단순하게 선형적으로 증가하지 않고 첫 번째 증폭기의 잡음지수 F_1에 의해 거의 좌우된다. 따라서 수신기 전체의 잡음지수를 작게 하려면 될 수 있는 한 초단 증폭기를 저잡음으로 설계하여야 한다.

예제 2-2

그림과 같이 증폭기가 3단 종속 연결되어 있는 수신기의 총 잡음지수는 얼마인가?

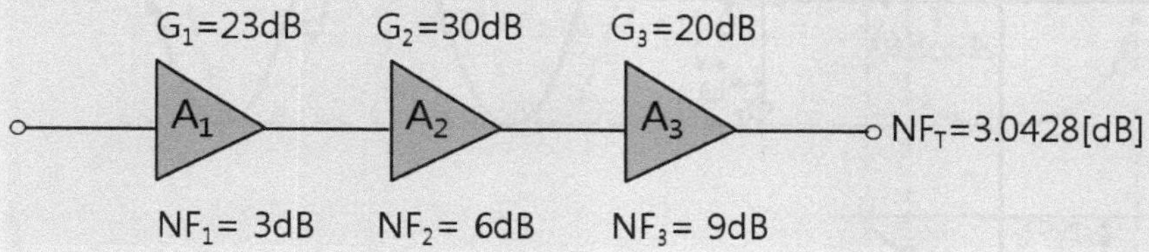

(풀이)

잡음지수에 관한 후리스의 공식(The Friis formula for noise factor)에 따라

$$F_T = F_1 + \frac{F_2 - 1}{G_1} + \frac{F_3 - 1}{G_1 G_2} = 2 + \frac{4-1}{200} + \frac{8-1}{200 \times 1000} \cong 2.015035$$

이다. 이를 $[dB]$로 변환하면

$$NF_T = 10\log_{10}(2.015035) \cong 3.0428\,[dB]$$

로 초단 증폭기의 잡음지수 $NF_1 = 3\,[dB]$와 거의 같음을 알 수 있다.

2.3.2.6 페이저(phasor)

교류 신호와 같은 사인파(sinusoidal wave) 형태의 파는 각 주파수 ω와 초기위상 θ_i를 이용하여 $f(t) = A\sin(\omega t + \theta_i)$로 표현되는 것을 알고 있다. 그런데 이러한 정현파는 아래 그림에서와 같이 $\boldsymbol{A}$ 라는 막대기의 회전 운동으로부터 유도될 수 있다. 아래 그림에서와 같이 원점을 중심으로 크기가 A이고, ω[rad/sec]의 일정한 속도로 반시계 방향으로 회전하고 있는 막대기 $\boldsymbol{A}$가 있다고 하자. 이때, 회전하는 막대기의 좌측에서 빛을 비춘다고 가정하고 우측에 비친 그림자의 궤적을 그대로 추적하면 아래 그림의 우측과 같은 곡선이 되는데 이것이 바로 사인 곡선이다. 또한 막대기의 위에서 아래로 비친 그림자의 궤적을 그대로 추적하면 아래 그림에서와 같이 코사인(cosine) 곡선이 된다. 그런데 이들은 근본적인 차이는 없고 막대기가 회전을 시작하는 시점만 다른 것일 뿐이다. 즉 초기 위상이 90°만큼 다른 것뿐이다. 다시 말해서 주파수가 ω로 일정하다고 하면 사인파든 코사인파든 관계없이 크기와 위상으로만 표현 가능하다는 것이다.

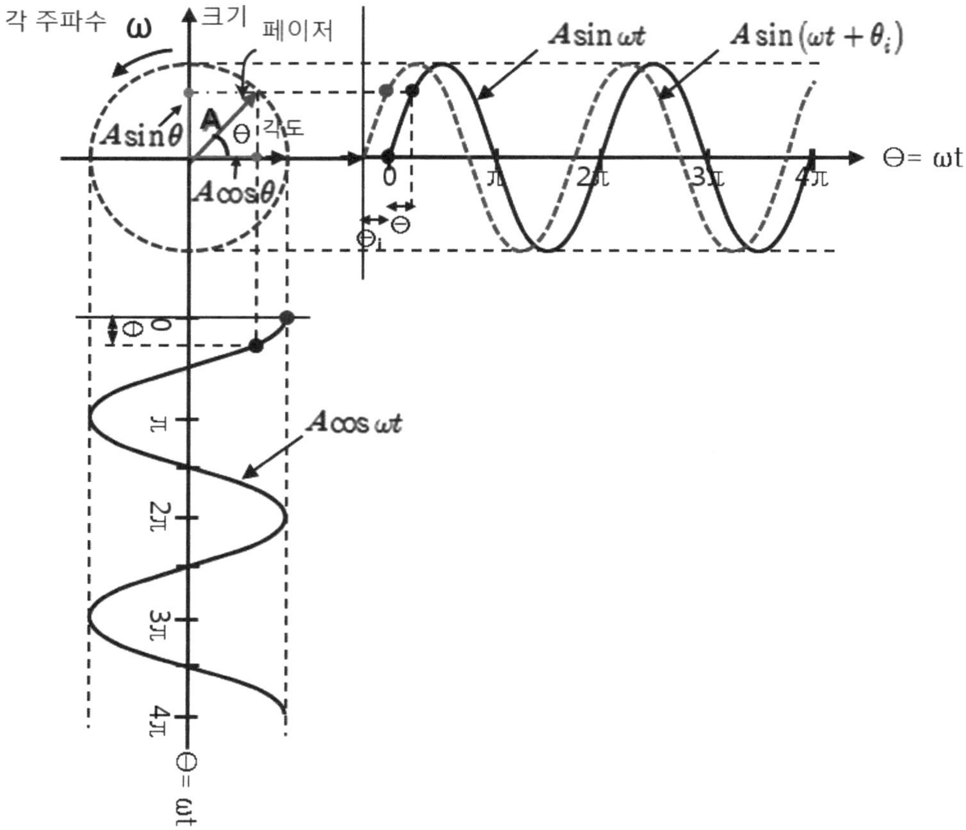

그림 2-22. 사인파와 페이저

그렇다면 이러한 정현파를 좀 더 쉽게 표현하고 계산을 편리하게 할 수 있는 수단은 없을까? 여기서 우리는 막대기 $\boldsymbol{A}$ 가 x축이 실수, y축이 허수 j인 복소수 평면이라 생각해보자. 그리고 항상 일정한 $\omega = 2\pi f$의 속도(즉 주파수)로 반시계 방향으로 회전하고 있는 일종의 회전 벡터라고 가정해보자. $\boldsymbol{A}$ 에 대해 일정 속도로 회전한다는 것을 기정사실로 인정하고 나면, 이러한 막대기들을 구별 짓는 변수는 초기 순간에서의 막대의 크기와 위상일 것이다. 따라서 $\boldsymbol{A}$를 $t=0$인 순간에서의 막대의 크기와 위치, 즉 복소수로 표현할 수 있는데, 막대기 $\boldsymbol{A}$의 실수 값과 허수 값은 삼각함수 정의에 의해 각각 $A\cos\theta$, $A\sin\theta$ 이므로

$$\boldsymbol{A} = A(\cos\theta + j\sin\theta)$$

가 된다. 그런데 위 식은 앞서 설명한 오일러의 정리(Euler's formula)에 의해

$$e^{j\theta} = \cos\theta + j\sin\theta$$

이므로

$\boldsymbol{A} = A(\cos\theta + j\sin\theta) = Ae^{j\theta}$

로 표현할 수 있는데 이를 **페이저(phasor)** 라고 정의한다.

이러한 페이저는 아래 그림에서와 같이 복소 평면 상의 복소수로 표현하면

$\boldsymbol{A} = a + jb = A(\cos\theta + j\sin\theta)$

이며, 여기서 $a = A\cos\theta$, $b = A\sin\theta$ 이다. 이를 극 좌표계(polar coordinate)로 표현하면

$\boldsymbol{A} = A\angle\theta$

$\boldsymbol{A} = |A| = \sqrt{a^2 + b^2}$, $\theta = \arg\ (\boldsymbol{A}) = \tan^{-1}\left(\frac{b}{a}\right)$

가 된다. 또한 이를 지수함수 형태로 표현하면

$\boldsymbol{A} = Ae^{j\theta}$

가 된다.

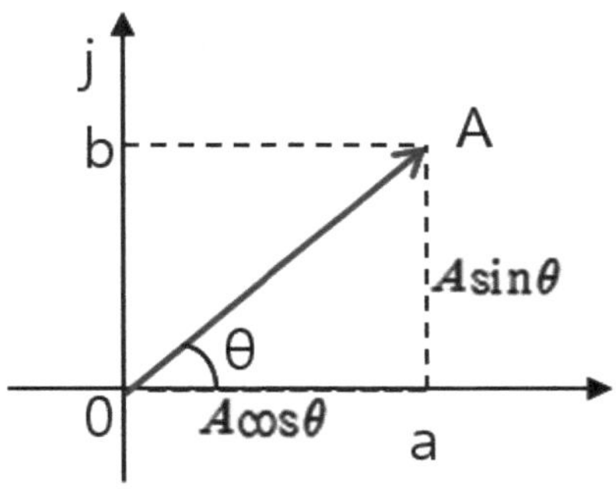

그림 2-23. 페이저의 복소수 표현

결국, 페이저는 정현파를 시간과 주파수 관련항은 디폴트(default)로 두고 진폭과 위상만으로 다루기 위해 도입하는 것이다. 즉 시변(time-variant) 함수로 표현되는 정현파를 쉽게 다루기 위해 ω [rad/sec]의 일정한 주파수로 회전하는 막대기(회전 벡터)의 $t = 0$인 순간의 크기와 위상만 가지고 직각 좌표계나 극 좌표계(polar coordinate)의 복소수 또는 복소 지수 함수 표기법으로 표현한 것을 통틀어 페이저(phasor)라고 부르는 것이다. 이때 허수를 나타내는 j는 물리적으로 회전을 의미한다고 보면 된다. 즉 임의의 사인파 형태의 신호를 $f(t) = A\cos(\omega t + \theta_i)$라고 했을 때 **복소 지수 함수(complex exponential function)**

$$Ae^{j(\omega t + \theta_i)} = A\{\cos(\omega t + \theta_i) + j\sin(\omega t + \theta_i)\}$$

의 실수부를 택하여 표현하면

$$f(t) = A\cos(\omega t + \theta_i) = Re\{Ae^{j(\omega t + \theta_i)}\} = Re\{e^{j\omega t}Ae^{j\theta_i}\}$$

와 같이 되는데, 위 식에서 $Ae^{j\theta_i}$를 **페이저(phasor)** 라고 정의하고 $\boldsymbol{A}$로 표시한다는 것이다. 여기서 A는 진폭(amplitude), θ_i는 위상(phase), $Re\{\bullet\}$은 복소수의 실수부를 의미한다. 이 때 $f(t)$를 정의하기 위해 복소 지수 함수의 실수부를 택한 것에 큰 의미를 둘 필요는 없다. 허수부인 $A\sin(\omega t+\theta)$를 택하더라도 문제가 되지는 않는다. 대부분 실수부를 택해 시간영역의 교류신호를 정의하고 있으므로 이에 따른 것이다.

페이저를 사용하면 시간에 따라 변하는 정현파를 크기 A와 위상 θ인 복소수로 변환하여 표현 가능하므로 정현파의 계산이 매우 편리하게 된다. 즉 교류회로의 정현파 신호의 가감 연산을 $a\pm jb$ 형태의 복소수 계산으로 할 수 있고, 벡터 계산 방법으로 정현파 함수를 합성할 수도 있으므로 교류 신호 해석이 매우 쉽고 간편하게 된다. 따라서 페이저는 동일한 주파수의 정현파의 전압이나 전류를 전제로 한, 정상 상태(steady state)에서의 교류 회로 해석이나 전자파를 취급하는 통신이론 등에서 유용하게 활용된다.

요 약

■ **페이저(phasor) : 일정 크기를 가지고 일정한 속도로 원운동을 하는 벡터**

시변(time-variant) 함수로 표현되는 정현파를 쉽게 다루기 위해 ω의 일정한 주파수로 회전하는 막대기로 표시한 것. $t=0$인 순간의 크기와 위상을 가지고 직각 좌표계의 복소수 또는 극 좌표계의 지수함수 표기법으로 표현한 것이다. 즉 페이저

$$\boldsymbol{A} = a+jb = A\angle\theta = Ae^{j\theta}$$

이다.

이때 원래의 시변 정현파는

$$a(t) = A\cos(\omega t+\theta) = a\cos\omega t - b\sin\omega t = A\cos\theta\cos\omega t - A\sin\theta\sin\omega t$$

이다. 페이저를 사용하면 정현파를 크기 A와 위상 θ인 복소수로 변환하여 표현 가능하므로 교류신호 해석이 매우 편리하게 된다.

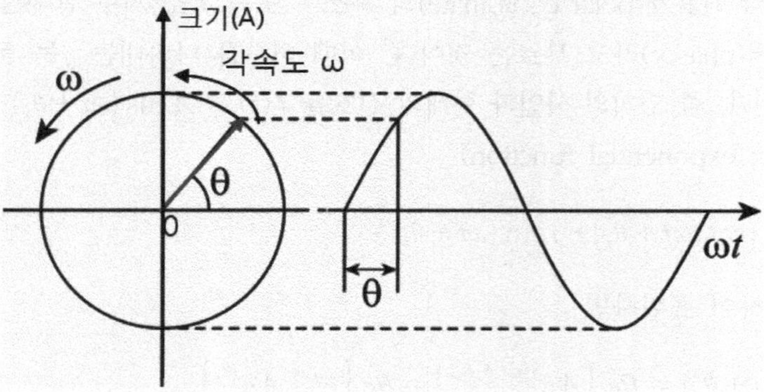

2.3.2.7 특이 함수(singular function)

(1) 단위 계단(unit step) 함수

전기회로의 전원 스위치를 off 상태에서 on 상태로 하여 전원을 인가할 때를 표현하는 함수

$$u(t) = \begin{cases} 0, & t < 0 \\ 1, & t \geq 0 \end{cases}$$

단, $u(0) = 0$ 또는 0.5로 정의하기도 한다.

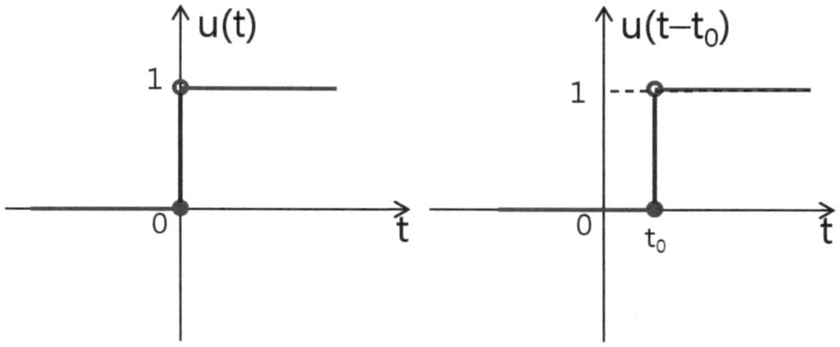

그림 2-24. 단위 계단 함수

(2) 임펄스(impulse) 함수

임펄스 함수는 실제로는 존재하지 않는 가상의 신호로 폭은 무한히 좁아서 0이고, 크기는 $t = 0$ 순간에만 ∞이고 그 외의 시간에는 모두 0인 신호이다. 자연계에서의 번개나 순간적인 스파크 신호와 유사하다고 볼 수 있으며 어떠한 시스템의 전달 함수를 구할 때의 입력 신호나 전달 함수의 주파수 특성 해석을 할 때 주로 사용한다. 디랙(Dirac)이 개념을 제시했다 하여 디랙 델타(Dirac delta) 또는 **델타 신호**라고도 한다.

$$\delta(t) = \begin{cases} \infty, & t = 0 \\ 0, & t \neq 0 \end{cases}$$

또한 다음과 같은 조건을 만족하는데

$$\int_{-\infty}^{\infty} \delta(t)\, dt = 1$$

이는 임펄스 함수를 무한시간 구간 동안 적분하면 그 면적이 1이 된다는 의미이다.

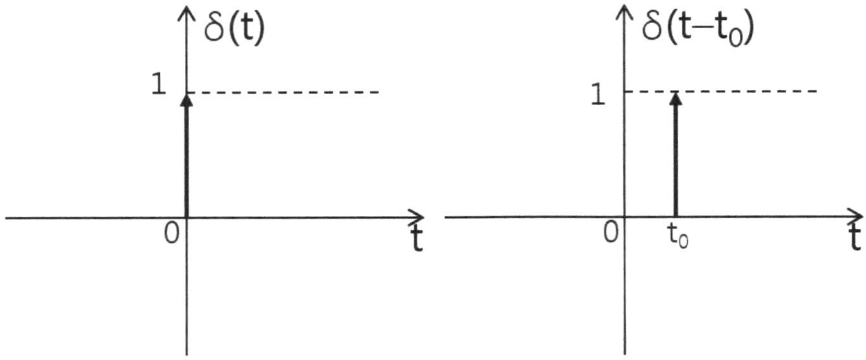

그림 2-25. 단위 임펄스 함수

(3) 램프(ramp) 함수

$t=0$ 인 순간부터 선형적으로 증가하는 신호로

$$r(t)=\begin{cases} t, & t \geq 0 \\ 0, & t < 0 \end{cases}$$

이다. 즉 $y(t)=x(t)$의 1차 함수 형태의 선형 신호이다.

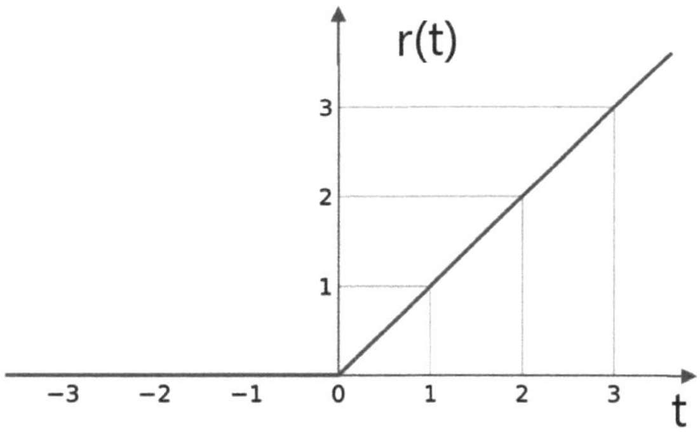

그림 2-26. 램프 함수

(4) 시그넘(signum) 함수

시그넘 함수는 수의 부호를 판별하는 함수로 기호는 $sgn(\ \bullet\ )$를 사용하며, 다음과 같이 정의한다.

$$sgn(t)=\frac{|t|}{t}=\begin{cases} 1, & t > 0 \\ 0, & t = 0 \\ -1, & t < 0 \end{cases}$$

즉 함수의 평균이 0이고 부분적으로 연속이나 적분 불가능한 특이 함수이다. 이러한 시그넘 함수의 미분은 임펄스 함수가 된다. 즉

$$\frac{d}{dt}sgn(t) = 2\delta(t)$$

이다. 또한 단위 계단 함수로 표현하면

$$sgn(t) = 2u(t) - 1$$

이며 단위 계단함수를 시그넘 함수로 표현하면

$$u(t) = \frac{1}{2}\{1 + sgn(t)\}$$

이다, 이들의 관계는 나중에 다루게 될 단위계단 함수의 푸리에 변환을 구하는 데 있어 편리하게 이용될 수 있다.

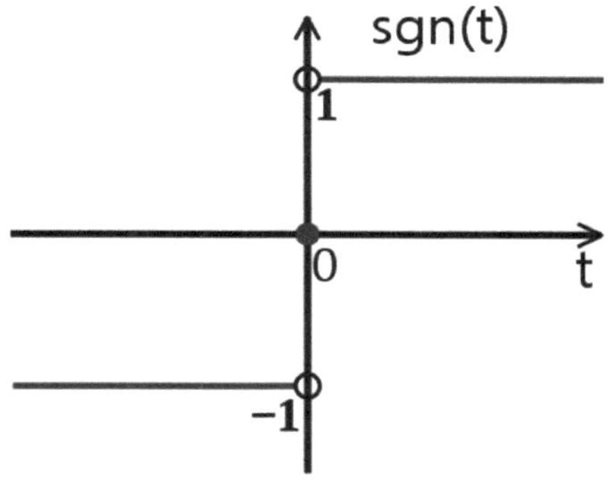

그림 2-27. 시그넘 함수

2.3.2.8 평균(average)

(1) 시간 평균(time average)

사인파와 같이 프로세스의 모델이 잘 정의되어 모든 시간에 대해 신호 값을 정확히 예측할 수 있으면 그 신호를 결정적 신호(deterministic signal)라 하고, 반대로 불확실성이 있어서 정확히 예측할 수 없으면 그 신호를 **불규칙 신호(랜덤 신호: random signal)**라 한다. 이러한 불규칙 신호를 모델링 하는데 사용하는 절차를 **랜덤 프로세스**(random process)라 하는데 각 시간에 정의된 확률 특성에 따라 값이 결정되는 신호들의 전체 집합을 말한다. 불규칙 신호는 랜덤 프로세스의 표본 함수(sample function)라고 할 수 있다.

여기서 **시간 평균(time average)**은 이러한 랜덤 프로세스에서 어느 특정 표본 함수, 특정 불규칙 신호의 시간에 대한 평균을 말한다. 이러한 시간 평균은

$$< x(t) > = \lim_{T \to \infty} \frac{1}{T} \int_{-T/2}^{T/2} x(t)\, dt$$

로 표현된다.

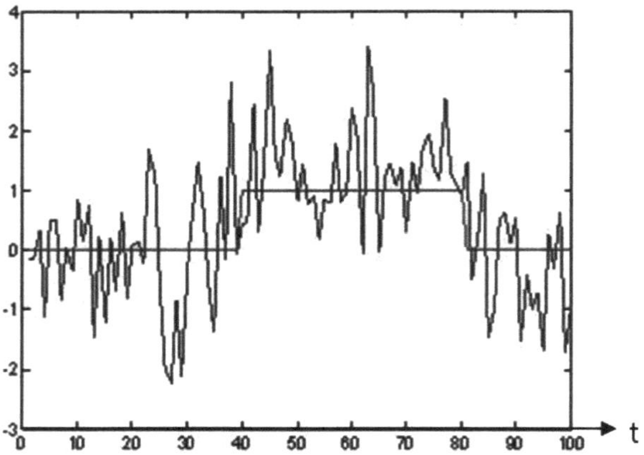

그림 2-28. 랜덤 신호의 시간 평균

(2) 앙상블 평균(ensemble average)

어떠한 랜덤 신호에서 특정 구간(주기 신호일 경우의 한 주기일 수 있음)의 시행 결과 값들을 무한히 수집한 모음을 앙상블(ensemble)이라 하는데, 이러한 앙상블의 평균값을 **앙상블 평균(ensemble average)**이라 한다. 앙상블 평균은 랜덤 프로세스에서 시간 변화는 고려하지 않은 채, 안정 과정(stationary process : 통계적 성질이 시간에 따라 변하지 않는 과정) 하의 특정 고정 시간에 나올 수 있는 모든 시행 결과 값들의 평균(기댓값)이다. 즉 시간은 고정시킨 채, 무한개의 표본 함수들의 평균을 구한 것이다.

랜덤 신호 프로세스인 경우라면 앙상블 평균은 모든 불규칙 신호에 대하여 특정 시간에서의 신호 값들에 대한 평균(기댓값)이며

$$m_X = E\{X(t)\}$$

이다.

이때 안정적 과정(stationary process) 하에서 전체 집단에 대한 시간 평균과 앙상블 평균이 같으면 , 즉

$$E\{X(t)\} = < x(t) >$$

이면 이를 특별히 **에르고딕(ergodic)**하다고 하고, 그러한 절차를 **에르고딕 프로세스(ergodic process)**라 한다. 어떤 랜덤 프로세스가 에르고딕 하다고 알려지면 어떤 하나의 샘플 함수로 불규칙 신호의 특성을 대표할 수 있게 된다.

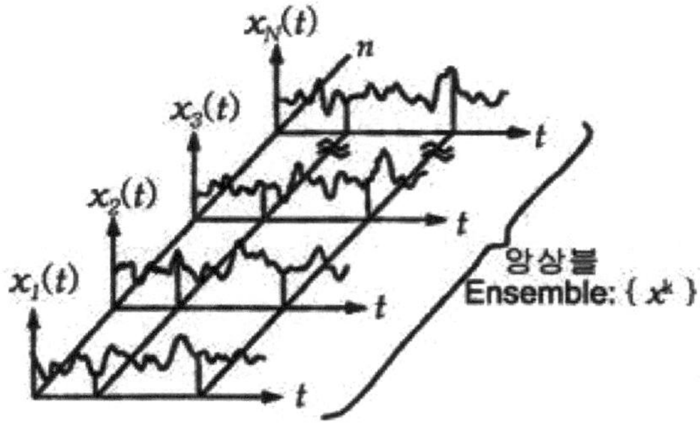

그림 2-29. 앙상블

2.3.2.9 컨볼루션(convolution, 중첩)

컨볼루션(convolution, 중첩)은 두 개의 함수 f, g가 있을 때, 두 함수 가운데 하나의 함수를 시간 반전(reverse), 천이(shift)시킨 다음, 다른 하나의 함수와 곱한 결과를 적분하여 새로운 함수를 구하는 연산자이다. 수학 기호로 표시할 때는 * 를 사용하며 다음 식과 같이 표현한다.

$$f(t)*g(t) = \int_{-\infty}^{\infty} f(\tau)g(t-\tau)\,d\tau = \int_{-\infty}^{\infty} f(t-\tau)g(\tau)\,d\tau$$

이러한 중첩은 이러한 컨볼루션(convolution, 중첩)은 선형 시불변 시스템(linear time invariant system)에서 입력 신호와 출력 신호의 관계를 해석하는 데 주로 사용된다. 즉 어떠한 선형 시불변 시스템에서 $h(t)$가 시스템의 임펄스 응답(impulse response)이고, $x(t)$가 연속한 입력 신호, $y(t)$가 연속한 출력 신호일 때 출력 신호 $y(t)$는 $h(t)$와 $x(t)$의 컨볼루션인

$$y(t) = h(t)*x(t) = \int_{-\infty}^{\infty} h(t)x(t-\tau)\,d\tau$$

가 된다. 즉 어떠한 시스템의 출력 신호를 파악하고자 할 때, 입력 신호와 시스템의 임펄스 응답을 중첩하면 알 수 있다는 의미이다. 여기서 임펄스 응답은 전술한 임펄스 함수 $\delta(t)$가 시스템에 입력될 경우의 출력 신호를 의미한다.

또 한 가지 중첩에 관해 반드시 알아두어야 할 중요한 사실은 다음에 다루게 될 푸리에 변환(Fourier transform)의 성질 중 하나인 **중첩의 정리(convolution theorem)**이다. 이 정리는 시간 영역에서 두 함수의 컨볼루션은 주파수 영역에서는 두 함수의 곱과 같고 그 역도 성립한다는 것이다. 즉, 시간 영역에서의 연속한 두 함수를 $f_1(t)$, $f_2(t)$라 하고, 이들 신호 각각의 푸리에 변환을 $F_1(\omega)$, $F_2(\omega)$라고 하면

$$x(t)*h(t) \Leftrightarrow X(\omega)H(\omega)$$
$$x(t)\,h(t) \Leftrightarrow \frac{1}{2\pi}[X(\omega)*H(\omega)]$$

가 성립한다는 것이다.

이러한 중첩의 정리는 신호의 주파수 해석에 있어 매우 강력한 수단으로 이를 이용하여 시스템 해석에 있어 많은 중요한 결과를 손쉽게 유도해 낼 수 있다. 본 교재에서도 종종 사용하게 될 것이다.

이산 신호 경우는 **컨볼루션 합**(convolution summation, **중첩 합**)으로 나타낼 수 있으며

$$y(nT) = h(nT) * x(nT) = \sum_{k=-\infty}^{\infty} h(nT)x(nT-kT)$$

이다.

이러한 컨볼루션은 추상적인 수학적 연산으로 표현되어 물리적인 의미와 해석이 다소 어려울 수 있는데 이를 다음과 같이 그래프를 이용하여 해석하면 쉽게 이해할 수 있다.

두 함수 $f(t)$와 $g(t)$의 컨볼루션을 그래프적으로 해석하여 구하는 순서는 다음과 같다.

1. $f(t)$의 t를 τ로 대체하여 $f(\tau)$를 얻는다.
2. $g(t)$의 t를 $-\tau$로 대체하여 $g(-\tau)$를 얻는다. [즉 $g(\tau)$를 수직 축에 대하여 접은 것 (반전한 것)]

   이는 $f(\tau)$를 수직 축을 기준으로 마주보는 형태이다
3. $g(-\tau)$를 t 만큼 이동시켜 $g(t-\tau)$를 얻는다. (이동량 t는 고정 좌표계와 이동 좌표계의 차이임) (천이)
4. 좌표계의 차이인 t를 계속 증가시켜가면서 두 함수의 곱의 적분을 구한다.

   즉 $\int_{-\infty}^{\infty} f(\tau)g(t-\tau)d\tau$ 를 구한다.

예를 들어 설명하여 보자.

시스템의 임펄스 응답 $h(t) = e^{-at}u(t)$, $a > 0$이고 입력신호 $x(t) = u(t)$이라고 할 때, 이 경우의 컨볼루션은 수학적으로 표현하면

$$h(t) * x(t) = \int_{0}^{\infty} x(\tau)h(t-\tau)\,d\tau = \int_{-\infty}^{\infty} u(\tau)e^{-a(t-\tau)}u(t-\tau)\,d\tau$$

$$= \int_{0}^{t} e^{-a(t-\tau)}d\tau = \frac{e^{-at}}{a}\left[e^{a\tau}\right]^{t}_{0} = \frac{1}{a}(1-e^{-at})$$

가 되는데 이를 도식화하면 다음 그림과 같다. 즉, 두 함수 중 어느 하나의 함수를 시간 축 상에서 이동시켜 갈 때 나머지 함수와의 겹치는 면적의 변화에 관한 함수가 곧 컨볼루션의 결과인 것이다. 여기서는 시스템의 임펄스 응답 함수를 시간적으로 이동시켜 가면서 입력 신호와 겹치는 면적을 구하는 것이 되는데 이것이 곧 입력 신호 $x(t)$에 대한 시스템의 출력 신호 $y(t)$인 것이다.

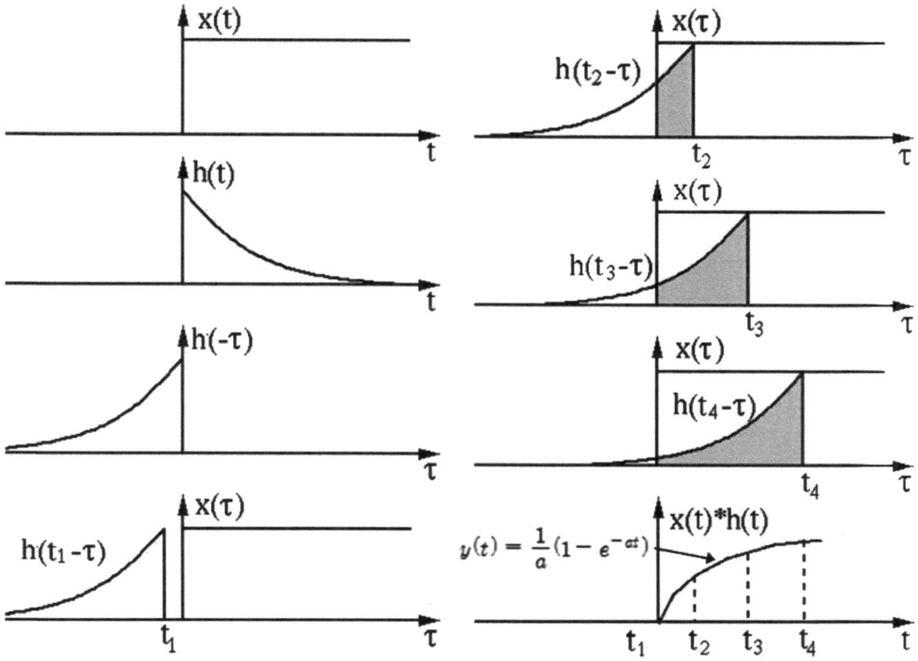

그림 2-30. 컨볼루션 도식화의 예

예제 2-3

시스템 임펄스 응답이 $h(t)= a\{u(t)-u(t+T)\}$ 이고 입력 신호 $x(t)= u(t)$ 일 때 이 시스템의 출력 신호 $y(t)$를 구해 보라.

(풀이)

1. $t<0$일 때

   중첩되는 부분이 없으므로 출력 신호 $y(t)=0$

2. $0\leq t<T$일 때

$$y(t)= x(t)*h(t)= \int_0^t au(\tau)\{u(t-\tau)-u(t-\tau+T)\}d\tau = [a\tau]_0^t = at$$

3. $t\geq T$일 때

$$y(t)= x(t)*h(t)= \int_0^T au(\tau)\{u(t-\tau)-u(t-\tau+T)\}d\tau = [a\tau]_t^T + [a\tau]_0^t = aT$$

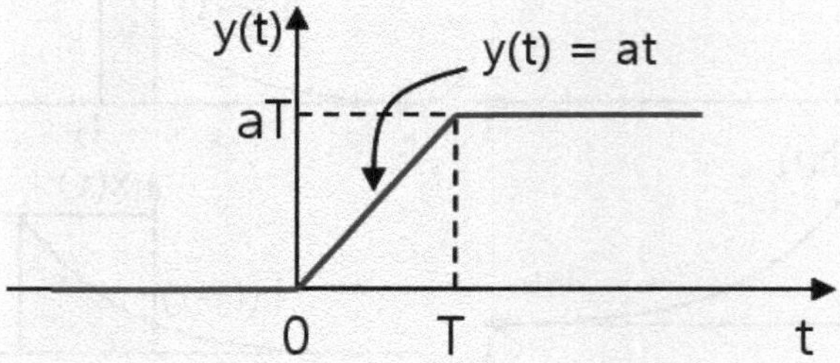

(컨볼루션 결과)

예제 2-4

다음 그림과 같은 함수 $f_1(t)$와 $f_2(t)$의 컨볼루션을 구해보라

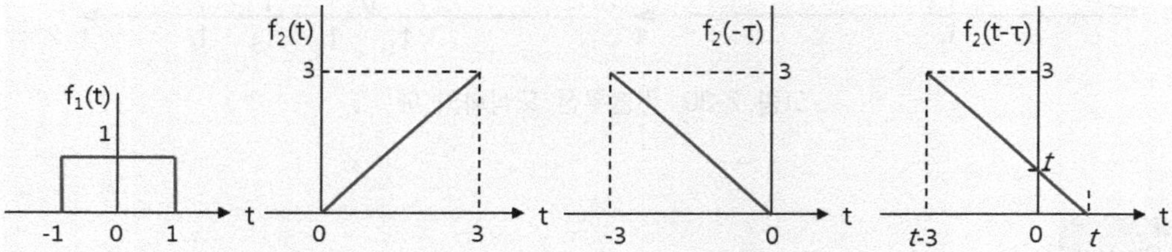

(풀이)

1. $t < -1$일 때 $f_1(t) * f_2(t) = 0$
2. $-1 < t < 1$일 때

$$f_1(t) * f_2(t) = \int_{-1}^{t} f_1(\tau) f_2(t-\tau) d\tau = \int_{-1}^{t} (t-\tau) d\tau = \frac{1}{2}(t+1)^2$$

3. $t > 1$이고 $t-3 < -1$일 때 ($1 < t < 2$)

$$f_1(t) * f_2(t) = \int_{-1}^{1} f_1(\tau) f_2(t-\tau) d\tau = \int_{-1}^{1} (t-\tau) d\tau = 2t$$

4. $-1 < t-3 < 1$일 때 ($2 < t < 4$)

$$f_1(t) * f_2(t) = \int_{t-3}^{1} f_1(\tau) f_2(t-\tau) d\tau = \int_{t-3}^{1} (t-\tau) d\tau = 4 + t - \frac{1}{2} t^2$$

5. $t-3>1$일 때 ($t>4$)

$f_1(t)*f_2(t)=0$

따라서 컨볼루션 결과를 그림으로 나타내면 다음과 같다.

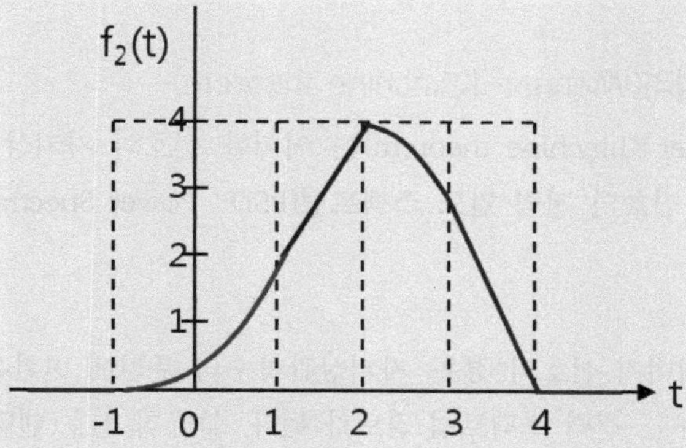

(컨볼루션 결과)

2.3.2.10 상관함수(correlation function)

우리가 어떠한 두 개의 그림이 서로 같은지를 알아보려면 두 개의 그림을 투명한 용지에 옮겨 놓고 두 개의 그림을 겹친 후, 서로의 위치를 약간 씩 이동시켜 가면서 빛에 비추어 보면 쉽게 알 수 있다. 신호에 있어서도 두 신호가 유사도를 알아내는 데 이와 비슷한 방법을 사용하는데 상관 함수가 바로 그것이다. **상관함수**(correlation function)는 두 신호의 유사도가 어느 정도인가를 나타내는 함수로 신호 검출이나 신호 에너지를 구하는 데 주로 사용된다. 상관함수에는 **자기상관함수**(autocorrelation function)와 **상호상관함수**(cross correlation function)가 있는데, 레이더와 같이 신호를 송신해서 물체에 반사되어 되돌아오는 신호를 검출하는 경우와 같이 자기 자신의 신호와의 상관도를 구하고자 하는 경우에는 자기상관함수를 이용하고 서로 다른 두 신호간의 유사도를 구하고자할 때에는 상호상관함수를 이용한다.

자기상관함수는

$$R_x(\tau)=\int_{-\infty}^{\infty} x^*(t)x(t+\tau)\,dt=\int_{-\infty}^{\infty} x(t)x^*(t-\tau)\,dt$$

로 정의된다. 또한 상호상관함수는 다음과 같이 정의된다.

$$R_{xy}(\tau) = \int_{-\infty}^{\infty} x^*(t)y(t+\tau)\,dt = \int_{-\infty}^{\infty} x(t)y^*(t-\tau)\,dt$$

위의 두 식을 잘 살펴보면 한 신호에 대해 다른 한 신호를 시간축 상에서 무한의 시간까지 매우 조금씩 천이(shift)시켜 가면서 곱한 값을 모두 더한다는 것을 알 수 있다. 이는 앞서 설명한 바, 두 개의 그림을 위치 이동시켜 가면서 같은 지를 비교하는 방법과 매우 유사하다. 상관함수는 이와 같은 원리에 의해 신호의 검출이나 신호의 에너지를 구하는 데 널리 사용될 수 있는 것이다.

2.3.2.11 위너-킨친 정리(Wienner-Khinchine theorem)

위너 킨친 정리(Wienner-Khinchine theorem)는 어떠한 신호의 자기상관함수의 푸리에 변환(Fourier transform)이 그 신호의 **전력 밀도 스펙트럼**(PSD : Power Spectral Density) (함수)이다라는 정리이다. 즉

$$S(f) = \Im\{R(\tau)\}$$

이다. 따라서 결정적 에너지 신호의 경우, 자기상관함수의 푸리에 변환은 에너지 스펙트럼 밀도가 되고 전력신호의 경우는 전력 스펙트럼 밀도가 된다. 불규칙 신호(랜덤 신호)의 경우는 랜덤 프로세스 전력 스펙트럼 밀도가 된다.

2.3.2.12 파스발(Parseval)의 에너지 정리

신호 에너지는 시간 영역에서 신호의 절대값을 전 시간 구간에서 적분한 것인데 **파스발의 에너지 정리**(Parseval's energy theorem)는 이러한 신호 에너지를 주파수 영역에서 구하고자한 것으로, 주파수 영역에서 구한 신호의 총 에너지는 시간 영역에서 구한 신호의 총 에너지와 동일하다는 정리이다. 즉 $E = \int_{-\infty}^{\infty} |x(t)|^2\,dt = \int_{-\infty}^{\infty} |X(f)|^2\,df$ 이다.

위 식에서 $|X(f)|^2 = G_x(f)$는 주파수 영역에서 단위 주파수 당의 신호 에너지를 나타내는데 이를 **에너지 스펙트럼 밀도**(ESD : energy spectrum density) (함수)라고 한다.

또한 주기가 없는 무한 시간의 신호에 있어서 신호 전력을 구하는데 있어 이 정리를 적용하면 다음 식과 같다.

$$P_x = \lim_{T\to\infty} \frac{1}{T}\int_{-\frac{T}{2}}^{\frac{T}{2}} |x^2(t)|\,dt = \lim_{T\to\infty} \frac{1}{T}\frac{1}{2\pi}\int_{-\infty}^{\infty} |X_T(\omega)|^2\,d\omega$$

$$= \frac{1}{2\pi}\int_{-\infty}^{\infty} \lim_{T\to\infty} \frac{|X_T(\omega)|^2}{T}\,d\omega = \frac{1}{2\pi}\int_{-\infty}^{\infty} S_x(\omega)\,d\omega$$

위 식에서 $S_x(\omega) = \lim_{T \to \infty} \frac{|X_T(\omega)|^2}{T}$ 은 단위 주파수당의 신호 전력이며 전력 스펙트럼 밀도 (PSD : Power Spectral Density) (함수)라고 한다. 위 식의 의미는 비주기성 신호의 시간 영역에서의 전력은 주파수 영역에서 전력 스펙트럼 밀도를 적분한 것과 같다는 것이다.

파스발의 정리는 다음과 같은 식으로 증명 가능하다. 즉 두 신호 에너지를 다음과 같이 두 신호의 내적으로 표현하고 각 각의 신호에 대해 순차적으로 푸리에 변환을 하여 식을 변형하면

$$\int_{-\infty}^{\infty} x(t)y^*(t)dt = \int_{-\infty}^{\infty} x(t)\left[\frac{1}{2\pi}\int_{-\infty}^{\infty} Y^*(j\omega)e^{-j\omega t}dw\right]dt$$

$$= \frac{1}{2\pi}\int_{-\infty}^{\infty} Y^*(j\omega)\left[\int_{-\infty}^{\infty} x(t)e^{-j\omega t}dt\right]dw$$

$$= \frac{1}{2\pi}\int_{-\infty}^{\infty} X(j\omega)Y^*(j\omega)dw = \int_{-\infty}^{\infty} X(jf)Y^*(jf)df$$

가 된다. 이때 위 식의 좌변과 우변은 동일한 형태이다. 따라서 푸리에 변환과 역변환이 유일한 관계가 성립한다면 적분 기호 내의 성분이 같아야 하므로 시간 영역에서 두 신호의 공통 성분의 양(즉 내적)이나, 주파수 영역에서 두 신호에 대한 푸리에 변환의 내적은 동일할 수밖에 없다. 따라서 주파수 영역에서 구한 신호 에너지는 시간 영역에서 구한 신호 에너지와 동일하다는 것이다.

요 약

- **파스발의 (에너지) 정리 :**

신호 $f(t)$의 시간 영역에서의 에너지는 주파수 영역에서의 에너지와 같다.
$|F(\omega)|^2$은 단위 주파수당 에너지이므로 에너지 밀도함수라 한다

2.3.2.13 기저대역(base band)과 통과대역(pass band)

기저대역(base band)란 변조하기 전의 원래 정보 신호가 있는 저주파수 대역을 말한다.

변조는 신호를 잘 전파하기 위해 반송파(carrier)라고 하는 높은 주파수의 신호에 전송하고자 하는 정보 신호(희망파)를 싣는 과정인데, 이렇게 변조된 피변조파의 주파수 대역을 **통과 대역**(pass band)라고 한다. 또는 통신 시스템의 여파기(filter) 등에서 신호를 차단하지 않고 고른 이득으로 통과시키는 대역을 말한다.

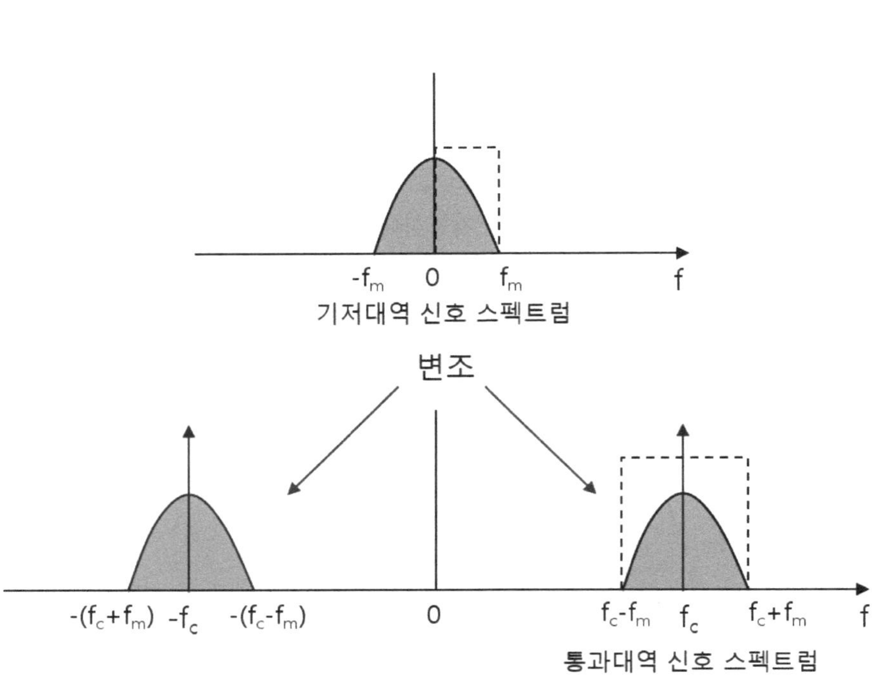

그림 2-31. 기저대역과 통과대역 신호 스펙트럼

2.3.2.14 여파기 (filter)

여파기는 특정 주파수 대역의 신호를 통과 시키거나 제거하는 전기회로 기기이다. 이름에서도 쉽게 알 수 있듯이 여파기는 입력된 신호의 주파수 성분 중 원하는 주파수만 통과시키고 나머지는 감쇄시켜 버리는 역할을 한다. 따라서 특정 주파수의 신호를 선택하거나 제거하는 것이 필수적인 통신 기술에 있어서 반드시 필요한 개념이며 널리 쓰이는 전기회로이다. 특히 RF 영역에서는 더더욱 중요하게 다루어야 할 분야이다.

여파기에서는 **차단 주파수(임계 주파수**, cut-off frequency, -3dB corner frequency)라고 하는 것을 정의하는데 이는 각 여파기에서 출력신호 전력이 입력 신호 전력의 1/2 로 줄어드는 주파수(전압으로는 입력 신호의 원래 전압에 $\frac{1}{\sqrt{2}}$배가 되는 주파수)로 원래 신호 전력의 1/2은 데시벨로 −3[dB]이므로 −3[dB] 코너 주파수(corner frequency)라고도 한다. 즉 입력신호 전력이 반 이상 감소하기 시작하면 그 신호 주파수 이상이나 이하의 주파수의 신호 성분은 차단되었다고 간주하는 것이다. 이때 차단 주파수 이상이나 이하의 차단된 대역을 **차단대역**(stop band)이라 하고 통과된 주파수 대역을 **통과대역**(pass band)라 한다. 차단 주파수는 여파기를 구성하는 R, L, C 소자 값에 따라 결정된다.

이러한 여파기에는 **저역(통과) 여파기**(LPF : Low Pass Filter), **고역(통과) 여파기**(HPF : High Pass Filter), **대역(통과) 여파기**(BPF : Band Pass Filter), **대역제거 여파기**(BRF : Band Rejection

Filter)가 있다. 명칭을 통해 알 수 있듯이 저역(통과) 여파기는 차단 주파수 이상의 높은 주파수 성분만을 통과시킨다. 대역(통과) 여파기는 특정 주파수 대역 내에 속하는 주파수 성분만을 통과시킨다.

(1) 저역(통과) 여파기(LPF : Low Pass Filter)

정해진 차단 주파수 이하의 낮은 주파수 성분만을 통과시키는 여파기이다. 적분기(integrator)라고도 한다.

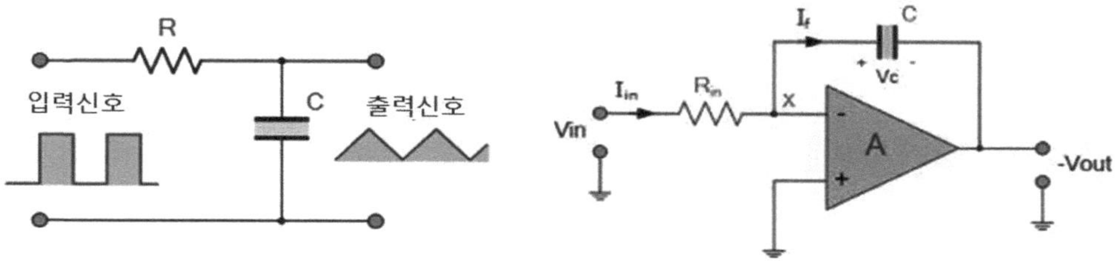

그림 2-32. 저역통과 여파기 회로의 예

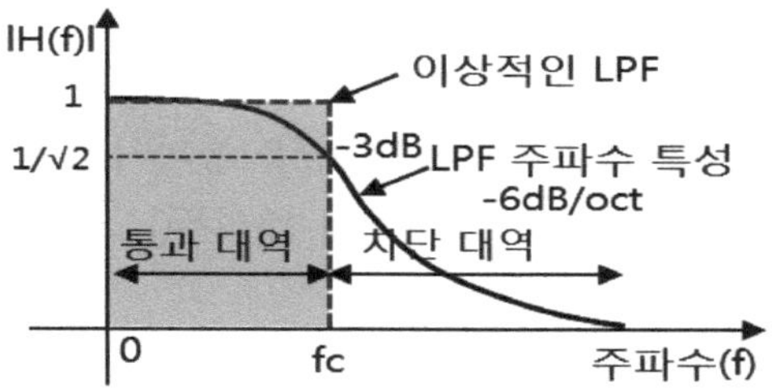

그림 2-33. 저역통과 여파기 주파수 특성

(2) 고역(통과) 여파기(HPF : High Pass Filter)

정해진 차단 주파수 이상의 높은 주파수 성분만을 통과시키는 여파기이다. 미분기(differentiator)라고도 한다.

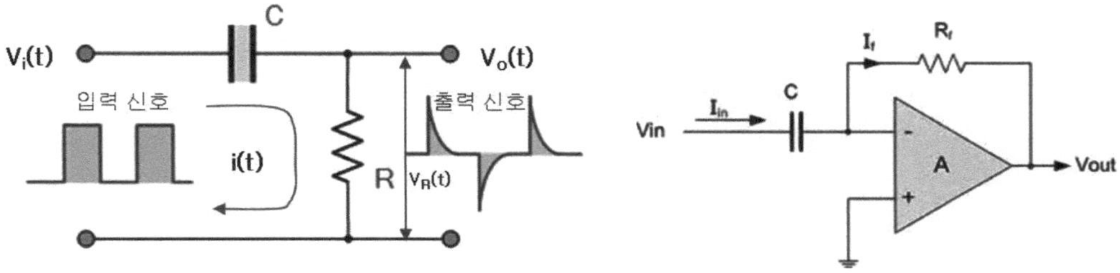

그림 2-34. 고역통과 여파기 회로의 예

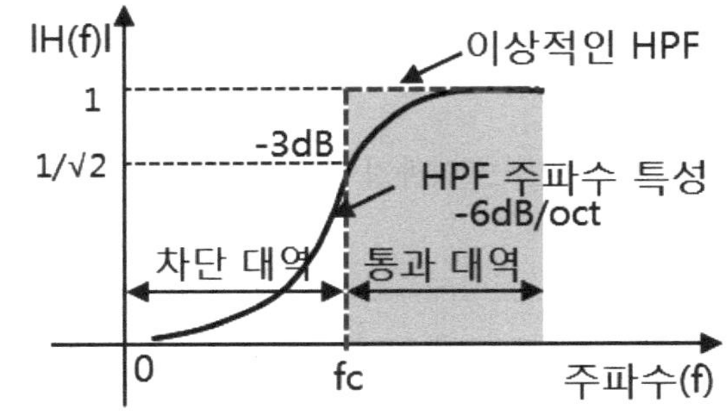

그림 2-35. 고역통과 여파기 주파수 특성

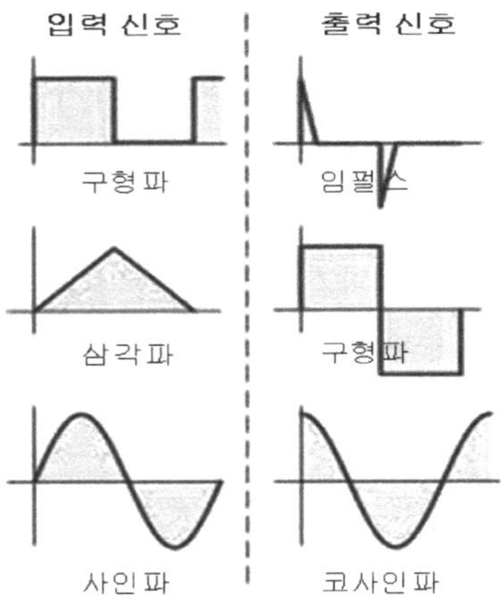

그림 2-36. 고역통과 여파기 입력 대 출력 파형

(3) 대역(통과) 여파기(BPF : Band Pass Filter)

정해진 2개의 차단 주파수 사이의 주파수 성분만을 통과시키는 여파기이다. 즉 저역차단 주파수 f_{c_L}과 고역차단 주파수 f_{c_H} 사이의 주파수 성분만을 통과시키게 되는데 이 때 두 개의 차단 주파수의 차이 값 $f_{c_H} - f_{c_L}$을 대역(통과) 여파기의 **대역폭**(bandwidth)이라한다.

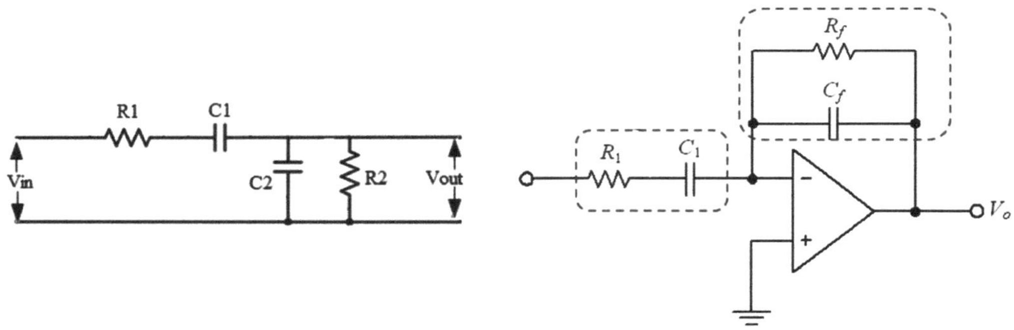

그림 2-37. 대역통과 여파기 회로의 예

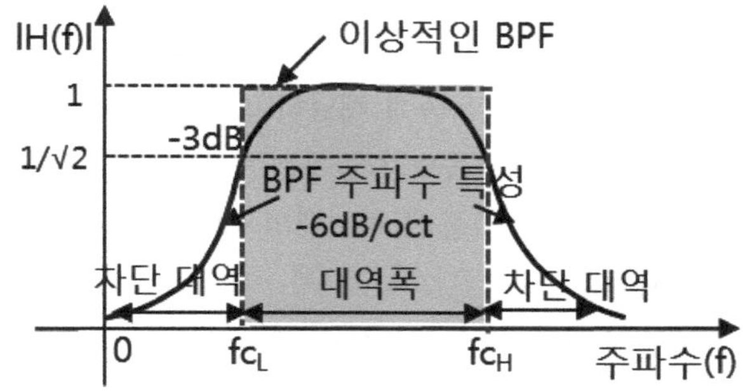

그림 2-38. 대역통과 여파기 주파수 특성

(4) 대역(제거) 여파기(BRF : Band Rejection Filter)

대역(통과) 여파기와는 반대로 정해진 2개의 차단 주파수 사이의 주파수 성분만을 차단(제거) 시키는 여파기이다. 즉 저역차단 주파수 f_{c_L}과 고역차단 주파수 f_{c_H} 사이의 주파수 성분만을 차단 시키게 되므로 두 개의 두 개의 차단 주파수의 차이 값 $f_{c_H} - f_{c_L}$이 대역폭(bandwidth)으로 대역(통과)여파기와는 반대로 차단대역이 된다.

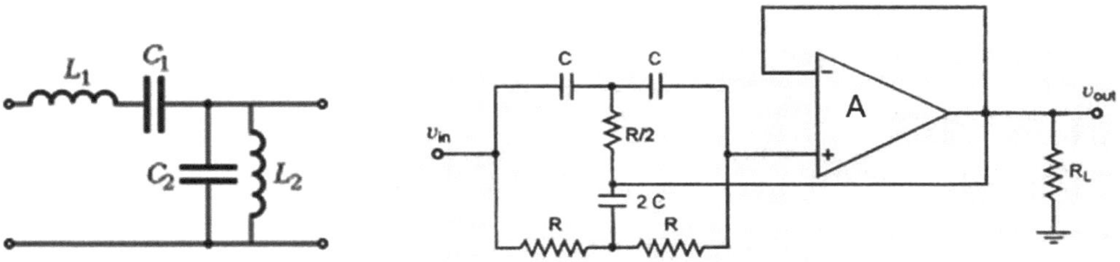

그림 2-39. 대역제거 여파기 회로의 예

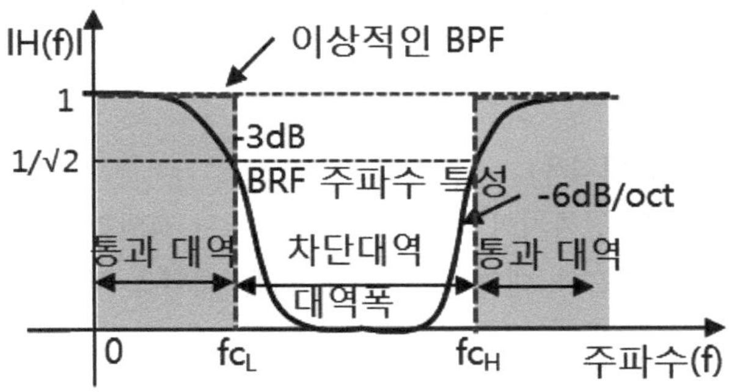

그림 2-40. 대역제거 여파기 주파수 특성

2.3.2.15 대역폭(bandwidth)

대역폭(帶域幅, bandwidth)은 신호가 차지하고 있는 주파수의 범위로, 헤르츠[Hz] 단위로 나타낸다. 대역폭은 교통에 비유하자면 도로의 폭에 해당하고 통신채널은 도로의 차선이라고 할 수 있으므로 대역폭이 넓으면 데이터의 전송 속도가 높아질 수 있다. 즉 대역폭은 정보를 실어 나를 수 있는 능력과 비례한다고 볼 수 있으며 통신 시스템의 데이터 전송 속도(전송률) 또는 주파수 범위를 의미한다고 보면 된다.

대역폭은 일반적으로 주파수 스펙트럼 상에서 신호 에너지 또는 신호 전력이 존재하는 구간을 어떻게 정의하느냐에 따라 다음과 같이 여러 가지 종류로 나눌 수 있다.

- **절대 대역폭**

  스펙트럼 크기가 0이 되기 시작하는 주파수 폭으로 이론적인 개념에서의 대역폭이고 일반적으로 무한대 (∞)가 되므로 실제적으로는 그다지 사용되지 않는다.

- **-3dB 대역폭 (Half Power 대역폭)**

  중심 주파수에서의 신호 크기(전압, 전류)의 $\frac{1}{\sqrt{2}}$ 이 되는 주파수까지의 폭으로 신호 전력이 1/2이 되는 점까지이므로 **1/2 전력 대역폭(Half Power Bandwidth)** 라고도 한다. 여파기(filter) 및 신호 처리에서 가장 많이 사용한다.

- **잡음 등가 대역폭**

  잡음이 차지하는 면적과 등가적으로 같은 면적을 차지하는 대역폭으로 아래 그림에서 면적 S_A = S_B가 되는 대역폭이다.

- **영점 대 영점 대역폭 (Null to Null 대역폭, Zero-crossing 대역폭)**

  주파수 스펙트럼 상에서 최초의 0 점까지를 차지하는 대역폭으로 주로 신호의 스펙트럼 분석 시에 사용한다.

- **99% 대역폭 (부분전력 대역폭)**

  신호 전력의 99%가 되는 점까지의 대역폭으로 FCC에서 정의함 주로 무선 채널에서의 신호 대역폭으로 사용한다. 전술한 대역폭 중 가장 넓은 대역을 차지한다.

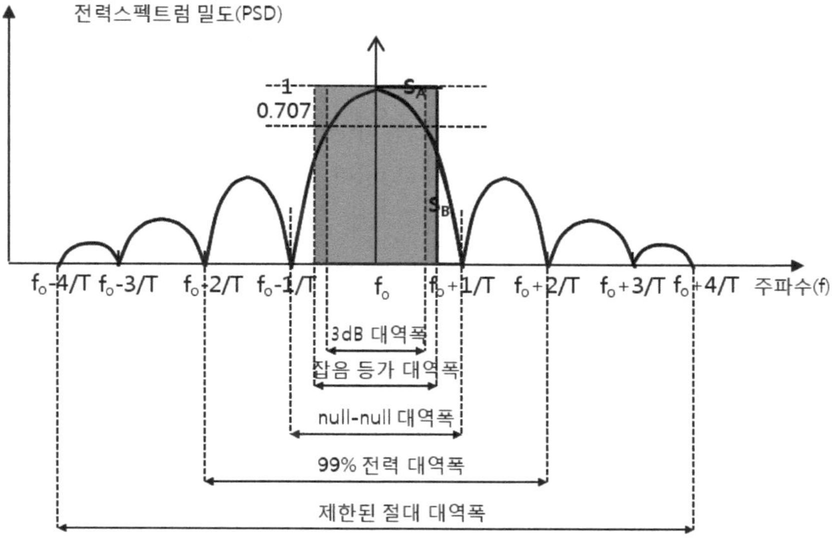

그림 2-41. 여러 가지 대역폭의 정의

2.4 신호의 푸리에 급수 표현

2.4.1 푸리에 급수의 일반식과 계수 구하기

1807년 12월 프랑스의 수학자이자 물리학자인 **푸리에(Fourier)**는 금속 막대기, 판, 덩어리에서의 열의 흐름에 관한 문제를 다루는 논문에서 유한 폐구간에서 정의된 임의의 함수는 사인(sine)과 코사인(cosine) 함수의 합으로 분해될 수 있다는 매우 놀라운 주장을 하였다. 즉, 주기적으로 같은 형태가 반복되는 주기 신호의 경우, 어떠한 모양의 파형이라도 다음 식과 같이 사인 및 코사인의 기본파와 고조파들의 합으로 표현할 수 있다고 하는 것이다.

$$f(x) = a_0 + \sum_{n=1}^{\infty} (a_n \cos nx + b_n \sin nx) \qquad \text{(푸리에 급수의 일반식)}$$

이를 **푸리에 급수**(Fourier series)라고 하는데 이는 오늘날 통신 분야에 있어, 신호 파형을 해석하는데 중요한 원리가 된다. 다시 말하면 임의의 파형을 고조파들의 합으로 나타낼 수도 있고, 반대로 고조파들을 합성하여 임의의 파형을 만들어 낼 수 있다는 의미이다. 따라서 이들의 종류와 세기를 파악하면 해당 파형의 전모를 파악할 수 있게 된다. 이에 따라 푸리에의 표현 방법에 기초한 신호 해석법은 음파나 전자파, 빛 등의 특정 주파수 영역을 제거하는 필터링이나 신호처리를 통한 파형 인식 등, 다방면에 널리 활용되고 있다.

위의 푸리에 급수의 일반식에서 $f(x)$가 주기가 T인 주기 함수라고 할 때 $f(x)$가 $f(x)=f(-x)$ 즉 우함수이면 $b_n=0$이 되어 코사인 함수 항으로만 전개되고, $f(x)=-f(-x)$ 즉 기함수이면 $a_n=0$ 이 되어 사인 항으로만 전개된다.

이 같은 전개가 가능하기 위해서는 주기성이 있는 $f(x)$가 정의된 구간 내에서 다음 만족하여야 한다. 이는 푸리에 급수가 어떤 함수로 수렴할 충분조건이다.

(1) 한 주기 동안 유한한 개수의 최소치와 최대치를 가져야 한다.

(2) 한 주기 내에서 유한한 개수의 불연속점을 가져야 한다.(불연속점 사이에서는 연속)

(3) 한 주기 동안 절대값의 적분이 가능하여야 한다. ($\int_T |f(x)|\,dx < \infty$)

이것을 **디리클레 조건**(Dirichlet condition)이라고 한다.

주기 함수가 아니고 한정된 구간에서만 정의된 함수를 푸리에 급수로 전개할 경우는 주어진 함수를 복제하여 주기함수로 만든 후 푸리에 급수를 구하고 구한 급수의 정의 구간을 원래 주어진 함수의 정의 구간으로 축소함으로써 구할 수 있다.

요 약

- **푸리에 급수**

디리클레 조건을 만족하는 모든 주기함수 $f(x)$는 다음 식과 같이 삼각 급수로 전개될 수 있다.

$$f(x)=a_0+\sum_{n=1}^{\infty}(a_n\cos nx+b_n\sin nx)$$

이제 코사인의 고조파 항들의 합으로 이루어지는 경우를 예를 들어 살펴보자. 어떠한 파형 $f(t)$가 $f(t)=1+\cos(1t)-\frac{1}{3}cos(3t)+\frac{1}{5}cos(5t)-\frac{1}{7}cos(7t)$ 라고 하면 위 식의 첫 번째 항은 1로써 일정한 상수 값이고 두 번째부터 네 번째 항에 해당하는 파형을 각 각 아래 그림의 첫 번째부터 네 번째에 나타내었다. 이때 각 항에 해당하는 파형들을 아래 그림 모두 더하면 아래 그림 맨 마지막에 나타낸 파형처럼 일종의 구형파 형태의 파형이 된다. 얻어진 구형파의 특징을 살펴보면 코사인 함수가 우함수이므로 미루어 짐작할 수 있듯이 $t=0$ 축을 기준으로 좌우 대칭이며 기수 고조파 항들의 합으로만 이루어져 있다는 사실이다. 그림의 우측에는 각 파형의 주파수 성분을 삼각함수형과 복소 지수 함수형으로 나타낸 주파수 스펙트럼인데 모두 기수 고조파만 존재함을 알 수 있다. 아래 그림을 통해서 우리가 알 수 있는 것은 좀 더 많은 고조파 성분이 더하여 질수록 완벽한 구형파 형태에 점점 가까워진다는 사실이다. 그러나 아무리 가까워져도 완전히 구형파와 동일하지는 않게 되는데 이런 현상을 **깁스현상**(Gibbs phenomenon)이라 한다.

또 다른 예로 $s_1(t) = \sin(1t)$, $s_2(t) = -\frac{1}{2}sin(2t)$, $s_3(t) = \frac{1}{3}\sin(3t)$ 일 때

$$f(t) = s_1(t) + s_2(t) + s_3(t) = \sin(1t) - \frac{1}{2}sin(2t) + \frac{1}{3}sin(3t) \text{ (사인 우수 및 기수고조파 합)}$$

의 파형을 살펴보자. 이 경우는 사인함수가 기함수이므로 아래 그림과 같이, y 축을 중심으로 좌우 위상이 반대인 비대칭형 파형이 만들어지며 더 많은 고조파가 더해질수록 이상적인 톱니파형에 가까워지는 것을 알 수 있다. 위 식의 경우 고조파가 1,2,3,...으로 구성되므로 톱니파에는 기수 및 우수 고조파가 모두 존재함을 알 수 있다.

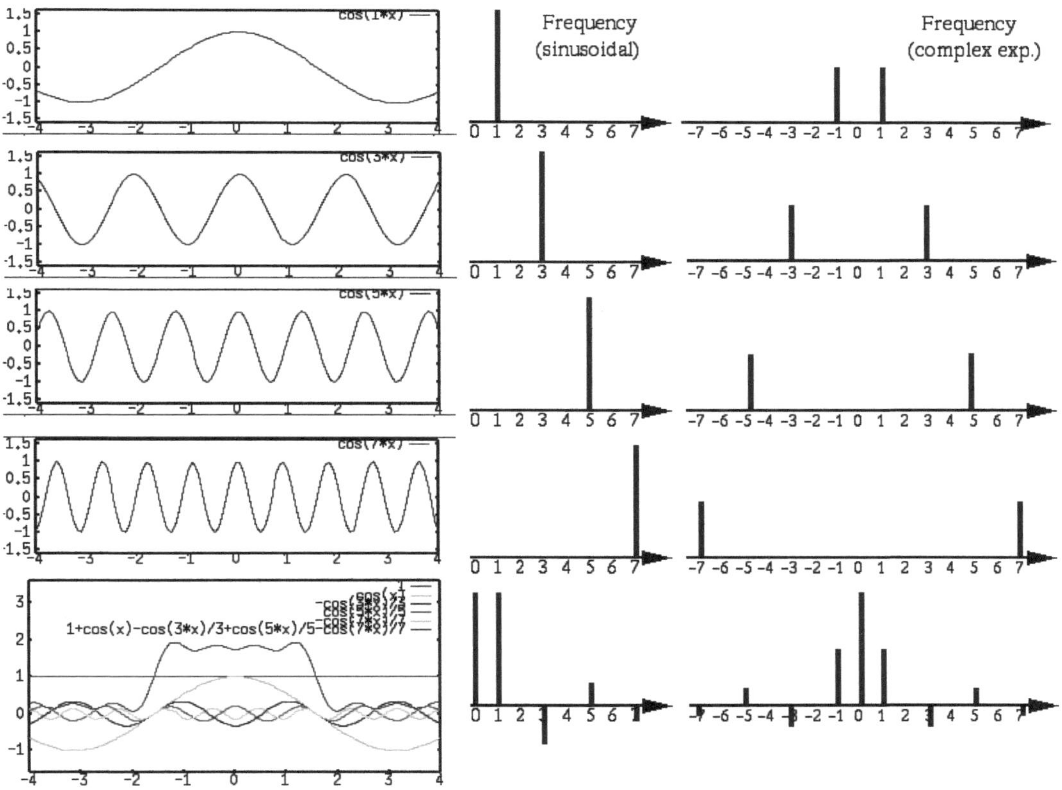

그림 2-42. 푸리에 급수로 표현된 신호 파형의 예 (코사인 기수 고조파 합)

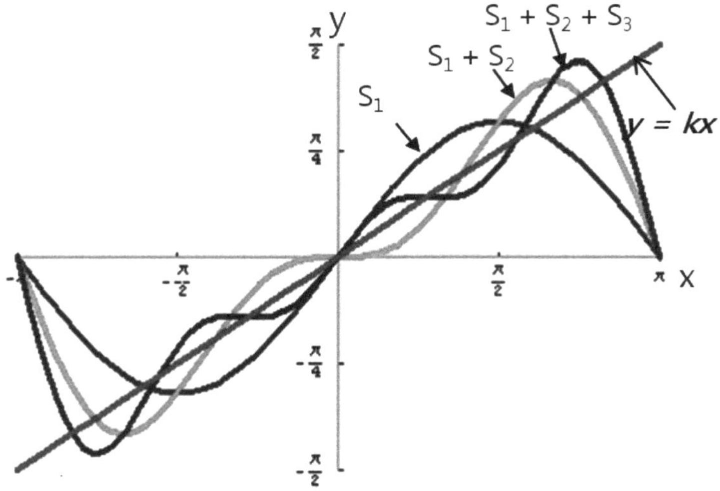

그림 2-43. 푸리에 급수로 표현된 신호 파형의 예 (사인 우수 및 기수고조파 합)

이번에는 또 다른 예로써

$$f(t) = \frac{2}{\pi} - \frac{4}{3\pi}cos(2t) - \frac{4}{15\pi}cos(4t) - \frac{4}{35\pi}cos(6t)$$

와 같이 코사인파의 우수 고조파만으로 구성되는 파형의 경우를 살펴보자. 이 경우는 우함수인 코사인 항으로만 전개되므로 y 축을 중심으로 좌우 대칭형의 파형이 얻어지며 파형은 전파 정류된 정현파에 가까운 형태가 되는 것을 알 수 있다. 물론 이 경우도 마찬가지로 우수 고조파 항들이 증가할수록 점점 더 이상적인 전파 정류파형에 가까워진다.

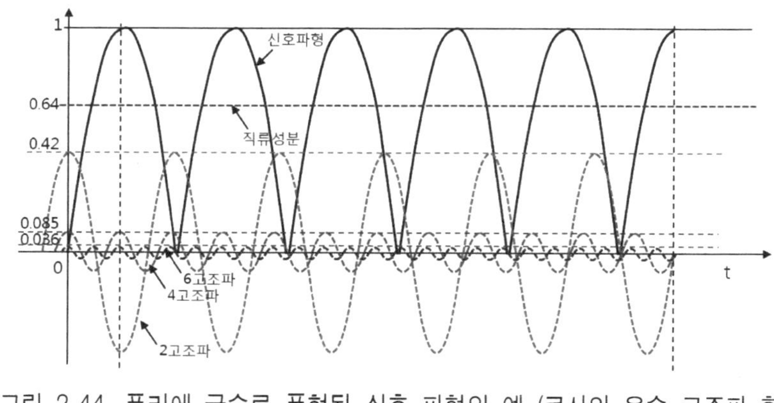

그림 2-44. 푸리에 급수로 표현된 신호 파형의 예 (코사인 우수 고조파 합)

참 고

• **깁스현상(Gibbs phenomenon)**

불연속을 포함하는 파형을 푸리에 급수로 나타낼 때, 불연속 값 근처에서 나타나는 불일치 현상이다. 푸리에 급수로 전개할 경우, 주파수 성분을 많이 포함할수록 오차의 정도는 줄어드나 유한한 주파수 대역에서는 완전히 없어지지 않는다. 미국의 수학자 겸 물리학자 Josiah Willard Gibbs(1839-1903)에서 유래되었다.

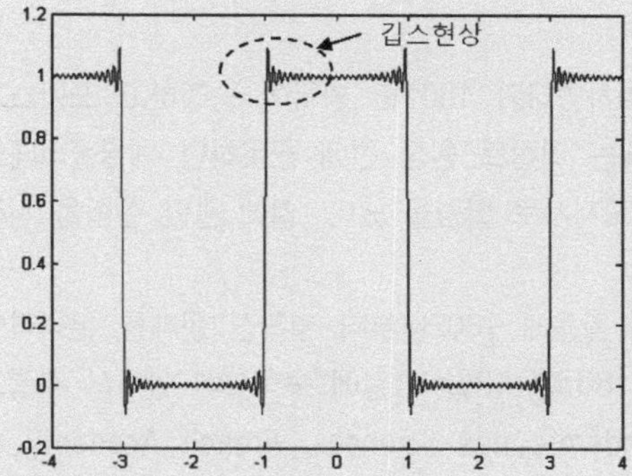

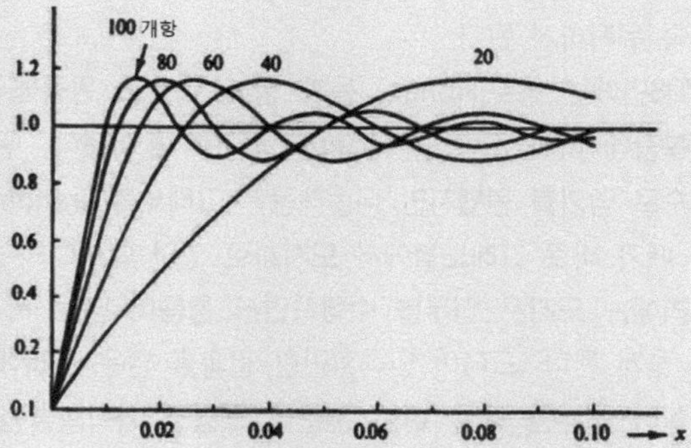

참 고

• **푸리에(Jean Baptiste Joseph Fourier, 1768~1830)**

프랑스의 수학자이자 물리학자이다. 고체 내에서의 열전도에 관한 연구로 열전도 방정식(푸리에 방정식)을 유도하였으며, 이 방정식을 풀기 위해서 푸리에 해석으로 불리는 이론을 전개했다. 푸리에 해석은 복잡한 주기함수를 보다 간단하게 기술하기 위해 소리나 빛 등 파동의 연구에 넓게 이용되며 현재 조화 해석이라고 하는 수학의 한 분야를 형성하고 있다. 이외에도 방정식 론이나 방정식의 수치 해법을 연구했으며, 차원 해석의 창시자로 여겨지기도 한다. 또 통계국에 근무할 당시의 경험을 토대로 확률론이나 오차론의 연구도 실시했다.

푸리에는 1768년 오세르(Auxerre)에서 태어나서 1830년 파리에서 죽었다. 재단사의 아들인 그는 9살과 10살에 어머니와 아버지를 차례로 잃었다. 비천한 신분에 부모의 도움조차 받을 수 없는 푸리에였지만 천주교에서 운영하는 학교에서 기초적인 교육을 받을 수 있었다. 라틴어와 프랑스어를 시작으로 학문적 재능을 보인 푸리에는 12살에 왕립 군사학교(École Royale Militaire of Auxerre)에 입학했다. 후에 여기에서 수학 강사를 하였다. 처음에는 문학 분야에서 두각을 나타냈으나 곧 수학에 특출한 능력을 보였다. 프랑스 전반에 스며들어 있던 수학적 환경과 당대 최고 수준의 전문가 집단이 있었기 때문에 푸리에는 수학분야 논문을 꾸준히 읽을 수 있었고 드물게 논문도 발표할 수 있었다.

그는 25세때 프랑스 혁명에도 적극 참여하여 혁명을 촉진시키는 데 일조를 하였으며 이 공로로 나중에 에콜 폴리테크니크(École Polytechnique)의 교수가 되었다. 당시 명강사로 이름이 높았던 푸리에는 27세 때인 1795년에 고등 사범학교(École Normale Supérieure)에 들어가게 된다. 여기서 라그랑쥐(Joseph Louis Lagrange), 라플라스(Pierre-Simon Laplace)와 같은 위대한 스승들을 만난다. 푸리에의 능력이 특출났기 때문에 라그랑쥐, 라플라스도 푸리에를 눈여겨 보게 되고 이후 서로 돈독한 관계를 계속 유지하게 된다.

1798년에는 몽주(Monge) 등과 함께 이집트 원정에 참여하였다가 1801년 영국이 승리하고 프랑스가 항복함에 따라 프랑스군과 함께 파리로 돌아왔다. 푸리에는 이집트 원정 전에 근무하던 에콜폴리테크 교수로 남기를 원했지만 나폴레옹은 그레노블(Grenoble) 도지사로 발령을 냈다. 열에 관한 실험을 시작한 때가 바로 그레노블에서 도지사로 있던 때이다.

푸리에는 도지사 업무를 수행하면서 틈틈이 남는 시간을 활용해 1802년부터 열확산 문제를 본격적으로 풀게 된다. 드디어 만족할만한 결과를 얻은 푸리에는 1807년 12월 21일에 수학사에 있어서 새롭고 결실이 풍부한 장을 여는 논문을 프랑스 과학학술원(Académie des Sciences, French Academy of Sciences)에 제출하였다. 이 논문은 금속 막대기, 판, 덩어리에서의 열의 흐름에 관한 실제적인 문제를 다룬 것으로, 열 방정식과 푸리에 해석법을 최초로 소개한 논문이었다. 이 논문에서 푸리에는 유한 폐구간에서 정의된 임의의 함수는 사인과 코사인 함수의 합으로 분해될 수 있다는 매우 놀라운 주장을 하였다. 보다 명확하게 말하면, 임의의 함수는 구간$[-\pi, \pi]$에서 어떻게 변화하도록 정의되었든 간에 적당한 실수 a, b에 대하여 그 구간에서 다음과 같이 표현될 수 있다고 주장하였다.

$$f(x) = a_0 + \sum_{n=1}^{\infty} (a_n \cos nx + b_n \sin nx) \qquad \text{(Fourier series 일반식)}$$

이 급수가 현재 삼각급수(trigonometric series)로 알려져 있는데, 이는 당시 수학자들에게는 전혀 새로운 것이 아니었다. 실제로 성질이 좋은 몇몇 함수들이 이런 급수에 의하여 표현될 수 있음이 이미 알려졌었다.그러나 심사 결과는 다소 비참했다. 심사위원을 맡은 푸리에의 박사학위 지도교수 라그랑쥐와 대수학자 라플라스는 푸리에 논문의 약점을 정확히 지적했다. 삼각함수 급수가 수렴한다는 증명이 없었으며 삼각함수 급수(trigonometric series) 그 자체도 이미 1752년에 베르누이(Daniel Bernoulli)가 편미분방정식(partial differential equation)을 풀기 위해 사용했었다. 하지만 이런 수학적 약점이 있었지만 푸리에의 방법론은 우아했으며 물리적으로도 타당해 보였다.

사실 푸리에가 1807년에 열 방정식과 그 해법을 제출한 이유는 과학 학술원이 고체속의 열확산(heat diffusion in solids) 문제를 경진대회 주제로 삼아 1811년에 수학상을 줄 예정이었기 때문이었다. 이에 따라 푸리에는 1811년 수정된 논문을 제출하였는데, 전의 세 사람과 다른 사람으로 구성된 심의관에 의하여 심사를 받은 결과, 순수 수학 관점의 논란이 있었지만 푸리에보다 더 나은 해법을 제시한 사람

> 이 없어 1811년 수학 상은 결국 푸리에에게 돌아갔다. 하지만, 논란이 계속되어 과학 학술원은 푸리에의 논문을 공식적으로 출판하지 않았다. 심사위원 설득을 위해 푸리에는 자신의 급수가 수렴함을 수학적으로 증명했지만 여전히 엄밀성이 떨어져 라그랑쥐는 푸리에의 방법론을 끝까지 불신했다. 엄밀한 수학적 증명은 푸리에의 제자인 디리클레(Johann Peter Gustav Lejeune Dirichlet)의 몫이었다.
>
> 이런 상황 때문에 푸리에는 독자적으로 열 방정식과 푸리에 급수 연구를 계속하여 1822년에 자비로 책을 출판해서 대중에게 공개하게 된다. 수학계에는 푸리에 급수에 대한 의구심이 남아있었지만 푸리에의 아이디어는 과학 전분야로 빠르게 퍼져나갔다. 푸리에는 상상도 못했겠지만 열 문제를 풀기 위한 푸리에 급수는 약 50년 후 전자파 방정식을 풀기 위한 표준 방법론이 되었고 약 100년 후에는 통신분야의 신호해석에 있어 기본 도구가 되었다.

이상의 예를 통해 주기적으로 반복되는 어떠한 파형도 푸리에 급수로 전개가 가능하다는 사실을 알았다. 따라서 임의의 주기적 파형의 전모를 파악하기 위해서는 푸리에 급수를 구하여야 하는데 이를 위해서는 푸리에 급수의 각 항의 계수를 구하는 것이 매우 중요한 데 이는 다음 식을 통해 구할 수 있다

$$f(t) = a_0 + \sum_{n=1}^{\infty} (a_n \cos n\omega_0 t + b_n \sin n\omega_0 t)$$

라 하면

$$a_0 = \frac{1}{T}\int_0^T f(t)\,dt$$

$$a_n = \frac{2}{T}\int_0^T f(t)\cos n\omega_0 t\,dt, \quad n = 1, 2, 3, \ldots$$

$$b_n = \frac{2}{T}\int_0^T f(t)\sin n\omega_0 t\,dt, \quad n = 1, 2, 3, \ldots$$

이다.

이해를 돕고자 위 식을 유도하는 과정을 살펴보면 다음과 같다.

우선 a_0를 구하기 위하여 위의 $f(t)$ 식의 양변을 한 주기 T 동안 적분하면

$$\int_0^T f(t)\,dt = \int_0^T a_0\,dt + \sum_{n=1}^{\infty}\left\{\int_0^T a_n \cos n\omega_0 t\,dt + \int_0^T b_n \sin n\omega_0 t\,dt\right\}$$

이다. 그런데 위 식의 우변의 상수 항 a_0를 적분하면 $a_0 T$ 이고, 코사인과 사인 항은 한 주기를 적분하면 0이 되므로

$$a_0 = \frac{1}{T}\int_0^T f(t)\,dt$$

이 된다. 결과적으로 푸리에 급수의 초기 항 a_0는 신호 파형 $f(t)$의 시간 평균 값, 즉 직류 성분임을 알 수 있다.

이제 a_n에 대한 식을 유도하기 위해서는 위의 $f(t)$ 식의 양변에 $\cos m\omega_0 t$를 곱한 뒤, 이를 한 주기 T 동안 적분하면 되는데 그 결과는 다음 식과 같다.

$$\int_0^T f(t)\cos m\omega_0 t\,dt = a_0\int_0^T \cos m\omega_0 t\,dt + \sum_{n=1}^{\infty}\left\{a_n\int_0^T \cos m\omega_0 t\cos n\omega_0 t\,dt + b_n\int_0^T \cos m\omega_0 t\sin n\omega_0 t\,dt\right\}$$

그런데 위 식의 우변의 각항은 삼각함수의 성질에 의해 다음과 같이 정리할 수 있다.

$$\int_0^T \cos m\omega_0 t\,dt = 0$$

$$\int_0^T \cos m\omega_0 t\cos n\omega_0 t\,dt = \begin{cases}\dfrac{T}{2} & (m=n)\\ 0 & (m\neq n)\end{cases}$$

($\because$ $m=n$ 인 경우, $\int_0^T \cos^2 n\omega_0 t\,dt = \int_0^T \dfrac{(1+\cos 2n\omega_0 t)}{2}\,dt = \dfrac{T}{2}$)

$$\int_0^T \cos m\omega_0 t\sin n\omega_0 t\,dt = 0$$ (서로 직교 함수)

위의 정리 결과에 따라 $m=n$ 인 경우에만 값이 있어서

$$\int_0^T f(t)\cos m\omega_0 t\,dt = a_n\frac{T}{2}$$

이며 $m=n$ 으로 대체하고 이를 a_n에 대해 정리하면

$a_n = \dfrac{2}{T}\int_0^T f(t)\cos n\omega_0 t\,dt$ 이 된다.

마찬가지로 b_n에 대한 식을 유도하기 위해서는 위의 $f(t)$ 식의 양변에 $\sin m\omega_0 t$ 를 곱한 뒤, 이를 한 주기 T 동안 적분하면 되는데 그 결과는 다음 식과 같다.

$$\int_0^T f(t)\sin m\omega_0 t\,dt = a_0\int_0^T \sin m\omega_0 t\,dt + \sum_{n=1}^{\infty}\left\{a_n\int_0^T \sin m\omega_0 t\cos n\omega_0 t\,dt + b_n\int_0^T \sin m\omega_0 t\sin n\omega_0 t\,dt\right\}$$

이 경우도 우변의 각항은 삼각함수의 성질에 의해 다음과 같이 정리할 수 있다.

$$\int_0^T \sin m\omega_0 t \, dt = 0$$

$$\int_0^T \sin m\omega_0 t \cos n\omega_0 t \, dt = 0 \quad \text{(서로 직교 함수)}$$

$$\int_0^T \sin m\omega_0 t \sin n\omega_0 t \, dt = \begin{cases} \frac{T}{2} & (m=n) \\ 0 & (m \neq n) \end{cases}$$

($\because$ $m=n$ 인 경우, $\int_0^T \sin^2 n\omega_0 t \, dt = \int_0^T \frac{(1-\cos 2n\omega_0 t)}{2} dt = \frac{T}{2}$)

위의 정리 결과에 따라 $m=n$일 때만 값이 있고 우변의 값이 $b_n \frac{T}{2}$이므로

$$\int_0^T f(t) \sin n\omega_0 t \, dt = b_n \frac{T}{2}$$

이를 b_n에 대해 정리하면

$$b_n = \frac{2}{T}\int_0^T f(t) \sin n\omega_0 t \, dt$$

이 된다.

이제 간단한 예제를 통해 삼각함수형 푸리에 급수의 계수 구하는 방법을 살펴보기로 하자

2.4.2 복소 지수 함수형 푸리에 급수 전개

전술한 대로 임의의 모든 주기 함수는 코사인과 사인의 삼각급수로 표현 가능한데 이때 오일러의 공식(Euler's formula)을 이용하면 복소수의 지수 함수형으로 표현이 가능하다. **복소 지수 함수형**으로 표현하면 삼각함수로 표현하는 것보다 계산이 더 편리하고 간단한 장점이 있다. 오일러의 공식을 이용하여 사인과 코사인 항을 표현하면 다음과 같다.

$$e^{j\theta} = \cos\theta + j\sin\theta, \quad e^{-j\theta} = \cos\theta - j\sin\theta$$

에서 $\theta = \omega_0 t$ 를 대입하고 정리하면

$$\cos\omega_0 t = \frac{e^{j\omega_0 t} + e^{-j\omega_0 t}}{2}, \quad \sin\omega_0 t = \frac{e^{j\omega_0 t} - e^{-j\omega_0 t}}{2j}$$

가 된다. 한편 삼각 함수형의 푸리에 급수 일반식에서 사인과 코사인 항은 위상만 서로 $\frac{\pi}{2}$만큼 차이나는 것이므로 다음과 같이 코사인 항만으로 정리할 수 있다.

$$f(t) = a_0 + \sum_{n=1}^{\infty}(a_n \cos n\omega_0 t + b_n \sin n\omega_0 t) = c_0 + \sum_{n=1}^{\infty} c_n \cos(n\omega_0 t + \theta_n)$$

위 식에서 계수 c_0, c_n는

$$c_0 = a_0,\quad c_n = \sqrt{a_n^2 + b_n^2},\ \theta_n = \tan^{-1}\left(\frac{b_n}{a_n}\right)$$

이다. 따라서

$$f(t) = c_0 + \sum_{n=1}^{\infty} c_n \cos(n\omega_0 t + \theta_n) = c_0 + \sum_{n=1}^{\infty} \frac{c_n}{2}\left\{e^{j(n\omega_0 t + \theta_n)} + e^{-j(n\omega_0 t + \theta_n)}\right\}$$

$$= c_0 + \frac{1}{2}\left(\sum_{n=1}^{\infty} c_n e^{j\theta_n} e^{jn\omega_0 t} + \sum_{n=1}^{\infty} c_n e^{-j\theta_n} e^{-jn\omega_0 t}\right)$$

그런데 위 식의 마지막 항인 $\sum_{n=1}^{\infty} c_n e^{-j\theta_n} e^{-jn\omega_0 t}$의 $e^{-jn\omega_0 t}$를 $e^{jn\omega_0 t}$로 바꿔 표기하기 위해 n을 음수로 대체하면

$$\sum_{n=1}^{\infty} c_n e^{-j\theta_n} e^{-jn\omega_0 t} = \sum_{n=-\infty}^{-1} c_n{}^{j\theta_n t} e^{jn\omega_0 t}$$

가 되므로

$$f(t) = c_0 + \frac{1}{2}\left(\sum_{n=1}^{\infty} c_n e^{j\theta_n} e^{jn\omega_0 t} + \sum_{n=-\infty}^{-1} c_n e^{j\theta_n} e^{jn\omega_0 t}\right) = c_0 + \sum_{n=-\infty,\, n\neq 0}^{\infty} \frac{1}{2} c_n e^{j\theta_n} e^{jn\omega_0 t}$$

$$= \sum_{n=-\infty}^{\infty} C_n e^{jn\omega_0 t}$$

여기서

$$C_n = \begin{cases} c_0, & n = 0 \\ \dfrac{c_n}{2} e^{j\theta_n}, & n = \pm 1, \pm 2, \ldots \end{cases}$$

로 표현 가능하다. 따라서 다음 식을 **복소 지수 함수형의 푸리에 급수**라고 한다.

$$f(t) = \sum_{n=-\infty}^{\infty} C_n e^{jn\omega_0 t}$$

$$C_n = \begin{cases} c_0, & n = 0 \\ \dfrac{c_n}{2} e^{j\theta_n}, & n = \pm 1, \pm 2, \ldots \end{cases}$$

또는

$$C_0 = a_0$$
$$C_n = \frac{1}{2}(a_n - j\,b_n)$$
$$C_{-n} = \frac{1}{2}(a_n + j\,b_n)$$

여기서 유의할 것은 C_n은 변수 t에 관하여 정적분하여 구한 것이므로 $j\omega$ 함수, 즉 복소수인 점에 유의하여야 한다. 이 경우 C_n에 의한 주파수에 대한 스펙트럼이 양(+)과 부(-)의 주파수로 양분되어 나타나고 크기는 삼각함수형으로 표현했을 경우처럼 양(+)의 주파수에 대해서만 나타나는 경우의 1/2이 되는 점에 유의할 필요가 있다.

이때 계수 C_n은 $f(t)$의 양변에 $e^{-jm\omega_0 t}$를 곱하고 주기 T 동안 적분하면 다음 식으로 구할 수 있다.

$$C_n = \frac{1}{T}\int_{-\frac{T}{2}}^{\frac{T}{2}} f(t)\,e^{-jn\omega_0 t}\,dt$$

이때 C_n 은 복소수이므로

$C_n = |C_n|e^{j\theta_n}$, $C_{-n} = |C_n|e^{-j\theta_n}$ 이며 이 두 개의 복소수는 켤레, 즉 **공액 복소수** (complex conjugate)로 $C_n{}^* = C_{-n}$이다.

참 고

• 복소 지수형 푸리에 급수의 계수 구하는 식의 유도

푸리에 급수를 복소 지수 함수형으로 전개하면

$$f(t) = \sum_{n=-\infty}^{\infty} C_n e^{jn\omega_0 t} = \dots C_{-n}\,e^{jn\omega_0 t} + C_{-(n-1)}e^{jn\omega_0 t}\dots + C_{-1}e^{jn\omega_0 t}$$
$$+ C_0 + C_1 e^{jn\omega_0 t}\dots + C_{n-1}\,e^{jn\omega_0 t} + C_n e^{jn\omega_0 t} + \dots$$

의 양변에 $e^{-jm\omega_0 t}$를 곱하고 주기 T 동안 적분하면

$$\int_{-\frac{T}{2}}^{\frac{T}{2}} f(t)\,e^{-jm\omega_0 t}\,dt = \int_{-\frac{T}{2}}^{\frac{T}{2}} \sum_{n=-\infty}^{\infty} C_n\,e^{j(n-m)\omega_0 t}\,dt = C_n T$$

($\because$ ① $m \neq n$이면

$$\int_T e^{j(n-m)\omega_0 t}\,dt = \int_T \cos\{(n-m)\omega_0 t\}\,dt + j\int_T \sin\{(n-m)\omega_0 t\}dt = 0$$

② $m = n$이면

$$\int_T e^{j(n-m)\omega_0 t} dt = \int_{-\frac{T}{2}}^{\frac{T}{2}} 1\, dt = T$$

이므로 $m = n$인 항의 경우에만 값이 T가 되고 나머지 모든 항의 값은 0이 됨)

따라서 위 식을 C_n 에 대해 정리하면

$$C_n = \frac{1}{T}\int_{-\frac{T}{2}}^{\frac{T}{2}} f(t)\, e^{-jn\omega_0 t} dt$$

가 된다.

이제 간단한 예제를 통해 삼각 함수형과 복소 지수 함수형 푸리에 급수의 계수 구하는 방법을 살펴보기로 하자.

예제 2-5

다음 그림과 같은 구형파 펄스열의 푸리에 급수를 구하여 보라.

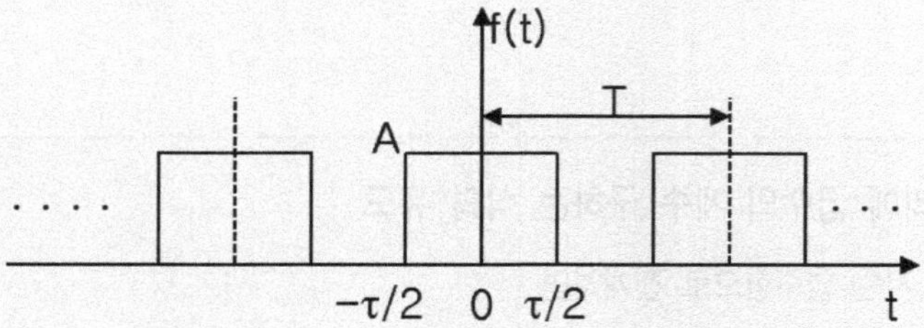

(1) 삼각 함수형 푸리에 급수 표현

$$a_0 = \frac{1}{T}\int_{-\frac{\tau}{2}}^{\frac{\tau}{2}} A\, dt = \frac{A\tau}{T}$$

$$a_n = \frac{2}{T}\int_{-\frac{\tau}{2}}^{\frac{\tau}{2}} A\cos n\omega_0 t\, dt = \frac{2A}{T}\frac{1}{n\omega_0}\left[\sin n\omega_0 t\right]_{-\frac{\tau}{2}}^{\frac{\tau}{2}}$$

$$= \frac{2A\tau}{T}\frac{\sin\left(\frac{n\omega_0\tau}{2}\right)}{\left(\frac{n\omega_0\tau}{2}\right)} = \frac{2A\tau}{T}\frac{\sin\left(\frac{2\pi nf_0\tau}{2}\right)}{\left(\frac{2\pi nf_0\tau}{2}\right)} = \frac{2A\tau}{T}sinc(nf_0\tau)$$

$$= \frac{2A\tau}{T}sinc\left(\frac{n\tau}{T}\right)$$

여기서 싱크 함수인 $\mathrm{sinc}(x)$의 정의는

$$\mathrm{sinc}(x) = \begin{cases} \frac{\sin(\pi x)}{\pi x}, & x \neq 0 \\ 1, & x = 0 \end{cases}$$

이다. 또한

$$b_n = \frac{2}{T}\int_{-\frac{\tau}{2}}^{\frac{\tau}{2}} A\sin n\omega_0 t\,dt = \frac{2A}{T}\frac{1}{n\omega_0}\left[-\cos n\omega_0 t\right]_{-\frac{\tau}{2}}^{\frac{\tau}{2}} = 0$$

따라서

$$f(t) = \frac{A\tau}{T} + \sum_{n=1}^{\infty}\frac{2A\tau}{T}sinc\left(\frac{n\tau}{T}\right)\cos n\omega_0 t$$

이다.

(2) 복소 지수 함수형 푸리에 급수 표현

$$C_n = \frac{1}{T}\int_{-\frac{\tau}{2}}^{\frac{\tau}{2}} Ae^{-jn\omega_0 t}\,dt = -\frac{A}{T}\left(\frac{1}{jn\omega_0}\right)\left[e^{-jn\omega_0 t}\right]_{-\frac{\tau}{2}}^{\frac{\tau}{2}}$$

$$= \frac{A\tau}{T}\left(\frac{1}{\frac{n\omega_0\tau}{2}}\right)\left(\frac{e^{jn\omega_0\frac{\tau}{2}} - e^{-jn\omega_0\frac{\tau}{2}}}{2j}\right) = \frac{A\tau}{T}\frac{\sin\left(\frac{n\omega_0\tau}{2}\right)}{\frac{n\omega_0\tau}{2}}$$

$$= \frac{A\tau}{T}\frac{\sin\left(\frac{\pi n\tau}{T}\right)}{\frac{\pi n\tau}{T}} = \frac{A\tau}{T}sinc\left(\frac{n\tau}{T}\right)$$

따라서

$$f(t) = \frac{A\tau}{T}\sum_{n=-\infty}^{\infty}\mathrm{sinc}\left(\frac{n\tau}{T}\right)e^{jn\omega_0 t}$$

이다.

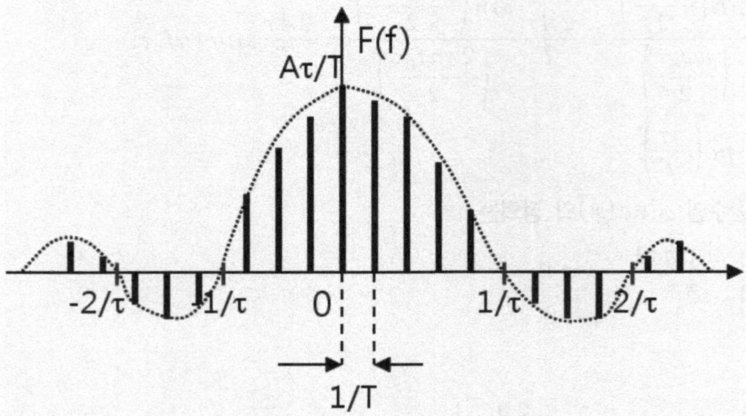

(구형파 펄스열의 푸리에 급수(sinc 함수 형태))

예제 2-6

다음 그림과 같이 주기가 T이고 크기가 A인 삼각파 열의 푸리에 급수를 구하여 보라.

$$f(t)=\begin{cases}\dfrac{2A}{T}t+A & , -\dfrac{T}{2}\le t<0 \\ -\dfrac{2A}{T}t+A, & 0\le t<\dfrac{T}{2}\end{cases}$$

$$f(t+T)=f(t)=\Lambda(t)$$

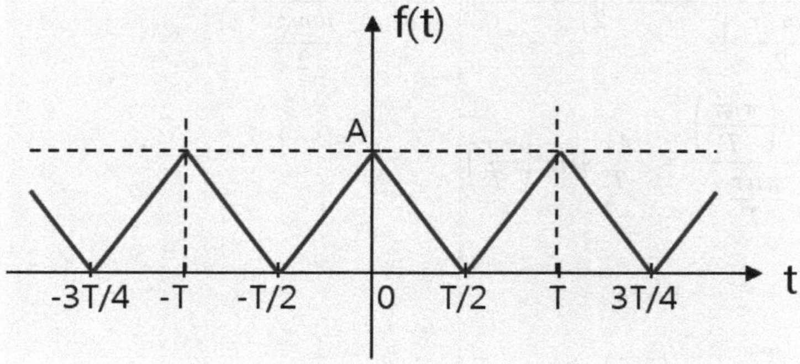

(1) 삼각함수형 푸리에 급수 표현

위의 신호 파형은 우함수로 삼각함수형 푸리에 급수는 코사인 항으로만 전개되므로 다음과 같이 표현할 수 있다.

$$f(t)= a_0+ \sum_{n=1}^{\infty} a_n \cos n\omega_0 t$$

위의 신호 파형에서 직류 성분 계수 a_0는

$$a_0= \frac{1}{T}\int_{-\frac{T}{2}}^{\frac{T}{2}} f(t)\,dt= \frac{1}{T}\int_{-\frac{T}{2}}^{0}\left(\frac{2A}{T}t+ A\right)dt= \frac{1}{T}\int_{0}^{\frac{T}{2}}\left(-\frac{2A}{T}t+ A\right)dt= \frac{A}{2}$$

이다. a_n은

$$a_n= \int_{-\frac{T}{2}}^{0}\left(\frac{2A}{T}t+ A\right)\cos n\omega_0 t\,dt+ \int_{0}^{\frac{T}{2}}\left(-\frac{2A}{T}t+ A\right)\cos n\omega_0 t\,dt$$

$$= \frac{2A}{(\pi n)^2}[1- \cos(\pi n)]= \frac{4A}{(\pi n)^2}\frac{1- \cos(\pi n)}{2}= \frac{A}{\left(\frac{\pi n}{2}\right)^2}\sin^2\left(\frac{\pi n}{2}\right)$$

$$= A\,\mathrm{sinc}^2\left(\frac{n}{2}\right)$$

a_n은 n이 홀수이면 값이 있고, 짝수이면 sin 값이 0이므로 0이 된다. 즉 홀수 고조파만 존재한다.

$$f(t)= \frac{A}{2}+ A\sum_{n=1}^{\infty}\mathrm{sinc}^2\left(\frac{n}{2}\right)\cos n\omega_0 t$$

이다.

※ 적분 과정에 사용된 적분 공식 (적분 과정은 생략)

$$\int \cos(at)\,dt= \frac{1}{a}sin(at)$$

$$\int \sin(at)\,dt= -\frac{1}{a}\cos(at)$$

$$\int u\,dv= uv- \int v\,du \quad (※ \int uv'\,dx= uv- \int u'v\,dx)$$

(2) 복소 지수 함수형 푸리에 급수 표현

$$C_n= \frac{1}{T}\int_{-\frac{T}{2}}^{\frac{T}{2}} f(t)e^{-jn\omega_0 t}dt$$

에서

$$C_n= \frac{1}{T}\int_{-\frac{T}{2}}^{0}\left(\frac{2A}{T}t+ A\right)e^{-jn\omega_0 t}dt+ \frac{1}{T}\int_{0}^{\frac{T}{2}}\left(-\frac{2A}{T}t+ A\right)e^{-jn\omega_0 t}dt$$

$$= \frac{1}{T}\left[\frac{2A}{(\pi n)^2} - \frac{A}{(\pi n)^2}\left(e^{jn\omega_0 t} + e^{-jn\omega_0 t}\right)\right] = \frac{2A}{(\pi n)^2}\left[1 - \cos(\pi n)\right]$$

$$= \frac{1}{2}\frac{4A}{(\pi n)^2}\frac{1-\cos(\pi n)}{2} = \frac{1}{2}\frac{A}{\left(\frac{\pi n}{2}\right)^2}\sin^2\left(\frac{\pi n}{2}\right)$$

$$= \frac{A}{2}\,\mathrm{sinc}^2\left(\frac{n}{2}\right)$$

따라서

$$f(t) = \frac{A}{2}\sum_{n=-\infty}^{\infty}\mathrm{sinc}^2\left(\frac{n}{2}\right)e^{jn\omega_0 t}$$

이다. 이를 스펙트럼으로 표시하면 아래 그림과 같다.

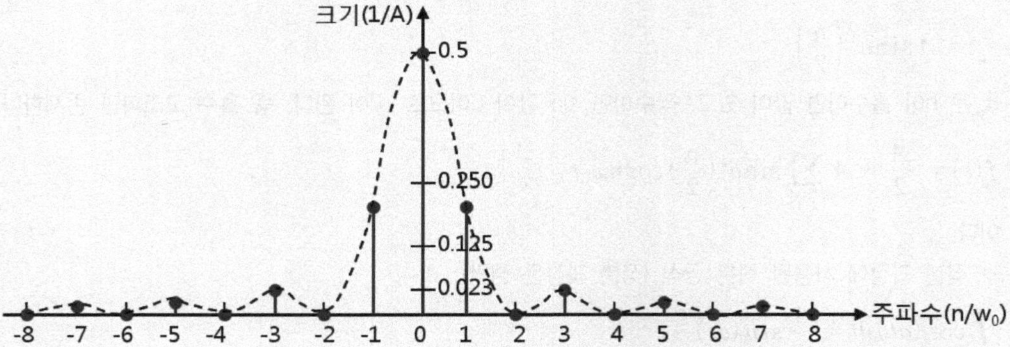

[삼각파 열의 푸리에 급수(sinc^2 함수 형태)]

예제 2-7

다음 그림과 같이 주기가 T 인 임펄스 열의 푸리에 급수를 복소 지수 함수형 표현으로 구하여 보라.

$$f(t) = \delta_T(t) = \sum_{n=-\infty}^{\infty}\delta(t - nT)$$

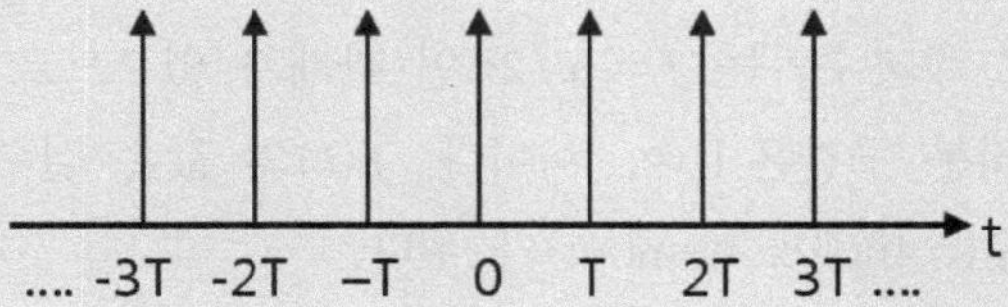

주기가 T인 임펄스 열의 복소 지수 함수형 푸리에 급수는

$$\delta_T(t) = \sum_{n=-\infty}^{\infty} F_n e^{jn\omega_0 t}, \quad \omega_0 = \frac{2\pi}{T}$$

이다. 급수의 계수 값은

$$C_n = \frac{1}{T}\int_{-\frac{T}{2}}^{\frac{T}{2}} \delta_T(t)\, e^{-jn\omega_0 t}\, dt = \frac{1}{T}\int_{-\frac{T}{2}}^{\frac{T}{2}} \delta(t)\, e^{-jn\omega_0 t}\, dt$$

$$= \frac{1}{T}\int_{-\frac{T}{2}}^{\frac{T}{2}} e^0\, \delta(t)\, dt = \frac{1}{T}$$

따라서 $\delta_T(t)$의 푸리에 급수

$$\delta_T(t) = \frac{1}{T}\sum_{n=-\infty}^{\infty} e^{jn\omega_0 t}$$

이다.

2.5 푸리에 변환(Fourier transform)

2.5.1 푸리에 변환이란?

푸리에 변환(Fourier transform)은 **시간 영역**(time domain)의 함수를 **주파수 영역**(frequency domain)으로 변환하는 것, 또는 변환 된 것을 말한다. 즉 시간 영역의 어떠한 함수 $f(t)$가 있을 때 이를 주파수 영역으로 변환한 함수 $F(\omega)$를 $f(t)$의 푸리에 변환이라 하고 그 변환 식은 다음과 같다.

$$F(\omega) = \Im[f(t)] = \int_{-\infty}^{+\infty} f(t)e^{-j\omega t}dt$$

여기서, ω는 각주파수로 주파수와는 $f = \omega/2\pi$인 관계가 있으므로 물리적 의미는 주파수 f와 같고 $j = \sqrt{-1}$ 이며, 적분 구간은 [-∞, ∞]이다. $f(t)$의 값은 실수인데 반해, $F(\omega)$의 값은 실수와 허수를 갖는 복소수(complex number)가 된다.

복소 지수(complex exponential)함수 $e^{j\omega t}$ 는 전술한 바, 오일러의 공식에 의해

$$e^{j\omega t} = \cos\omega t + j\sin\omega t, \quad e^{-j\omega t} = \cos\omega t - j\sin\omega t$$

인 관계가 있으며, ω와 t의 이중 변수 함수이다. 복소 지수 함수 $e^{j\omega t}$의 크기는 1 로, 수렴 조건은 다음과 같다.

$$\int_{-\infty}^{\infty} f(t)e^{-j\omega t}\,dt \le \int_{-\infty}^{\infty} f(t)\,dt \le \int_{-\infty}^{\infty} |f(t)|\,dt < \infty$$

또한 이와는 반대로 주파수 영역의 함수 $F(\omega)$를 시간 영역의 함수 $f(t)$로 변환하는 것을 **역 푸리에 변환**(Inverse Fourier transform)라고 하며 그 변환 식은 다음과 같다.

$$f(t) = \Im^{-1}[f(t)] = \frac{1}{2\pi}\int_{-\infty}^{+\infty} F(\omega)e^{j\omega t}d\omega$$

2.5.2 푸리에 변환의 유도

푸리에 변환은 푸리에 급수의 약점을 보완하기 위해 제안된 적분 변환(integral transform)이다. 아래 식과 같은 푸리에 급수는 유용하게 쓰일 수 있으나 함수가 반드시 주기적이어야 한다는 제약 조건이 있다. 이 문제를 해결하는 방법이 바로 주기 T를 무한대(∞)로 보내는 것이다. 이렇게 하면 비주기 함수도 푸리에 급수로 변환할 수 있다. 다만 주기를 무한대로 보낸 경우는 푸리에 급수라 하지 않고 **푸리에 적분**(Fourier integral) 혹은 **푸리에 변환**(Fourier transform)이라 한다. 즉 푸리에 변환은 같은 공식을 다른 관점에서 표현한 것으로 푸리에 급수의 주기를 무한대로 늘려서 급수를 적분 형태로 만든 것이다.

예를 들어 아래 그림과 같은 구형파 열에서 주기 $T \to \infty$로 보내면 좌표의 원점에 있는 구형파 펄스 하나만 남게 된다. 이 경우 아래 그림의 (b)에서와 같이 스펙트럼과 스펙트럼 간의 간격 $\Delta\omega = \dfrac{2\pi}{T}$는 $d\omega = \lim\limits_{T\to\infty}\dfrac{2\pi}{T}$가 되어 거의 0에 근접하게 된다. 즉 $\Delta\omega$는 이산적인 각주파수(angular frequency)들의 간격이므로 주기 T가 커질수록 매우 작아지게 되어 이산적으로 떨어져 있던 주파수 스펙트럼이 연속적으로 존재하게 되며 포락선은 싱크(sinc) 함수 형태를 그대로 유지하게 된다. 이에 따라 스펙트럼 $C_n(n\omega_0)$는 $C_n(\omega)$로 된다. 이제 이러한 사실들을 전제로 푸리에 급수의 식으로부터 푸리에 변환 식을 유도해보자.

푸리에 급수의 식은 다음 식(1), 식(2)와 같다.

$$f(t) = \sum_{n=-\infty}^{\infty} C_n e^{jn\omega t} \tag{1}$$

$$C_n = \frac{1}{T}\int_{-\frac{T}{2}}^{\frac{T}{2}} f(t)\, e^{-jn\omega t}\, dt\ ,\ \omega = \frac{2\pi}{T} \tag{2}$$

위의 식(2)를 식(1)에 대입하여 보면

$$f(t) = \sum_{n=-\infty}^{\infty}\left[\frac{1}{T}\int_{-\frac{T}{2}}^{\frac{T}{2}} f(t)\, e^{-jn\omega t}\, dt\right] e^{jn\omega t} \tag{3}$$

가 된다. 위의 식(3)에 주기 $T \to \infty$ 인 조건을 넣으면 $\lim_{T\to\infty}\frac{1}{T} = df$ 가 되고 $\int_{-\frac{T}{2}}^{\frac{T}{2}} = \int_{-\infty}^{\infty}$ 가 되며, $\sum_{n=-\infty}^{\infty} \to \int_{-\infty}^{\infty}$ 로 되고, 따라서 $e^{-jn\omega t}$, $e^{jn\omega t}$ 는 $e^{-j\omega t}$, $e^{j\omega t}$ 가 된다. 이를 식(3)에 적용하면

$$f(t) = \int_{-\infty}^{\infty} df\left[\int_{-\infty}^{\infty} f(t)\, e^{-j\omega t}\, dt\right] e^{j\omega t}$$

가 된다. 그런데 적분은 면적을 계산하는 것이므로 계산 순서에 관계없다. 따라서 위의 식에서 df를 맨 뒤로 옮겨도 무방하다. 따라서

$$f(t) = \int_{-\infty}^{\infty}\left[\int_{-\infty}^{\infty} f(t)\, e^{-j\omega t}\, dt\right] e^{j\omega t}\, df \tag{4}$$

위의 식(4)에서 괄호 안은 시간 t 에 관해 정적분 하였으므로 이 식은 ω 만의 함수인 $F(\omega)$가 된다. 즉

$$F(\omega) = \int_{-\infty}^{\infty} f(t)\, e^{-j\omega t}\, dt \tag{5}$$

이 되고

$$f(t) = \int_{-\infty}^{\infty} F(\omega)\, e^{j\omega t}\, df = \frac{1}{2\pi}\int_{-\infty}^{\infty} F(\omega)\, e^{j\omega t}\, d\omega \tag{6}$$

가 된다.

즉 위의 식(5)가 바로 앞 절에서 언급한 시간 t의 함수 $f(t)$를 주파수의 함수 $F(\omega)$로 변환시키는 푸리에 변환 식이고, 식(6)은 반대로 주파수의 함수 $F(\omega)$를 시간 t 의 함수 $f(t)$로 변환하는 역 푸리에 변환 식이다. 식(6)의 유도 과정을 정확히 이해하려면 적분법(integration)을 이해해야

한다. 또한, 식(6)은 푸리에 변환의 매우 중요한 특징으로 원래 함수 $f(t)$와 그 푸리에 변환 $F(\omega)$가 일대일 대응(one-to-one mapping)한다는 것을 보여준다. 즉 역 푸리에 변환(inverse transform) 식(6)에 의해 푸리에 변환의 결과인 $F(\omega)$가 같으면 변환 전의 원래 함수 $f(t)$는 유일하다는 의미이다. 이때 식(5)와 (6)을 다음과 같이 정리하여 **푸리에 변환쌍**(Fourier transform pair)라고 정의한다.

$$\Im[f(t)] = F(\omega) = \int_{-\infty}^{\infty} f(t)\, e^{-j\omega t}\, dt \tag{7}$$

$$\Im^{-1}[F(\omega)] = f(t) = \frac{1}{2\pi}\int_{-\infty}^{\infty} F(\omega)\, e^{j\omega t}\, d\omega \tag{8}$$

푸리에 변환 쌍은 서로 일대일 대응이 되므로 시간 영역의 함수인 $f(t)$를 해석하든지 주파수 영역 함수인 $F(\omega)$ 해석하든지 동일한 결과를 얻는다. 따라서 시간 함수의 특성 해석이 어려운 경우, 주파수 영역에서 해석하면 시간 함수 $f(t)$의 특성을 쉽게 파악할 수 있는 이점이 있는 것이다. 위의 (7), (8) 식을 주파수 f 로 바꾸어 나타내면 다음 식과 같다.

$$\Im[f(t)] = F(f) = \int_{-\infty}^{\infty} f(t)\, e^{-j2\pi ft}\, dt \tag{9}$$

$$\Im^{-1}[F(\omega)] = f(t) = \int_{-\infty}^{\infty} F(f)\, e^{j2\pi ft}\, df \tag{10}$$

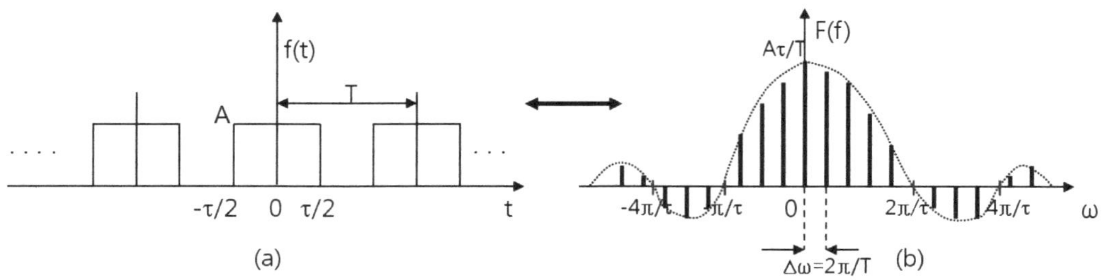

그림 2-45. 구형파 펄스열과 푸리에 급수

요 약

■ 푸리에 변환 쌍

$f(t) \Leftrightarrow F(\omega)$

$$\Im[f(t)] = F(\omega) = \int_{-\infty}^{\infty} f(t)\,e^{-j\omega t}\,dt$$

$$\Im^{-1}[F(\omega)] = f(t) = \frac{1}{2\pi}\int_{-\infty}^{\infty} F(\omega)\,e^{j\omega t}\,d\omega$$

또는

$$\Im[f(t)] = F(f) = \int_{-\infty}^{\infty} f(t)\,e^{-j2\pi ft}\,dt$$

$$\Im^{-1}[F(\omega)] = f(t) = \int_{-\infty}^{\infty} F(f)\,e^{j2\pi ft}\,df$$

2.5.3 푸리에 변환의 존재성

푸리에 변환을 통한 신호의 해석에서 고려해야 할 점은 모든 신호가 모두 다 주파수 영역 함수로 수렴시켜 표현 가능하지 않다는 점이다. 즉 에너지가 유한한 에너지 신호나 전력이 유한한 전력 신호 등 특별한 신호에 한해 푸리에 변환이 가능하며, 라플라스 변환 보다도 표현이 가능한 신호가 제한적이라는 점이다. 푸리에 변환이 존재하기 위해서는 푸리에 급수에서 이미 언급한 바, 다음과 같은 **디리클레(Dirichlet)의 조건**을 만족하여야 한다. 이는 푸리에 변환이 어떤 함수로 수렴할 충분조건이다.

(1) 절대적분 가능 (absolutely integrable) : $f(t)$의 전 시간 구간에 대해 절대값의 적분이 가능하여야 한다.($\int_{-\infty}^{\infty} |f(x)|\,dx < \infty$)

(2) 단가(single-valued) 함수 : $f(t)$는 정의구간 내에서 유한개의 최대 · 최소를 가져야 한다.

(3) 유한개 불연속점 (finite discontinuities) : $f(t)$는 정의구간 내에서 유한개의 불연속점을 가져야 한다.

다만, 디리클레의 조건은 만족시키지 않지만, 그래도 변환이 존재하는 유용한 신호는 임펄스 신호 $\delta(t)$와 단위계단 신호 $u(t)$이다.

2.5.4 푸리에 변환의 의미

시간 함수 $f(t)$의 푸리에 변환 $F(\omega)$는 복소수로 크기와 위상을 갖게 되는데 이러한 $F(\omega)$의 물리적인 의미는 다음과 같이 정리할 수 있다.

(1) $F(\omega)$는 복소수로 크기와 위상(phase)을 갖는다. 즉 $F(\omega) = |F(\omega)| e^{j\theta(\omega)}$로 $|F(\omega)|$는 $f(t)$가 가지고 있는 주파수 성분의 크기이며 $\angle F(\omega) = \theta(\omega)$는 주파수 성분의 위상이다.

(2) $F(\omega)$는 모든 주파수 ω에 대해 정의되므로 $F(\omega)$를 연속 스펙트럼(spectrum)이라 한다.

(3) $F(\omega)$는 $f(t)$가 반복되는 경우의 주기함수 $f_T(t)$의 푸리에 급수 계수의 포락선이다. 즉, $f_T(t)$ 의 계수 $F_n = \frac{1}{T} F(\omega)|_{\omega = n\omega_0}$ 이다.

(4) $f(t)$가 전압일 때 $F(\omega)$의 차원은 전압×시간이고 ω는 시간의 역수이므로 $F(\omega)$를 전압 밀도함수 또는 **스펙트럼 밀도함수**(Spectral Density Function)라 한다.

참 고

- **스펙트럼 밀도함수(Spectral Density Function)**

$f(t)$가 전압(전류)일 때 $F(\omega)$의 차원은 [전압(전류)×시간] 이고 주파수 ω는 시간의 역수이므로 주파수 구간 (-∞, ∞) 정의되는 함수 $F(\omega)$를 스펙트럼 밀도함수라 한다.

2.5.5 푸리에 해석

앞 절에서 유도한 역 푸리에 변환 식은

$$f(t) = \frac{1}{2\pi} \int_{-\infty}^{\infty} F(\omega) e^{j\omega t} dt$$

이다.

우리가 신호의 특성을 관측하는 전형적인 방법 중의 하나는 시간에 대해 진폭 특성이 어떻게 변하는가를 보는 것이다. 위 식의 좌변은 우리가 흔히 보는 시간 영역 신호로 시간에 따라 진폭이 변화되는 신호이다. 그런데 위 식의 우변은 시간 영역에서의 관측과는 전혀 다르게 주파수의 분포를 구해서 이를 무한히 합친 것이다. 따라서 위 식은 주기적으로 변하는 신호들을 시간에 따라 주파수별로 진폭을 잘 맞추어 합하면 신기하게도 시간 영역 관측 파형과 일치한다는 것이며 이것이 다름 아닌 푸리에 변환의 의미이다. 이것은 얼핏 생각하면 이해할 수 없는 결론인 것 같지만 위 식의 좌변과 우변이 같다는 것은 앞 절에서 수학적으로 유도한 바 있다.

시간축 상에서 백색 잡음과 같이 매우 복잡한 파형을 수학적으로 표현할 수 있는 효과적인 방법은 주파수를 기준으로 함수를 표현하는 것이다. 시간적으로 변하는 성분은 잘 알려진 지수 함수 $e^{j\omega t}$로 표현하고 주파수별 진폭(실제로는 복소수)에 해당하는 $F(\omega)$를 구하면 주파수 영역에 나타내면 복잡한 시간 파형을 주기 함수들의 무한 합으로 표현할 수 있다. 푸리에 변환의 핵심은 시간 t 영역에서의 해석을 새로운 영역인 주파수 f의 관점으로 바꾸는 것이다.

푸리에 해석(Fourier analysis)이라 함은 어떤 함수의 푸리에 급수 또는 푸리에 변환을 계산하여 푸리에 스펙트럼을 구하는 것이다. 다시 말해, 시간(영상신호의 경우는 공간) 영역의 함수를 주파수 영역으로 변환하여 해석함으로써 어떤 신호가 어떤 주파수의 성분으로 구성되어 있는가를 분석하는 기법이다. 푸리에 해석은 함수의 형태에 따라 4가지로 구분하는데, 연속 주기(continuous periodic) 함수에 대해서는 푸리에 급수, 연속 비주기(continuous aperiodic) 함수에 대해서는 푸리에 변환, 이산 주기(discrete periodic) 함수에 대해서는 **DFT(Discrete Fourier Transform)** 및 DFT의 고속 연산 알고리즘인 **FFT(Fast Fourier Transform)**, 이산 비주기(discrete aperiodic) 함수에 대해서는 **DTFT(Discrete-Time Fourier Transform)**이 이용된다.

2.5.6 여러 가지 함수의 푸리에 변환

2.5.6.1 단일 구형파

아래 그림에서와 같이 크기가 A이고 폭이 τ 인 단일 구형파 펄스

$$f(t) = A\,rect\left(\frac{t}{\tau}\right) = \begin{cases} A, & |t| < \frac{\tau}{2} \\ 0, & |t| > \frac{\tau}{2} \end{cases}$$

의 푸리에 변환을 구하면

$$F(\omega) = \int_{-\infty}^{\infty} f(t)\, e^{-j\omega t}\, dt = \int_{-\frac{\tau}{2}}^{\frac{\tau}{2}} A\, e^{-j\omega t}\, dt = A\left[\frac{e^{-j\omega t}}{-j\omega}\right]_{-\frac{\tau}{2}}^{\frac{\tau}{2}}$$

$$= \frac{A}{j\omega}\left[e^{j\frac{\omega\tau}{2}} - e^{-j\frac{\omega\tau}{2}}\right] = \frac{A}{j\omega} 2j\sin\frac{\omega\tau}{2} = A\tau\left(\frac{\sin\frac{\omega\tau}{2}}{\frac{\omega}{2}}\right) = A\tau Sa\left(\frac{\omega\tau}{2}\right)$$

이다. 여기서 $Sa(x)$는 **표본함수**(sampling function)라고 하며

$$Sa(x) = \begin{cases} \frac{\sin x}{x}, & x \neq 0 \\ 1, & x = 0 \end{cases}$$

로 앞서 정의한 sinc **함수**는

$$\mathrm{sinc}(x) = \begin{cases} \frac{\sin \pi x}{\pi x}, & x \neq 0 \\ 1, & x = 0 \end{cases}$$

이므로

$$Sa(x) = \text{sinc}\left(\frac{x}{\pi}\right)$$

인 관계가 있다. 따라서 위 식의 결과 식은

$$A\tau Sa\left(\frac{\omega\tau}{2}\right) = A\tau\,\text{sinc}\left(\frac{2\pi f\tau}{2\pi}\right) = A\tau\,\text{sinc}(f\tau)$$

와 같다. 이를 그림으로 나타내면 아래 그림과 같다.

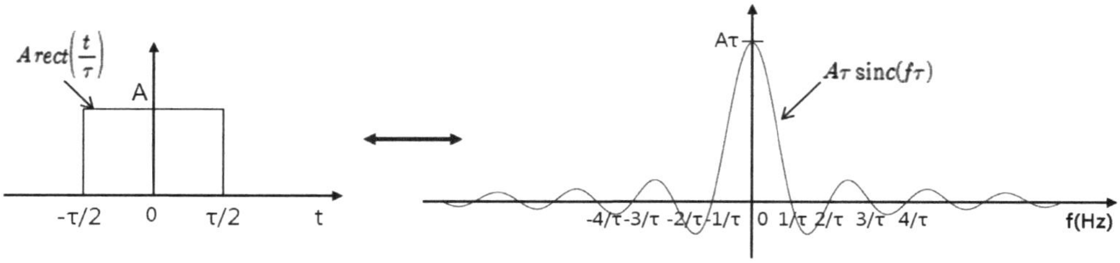

그림 2-46. 단일구형파 펄스의 푸리에 변환

참 고

- **표본함수 $Sa(x)$와 싱크함수 $\text{sinc}(x)$와 관계**

두 함수는 근본적으로 같으나 x축의 변수를 π를 곱한 형태 그대로를 사용하느냐 π로 나누어 정규화 했느냐의 차이이다. 따라서 $Sa(x)$의 경우는 x축이 값이 π, 2π, 3π, ...이고 $\text{sinc}(x)$이 경우는 1, 2, 3, ... 으로 된다.

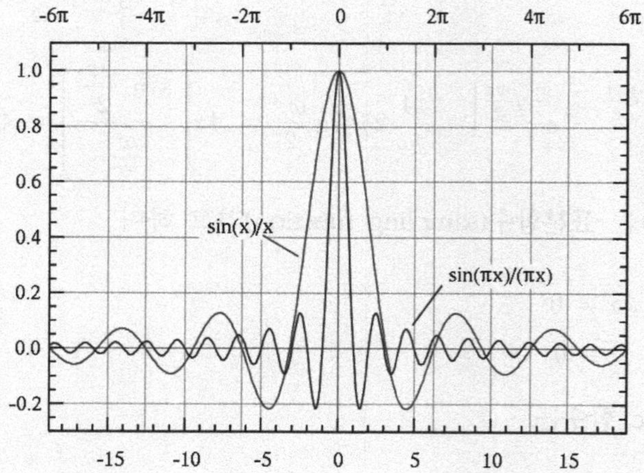

표본함수와 싱크함수의 비교

예제 2-8

다음 그림과 같은 단일 구형파 펄스의 푸리에 변환을 구하여 보라.

$$f(t) = rect(t) = \begin{cases} 1, & |t| < \frac{1}{2}(\text{sec}) \\ 0, & |t| > \frac{1}{2}(\text{sec}) \end{cases}$$

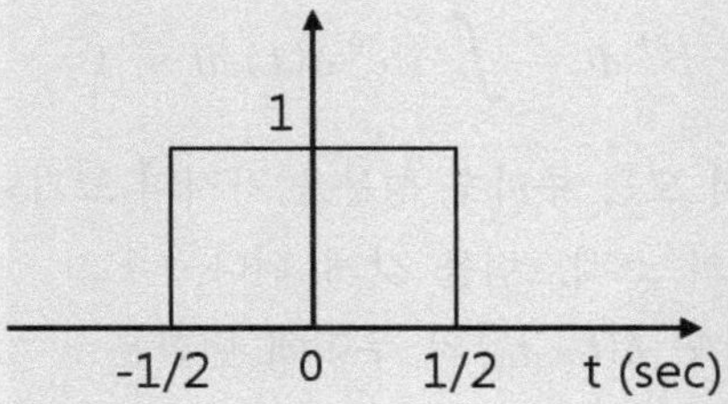

$$F(\omega) = \int_{-\infty}^{\infty} f(t)\, e^{-j\omega t}\, dt = \int_{-\frac{1}{2}}^{\frac{1}{2}} 1\, e^{-j\omega t}\, dt = \left[\frac{e^{-j\omega t}}{-j\omega}\right]_{-\frac{1}{2}}^{\frac{1}{2}}$$

$$= \frac{1}{j\omega}\left[e^{j\frac{\omega}{2}} - e^{-j\frac{\omega}{2}}\right] = \left(\frac{\sin\frac{\omega}{2}}{\frac{\omega}{2}}\right) = Sa\left(\frac{\omega}{2}\right) = \text{sinc}(f)$$

이므로 주파수축 상에서의 파형은 다음 그림과 같다.

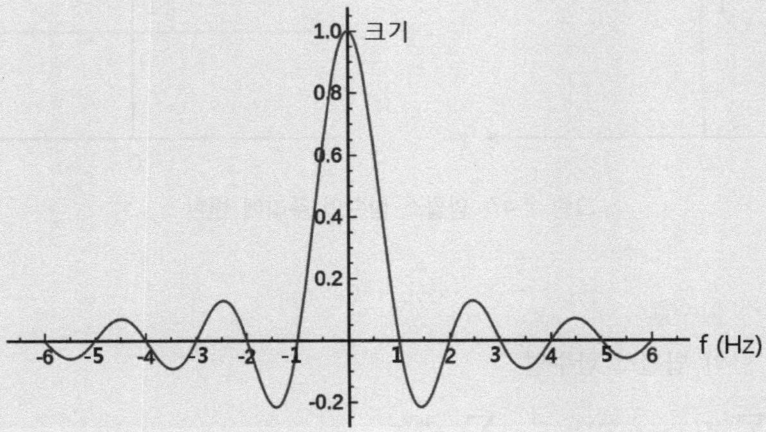

[단일 구형파 펄스의 푸리에 변환에 의한 주파수축 상에서의 파형(스펙트럼)]

2.5.6.2 임펄스 함수

이전에 설명한 바, **임펄스 함수**(impulse function) $\delta(t)$는

$$\delta(t) = \begin{cases} \infty\,, & t=0 \\ 0\,, & t \neq 0 \end{cases}$$

이고 $\int_{-\infty}^{\infty} \delta(t)\,dt = 1$

이므로 이의 푸리에 변환은

$$\mathcal{F}\{\delta(t)\} = \int_{-\infty}^{\infty} \delta(t)\, e^{-j\omega t}\, dt = \int_{-\infty}^{\infty} e^{0}\,\delta(t)\, dt = 1$$

이다. 따라서 주파수축 상에서 모든 주파수 성분을 가지며 크기도 균일하게 된다. 마치 시간축 상에서 직류 파형과 같은 형태의 스펙트럼을 갖게 된다.

또한 $t = t_0$에서의 임펄스 함수 $\delta(t-t_0)$의 푸리에 변환은

$$\mathcal{F}\{\delta(t-t_0)\} = \int_{-\infty}^{\infty} \delta(t-t_0)\, e^{-j\omega t}\, dt$$

$$= \int_{-\infty}^{\infty} e^{-j\omega t_0}\,\delta(t-t_0)\, dt = e^{-j\omega t_0} \cdot 1 = e^{-j\omega t_0}$$

따라서 $e^{-j\omega t_0}\,\mathcal{F}\{\delta(t)\}$이므로 임펄스 함수의 시간 지연은 주파수 영역에서는 $\theta_0 = -\omega t_0$ 만큼의 위상 지연, 즉 페이저의 위상 회전을 초래한다는 것을 알 수 있다.

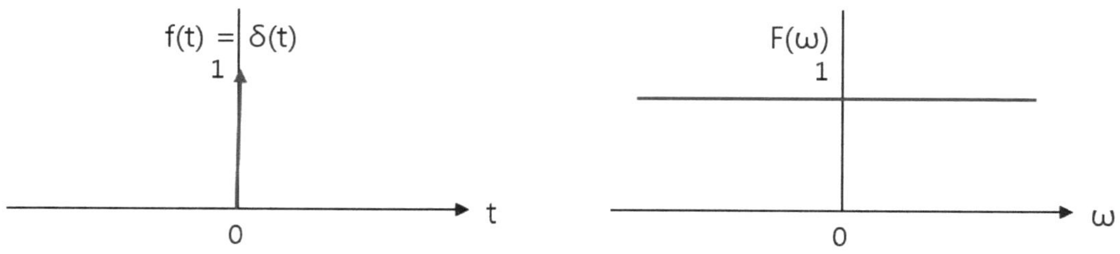

그림 2-47. 임펄스 함수의 푸리에 변환

2.5.6.3 임펄스 함수열

주기가 T인 단위 **임펄스 함수열**

$$\delta_T(t) = \sum_{n=-\infty}^{\infty} \delta(t-nT) = \frac{1}{T}\sum_{n=-\infty}^{\infty} e^{jn\omega_0 t}$$

의 푸리에 변환은 단위 임펄스 함수 $\delta(t)$의 푸리에 변환은 1이고 이를 t_0, $2t_0$, $3t_0$ ... nt_0만큼

시간 지연한 것의 푸리에 변환은 각각 $e^{-j\omega t_0}$, $e^{-j2\omega t_0}$ $e^{-j3\omega t_0}$ .... $e^{-jn\omega t_0}$ 일 것이므로 이를 적용하면

$$\mathcal{F}\{\delta_T(t)\} = \frac{1}{T}\sum_{n=-\infty}^{\infty}\mathcal{F}\{e^{jn\omega_0 t}\} = \frac{1}{T}\sum_{n=-\infty}^{\infty} 2\pi\,\delta(\omega - n\omega_0)$$

$$= \frac{2\pi}{T}\sum_{n=-\infty}^{\infty}\delta(\omega - n\omega_0) = \omega_0\sum_{n=-\infty}^{\infty}\delta(\omega - n\omega_0)$$

이 된다. 즉 시간 영역에서 주기 T인 임펄스 열의 주파수 영역에서의 스펙트럼은 다음 그림에서와 같이 주기 $\omega_0 = \frac{2\pi}{T}$ 인 임펄스 열이 된다.

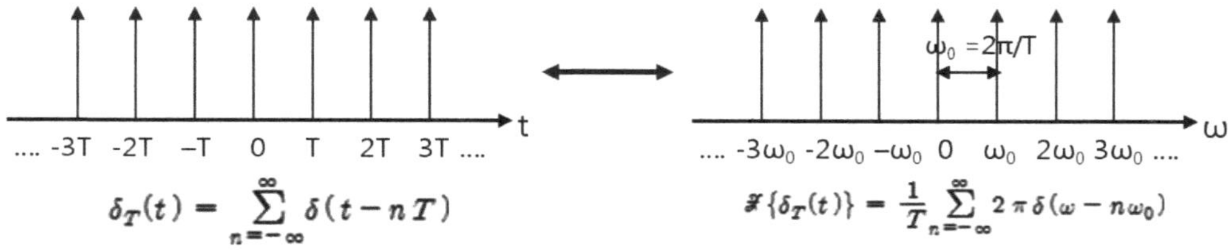

그림 2-48. 단위 임펄스 열의 푸리에 변환

2.5.6.4 복소 지수 함수

복소 지수 함수 $e^{j\omega_0 t}$을 직접 푸리에 변환하는 것은 수학적으로 매우 어렵다. 그러나 다음과 같이 단위 임펄스 신호의 역푸리에 변환을 이용하면 쉽게 구할 수 있다. 즉

$$\mathcal{F}^{-1}\{\delta(\omega \mp \omega_0)\} = \frac{1}{2\pi}\int_{-\infty}^{\infty}\delta(\omega \mp \omega_0)\,e^{j\omega t}\,d\omega$$

$$= \frac{1}{2\pi}\int_{-\infty}^{\infty}e^{j\omega_0 t}\,\delta(\omega \mp \omega_0)\,d\omega = \frac{1}{2\pi}e^{\pm j\omega_0 t}$$

로 복소 지수 함수가 된다. 따라서 이의 푸리에 변환을 고려하면

$$\mathcal{F}\left[\,\mathcal{F}^{-1}\{\delta(\omega \mp \omega_0)\}\right] = \frac{1}{2\pi}\mathcal{F}\{e^{\pm j\omega_0 t}\}$$

이므로

$$\delta(\omega \mp \omega_0) = \frac{1}{2\pi}\mathcal{F}\{e^{\pm j\omega_0 t}\}$$

따라서

$$\mathcal{F}\{e^{\pm j\omega_0 t}\} = 2\pi\,\delta(\omega \mp \omega_0)$$

로 시간 영역에서의 위상의 변화는 주파수 영역상에서 ω_0만큼의 주파수 천이(이동)를 발생시킨다.

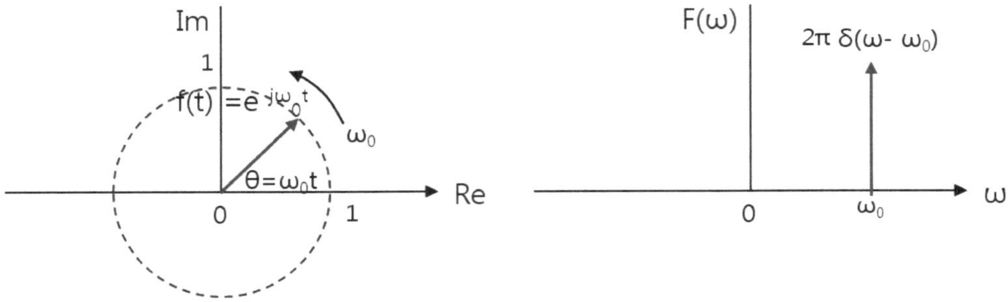

그림 2-49. 복소 지수 함수의 푸리에 변환

2.5.6.5 직류(DC)

$f(t) = 1$과 같이 **직류(DC ; Direct Current)**일 경우의 푸리에 변환은 위의 복소 지수 함수의 푸리에 변환에서

$$\mathcal{F}\left\{e^{j\omega_0 t}\right\} = 2\pi\,\delta(\omega - \omega_0)$$

임을 알고 있으므로 여기서 $\omega_0 = 0$이라 두면

$$\mathcal{F}\{1\} = 2\pi\,\delta(\omega)$$

가 되어 시간 영역에서의 주파수 성분이 0인 직류는 주파수 영역에서는 $\omega = 0$에서의 단위 임펄스 함수가 됨을 알 수 있다.

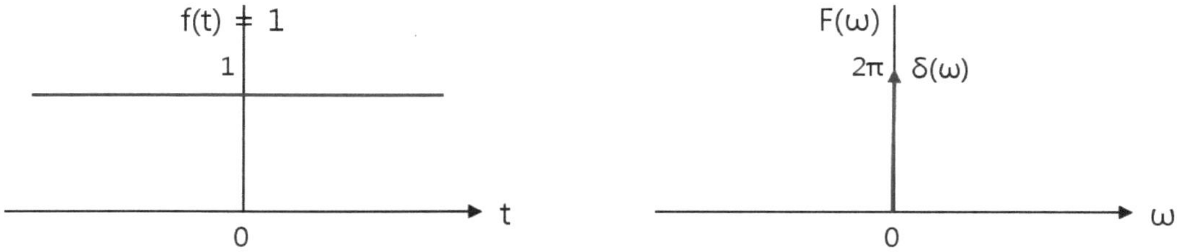

그림 2-50. 직류의 푸리에 변환

2.5.6.6 무한 정현파 신호

$\cos\omega_0 t$나 $\sin\omega_0 t$ 같은 삼각함수(**무한 정현파 신호**)의 푸리에 변환은 다음과 같이 오일러의 공식과 복소 지수 함수의 푸리에 변환 식을 이용하면 쉽게 구할 수 있다. 즉

(1) $\cos\omega_0 t$의 푸리에 변환

$$\mathcal{F}\{\cos\omega_0 t\} = \frac{1}{2}\mathcal{F}\{e^{j\omega_0 t} + e^{-j\omega_0 t}\}$$
$$= \frac{1}{2}[\,2\pi\,\delta(\omega-\omega_0) + 2\pi\,\delta(\omega+\omega_0)\,]$$
$$= \pi\,[\delta(\omega-\omega_0) + \delta(\omega+\omega_0)]$$

(2) $\sin\omega_0 t$의 푸리에 변환

$$\mathcal{F}\{\sin\omega_0 t\} = \frac{1}{2j}\mathcal{F}\{e^{j\omega_0 t} - e^{-j\omega_0 t}\}$$
$$= \frac{1}{2j}[\,2\pi\,\delta(\omega-\omega_0) - 2\pi\,\delta(\omega+\omega_0)\,]$$
$$= -j\pi\,[\,\delta(\omega-\omega_0) - \delta(\omega+\omega_0)]$$

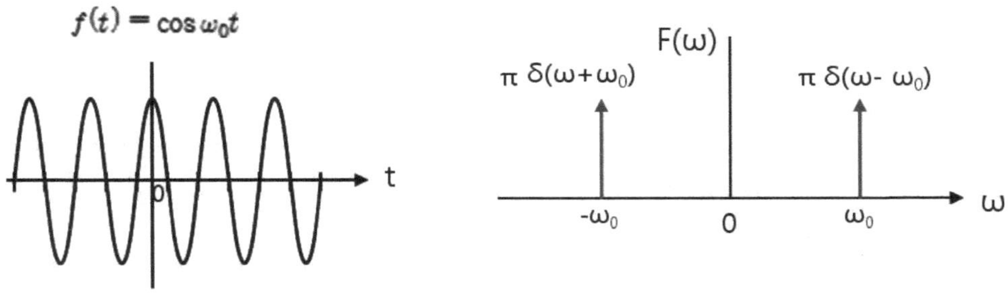

그림 2-51. 코사인 함수의 푸리에 변환

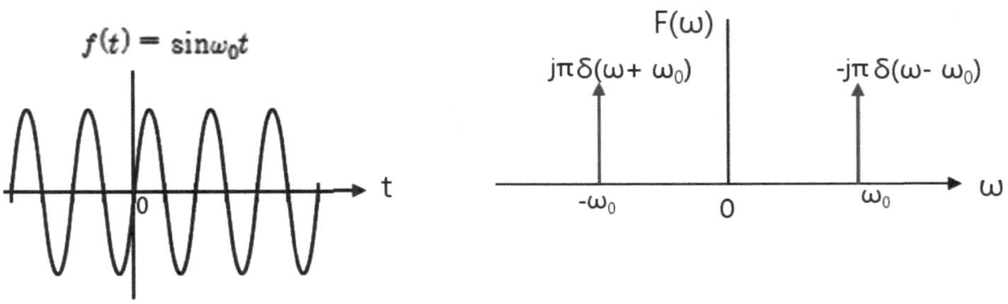

그림 2-52. 사인 함수의 푸리에 변환

원래 시간 영역에서의 사인 함수는 코사인 함수와 형태는 같으나 코사인 함수를 $-\frac{\pi}{2}$ [rad] 만큼, 즉 90° 위상 회전한 것이다. 위 그림에서 사인 함수의 푸리에 변환인 주파수 스펙트럼 형태를 잘 살펴보면 스펙트럼은 크기는 코사인 함수와 동일하지만 양의 주파수에서 $-j$가 곱하여져 있는 것은 위상이 $-\frac{\pi}{2}$[rad], 즉 90° 다르다는 의미이다. 이때 음의 주파수에서는 j가 곱하여져 있는데 이는 위상이 진폭 스펙트럼은 우대칭이나 위상 스펙트럼이 기대칭인 특성 때문이다.

2.5.6.7 시그넘(signum) 함수

시그넘 함수(signum function) $sgn(t)$는 다음과 같이 정의된다.

$$sgn(t) = \frac{|t|}{t} = \begin{cases} 1 & t > 0 \\ 0 & t = 0 \\ -1 & t < 0 \end{cases}$$

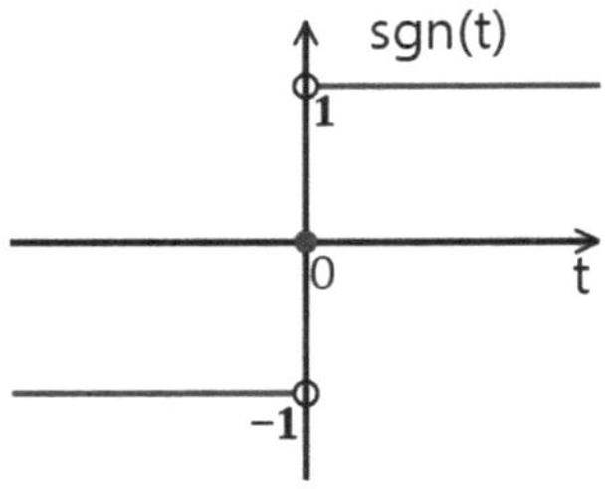

그림 2-53. 시그넘 함수

정의한 바, $sgn(t)$는 평균이 0이고 부분적으로 연속이나 적분 불가능 함수이기 때문에 다음과 같이 적분 가능한 함수로 만들어 푸리에 변환을 구할 수 있다. 즉

$$sgn(t) = \lim_{a \to 0} e^{-a|t|} \cdot sgn(t)$$

따라서 위 식의 푸리에 변환은

$$\begin{aligned}
\mathcal{F}\{sgn(t)\} &= \int_{-\infty}^{\infty} \lim_{a \to 0} e^{-a|t|} sgn(t)\, e^{-j\omega t}\, dt \\
&= \lim_{a \to 0} \left[-\int_{-\infty}^{0} e^{(a-j\omega)t}\, dt + \int_{0}^{\infty} e^{-(a+j\omega)t}\, dt \right] \\
&= \lim_{a \to 0} \left[-\frac{1}{a-j\omega} + \frac{1}{a+j\omega} \right] \\
&= \lim_{a \to 0} \frac{-2j\omega}{a^2+\omega^2} = \frac{-2j}{\omega} = \frac{2}{j\omega}
\end{aligned}$$

가 된다.

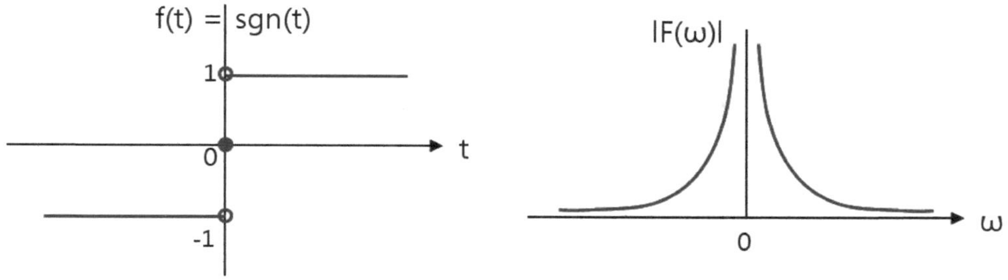

그림 2-54. 시그넘 함수의 푸리에 변환

2.5.6.8 계단 함수(step function)

단위 계단 함수(step function) $u(t)$ 는 시그넘 함수에 1을 더하여 크기를 1/2로 하면 되므로

$$u(t) = \frac{1}{2}[1 + sgn(t)]$$

이다. 따라서 이 함수의 푸리에 변환은

$$\mathcal{F}\{u(t)\} = \frac{1}{2}[\mathcal{F}\{1\} + \mathcal{F}\{sgn(t)\}]$$

$$= \frac{1}{2}\left[2\pi\delta(\omega) + \frac{2}{j\omega}\right]$$

$$= \pi\delta(\omega) + \frac{1}{j\omega}$$

이 된다. $u(t)$의 평균값은 $\frac{1}{2}$이므로 $\omega = 0$일 때 임펄스의 크기도 원래 값의 $\frac{1}{2}$인 π가 되고 시그넘 함수의 푸리에 변환 결과의 $\frac{1}{2}$인 $\frac{1}{j\omega}$이 되는 것을 알 수 있다.

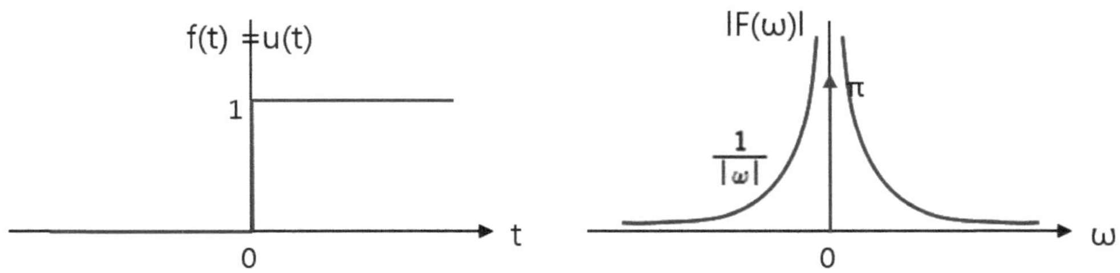

그림 2-55. 계단 함수의 푸리에 변환

표 2-1. 여러 가지 함수의 푸리에 변환표

신호	푸리에변환	주기 신호인 경우 푸리에 계수
$\sum_{k=-\infty}^{+\infty} a_k e^{jk\omega_0 t}$	$2\pi \sum_{k=-\infty}^{+\infty} a_k \delta(\omega - k\omega_0)$	a_k
$e^{j\omega_0 t}$	$2\pi\delta(\omega-\omega_0)$	$a_1=1$ $a_k=0, \quad k\neq 1$
$\cos\omega_0 t$	$\pi[\delta(\omega-\omega_0)+\delta(\omega+\omega_0)]$	$a_1=a_{-1}=\frac{1}{2}$ $a_k=0, \quad k\neq 1$
$\sin\omega_0 t$	$\frac{\pi}{j}[\delta(\omega-\omega_0)-\delta(\omega+\omega_0)]$	$a_1=-a_{-1}=\frac{1}{2j}$ $a_k=0, \quad k\neq 1$
$x(t)=1$	$2\pi\delta(\omega)$	$a_0=1, \quad a_k=0, \quad k\neq 0$
$x(t)=\begin{cases} 1, & \lvert t\rvert < T_1 \\ 0, & T_1 < \lvert t\rvert \leq \frac{T}{2} \end{cases}$ and $x(t+T)=x(t)$	$\sum_{k=-\infty}^{+\infty} \frac{2\sin k\omega_0 T_1}{k}\delta(\omega-k\omega_0)$	$\frac{\omega_0 T_1}{\pi}\mathrm{Sinc}\left(\frac{k\omega_0 T_1}{\pi}\right)$ $=\frac{\sin k\omega_0 T_1}{k\pi}$
$\sum_{n=-\infty}^{+\infty}\delta(t-nT)$	$\frac{2\pi}{T}\sum_{k=-\infty}^{+\infty}\delta\left(\omega-\frac{2\pi k}{T}\right)$	$a_k=\frac{1}{T} \quad$ for all k
$x(t)=\begin{cases} 1, & \lvert t\rvert < T_1 \\ 0, & \lvert t\rvert > T_1 \end{cases}$	$\frac{2\sin\omega T_1}{\omega}$	—
$\frac{\sin Wt}{\pi t}$	$X(j\omega)=\begin{cases} 1, & \lvert\omega\rvert < W \\ 0, & \lvert\omega\rvert > W \end{cases}$	—
$\delta(t)$	1	—
$u(t)$	$\frac{1}{j\omega}+\pi\delta(\omega)$	—
$\delta(t-t_0)$	$e^{-j\omega t_0}$	—
$e^{-at}u(t), \ Re\{a\}>0$	$\frac{1}{a+j\omega}$	—
$te^{-at}u(t), \ Re\{a\}>0$	$\frac{1}{(a+j\omega)^2}$	—
$\frac{t^{n-1}}{(n-1)!}e^{-at}u(t), \quad Re\{a\}>0$	$\frac{1}{(a+j\omega)^n}$	—

2.5.7 푸리에 변환의 성질(properties of Fourier transform)

2.5.7.1 선형성 (linearity)

만일 $f_1(t)$, $f_2(t)$의 푸리에 변환이 각각 $F_1(\omega)$, $F(\omega)$, 즉

$f_1(t) \Leftrightarrow F_1(\omega)$, $f_2(t) \Leftrightarrow F_2(\omega)$

일 때, 임의의 상수 a_1, a_2에 대하여

$$\mathcal{F}\{a_1 f_1(t) + a_2 f_2(t)\} = a_1 \mathcal{F}\{f_1(t)\} + a_2 \mathcal{F}\{f_2(t)\}$$
$$= a_1 F_1(\omega) + a_2 F_2(\omega)$$
$$a_1 f_1(t) + a_2 f_2(t) \Leftrightarrow a_1 F_1(\omega) + a_2 F_2(\omega)$$

(증명)

$$\mathcal{F}\{a_1 f_1(t) + a_2 f_2(t)\} = \int_{-\infty}^{\infty} \{a_1 f_1(t) + a_2 f_2(t)\} e^{-j\omega t}\, dt$$
$$= a_1 \int_{\infty}^{\infty} f_1(t)\, e^{-j\omega t}\, dt + a_2 \int_{\infty}^{\infty} f_2(t)\, e^{-j\omega t}\, dt$$
$$= a_1 \mathcal{F}\{f_1(t)\} + a_2 \mathcal{F}\{f_2(t)\}$$

2.5.7.2 공액대칭성 (conjugate symmetry)

$f(t)$가 복소 신호라 할 때 공액 복소 신호 $f^*(t)$의 푸리에 변환은 $\mathcal{F}\{f^*(t)\} = F^*(-\omega)$

(증명)

$$\mathcal{F}\{f^*(t)\} = \int_{-\infty}^{\infty} f^*(t)\, e^{-j\omega t}\, dt = \left[\int_{-\infty}^{\infty} f(t)\, e^{j\omega t}\, dt\right]^*$$
$$= F^*(-\omega)$$

2.5.7.3 대칭성 (symmetry)

푸리에 변환의 대칭성 신호 $f(t)$가 실수신호일 때 $f(t)$는

다음 식과 같이 우함수 $f_e(t)$와 기함수 $f_o(t)$의 합으로 표현할 수 있다.

$$f(t) = f_e(t) + f_o(t)$$

이때 $f(t)$의 푸리에 변환

$$F(\omega) = \mathcal{F}\{f_e(t)\} + j\,\mathcal{F}\{f_o(t)\} = F_e(\omega) + j\,F_o(\omega)$$

이다.

(증명)

$$F(\omega) = \mathcal{F}\{f_e(t) + f_o(t)\} = \int_{-\infty}^{\infty} [f_e(t) + f_o(t)]\, e^{-j\omega t}\, dt$$

$$= \int_{-\infty}^{\infty} f_e(t)(\cos\omega t - j\sin\omega t)\, dt + \int_{-\infty}^{\infty} f_o(t)(\cos\omega t - j\sin\omega t)\, dt$$

$$= 2\int_{0}^{\infty} f_e(t)\cos\omega t\, dt - 2j\int_{0}^{\infty} f_o(t)\sin\omega t\, dt$$

여기서

$$F_e(\omega) = 2\int_{0}^{\infty} f_e(t)\cos\omega t\, dt$$

$$F_o(\omega) = -2\int_{0}^{\infty} f_o(t)\sin\omega t\, dt$$

이므로

$$F(\omega) = F_e(\omega) + jF_o(\omega)$$

이다.

2.5.7.4 쌍대성 (duality)

신호 $f(t) \Leftrightarrow F(\omega)$가 성립하면, ω 축을 시간 축 t로 바꾼 신호 $F(t)$의 푸리에 변환은 $f(\omega)$의 형태를 갖게 되는데 이를 쌍대성이라 하며

$$F(t) \Leftrightarrow 2\pi f(-\omega)$$

이다.

(증명)

푸리에 변환 쌍의 식 $f(t) = \dfrac{1}{2\pi}\displaystyle\int_{-\infty}^{\infty} F(\omega)\, e^{j\omega t}\, d\omega$ 으로부터

$$2\pi f(-t) = \int_{-\infty}^{\infty} F(\omega)e^{-j\omega t}\, d\omega$$

그런데 위 식에서 t를 ω로, ω를 t로 바꾸어 써도 무방하므로

$$2\pi f(-\omega) = \int_{-\infty}^{\infty} F(t)e^{-j\omega t}\, d\omega = \mathfrak{I}[F(t)]$$

따라서

$$F(t) \Leftrightarrow 2\pi f(-\omega)$$

가 된다. 이 성질은 $f(t)$가 우함수인 경우, 완전히 성립한다. 왜냐하면 우함수 경우 $f(-\omega)=f(\omega)$ 이므로

$F(t) \Leftrightarrow 2\pi f(\omega)$

가 되기 때문이다.

예제 2-9

$\mathscr{F}\left\{rect\left(\frac{t}{\tau}\right)\right\}=\tau Sa\left(\frac{\omega\tau}{2}\right)$이면 $\mathscr{F}\left\{Sa\left(\frac{W}{2}t\right)\right\}$는 어떠한 형태가 되는가? 여기서 $W=\frac{2\pi}{\tau}$ 이다.

(풀이) 쌍대성에 의해 $\mathscr{F}\{f(t)\}=F(\omega)$일 때 $\mathscr{F}\{F(t)\}=2\pi f(-\omega)$ 이므로

$$\mathscr{F}\left\{Sa\left(\frac{W}{2}t\right)\right\}=\frac{2\pi}{W}rect\left(-\frac{\omega}{W}\right)=\frac{2\pi}{W}rect\left(\frac{\omega}{W}\right)$$

이 되어 아래 그림 같은 형태가 된다.

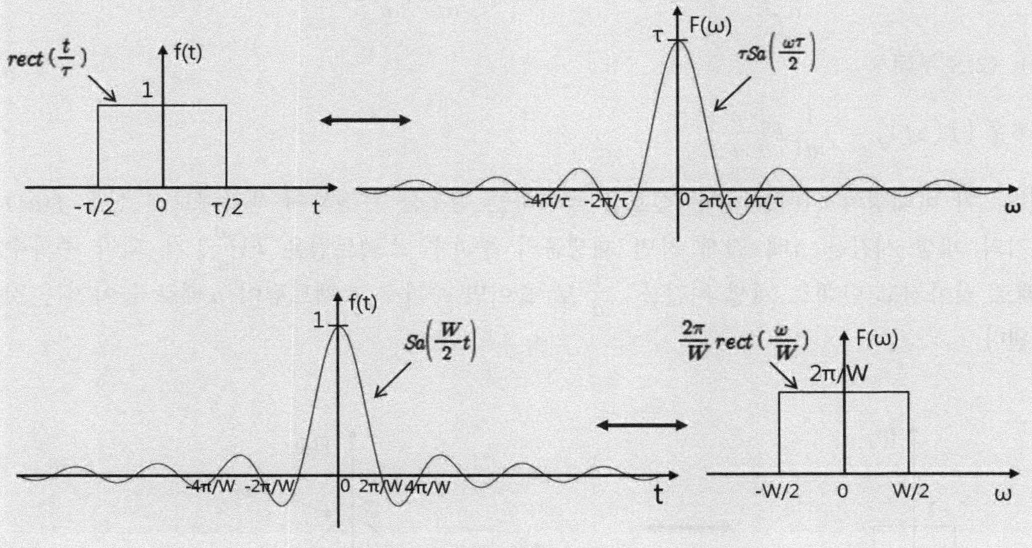

(푸리에 변환의 쌍대성)

2.5.7.5 비례성 (scaling)

$\mathcal{F}\{f(t)\} = F(\omega)$일 때 실정수를 a라 하면 $\mathcal{F}\{f(at)\} = \dfrac{1}{|a|}F\left(\dfrac{\omega}{a}\right)$이다.

(증명)

$$\mathcal{F}\{f(at)\} = \int_{-\infty}^{\infty} f(at)\, e^{-j\omega t}\, dt$$

(1) $a > 0$ 일 때 $x = at$ 라 두면

$$\mathcal{F}\{f(at)\} = \int_{-\infty}^{\infty} f(x)\, e^{-j\frac{\omega}{a}x}\, \frac{1}{a}\, dx$$

$$= \frac{1}{a}\int_{-\infty}^{\infty} f(x)\, e^{-j\frac{\omega}{a}x}\, dx = \frac{1}{a}F(\frac{\omega}{a})$$

(2) $a < 0$ 일 때 $x = at$ 라 두면

$$\mathcal{F}\{f(at)\} = \int_{\infty}^{-\infty} f(x)\, e^{-j\frac{\omega}{a}x}\, \frac{1}{a}\, dx$$

$$= -\frac{1}{a}\int_{-\infty}^{\infty} f(x)\, e^{-j\frac{\omega}{a}x}\, dx = -\frac{1}{a}F(\frac{\omega}{a})$$

(1), (2)로부터

$$\mathcal{F}\{f(at)\} = \frac{1}{|a|}F\left(\frac{\omega}{a}\right)$$

이다. 이 비례성의 의미를 음성 신호를 녹음하는 경우를 가정하여 생각해보면 신호 $f(at)$의 녹음기의 재생 시간을 a배 길게 하면 재생음의 주파수 스펙트럼은 $F(\dfrac{\omega}{a})$ 가 되어 주파수가 $\dfrac{1}{a}$ 배로 낮아지고 반대로 재생 시간을 $\dfrac{1}{a}$ 로 줄이면 주파수 스펙트럼이 a 배로 높아지는 것을 나타낸다.

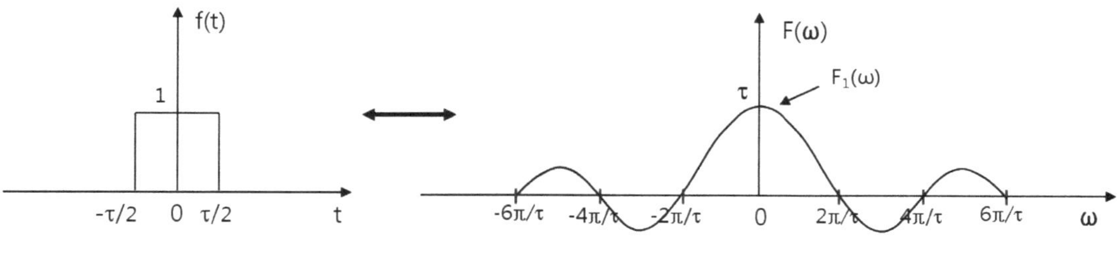

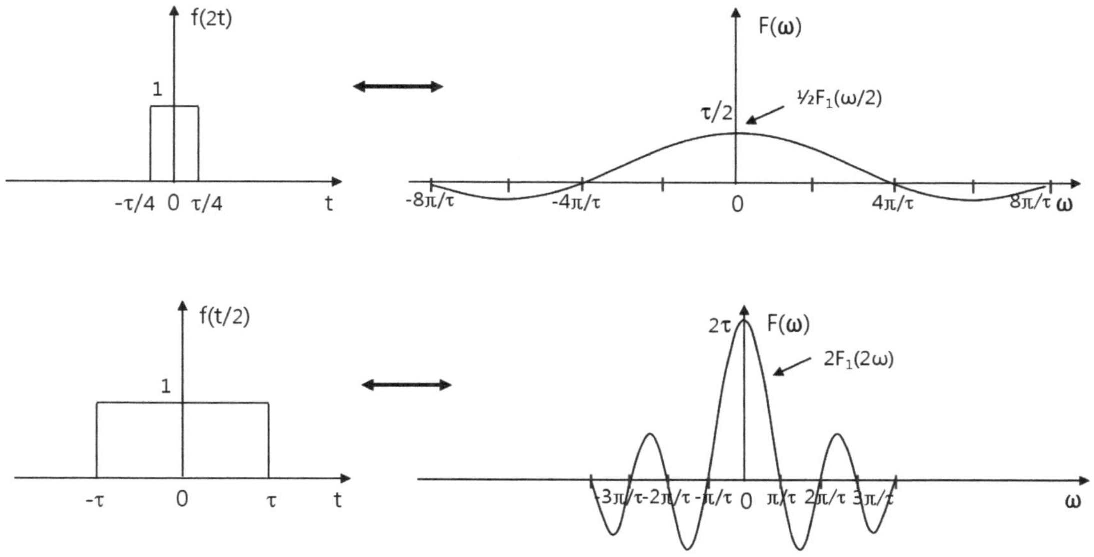

그림 2-56. 푸리에 변환의 비례성

2.5.7.6 시간 천이성 (time shifting)

$\mathcal{F}\{f(t)\} = F(\omega)$일 때 $\mathcal{F}\{f(t-t_0)\} = e^{-j\omega t_0}F(\omega)$이다.

(증명)

$$\mathcal{F}\{f(t-t_0)\} = \int_{-\infty}^{\infty} f(t-t_0)\, e^{-j\omega t}\, dt$$

여기서 $x = t - t_0$라 두면

$$\mathcal{F}\{f(t-t_0)\} = \int_{-\infty}^{\infty} f(x)\, e^{-j\omega x}\, e^{-j\omega t_0}\, dx = F(\omega)e^{-j\omega t_0}$$

위 식의 의미는 신호 $f(t)$가 어떤 시스템을 통과할 때 t_0가 걸렸다면 이 신호 스펙트럼의 크기 $|F(\omega)|$는 변화가 없고 위상 스펙트럼만 ωt_0만큼 늦어지는 결과가 된다는 뜻이다. 다시 말해서 시간 영역에서의 t_0만큼의 시간지연은 주파수 영역에서는 $-\omega t_0$만큼의 위상 변화로 나타난다.

예제 2-10

$F_1(\omega) = F(\omega)[1 + 2\alpha \cos\omega t_0]$일 때 $f_1(t)$를 $f(t)$로 표현하여 보라

(풀이) 시간 천이성에 의해

$$F_1(\omega) = F(\omega) + 2\alpha \cos\omega t_0 \cdot F(\omega)$$
$$= F(\omega) + 2\alpha \frac{e^{j\omega t_0} + e^{-j\omega t_0}}{2} F(\omega)$$
$$= F(\omega) + \alpha e^{j\omega t_0} F(\omega) + \alpha e^{-j\omega t_0} F(\omega)$$

따라서

$$f_1(t) = f(t) + \alpha f(t + t_0) + \alpha f(t - t_0)$$

이다.

2.5.7.7 주파수 천이성(frequency shifting): 변조(modulation)

$\mathcal{F}\{f(t)\} = F(\omega)$일 때 $\mathcal{F}\{f(t)e^{j\omega_0 t}\} = F(\omega - \omega_0)$이다.

(증명)

$$\mathcal{F}\{f(t)e^{j\omega_0 t}\} = \int_{-\infty}^{\infty} f(t)e^{j\omega_0 t}e^{-j\omega t}\,dt$$
$$= \int_{-\infty}^{\infty} f(t)e^{-j(\omega - \omega_0)t}\,dt = F(\omega - \omega_0)$$

위 식의 의미는 주파수 영역에서 주파수 스펙트럼을 ω_0만큼 천이한 것은 시간 영역에서는 $e^{j\omega_0 t}$를 곱한 것과 같다는 것이다. 즉 시간에 따른 위상의 변화로 나타난다는 의미이다. 바꿔 말하면 시간영역에서 어떤 함수 $f(t)$에 $e^{j\omega_0 t}$를 곱하면 주파수 영역에서는 주파수 스펙트럼 $F(\omega)$가 ω_0만큼 이동한 것이 되므로 이 정리를 **주파수 천이 정리**라고도 한다. 통신에서는 신호를 효율적으로 전송하기 위해 주파수 스펙트럼을 이동시킬 필요가 있는데 이와 같은 주파수 천이 과정을 **변조**(modulation)라고 한다. 따라서 푸리에 변환의 주파수 천이성은 변조라는 과정을 수학적으로 설명하는데 매우 중요한 성질이다.

예제 2-11

(1) $f(t)\cos\omega_0 t$의 푸리에 변환을 주파수 천이성을 이용하여 구해보라

(풀이) 시간 천이성에 의해

$$\mathscr{F}\{f(t)\cos\omega_0 t\} = \mathscr{F}\left\{f(t)\,\frac{e^{j\omega_0 t}+e^{-j\omega_0 t}}{2}\right\}$$
$$= \frac{1}{2}\mathscr{F}\{f(t)\,e^{j\omega_0 t} + f(t)\,e^{-j\omega_0 t}\}$$
$$= \frac{1}{2}[F(\omega-\omega_0)+F(\omega+\omega_0)]$$

즉 신호 $f(t)$에 $\cos\omega_0 t$를 곱한 신호, 즉 $f(t)$를 ω_0의 주파수로 변조한 신호의 주파수 스펙트럼은 $f(t)$의 주파수 스펙트럼 $F(\omega)$를 주파수축 상에서 $\pm\omega_0$만큼 천이시킨 것이다.

(2) $A\,rect\left(\frac{t}{\tau}\right)\cos\omega_0 t$의 푸리에 변환을 주파수 천이성을 이용하여 구해보라

(풀이) 우선 시간 영역에서 구형파 펄스 신호는 주파수 영역에서는 표본함수 형태이므로

$$f(t) = A\,rect\left(\frac{t}{\tau}\right) \Leftrightarrow F(\omega) = A\,\tau\,Sa\left(\frac{\omega\tau}{2}\right)$$

이다. 따라서 구형파 펄스에 $\cos\omega_0 t$를 곱한 신호의 푸리에 변환은 주파수 천이성에 의해서

$$\mathscr{F}\{f(t)\cos\omega_0 t\} = \frac{1}{2}[F(\omega-\omega_0)+F(\omega+\omega_0)]$$
$$= \frac{A\tau}{2}\left[Sa\left(\frac{(\omega-\omega_0)\tau}{2}\right)+Sa\left(\frac{(\omega+\omega_0)\tau}{2}\right)\right]$$

이다. 이는 표본함수 형태의 주파수 스펙트럼을 주파수축 상에서 $\pm\omega_0$만큼 천이시킨 것을 나타내고 있음을 알 수 있다.

2.5.7.8 미분과 적분 (differentiation & integral)

(1) 미분의 푸리에 변환

$\mathscr{F}\{f(t)\} = F(\omega)$일 때 $\mathscr{F}\{f'(t)\} = j\omega F(\omega)$

위 정리는 $f(t)$를 미분한 함수 $f'(t)$의 푸리에 변환은 $f(t)$의 푸리에 변환에 $j\omega$를 곱한 것과 같다는 것인데 이는 미분된 신호의 주파수 스펙트럼은 원 신호의 스펙트럼에 비해 고주파 성분이

증가되는 특성을 나타낸다는 의미이다. 즉 원함수의 스펙트럼에 주파수 성분 ω가 곱하여지므로 서서히 변화하는 신호보다 급하게 변화하는 신호, 즉 높은 주파수 성분의 값이 커진다는 의미이다. 따라서 일종의 **고역통과 여파기**(HPF ; High Pass Filter)역할을 하게 된다.

(증명)

$f(t)$를 푸리에 적분으로 표현하면

$$f(t) = \frac{1}{2\pi}\int_{-\infty}^{\infty} F(\omega)\, e^{j\omega t}\, d\omega$$

이다. 위 식을 미분하면

$$f'(t) = \frac{1}{2\pi}\int_{-\infty}^{\infty} F(\omega)\, \frac{d}{dt}\left[e^{j\omega t} \right] d\omega$$

$$= \frac{1}{2\pi}\int_{-\infty}^{\infty} [\, j\,\omega\, F(\omega)\,]\, e^{j\omega t}\, d\omega = \frac{j\,\omega}{2\pi}\int_{-\infty}^{\infty} F(\omega)\, e^{j\omega t}\, d\omega$$

따라서 $\mathscr{F}\{f'(t)\} = j\omega F(\omega)$

이를 n차 미분함수까지로 확대하면 $\mathscr{F}\left\{f^{(n)}(t)\right\} = (j\omega)^n F(\omega)$이다.

(2) 적분의 푸리에 변환

$$\mathscr{F}\{f(t)\} = F(\omega) \text{ 일 때 } \mathscr{F}\left\{\int_{-\infty}^{t} f(\tau)\, d\tau\right\} = \frac{1}{j\omega}F(\omega)$$

위 정리는 $f(t)$를 적분한 함수의 푸리에 변환은 $f(t)$의 푸리에 변환을 $j\omega$로 나눈 것과 같다는 것인데 이는 적분된 신호의 주파수 스펙트럼은 원 신호의 스펙트럼에 비해 고주파 성분이 감소하는 특성을 나타낸다는 의미이다. 즉 원함수의 스펙트럼이 주파수 성분 ω로 나누어지므로 서서히 변화하는 신호보다 급하게 변화하는 신호, 즉 높은 주파수의 성분의 값이 작아진다는 의미이다. 따라서 고주파 성분을 억압하는 일종의 **저역 통과 여파기**(LPF ; Low Pass Filter) 역할을 하게 된다.

(증명)

$$g(t) = \int_{-\infty}^{t} f(\tau)\, d\tau \text{ 라 두면}$$

$$g'(t) = f(t)$$

양변을 푸리에 변환하면

$$\mathscr{F}\{g'(t)\} = j\omega\, G(\omega) = \mathscr{F}\{f(t)\} = F(\omega)$$

따라서

$$G(\omega) = \frac{1}{j\omega} F(\omega)$$

$$\mathcal{F}\left\{ \int_{-\infty}^{t} f(\tau)\, d\tau \right\} = \frac{1}{j\omega} F(\omega)$$

이다.

예제 2-12

(1) 아래 그림 (a)와 같은 삼각파 $\Lambda\left(\frac{t}{\tau}\right) = \begin{cases} 1 - \dfrac{|t|}{\tau} & |t| < \tau \\ 0 & |t| > \tau \end{cases}$

를 미분한 다음 그림 (b)과 같은 신호 파형의 푸리에 변환을 구해보라

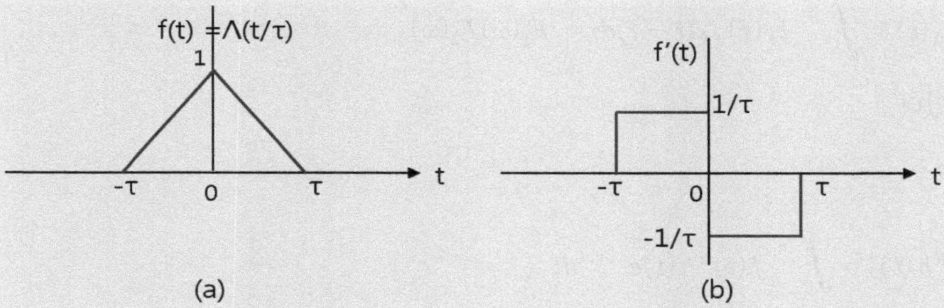

(풀이) 삼각파를 미분한 신호파형 $f'(t)$는

$$f'(t) = \frac{1}{\tau} rect\left(\frac{t + \frac{\tau}{2}}{\tau}\right) - \frac{1}{\tau} rect\left(\frac{t - \frac{\tau}{2}}{\tau}\right)$$ 이므로 이의 푸리에 변환은

$$\mathcal{F}\{f'(t)\} = \frac{1}{\tau} \cdot \tau \cdot Sa\left(\frac{\omega\tau}{2}\right) e^{j\frac{\omega\tau}{2}} - \frac{1}{\tau} \cdot \tau \cdot Sa\left(\frac{\omega\tau}{2}\right) e^{-j\frac{\omega\tau}{2}}$$

$$= Sa\left(\frac{\omega\tau}{2}\right)\left(e^{j\frac{\omega\tau}{2}} - e^{-j\frac{\omega\tau}{2}}\right)$$

$$= Sa\left(\frac{\omega\tau}{2}\right) 2j \sin\frac{\omega\tau}{2}$$

이므로 미분의 푸리에 변환을 적용하면

$$j\omega F(\omega) = j\,2\,Sa\left(\frac{\omega\tau}{2}\right)\sin\frac{\omega\tau}{2}$$

$$F(\omega) = \frac{2}{\omega} Sa(\frac{\omega\tau}{2})\sin\frac{\omega\tau}{2}$$

가 된다.

2.5.7.9 컨볼루션(중첩)의 정리 (convolution theorem)

(1) **시간 중첩 정리**(time convolution theorem)

이는 앞 절의 컨볼루션에 대한 설명에서 이미 언급한 바가 있듯이 푸리에 변환의 성질에서 매우 중요한 것 중의 하나이다.

즉 $\mathcal{F}\{f_1(t)\} = F_1(\omega)$, $\mathcal{F}\{f_2(t)\} = F_2(\omega)$일 때 두 신호를 중첩한 $f_1(t) * f_2(t)$와 이의 푸리에 변환과는

$$f_1(t) * f_2(t) = \int_{-\infty}^{\infty} f_1(\tau) f_2(t-\tau) d\tau = F_1(\omega) F_2(\omega)$$

관계가 있다.

(증명)

$$\mathcal{F}\{f(t)*h(t)\} = \int_{-\infty}^{\infty} f(t)*h(t) e^{-j\omega t} dt$$

$$= \int_{-\infty}^{\infty}\int_{-\infty}^{\infty} f(\tau) h(t-\tau) d\tau e^{-j\omega t} dt$$

$$= \int_{-\infty}^{\infty} f(\tau) \int_{-\infty}^{\infty} h(t-\tau) e^{-j\omega t} dt\, d\tau$$

여기서 $u = t - \tau$라 하면

$$\mathcal{F}\{f(t)*h(t)\} = \int_{-\infty}^{\infty} f(\tau) \int_{-\infty}^{\infty} h(u) e^{-j\omega(u+\tau)} du\, d\tau$$

$$= \int_{-\infty}^{\infty} f(\tau) \int_{-\infty}^{\infty} h(u) e^{-j\omega u} du\ \ e^{-j\omega\tau} d\tau$$

$$= \int_{-\infty}^{\infty} f(\tau) H(w) e^{-j\omega\tau} d\tau = H(\omega) \int_{-\infty}^{\infty} f(\tau) e^{-j\omega\tau} d\tau$$

$$= H(\omega) F(\omega)$$

이다.

예제 2-13

시간 중첩 정리를 이용하여 $g(t)=e^{-t}u(t)*e^{-2t}u(t)$의 푸리에 변환을 구해보라

(풀이) $g(t)$는 두 함수 $f(t)$, $h(t)$의 중첩이므로 중첩의 정리 식

$$g(t)=f(t)*h(t)=\int_{-\infty}^{\infty}f(\tau)h(t-\tau)d\tau$$

에 따라

$$f(t)=e^{-t}u(t),\ h(t)=e^{-2t}u(t)$$

로 두고 시간 영역에서 중첩을 이용하여 결과를 구해보자.

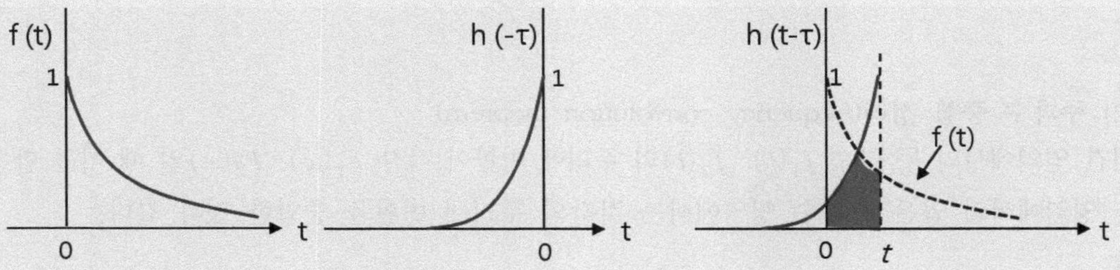

① $t \leqq 0$이면

$$g(t)=0$$

② $t>0$이면

$$g(t)=\int_0^t f(\tau)h(t-\tau)d\tau=\int_0^t e^{-\tau}e^{-2(t-\tau)}d\tau$$

$$=\int_0^t e^{-2t}e^{\tau}d\tau=e^{-2t}\int_0^t e^{\tau}d\tau$$

$$=e^{-2t}[e^{\tau}]_0^t=e^{-2t}(e^t-1)=e^{-t}-e^{-2t}$$

따라서 ①과 ②로부터

$$g(t)=\begin{cases}e^{-t}-e^{-2t} & t>0\\ 0 & t\leqq 0\end{cases}$$

$$\mathcal{F}\{g(t)\}=F\{e^{-t}-e^{-2t}\}=\frac{1}{1+j\omega}-\frac{1}{2+j\omega}$$

$$=\frac{1}{(1+j\omega)(2+j\omega)}$$

을 얻을 수 있으나, 수학적으로 복잡한 적분 과정을 거쳐서 구하여야 한다. 반면에 이를 쉽게 구하는 방법은 푸리에 변환의 시간 중첩 정리를 이용하는 것이다. 즉 각 함수의 푸리에 변환을 구하고, 단순히 그 결과 끼리 곱하면 얻어진다. 즉

$$F_1(\omega)=\int_0^{\infty} e^{-t}\, e^{-j\omega t}\, dt=\int_0^{\infty} e^{-(1+j\omega)t}\, dt=\frac{1}{1+j\omega}$$

$$F_2(\omega)=\int_0^{\infty} e^{-2t}\, e^{-j\omega t}\, dt=\int_0^{\infty} e^{-(2+j\omega)t}\, dt=\frac{1}{2+j\omega}$$

$$G(\omega)=F(\omega)H(\omega)=\frac{1}{(1+j\omega)(2+j\omega)}$$

로 매우 쉽게 동일한 결과를 얻을 수 있다.

(2) **주파수 중첩 정리**(frequency convolution theorem)

시간 영역에서의 두 함수 $f_1(t)$, $f_2(t)$의 푸리에 변환이 각각 $F_1(\omega)$, $F_2(\omega)$일 때 이들 함수의 시간 영역에서의 곱은 주파수 영역에서는 각각의 푸리에 변환을 중첩한 것과 같다.

즉

$$\mathcal{F}\{f_1(t)f_2(t)\}=\frac{1}{2\pi}[F_1(\omega)*F_2(\omega)]$$

이다.

(증명)

$$\begin{aligned}\frac{1}{2\pi}F_1(\omega)*F_2(\omega) &= \frac{1}{2\pi}\int_{-\infty}^{\infty} F_1(u)F_2(\omega-u)du \\ &= \frac{1}{2\pi}\int_{-\infty}^{\infty} F_1(u)\int_{-\infty}^{\infty} f_2(t)e^{-j(\omega-u)t}dtdu \\ &= \int_{-\infty}^{\infty} f_2(t)[\frac{1}{2\pi}\int_{-\infty}^{\infty} F_1(u)e^{jut}du]e^{-j\omega t}dt \\ &= \int_{-\infty}^{\infty} f_1(t)f_2(t)e^{-j\omega t}dt=\mathcal{F}\{f_1(t)f_2(t)\}\end{aligned}$$

이다.

요 약

■ **중첩의 정리(convolution theorem)**

시간 영역에서의 2개의 함수의 중첩은 주파수 영역에서의 각각의 스펙트럼의 곱과 같으며 시간 영역에서의 2개의 함수의 곱은 주파수 영역에서의 두 개의 스펙트럼의 중첩과 같다.

$$f_1(t)*f_2(t) \Leftrightarrow F_1(\omega)F_2(\omega)$$

$$\mathscr{F}\{f_1(t)f_2(t)\} \Leftrightarrow \frac{1}{2\pi}[F_1(\omega)*F_2(\omega)]$$

2.5.8 컨볼루션의 성질

2.5.8.1 교환 법칙 (commutative law)

$$f_1(t)*f_2(t) = f_2(t)*f_1(t)$$

(증명)

$$f_1(t)*f_2(t) = \int_{-\infty}^{\infty} f_1(\tau)f_2(t-\tau)d\tau$$

여기서 $t-\tau = x$라 하면

$$f_1(t)*f_2(t) = \int_{\infty}^{-\infty} f_1(t-x)f_2(x)(-dx)$$

$$= \int_{-\infty}^{\infty} f_2(x)f_1(t-x)dx = f_2(t)*f_1(t)$$

2.5.8.2 분배 법칙 (distributive law)

$$f_1(t)*[f_2(t)+f_3(t)] = f_1(t)*f_2(t)+f_1(t)*f_3(t)$$

(증명)

$$f_1(t)*[f_2(t)+f_3(t)] = \int_{-\infty}^{\infty} f_1(\tau)[f_2(t-\tau)+f_3(t-\tau)]d\tau$$

$$= \int_{-\infty}^{\infty} f_1(\tau)f_2(t-\tau)d\tau + \int_{-\infty}^{\infty} f_1(\tau)f_3(t-\tau)d\tau$$

$$= f_1(t)*f_2(t)+f_1(t)*f_3(t)$$

2.5.8.3 결합 법칙 (associative law)

$$f_1(t)*[f_2(t)*f_3(t)] = [f_1(t)*f_2(t)]*f_3(t)$$

(증명)

$$\begin{aligned}
f_1(t)*[f_2(t)*f_3(t)] &= f_1(t)*[f_3(t)*f_2(t)] \\
&= \int_{-\infty}^{\infty} f_1(\tau)[f_3(t-\tau)*f_2(t-\tau)]d\tau \\
&= \int_{-\infty}^{\infty} f_1(\tau)[\int_{-\infty}^{\infty} f_3(\alpha)f_2(t-\tau-\alpha)d\alpha]d\tau \\
&= \int_{-\infty}^{\infty} f_3(\alpha)\int_{-\infty}^{\infty} f_1(\tau)f_2(t-\tau-\alpha)d\tau d\alpha \\
&= \int_{-\infty}^{\infty} f_3(\alpha)[f_1(t-\alpha)*f_2(t-\alpha)]d\alpha \\
&= f_3(t)*[f_1(t)*f_2(t)] \\
&= [f_1(t)*f_2(t)]*f_3(t)
\end{aligned}$$

2.5.9 특이 함수를 포함하는 컨볼루션

(1) 신호 $f(t)$와 $\delta(t)$의 컨볼루션

신호 $f(t)$와 임펄스 함수 $\delta(t)$를 컨볼루션 하면 그대로 원래의 함수 $f(t)$가 되고, t_0만큼 시간 지연한 임펄스 함수 $\delta(t-t_0)$와 중첩한 결과는 원래의 함수 $f(t)$를 t_0만큼 지연한 것이다. 즉

$$f(t)*\delta(t) = \int_{-\infty}^{\infty} f(\tau)\delta(t-\tau)d\tau = f(t)$$

$$f(t)*\delta(t-t_0) = \int_{-\infty}^{\infty} f(\tau)\delta(t-t_0-\tau)d\tau = f(t-t_0)$$

또한 시간 지연 각각 t_0, t_1인 다른 두 개의 임펄스 함수를 중첩하면 결과 역시 임펄스 함수이나 시간 t_0+t_1 만큼 지연된다. 즉

$$\begin{aligned}
\delta(t-t_0)*\delta(t-t_1) &= \int_{-\infty}^{\infty} \delta(\tau-t_0)\delta(t-t_1-\tau)d\tau \\
&= \delta(t-t_0-t_1)
\end{aligned}$$

이다.

(2) 단위 계단 함수 $u(t)$와 임펄스 응답 $h(t)$의 컨볼루션

$$u(t)*h(t)=\int_{-\infty}^{\infty}u(\tau)h(t-\tau)d\tau=\int_{0}^{\infty}h(t-\tau)d\tau$$

여기서 $t-\tau=x$라 하면

$$u(t)*h(t)=\int_{t}^{-\infty}h(x)(-dx)=\int_{-\infty}^{t}h(x)dx$$

즉 어떠한 시스템의 단위 계단 함수 $u(t)$에 대한 응답은 그 시스템에 대한 임펄스 응답 $h(t)$를 시간에 대해 정적분한 것과 같다.

예제 2-14

어떠한 시스템의 임펄스 응답이 $h(t)=\delta(t)-\delta(t-2)$이다. 이 시스템에 신호 $f(t)=Asin\pi tu(t)$가 입력될 때의 출력 $g(t)$를 구해 보라.

(풀이)

$$\begin{aligned}g(t)&=f(t)*h(t)=Asin\pi tu(t)*[\delta(t)-\delta(t-2)]\\&=A\sin\pi tu(t)*\delta(t)-A\sin\pi tu(t)*\delta(t-2)\\&=Asin\pi tu(t)-A\sin\pi(t-2)u(t-2)\\&=Asin\pi tu(t)-A\sin\pi tu(t-2)\\&=A\sin\pi t[u(t)-u(t-2)]\end{aligned}$$

이다. 즉 입력 신호 $f(t)$가 임펄스 응답의 형태에 곱해진(얹혀진) 형태가 된다.

표 2-2. 푸리에 변환의 성질

성질	비주기 신호	푸리에 변환
	$x(t)$ $y(t)$	$X(j\omega)$ $Y(j\omega)$
선형성	$ax(t)+by(t)$	$aX(j\omega)+bY(j\omega)$
시간 천이	$x(t-t_0)$	$e^{-j\omega t_0}X(j\omega)$
주파수 천이	$e^{j\omega_0 t}x(t)$	$X(j(\omega-\omega_0))$

공액복소수	$x^*(t)$	$X^*(-j\omega)$
시간 반전	$x(-t)$	$X(-j\omega)$
시간 압축 및 확장	$x(at)$	$\frac{1}{\|a\|}X(\frac{j\omega}{a})$
중첩 적분	$x(t)*y(t)$	$X(j\omega)Y(j\omega)$
곱셈	$x(t)y(t)$	$\frac{1}{2\pi}X(j\omega)*Y(j\omega)$
미분	$\frac{d}{dt}x(t)$	$j\omega X(j\omega)$
적분	$\int_t^{-\infty} x(t)dt$	$\frac{1}{j\omega}X(j\omega)+\pi X(0)\delta(\omega)$
주파수상의 미분	$tx(t)$	$j\frac{d}{d\omega}X(j\omega)$
실수신호의 공액대칭성	$x(t)$ real	$\begin{cases} X(j\omega)=X^*(-j\omega) \\ Re\,X(j\omega)=Re\,X(j\omega) \\ Im\,X(j\omega)=Im\,X(-j\omega) \end{cases}$
실수 우신호	$x(t)$ real and even	$X(j\omega)$ real and even
실수 기신호	$x(t)$ real and odd	$X(j\omega)$ purely imaginary and odd
우신호와 기신호의 분해	$\begin{cases} x_e(t) = Ev\,x(t)\ [x(t)\ \text{real}] \\ x_o(t) = Od\,x(t)\ [x(t)\ \text{real}] \end{cases}$	$Re\,X(j\omega)$ $j\{Im\,X(j\omega)\}$

2.6 시스템의 표현과 종류

2.6.1 시스템의 정의와 표현

시스템이란 신호를 처리하여 원하는 정보를 편리하게 얻어낼 수 있도록 변환하는 장치 또는 수단이라 정의할 수 있다. 따라서 시스템에는 입력과 출력이 있으며 입력에 신호가 인가되면 일련의 신호 처리 과정을 거쳐 변환된 신호가 출력에 나타나게 된다. 우리가 익히 잘 알고 있는 여파기(filter)도 입력 신호를 정해진 형태로 변환하여 주는 일종의 시스템으로 볼 수 있다. 따라서 시스템도 하나의 여파기라고 이해하면 편리하다.

따라서 이러한 시스템은 일반적으로 시간 영역에서, 입력 신호를 출력으로 전달하는 **전달함수(transfer function)** $h(t)$로 표현할 수 있다. 즉 다음 그림에서와 같이 시간 영역에서의 전달함수를 $h(t)$, 입력 신호를 $x(t)$, 출력 신호를 $y(t)$라 할 때, 연속 시스템은

$y(t) = h(t) * x(t)$

로 표현되고, 시간 영역상에서 불연속인 이산 시스템의 경우는

$y(nT) = h(nT) * x(nT)$

로 표현할 수 있다. 즉 입력신호 $x(t)$에 대한 응답(response)가 $y(t)$라고 이해하면 편리하다. 여기서 T는 함수 값들 간의 시간 간격이다.

(a) 연속 시스템

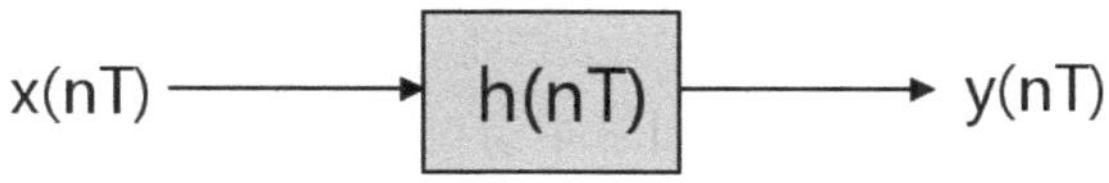

(b) 이산 시스템

그림 2-57. 연속 시스템과 이산 시스템 표현

2.6.2 시스템의 종류

시스템은 구분하는 기준에 따라 다음과 같이 몇 가지로 나누어 볼 수 있다.

- 처리하는 신호의 종류에 따라 **연속**(continuous-time) **시스템**, **이산**(discrete-time) **시스템**으로 구분한다. 이때 연속 시스템을 아날로그(analog) 시스템, 이산 시스템을 디지털(digital) 시스템이라고도 한다. 디지털 시스템은 컴퓨터로 처리할 때의 신호를 처리 알고리즘이라고도 볼 수 있다.
- 시스템의 전달 특성에 따라 **선형**(linear) **시스템**, **비선형**(nonlinear) **시스템**으로 나눌 수 있다. 즉 어떤 시스템의 두 개의 서로 다른 입력 신호 $x_1(t)$, $x_2(t)$와 출력 신호 $y_1(t)$, $y_2(t)$의 관계가

  $y_1(t) = s\{x_1(t)\}, \quad y_2(t) = s\{x_2(t)\}$

  라 할 때, 이들 두개의 입력신호를 선형조합(linear combination)한 신호 $x(t) = ax_1(t) + bx_2(t)$에 대한 출력신호가

  $y(t) = s\{ax_1(t) + bx_2(t)\} = s\{ax_1(t) + fbx_2(t)\} = ay_1(t) + by_2(t)$

  의 관계가 성립하면 그 시스템은 선형 시스템이라 하고 성립하지 않으면 비선형 시스템이라 한다.
- 시스템의 입력과 출력 간의 원인과 결과 관계에 따라 **인과**(causal) **시스템**, **비인과**(noncausal) **시스템**으로 나눌 수 있다.

  즉 어떠한 시스템에서 현재의 출력이 현재 및 과거의 입력에 따라 결정될 때, 이 시스템을 인과 시스템이라고 한다. 시간에는 현재, 과거, 미래가 있는데, 인과 시스템은 미래의 입력과는 무관하고 현재와 과거의 입력에만 관계가 된다는 점에 유의할 필요가 있다. 이와 달리 현재의 출력이 과거의 입력뿐 아니라 미래의 입력에 의해서도 영향을 받는 시스템은 비인과 시스템이라 한다. 이 말의 의미는 인과 시스템의 경우 입력이 인가되기 전애는 응답, 즉 출력이 없어야 한다는 뜻이다. 물리적으로 실현 가능한 시스템은 인과 시스템이라야 한다. 이에 비해 비인과 시스템은 이 시스템에 구동함수, 즉 입력이 인가되기도 전에 출력이 존재하는 시스템이므로 물리적으로는 실현 불가능하다. 참고로 물리적으로 실현 가능한 전달함수의 조건을 주파수 영역에서 제시한 식이 있는데, 이를 **팔리-위너(Paley-Wiener)의 판별식**이라 한다. 예를 들어 어떠한 시스템의 입력과 출력 사이의 관계를 나타내는 전달함수의 식이

  $y(t) = x(t) + 2x(t-1) + 3(t-2)$

  와 같을 경우는 인과 시스템이고

  $y(t) = x(t) + 2x(t-1) + 3(t+1)$

  와 같을 경우는 비인과 시스템이라고 판단할 수 있다.

- 시스템의 전달 특성의 시간에 따른 변화 여부에 따라 **시변(time-variant) 시스템**, **시불변(time-invariant) 시스템**으로 구분할 수 있다.
  즉 어떠한 시스템의 입력과 출력의 관계가
  $y_1(t)=s\{x_1(t)\}$일 때, 이 시스템에 t_0만큼 지연된 입력 신호 $x(t-t_0)$를 인가할 경우
  $y(t-t_0)=s\{x(t-t_0)\}$
  가 성립하면 이 시스템을 시불변 시스템, 성립하지 않으면 시변 시스템이라 한다.
- 시스템의 현재 출력과 과거 행적과의 연관도 따라 **기억(memory) 시스템**, **비기억(nonmemory) 시스템**으로 구분할 수 있다. 즉 현재의 출력이 오로지 현재 입력 신호에 의해서만 결정되는 시스템의 경우가 비기억 시스템이라 하겠다.
- 시스템의 안정성에 따라 **안정적(stationary) 시스템**, **비안정적(nonstationary) 시스템**으로 구분할 수 있다. 즉 어떠한 시스템의 입력 신호에 대한 출력 신호 크기의 확률 분포가 시간에 관계없이 항상 일정한 분포를 나타내는 경우의 시스템을 안정적 시스템, 또는 **정상(定常) 시스템**이라 하고, 그렇지 않은 경우를 비안정적 시스템이라 한다.

요 약

시스템 정의 : 신호를 처리하여 원하는 정보를 편리하게 얻어낼 수 있도록 변환하는 장치 또는 수단

시스템 표현 : $y(t)=h(t)*x(t)$ 입력 $x(t)$, 출력 $y(t)$, 전달함수 $h(t)$

시스템 종류 : 연속(continuous-time), 이산(distrete-time) 시스템, 선형(linear), 비선형(nonlinear) 시스템, 인과(causal), 비인과(noncausal) 시스템, 시변(time-variant), 시불변(time-invariant) 시스템, 기억(memory), 비기억(nonmemory) 시스템, 안정적(stationary), 비안정적(nonstationary) 시스템

2.7 시스템의 특성 해석

2.7.1 시스템 응답

2.7.1.1 임펄스 응답(impulse response)

어떠한 시스템의 특성을 파악하려면 어떤 특정한 입력 신호를 시스템에 인가하여 그에 대한 출력신호를 측정하여 분석하면 된다. 이 경우 사용되는 입력 신호는 가급적 모든 주파수 성분이 포함된 신호이어야 시스템의 주파수 특성을 정확하게 파악할 수 있다. 푸리에 변환에서도 알 수 있듯이 직류 성분부터 무한대의 주파수 성분까지 일정한 크기로 모두 다 포함되어 있는 신호는 특이 함수 중 하나인 임펄스 함수 $\delta(t)$이다. 따라서 다음 그림에서와 같이 시스템에 임펄스 함수 $\delta(t)$를 입력하였을 때 얻어지는 시스템의 응답(response)을 그 시스템의 **임펄스 응답(impulse response)**이라 한다. 이 임펄스 응답은 시스템의 특성을 파악할 수 있는 결정적인 단서가 된다.

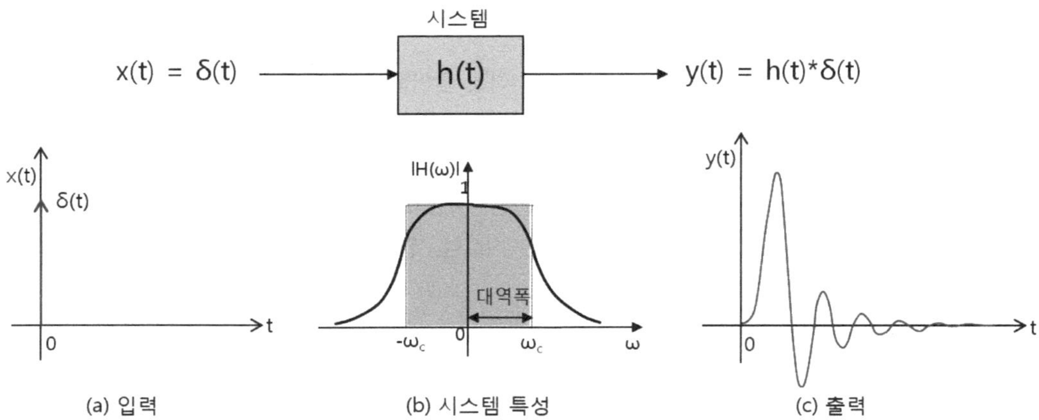

그림 2-58. 임펄스 응답

시스템의 응답, 즉 시스템의 임의의 입력 신호에 대한 출력 신호를 구하는 과정은 푸리에 변환의 절에서 전술한대로, 시간중첩정리를 이용하면 되는데 이 과정은 결국 시스템의 임펄스 응답 $h(t)$를 시간에 대해 정적분하는 것이다. 즉

$$y(t) = h(t) * x(t) = x(t) * h(t) = \int_{-\infty}^{\infty} x(\tau) h(t-\tau) d\tau$$

로 구할 수 있다. 이러한 점에서 볼 때에도 시스템 임펄스 응답은 가히 시스템의 특성을 파악하는 기본이 된다고 할 수 있을 것이다.

위 식에서 알 수 있듯이 시간 영역에서 시스템의 임펄스 응답을 구하기 위해서는 수학적으로 적분을 구하여야 하므로 어려운 문제점이 있다. 따라서 대부분의 경우, 주파수 영역에서 두 함수의 곱을 통해 임펄스 응답을 얻고 이를 역 푸리에 변환하여 얻는 것이 훨씬 편리하다. 예를 들어 나중에 언급하게 될 이상적인 저역 통과 여파기(LPF)의 임펄스 응답은 다음과 같이 구할 수 있다. 즉 주파수 영역에서 이상적인 LPF의 전달 함수를 표시하면

$$H(\omega) = |H(\omega)|e^{j\theta(\omega)} = G_{2W}(\omega)\,e^{-j\omega t_0}$$

이다. 여기서 $G_{2W}(\omega)$는 구형파 함수로

$$G_{2W}(\omega) = rect\left(\frac{\omega}{2\omega_c}\right)$$

이다. 이때 전술한 바, 푸리에 변환의 쌍대성에 의해

$$rect(t) \Leftrightarrow Sa\left(\frac{\omega}{2}\right)$$

임을 고려하면

$$H(\omega) = rect\left(\frac{\omega}{2\omega_c}\right)e^{-j\omega t_0} \Leftrightarrow h(t) = \frac{\omega_c}{\pi}Sa[\,\omega_c(t - t_o)]$$

따라서

$$h(t) = \frac{\omega_c}{\pi}Sa\,[\omega_c(t - t_0)]$$

임을 쉽게 알 수 있다.

2.7.1.2 스텝 응답(step response)

시스템의 **스텝 응답**(step response)은 시스템에 특이 함수 중 하나인 계단 함수 $u(t)$를 입력하였을 때의 응답을 의미한다. 계단함수는 시스템에 $t = 0$인 순간 이후, 줄 곧 같은 값을 유지하는 특성이므로 마치 어떠한 시스템에 전원을 인가할 때와 같다, 따라서 어떠한 시스템의 전원 온/오프(ON/OFF) 시의 과도 특성을 파악하는데 유용하다.

계단함수는 근사적으로 $t = 0$인 순간 이후의 매우 작은 시간차를 갖는 무한개의 임펄스 함수열로 볼 수도 있다. 즉

$$u(t) = \lim_{T \to 0}\sum_{n=1}^{\infty}\delta(t - nT)$$

이다. 따라서 시스템이 선형적이라면 이러한 입력 신호에 따른 출력도 무한소의 시간 차를 갖는 시스템 임펄스 응답 $h(t)$들의 무한 열의 합

$$y(t) = \lim_{T \to 0} \sum_{n=1}^{\infty} h(t-nT)$$

으로 나타낼 수 있다. 따라서 아래 그림과 같은 스텝 응답 파형은 시스템의 임펄스 응답 파형을 매우 작은 시간 간격으로 지연시킨 것들의 합을 통해서 구할 수도 있는 것이다.

다음 그림은 시스템에 계단 함수 $u(t)$를 입력하였을 때 얻어지는 스텝 응답의 예를 보여 주고 있다.

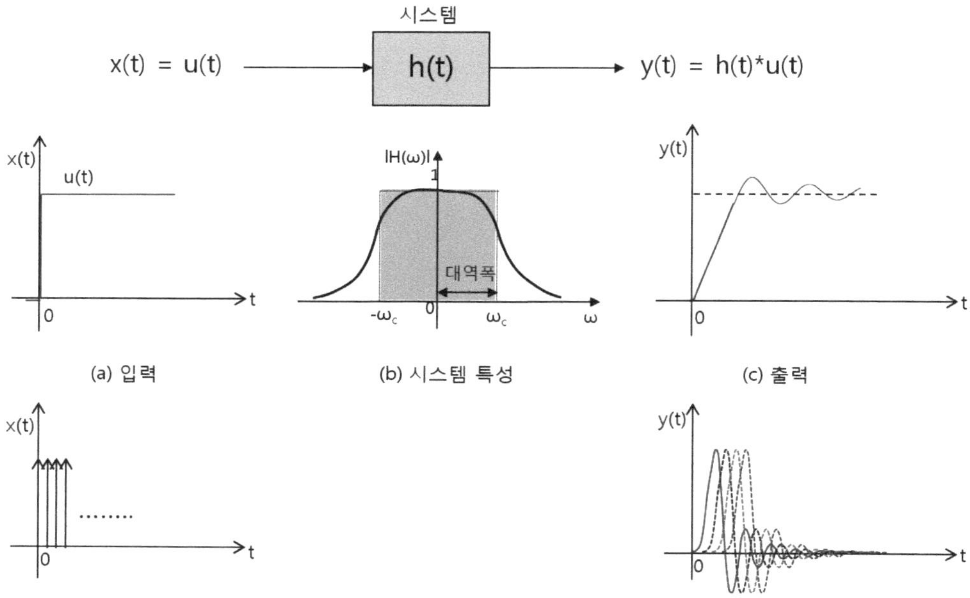

그림 2-59. 스텝 응답

2.7.2 시스템의 주파수 응답 특성

2.7.2.1 주파수 스펙트럼 평탄도

시스템의 주파수 특성은 시스템의 주파수 특성 곡선을 통해 파악할 수 있다. **시스템 주파수 특성 곡선**이 시스템 주파수 대역에서 얼마나 일정한 값을 하는가를 나타낸 지표를 주파수 **스펙트럼 평탄도(flatness)**라 하는데 이는 나중에 언급하게 될 신호의 왜곡(distortion)과 같은 관계가 있

다. 시스템의 주파수 특성 곡선이 주파수에 따라 크기가 다른 경우에는 진폭 왜곡을 발생시켜 입력 신호와는 다른, 찌그러진 파형이 출력된다.

아래 그림에서 스펙트럼의 평탄도를 f_s라 하면

$f_s = A_0 \pm \Delta A$ [dB]

로 나타내거나

$f_s = \Delta A / A_0$

로 나타낸다.

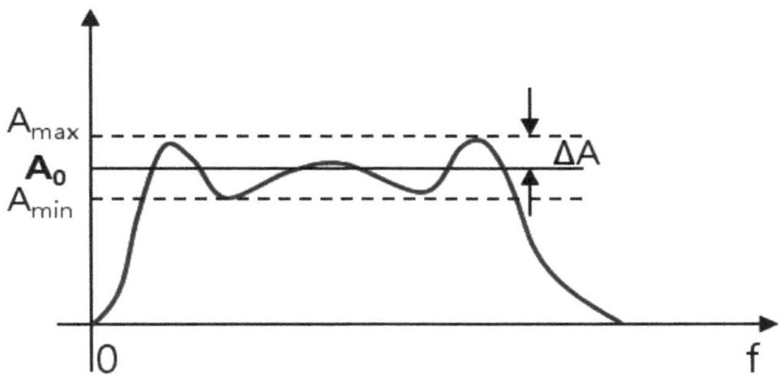

그림 2-60. 주파수 스펙트럼 평탄도

2.7.2.2 롤-오프 계수(roll-off factor)

롤-오프 계수(roll-off factor)는 시스템의 주파수 대역에 있어서 통과 대역과 차단 대역을 나누는 경계 부근, 즉 차단 주파수 이후부터의 천이 대역에서의 주파수 특성이 어느 정도의 기울기를 갖는지를 나타내는 지표이다.(단위 : dB/decade)

다음 참고 사항의 그림은 펄스 성형(펄스 정형, pulse shaping) 하는 용도로 널리 쓰이는 상승 코사인 여파기(raise cosine filter)의 주파수 스펙트럼을 나타낸 것인데 이 경우 롤-오프 계수는

$$\beta = \frac{\text{초과 대역폭}(excess\ bandwidth)}{\text{나이퀴스트 대역폭}(Nyquist\ bandwidth)} = \frac{W - W_0}{W_0}$$

로 정의한다. 여기서 W는 상승 코사인 여파기의 **절대 대역폭**(absolute bandwidth)으로 스펙트럼 크기가 최초로 0이 되는 주파수까지의 폭이고 W_0는 아래 참고 사항의 그림 (b)에서와 같이 임펄스 응답이 최초로 0이 되는 시점(널 점, null-point)이 T인 시스템의 **최소 나이퀴스트 대역폭**(minimum Nyquist bandwidth)으로 $W_0 = \frac{1}{2T}$이다. 위 식에서 $W - W_0$는 $\frac{1}{2T}$ 주파수, 즉 W_0 주파수 이상의 주파수 대역으로 **초과 대역폭**(excess bandwidth)이라고 한다. 따라서 롤-오프 계수는 나이퀴스트 대역폭을 기준으로 초과 대역폭(excess bandwidth)의 비율이 얼마인지를 나타내는 계수라고 보면 된다.

롤-오프 계수 β는 0 ~ 1 사이의 값을 가지는 데 $\beta = 0$일 때는 초과 대역폭이 없이 대역폭이 $W = W_0 = 1/2T$ 인 경우이고, β가 점점 커지면 초과 대역폭도 점점 늘어나서 $\beta = 1$ 이면 대역폭 $W = 1/T$로 최대가 된다. 즉 β가 작을수록 상승 코사인 여파기의 기울기가 급격해지고 스펙트럼이 차지하는 대역폭도 감소하며 커질수록 기울기가 완만해지고 스펙트럼 대역폭도 늘어나게 된다. 스펙트럼의 대칭점인 W_0 주파수는 β값에 관계없이 항상 일정하다.

참 고

• 상승 코사인 여파기(raised cosine filter)

디지털 통신 시스템에서 펄스의 전송 성능을 개선하기 위한 펄스 성형(pulse shaping)에 사용하는 여파기 중 하나로 임펄스 응답 특성이 롤-로프 계수에 따라 마치 코사인 함수를 들어 올리는 형태를 띤다 하여 붙여진 명칭이다. 이 여파기의 가장 큰 특징은 시간 영역에서의 임펄스 응답 특성이 펄스의 주기인 T의 정수 배가 되는 시점에서 영교차(zero crossing)가 발생함으로써 인접 심볼 간에 시간축 상에 늘어진 부분이 겹쳐서 발생하는 심볼간 간섭(ISI : Inter Symbol Interference)을 최소화 할 수 있다는 점이다. 또한 이 여파기의 주파수 응답 특성은 펄스의 주기, 즉 심볼 주기가 T인 경우, $f_0 = 1/2T$를 기준으로 점대칭(180°회전 대칭)이며 롤-오프 계수 $\beta = 0.2 \sim 0.35$인 경우가 주로 사용 된다. $\beta = 0$ 인 경우, 아래 그림에서처럼 주파수 응답 특성이 정사각형이고 임펄스 응답은 전형적인 싱크(sinc) 함수 형태가 된다.

여파기의 대역폭은 $|f| = W = \dfrac{1+\beta}{T}$ 이고

최소 대역폭은 나이퀴스트(Nyquist) 대역폭으로 $f = \dfrac{1}{2T}$ 이며

전달함수는

$$H(f) = \begin{cases} T, & |f| \le \dfrac{1-\beta}{2T} \\ \dfrac{T}{2}\left[1+\cos\left\{\dfrac{\pi T}{\beta}\left(|f| - \dfrac{1-\beta}{2T}\right)\right\}\right], & \dfrac{1-\beta}{2T} < |f| \le \dfrac{1-\beta}{2T} \\ 0 & otherwise \end{cases}$$

이다.

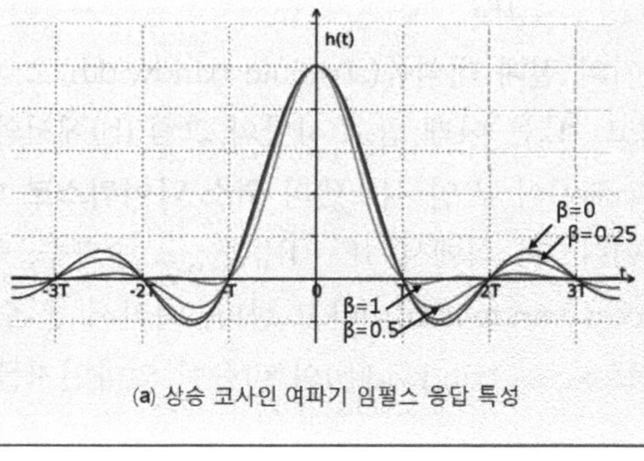

(a) 상승 코사인 여파기 임펄스 응답 특성

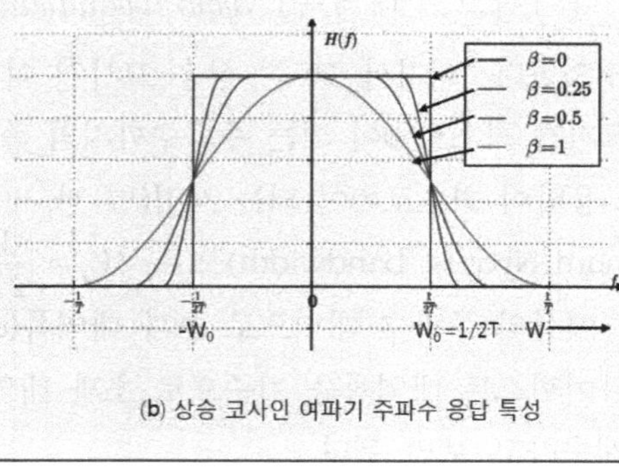

(b) 상승 코사인 여파기 주파수 응답 특성

2.7.2.3 시스템 대역폭

시스템 대역폭 W는 시스템의 주파수 영역에서의 전달함수의 크기 $|H(\omega)|$에 의해서 결정되는데, 주어진 조건 내에서 $|H(\omega)|$가 어떤 기준 이상의 크기만큼 유지되는 주파수 구간으로 정의한다.

시스템에 일반적으로 널리 쓰이는 대역폭은 **-3dB 대역폭**이다. 이는 전술한 바, 중심 주파수에서의 신호 크기(전압, 전류)의 $\frac{1}{\sqrt{2}}$즉 -3dB가 되는 주파수까지의 폭으로 전력의 관점에서 보면 원래 신호 전력의 1/2이 되는 점까지 이므로 **1/2전력 대역폭(half power bandwidth)**이라고도 하며 여파기 및 신호 처리에서 가장 많이 사용한다.

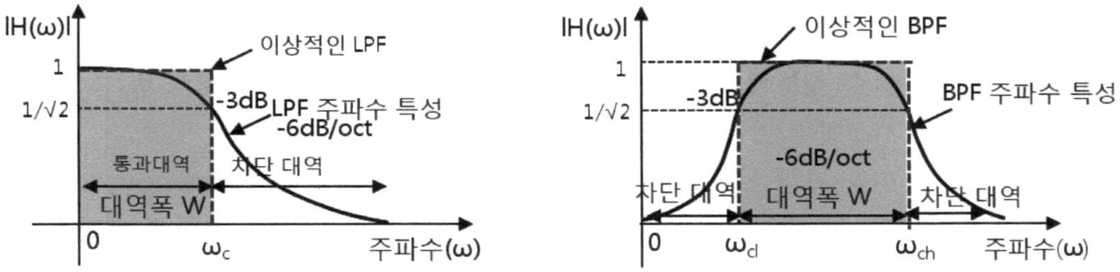

그림 2-61. 시스템 대역폭

요 약

임펄스 응답 : 입력이 모든 주파수 성분이 포함된 임펄스 함수이며, 시스템 특성을 파악할 수 있는 응답
$y(t)= h(t)*\delta(t)$ 입력 $\delta(t)$, 출력 $y(t)$, 전달함수 $h(t)$

스텝 응답 : 입력이 계단함수이며 시스템 전원 인가 시의 과도 특성을 파악하는데 유용한 응답
$y(t)= h(t)*u(t)$ 입력 $u(t)$, 출력 $y(t)$, 전달함수 $h(t)$

시스템 응답 : 임의의 입력에 대한 시스템 출력을 구하는 과정은 시간 중첩 정리를 이용하여 가능

$$y(t) = h(t)*x(t) = x(t)*h(t) = \int_{-\infty}^{\infty} x(\tau)h(t-\tau)d\tau$$

시스템의 주파수 응답 특성 : 대역폭, 평탄도, 롤-오프 계수 등의 파라미터로 파악

시스템 대역폭 : 시스템에 일반적으로 널리 쓰이는 대역폭은 -3dB 대역폭(half power 대역폭)

2.8 시스템의 신호 왜곡

2.8.1 신호 왜곡의 종류

신호가 시스템에 입력되어 출력 신호로 나타날 때, 시스템에 의해 원래의 형태를 유지하지 못하고 변형(찌그러짐)되는 것을 **왜곡**(distortion)이라고 한다. 다시 말해 시간 영역에서의 원 신호 파형이 어떠한 시스템의 비선형성이나 대역 제한, 신호 간의 상호 간섭, 잡음 등에 의해 진폭, 위상 등이 변화되어 원래 모습과는 다른 형태로 변형되는 것인데 이를 주파수 영역에서 볼 때는 원 신호에는 없던 주파수 성분이 생성되어 전체적으로 스펙트럼이 다른 형태로 변화되는 것을 의미한다. 여기서는 시스템에 의한 원인에 국한하여 살펴보기로 한다.

왜곡은 그 원인에 따라 크게 선형 왜곡(linear distortion)과 비선형 왜곡(nonlinear distortion)으로 나눌 수 있고, 선형 왜곡은 진폭 왜곡, 위상 왜곡, 지연 왜곡, 비직선 왜곡은 고조파 왜곡, 혼변조 왜곡 등으로 분류할 수 있다.

2.8.1.1 선형 왜곡 (linear distortion)

선형 왜곡(linear distortion)이란 입력 신호에 존재하는 주파수 성분에 따라 일정하지 않고 서로 다른 효과를 주어 발생하는 왜곡을 말하며 다음과 같은 형태의 왜곡이 있다.

(1) **진폭 왜곡**(amplitude distortion)

가장 일반적인 왜곡으로 입력 신호의 주파수 성분에 따른 진폭 이득이 일정치 못하여 나타나는 왜곡이다. 주파수 왜곡 또는 **주파수 응답 특성 왜곡**(frequency response distortion)이라고도 한다. 즉 시스템 입력 신호의 주파수 성분에 따라 입력 임피던스가 달라져서 이득이 일정하지 않고 고역과 저역에서 감소함으로써 주파수 특성이 곡선화하거나 중역에서도 이득이 평탄하지 않고 기울어지거나 파도 형태의 주파수 특성을 나타내는 경우의 왜곡을 말한다. 즉 시스템 주파수 스펙트럼의 평탄도에 의해 좌우되는 왜곡이다.

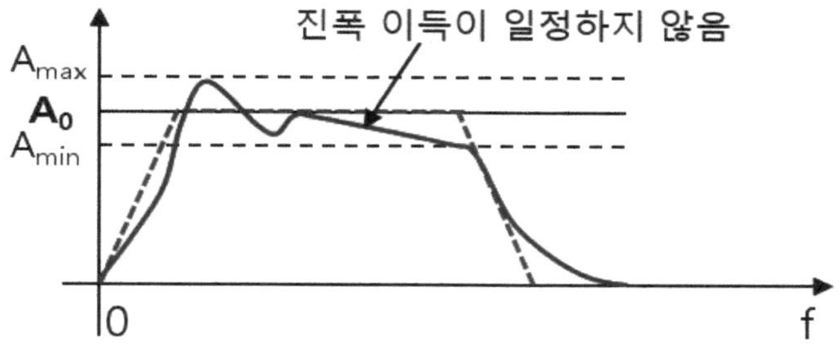

그림 2-62. 진폭 왜곡을 발생시키는 시스템 주파수 특성

(2) **위상 왜곡**(phase distortion) (또는 **지연 왜곡**)

입력 신호가 증폭기가 시스템을 통과할 때 각각의 주파수 성분에 따라 지연 시간의 차이가 발생하여 출력 신호에 변형이 생기게 됨으로써 발생하는 왜곡이다. 즉, 입력 신호의 각각의 주파수 성분이 동일한 위상 지연을 갖지 못함으로써 발생하는 왜곡으로 2개 이상의 주파수 성분이 겪는 왜곡을 군지연(group delay) 왜곡, 1개 주파수 성분이 겪는 왜곡을 위상지연 왜곡이라 한다.

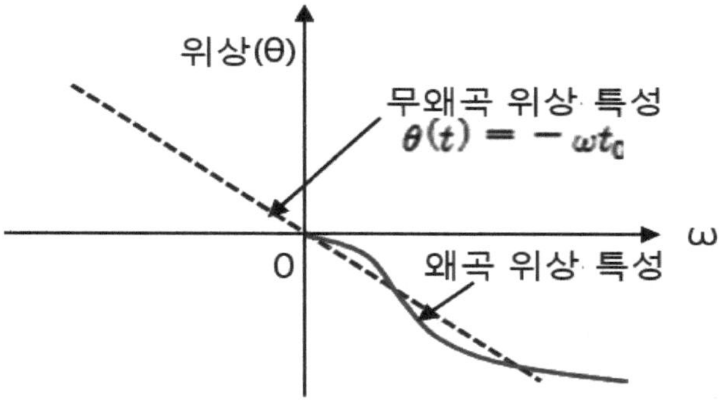

그림 2-63. 시스템의 위상 특성(왜곡이 있는 경우와 없는 경우)

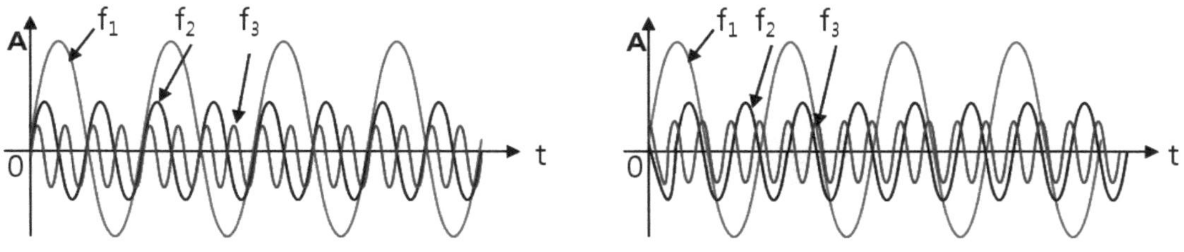

(a) 위상 왜곡이 없는 경우의 예　　(b) 위상 왜곡이 있는 경우의 예

그림 2-64. 위상 왜곡(지연 왜곡)에 따른 시스템 출력 파형의 예

2.8.1.2 비선형 왜곡 (Nonlinear Distortion)

비선형 왜곡(Nonlinear Distortion)이란 시스템의 비선형적 특성에 의해 발생되는 왜곡으로 입력 신호에 존재하지 않는 주파수 성분이 출력 신호에 생성됨으로써 발생하게 되며 다음과 같은 형태가 있다.

(1) **고조파 왜곡**(THD : Total Harmonic Distortion)

기본 주파수 성분의 배수가 되는 고조파가 발생됨으로써 겪는 왜곡으로 시스템 내의 능동소자의 비선형성(nonlinearity) 때문에 발생된다. 입력 신호가 비선형성 시스템을 통과하게 되면 기본파 이외에 기본파의 제2, 제3 고조파가 발생되므로 **고조파 왜곡**(harmonics distortion)이라 한다. 여기서 왜곡의 정도를 나타내는 왜율률을 D라고 하면

$$D = \frac{\sqrt{I_2^2 + I_3^2 + \cdots}}{I_1} \times 100\ (\%)$$

$$D = 20\log\frac{\sqrt{I_2^2 + I_3^2 + \cdots}}{I_1}\ (dB)$$

이다. 여기서 I_1은 기본파 전류의 실효값, I_2, I_3은 제2, 제3 고조파 전류의 실효값이다.

(2) **상호변조 왜곡**(IMD: Inter Modulation Distortion)

입력 주파수 성분의 합과 차 성분으로 인해서 발생하는 왜곡으로 입력 주파수 성분이 $f_1, f_2, f_3, \cdots f_n$일 때, 이들 주파수 성분의 합과 차의 성분, 즉 $f_1 \pm f_2$, $f_1 \pm 2f_2$, $2f_1 \pm f_2$, ... $n_1 f_1 \pm n_2 f_2 \pm n_3 f_3 \pm \ldots$ 이 생성됨으로써 발생하는 왜곡이다. 이러한 성분들을 **상호변조 성분**(intermodulation product) 또는 혼변조 성분라고도 한다. 상호변조는 혼변조이라고도 하나 혼변조로 흔히 번역되는 cross modulation과 구별하기 위해 상호변조라 하는 것이 편리하다.

시스템의 비선형성으로 인하여 발생되는 많은 상호변조 성분 중에 문제가 되는 것은 신호의 주파수 성분에 가까이 존재하여 여파기 등으로 제거하기 어려운 성분들인데, 이러한 성분들이 $f_1 \pm f_2$과 같은 2차 상호변조 성분 (2nd order intermodulation product)과 $f_1 \pm 2f_2$과 같은 3차 상호변조 성분(3rd order intermodulation product)이다.

2.8.2 무 왜곡 전송 시스템

무 왜곡 전송 시스템은 모든 주파수에 대하여 크기가 일정하고 시간 지연이 일정하여 위상 변화가 선형적이며 주파수 대역폭이 무한대인 일종의 **이상적인 여파기**(ideal filter)이다. 즉 무 왜곡 전송시스템은 다음 조건을 만족해야한다.

$$|H(\omega)| = k, \quad \theta = -\omega t_o = -2\pi f t_o$$

즉 다음 그림과 같이 모든 주파수 성분에 걸쳐 진폭 특성이 일정하며 위상 지연이 선형적으로 증가하여야 한다. 전송 시스템이 이 조건을 만족시킬 경우, 입력 신호 파형은 크기와 시간 지연만 있을 뿐 왜곡이 전혀 없이 입력 파형이 그대로 유지된다.

따라서 입력 신호를 $f(t)$라고 하고 출력을 $g(t)$라고 하면 무 왜곡 전송 시스템의 출력 신호를 시간 영역에서 수식으로 나타내면

$$g(t) = kf(t-t_0)$$

이다. 이를 주파수 영역에서 표현하면 푸리에 변환의 성질 중, 시간 천이성에 의해

$$g(t) = kf(t-t_0) \Leftrightarrow G(\omega) \equiv Ke^{-j\omega t_0}F(\omega) = H(\omega)F(\omega)$$

라 둘 수 있으므로 무 왜곡 전송 시스템의 전달 함수는

$$H(\omega) = Ke^{-j\omega t_o}$$

이 된다.

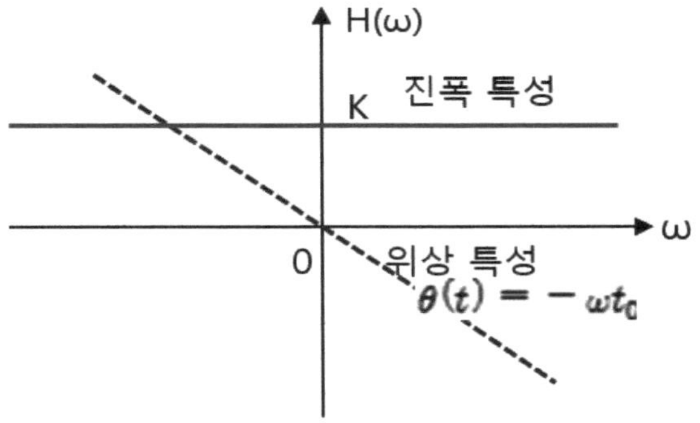

그림 2-65. 무왜곡 전송 시스템의 진폭과 위상 특성

2.8.3 이상적인 여파기(ideal filter)

이상적인 여파기(ideal filter) 는 통과대역 내의 모든 주파수 성분을 왜곡이 전혀 없이 통과시키고 통과 대역외의 주파수 성분을 100% 차단시키는 여파기를 의미한다. 실질적으로 존재하지 않는 이상적인 여파기라고 보면 된다.

2.8.3.1 이상적인 저역(통과) 여파기(LPF)의 전달함수의 특성

이상적인 저역(통과) 여파기는 어떤 주파수 ω_c(차단주파수 라고 함)보다 낮은 주파수 성분을 가진 모든 신호를 파형의 왜곡이 전혀 없이 그대로 통과시키고 ω_c보다 높은 주파수 성분은 완벽

하게 차단하여 제거시키는 여파기를 말한다. 이러한 여파기의 주파수 전달함수를 $H(\omega)$라고 할 때, 이를 수식으로 표현하면 다음과 같다.

① 진폭 특성

$$|H(\omega)| = \begin{cases} 1 & |\omega| \le \omega_c \\ 0 & \text{그 외} \end{cases}$$

② 위상 특성

$$\theta(\omega) = -\omega t_o, \quad |\omega| \le \omega_c$$

아래 그림에서 알 수 있듯이 이상적인 LPF의 진폭 특성은 직사각형(rectangular) 형태의 rect(t) 함수가 되므로 전달함수 $H(\omega)$는

$$H(\omega) = |H(\omega)| e^{-j\omega t_0} = rect\left(\frac{\omega}{2\omega_c}\right) e^{-j\omega t_0}$$

가 된다. 이때 이상적인 LPF의 시간 영역에서의 임펄스 응답 $h(t)$는 위 식을 역 푸리에 변환을 통해 얻을 수 있다. 즉

$$h(t) = \mathcal{F}^{-1}[H(\omega)] = \mathcal{F}^{-1}\left[rect\left(\frac{\omega}{2\omega_c}\right) e^{-j\omega_0 t}\right]$$

이다. 이 식의 계산은 다음과 같다.

$$rect(t) \Leftrightarrow Sa\left(\frac{\omega}{2}\right)$$

이므로 [여기서 $Sa(x)$는 표본함수(sampling function)임)]

$$rect\left(\frac{t}{2\omega_c}\right) \Leftrightarrow 2\omega_c Sa\left(\frac{2\omega_c \omega}{2}\right) = 2\omega_c Sa(\omega_c \omega)$$

$$2\omega_c Sa(\omega_c t) \Leftrightarrow 2\pi\, rect\left(-\frac{\omega}{2\omega_c}\right) = 2\pi\, rect\left(\frac{\omega}{2\omega_c}\right)$$

이다. 그런데 푸리에 변환의 쌍대성에 의해

$$rect\left(\frac{\omega}{2\omega_c}\right) \Leftrightarrow \frac{2\omega_c}{2\pi} Sa(\omega_c t) = \frac{\omega_c}{\pi} Sa(\omega_c t)$$

이다. 이때 $H(\omega)$의 역 푸리에 변환은 푸리에 변환의 특성 중 시간 천이성을 이용하여 다음과 같이 쓸 수 있다.

$$H(\omega) = rect\left(\frac{\omega}{2\omega_c}\right) e^{-j\omega t_0} \Leftrightarrow \frac{\omega_c}{\pi} Sa[\omega_c(t - t_o)]$$

따라서

$$h(t) = \frac{\omega_c}{\pi} Sa\left[\omega_c(t - t_0)\right]$$

이 되어 아래 그림의 (b)와 같은 파형이 된다.

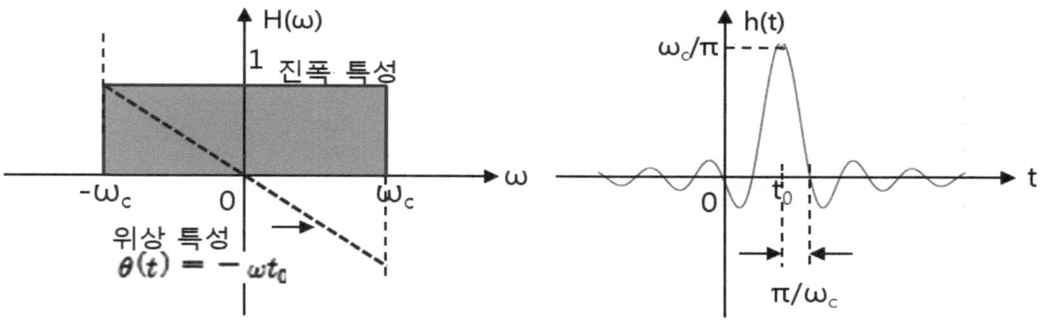

(a) 여파기 특성　　　　(b) 임펄스 응답

그림 2-66. 이상적인 LPF의 특성과 임펄스 응답

이때 얻어진 임펄스 응답 $h(t)$ 의 실효 시간폭은 $2\pi/\omega_c$ 로서 0 ~ ω_c 까지를 대역폭 W 라 한다면 대역폭 W 에 반비례함을 알 수 있다. 또한 $t < 0$ 일 때 $h(t)$ 가 0 이 아니므로 실제적으로는 실현 불가능한 여파기임을 알 수 있다.

2.8.3.2 이상적인 고역(통과) 여파기(HPF)의 전달함수의 특성

이상적인 고역(통과) 여파기는 저역(통과) 여파기와는 반대로 어떤 주파수 ω_c(차단주파수 라고 함)보다 높은 주파수 성분을 가진 모든 신호를 파형의 왜곡이 전혀 없이 그대로 통과시키고 ω_c 보다 낮은 주파수 성분은 완벽하게 차단하여 제거시키는 여파기를 말한다. 이러한 여파기의 주파수 전달함수를 $H(\omega)$라고 할 때, 특성을 수식으로 표현하면 다음과 같다.

① 진폭 특성

$$|H(\omega)| = \begin{cases} 1 & |\omega| \geq \omega_c \\ 0 & \text{그 외} \end{cases}$$

② 위상 특성

$$\theta(\omega) = -\omega t_o, \quad |\omega| \geq \omega_c$$

이 여파기의 특성은 저역 여파기와 반대의 특성을 가지고 있으므로 자세한 도식화는 생략하기로 한다.

2.8.3.3 이상적인 대역통과 여파기(BPF)의 주파수 전달함수의 특성

이상적인 대역통과 여파기는 어떤 정해진 주파수 범위 ($\omega_l \sim \omega_u$) 내의 주파수 성분을 가진 모든 신호를 파형의 왜곡이 전혀 없이 그대로 통과시키고 그 주파수 범위 외의 주파수 성분은 완벽하게 차단하는 여파기를 말한다. 이때 주어진 주파수 범위를 여파기의 대역폭(bandwidth)라고 한다. 이러한 여파기의 주파수 전달함수를 $H(\omega)$라고 할 때, 이를 수식으로 표현하면 다음과 같다.

① 진폭 특성

$$|H(\omega)| = \begin{cases} 1 & \omega_l \le |\omega| \le \omega_u \\ 0 & \text{그외} \end{cases}$$

② 위상 특성

$$\theta(\omega) = -\omega t_o\,, \qquad \omega_l \le |\omega| \le \omega_u$$

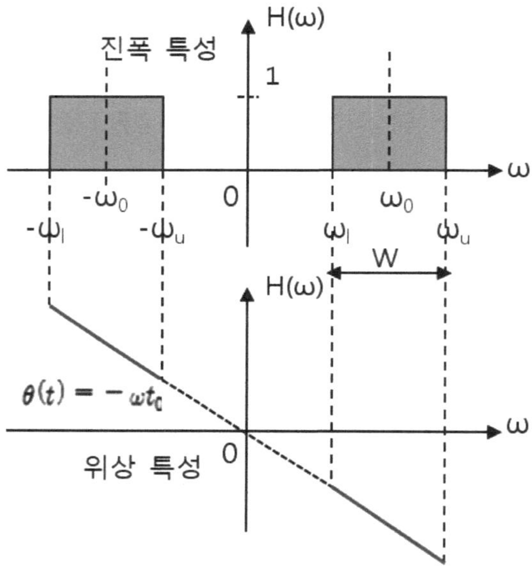

그림 2-67. 이상적인 BPF의 특성

2.8.4 이상적인 저역(통과) 여파기의 스텝 응답

앞 절에서 시스템의 스텝 응답에 대해서 다룬 바 있다. 이제 이상적인 저역(통과) 여파기의 스텝 응답을 살펴보기로 하자. 이상적인 LPF의 스텝 응답을 $g(t)$라 할 때, 이를 수식으로 구하여 보면 다음과 같다.

$$g(t) = u(t) * h(t) = \int_{-\infty}^{\infty} u(t-\tau)h(\tau)d\tau$$
$$= \int_{-\infty}^{t} h(\tau)d\tau$$

여기서 $h(\tau) = \frac{W}{\pi} Sa[W(\tau - t_0)]$ 이므로

$$g(t) = \frac{W}{\pi}\int_{-\infty}^{t} Sa[W(\tau - t_o)]\, d\tau$$

여기서 $x = W(\tau - t_o)$ 라 두면

$$g(t) = \frac{W}{\pi}\int_{-\infty}^{W(t-t_o)} Sa(x)\frac{1}{W}dx$$
$$= \frac{1}{\pi}\int_{-\infty}^{W(t-t_0)} Sa(x)dx$$

여기서

$$\int_{-\infty}^{0} Sa(x)dx = \frac{\pi}{2} \text{ 이므로}$$

$$g(t) = \frac{1}{2} + \frac{1}{\pi}\int_{0}^{W(t-t_o)} Sa(x)dx$$

여기서 $S_i(x) = \int_0^x Sa(u)du$ 로 두면,

따라서 **이상적인 저역(통과)여파기의 스텝 응답**은

$$g(t) = \frac{1}{2} + \frac{1}{\pi} S_i[\omega(t - t_0)]$$

이다.

이를 아래 그림 (b)에 나타내었다. 그림 (b)에서 살펴보면 스텝 응답 $g(t)$는 다음과 같은 특성이 있음을 알 수 있다.

- LPF의 대역폭 W가 증가할수록 출력 $g(t)$는 급격히 최대값에 도달한다.
- $g(t)$가 최소값에서 최대값에 도달하는 시간 t_r (상승시간)은 대역폭 W에 반비례하며 이상적인 LPF의 임펄스 응답[그림(a)] $h(t)$의 실효 시간 폭과 동일하다.

  즉

  $$t_r = \frac{2\pi}{\omega_c} = \frac{2\pi}{W} = \frac{1}{B}$$

  이다. 그러나 실질적인 LPF의 상승 시간은 여파기의 대역폭을 −3dB 대역폭으로 정의하는 것과 같이 신호파형의 면적의 80%를 차지하는 시간 폭으로 하여

$$t_r = \frac{1}{2B}$$

로 하는 것이 일반적이다.

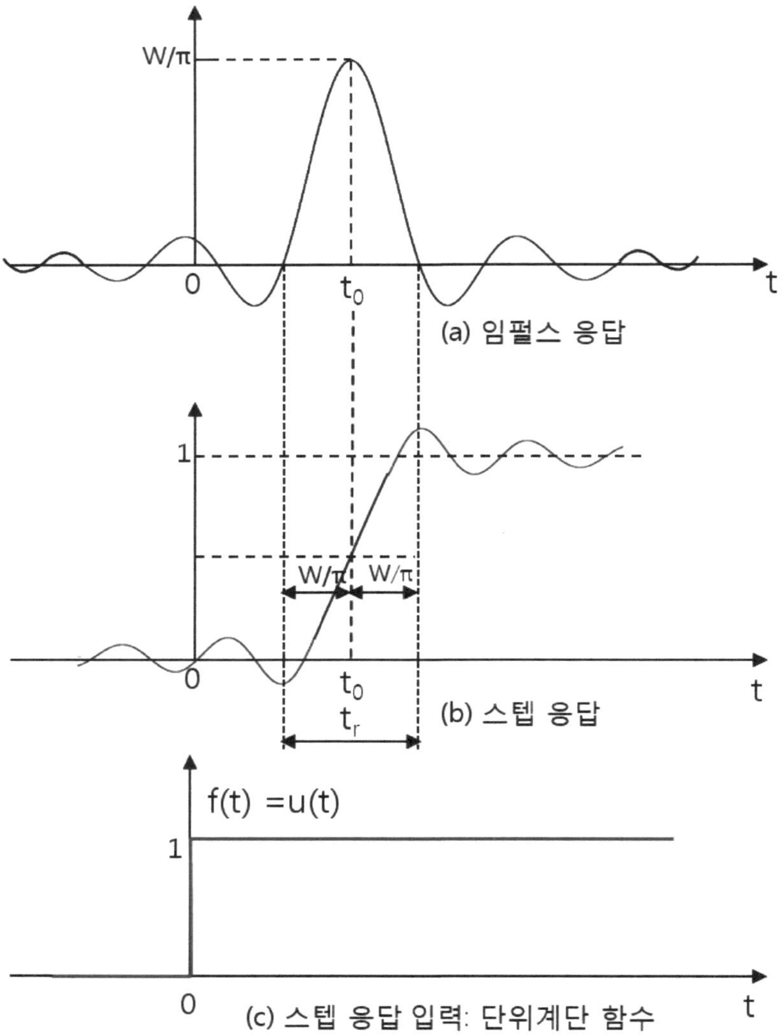

그림 2-68. 이상적인 LPF 시간 응답

참 고

$S_i(x)$ 함수

$S_i(x)$는 사인함수를 적분한 함수로, **정현 적분 함수**라고도 한다. 아래 그림과 같이 기함수이고 x가 작을 때는 선형이나 x가 크면 $\pi/2$로 수렴하는 특성이 있다.

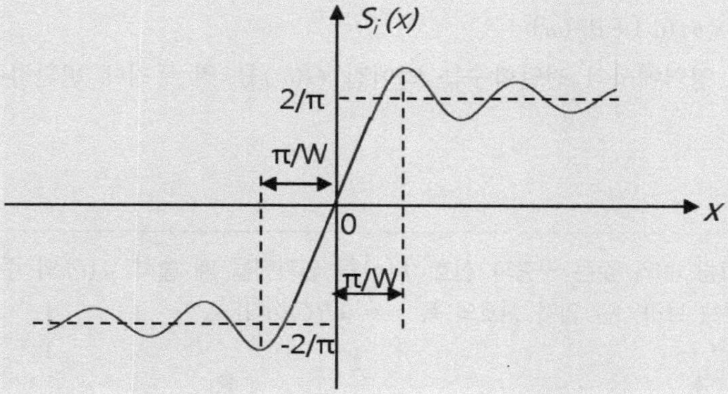

(정현 적분 함수)

2.8.5 선형 시스템의 전달 함수 특성

다음 그림과 같이 시간 영역과 주파수 영역에서 정의된 **선형 시스템의 전달함수**는 푸리에 변환의 성질 중 중첩(컨볼루션)의 정리를 적용하면 다음과 같이 쉽게 얻을 수 있다.

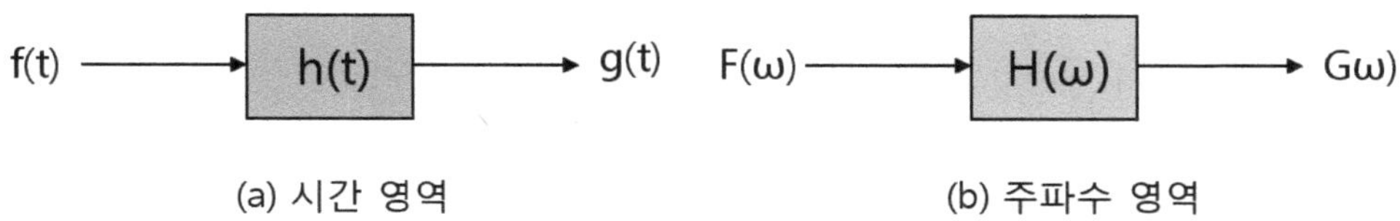

그림 2-69. 선형 시스템의 전달함수

즉 시간 영역에서 전달함수가 $h(t)$이고, 입력 신호가 $f(t)$, 출력 신호가 $g(t)$이면

$$g(t) = f(t) * h(t) \quad \Leftrightarrow \quad G(\omega) = F(\omega)H(\omega)$$

따라서 주파수 영역에서의 시스템의 출력 $G(\omega)$는

$$|G(\omega)|e^{j\theta(\omega)} = |F(\omega)|e^{j\theta_f(\omega)}|H(\omega)|e^{j\theta_h(\omega)}$$
$$= |F(\omega)||H(\omega)|e^{j[\theta_f(\omega)+\theta_h(\omega)]}$$
$$|G(\omega)| = |F(\omega)||H(\omega)|$$
$$\theta_g(\omega) = \theta_f(\omega) + \theta_h(\omega)$$

이다. 또한 시간 영역에서의 전달함수는 얻어진 $G(\omega)$를 역 푸리에 변환하여 얻을 수 있다.

예제 2-15

다음 회로 (b)에 그림 (a)와 같은 구형파 신호 $f(t)$를 인가했을 때 출력 $g(t)$의 주파수 스펙트럼의 크기 $|G(\omega)|$를 구해 보라. (단 입력 신호의 폭 $\tau = 4RC$이다)

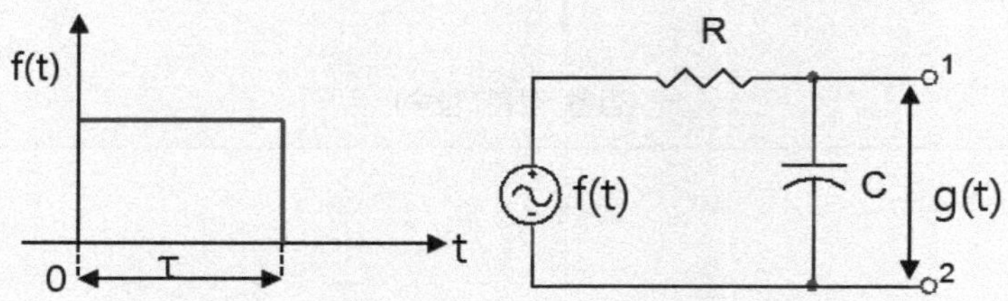

(a) 입력신호 (b) 여파기 회로

(풀이) 입력 신호 $f(t)$는 폭이 τ인 구형파이므로

$$f(t) = rect\left(\frac{t-\frac{\tau}{2}}{\tau}\right)$$

이다. 따라서 입력 신호의 푸리에 변환은 익히 아는 표본함수 형태로

$$F(\omega) = e^{-j\frac{2\omega}{2}}\tau S_a\left(\frac{\omega\tau}{2}\right)$$
$$|F(\omega)| = \tau S_a\left(\frac{\omega\tau}{2}\right)$$

이다. 또한 회로의 전달함수는

$$H(\omega) = \frac{1}{1+j\omega RC}$$

인데, 여기서 $\tau = 4RC$ 이므로

$$H(\omega) = \frac{1}{1 + j\frac{\omega\tau}{4}}$$

$$|H(\omega)| = \frac{1}{\sqrt{1 + (\omega\tau/4)^2}}$$

이다. 따라서 출력 신호 스펙트럼의 크기는

$$|G(\omega)| = |F(\omega)||H(\omega)| = \frac{\tau}{\sqrt{1 + (\omega\tau/4)^2}} S_a\left(\frac{\omega\tau}{2}\right)$$

가 된다.

요 약

신호 왜곡 : 시스템에 신호가 입력되어 출력될 때 시스템의 전달 특성에 의해 원형을 유지하지 못하고 찌그러지는 것

신호 왜곡의 종류 : 선형 왜곡(진폭, 위상) 비선형 왜곡(고조파, 상호 변조)

무 왜곡 전송시스템 : 모든 주파수에 대하여 크기가 일정하고 위상 변화가 선형이며 주파수 대역폭이 무한대인 시스템, $H(\omega) = Ke^{-j\omega t_o}$

이상적인 여파기 : 통과 대역 내의 모든 주파수 성분을 왜곡이 전혀 없이 통과시키고 통과 대역 외의 주파수 성분을 100% 차단시키는 여파기(이상적인 LPF, HPF, BPF)

이상적인 LPF의 시간 응답 특성 :

임펄스 응답: $h(t) = \frac{\omega_c}{\pi} Sa\left[\omega_c(t - t_0)\right]$

스텝 응답 $g(t) = \frac{1}{2} + \frac{1}{\pi} S_i[\omega(t - t_0)]$

선형시스템의 전달 함수 특성 :

$$|G(\omega)|e^{j\theta(\omega)} = |F(\omega)|e^{j\theta_f(\omega)}|H(\omega)|e^{j\theta_h(\omega)} = |F(\omega)||H(\omega)|e^{j[\theta_f(\omega) + \theta_h(\omega)]}$$

$$|G(\omega)| = |F(\omega)||H(\omega)| \qquad \theta_g(\omega) = \theta_f(\omega) + \theta_h(\omega)$$

제2장 연습문제

(주관식 문제)

1. 신호의 정의와 특징을 간단히 설명하라.
2. 각주파수에 대해서 간단히 설명하라.
3. 정현파 신호의 진폭과 위상, 주파수, 주기가 무엇인지 설명하라.
4. 정현파 신호를 오일러의 공식을 이용하여 지수함수 형태로 표현하여 보라.
5. 신호를 여러 가지 기준에 따라 분류하여 보라.
6. 전력 신호와 에너지 신호의 차이점은 무엇인지 설명하라.
7. 신호를 해석하는 방법을 크게 두 가지로 나누어 설명하라.
8. 신호를 관찰, 측정하는 2가지 영역은 무엇이며 각 영역의 대표적인 측정 장비는 무엇인지 설명하라.
9. 데시벨(deciBel, dB) 단위란 무엇인지 설명하라.
10. 정현파 신호의 평균값과 실효값에 대해서 설명하라.
11. 잡음에는 어떠한 종류가 있는지 설명하라.
12. 신호 대 잡음비와 잡음 지수가 어떻게 다른지 비교 설명하라.
13. 다단으로 증폭기의 총 잡음 지수는 어떻게 구하는지 설명하라.
14. 페이저(phasor)란 무엇인지 설명하라.
15. 단위 계단함수와 임펄스 함수란 무엇인지 설명하라.
16. 컨볼루션(convolution)과 상관(correlation)의 공통점과 차이점을 비교 설명하라.
17. 파스발(Parseval)의 에너지 정리에 대해 설명하라.
18. 여파기의 종류를 들고 이들 각 여파기의 특성을 설명하라.
19. 대역폭이란 무엇이며 어떠한 종류가 있는지 설명하라.
20. 푸리에 급수란 무엇인지 설명하라.
21. 푸리에 급수에서 디리클레 조건(Dirichlet condition)은 어떠한 것인지 설명하라.
22. 삼각함수형 푸리에 급수와 복소 지수 함수형의 푸리에 급수의 관계식을 설명하라.
23. 깁스현상이란 무엇인지 설명하라.
24. 푸리에 급수와 푸리에 변환의 차이점은 무엇인지 설명하라.
25. 주기가 T_s인 임펄스 열의 푸리에 급수를 복소 지수 함수형 표현으로 구하여 보라.
26. 푸리에 변환쌍을 수식으로 표현하고 물리적 의미를 설명하여 보라.

27. 전력 스펙트럼 밀도 함수(PSDF)란 무엇인지 설명하라.
28. 푸리에 해석이란 무엇을 하는 것인지 설명하라.
29. 시간 영역에서 직류파형을 푸리에 변환하면 어떠하게 되는지 설명하라.
30. 아날로그 신호를 주기적으로 샘플링한 신호를 푸리에 변환하면 원래의 아날로그 신호를 푸리에 변환한 것과 어떻게 다른지 비교 설명하라.
31. 다음 각 함수의 푸리에 변환을 구하여 보라.
    (1) 임펄스 함수 $\delta(t)$
    (2) 단일 구형파 펄스 $u(t)$
    (3) 임펄스 함수열 $\delta_T(t)=\sum_{n=-\infty}^{n=\infty}\delta(t-nT)$
    (4) 복소 지수 함수 $e^{\pm j\omega_0 t}$
    (5) 정현파 신호 $\sin\omega_0 t$ 와 여현파 신호 $\cos\omega_0 t$
    (6) 계단함수 $u(t)=\frac{1}{2}[1+sgn(t)]$
32. 펄스폭이 1 sec 이고 크기가 5V인 단일 구형파 신호의 주파수 영역에서의 스펙트럼을 그리고 수식으로 나타내어라.
33. 푸리에 변환 성질 중 다음을 설명하라.
    (1) 쌍대성 (2) 선형성 (3) 시간 천이성 (4) 주파수 천이성
    (5) 중첩의 정리
34. 푸리에 변환의 중요한 특성 중, 주파수 천이성과 시간 천이성의 물리적 의미를 설명하라.
35. 신호 $f(t)$와 임펄스 함수 $\delta(t)$를 컨볼루션하면 어떻게 되는지를 설명하라.
36. 시스템이란 무엇이고 어떻게 수식으로 표현하는지 설명하라.
37. 시스템은 어떠한 기준에 따라 어떻게 나누어지는지 설명하라.
38. 시스템의 임펄스 응답과 스텝 응답은 무엇이며 어떠한 물리적 의미를 갖는지 설명하라.
39. 3dB 대역폭의 정의와 주요 용도를 설명하라.
40. 시스템의 임의의 입력 신호에 대한 출력 신호는 어떻게 구할 수 있는지 설명하라.
41. 신호의 왜곡이란 무엇인지 설명하라.
42. 신호의 왜곡에는 어떠한 종류가 있는지 설명하라.
43. 무 왜곡 전송 시스템이란 무엇이며 그 조건(전달함수 특성)은 어떠한지 설명하라.
44. 이상적인 여파기란 무엇인지 설명하라.

제2장 연습문제

45. 이상적인 여파기의 대표적인 3가지 종류의 주파수 특성을 설명하라.
46. 이상적인 저역(통과) 여파기의 특성 임펄스 응답과 스텝 응답은 어떠한지 설명하라.
47. 선형 시스템의 전달 함수의 특성을 설명하라.
48. 다음 그림과 같은 교류 신호에 대해 물음에 답하라. (단, 단위를 반드시 기재할 것)

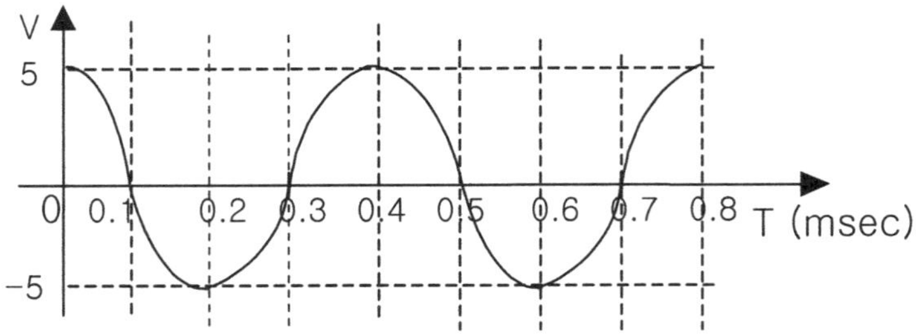

(1) 진폭은 얼마인가?
(2) peak - peak 값은?
(3) 주기는 얼마인가?
(4) 주파수는 얼마인가?
(5) 각주파수 ω는 얼마인가?
(6) 실효값은 얼마인가?
(7) 평균값은 얼마인가?(반주기만 계산)
(8) 위 신호 파형을 수식으로 표현하라

49. 다음 그림과 같은 교류 신호에 대해 물음에 답하라. (단, 단위를 반드시 기재할 것)

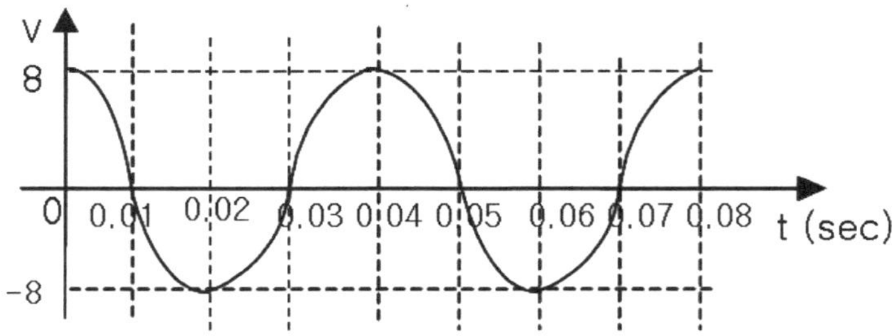

(1) 진폭은 얼마인가?
(2) 주파수는 얼마인가?
(3) 각주파수는 얼마인가?
(4) 실효치(RMS value)는 얼마인가?

50. 10W의 전력을 dBm 단위로 나타내면? 또한 출력 전압이 10mV이라고 할 때 $dBmV$ 단위와 $dB\mu V$로 환산하면 얼마인가?

51. 입력 전력이 1W이고 입력 잡음전력이 10mW이며, 출력전력이 20W이고 출력 잡음 전력이 400mW인 증폭기의 이득과 잡음 지수를 구하라.

52. 다음 그림과 같은 수신기 전체의 잡음지수를 구하라.

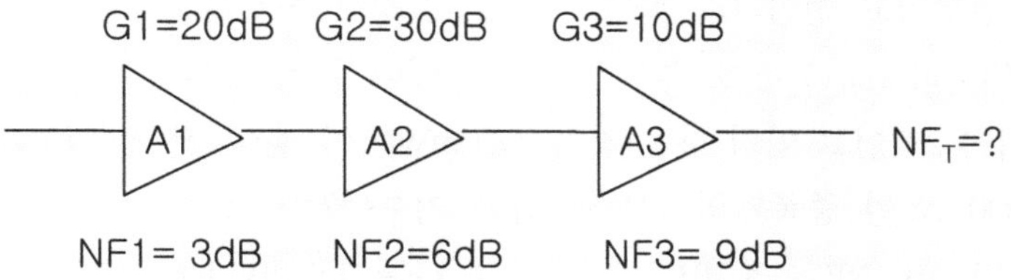

(객관식 문제)

53. 신호에 관한 설명 중 틀린 것은?

① 하나 이상의 독립 변수의 함수로 표현하며 변화의 양상 속에 정보가 담겨 있다.
② 신호는 어떠한 시스템의 동작 상태에 관한 정보를 나타내는 관측 가능한 물리적인 양이다.
③ 평균 전력은 유한하나 에너지는 무한대인 신호를 에너지 신호라 한다.
④ 시간축 상에서 관찰한 신호를 주파수축 상에 표현한 것을 스펙트럼이라 한다.

54. 주파수 f와 각주파수 ω, 주기 T에 관한 다음 식들 중 옳지 않은 것은?

① $f = \frac{1}{T}$　② $T = \frac{2\pi}{\omega}$　③ $f = \frac{2\pi}{\omega}$　④ $\omega = 2\pi f$

제2장 연습문제

55. 다음 그림과 같은 신호의 설명으로 적당하지 않은 것은?

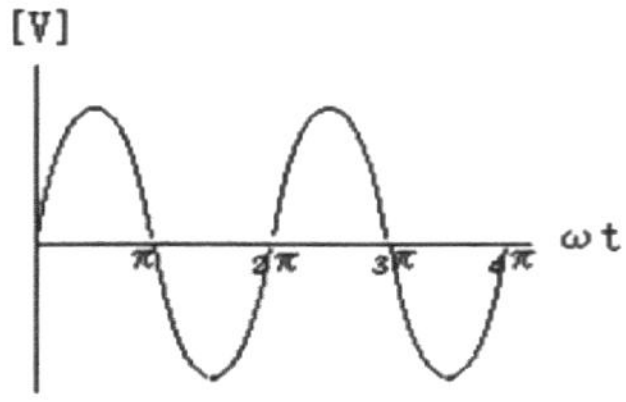

① 주기 신호이고 정현파라 한다　　② 결정적 신호이다

③ 안정적(stationary) 신호이다　　④ 에너지 신호이다

56. 입력 전력이 2W이고 입력 잡음 전력이 20mW이며, 출력 전력이 40W이고 출력 잡음 전력이 800mW인 증폭기의 이득과 잡음 지수는?

① G = 13 dB, NF = 3 dB　　② G = 13 dB, NF = 6 dB

③ G = 20 dB, NF = 3 dB　　④ G = 26 dB, NF = 6 dB

57. 아래 그림에서 입력이 -47dBm일 경우, 전체 전력이득과 출력전력으로 맞는 것은?

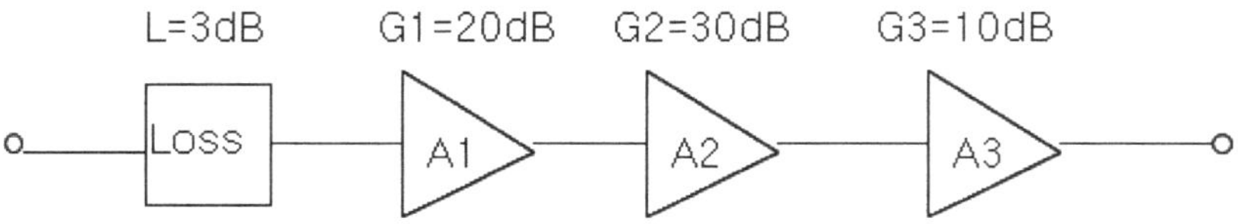

① 57dB ---- 10mW　　② 57dB --- 20mW

③ 63dB ---- 20mW　　④ 63dB --- 40mW

58. 다음 푸리에 변환에 관한 설명 중 틀린 것은?

① 시간축 상에서 DC를 푸리에 변환하면 임펄스 함수가 된다.

② 단위 임펄스 함수열 $\sum_{n=-\infty}^{\infty} \delta(t-nT)$을 푸리에 변환하면 크기는 sinc 함수 형태로 변화하고 주파수 간격이 $\frac{1}{T}$인 임펄스 열이다.

③ t_o시간 지연된 함수를 푸리에 변환하면 $\theta = \omega t_o$만큼 위상이 변화된 함수가 된다.

④ 시간축에서 $e^{j\omega_o t}$만큼 위상 천이된 함수의 푸리에 변환은 ω_o 만큼 주파수 천이한 함수가 된다.

⑤ 푸리에 변환은 비주기 신호의 주파수 특성을 나타낸다.

59. 임펄스(Impulse) 함수를 푸리에 변환하면?

① 영(0)이다.

② 샘플링 함수(Sinc function)이다.

③ 전 주파수 구간 $(-\infty, \infty)$에 대하여 균일한 크기의 스펙트럼으로 나타난다.

④ 전 주파수 구간 $(-\infty, \infty)$에 대하여 임펄스 열이 된다.

60. 아래 그림의 왼쪽과 같은 구형파 펄스열을 Fourier 급수로 변환하면 오른쪽 그림과 같이 포락선이 sinc 함수인 스펙트럼이 얻어진다. $T = 0.5\mu s$ 이고, $\tau = 0.1\mu s$ 일 때, f_0 와 f_1 주파수는?

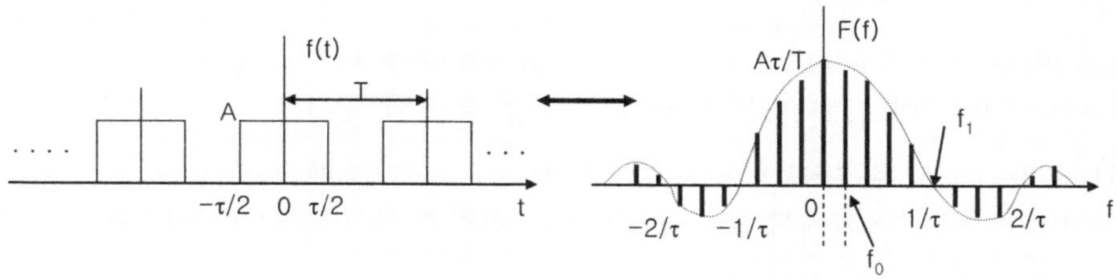

① $f_o = 10\,MHz,\ f_1 = 50MHz$　　② $f_o = 1\,MHz,\ f_1 = 5MHz$

③ $f_o = 2MHz,\ f_1 = 10MHz$　　④ $f_o = 0.2MHz,\ f_1 = 1MHz$

61. 단위 임펄스 함수열 $\sum_{n=-\infty}^{\infty} \delta(t-nT)$를 푸리에 변환하면?

① 크기가 sinc 함수 형태로 변화하는 함수이다.

② 크기가 sinc 함수 형태로 변화하고 주파수 간격이 $\frac{1}{T}$인 임펄스 열이다.

③ 전 주파수 구간 $(-\infty, \infty)$에 대하여 일정한 크기의 연속함수이다.

④ 크기는 일정하고 주파수 간격이 $\frac{1}{T}$인 임펄스 열이다.

62. 주기가 T이고 펄스폭이 τ인 구형파 $rect(\frac{t}{\tau})$를 푸리에 급수(Fourier Series)로 전개할 경우, 주기와 펄스폭에 따라 어떻게 변화하는지를 옳게 설명한 것은?

① 주기 T가 길어질수록 sinc 함수의 null 점이 중심에서 멀어진 형태를 보인다.

② 구형파 폭 τ가 커질수록 sinc 함수의 null 점이 중심에서 멀어진 형태를 보인다.

③ 주기 T가 길어질수록 선스펙트럼의 간격이 좁아져서 연속 스펙트럼 형태에 가까와진다.

④ 구형파 폭 τ가 커질수록 선스펙트럼의 간격이 좁아져서 연속 스펙트럼 형태에 가까와진다.

제2장 연습문제

63. 지수함수 $e^{j\omega_o t}$를 푸리에 변환하면?
① $j\pi[\delta(\omega+\omega_o)-\delta(\omega-\omega_o)]$ ② $2\pi\delta(\omega-\omega_o)$
③ $\delta(\omega-\omega_o)$ ④ $\pi[\delta(\omega-\omega_o)+\delta(\omega+\omega_o)]$

64. 다음 신호 중 기수 및 우수 고조파가 모두 존재하는 것은?
① 정현파 ② 톱니파 ③ 삼각파 ④ 구형파

65. 다음 신호 중 기수 고조파만 존재하는 것은?
① 정현파 ② 톱니파 ③ 삼각파 ④ 구형파

66. 시스템 입력이 $x(t)$와 임펄스 응답 $h(t)$가 주어진 경우 시스템 출력 $y(t)$는?
① $y(t)=x(t)\bullet h(t)$ ② $y(t)=x(t)\bullet h(t-\tau)$
③ $y(t)=x(t)*h(t)$ ④ $y(t)=x(t)*\frac{1}{h(t)}$

67. 출력 전압이 입력 전압의 10배이면 몇 dB 증폭된 것인가?
① 6dB ② 10dB ③ 20dB ④ 40dB

68. 어떠한 수신 증폭기에서 $10\mu V$의 신호가 입력될 때 $100mV$의 신호가 출력되었다. 이 수신 증폭기의 이득은 얼마인가?
① 40dB ② 60dB ③ 80dB ④ 100 dB

69. 신호 전력이 $1W$일 경우 이 신호는 몇 dBm인가?
① 3dBm ② 10dBm ③ 30dBm ④ 60dBm

70. 1W의 전력을 dBm과 dBmV로 환산하면?(단 부하 저항은 100Ω 이다)
① 30dBm, 80dBmV ② 20dBm, 40dBmV
③ 60dBm, 80dBmV ④ 36dBm, 40dBmV

71. 다음 중 어떠한 시스템의 특성을 파악하는데 가장 적당한 입력 신호는?
① 계단파 ② 구형파 ③ 램프파 ④ 임펄스파

72. 어떠한 시스템이 입력 신호 주파수 성분에 따라 시간 지연이 달라짐으로 인하여 출력신호에 발생되는 왜곡(distortion)으로 맞는 것은?
① 진폭 왜곡 ② 위상 왜곡 ③ 주파수 왜곡 ④ 비선형 왜곡

73. 무왜곡 전송 시스템의 전달함수의 특성으로 옳은 것은?
① $|H(f)|=k,\ \theta(f)=2\pi f$ ② $|H(f)|=kf,\ \theta(f)=\frac{-2\pi}{f}$
③ $|H(f)|=k,\ \theta(f)=-2\pi f$ ④ $|H(f)|=\frac{k}{f},\ \theta(f)=2\pi f$

74. 다음 중 백색 잡음의 성질이 아닌 것은?
① 가산성 ② 가우스성 ③ 유색성 ④ 안정성(stationary process)

제3장

아날로그 변·복조

■ **학습목표**

- 변조와 복조란 무엇인지 그 정의와 과정에 대해 알아본다
- 변조는 왜 필요한지 그 필요성과 목적에 대해 알아본다
- 변조 방식에는 어떠한 것들이 있는지 살펴본다
- 아날로그 변조 방식 중, 진폭 변조(AM)의 개념과 원리, 주요 파라미터, 종류, 장단점, 변조기 및 복조기 구현 방법, 용도 등에 대해 학습한다
- 아날로그 변조 방식 중, 잔류측대파(VSB) 방식의 개념과 원리, 장단점 및 용도 등에 대해 학습한다
- 아날로그 변조 방식 중, 주파수 변조(FM)의 개념과 원리, 주요 파라미터, 종류, 장단점, 변조기 및 복조기 구현 방법, 용도 등에 대해 학습한다
- 아날로그 변조 방식 중, 위상 변조(PM)의 개념과 원리, 주요 파라미터, 종류, 장단점, 변조기 및 복조기 구현 방법 등에 대해 학습한다

3.1 변조와 복조 정의

변조(modulation)는 음성, 화상 등의 정보 신호를 원격지에 효율적으로 전달하기 위하여 주파수 스펙트럼을 높은 대역으로 옮기는(천이시키는) 것을 의미한다. 즉 기저대역의 정보 신호(희망파)를 높은 주파수의 반송파에 싣는 과정이다. 또한 이러한 변조의 역 과정을 **복조**(demodulation)라 한다. 이때 정보 신호를 반송파에 싣는다는 것은 실제로는 반송파의 진폭, 주파수, 위상 등을 정보 신호를 이용하여 변화시키는 것이다. 이러한 의미에서 원 신호, 즉 정보 신호를 **변조 신호**(modulating signal) 또는 **변조파**(modulating wave) 내지는 신호파라고 하며, 원 신호를 원거리로 전송하는 캐리어(carrier) 역할을 하는 높은 주파수의 신호를 **반송파**(carrier wave)라고 한다. 여기서 신호파의 정보와 반송파가 함께 존재하는 파, 즉 변조를 당한 반송파를 **피변조파**(modulated wave)라고 한다. 또 수신측에서 수신한 피변조파로부터 원래의 신호(기저대역 신호)를 복원해내는 조작을 복조(demodulation)라 한다.

그러면 실제로 변조와 복조는 어떻게 하는 것인지 아래 다음 그림 3-1, 3-2를 참조하여 그 과정을 살펴보자. 우선 기저대역의 신호파를 높은 주파수의 반송파에 싣기 위해서는 국부발진기의 발진 출력을 신호파가 입력되는 변조기(일종의 mixer임)에 인가하면 된다. 변조기는 물리적으로는 DBM(Double Balanced Mixer)나 트랜지스터 증폭회로를 이용하지만 수학적으로는 다음 식과 같이 두 개의 서로 다른 주파수의 사인 함수나 코사인 함수를 곱하는 일종의 곱셈기이다. 즉 신호파를 $f_s(t) = V_s \sin\omega_s t$, 반송파를 $f_c(t) = V_c \sin\omega_c t$, 변조된 피변조파를 $g(t)$라 하면 삼각함수의 성질에 의해

$$\begin{aligned} g(t) &= V_s \sin\omega_s t\,(V_c \sin\omega_c t) = (V_c V_s \sin\omega_s t)\sin\omega_c t \\ &= \frac{V_s V_c}{2}\{\cos(\omega_s - \omega_c)t - \cos(\omega_s + \omega_c)t\} \\ &= \frac{V_s V_c}{2}\{\cos(\omega_c - \omega_s)t - \cos(\omega_c + \omega_s)t\} \quad (\because \text{코사인함수는 우함수}) \end{aligned}$$

이 된다. 위 식의 물리적 의미는 신호파 $f_s(t) = V_s \sin\omega_s t$ 에 반송파 $f_c(t) = V_c \sin\omega_c t$를 곱하면 반송파 $\sin\omega_c t$ 의 진폭이 신호파인 $\sin\omega_s t$ 에 비례하여 변화하며, 이는 또한 삼각함수의 곱을 합으로 고치는 항등식을 이용하여 식을 변형하면 등가적으로 $\sin\omega_s t$ 의 신호를 ω_c만큼 이동시킨 결과가 됨을 알 수 있다. 즉 앞서 정의한 변조의 정의와 일치한다. 따라서 신호파에 반송파를 곱하는 것이 곧 변조 과정이 되는 것이다. 그리고 이와 같은 방식의 변조 방식을 **반송파 억압 진폭변조**(AM-SC : Amplitude Modulatio with Suppressed Carrier) **방식** 또는 **반송파 억압 양 측대파**(DSB-SC : Double Sideband with Suppressed Carrier) **방식**이라고 한다.

위의 과정을 주파수 영역에서 살펴보자. 이를 위해서 시간 영역에서의 피변조파 신호 $g(t)$의 푸리에 변환 $G(\omega)$를 오일러의 공식을 적용하여 구해보면

$$G(\omega) = \mathcal{F}\{g(t)\} = \mathcal{F}\{f_s(t)\sin\omega_c t\} = \mathcal{F}\left\{f_s(t)\,\frac{e^{j\omega_c t} - e^{-j\omega_c t}}{2j}\right\}$$
$$= \frac{1}{2j}\mathcal{F}\left\{f_s(t)e^{j\omega_c t} - f_s(t)e^{-j\omega_c t}\right\}$$

이 된다. 이때 $f_s(t)$의 푸리에 변환을 $F_s(\omega)$라 하면 복소 지수 함수의 푸리에 변환은

$$\mathcal{F}\left\{e^{\pm j\omega_c t}\right\} = 2\pi\delta(\omega \mp \omega_c)$$

이므로

$$G(\omega) = \frac{2\pi}{2j}\mathcal{F}\left\{f_s(t)\,e^{j\omega_c t} - f_s(t)\,e^{-j\omega_c t}\right\} = -j\pi\{F_s(\omega-\omega_c) - F_s(\omega+\omega_c)\}$$

가 된다. 이는 이미 제2장에서 언급한 푸리에 변환의 주파수 천이성

$$\mathcal{F}\{f_s(t)\} = F_s(\omega) \text{일 때 } \mathcal{F}\left\{f_s(t)\,e^{j\omega_0 t}\right\} = F_s(\omega - \omega_0)$$

에 의해서도 동일한 결과가 얻어짐을 알 수 있다. 위 수식의 물리적 의미는 신호파의 주파수 스펙트럼 $F_s(\omega)$가 크기가 1/2로 되면서 ω_c와 $-\omega_c$의 2개의 주파수로 천이한다는 의미이다. 즉 각주파수 ω를 주파수 f와 동일한 물리적 의미로 해석하면 다음 그림 3-3과 같이 f_m의 대역폭을 갖는 기저대역 신호파 스펙트럼 $F_s(f)$가 그 크기는 1/2이 되면서 주파수가 f_c만큼 천이되어 $-f_c$와 f_c 2개의 주파수를 중심으로 배치하게 된다. 이때 반송파 주파수 f_c의 위쪽에 분포하는 신호파의 스펙트럼을 **상측대파(USB : Upper Side Band)**, 아래쪽에 분포하는 신호파의 스펙트럼을 **하측대파(LSB: Lower Side Band)**라고 한다.

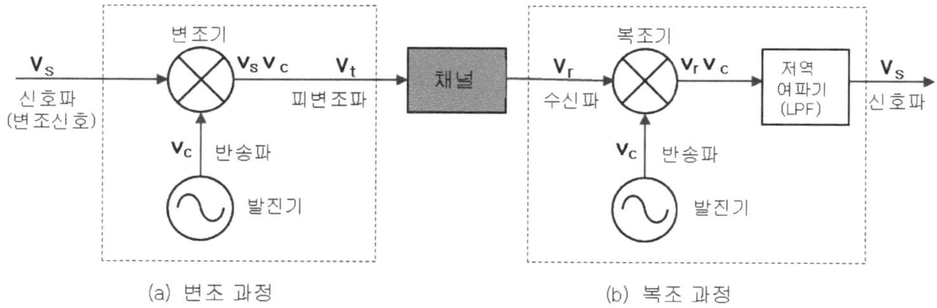

그림 3-1. 변조와 복조 과정

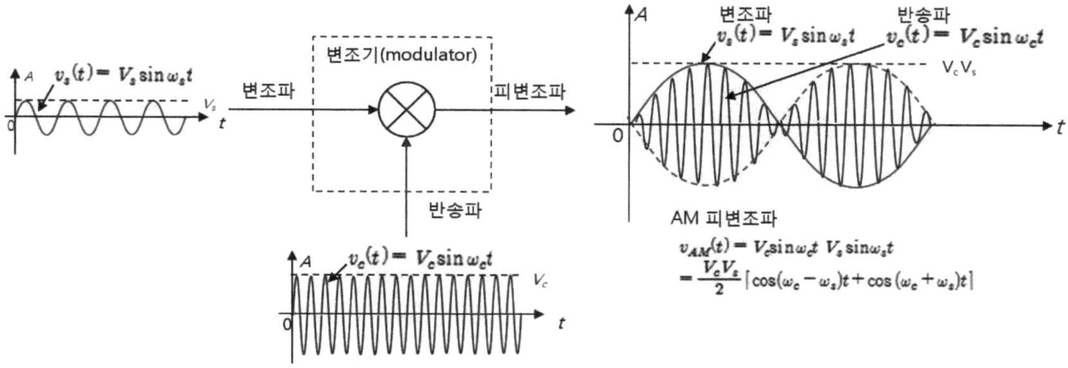

그림 3-2. 변조 과정(진폭 변조의 예)

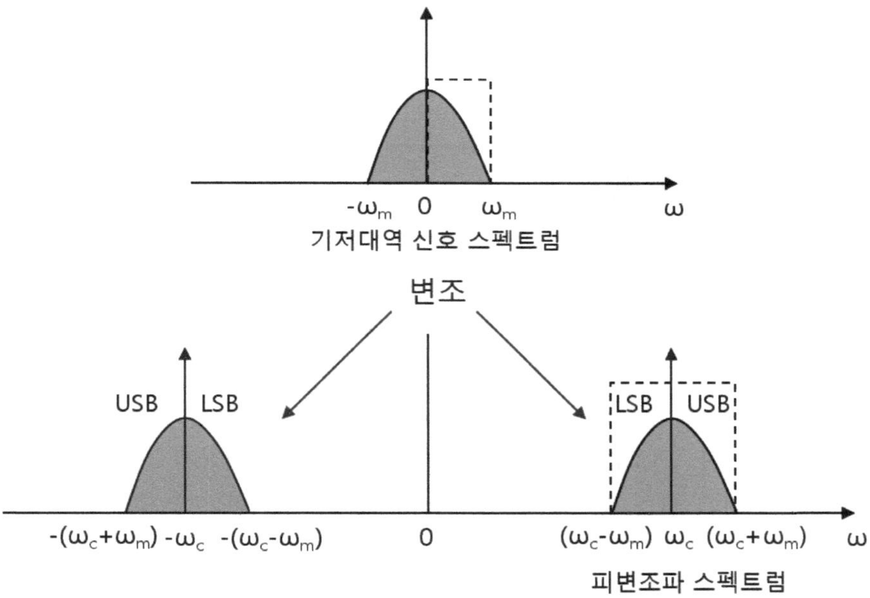

그림 3-3. 변조에 의한 기저대역 신호 스펙트럼의 천이

요 약

- **변조**: 음성, 화상 등의 정보 신호(희망파)에 의해 높은 주파수의 반송파를 변화시켜 스펙트럼을 높은 대역으로 천이시키는 것
- **복조**: 변조 과정을 거친 높은 주파수의 피변조파에서 기저대역의 정보 신호를 복원시키는 것

참 고

삼각함수 공식

- **곱을 합으로 변경하는 공식**

$2\sin x\cos y = \sin(x-y)+\sin(x+y)$
$2\cos x\cos y = \cos(x-y)+\cos(x+y)$
$2\sin x\sin y = \cos(x-y)-\cos(x+y)$
$2\cos x\sin y = -[\sin(x-y)-\sin(x+y)]$

- **합을 곱으로 변경하는 공식**

$\sin(x\pm y) = \sin x\cos y \pm \cos x\sin y$
$\cos(x\pm y) = \cos x\cos y \mp \sin x\sin y$

3.2 변조의 목적

그러면 변조는 왜 필요한지 살펴보기 위해 우선 실생활에서의 비슷한 예를 들어보자. 우리가 마트에서 물품을 구입하여 옮기거나 배달할 경우, 흔히 사용하는 것이 캐리어(carrier)라는 도구이다. 캐리어에 물품을 담아서 옮기는 것이 물품을 개별적으로 옮기는 것보다 훨씬 편리하고 효율적임을 경험하였을 것이다. 변조는 말하자면 정보라는 물품을 편리하게 효율적으로 이동시키기 위해 반송파라는 캐리어에 싣는 것이라 볼 수 있다. 그러면 이러한 변조를 통해 어떠한 이점을 얻을 수 있는지를 살펴보면 다음과 같다.

- **효율적인 복사(radiation)** : 효율적 복사를 위한 송·수신 안테나의 길이는 신호의 파장을 λ라 할 때 $\frac{\lambda}{2}$이어야 하므로 만일 변조를 하지 않고 가청 주파수 신호를 그대로 전송할 경우, 안테나 길이가 대단히 길어야 하므로 설치가 곤란하다. 예를 들어 3kHz의 음성신호를 전송할 경우, 신호의 파장 $\lambda = 100[km]$나 되므로 안테나 길이가 50[km]가량 되어야 효율적 복사가 가능하다는 결론이 나온다. 따라서 이를 송수신 사이트마다 설치한다는 것은 거의 불가능한 일임을 알 수 있다.
- **송신기 간의 간섭 배제** : 송신 기간의 간섭을 배치하기 위해서는 안테나 간 이격 거리가 클수록 좋다. 통상 파장 λ 이상 띄워야 하는데 신호의 주파수가 낮으면 파장이 길어져서 정해진 면적에 안테나를 몇 개 밖에 세우지 못하게 될 것이다.

- **음성 신호의 혼신 방지:** 여러 개의 가청 주파수 신호를 그대로 송신하면 신호가 섞여서 모두 다 들릴 것이므로 혼신이 발생하여 신호의 정확한 전달이 불가능하게 된다.
- **다중 통신 가능 :** 다수의 송신기에 서로 다른 반송파 주파수를 할당하는 주파수 분할 다중화(FDMA)에 기법을 사용함으로써 상호 간섭 없이 다수의 송수신기가 동시에 통신하는 것이 가능하게 된다.
- **시스템 소형화가 가능 :** 신호의 파장의 크기에 따라 안테나를 비롯한 송수신기에 필요한 전자 소자나 부품들의 크기가 작아질 수 있으므로 전체적으로 시스템의 소형화가 가능하게 된다.
- **잡음과 간섭파 영향 개선 :** 변조 방식이나 기법을 적절히 활용함으로써 전송 채널(통신로)에서 혼입되는 진폭 잡음과 간섭파에 의한 영향을 개선할 수 있다.

3.3 변조의 종류

변조는 신호파를 어떤 형태의 반송파에 어떤 파라미터(진폭, 주파수 또는 위상)에 실어 보내느냐에 따라 다음과 같이 분류할 수 있다.

3.3.1 연속파 변조 방식

연속파 변조 방식은 반송파가 정현파와 같은 연속파(continuous wave)인 경우이며 크게 아날로그 변조와 디지털 변조로 구분할 수 있고, 각 각의 경우 다음과 같은 방식이 있다.

구 분	아날로그 변조	디지털 변조
진폭 변조	AM(Amplitude Modulation, 진폭 변조) - DSB(Double Side Band, 양측대파) 방식 (DSB, DSB-SC) - SSB(Single Side Band, 단측대파) 방식 (SSB, SSB-SC) - VSB(Vestigial Side Band, 잔류측대파) 방식	ASK[Amplitude Shift Keying, 진폭 편이(偏移)키잉], OOK(On Off Keying)

주파수 변조	FM(Frequency Modulation, 주파수 변조)	FSK(Frequency Shift Keying, 주파수 편이 키잉) CPFSK(Continuous Phase Shift Keying, 연속 위상 주파수 편이 키잉)
위상 변조	PM(Phase Modulation, 위상 변조)	PSK(Phase Shift Keying), 위상 편이 키잉) DPSK(Differential PSK, 차동 위상 편이 키잉) MPSK(M-ary PSK, M진 위상 편이 키잉) QPSK(Quadrature Phase Shift Keying, 직교 위상 편이 키잉) MSK(Minimum Shift Keying, 최소 위상 편이 키잉)
복합 변조	AM-PM(진폭-위상 변조)	QAM(Quadrature Amplitude Modulation, 직교 진폭 변조) MFSK(M-ary FSK, M진 주파수 편이 키잉) APSK(Amplitude Phase Shift Keying, 진폭 위상 편이 키잉)

3.3.2 펄스 변조 방식

펄스 변조는 반송파가 정현파와 같이 연속파가 아닌 불연속적인 펄스열이며 크게 아날로그 펄스 변조, 디지털 펄스 변조로 구분할 수 있다. 각각의 경우 다음과 같은 방식이 있다.

구 분	아날로그 펄스 변조	디지털 펄스 변조
펄스 파라미터 변조	PAM(Pulse Amplitude Modulation, 펄스 진폭 변조) PWM(Pulse Width Modulation, 펄스 폭 변조) PPM(Pulse Position Modulation, 펄스 위치 변조) PFM(Pulse Frequency Modulation, 펄스 주파수 변조)	PNM(Pulse Number Modulation, 펄스 수 변조)

펄스 부호 변조		PCM(Pulse Code Modulation, 펄스 부호 변조) DPCM(Differential Pulse Code Modulation, 차동 펄스 부호 변조) ADPCM(Adaptive DPCM, 적응 차동 펄스 부호 변조) DM(Delta Modulation, 델타(Δ) 변조, 차분 변조) ADM(Adaptive DM, 적응 델타 변조)

3.4 진폭 변조

3.4.1 진폭 변조의 개념 및 구분

진폭 변조(AM : Amplitude Modulation)는 반송파 진폭을 신호파의 형태로 변형하여 전송하는 방식으로 신호파의 진폭에 비례하여 반송파의 진폭이 변화하므로 진폭 변조라 부른다. 그런데 변조의 정의에서 언급하였듯이 변조 후 생성된 스펙트럼에서 LSB, USB 2개의 측대파를 모두 전송하느냐 한쪽만을 전송하느냐에 따라 **DSB(Double Side Band) 방식**과 **SSB(Single Side Band) 방식**으로 나뉘며, 신호파가 없을 때에도 늘 일정한 진폭의 반송파를 추가 하여 전송하느냐 안 하느냐에 따라 **반송파 전송 방식**[***, *** -LC(Large Carrier)]과 **반송파 억압 방식**[***-SC(Suppressed Carrier)]으로 나뉜다.

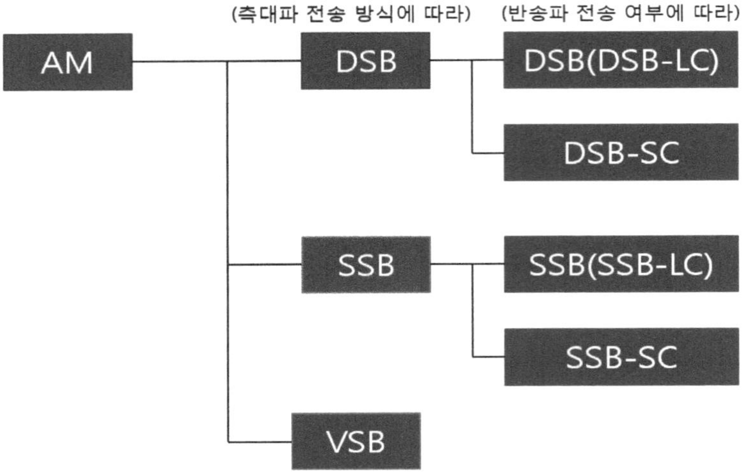

그림 3-4. 진폭 변조의 구분

3.4.2 DSB(양측대파) 방식

이미 언급 하였듯이, 기저대역 신호로 어떠한 반송파를 변조하면 신호파의 스펙트럼이 반송파를 중심으로 위, 아래에 분포하게 된다. 그런데 사실 상측파대와 하측파대는 반송파를 중심으로 대칭이며 완전하고도 동일한 정보를 가지고 있는 스펙트럼이다. 따라서 어느 한쪽 측대파만을 전송하여도 수신기가 복조하는데 아무런 어려움이 없다. 그러나 이렇게 어느 한쪽 측대파만을 전송하려면 한쪽 측대파만을 정확하게 잘라내는 예리한 특성의 여파기가 필요하다. 일반적인 여파기는 차단 특성이 완만하여 저주파 영역의 정보를 손실시키기 때문이다. 그런데 이러한 예리한 특성의 여파기를 제작하는 것이 쉽지 않고 비용도 많이 들게 된다.

이러한 문제를 해결할 수 있는 방식이 **DSB(Double Side Band) 방식**이다. DSB 방식은 상측대파(USB) 와 하측대파(LSB)를 모두 전송한다. 각각의 측대파의 대역폭이 기저대역 신호 대역폭과 동일하게 f_s이므로 $2f_s$의 전송대역폭이 필요하게 된다. 따라서 한쪽 측대파만을 전송하는 경우보다 전송대역폭이 2배 넓어지며 이에 따라 전력 소모도 커지는 단점이 있다. 그러나 한쪽 측대파만을 정확하게 잘라내는 예리한 여파기가 필요하지 않으므로 단말기 가격이 저렴해질 수 있는 장점이 있다. 이러한 장점으로 인해 DSB 방식은 방송 서비스에 주로 사용된다. 왜냐하면 방송은 근본적으로 송신기 수는 매우 적고 수신 단말기의 수가 매우 많은 일대 다의 단방향 서비스 구조이므로 전체적으로 시스템 비용을 절약하려면 단말기의 가격이 저렴하여야 하기 때문이다.

DSB 방식의 대표적인 예인 국내의 AM 방송 주파수는 526.5kHz ~ 1606.5kHz까지 9kHz 간격 120개의 채널이 할당되어있다.

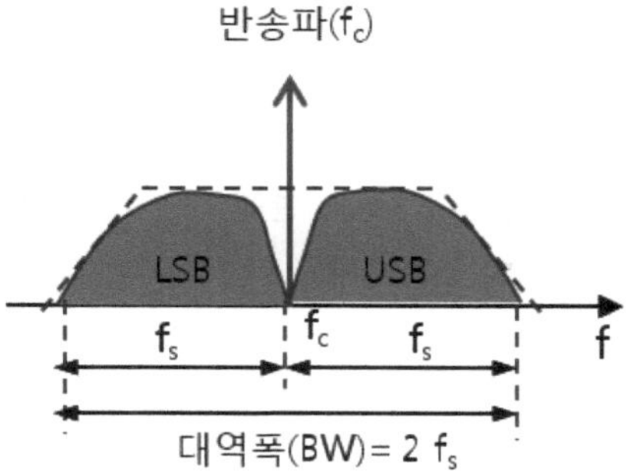

그림 3-5. DSB 방식 스펙트럼

3.4.2.1 반송파 전송 양측대파 방식(DSB, DSB-LC)

앞 절에서 AM 방식은 신호파를 반송파의 진폭에 실어서 전송하는 방식이며 측대파 전송 방식이나 반송파 전송 여부에 따라 여러 가지로 구분됨을 살펴보았다. 우선 본 절에서는 AM 방식 중 반송파 전송 양측대파 방식(DSB, DSB-LC)을 다루기로 한다. 이 방식은 과거부터 상업적인 AM 방송에 전통적으로 쓰여 왔기 때문에 **재래식 AM(Conventional AM)** 또는 **표준 AM 방식**이라고도 하며 진폭 변조에 의해 생성되는 상, 하 측대파(Side Band)와 반송파, 3가지 신호 모두를 동시에 전송하므로 **DSB-LC(DSB-Large Carrier)**, **DSB-TC(Transmitted Carrier)**, 또는 그냥 DSB 방식이라고 한다. 이 방식은 송출 전력 소비가 커져서 전송 효율이 좋지 않으나, 수신기를 간단하고 경제적으로 구현할 수 있어 상업적인 AM 방송에 많이 이용된다.

DSB-LC 변조된 신호, 즉 피변조파는 아래 그림과 같이 신호파와 반송파를 곱한 출력 신호에 반송파를 더하여 줌으로써 발생시킬 수 있다. 즉 신호파 $f_s(t) = V_s \sin \omega_s t$라하고 반송파 $f_c(t) = V_c \sin \omega_c t$라 하면 피변조파는

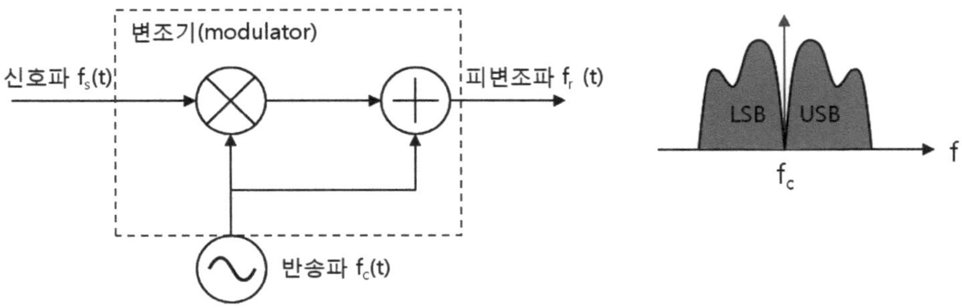

그림 3-6. DSB-LC 변조 원리와 스펙트럼

$$v_{AM}(t) = f_r(t) = f_s(t)f_c(t) + f_c(t) = V_c V_s \sin\omega_s t \sin\omega_c t + V_c \sin\omega_c t$$
$$= V_c(1 + \frac{V_s}{V_c}\sin\omega_s t)\sin\omega_c t = V_c(1 + m_a \sin\omega_s t)\sin\omega_c t$$

이다. 이러한 수식은 DSB 방식뿐 아니라 다음 절에 다루게 될 SSB방식에서도 반송파 억압 방식이 아닌 경우에는 동일하게 적용된다. 여기서

$$m_a = \frac{V_s}{V_c}$$

로, 반송파 진폭에 대한 신호파 진폭의 비율이며 AM의 **변조지수**(modulation index) 또는 **변조도**, **변조율**이라 한다. 이러한 변조지수는 변조의 특성을 파악할 수 있는 중요한 파라미터로 $m_a > 1$일 때는 과변조, $m_a < 1$일 때를 정상변조, $m_a = 1$일 때를 완전 변조 또는 100% 변조라고 한다.

진폭 변조 방식은 신호파의 진폭에 비례하여 반송파의 진폭이 변화하므로 아래 그림 3-7과 같이 반송파 진폭이 신호파의 형태로 변화하게 된다. 그런데 DSB-LC 방식에서는 신호파의 진폭이 반송파의 진폭보다 크게 되면, 즉 $m_a > 1$이 되면 꼬아진 형태의 피변조파가 되어 수신측에서 간단하고도 경제적인 비동기식의 포락선 검파기를 이용한 복조가 불가능하게 된다. 포락선 검파가 불가능하면 동기식 검파를 하여야 하는데 이러한 검파 방식은 비용이 많이 들므로 다수의 수신기가 값싸게 보급되어야 하는 방송에는 적합하지 않다, 따라서 DSB-LC 방식에서는 신호파의 진폭이 반송파의 진폭보다 작거나 같게 하여야 한다. 즉 $m_a \leq 1$이어야 한다.

또한 다음 그림 3-7(c)에서 최대값을 A, 최소값을 B라 하면 변조지수는

$$m_a = \frac{V_s}{V_c} = \frac{V_{max} - V_{min}}{V_{max} + V_{min}} = \frac{(V_c + V_s) - (V_c - V_s)}{(V_c + V_s) + (V_c - V_s)} = \frac{A - B}{A + B}$$

가 되는 것을 알 수 있다.

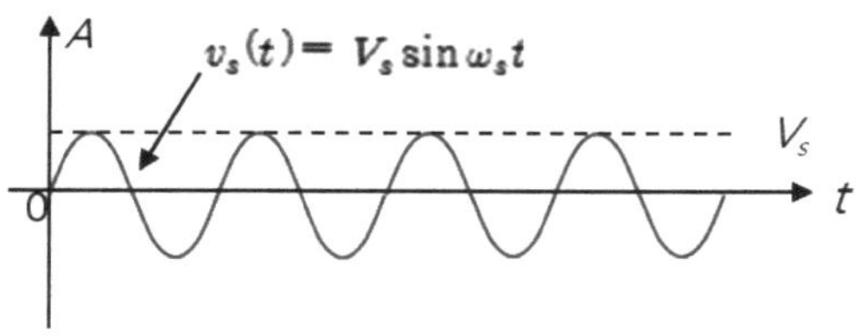

(a) 신호파(변조파)

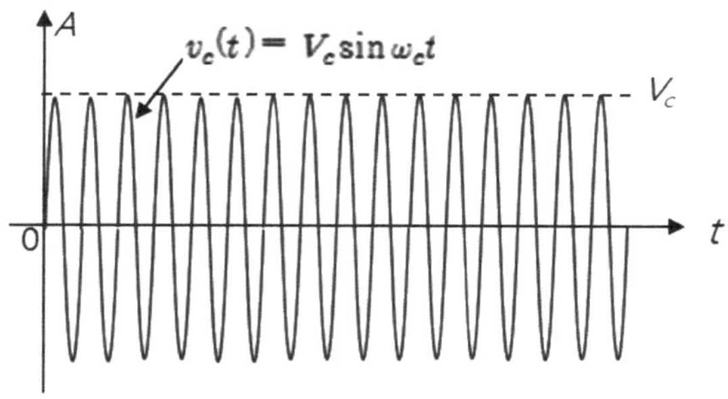

(b) 반송파

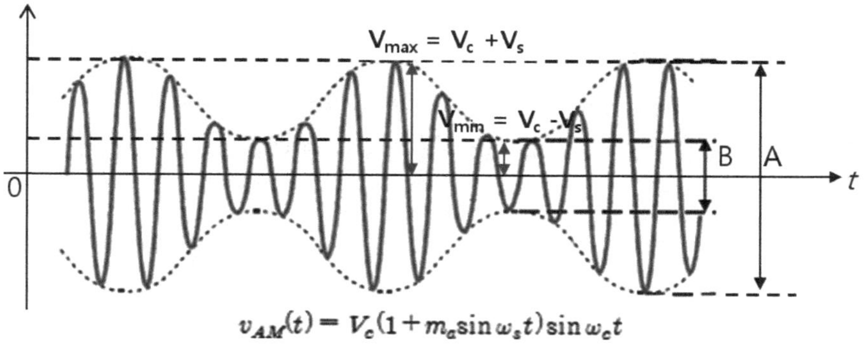

(c) 피변조파

그림 3-7. AM 피변조파

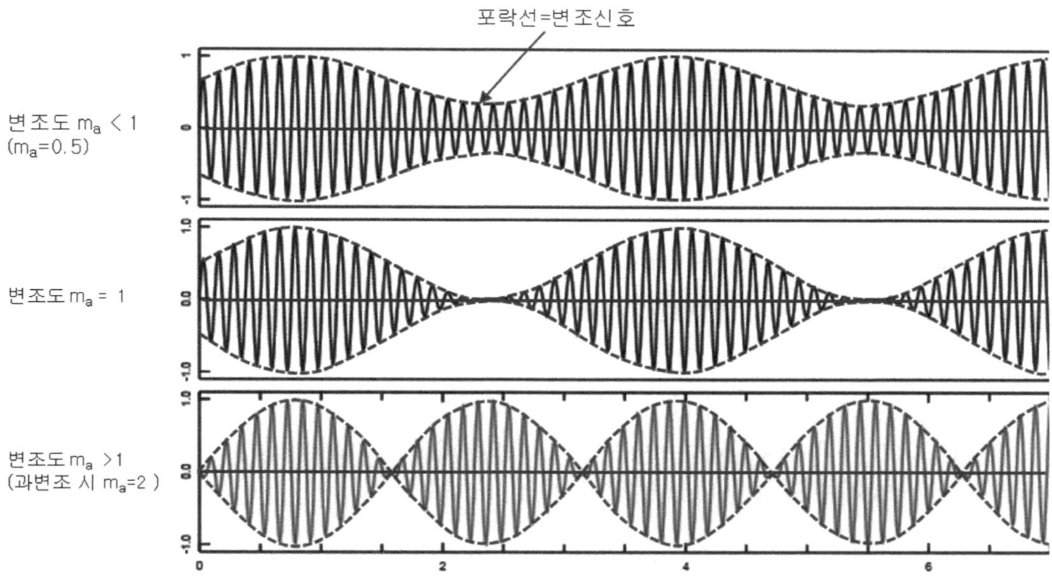

그림 3-8. 변조도에 따른 진폭 변조 파형

또한 AM 피변조파 표현식에서 삼각함수의 곱을 합으로 고치는 공식을 적용하면

$$
\begin{aligned}
v_{AM}(t) &= V_c(1 + m_a \sin \omega_s t) \sin \omega_c t \\
&= V_c \sin \omega_c t + m_a V_c \sin \omega_s t \sin \omega_c t \\
&= V_c \sin \omega_c t + \frac{1}{2} m_a V_c \{\cos(\omega_c - \omega_s)t - \cos(\omega_c + \omega_s)t\}
\end{aligned}
$$

이므로 AM 피변조파의 주파수 스펙트럼은 아래 그림과 같이 반송파 f_c를 중심으로 상측과 하측에 2개의 측대파, 즉 **하측대파**(LSB : Lower Side Band) $f_c - f_s$ 와 **상측대파**(USB : Upper Side Band) $f_c + f_s$ 가 나타나게 된다. 이때 위 식에서도 알 수 있듯이 각 측대파의 전압은 $\frac{m_a V_c}{2}$로 반송파 크기의 1/2로 동일한 값을 가지며, 변조지수 m_a에 비례함을 알 수 있다.

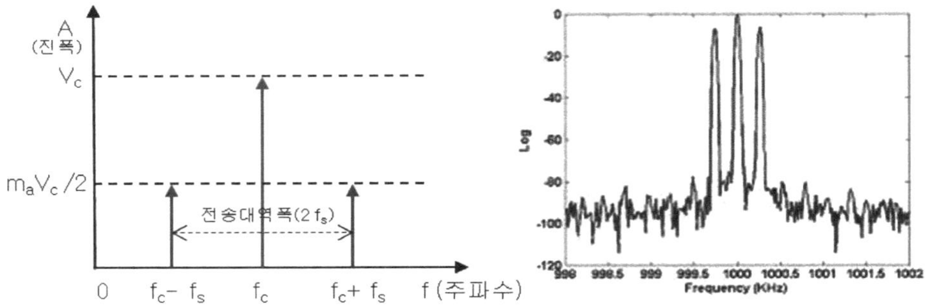

(a) AM 신호 스펙트럼 구성도　　　　　(b) 실제 AM 신호 스펙트럼

그림 3-9. 진폭 변조 신호 주파수 스펙트럼

3.4.2.2 반송파 억압 양측대파 방식(DSB-SC)

DSB-SC 방식은 반송파를 삽입하지 않고 상, 하 측대파 2개의 측대파 신호를 동시에 전송하는 방식이다. 반송파를 전송하지 않으므로 전력 효율성은 좋으나, 수신기에서 반송파를 복원해야 하므로 포락선 검파와 같은 단순한 복조 방식이 불가능하고 동기 검파 방식을 사용해야 한다. 따라서 회로 구성이 복잡하고 비용이 증가하게 된다. 그러므로 이 방식은 AM 방송보다는 1대1 통신 또는 아날로그 TV에서 색부반송파 변조 등에 사용된다.

DSB-SC 피변조파는 아래 그림과 같이 신호파와 반송파를 곱함으로써 발생시킬 수 있다. 즉 신호파 $f_s(t) = V_s \sin\omega_s t$라 하고 반송파 $f_c(t) = V_c \sin\omega_c t$ 라 하면 피변조파는

$$v_{DSB-SC}(t) = f_r(t) = f_s(t) f_c(t) = V_c V_s \sin\omega_s t \sin\omega_c t$$
$$= \frac{V_c V_s}{2} \{\cos(\omega_c - \omega_s)t - \cos(\omega_c + \omega_s)t\}$$

이다. 즉 $\omega_c - \omega_s$ 의 하측대파와 $\omega_c + \omega_c$의 상측대파가 생성되며 이들 두 개의 측대파의 전력은 총 송출 전력을 P_T 라고 할 때

$$P_{LSB} = P_{USB} = \frac{1}{2} P_T = \frac{1}{2}\left(\frac{V_c V_s}{2}\right)^2$$

이 된다.

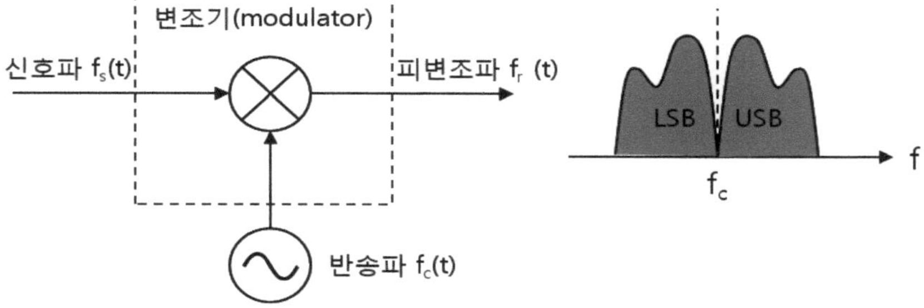

그림 3-10. DSB-SC 변조 원리와 스펙트럼

3.4.3 SSB(단측대파) 방식

앞 절에서 언급한 대로 상, 하 측대파를 모두 전송하느냐 어느 한쪽 측대파 만을 전송하느냐 하는 것은 각기 장단점이 있다. DSB 방식은 단말기 가격이 저렴해질 수 있으나 송신기의 전력소모가 크고 전송대역폭도 한쪽 특대파만을 전송할 때보다 2배나 필요하다. 따라서 이러한 단점을 해결할 수 있는 방식이 바로 **SSB(Single Side Band) 방식**이다. SSB 방식은 상·하측대파 중 어느 한쪽만을 전송하는 방식이다. 예리한 특성의 여파기를 필요로 하므로 각 단말기의 비용은 증가하지만 전송 대역폭이 DSB 방식에 비해 1/2이며 변조도 $m_a = 1$일 때를 가정하면 DSB 방식의 보다 전력 소모가 1/6밖에 되지 않는 장점이 있다. 따라서 SSB 방식은 일대일 통신 구조에 적합한 방식이다. 왜냐하면 양방향의 일대일 통신에서는 송신기나 수신기 어느 한쪽에 경제적 부담을 지울 수가 없고 가급적 동등하게 비용 부담을 하는 것이 합리적이고 경제적이기 때문이다. 이러한 SSB(Single Side Band) 방식의 특징을 요약하면 다음과 같다.

- 대역폭 이용 효율 증가 : 점유 대역폭이 DSB 방식의 1/2이므로 대역폭 이용 효율이 좋다. 따라서 **주파수 분할 다중** (FDMA) 통신에 적합하다
- S/N 개선 : 잡음은 대역폭에 비례하므로 S/N비가 DSB 방식에 비해 $9 \sim 12\,\text{dB}$ 정도 개선되며 혼신이 적게 일어난다.
- 저전력 통신 가능 : 송신 전력이 DSB 방식에 비해 줄어들므로 전력 효율이 좋다.
- 측대파에서 일어나는 일그러짐과 선택성 페이딩(fading)에 의한 일그러짐이 줄어든다.
- 회로 구성 복잡하고 비용 증가한다. 특히 송신측에서 한쪽 측대파만을 분리하여 전송하기 위한 예리한 특성의 여파기가 필요하므로 장치의 복잡도와 비용이 증가한다. 반송파 억압 방식의 경우, 수신측에 반송파 동기회로가 필요하므로 더욱 더 비용이 증가한다.
- 단파 무선 통신, 유선 반송파 전송에 주로 이용된다.

3.4.3.1 SSB 방식 구분

SSB 방식은 한쪽 측대파와 함께 반송파를 전송하느냐 아니냐에 따라 다음과 같이 분류할 수 있다.

- **전반송파 방식**(SSB (H3E)) : 반송파와 한쪽 측대파 둘 다 전송하는 방식으로 전력 효율 면에서 송신기는 비경제적이지만 포락선 검파와 같은 저비용의 수신기로도 수신 가능한 장점이 있다.
- **저감반송파 방식**(SSB-LC (R3E)) : 반송파를 어느 정도까지 저감시켜 한쪽의 측대파와 같이 보내는 것으로, 완전 억압 반송파(suppressed carrier) 방식에 비해서 전력 효율은 떨어지지만 수신측에서 반송파를 반송파의 동기 및 자동 이득 조절(AGC) 등에 이용함으로써 양질의 복조를 용이하게 하는 장점이 있다.
- **억압반송파 방식**(SSB-SC (J3E)) : 반송파를 보내지 않고 신호 정보가 있는 측대파만을 전송하므로 전력 효율 면에서는 가장 경제적이지만, 수신측에서 복조용의 반송파 발진기와 동기 회로가 필요로 하는 등, 복잡도와 비용이 증가하는 단점이 있다.

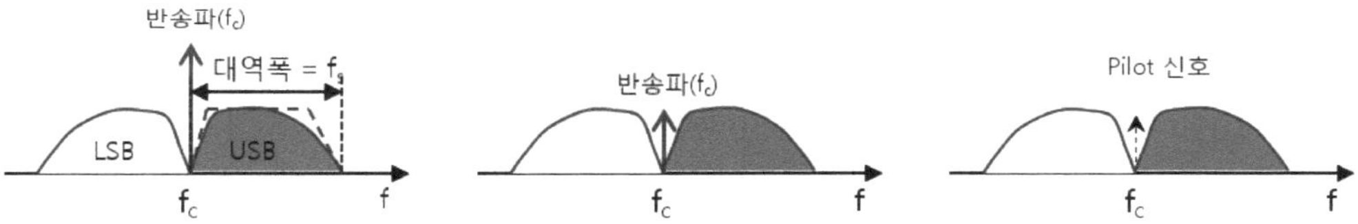

(a) SSB(H3E) (b) SSB-LC(R3E) (c) SSB-SC(J3E)

그림 3-11. SSB 방식의 종류별 스펙트럼

3.4.3.2 SSB 신호 발생

SSB 신호를 발생시키는 것은 두 가지로 나누어 생각해볼 수 있다. 우선 아래 그림과 같이 직류(DC) 근방의 낮은 주파수 성분이 별로 없는 신호파의 경우로 이 경우에는 DSB-SC 출력 신호를 여파기를 사용하여 한쪽 측대파만을 걸러냄으로써 발생시킬 수 있다. 그러나 아래 그림과 같이 직류(DC) 근방의 낮은 주파수 성분이 있는 경우에는 실제적인 여파기의 특성상 저주파 부근의 정보가 손실될 수밖에 없다. 따라서 한쪽 측대파에서 손실된 저주파 성분에 대한 정보를 다른 측대파에서 얻는 방법을 고려하거나 아예 여파기를 사용하지 않고 신호파와 반송파를 90° 위상 천이시킨 신호를 발생시켜 원래 신호와 더해주는 위상 천이 방식을 사용하여야 한다. 즉 아래 그림에서 SSB 변조 신호는

$$v_{SSB}(t) = \cos(\omega_c \pm \omega_s)t = \cos\omega_c t \cos\omega_s t \mp \sin\omega_c t \sin\omega_s t$$

가 되는 것이다.

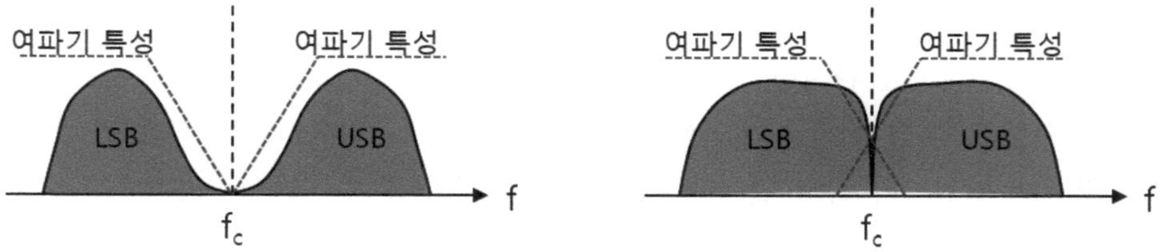

(a) 저주파 신호가 거의 없는 경우 (b) 저주파 신호가 있는 경우

그림 3-12. 신호파 스펙트럼에 따른 SSB 신호 발생

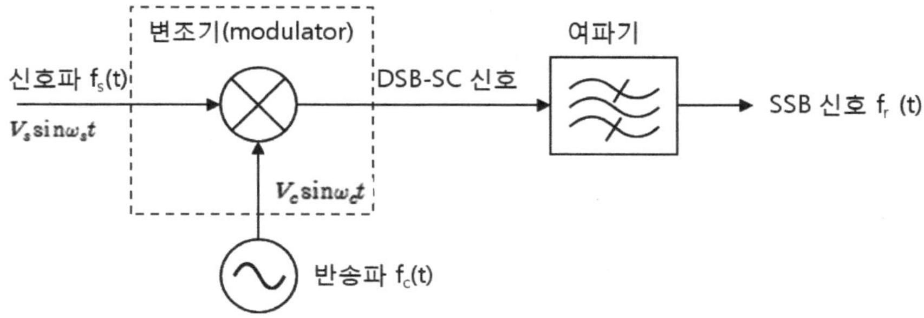

그림 3-13. 여파기를 이용한 SSB 신호 발생도

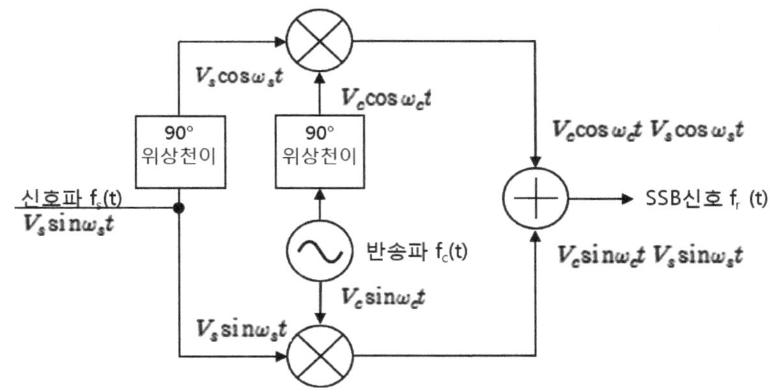

그림 3-14. 위상 천이 방식을 이용한 SSB 신호 발생도

3.4.4 VSB(잔류측대파) 방식

잔류측대파(VSB : Vestigial Side Band) **방식**은 미국의 제니스(Zenith) 사의 특허 기술로 SSB 방식과 DSB 방식을 절충하여 장점을 취한 방식이라 할 수 있다. VSB 방식은 SSB 방식과는 달리, 진폭 변조파에서 하측대파를 완전히 제거하지 않고, 일부분을 남기고 다른 한 쪽 측대파, 즉 상측대파와 함께 전송한다. 따라서 전송 대역폭은 SSB에 비해 다소 크나 DSB 방식에 비해 훨씬 작고, 회로는 SSB 방식에 비해 간단하고 덜 예리한 주파수 특성의 대역 여파기(BPF)를 사용하여도 송, 수신이 가능하므로 여파기 제작 비용이 절감되어 수신기가 저렴해지며, 저역 부근의 응답 특성이 개선되어 심지어 DC 응답까지 얻을 수 있는 장점이 있다. 이러한 장점으로 인해 아날로그 TV의 AM 영상 신호 전송 방식으로 널리 쓰이고 있다.

아래 그림은 아날로그 컴포지트 TV 신호(composite TV signal)의 스펙트럼을 도식화한 것으로 하측대파를 0 ~ 1.25 MHz 정도 남겨 놓고 BPF로 하측대파를 제거한다. 이때 BPF의 특성이 상측대파의 제거하지 않아야 할 부분과 하측대파의 남긴 부분이 아래 그림에서와 같이 **상보 대칭**(complementary symmetry)이면 손상 없이 복조가 가능하다.

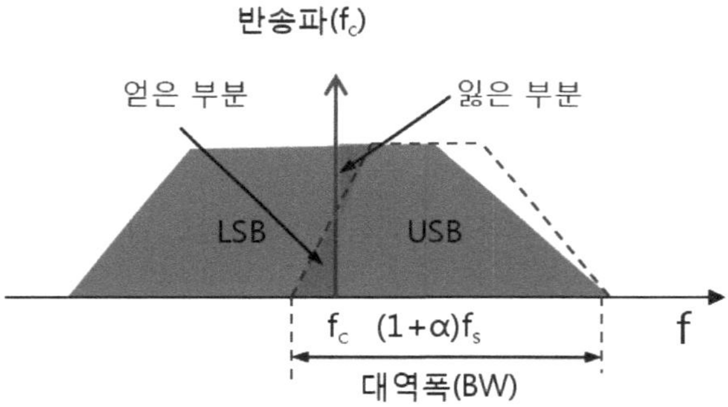

그림 3-15. VSB 방식 스펙트럼

3.4.5 진폭 변조의 주요 파라미터

진폭 변조의 특성을 표현하는 주요 변수들은 아래와 같다.

(1) 표현식

$$v_{AM} = (V_c + V_s \sin\omega_s t)\sin\omega_c t$$
$$= V_c\left(1 + \frac{V_s}{V_c}\sin\omega_s t\right)\sin\omega_c t = V_c(1 + m_a \sin\omega_s t)\sin\omega_c t$$

(2) 변조도

$$m_a = \frac{V_s}{V_c} \quad (V_c \text{ : 반송파 진폭, } V_s\text{: 신호파의 대역폭})$$

(3) 주파수 스펙트럼과 전송 대역폭

$$v_{AM}(t) = V_c \sin\omega_c t + \frac{m_a}{2} V_c \cos(\omega_c - \omega_s)t - \frac{m_a}{2} V_c \cos(\omega_c + \omega_s)t$$

DSB 방식 : $B_{AM_{DSB}} = 2f_s$ (f_s : 신호파의 대역폭)

SSB 방식 : $B_{AM_{SSB}} = f_s$ (f_s : 신호파의 대역폭)

VSB 방식 : $f_s < B_{AM_{SSB}} < 2f_s$ (f_s : 신호파의 대역폭)

(4) 피변조파 전력

$$P_{t_{AM}} = P_c + P_{LSB} + P_{USB} = P_c + \left(\frac{m_a}{2}\right)^2 P_c + \left(\frac{m_a}{2}\right)^2 P_c = P_c(1 + \frac{m_a^2}{2})$$

예를 들어 변조도가 $m_a = 1$인 경우에 대한 피변조파 전력은

$$P_{t_{AM}} = P_c(1 + \frac{1^2}{2}) = \frac{3}{2}P_c$$

이다. 즉, 피변조파의 전체 전력 중 반송파가 차지하는 비율이 2/3이며, 나머지 1/3은 측대파가 차지하는 전력이다. 이 경우가 표준 AM, 즉 DSB-LC 방식에서 피변조파 전력이 최대인 경우이다. 위 식으로부터 변조도가 낮아질수록 측대파 전력이 작아진다는 것을 알 수 있다.

여기서 DSB 방식의 전력과 SSB 방식의 전력을 비교하여 보자. 위 식에서 DSB 방식 전력은

$$P_{t\,DSB} = P_c\left(1 + \frac{m_a^2}{2}\right)$$

이고, SSB 방식의 전력은

$$P_{tSSB} = \frac{1}{4}m_a^2 P_c$$

이므로 DSB 방식 전력과 SSB 방식 전력의 비는

$$\frac{P_{tDSB}}{P_{tSSB}} = \frac{P_c\left(1 + \frac{m_a^2}{2}\right)}{\frac{1}{4}m_a^2 P_c} = \frac{2(2 + m_a^2)}{m_a^2}$$

이다. 따라서 같은 변조지수를 갖는 경우, DSB 방식의 전력 소모가 크다는 것을 쉽게 알 수

있다. 예를 들어 변조도 $m_a = 1$인 경우를 가정하면 DSB 방식의 전력이 SSB 방식에 비하여 6배의 전력이 필요하게 된다.

3.4.6 진폭 변조기의 구현

변조는 스펙트럼을 천이시키는 것이기 때문에 변조기의 출력에서는 입력 신호에는 없는 주파수 성분이 생성되어야 한다. 따라서 입력 신호의 주파수 스펙트럼이 그대로 출력되는 시불변(time-invariant) 시스템을 사용해서는 변조를 할 수 없고 시변(time-variant) 시스템을 사용하면 가능하다. 예를 들면 다이오드 같은 비선형 소자 회로를 이용하거나 **스위칭 회로**, 즉 **쵸퍼**(chopper)를 이용하면 된다.

3.4.6.1 비선형 소자를 이용한 변조

다이오드의 전류 - 전압 특성은 아래 그림과 같이 비선형적인 특성을 갖고 있으므로 이를 이용하면 진폭 변조가 가능하다. 즉 다이오드의 비선형 특성 곡선은 다음과 같은 근사식으로 표시할 수 있다.

$$i(t) = av(t) + bv^2(t)$$

다이오드뿐 아니라 트랜지스터의 경우도 입력 신호가 클 경우에는 입력과 출력 사이에 위의 근사식과 비슷한 관계가 있다.

이와 같이 **비선형 소자를 이용한 변조 기법**은 전달 특성이 수학적으로 2차 함수 이상인 소자를 사용하게 되므로 **제곱 변조**라고도 한다.

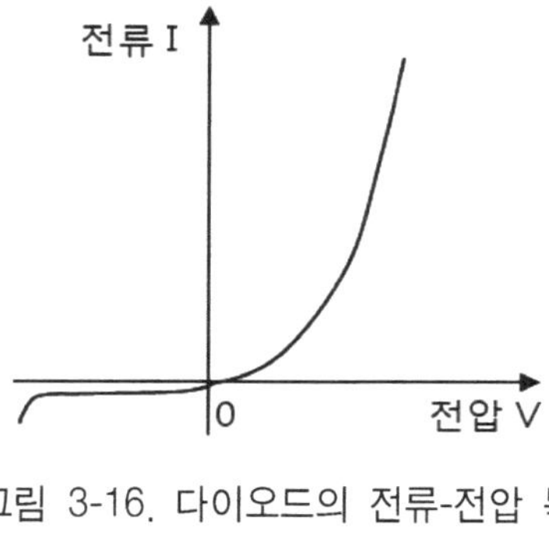

그림 3-16. 다이오드의 전류-전압 특성

비선형 소자를 사용한 변조기는 아래 그림 (a)와 같이 구성할 수가 있는데 그림을 참조하여 진폭 변조 신호 발생의 원리를 살펴보면 다음과 같다.

우선 아래 그림에서 전압 $v_1(t)$와 $v_2(t)$는 다음과 같이 표시될 수 있다.

$$v_1(t) = \cos\omega_c t + f(t)$$

$$v_2(t) = \cos\omega_c t - f(t)$$

한편 전류 $i_1(t)$와 $i_2(t)$는

$$i_1(t) = av_1(t) + bv_1^2(t) = a[\cos\omega_c t + f(t)] + b[\cos\omega_c t + f(t)]^2$$

$$i_2(t) = av_2(t) + bv_2^2(t) = a[\cos\omega_c t - f(t)] + b[\cos\omega_c t - f(t)]^2$$

이다. 그런데 출력 전압 $v_o(t)$는

$$v_o(t) = v_1(t) - v_2(t) = i_1(t)R - i_2(t)R$$

이므로

$$v_o(t) = 2R[2bf(t)\cos\omega_c t + af(t)]$$

가 된다. 그런데 위 식에서 $af(t)$ 항은 출력 단에서 ω_c에 동조된 대역(통과) 여파기(BPF)를 통과시키면 제거될 수 있다. 따라서 변조기의 최종 출력 단에서는

$$v_r(t) = Kf(t)\cos\omega_c t \quad (K = 4Rb)$$

의 진폭 변조된 신호가 나타나게 되는 것이다.

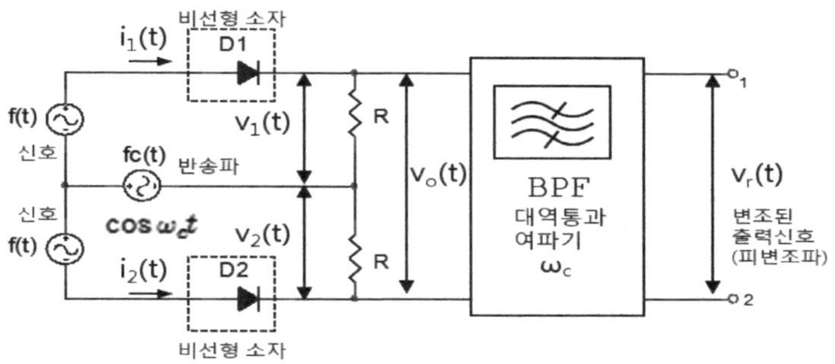

(a) 비선형 소자를 사용한 진폭 변조기 원리도

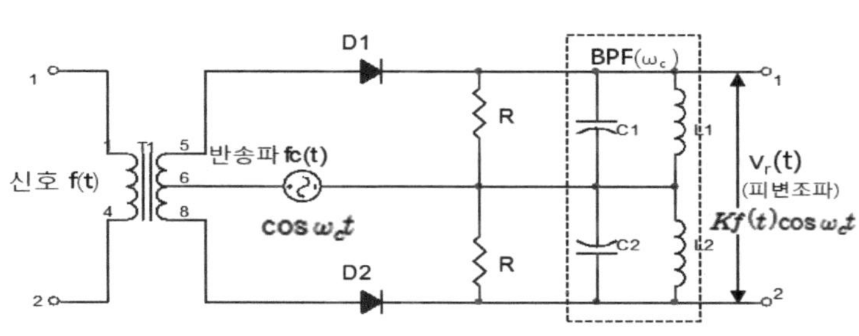

(b) 평형 변조기의 예

그림 3-17. 비선형소자 AM 변조기 원리 및 평형 변조기의 예

이때 위의 그림(b)과 같이 다이오드와 같은 비선형 소자를 상하 대칭 구조로 하여 변조 과정에서 반송파가 서로 상쇄되도록 하는 방식의 변조기를 **평형 변조기**(balanced modulator)라고 한다. 즉 센터 탭이 있는 변압기의 센터 탭에 반송파 신호를 인가하고 출력 측에서의 전류의 흐름을 반대로 하여 변조 신호가 없을 때 반송파를 상쇄시키는 기법을 사용함으로써 피변조파 출력에 반송파가 제거된 상, 하 2개의 측대파만 얻는 것이다. 즉 반송파를 억압하여 2개의 측파대만을 얻는 변조 기법으로 반송파에 대해 서로 평형을 이룬다는 의미로 평형 변조기라고 하며 출력 측에 반송파 성분이 제거되므로 **반송파 억압**(Carrier Suppression) **변조**라고도 불린다. 대표적인 예는 다이오드 평형 변조기, 링 변조기(ring modulator) 등이다.

이러한 평형 변조기는 이용하는 소자는 동작 범위가 좁기 때문에 변조도가 제한적이고 출력파의 왜곡이 크다. 따라서 반송파와 변조 신호가 비교적 작은 경우나 소전력용 출력이 요구될 때 사용한다. 즉 경제적이며 저전력을 요구하는 소형의 통신 시스템에 적합한 방식으로 주로 반송파 제거(-SC) 통신 방식이나 단측파 대(SSB) 통신 방식에 쓰인다. 대표적 사용 예는 컬러 TV의 색차 신호 I, Q 신호의 변조이다.

이러한 평형 변조기에는 위의 그림(b)와 같이 2개의 비선형 소자를 사용하되 2개의 입력 신호 중 1개만 평형화시키는(주로 반송파에 대해 평형화시킴) **단일 평형 변조기**(Single Balanced Modulator)와 2개의 입력 신호 모두를 평형화시키는 **이중 평형 변조기**(Double Balanced Modulator)가 있다. 이중 평형 변조기의 대표적인 예로는 4개의 다이오드로 링 구조를 형성하여 구현한 **링 변조기**(ring modulator)가 있다.

위의 그림 (b)와 같이 비선형 소자로 다이오드를 상하 대칭 구조로 구성하여 사용하는 변조기를 **다이오드 평형 변조기**라 하는데 진폭 변조된 출력 신호 $v_r(t)$를 발생시키는 원리는 이미 앞에서 수식적으로 살펴본 바 있다.

이제 아래 그림을 참조하여 다이오드 평형 변조기에서 신호파, 즉 변조 신호가 없을 때 반송파가 출력되지 않는 원리를 살펴보면 다음과 같다.

- 변조 신호가 없을 경우

  반송파의 양(+) 반주기의 경우, 트랜스 T_1의 센터 탭으로 인가된 반송파에 의한 전류가 다이오드 D_1과 D_2를 통해 트랜스 T_2의 1차 측으로 흐르게 되는데 전류 i_1, i_2가 서로 반대 방향이므로 상쇄되어 T_2의 2차 측에 유도되는 전류가 없고 출력이 나타나지 않는다. 또한 반송파가 음(−)인 경우에는 다이오드 D_1과 D_2가 off 상태가 되어 트랜스 T_2의 2차 측에 역시 전류가 흐르지 않는다. 따라서 변조 신호가 없이 반송파만 인가하는 경우에는 출력 측에 아무 신호도 나타나지 않음을 알 수 있다.

- 변조 신호를 인가한 경우

  트랜스 T_1의 1차 측에 변조 신호를 인가하는 경우에는 상하 대칭인 2개 루프에서의 반송파에 의한 균형이 깨어지고 그 결과 어느 한쪽으로 전류가 흐르게 되므로 트랜스 T_2의 2차 측에 출력 신호가 나타나게 된다. 변조 신호의 양(+)에 대해서 다이오드 D_1의 전류 i_1이 다이오드 D_2에 흐르는 전류 i_2보다 크게 되어 트랜스 T_2의 2차 측에 출력 신호가 나타나며 변조 신호의 음(−)에 대해서는 반대로 전류 i_2가 더 크게 되어 트랜스 T_2에는 반대의 출력 전압이 나타나게 된다. 따라서 출력 측에는 변조 신호와 반송파가 동시에 인가되는 경우에만 변조 신호에 의한 전류 차에 해당하는 전압이 나타남을 알 수 있다.

따라서 평형 변조기에서는 무 신호 시 반송파가 출력되지 않는 반송파 억압 양측대파 방식(DSB-SC)의 신호가 발생되는 것이다.

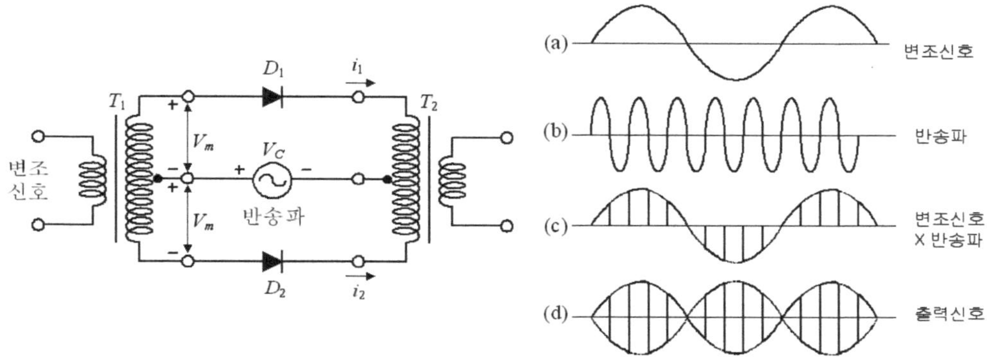

그림 3-18. 다이오드 평형 변조기의 동작 원리

3.4.6.2 쵸퍼형 변조기(chopping modulator)

쵸퍼형 변조기(chopping modulator)는 원리적으로 스위칭 소자를 사용하여 진폭 변조된 신호를 발생시키는 변조기를 말한다. 이때 스위치로 주로 사용되는 소자는 다이오드나 트랜지스터 등이다.

쵸퍼형 변조기는 신호파인 변조 신호 $f_s(t)$를 신호보다 훨씬 빠른 주기 T_c의 구형파 열 $p(t)$로 ON/OFF 함으로써 신호 $f_s(t)$를 샘플링하는 것인데 수학적으로는 신호 $f_s(t)$ 구형파 열 $p(t)$를 곱하는 것과 같다. 푸리에 변환에 따르면 시간 영역에서 신호 $f_s(t)$에 주기가 T_c인 구형파 열을 곱한 것의 스펙트럼은

$$\begin{aligned} F_s\{f_s(t)p(t)\} &= \frac{1}{2\pi}F_s(\omega)*P(\omega) = \frac{1}{2\pi}F_s(\omega)*\sum_{n=-\infty}^{\infty}\delta(\omega - n\omega_c) \\ &= \frac{1}{T_c}\sum_{n=-\infty}^{\infty}F_s(\omega - n\omega_c) \end{aligned}$$

이므로 아래 그림에서와 같이 원래 신호 $f_s(t)$의 스펙트럼 $F_s(\omega)$가 샘플링 주파수 $\pm\omega_c = \frac{2\pi}{T_c}$ 간격으로 반복된다. 따라서 이들 $\pm n\omega_c$성분 중에서 아래 그림에서와 같이 중심 주파수가 ω_c인 대역통과 여파기를 이용하여 ω_c 성분만을 걸러내면 주파수가 ω_c인 피변조파를 얻을 수 있는 것이다.

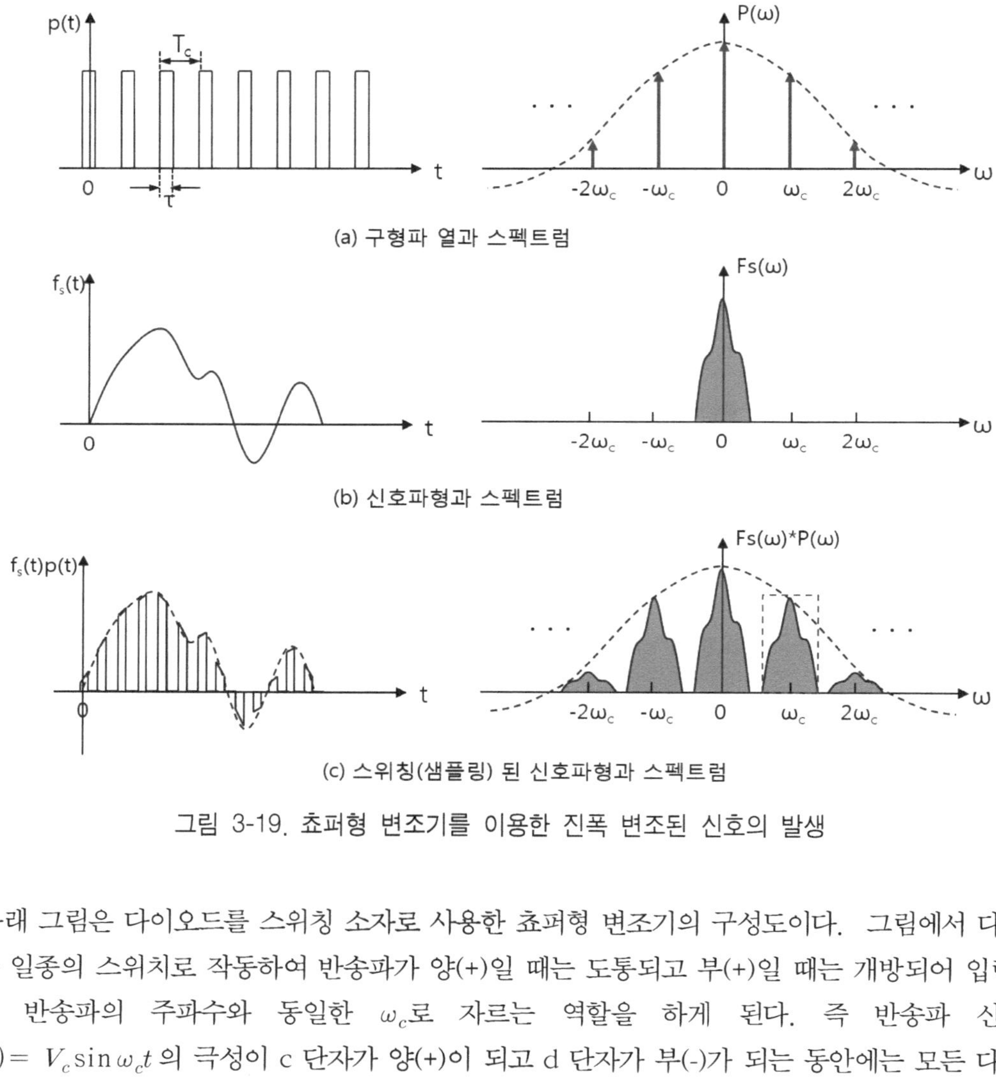

그림 3-19. 쵸퍼형 변조기를 이용한 진폭 변조된 신호의 발생

아래 그림은 다이오드를 스위칭 소자로 사용한 쵸퍼형 변조기의 구성도이다. 그림에서 다이오드는 일종의 스위치로 작동하여 반송파가 양(+)일 때는 도통되고 부(+)일 때는 개방되어 입력 신호를 반송파의 주파수와 동일한 ω_c로 자르는 역할을 하게 된다. 즉 반송파 신호인 $v_c(t) = V_c \sin\omega_c t$ 의 극성이 c 단자가 양(+)이 되고 d 단자가 부(-)가 되는 동안에는 모든 다이오드 D_1 ~ D_4가 순방향 바이어스가 되어 도통한다. 따라서 단자 a-b이 단락되어 신호 파형이 잘리게 된다. 이때 반송파의 진폭 V_c가 신호파 $f_s(t)$의 진폭보다 훨씬 커야 쵸핑을 잘 할 수 있다. 반대로 $v_c(t)$ 의 극성이 c 단자가 부(+)가 되고 d 단자가 양(+)이 되는 동안에는 모든 다이오드

D_1 ~ D_4가 역방향 바이어스가 되어 불통한다. 따라서 단자 a-b 간이 개방되어 신호파 $f_s(t)$의 파형이 저항 R_1, R_2를 거쳐서 e 단자에서 $f_c(t)$ 같이 신호 $f_s(t)$가 샘플링 된 형태의 파형이 출력된다. 이 신호가 L_cC_c 병렬 공진 회로, 즉 공진 주파수가 ω_c인 BPF에 인가되면 아래 그림의 $f_o(t)$와 같이 진폭 변조된(DSM-SC) 파형이 출력된다.

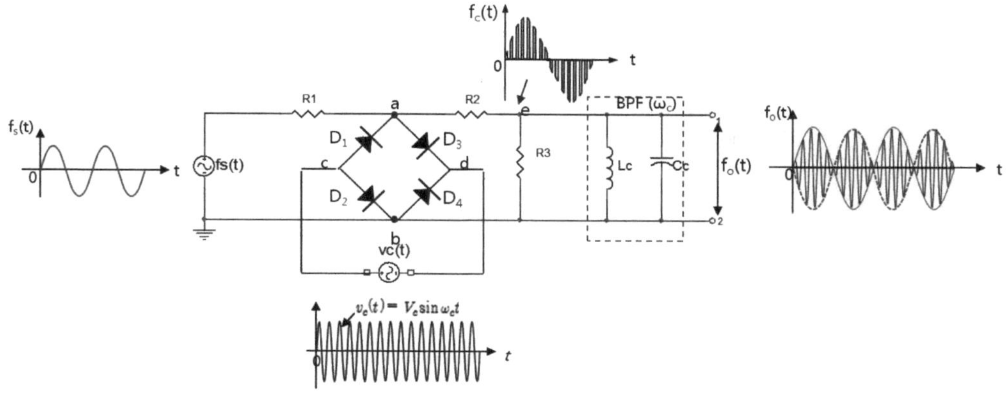

그림 3-20. 쵸퍼형 변조기 구성도

이와 같은 쵸퍼형 변조기의 대표적인 예는 다이오드를 이용한 **링 변조기**(ring modulator)이다. 아래 그림에서와 같이 다이오드 4개가 링처럼 연결하였다 하여 링 변조기 또는 **병렬 브리지 다이오드**(bridge diode) **변조기**라고도 한다. 아래 그림의 링 변조기는 반송파 및 변조 신호파 모두를 평형 입력하는 이중 평형 구조의 변조기로 반송파를 입출력 변압기의 센터 탭에 인가함으로써 평형이 잡히고, 출력 측에는 반송파가 나타나지 않는다. 변조 신호가 없을 때 출력이 나타나지 않는 원리는 앞에서 설명한 다이오드 평형 변조기의 경우와 마찬가지로 반송파가 트랜스 1, 2,의 센터 탭에 인가됨으로 트랜스의 상 하 양쪽의 전류 방향이 서로 반대이므로 상쇄되기 때문이다. 반대로 변조 신호가 있을 경우에는 변조 신호 크기만큼 트랜스 양쪽의 전류차가 생겨 출력 신호로 나타나는 것이다. 이와 같은 동작 원리를 통해 반송파가 제거되고 상 · 하 측대파만 존재하는 출력 신호가 얻어진다.

이러한 링 변조기는 주요 특징을 요약하면 다음과 같다.

- 반드시 변조 신호와 반송파 둘 다 입력될 때만 출력 신호가 발생된다.
- 이중 평형(double balanced) 구조로 DBM(Double Balanced Mixer)라고도 한다.
- 반송파의 진폭이 변조파보다 훨씬 크다.
- 신호 흐름을 반대로 하면 복조기로도 사용할 수 있다.
- 주로 단측파대 통신 방식의 반송 단국 장치에 사용된다.

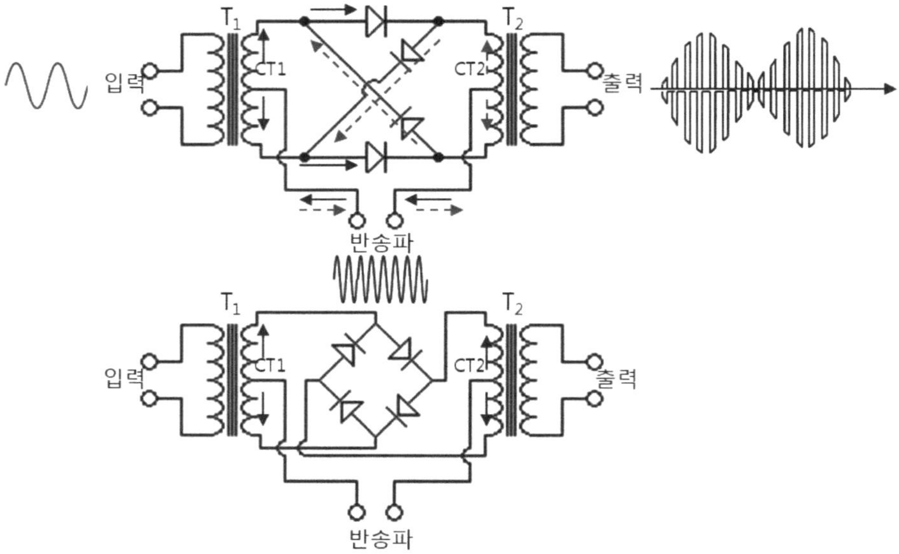

그림 3-21. 링 변조기

3.4.6.3 DSB 변조기

무변조 신호 시에도 반송파가 존재하는 DSB 신호를 발생시키기 위한 **DSB 변조기**의 원리는 DSB-SC 변조기와 동일하나 상하 대칭의 평형 구조를 취하지 않고 한쪽만으로 구성하면 된다. 아래 그림은 DSB-LC 신호를 발생시키는 다이오드를 이용한 **쵸퍼형 변조기**의 구성도이다. 출력단의 $v_o(t)$ 신호에 직류 성분이 포함되어 있어 변조 신호가 없을 때에도 반송파가 존재한다. 아래 그림에서 다이오드에 인가되는 신호를 수식으로 표현하면

$$v_{AM}(t) = f_s(t)\, V_c \sin\omega_c t + V_c \sin\omega_c t = V_c[1 + f_s(t)]\sin\omega_c t$$

가 된다. 이는 진폭이 $V_c[1+f(t)]$인 반송파 신호의 형태로 이 피변조파의 포락선은 $f(t)$ 파형이 V_c 만큼 이동된 것과 같음을 알 수 있다. 따라서 이 경우 신호 $f(t)$의 검출은 간단히 포락선 검파로 가능하게 된다.

또한 위 식을 푸리에 변환하여 주파수 스펙트럼을 구해보면 무한 정현파의 푸리에 변환과 주파수 천이성에 의해

$$V_{AM}(\omega) = \frac{1}{2j}\left[F_s(\omega - \omega_c) - F_s(\omega + \omega_c)\right] - j\pi V_c\left[\delta(\omega - \omega_c) - \delta(\omega + \omega_c)\right]$$

가 되어 $\pm\omega_c$에서 임펄스 형태의 반송파 성분이 존재함을 알 수 있다. 이를 중심 주파수가 ω_c인 대역통과 여파기를 이용하여 ω_c 성분만 걸러내면 DSB-LC 신호를 얻어낼 수 있는 것이다. 아래 그림은 신호파 $f_s(t)$와 반송파 신호 $f_c(t)$가 더해진 신호가 다이오드 D_1에 의해 쵸핑된 신

호 파형과 그 신호의 주파수 스펙트럼이다. 다이오드 D_1에 의해 쵸핑된 신호 파형은 직류 성분이 더해진 신호 파형에 구형파 펄스열이 곱해진 형태이다. 따라서 이러한 신호의 주파수 스펙트럼은 신호 $f_s(t)$의 주파수 스펙트럼 $F_s(\omega)$와 구형파 펄스열의 주파수 스펙트럼 $P(\omega)$의 컨볼루션으로 얻을 수 있으며 $F_s(\omega)$가 $\pm\omega_c$ 주파수 간격으로 무한 반복된다. 따라서 쵸핑 회로 후단의 중심 주파수가 ω_c인 BPF를 통과시킴으로써 아래 그림의 $v_o(t)$와 같은 DSB-LC 신호를 얻어낸다.

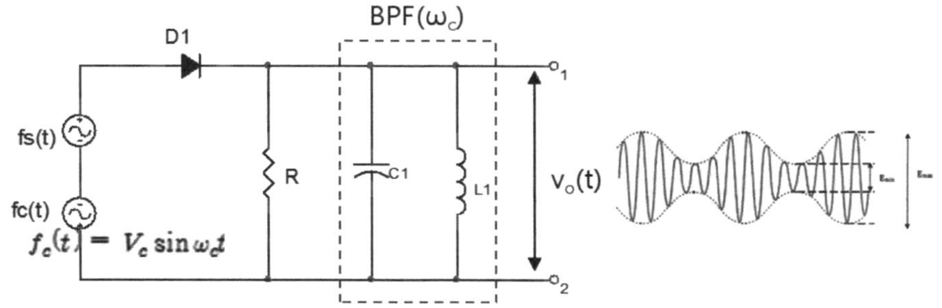

그림 3-22. DSB 변조기

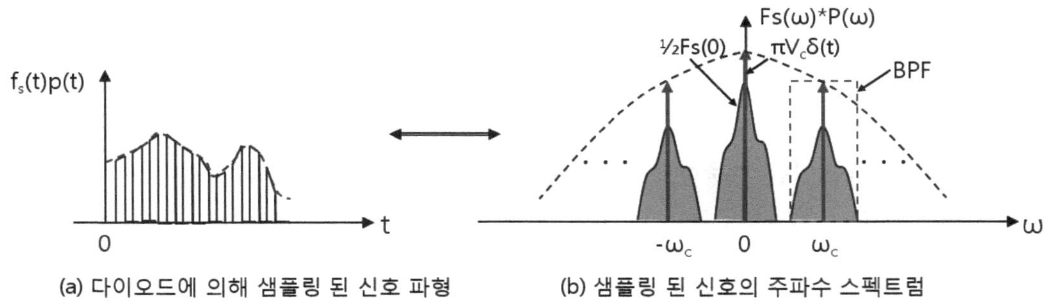

그림 3-23. DSB 변조기에서 쵸핑된 신호의 주파수 스펙트럼

3.4.7 AM 복조 방식과 구현

진폭 변조(AM)된 신호, 즉 피변조파로부터 원래의 신호파를 다시 추출해내는 조작 또는 과정을 복조(demodulation)라고 한다. 또한 원래 신호파를 검출 내지는 추출해낸다는 의미로 흔히 **검파**(detection)라고도 한다.

AM 검파 방식에는 크게 **비동기 검파**(incoherent detection) 방식과 **동기 검파**(coherent detection) 방식이 있다.

3.4.7.1 비동기 검파 방식

비동기 검파(inherent detection) **방식**은 수신 신호의 반송파로부터 정확한 위상을 추출할 필요가 없는 방식으로 동기검파와 달리 반송파 동기 없이도 원래 신호를 복조해내는 방식이다. 검파기의 구성이 간단하고 저렴한 가격으로 구현이 가능하나 효율이 다소 낮은 단점이 있다. 이러한 비동기 검파 방식에는 **포락선 검파**(envelope detection)와 **정류 검파**(rectifier detection)가 있다. 이들 방식은 동기 검파에서와 같은 반송파 복원이 필요하지 않으나 송신측에서 신호파가 없을 때에도 항시 반송파를 보내주어야 검파가 가능하다. 즉 수신 신호에 직류 성분이 존재하여야 가능한 방식으로 대표적인 예가 AM 방송 신호, 즉 DSB-LC 신호의 경우이다. DSB-LC 신호는 무변조 반송파가 항시 존재하므로 포락선 검파와 같은 단순한 방식의 비동기 검파를 할 수 있다. 그러나 앞에서 언급한 DSB-SC 신호의 경우는 포락선 검파와 같은 비동기 검파를 하게 되면 수신 신호에 직류 성분이 존재하지 않아서 포락선 수신 신호가 꼬아진 형태가 되고 **영 교차**(zero crossing)가 발생되어 원래의 신호보다 주파수가 2배 높은 왜곡된 파형이 출력되므로 사용할 수가 없다.

이제 비동기 검파의 두 가지 대표적인 방식인 포락선 검파와 정류 검파에 대해 살펴보기로 한다.

(1) 포락선 검파

비동기 검파 방식의 하나인 **포락선 검파**(envelop detection)는 **다이오드 검파**라고 불리며 다이오드의 정류 특성을 이용하여 수신된 피변조파의 음(-) 전압 부분을 잘라내고 양(+) 전압 부분만 추출하여 콘덴서와 저항으로 이루어진 평활 회로로 반송파를 제거하고 전송된 신호파와 같은 모양의 **포락선**(envelope)만을 추출함으로써 원래의 신호를 얻어내는 검파 방식이다.

아래 그림에 포락선 검파회로를 보였는데 다이오드 및 콘덴서와 저항으로 구성되며 본질적으로는 평활회로가 부가된 정류회로라고 볼 수 있다. 따라서 입력 파형의 부(-) 부분이 정류되어 잘려나가고 평활회로에 의해 고주파의 반송파 성분이 제거되어 포락선만 추출되므로 아래 그림과 같은 출력 파형이 나타나게 된다. 이때 다이오드에 의한 포락선 검파가 제대로 이루어지려면, 다이오드의 특성 곡선상의 직선 부분을 이용해야 하므로 입력 신호가 어느 정도 이상 커야 한다. 따라서 수신된 RF 신호를 충분히 증폭한 후 검파기에 입력하여야 한다. 만일 입력 신호가 작아서 다이오드의 특성 곡선상에서 초기의 곡선 부분, 즉 비직선적인 부분을 이용한다면 포락선 검파가 아닌 자승 검파(제곱 검파)가 이루어지게 된다. 이때는 포락선 검파와 같은 직선 검파에 비해 수신 감도는 높지만 검파 효율이 낮고 일그러짐도 크기 때문에 수신 신호를 크게 할 수 없는 특수한 경우에만 사용한다.

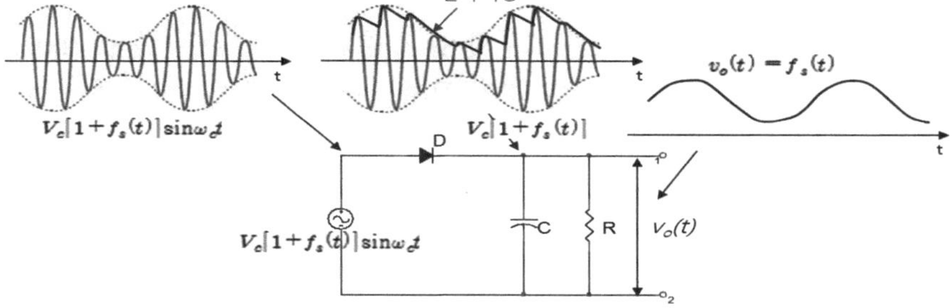

그림 3-24. 포락선 검파기 구성도

위 그림에서 다이오드에 의해 정류된 신호가 시정수 $\tau = RC$인 평활 회로에 입력되면 반송파의 진폭이 최대치에 이르는 동안에는 콘덴서 C에 충전된다. 그러다가 입력 신호가 콘덴서에 충전된 전압보다 낮아지면 다이오드가 불통되어 콘덴서에 충전된 전하가 저항 R을 통해 서서히 방전한다. 그러다가 입력 신호가 다시 증가하여 콘덴서의 전압보다 높아지면 다이오드가 다시 도통하면서 입력 신호의 최대치까지 충전하고 입력 신호가 충전 전압보다 낮아지면 다시 다이오드가 불통되어 방전하는 일이 반복되게 된다. 이에 따라 검파회로의 출력 단에서는 아래 그림과 같이 **리플(ripple)**이 있는 톱니파 형태의 신호가 발생하게 된다. 따라서 평활회로의 **시정수** $\tau = RC$는 수신된 피변조파의 포락선의 주기에 맞추어 적당히 선정되어야만 원래의 신호 파형이 정상적으로 출력될 수 있다. 검파기 **평활회로**의 시정수와 검파기 출력 파형과의 관계는 다음과 같다.

- 시정수가 적절할 경우 : 아래 그림 (a)에서와 같이 정상적인 포락선 형태의 파형이 출력된다.
- 시정수가 너무 짧은 경우 : 아래 그림 (b)에서와 같이 출력 전압이 포락선 모양을 잘 따라가나 매끈한 포락선 모양을 얻지 못하고 톱니모양의 왜곡이 큰 파형이 출력된다.
- 시정수가 너무 클 경우 : 아래 그림 (c)에서와 같이 출력 전압이 급격하게 변화하는 포락선을 쫓아가지 못하여 대각선 모양의 왜곡이 발생하게 되는데 이러한 왜곡을 **다이아고널 클리핑(diagonal clipping)**이라 한다.

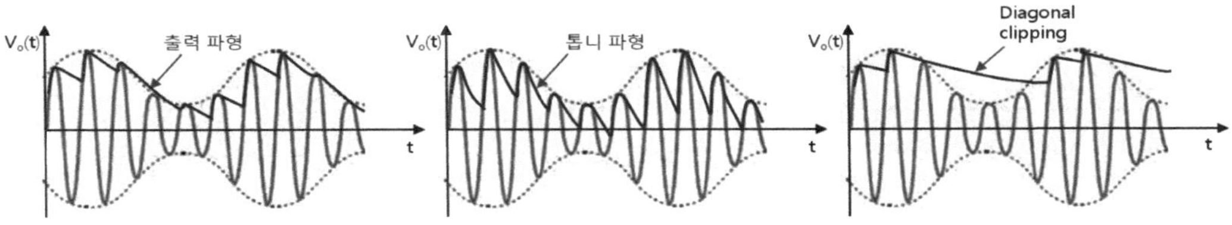

(a) 시정수가 적당할 경우 (b) 시정수가 너무 작을 경우 (c) 시정수가 너무 클 경우

그림 3-25. 포락선 검파기의 시정수와 출력 파형과의 관계

(2) 자승 검파(제곱 검파)

자승 검파(square-law detection)는 아래 그림과 같이 다이오드와 같은 비직선(nonlinear) 소자의 전달 특성 중, 초기의 곡선 부분, 즉 제곱 특성 부분을 이용하여 복조하는 방식으로 제곱검파라고도 한다. 직선 검파기에 비해 검파 감도는 높지만 검파 능률이 낮고 일그러짐도 크기 때문에 비교적 진폭이 작은 피변조파의 복조의 경우와 같이 특수한 경우에만 사용한다.

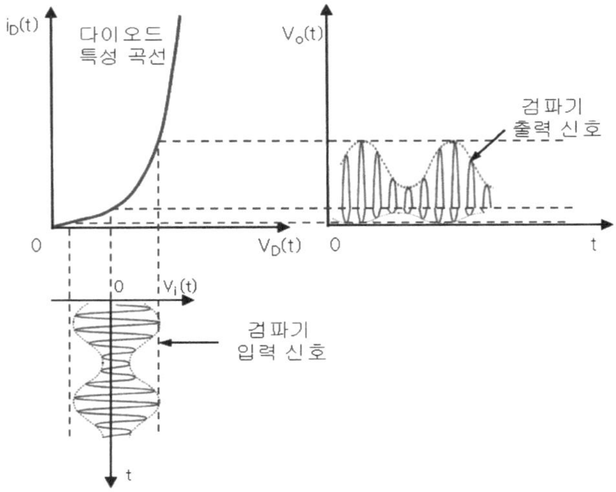

그림 3-26. 자승 검파기의 동작 원리

자승 검파는 포락선 검파와 동일한 회로로 구성할 수 있다, 포락선 검파는 다이오드 특성 곡선 상에서 직선적인 부분을 이용하므로 입력 신호가 충분히 작아지면 포락선 검파가 이루어지지 않고 다이오드 특성 곡선의 초기 부분, 즉 제곱 특성 부분을 이용하게 되므로 자승 검파가 이루어질 수밖에 없다. 따라서 자승 검파기 회로는 아래 그림과 같이 다이오드 후단에 포락선 검파기의 평활 회로 대신 RC 저역통과 여파기가 달려있는 회로로 구성할 수가 있다.

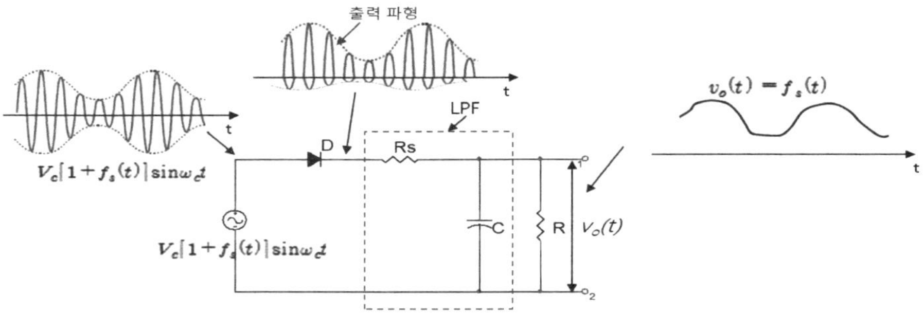

그림 3-27. 자승 검파기 구성도

위 그림에서 입력 신호와 다이오드 출력 신호의 관계를 수식으로 표현하면 근사적으로

$$v_{oD}(t) \cong a v_i(t) + b v_i^2(t)$$

이다. 입력 신호를

$$v_i(t) = V_c[1 + m_a f_s(t)]\cos\omega_c t$$

라고 하자. 위 식에서 이전의 AM 피변조파 수식과 같이 $\cos\omega_c t$ 대신 $\sin\omega_c t$를 사용해도 상관없다. 따라서 출력 신호는

$$v_{oD}(t) = aV_c[1 + m_a f_s(t)]\cos\omega_c t + bV_c^2[1 + m_a f_s(t)]^2\cos^2\omega_c t$$

이다.

그런데 $\cos^2\omega_c t = \frac{1}{2}[1 + \cos 2\omega_c t]$ 이므로

$$v_{oD}(t) = aV_c[1 + m_a f_s(t)]\cos\omega_c t + \frac{bV_c^2}{2}\left[1 + 2m_a f_s(t) + m_a^2 f_s^2(t)\right][1 + \cos 2\omega_c t]$$

가 된다. 따라서 이 신호가 LPF를 거치고 나면 ω_c와 $2\omega_c$ 성분은 모두 제거되고 여파기의 출력 신호는

$$v_o(t) = \frac{bV_c^2}{2} + bV_c^2 m_a f_s(t) + \frac{bV_c^2}{2} m_a^2 f_s^2(t)$$

가 되는데 우리가 원하는 성분은 원래 신호 $f_s(t)$이므로 위 식의 두 번째 항의 $bV_c m_a f_s(t)$만 필요하다. 첫 번째 항은 직류 성분이므로 LPF 후단에 직류 차단용 캐패시터를 연결하면 제거될 수 있으므로 별 문제 되지 않으나 세 번째 항은 신호의 제곱 성분으로 왜곡 성분이다. 이는 완전히 제거하기 어렵고 최소화 하는 것이 최선이다. 이 때 왜곡 성분과 원하는 신호 성분과의 전력비를 구해보면

$$r = \left(\frac{bV_c^2 m_a}{\frac{1}{2}bV_c^2 m_a^2}\right)^2 = \left(\frac{2}{m_a}\right)^2 = \frac{4}{m_a^2}$$

이므로 **왜율**(distortion rate)은

$$D = \frac{1}{r} = \frac{m_a^2}{4} \times 100(\%)$$

이다. 따라서 자승검파는 변조도가 클수록 왜곡도 증가하며 최대 변조지수 $m_a = 1$ 일 때 왜율이 25%로 최대가 됨을 알 수 있다.

(3) 정류 검파

아래 그림은 **정류 검파기**의 구성도이다. 다이오드와 저항, 저역통과 여파기로 구성된다. 쵸퍼형 AM 변조기에서 반송파 발진기만 제외한 구성과 동일하다. 정류 검파는 AM 피변조파를 수신

하여 일단 다이오드를 통해 정류한다. 이렇게 정류한 파형은 송신측에서 전송한 원래의 신호 파형에서 부(-) 신호 부분이 제거된 파형인데 이를 잘 보면 주파수가 ω_c인 구형파 열 $p(t)$를 이용하여 피변조파 입력 신호가 양(+)일 때는 1을 곱하고 부(-)일 때는 0을 곱하여 얻어낸 파형과 동일하다. 따라서 다이오드에 의한 정류 작용은 결국 피변조파에 기본 주파수가 ω_c인 구형파 열 $p(t)$를 곱하는 것과 동일한 작용을 하는 셈이다.

이는 수신된 피변조파 자체에 진폭이 충분히 큰 반송파 성분이 들어있기 때문에 가능한 것이다. 만일 DSB-SC 신호와 같이 반송파 성분이 없다면 다이오드에 의한 정류 작용이 구형파 열 $p(t)$를 수신 신호와 곱하는 것과 등가적인 결과를 얻을 수 없었을 것이다. 즉 AM 신호에서 무변조 신호 시의 송신되는 반송파의 진폭을 V_c, 신호파를 $f_s(t)$라 할 때 $V_c > |f_s(t)|_{\max}$로 반송파의 진폭이 충분히 커야 정류 검파가 가능하게 된다.

이러한 동작 원리에서 볼 때 정류 검파는 본질적으로 동기 검파에 속한다고 볼 수 있다. 그러나 이 경우 구형파 열 $p(t)$를 수신 신호와 곱하는 과정이 아무런 반송파를 사용하지 않고 이루어진다는 점이 동기 검파와 매우 다른 점이다.

또한 정류 검파는 포락선 검파기와 회로 구성이 유사하여 서로 비슷한 원리로 동작하는 것처럼 여기기 쉽지만 정류 검파기는 선형시변 시스템이고 포락선 검파기는 비선형 시스템으로 실제 동작 원리는 전혀 같지 않다. 또한 포락선 검파기는 정류 검파기보다 간단할 뿐 아니라 출력도 π배만큼 크게 나와 효율이 더 우수하다. 다만 수신되는 AM 피변조파의 반송파 주파수 ω_c가 신호파의 주파수보다 10배 이상 커야 포락선이 깨끗하게 나오는 제약 조건이 있다.

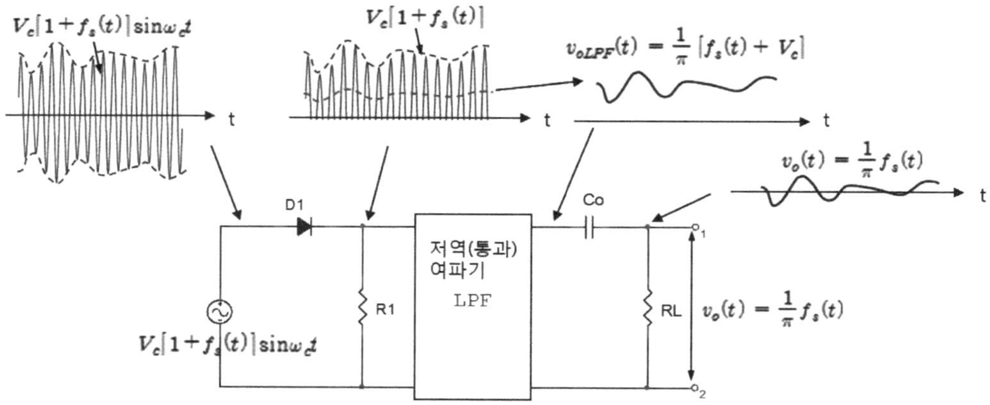

그림 3-28. 정류 검파기 구성도

위의 정류 검파기 구성도와 각 신호에 대한 스펙트럼을 도시한 아래 그림을 참고로 정류 검파의 원리를 푸리에 변환을 이용한 수식으로 살펴보면 다음과 같다.

즉 수신된 AM 피변조파를 $v_{AM}(t)$, 구형파 열 $p(t)$라 하면 시간 영역에서 두 신호를 곱한 신호와 이에 대한 주파수 스펙트럼은 푸리에 변환에 의해

$$v_{AM}(t)p(t) \Leftrightarrow \frac{1}{2}V_{AM}(\omega)+\frac{1}{\pi}\sum_{n=-\infty}^{\infty}\frac{(-1)^{(n-1)/2}}{n}V_{AM}(\omega-n\omega_c) \quad (n=\pm 1, \pm 3, \pm 5 \ldots)$$

가 된다. 이때 전술한 바와 같이 수신된 AM 피변조파 신호를

$$v_{AM}(t)=f_s(t)\,V_c\sin\omega_c t+V_c\sin\omega_c t=V_c[1+f_s(t)]\sin\omega_c t$$

라고 하면 이 신호의 푸리에 변환은

$$V_{AM}(\omega)=\frac{1}{2j}[F_s(\omega-\omega_c)-F_s(\omega+\omega_c)]-j\pi V_c[\delta(\omega-\omega_c)-\delta(\omega+\omega_c)]$$

이므로 아래 그림 (f)와 같은 최종 스펙트럼을 얻게 된다. 여기서 우리가 얻고자 하는 것은 기저 대역 신호이므로 LPF, 즉 저역(통과) 여파기를 이용하여 $\omega=0$ 중심으로 모여 있는 성분만을 추출하면 원래의 신호를 얻게 되는데 이는 위의 식에서 $n=\pm 1$인 경우이므로, 이를 대입하면 LPF 출력 신호의 스펙트럼은

$$F_{oLPF}(\omega)=\frac{1}{\pi}F_s(\omega)+2V_c\delta(\omega)$$

이다. 따라서 시간 영역에서의 LPF 출력 신호는

$$v_{oLPF}(t)=\frac{1}{\pi}[f_s(t)+V_c]$$

가 되고 캐패시터를 통해 직류를 차단하면 V_c 성분이 제거되므로 검파기의 최종 출력은

$$v_o(t)=\frac{1}{\pi}f_s(t)$$

가 됨을 알 수 있다.

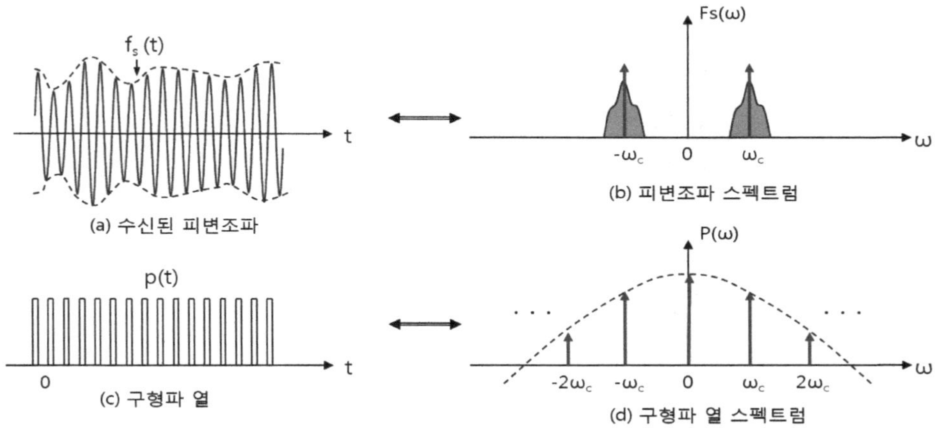

(a) 수신된 피변조파 (b) 피변조파 스펙트럼 (c) 구형파 열 (d) 구형파 열 스펙트럼

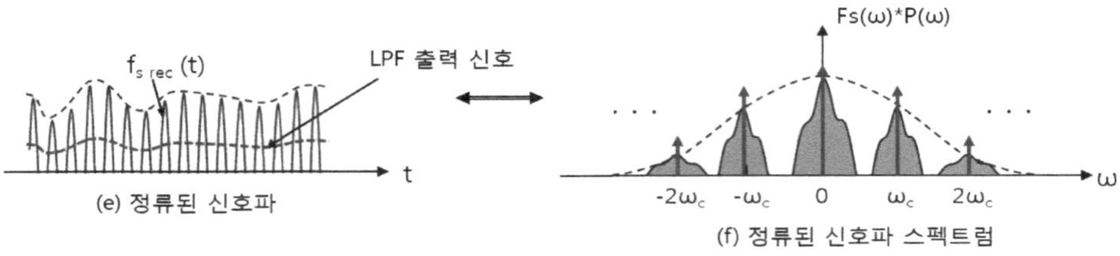

그림 3-29. 정류 검파기 신호 파형과 스펙트럼

3.4.7.2 동기 검파 방식

동기 검파(coherent detection) **방식**은 아래 그림과 같이 수신기에서 국부 발진기(Local Oscillator)를 이용하여 송신기가 사용한 반송파에 주파수와 위상을 맞춘 동일한 신호를 발생시켜서 수신 신호와 곱하고 이를 저역 통과 필터에 통과시킴으로써 원래의 신호파를 얻어내는 방식이다. 동기 검파는 국부 발진기를 수신되는 반송파의 주파수와 위상에 정확히 동기 시켜야 왜곡 없이 송신된 원래의 신호파를 복조해낼 수 있다. 주파수가 일치하더라도 위상이 일치하지 않으면 왜곡이 생겨 출력 신호가 감쇄할 뿐 아니라 시간에 따라 크기가 다르게 된다. 따라서 수신측에서 어떤 식으로든 **반송파 복원**(carrier recovery)이 필요하게 되는데 주로 수신 신호에서 반송파의 위상을 추출하여 국부 발진기의 출력 신호와 동기시키는 방법을 사용한다. 이러한 방법은 결국 수신되는 반송파 또는 파일럿(pilot) 신호 등으로 부터 기준 신호를 추출하여 수신 신호와 곱하는 것과 같고 이는 주파수 영역에서 수신 신호와 기준 신호의 **중첩**(convolution) 과정을 통해서 이루어진다고 볼 수 있다. 이러한 의미에서 동기 검파를 승적 검파라고도 한다.

앞에서 살펴본 진폭 변조 신호 중에 무변조 신호 시에 반송파를 전송하지 않는 DSB-SC 신호의 경우가 동기식 검파 방식을 사용하는 대표적인 예이다.

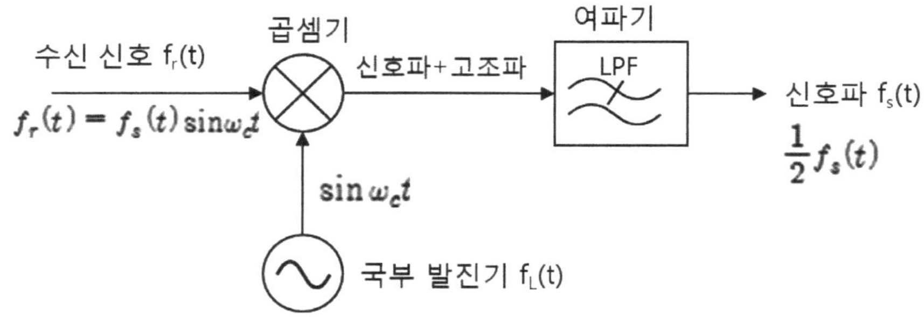

그림 3-30. DSB-SC 신호 동기 검파기 구성도

위 그림 참조하여 동기 검파의 동작 원리를 수학적으로 살펴보면 다음과 같다. 우선 수신 신호 $f_r(t)$와 국부 발진기의 출력 $f_L(t)$를 곱셈기를 통해 곱하면

$$f_r(t)\,f_L(t) = f_s(t)\sin^2\omega_c t = \frac{1}{2}\left[f_s(t) - \cos 2\omega_c t\right]$$

가 되는데 이 신호를 저역 통과 여파기에 인가하여 $2\omega_c$ 성분을 걸러내면

$$v_o(t) = \frac{1}{2}f_s(t)$$

의 원래의 신호 성분만을 얻어낼 수 있다. 원래의 신호 크기보다 전력이 반으로 감소하는 단점이 있지만 제거가 어려운 고조파 성분이나 왜곡이 없어 양호한 품질의 원래 신호 파형을 얻을 수 있는 장점이 있다. 또한 송신측에서 무변조 신호 시에 반송파를 전송할 필요가 없으므로 DSM-LC 방식에 비해 송신기의 전력 소모가 줄어든다. 따라서 동기 검파 방식은 무변조 시에 반송파를 전송하지 않는 AM-SC, 즉 DSB-SC나 SSB-SC 방식의 신호 검파에 이용된다.

위의 경우는 수신된 피변조파의 반송파와 국부 발진기의 출력 신호가 정확하게 주파수와 위상이 동기되었을 경우인데 만일 동기가 맞지 않는 경우를 살펴보기로 하자.

즉 수신 신호가

$$f_r(t) = f_s(t)\sin\omega_c t$$

라 할 때 국부 발진기 출력 신호가

$$f_L(t) = \sin\left[(\omega_c + \Delta\omega)t + \Delta\theta\right]$$

라고 하면 이 경우 곱셈기 출력 신호는

$$\begin{aligned} f_d(t) &= f_r(t)\,f_L(t) = f_s(t)\sin\omega_c t\ \sin\{(\omega_c + \Delta\omega)t + \Delta\theta\} \\ &= \frac{1}{2}f_s(t)\left[\cos\{\Delta\omega t + \Delta\theta\} - \cos\{(2\omega_c + \Delta\omega)t + \Delta\theta\}\right] \end{aligned}$$

가 된다. 위 식의 두 번째 항은 $2\omega_c + \Delta\omega$ 주파수를 중심으로 분포된 고주파 스펙트럼이므로 차단 주파수가 신호파의 최대 주파수 정도인 저역 통과 여파기를 사용하면 걸러내면 여파기의 출력은

$$v_o(t) = \frac{1}{2}f_s(t)\cos(\Delta\omega t + \Delta\theta)$$

가 된다. 위 식을 잘 살펴보면 출력 신호가 $f_s(t)$로만 되어있지 않고 $f_s(t)$에 다른 시간 함수가 곱해진 형태가 되어 있다. 이 시간 함수 $\cos(\Delta\omega t + \Delta\theta)$가 곱하여짐으로써 검파기의 출력 파형이 찌그러지게 되는 것이다.

만일 위 식에서 $\Delta\omega = 0$, $\Delta\theta = 0$이 된다면 $\cos(\Delta\omega t + \Delta\theta) = 0$이 되어 출력 신호가 국부발진기 출력이 수신 신호의 반송파에 동기된 경우와 같이

$$v_o(t) = \frac{1}{2}f_s(t)$$

가 되어 왜곡이 발생하지 않는다.

만일 $\Delta\omega = 0$, $\Delta\theta \neq 0$ 경우, 즉 위상 오차만 있는 경우에는

$$v_o(t) = \frac{1}{2}f_s(t)\cos\Delta\theta$$

가 되므로 검파기의 출력이 코사인 함수 값에 비례하게 된다. 따라서 $\Delta\theta = \pm\frac{1}{2\pi}$일 때 출력이 최소가 되어 0이 되고 $\Delta\theta = 0$ 일 때 당연히 최대가 되면서 왜곡이 없게 된다. 그러나 위상오차는 시간에 따라 불규칙하게 변화하므로 보통 페이딩(fading) 현상이 발생하게 된다.

또한 $\Delta\omega \neq 0$, $\Delta\theta = 0$ 경우, 즉 주파수 오차만 있는 경우에는

$$v_o(t) = \frac{1}{2}f_s(t)\cos(\Delta\omega t)$$

가 된다. 이 경우는 출력이 감쇠하고 일그러짐도 발생하게 된다. 왜냐하면 통상적으로 $\Delta\omega$ 값이 작기 때문에 출력 파형이 원래의 신호파 $f_s(t)$에 낮은 주파수의 여현파 $\cos(\Delta\omega t)$를 곱한 형태가 되기 때문에 $f_s(t)$가 시간에 따라 위상도 정(+)에서 부(-)로 바뀌면서 코사인 파형의 형태로 크기가 달라지는 현상이 발생하게 된다. 이러한 현상은 허용하기 곤란하다. 따라서 수신기의 국부 발진기 출력 신호는 반드시 수신된 반송파에 잘 동기 시켜야만 한다. 이러한 동기는 일반적으로 **위상 고정 루프(PLL ; Phase Locked Loop)**와 같은 궤환 회로를 사용하여 구현한다.

3.4.7.3 슈퍼헤테로다인 검파

슈퍼헤테로다인 검파(superheterodyne detection)방식은 1918년 미 육군이었던 암스트롱(E. H. Armstrong)이 고안한 방식으로 '초음파'라는 뜻의 'supersonic'과 '다른 힘'이라는 뜻의 'heterodyne'의 합성어이다. 따라서 'superheterodyne'은 가청 주파수보다 높은 초음파 영역의 다른 주파수로 변환하는 방식이라는 의미이다. 즉 높은 주파수의 피변조파 수신 신호에서 직접 원하는 기저대역 신호를 추출하지 않고, 일단 낮은 주파수로 변환한 후에 검파하는 방식이다. 따라서 이 방식에서는 **중간 주파수(IF : Intermediate Frequency)**라는 낮은 주파수가 존재하게 된다. 반대로 'homodyne' 방식은 중간 주파수가 없이 단일 주파수만을 사용하는 방식이다. 즉 높은 주파수의 피변조파 수신 신호와 동일한 주파수와 위상을 갖는 국부 발진기를 사용하여 직접 기저대역 신호를 추출하는 방식이다.

그러면 왜 피변조파 수신 신호로부터 직접 기저대역 신호를 추출하지 않고 굳이 중간 주파수를 사용하는 것일까? 그 이유는 미약한 수신 신호를 쉽고 안정적으로 충분히 증폭한 후에 검파하기 위해서이다. 즉 미약한 수신 신호를 제대로 증폭을 하지 않고 검파기에 입력하다보면 다이오드

내부 저항이 매우 커져서 출력 신호가 매우 작아지므로 검파 효율이 낮아진다. 또한 동조회로가 1개이므로 선택도와 S/N 비도 낮아지게 된다. 따라서 검파하기 전에 고주파의 수신 신호를 충분히 증폭하여야 하는데 문제는 고주파 증폭기의 입력 신호와 출력 신호의 주파수가 동일할 경우, 2단 이상 증폭하면 궤환에 의한 발진이 일어난다는 점이다. 따라서 2단 이상 증폭하려면 2단 증폭 후 정궤환에 의한 발진을 방지하기 위해 주파수를 변경한 후에 다시 증폭하는 방법을 택하면 된다. 이 같은 방법을 이용하면 2단 이상 충분히 안정적인 증폭이 가능하여 수신기의 감도와 검파 효율이 크게 증가하게 된다. 따라서 검파하기 전에 중간 주파수로 변환하는 과정이 필요하게 된 것이다.

(1) 구성

그러면 슈퍼헤테로다인 수신기는 어떻게 구성되며 장단점은 무엇인지 구체적으로 살펴보기로 하자. 아래 그림은 슈퍼헤테로다인 수신기의 구성도이다. 구성도에서 각 블럭의 역할은 다음과 같다.

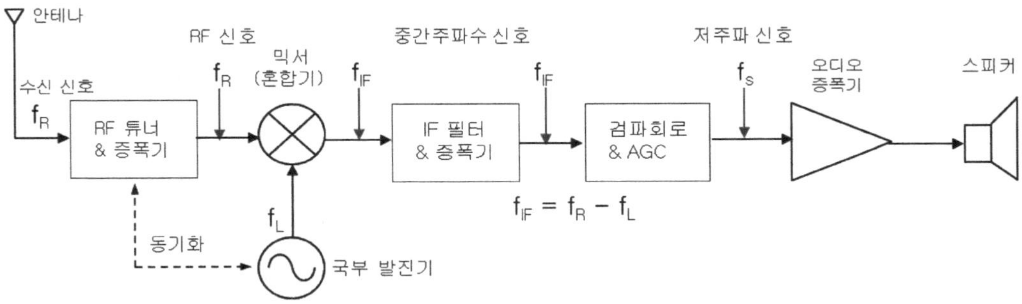

그림 3-31. 슈퍼헤테로다인 수신기 구성도

- **고주파 증폭기(RF amp)** : 중파 대역의 수신 신호를 증폭하기 위한 증폭 회로로 AM 라디오의 경우의 국내 주파수 대역은 $535\,kHz \sim 1605\,kHz$이다.
- **믹서(mixer)** : 수신 주파수 f_R과 국부 발진 주파수 f_L의 합과 차 신호 $f_R \pm f_L$를 발생시킨다. 이때 차신호 $f_R - f_L = 455kHz$를 **중간 주파수**(IF : Intermediate Frequency) f_{IF}라고 한다.
- **국부 발진기**(local oscillator) : 선택된 RF 주파수보다 $455kHz$ 높거나 낮은 주파수, 즉 $f_{L^+} = f_R + f_{IF}$ 또는 $f_{L^-} = f_R - f_{IF}$의 정현파를 발생시키기 위한 발진회로이다.
- **중간 주파수 여파기**(IF filter) : 믹서의 출력 신호는 두 신호의 차에 해당하는 주파수 성분뿐 아니라 합에 해당하는 주파수 성분, 그리고 각 신호의 고조파들의 합과 차에 의한 주파수 성분 등 매우 다양한 주파수의 신호들이 포함되어 있으므로 이들 중에서 원하는 중간 주파

수 신호 성분만을 추출하기 위해서는 중심 주파수가 $455kHz$인 대역통과 여파기를 통해 신호를 걸러내야 한다.

- **중간 증폭기(IF amp)** : $455kHz$의 중간 주파수로 천이된 AM 피변조파를 충분히 증폭한다.
- **검파기(detector)** : 중간 주파수의 신호로부터 원래의 신호파를 추출해낸다. 보통 포락선 검파 방식을 이용한다.
- **자동 이득 조절기(AGC : Automatic Gain Controller)** : 페이딩, 전계의 변화, 상대국의 공중선 전력의 차이 등에 의해 RF 수신 신호의 세기의 변화가 발생하여도 검파기에 일정한 크기의 신호가 입력되도록 자동으로 이득을 조절하는 회로이다.
- **저주파 증폭기(AF amp)** : 검파(복조)된 가청 주파수 대역의 오디오 신호를 증폭시켜서 스피커를 구동시키는 역할을 한다.

(2) 장점

슈퍼헤테로다인 방식 수신기의 장점은 다음과 같다.

- **고 감도이다** : 슈퍼헤테로다인 방식은 검파하기 전에 수신 신호를 충분히 증폭하여 검파기의 다이오드에 입력하므로 선택도와 S/N비가 좋아질 뿐 아니라, 고주파 신호를 주파수를 바꾸어 2단 이상 충분히 증폭하므로 미약한 고주파 수신 신호도 충실하게 검파해낼 수 있어서 수신 감도가 높아진다.
- **고 선택도이다** : 중간 주파수를 쓰지 않는 호모다인(homodyne) 방식에 비해 선택도가 훨씬 높아지는데 그 이유를 살펴보면 다음과 같다. 예를 들어 $1000kHz$의 신호를 수신하는데 $1020kHz$의 신호가 혼신되고 있다고 가정하면 이 신호는 수신을 원하는 신호와의 주파수 차이가 매우 작아서 이를 실제 동조 회로로 분리해내는 매우 어렵다. 이렇게 분리하기 어려운 정도를 **이조도(離調度)**라고 한다. 이조도는 다음과 같이 수치화할 수 있다. 즉 수신하고자 하는 희망파의 주파수를 f_r, 혼신파의 주파수를 f_c 두 신호 주파수의 차이를 Δf라고 하면

  $$\mu = \frac{\Delta f}{f_r} \times 100(\%) \quad (\Delta f = f_c - f_r)$$

  이다. 위의 예의 경우 이조도는

  $$\mu = \frac{1020 - 1000}{1000} \times 100(\%) = 2(\%)$$

  이다. 그러나 중간 주파수가 $100kHz$라고 가정하고 이 중간 주파수로 변환한 경우 이조도는

  $$\mu_{IF} = \frac{1020 - 1000}{100} \times 100(\%) = 20(\%)$$

로 되어 분리하기가 10배 쉬워짐을 알 수 있다.

- **고 충실도(High Fidelity)이다** : 슈퍼헤테로다인 방식은 검파하기 전에 수신 신호를 충분히 증폭하여 다이오드에 입력하므로 다이오드 특성 곡선의 직선 부분을 전달함수로 이용할 수 있다. 따라서 왜곡이 적고 주파수 특성이 평탄하며 원래 신호 파형에 충실한 검파 출력 신호를 얻어낼 수 있다. 이와 같이 다이오드 특성 곡선의 직선 부분을 이용하여 검파하는 방식을 **직선 검파(linear detection)**라고도 한다.

(3) 단점

- **영상 신호(image signal)가 발생한다** : 슈퍼헤테로다인 수신기는 중간 주파수를 얻기 위해 국부 발진기의 출력을 수신 신호와 혼합하는데 이 과정은 수학적으로 두 개의 신호를 곱하는 것이므로 다수의 고조파 성분이 발생하게 되며, 발생된 고조파 성분 중에 수신기에서 혼신을 일으킬 수 있는 주요 주파수 신호 성분이 영상 신호(image signal)이다. 여기서 영상 신호의 주파수 f_I와 수신 주파수 f_R과의 관계는 다음과 같다.

  $f_I = f_R + 2f_{IF}$

  여기서 f_{IF}는 중간 주파수로 국부 발진기의 주파수를 f_L이라 하면

  $f_{IF} = f_R - f_L$ 이다.

  예를 들어 슈퍼헤테로다인 AM 라디오에서 실제로 수신된 주파수가 $603kHz$라면 중간 주파수 $455kHz$를 만들기 위해서 국부발진 주파수는 $1058kHz$가 된다. 그러나 수신 주파수가 $1058 + 455 = 1513kHz$ 인 경우에도 $1513 - 1058 = 455kHz$ 이 되어 중간 주파수가 생성되므로 $1513kHz$ 에서도 동일한 신호가 수신된다. 이는 원하는 실제 주파수가 아니므로 이를 **영상 신호(image signal)**라고 하며 정상적인 신호의 수신에 방해 요소로 헤테로다인 방식의 수신기에서는 피할 수 없는 현상이다.

- **비트 잡음이 발생한다** : 국부 발진기의 출력 신호가 완전한 정현파가 아니면 고조파 성분이 포함되어 있으므로 이 고조파 성분과 수신기에 입력되는 다른 신호들이 더해짐으로써 **비트 잡음(beat noise)**이 발생한다.

- **전원 전압의 영향이 크다** : 수신기 내부의 국부 발진기가 전원 전압이 변동에 민감하여 이에 따라 출력 신호의 주파수와 크기가 쉽게 변한다. 국부 발진기 출력 신호의 주파수나 위상, 크기가 수시로 변화하면 정상적인 검파가 이루어지지 않는다.

참고

• 비트 잡음 (beat noise)

주파수가 약간 다른 두 신호가 더해지면 두 신호 주파수의 합에 해당하는 신호가 두 신호의 주파수의 차에 해당하는 매우 낮은 주파수로 변조되어 신호의 크기가 커졌다 작아졌다 함으로써 두 신호 주파수 차에 해당하는 주파수의 가청 잡음이 발생하는데 이러한 잡음을 비트 잡음이라 한다. 즉 주파수가 약간 다른 두 신호가 $f_1(t) = V_1 \cos\omega_1 t$, $f_2(t) = V_2 \cos\omega_2 t$ 라고 할 때 두 신호가 더해진 신호는

$$f_1(t) + f_2(t) = V_1 \cos\omega_1 t + V_2 \cos\omega_2 t = 2\, V_1 V_2 \cos\left(\frac{\omega_1 - \omega_2}{2}\right)\cos\left(\frac{\omega_1 + \omega_2}{2}\right)$$

가 된다. 이 신호는 $\frac{\omega_1 + \omega_2}{2}$ 주파수의 코사인 파의 진폭이 $\frac{\omega_1 - \omega_2}{2}$의 매우 느린 주파수로 변화하되 코사인 파형으로 변화한다는 의미이다. 이에 따라 신호의 파형이 진폭이 0 ~ $2\,V_1 V_2$ 사이의 크기로 없어졌다 커졌다를 반복하게 됨으로써 두 신호 주파수 차에 해당하는 주파수의 가청 잡음이 발생하게 된다. 이때 이러한 비트 잡음의 주파수는

$\omega_{beat} = \omega_1 - \omega_2$

이고 이는 간섭을 일으킨 두 신호 주파수 차에 의한 포락선 변화 주기의 2배에 해당한다.

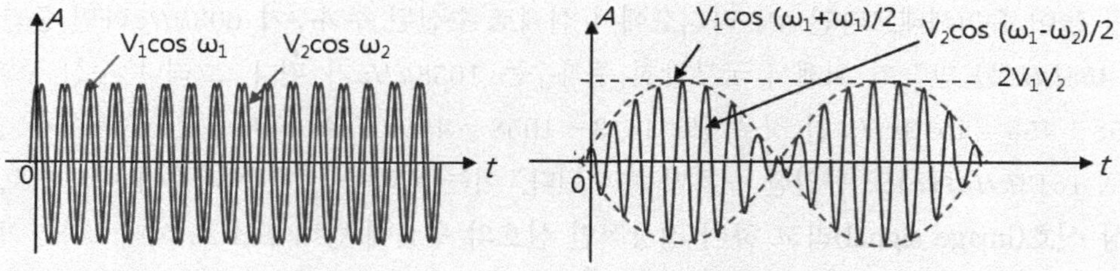

(a) 주파수가 약간 다른 두 신호 (b) 두 신호 합에 의한 파형

3.5 주파수 변조(FM)

3.5.1 주파수 변조의 개념

주파수 변조(FM : Frequency Modulation)는 신호파를 반송파의 주파수에 실어서 전송하는 방식이다. 따라서 아래 그림과 같이 신호파의 진폭에 비례하여 반송파의 주파수가 변화한다. 즉 아래 그림에서 알 수 있듯이 변조 신호의 진폭이 0에서 양(+)의 최대치로 증가할 때는 반송파의 주파수도 이에 비례하여 증가하고 변조 신호의 진폭이 0에서 부(+)의 최대치로 감소할 때는 반송파의 주파수도 이에 비례하여 감소하게 된다. 이때 반송파의 주파수 변화를 **주파수 편이**(frequency deviation)라 하며 이 값이 클수록 S/N 비가 높아지고 성능이 우수해지나 그만큼 소요 전송 대역폭이 넓어지므로 최대 주파수 편이(Δf)를 일정하게 제한하고 있다. 예를 들어 스테레오 FM 방송에서는 $\pm 75\,kHz$이다. 따라서 주파수 변조 시에는 변조기에 변조신호인 신호파를 입력하기 전에 미리 진폭 제한기, 즉 **리미터**(limiter)를 사용하여 진폭이 어느 한도 이상 되지 않도록 제한하여야 한다. FM 방식은 일반적으로 AM 방식보다 성능이 우수하나 넓은 전송 대역폭을 요구하는 방식이다.

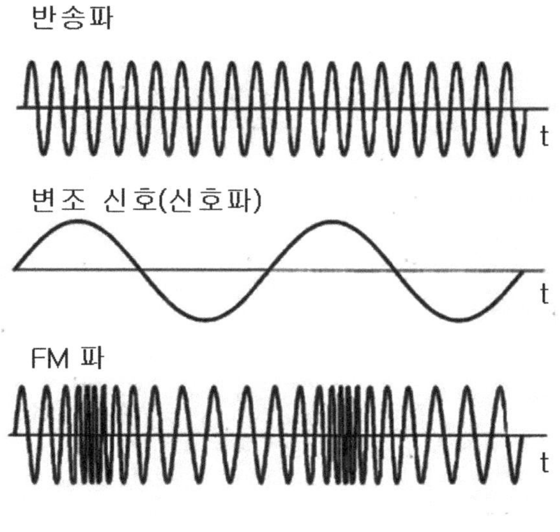

그림 3-32. FM 피변조파

이제 FM 방식을 정량적으로 살펴보기 위해서 우선 정현파의 일반적인 식은 다음과 같다.

$v(t) = V_c \sin\theta_i(t)$

여기서 $\theta_i(t)$는 순시 위상이다. 일정한 반송파 주파수 ω_c를 중심으로 위상이 약간씩 변화하는 신호를 수식으로 표현하면 다음과 같다.

$$v_{FM}(t) = V_c \sin\left[\omega_c t + \int_0^t \omega_i(\tau)d\tau\right]$$

여기서 신호파에 의한 순시 주파수 편이 성분이

$\omega_i(t) = \Delta\omega \cos\omega_s t = k_f V_s \cos\omega_s t$

라고 하자. 이때 주파수 편이로 $\Delta\omega = k_f V_s$ 이고 k_d는 **주파수 이득**(frequency gain) 또는 **주파수 편이 상수**(frequency deviation constant)이다. 따라서

$$\begin{aligned} v_{FM}(t) &= V_c \sin\left(\omega_c t + k_f V_s \int_0^t \cos\omega_s \tau d\tau\right) = V_c \sin\left(\omega_c t + \frac{k_f V_s}{\omega_s}\sin\omega_s t\right) \\ &= V_c \sin\left(\omega_c t + \frac{\Delta\omega}{\omega_s}\sin\omega_s t\right) = V_c \sin(\omega_c t + m_f \sin\omega_s t) \end{aligned}$$

이다. 여기서 $m_f = \dfrac{k_f V_s}{\omega_s} = \dfrac{\Delta\omega}{\omega_s} = \dfrac{\Delta f}{f_s}$ 를 **FM 변조지수**(modulation index)라고 하며 FM 피변조파의 주파수 스펙트럼과 성능 등, 특성을 파악하는 중요한 변수이다. FM 피변조파를 주파수 영역에서 표현하기 위해 위 식을 변형하여 정리하면

$$\begin{aligned} v_{FM}(t) &= V_c \sin(\omega_c t + m_f \sin\omega_s t) = Re\left[V_c e^{j(\omega_c t + m_f \sin\omega_s t)}\right] \\ &= Re\left[V_c e^{j\omega_c t} e^{jm_f \sin\omega_s t}\right] = Re\left[V_c e^{j\omega_c t} e^{jm_f \sin\omega_s t}\right] \end{aligned}$$

그런데 위 식에서 $e^{jm_f \sin\omega_s t}$는 주기 함수로 푸리에 급수로 나타낼 수 있으므로

$$e^{jm_f \sin\omega_s t} = \sum_{n=-\infty}^{\infty} C_n e^{jn\omega_s t}$$

로 둘 수 있다. 따라서

$$v_{FM} = Re\left[V_c e^{j\omega_c t} \sum_{n=-\infty}^{\infty} C_n e^{j(\omega_c t + n\omega_s t)}\right]$$

로 쓸 수 있다. 그런데 여기서

$$C_n = \frac{1}{T}\int_{-\frac{T}{2}}^{\frac{T}{2}} e^{jm_f \sin\omega_s t} e^{-jn\omega_s t} dt = \frac{1}{2\pi}\int_{-\pi}^{\pi} e^{j(m_f \sin\theta - n\theta)} d\theta \equiv J_n(m_f)$$

로 정리할 수가 있어 푸리에 급수의 계수 C_n을 제1종 n차 베셀 함수(Bessel function)로 볼 수 있다(참고 참조). 위 적분식의 해는 무한급수로 표시될 수 있으며 물리적인 문제를 해석할 때 많이 등장하는 함수이다. 따라서 결국 FM 피변조파는

$$v_{FM} = Re\left[V_c \sum_{n=-\infty}^{\infty} J_n(m_f) e^{j(\omega_c t + n\omega_s t)} \right]$$

로 표현할 수 있다.

위 식을 통해 알 수 있는 점은 FM파의 주파수 스펙트럼은 신호파 주파수 ω_s의 정수배 주파수들의 합이며 그 주파수 성분 즉 고조파의 크기는 제1종 n차 **베셀 함수**(Bessel function) $J_n(x) = \dfrac{1}{2\pi} \displaystyle\int_{-\pi}^{\pi} e^{j(x\sin\theta - n\theta)} d\theta$ 값에 따른다는 것이다. 베셀함수의 그래프와 그 값은 아래 그림과 표와 같다.

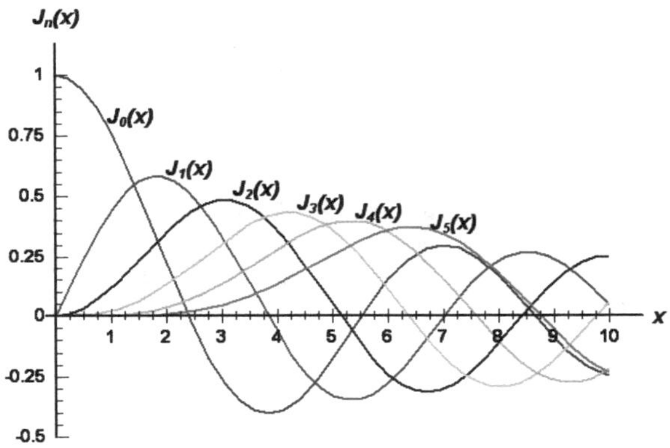

그림 3-33. 제1종 n차 베셀 함수 그래프

표 3-1. 제1종 n차 베셀 함수의 값

m_f	$J_n(m_f)$																
	n=0	1	2	3	4	5	6	7	8	9	10	11	12	13	14	15	16
0.00	1.00																
0.25	0.98	0.12															
0.5	0.94	0.24	0.03														
1.0	0.77	0.44	0.11	0.02													
1.5	0.51	0.56	0.23	0.06	0.01												
2.0	0.22	0.58	0.35	0.13	0.03												
2.41	0	0.52	0.43	0.20	0.06	0.02											
2.5	−0.05	0.50	0.45	0.22	0.07	0.02	0.01										
3.0	−0.26	0.34	0.49	0.31	0.13	0.04	0.01										
4.0	−0.40	−0.07	0.36	0.43	0.28	0.13	0.05	0.02									
5.0	−0.18	−0.33	0.05	0.36	0.39	0.26	0.13	0.05	0.02								
5.53	0	−0.34	−0.13	0.25	0.40	0.32	0.19	0.09	0.03	0.01							
6.0	0.15	−0.28	−0.24	0.11	0.36	0.36	0.25	0.13	0.06	0.02							
7.0	0.30	0.00	−0.30	−0.17	0.16	0.35	0.34	0.23	0.13	0.06	0.02						
8.0	0.17	0.23	−0.11	−0.29	−0.10	0.19	0.34	0.32	0.22	0.13	0.06	0.03					
8.65	0	0.27	0.06	−0.24	−0.23	0.03	0.26	0.34	0.28	0.18	0.10	0.05	0.02				
9.0	−0.09	0.25	0.14	−0.18	−0.27	−0.06	0.20	0.33	0.31	0.21	0.12	0.06	0.03	0.01			
10.0	−0.25	0.04	0.25	0.06	−0.22	−0.23	−0.01	0.22	0.32	0.29	0.21	0.12	0.06	0.03	0.01		
12.0	0.05	−0.22	−0.08	0.20	0.18	−0.07	−0.24	−0.17	0.05	0.23	0.30	0.27	0.20	0.12	0.07	0.03	0.01

아래 그림은 FM 피변조파의 주파수 스펙트럼의 예로서 위의 베셀 함수 값 테이블을 참조하여 변조지수 $m_f \cong 2$ 일 때를 나타낸 것이다.

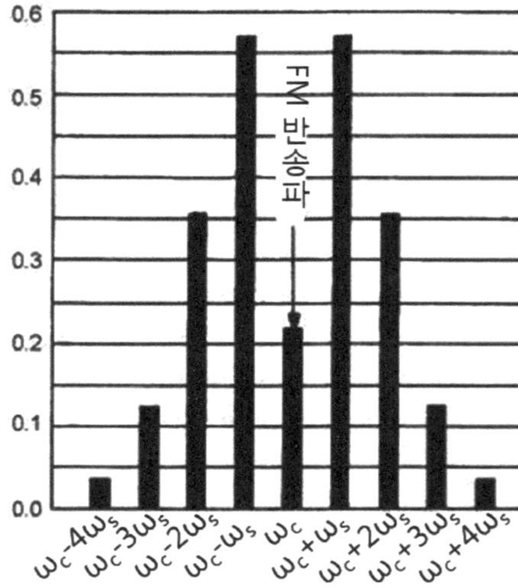

그림 3-34. FM 피변조파 주파수 스펙트럼의 예

3.5.2 FM 변조지수와 주파수 스펙트럼

앞 절에서 살펴보았듯이 FM에서 변조지수는 FM 피변조파의 주파수 스펙트럼의 형태 좌우하는 매우 중요한 파라미터이며 FM 성능 평가에 있어서도 매우 중요한 파리미터 중의 하나이다. 따라서 본 절에서는 변조지수와 스펙트럼의 관계를 좀 더 살펴보기로 한다.

다음 그림은 변조지수에 따른 FM 피변조파의 주파수 스펙트럼의 변화를 보여주고 있다. 베셀 함수는 변조지수 m_f의 함수이므로 변조지수에 따라 스펙트럼 형태가 변화하고 있음을 알 수 있다. 여기서 주목할 점은 스펙트럼 간격은 변조신호, 즉 신호파의 주파수 f_s와 같으며 변조지수 m_f가 커질수록 스펙트럼 수, 즉 측파의 수가 증가한다는 사실이다. 즉 변조지수가 클수록 각각의 주파수 성분 스펙트럼 크기가 점점 줄어들면서 넓게 퍼지게 되므로 신호를 전송하기 위한 소요 전송 대역폭도 점점 더 넓어져야 한다. 그런데 FM의 전송 대역폭을 무한정 넓게 할 수는 없으므로 일정하게 제한해 놓고 있다. 이렇게 최대 전송 대역폭을 일정하게 제한하게 되면 변조신호 f_s가 높을수록 주어진 대역폭 내의 측파의 개수가 줄어들어 그만큼 전송 대역폭 내에서의 신호 전력이 약해지므로 S/N 비가 낮아지게 된다. 따라서 FM에서는 신호파 f_s의 주파수가 낮을수록

S/N 비가 높아지고 반대로 신호파의 주파수가 높아질수록 S/N 비가 낮아지는 문제점이 발생한다. 따라서 이를 개선하고자 FM 방식에서는 **프리엠퍼시스**(pre-emphasis)와 **디엠퍼시스**(de-emphasis) 기법을 사용한다. 이에 대해서는 나중에 자세히 다루기로 한다.

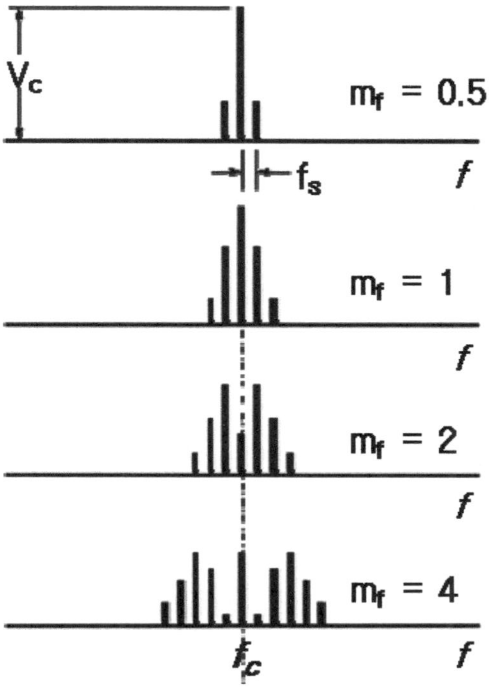

그림 3-35. 변조지수에 따른 FM 피변조파 주파수 스펙트럼

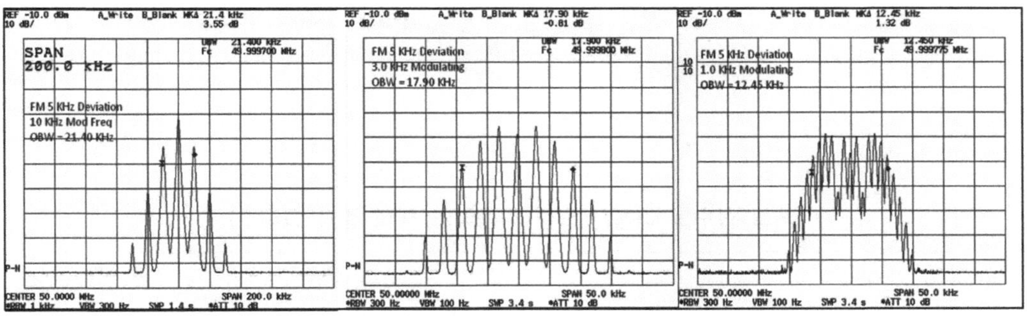

(a) 변조지수 m_f = 0.5
Δf = 5kHz, f_S = 10kHz

(a) 변조지수 m_f = 1.7
Δf = 5kHz, f_S = 3kHz

(a) 변조지수 m_f = 5
Δf = 5kHz, f_S = 1kHz

그림 3-36. 변조 신호 주파수에 따른 실제 FM 피변조파 주파수 스펙트럼

참 고

• 베셀 함수(Bessel function)

베셀 함수는 다니엘 베르누이(Daniel Bernoulli)가 처음으로 정의하고 베셀(Bessel)이 체계화하여 일반화한 특수 함수로, 다음과 같은 2차 상미분방정식

$$x^2\frac{d^2y}{dx^2}+x\frac{dy}{dx}+(x^2-n^2)=0\ (n\geq 0,\ \text{정수})$$

의 일반 해(solution) 이며

$$J_n(x)=\sum_{m=0}^{\infty}(-1)^m\frac{\left(\frac{x}{2}\right)^{(n+2m)}}{m!(n+m)!}$$ 또는 적분형으로 $$J_n(x)=\frac{1}{2\pi}\int_{-\pi}^{\pi}e^{j(x\sin\theta-n\theta)}d\theta$$

로 표현한다.

위의 2차 미분방정식은 원통형 대칭성을 갖는 문제를 다룰 때 흔히 등장하는 식으로 이 방정식의 일반해가 베셀 함수이다. 유체나 탄성체 운동, 전자기파, 열전도 등의 고전 물리학 문제나 슈뢰딩거(Schrodinger)의 파동 방정식의 해로 입자의 산란 등의 양자 역학 문제를 해결하는데 이용된다. 예를 들면 원통형 드럼의 진동 모드를 해석할 때도 유용하게 쓰일 수 있다. 제1종 n차 베셀 함수를 그래프로 나타내면 아래 그림과 같으며 크기가 점점 줄어드는 파동과 유사하다.

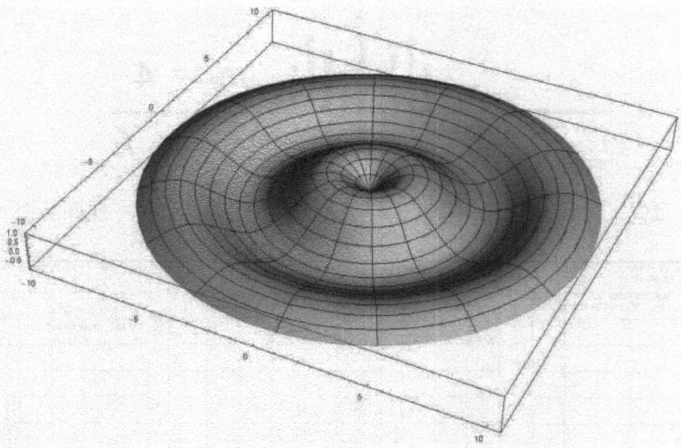

(베셀 함수를 이용한 원형 진동막의 해석 결과 그래프)

3.5.3 주파수 변조의 주요 파라미터

주파수 변조(FM)의 특성을 표현하는 주요 변수들은 아래와 같다.

(1) 표현식

$$v_{FM}(t) = V_c \sin\left[\omega_c t + \int_0^t \omega_i(\tau) d\tau\right]$$

이고, 신호파에 의한 순시 주파수 편이 성분이

$\omega_i(t) = k_f V_s \cos\omega_s t$

라고 하면 (여기서 $k_f V_s = \Delta\omega$ 로 주파수 편이)

$$\begin{aligned} v_{FM}(t) &= V_c \sin\left(\omega_c t + k_f V_s \int_0^t \cos\omega_s \tau d\tau\right) = V_c \sin\left(\omega_c t + \frac{k_f V_s}{\omega_s} \sin\omega_s t\right) \\ &= V_c \sin\left(\omega_c t + \frac{\Delta\omega}{\omega_s} \sin\omega_s t\right) = V_c \sin(\omega_c t + m_f \sin\omega_s t) \end{aligned}$$

이다. 여기서 $m_f = \dfrac{k_f V_s}{\omega_s} = \dfrac{\Delta\omega}{\omega_s} = \dfrac{\Delta f}{f_s}$는 변조지수이고 k_f는 주파수 편이 상수이다.

(2) 변조지수

변조지수 m_f는

$$m_f = \frac{\text{최대 주파수 편이}}{\text{변조 주파수}} = \frac{\Delta\omega}{\omega_s} = \frac{\Delta f}{f_s}$$

이다. $m_f > 1$이면 광대역 FM 변조, $m_f < 1$이면 **협대역** FM(NBFM : Narrow Band FM)라고 한다.

(3) 주파수 스펙트럼과 전송 대역폭

FM 피변조파 신호의 주파수 스펙트럼 성분의 크기는 변조지수 m_f에 대한, 제1종 n차 베셀 함수(Bessel function) 값에 따른다. 즉

$$v_{FM}(t) = Re\left[V_c \sum_{n=-\infty}^{\infty} J_n(m_f) e^{j(\omega_c t + n\omega_s)t}\right]$$

이다.

■ **카슨의 규칙**(Carson's Rule) :

전송 대역폭은 신호파 주파수와 주파수 편이가 클수록 커지며 관계식은 다음과 같다.

$B_{FM} = 2(\Delta f + f_s) = 2(m_f + 1)f_s$

위의 식은 1922년에 Carson이 유도한 것으로 **카슨의 규칙**(Carson's rule)이라고 한다.

(4) 피변조파 전력

FM 피변조파는 반송파와 진폭이 동일하고 주파수만 변형되므로

$$P_{t_{FM}} = \overline{v_{FM}^2(t)} = V_c\overline{\cos^2[\omega_c t + m_f \cos\omega_s t]} = \frac{1}{2}V_c^2 = P_c$$

로 피변조파 전력이 반송파 전력과 동일하다.

예제 3-1

반송파 전력이 10$[kW]$, 최대 주파수 편이가 $\pm 75[kHz]$인 FM 방송에서 신호파의 주파수가 15 $[kHz]$일 경우

(1) 소요 전송대역폭은 얼마인가? (2) 변조지수는 얼마인가?

(3) 피변조파의 주파수 스펙트럼 성분별 전력과 총 전력을 구하여 보라

(풀이)

(1) 소요 전송대역폭 : Carson's Rule에 의해 $\Delta f = 75[kHz]$이고 $f_s = 10[kHz]$이므로

$B_{FM} = 2(\Delta f + f_s) = 2(75 + 15) = 180[kHz]$

(2) 변조지수 : $m_f = \dfrac{\Delta f}{f_s} = \dfrac{75}{15} = 5$가 된다.

(3) 피변조파의 주파수 성분별 전력과 총 전력

반송파 전력 $P_c = 10[kW]$, 신호 주파수 $f_s = 10[kHz]$이므로

피변조파의 각 주파수 성분별 전력은 표에서 $m_f = 5$인 경우에 해당하는 $J_n(5)$의 값들을 참조하여 구하면 다음과 같다.

반송파 주파수 f_c의 전력 : $P_0 = J_0(5)^2 P_c = (-0.18)^2(10) = 0.324[kW]$

$f_c \pm f_s = f_c \pm 15[kHz]$ 전력 : $P_{\pm 1} = J_1(5)^2 P_c = (-0.33)^2(10) = 1.089[kW]$

$f_c \pm 2f_s = f_c \pm 30[kHz]$ 전력 : $P_{\pm 2} = J_2(5)^2 P_c = (-0.05)^2(10) = 0.025[kW]$

$f_c \pm 3f_s = f_c \pm 45[kHz]$ 전력 : $P_{\pm 3} = J_3(5)^2 P_c = (-0.36)^2(10) = 1.296[kW]$

$f_c \pm 4f_s = f_c \pm 60[kHz]$ 전력 : $P_{\pm 4} = J_4(5)^2 P_c = (-0.39)^2(10) = 1.521[kW]$

$f_c \pm 5f_s = f_c \pm 75[kHz]$ 전력 : $P_{\pm 5} = J_5(5)^2 P_c = (0.26)^2(10) = 0.676[kW]$

$f_c \pm 6f_s = f_c \pm 90[kHz]$ 전력 : $P_{\pm 6} = J_6(5)^2 P_c = (0.13)^2(10) = 0.169[kW]$

$f_c \pm 7f_s = f_c \pm 105[kHz]$ 전력 : $P_{\pm 7} = J_7(5)^2 P_c = (-0.05)^2(10) = 0.025[kW]$

$f_c \pm 8f_s = f_c \pm 120[kHz]$ 전력 : $P_{\pm 8} = J_8(5)^2 P_c = (0.02)^2(10) = 0.004[kW]$

이다. 따라서 총 전력은

$$P_t = \sum_{n=-8}^{8} J_n^2(5) P_c = 0.004 + 0.025 + \ldots + 0.324 + \ldots + 0.025 + 0.004 = 9.934[kW]$$

가 된다,

3.5.4 주파수 변조의 장단점

이제 FM 방식은 AM 방식과 비교할 때 어떠한 장점과 단점이 있는지 살펴보기로 하자.

3.5.4.1 장점

- AM 방식에 비해 S/N가 우수하다 (단, 변조 지수 $m_f > 1/\sqrt{3}$ 인 경우)
- 진폭 잡음에 강하고 신호의 왜곡이 적어 통화 품질(음의 충실도)이 우수하다
- **페이딩(fading)**의 영향과 혼신이 적다
- C급 전력 증폭을 하므로 송신기의 효율이 좋다

3.5.4.2 단점

- 전송 주파수 대역폭이 넓다 [초단파(VHF) 이상 대역을 이용]
- 일정 신호 레벨 이하에서 아예 수신이 불가능한 **임계(threshold) 현상**이 있다
- AM 방식에 비해 장치가 다소 복잡하다
- 수신기에 진폭 제한기(limiter)를 사용하여야 한다.
- 주파수 체배 부분이 많으므로 **불요 복사(슈프리어스 : spurious)** 강도가 크고 혼신을 일으킬 염려가 있다.
- AM은 직선 변조로 기존 변조 신호 주파수 ω_1에 새로운 변조 신호 주파수 성분 ω_2가 추가되면 그에 해당하는 상, 하 측대파만 더 발생하지만, FM은 비직선 변조로 새로운 신호에 해당하는 측대파 성분뿐 아니라 **혼변조(상호변조: intermodulation)** 성분인 $(\omega_c \pm n\omega_1 \pm k\omega_2)$ 성분도 발생하여 신호의 왜곡을 발생시키기 쉽다.

3.5.4.3 AM과 FM의 성능 비교

FM과 AM 성능 비교는 출력 신호 대 잡음비 (S_o/N_o)를 비교해 봄으로써 가능하다

FM의 출력 신호 대 잡음비를 $(S_o/N_o)_{FM}$이라 하고 AM의 출력 신호 대 잡음비를 $(S_o/N_o)_{AM}$이라 할 때

$$(S_o/N_o)_{AM} = \frac{\overline{f_s^2(t)}}{N_o W} = \frac{\overline{f_s^2(t)}}{2Nf_s} = \frac{2\pi\,\overline{f_s^2(t)}}{2N\omega_m}$$

이다. 여기서 $\overline{f_s^2(t)}$는 신호 $f_s(t)$의 평균 전력, f_m은 신호 주파수 $f_s(t)$의 대역폭, N은 백색 잡음의 밀도이다. 또한

$$(S_o/N_o)_{FM} = \frac{3}{2}\left(\frac{2\pi V_c^2}{N}\right)\frac{k_f^2\,\overline{f_s^2(t)}}{\omega_m^3}$$

이다. 따라서 이들의 비는

$$\left(\frac{S_o}{N_o}\right)_{FM} \Big/ \left(\frac{S_o}{N_o}\right)_{AM} = 3\left(\frac{k_f V_c}{\omega_m}\right)^2$$

인 관계가 있다. 우리는 여기서 편의상 FM 신호의 반송파 진폭이 변조 신호의 진폭 V_s와 같고 비교하는 AM 신호는 100[%] 변조의 경우로 반송파 진폭과 변조 신호의 진폭이 다 같이 V_c인 경우를 생각하기로 한다. 위의 식에서 $k_f V_c = k_f V_s = \Delta\omega$를 나타내므로 결국

$$\left(\frac{S_o}{N_o}\right)_{FM} \Big/ \left(\frac{S_o}{N_o}\right)_{AM} = 3\left(\frac{\Delta\omega}{\omega_m}\right)^2 = 3\left(\frac{\Delta f}{f_m}\right)^2 = 3{m_f}^2$$

이 된다. 위의 결과 식은 통신 방식의 성능을 출력 신호 대 잡음비로 비교할 때, AM에 대한 FM의 성능은 변조지수 m_f의 제곱에 비례한다는 의미이다. 즉, 변조지수가 클수록 신호 대 잡음비가 좋아져서 성능이 우수해진다. 이때 FM 성능이 AM보다 우수하려면 위 식에서

$$\left(\frac{S_o}{N_o}\right)_{FM} \Big/ \left(\frac{S_o}{N_o}\right)_{AM} = 3m_f^2 > 1$$

이어야 하므로

$$m_f > \frac{1}{\sqrt{3}} \cong 0.58$$

이상이어야 한다. 즉, FM 방식이 AM 방식보다 성능이 우수하려면 변조지수가 최소한 약 0.58 이상이어야 되어야 한다는 의미이다.

일반적으로 FM 방식이라 하면 변조지수 m_f가 0.58보다는 훨씬 큰 **광대역** FM을 말한다. 그러나 변조지수가 커지면 직선 변조계가 아닌 비선형 변조계가 되어 혼변조가 발생하므로, 2개 이상의 변조 신호파의 합으로 된 합성변조 신호에 대한 FM 방식의 성능을 해석하는데 어려움이 많아진다. 따라서 변조 신호 진폭이 제한된 범위 내에서 선형 시스템으로 근사화하여 해석하기도 한다.

만일 $m_f > 10$일 경우는 소요 전송대역폭

$$B_{FM} = 2(\Delta f + f_s) \cong 2\Delta f$$

로 근사화시킬 수가 있다. 이 경우 위 식은

$$\left(\frac{S_o}{N_o}\right)_{FM} / \left(\frac{S_o}{N_o}\right)_{AM} = \frac{3}{4}\left(\frac{B_{FM}}{f_m}\right)^2$$

이 된다. 위 식으로부터 FM 방식에서 출력 신호 대 잡음비를 4배, 즉 $6[dB]$ 증가시키려면 소요 전송대역폭을 2배 증가시켜야 함을 알 수 있다. 즉 광대역 FM(WBFM : Wide Band FM)에서는 소요 전송대역폭을 2배 증가시킬 때마다 출력 신호 대 잡음비 S_o/N_o가 $6[dB]$씩 개선된다. 다만 이 경우는 입력 잡음이 충분히 작다는 가정하에 가능하다. 입력 잡음이 충분히 큰 조건에서는 임계현상이 나타난다. **임계(threshold)현상**은 시스템의 입력 신호 대 잡음비가 어느 일정 수준이하인 경우 출력 신호 대 잡음비가 0이 되어 아예 수신기의 출력 신호가 나타나지 않는 현상이다.

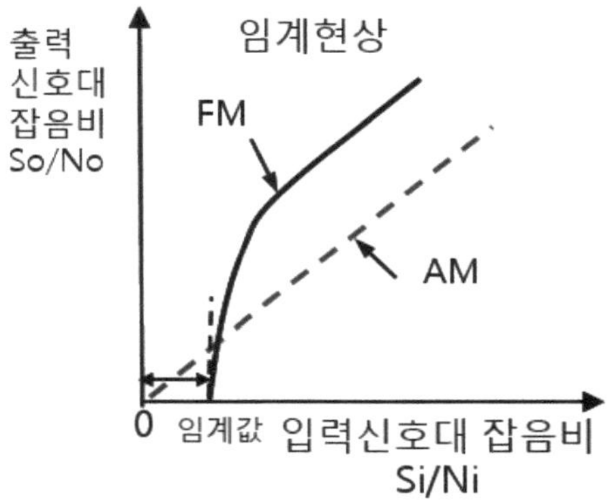

그림 3-37. FM에서의 임계현상

3.5.5 주파수 변조기의 구현

이제 주파수 변조 신호를 발생시키는 방법에 대해 살펴보기로 하자. FM 피변조파를 발생시키는 주파수 변조 방법에는 직접 FM 방식과 간접 FM 방식이 있다. **직접 FM 방식**은 전압제어 발진기(VCO : Voltage Controlled Oscillator)와 같은 반송파 발진기의 순시 주파수를 신호파로 직접 변화시키는 방식으로 회로가 간단하기는 하나, LC 발진기를 사용하여 반송파를 발생시키므로 주파수 안정도(frequency stability)가 10^{-4} 정도로 비교적 낮은 단점이 있다.

이에 반해 **간접 FM 방식**은 변조 신호를 미리 적분한 후, 그 신호를 이용하여 반송파를 위상 변조하는 방식으로, 회로가 복잡해지나 반송파 발생 장치로 수정 발진기를 사용할 수 있어서 주파수 안정도가 우수한 장점이 있다. 이 방식은 먼저 협대역 FM 신호를 만든 후에 주파수 체배를 통해 원하는 수준의 주파수 편이를 얻음으로써 광대역 FM 신호를 만드는 방식이라 볼 수 있다.

3.5.5.1 직접 FM 방식

직접 FM 방식은 아래 그림과 같이 반송파를 변조 신호로 직접 주파수 변조한다. 일반적으로는 발진기의 공진 회로에 **가변용량 다이오드(버랙터 다이오드** : varactor diode)와 같은 가변 리액턴스 소자를 연결하여 그의 용량을 변조 신호에 따라 변화시킴으로써 주파수 변조된 FM 피변조파를 얻을 수 있다. 이러한 회로를 보통 **전압제어 발진기**(VCO ; Voltage Controlled Oscillator)라고 한다.

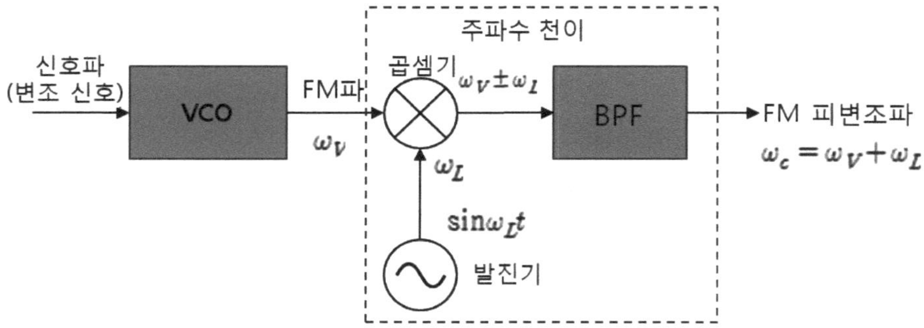

그림 3-38. 직접 FM 방식 변조기의 구성도

아래 그림은 일종의 VCO를 이용한 직접 FM 변조회로의 예이다. 트랜지스터와 궤환회로 및 LC 공진회로 이루어진 발진기의 발진 주파수를 신호파의 진폭에 따라 직접 변화시키는 방식으로 LC 탱크회로에 가변용량 다이오드(varactor diode)에 일정 레벨의 역 바이어스를 걸고 신호파로 역 바이어스 전압을 가변시킴으로써 다이오드의 접합 용량 C_{jD}를 변화시키고 이에 따라 발진 주파수를 변화시키는 방식이다. 아래 그림에서 가변용량 다이오드의 접합 용량 값을 C_{jD}라고 하면

$$C_{jD} = k/\sqrt{V_r}$$

로 다이오드에 인가한 역 바이어스 전압의 평방근에 반비례한다. 즉 바이어스 전압이 커질수록 용량 값이 줄어든다. 그런데

발진기의 공진 주파수는

$$f_o = \frac{1}{2\pi\sqrt{L(C_1 + C_{jD})}}$$

이다. 따라서 변조 신호의 크기에 따라 가변 용량 다이오드의 역 바이어스 전압이 변화하고 이에 따라 C_{jD} 값이 변화하면 변화 값의 평방근에 비례하여 주파수가 변화하므로 주파수 변조된 파형을 얻을 수 있다.

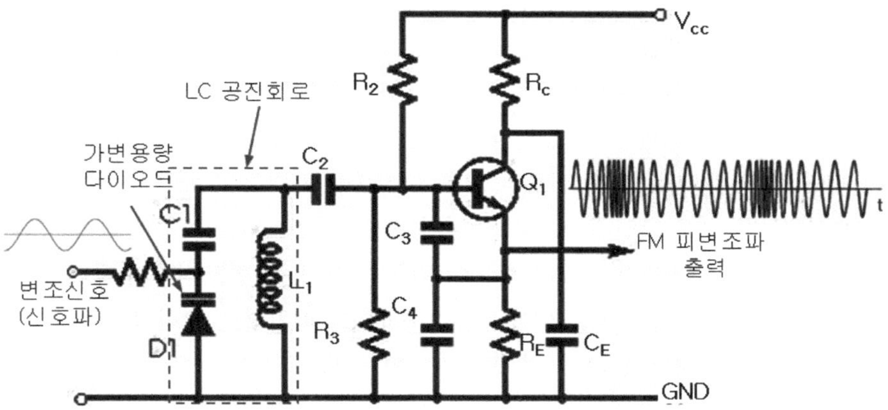

그림 3-39. 가변용량 다이오드를 이용한 직접 FM 방식 변조기의 예

직접 FM 방식에 속하는 변조 기법에는 다음과 같은 것들이 있다.

- 가변 용량 다이오드 변조
- 가변 인덕턴스 변조
- 리액턴스 트랜지스터, 리액턴스 관 변조
- PLL(Phase Locked Loop) 변조

또한 직접 FM 방식의 특징은 다음과 같다.

- 회로가 비교적 간단하다
- 주파수 체배 단수를 작게 할 수 있다
- 반송파의 주파수 안정도가 나쁘다
- 자동주파수 제어(AFC) 회로가 필요하다

3.5.5.2 간접 FM 방식

간접 FM 방식은 변조 신호를 적분한 후 그 신호로 반송파를 위상 변조(PM)한다. 간접 FM 방식은 직접 FM 방식의 단점인 낮은 주파수 안정도를 개선하기 위해 고안해 낸 방식이다. 1936년 E.H. 암스트롱(Edwin Howard Amstrong)에 의해 고안되었다 하여 **암스트롱 방식**이라고도 한다.

직접 FM 방식은 반송파 신호 발생을 위해 주파수 편이가 상대적으로 용이한 LC 발진기를 사용하는데 편이가 쉬운 만큼 주파수 안정도가 떨어져서 성능이 저하되는 단점이 있다. 따라서 LC 발진기 대신 주파수 안정도가 높은 **수정 발진기**(X-tal oscillator)를 사용하고자 하는데 수정 발진기는 안정된 만큼 주파수 편이가 쉽지 않다는 문제가 있다. 간접 FM 방식은 이러한 문제를 해결하기 위해 아래 그림에서와 같이 수정 발진기를 직접적으로 주파수 편이시키지 않고, 상대적으로 용이한 위상을 편이시키는 방법을 취하면서도 FM 피변조파를 얻도록 한 방식이다. 다만, 위상변조(Phase Modulation)를 하기 전에 원래 신호에 대해서 적분하는 전 처리 과정을 거치게 함으로써 등가적으로 주파수 변조를 한 것과 동일한 결과를 얻도록 하는 것이다. 이때 적분 과정은 결국 LPF를 통과 시키는 과정이므로 변조 신호의 고주파 성분을 차단하여 매끈하게 만든 후, 위상 변조를 하는 것으로 보면 된다. 그런데 이렇게 얻어지는 FM 피변조파는 아무래도 큰 주파수 편이를 얻기 어려워서 협대역 FM(NBFM) 신호가 만들어진다. 따라서 큰 변조지수의 광대역 FM(WBFM) 신호를 얻기 위해서는 주파수를 체배하여야 한다. 주파수를 배가하면 그만큼 주파수 편이도 배가 되기 때문이다. 주파수 체배를 통하여 원하는 만큼의 주파수 편이를 얻고 그 이후에 주파수를 천이시켜 원하는 주파수의 반송파를 갖는 FM 피변조파가 발생되도록 하는 것이다.

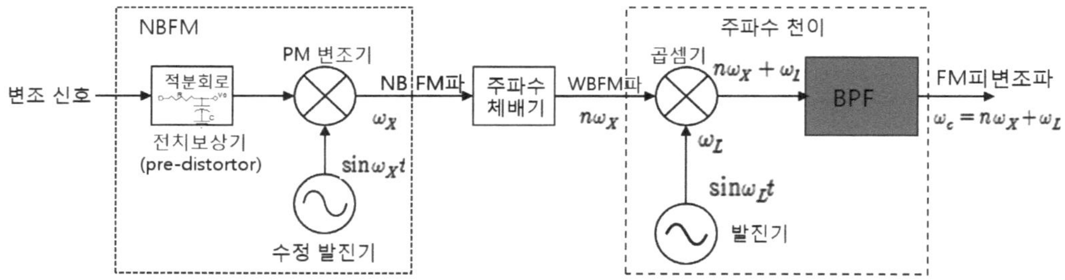

그림 3-40. 직접 FM 방식 변조기의 구성도

간접 FM 방식에 속하는 변조 기법에는 다음과 같은 것들이 있다.

- **벡터 합성 방식**
  - 암스트롱(Amstrong) 방식
  - AM-AM파 합성 방식
  - AM-C 방식
- **세라소이드(serrasoid) 방식**: 톱니파를 이용한 펄스 위치 변조 방식
- **이상(phase shift) 방식**: 가변 저항, 가변 리액턴스 이용

또한 간접 FM 방식의 특징은 다음과 같다.

- 수정 발진기를 사용하므로 주파수 안정도가 좋다
- 자동주파수 제어(AFC) 회로가 필요하지 않다
- 회로 구성이 복잡하다
- 위상 변조(PM)로 FM파를 얻기 위해 **전치 보상기**(pre-distortor)가 필요하다
- 수정 발진기로부터 원하는 크기의 주파수 편이를 얻기 어려우므로 많은 주파수 체배 단수를 필요로 한다.
- 변조기 출력 신호의 왜곡이 증폭되기 쉽고 신호의 진폭이 일정하지 않다.

  간접 FM 방식은 NBFM 신호를 발생시킨 뒤 주파수 체배를 통해 WBFM 신호를 얻는 방식인데 이 경우 NBFM 신호에 실제로 존재하는 고주파 신호 성분(간접 FM 방식을 고안한 암스트롱은 이를 무시함으로써 오류를 일으킴)으로 인해 왜곡이 발생되며 이 왜곡이 주파수 체배를 통해 편이비가 증가되면 왜곡도 증폭되는 단점이 있다. 이런 문제 때문에 실제적으로는 NBFM 신호의 주파수 편이상수를 될 수 있는 한 작게 하여야 한다. 또 다른 문제는 발생된 NBFM 신호의 진폭이 일정하지 않아서 전송 간에 진폭의 변화가 없더라도 수신측에서 반드시 진폭을 일정하게 만들어주는 리미터가 필요하게 되는 단점이 있다.

직접 FM 방식과 간접 FM 방식의 원리를 간단히 비교하여 도식화 하면 아래 그림과 같다. 즉 신호파를 VCO 등을 통해 직접 주파수 변조하면 직접 FM 방식이고 적분기를 통과시킨 후 위상변조를 하면 간접 FM 방식이다.

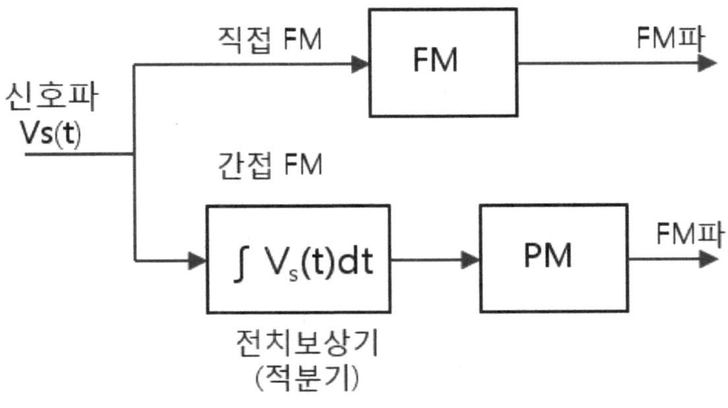

그림 3-41. 직접 FM 방식과 간접 FM 방식의 비교

FM은 넓게 보면 PM(위상변조, 각 변조)의 하나로 볼 수 있다. 왜냐하면 각(위상) $\theta = \omega t$, $\theta(t) = \int \omega(t)\,dt$이며 주파수 $\omega(t) = \frac{d\theta}{dt}$이기 때문이다. 따라서 신호파를 미리 적분한 뒤 위상을 변조하면 원래 신호는 주파수를 변조한 결과가 되는 것이다. 따라서 간접 FM 방식에서는 신호파를 미리 적분하여 위상 변조하는 것이다.

여기서 FM과 PM의 차이를 잠시 살펴보면, FM 방식에서는 최대 주파수 편이(주파수 편이의 한계 값) Δf를 일정하게 정해 놓기 때문에 아래 그래프에서와 같이 신호파의 주파수가 증가함에 따라 변조지수 m_f가 직선적으로 감소하게 되어 광대역 FM의 장점을 점점 잃어버리게 된다. 따라서 이런 문제를 해결하기 위해 **프리엠퍼시스(pre-emphasis)**와 **디엠퍼시스(de-emphasis)**라는 기법을 사용하게 되는데 이에 대해서는 나중에 자세히 다루기로 한다. 반면 PM의 경우는 신호파의 주파수에 따라 주파수 편이가 직선적으로 증가할 수 있어 변조지수 m_p가 일정하게 유지되므로 신호파의 주파수가 높아져도 성능에는 큰 변화가 없게 된다. 따라서 고주파 신호 전송에는 FM 방식보다는 PM 방식이 유리하다.

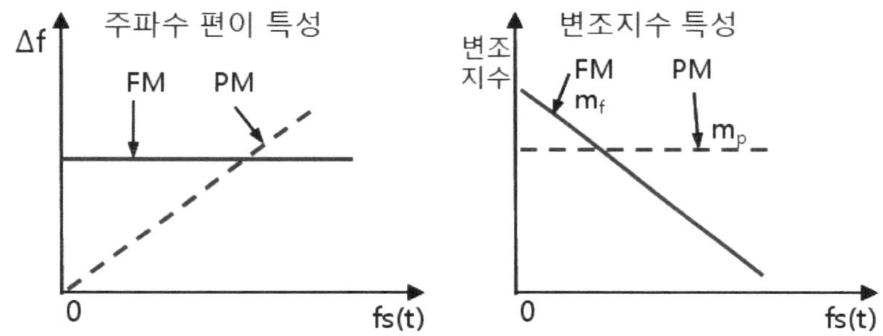

그림 3-42. FM과 PM의 변조지수 특성 비교

참 고

- **전치보상기 (pre-distorter)**

간접 FM 방식에서 PM 변조하기 전에 신호파를 미리 적분하기 위한 회로이다. 적분기는 저역 여파기(LPF)이며 신호의 고주파 성분을 약화시킴으로써 신호 파형의 예리한 부분을 부드럽게 한다. 즉 신호파 f_s의 주파수가 높을수록 작은 출력 전압을 발생시키는 회로이다. 등가적인 FM 파형을 얻는데 이용되는 보조 회로라고 할 수 있다. 전치 보상회로(pre-distorter)의 전달함수는

$$v_o = \frac{\frac{1}{j\omega_s C}}{R + \frac{1}{j\omega_s C}} v_i = \frac{1}{1 + j\omega_s CR} v_i$$

이며, 차단 주파수 $\omega_c RC = 1$ 인 조건에서 $f_{ch} = \dfrac{1}{2\pi RC}$ 이며 f_{ch}를 신호 주파수 f_s보다 충분히 낮도록, 즉 $f_{ch} \ll f_s$이 되도록 $\tau = RC$ 값을 선정하면 출력 전압은

$$v_o \cong \frac{1}{j\omega_s C} v_i$$

가 되며 신호 주파수 f_s에 반비례하게 된다.

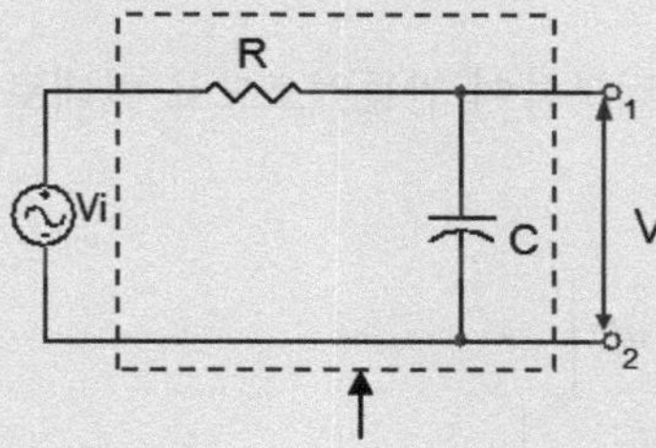

전치보상회로

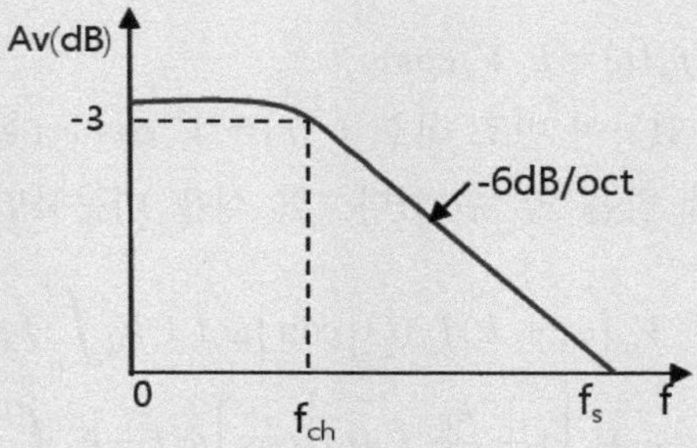

주파수 특성

3.5.6 FM 복조 방식과 구현

FM 신호는 신호파의 정보가 반송파의 주파수 변화에 실려 있으므로 이를 복조하기 위해서는 크게 주파수의 변화를 신호 진폭의 변화로 바꾸는 방법과 수신기의 국부 발진기 출력과 수신되는 FM 피변조파 신호를 비교하여 두 신호의 주파수와 위상차에 의한 에러 신호를 얻어냄으로써 원래의 신호파를 복조해내는 방법이 있다. 전자의 경우는 **미분과 포락선 검파 방식**으로 **포스터-실리 검파기**(Forster-Seeley discriminator), **비 검파기**(ratio detector), **경사형 검파기**(slope detector) 등, 동조형 주파수 변별기를 사용하는 방식들이 이에 속한다. 후자는 **위상고정루프**(PLL : Phase Locked Loop) **방식**으로 IC화하여 소형이면서도 양질의 수신이 가능한 장점이 있다.

이제 이들 두 가지 복조 방식에 대한 원리와 특징을 살펴보기로 하자.

3.5.6.1 미분과 포락선 검파 방식

이 방식은 주파수의 변화를 신호 진폭의 변화로 바꾸는 방법에 있어 LC 동조회로를 사용하기 때문에 **동조형 FM 변별기**(tuning FM discriminator)라고 한다. FM 신호는 전송 채널에서의 잡음

과 페이딩(fading)에 의한 진폭 변화를 없애기 위해 수신기에서 진폭 제한기(limitter)를 사용하여 일정한 진폭으로 만들고, LC 동조회로(병렬공진 회로)나 지연 회로 등을 이용하여 AM파로 변환한 후, 포락선을 추출하여야 한다. 이와 같이 FM파를 AM파로 변환하는 회로를 **주파수 변별기**(frequency discriminator)라 한다.

이제 FM 신호 복조의 원리를 살펴보자. 수신되는 FM 피변조파 신호는 표현식

$$v_{FM}(t) = V_c \sin\left[\omega_c t + \int_0^t \omega_i(\tau)d\tau\right]$$

$$\omega_i(t) = k_d f_s(t) = k_d V_s \cos\omega_s t$$

에서 알 수 있듯이 변조 신호 $f_s(t) = V_s \cos\omega_s t$를 적분하여 만들었으므로 반대로 복조를 하려면 미분하여야 함을 알 수 있다. 위 식을 미분하면

$$\begin{aligned}\frac{dv_{FM}(t)}{dt} &= V_c\left[\omega_c + k_d f_s(t)\right]\cos\left[\omega_c t + k_d\int_0^t f_s(t)d\tau\right]\\ &= \omega_c V_c\left[1 + \frac{k_d}{\omega_c} f_s(t)\right]\cos\left[\omega_c t + k_d\int_0^t f_s(t)d\tau\right]\end{aligned}$$

이다. 이 식은 AM 피변조파 표현식

$$v_{AM} = V_c\left[1 + \frac{V_s}{V_c} f_s(t)\right]\sin\left[\omega_c t\right]$$

와 비슷한 형태이다. 따라서 $f_s(t)$를 빼 내려면 AM 신호 검파의 경우와 같이 포락선 검파를 하면 가능하다는 것을 알 수 있다. 이를 도식화하면 아래 그림과 같다.

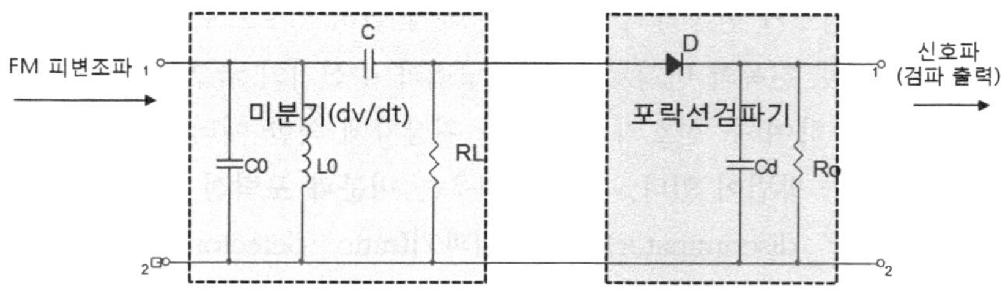

그림 3-43. FM 변별기 (복조기) 구성도

또한 위 그림과 같은 동조형 FM 변별기의 동작 원리를 살펴보면 아래 그림과 같다. 아래 그림에서 보듯이 LC 동조회로의 공진 주파수 f_o를 수신 FM 피변조파 주파수와 약간 다르게 동조(tuning)해 놓으면 피변조파의 주파수는 동조 특성 곡선의 가장자리 부근에 위치하게 되어 공진 주파수 f_o에 가까운 FM파의 주파수는 전압이 크게 나타나고 f_o에서 멀어질수록 전압이 작게 나

타나게 된다. 이에 따라 주파수의 변화에 비례하는 전압이 출력됨으로써 주파수 변화가 동조회로의 출력 신호 크기 변화로 변환된다. 따라서 동조회로 출력 단에서는 마치 AM 피변조파와 같이 진폭이 신호파의 형태로 변화된 FM 피변조파가 출력되고 포락선 검파를 이용하여 이 신호로부터 반송파 주파수 성분만 제거하면 원하는 신호파가 얻어지는 것이다.

이때 동조회로의 동조 특성 곡선 가장자리의 경사도가 변별기 출력 특성과 성능을 좌우하는 매우 중요한 요소임을 알 수 있다. 동조 특성 곡선의 경사 부분에 직선 부분이 적어서 선형성이 나쁘면 그만큼 출력 신호의 크기가 왜곡되어 포락선의 왜곡도 심해질 수밖에 없다. 따라서 양호한 변별 성능을 얻으려면 동조회로 특성 곡선의 선형 부분을 최대한 넓고 크게 하여야 한다. 동조회로를 한 개의 LC 동조회로를 사용하는 단일 동조형일 경우 동조 특성 곡선 가장자리의 선형 특성이 좋지 않아서 주파수 편이가 큰 WBFM 신호 수신을 할 경우 왜곡이 크게 발생하여 적합하지 않다. 따라서 단봉형의 단일 동조회로보다는 아래 그림에서와 같은 복동조 회로나 평형형 변별기(balanced discriminator)를 사용하는 것이 수신 감도도 높고 검파 출력의 신호의 왜곡도 작다.

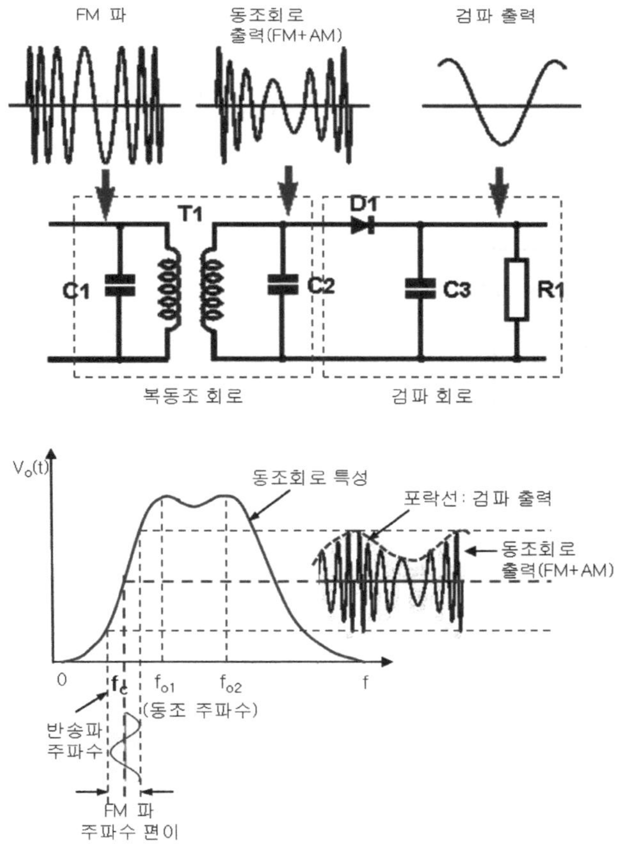

그림 3-44. 동조형 FM 변별기의 동작 원리

이와 같은 미분회로와 포락선 검파 방식을 이용하는 동조형의 FM 검파기에는 다음과 같은 종류가 있다.

(1) 경사형 검파기(slope detector)

경사형 검파기(slope detector)는 아래 그림과 같이 동조회로의 공진 주파수를 반송 주파수보다 높거나 낮게 설정함으로써 동조 특성 곡선의 경사 부분을 이용하여 진폭이 일정한 FM파를 AM+FM파 형태로 변환하는 방식이다. 원리적으로 가장 단순한 방식이라 할 수 있다. 경사형 검파기에는 하나의 LC 동조회로와 다이오드를 이용한 포락선 검파기를 사용한 **단일 경사형 검파기**(single-ended slope detector)와 아래 그림과 같이 트랜스 2차측의 센터 탭을 중심으로 상 하 2개의 대칭형 검파회로로 구성된 **평형 경사형 검파기**(balanced slope detector)가 있다. 단일 공진회로를 사용한 경사검파기는 동조회로 특성 곡선의 선형 경사 범위가 매우 작아서 주파수 편이가 큰 신호의 검파에는 적합하지 않고 출력 신호의 왜곡도 큰 단점이다. 이러한 문제점을 개선하기 위한 방식이 평형 경사형 검파기인데, 아래 그림에서와 같이 약간의 동조 주파수 차이가 있는 2개의 동조회로를 사용하고 출력 신호를 이들의 동조회로의 출력의 차인 $V_o = V_1 - V_2$의 특성 곡선에서 얻어냄으로써 선형 경사 범위를 넓게 개선한 것이 특징이다. 이 경우 1개의 동조회로를 사용하는 경우보다 감도가 높고 신호의 왜곡도 작아진다.

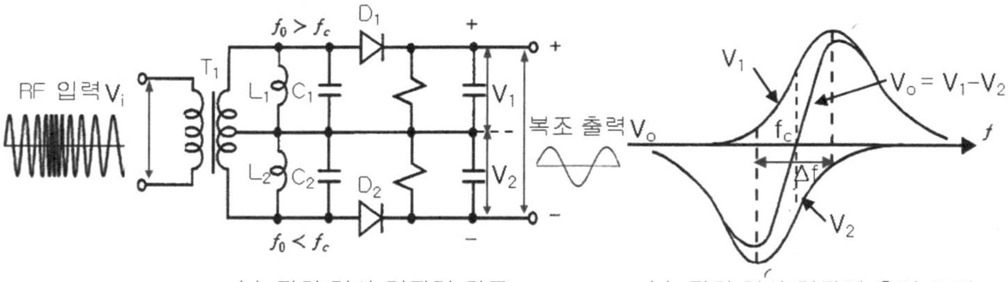

(a) 평형 경사 검파기 회로 (b) 평형 경사 검파기 출력 특성

그림 3-45. 평형 경사형 검파기(balanced slope detector)

(2) 포스터 실리 검파기(Foster-Seeley discriminator)

포스터 실리 검파기(Foster-Seeley discriminator)는 수신 반송파 주파수 f_c에 동조시킨 두 개의 공진회로에서, 수신된 FM파와 공진 주파수와의 차이에 따라 발생하는 전압을 출력으로 얻어내는 방식으로 아래 그림과 같이 복동조 회로와 트랜스 2차 측의 센터 탭을 중심으로 상하 대칭형의 검파회로로 구성된 일종의 평형형 복동조 검파기(balanced double tuning detector)이다. 포스터와 실리 두 사람에 의해 고안되었다.

그림에서 C_3와 RF 쵸크는 AC 결합 소자로 동작 주파수에서 연결 도선으로 작용하여 다이오드 전류의 복귀 경로를 형성한다. 상하의 2개의 정류회로가 2차 측의 센터 탭을 중심으로 대칭형으로 구성되어 있으므로, 동조 주파수 f_c에서는 상하 2개의 다이오드 정류기의 단자 전압 V_1과 V_2의 위상차가 90°가 되고, 이에 따라 출력 단에서 서로 상쇄되어 0V가 출력되지만 동조 주파수 전후에서는 위상차가 바뀌므로, 입력되는 FM 파의 순시 주파수와 동조 주파수와의 차에 비례하는 출력 전압이 발생된다. 즉 $f > f_c$일 때는 V_2의 위상이 V_1보다 $\frac{\pi}{2} - \theta$ 만큼 뒤져서 $V_o > 0$이 출력되고, $f < f_c$일 때는 V_2의 위상이 V_1보다 $\frac{\pi}{2} + \theta$ 만큼 뒤지므로. $V_o < 0$이 출력된다.

이러한 포스터 실리 검파기의 특징은 다음과 같다.

- 변별기 자체에 진폭 제한 작용이 없으므로 변별기 전단에 **진폭 제한기**(limiter)가 필요하다
- 검파 성능(복조 감도)이 우수하고 선형성이 양호하다
- 회로 구성이 비교적 간단하다
- 트랜스 비용이 비싸고 집적회로(IC)와 함께 구현하기에 적절하지 않다

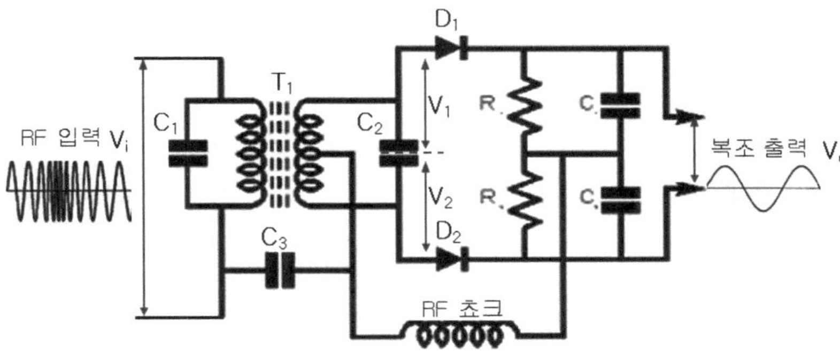

그림 3-46. 포스터 실리 검파기

(3) 비 검파기(ratio detector)

비 검파기(ratio detector)는 포스터 실리 회로에서 입력 신호의 진폭 변동에 민감하지 않도록 다이오드 접속 방법과 출력 신호를 얻는 방법을 변형한 회로이다. 아래 그림과 같이 2개의 상하 대칭 검파기의 출력 측에 대용량 콘덴서 C_4를 접속하여 입력 전압의 변동이 C_4 양단 전압에 미치는 영향을 최소화하고 검파 다이오드 D_1과 D_2의 방향을 서로 반대로 하여 포스터 실리 검파기와 달리 트랜스의 2차 측 센터 탭으로부터 신호를 얻도록 불평형 출력으로 변형한 것이다. 따라서 출력 신호의 크기는 포스터 실리형 검파기에 비해 1/2로 떨어지지만 트랜스 자체에서 상호 결합된 인덕터 L_1에 의한 진폭제한 작용이 있을 뿐아니라, 입력 신호파의 진폭 변동에도 민감하지 않은 장점을 가지고 있다.

비 검파기의 특징을 요약하면 다음과 같다.

- 진폭 제한 작용을 포함하고 있어 별도의 진폭 제한기(limiter)를 필요로 하지 않는다
- 회로 구성이 포스터 실리형 검파기보다 간단하다
- 검파 출력이 포스터-실리(Foster-Seeley)형 검파기의 1/2 정도로 작다
- 가정용 TV 수상기의 음성회로나 FM 방송 수신기 등에 주로 이용된다

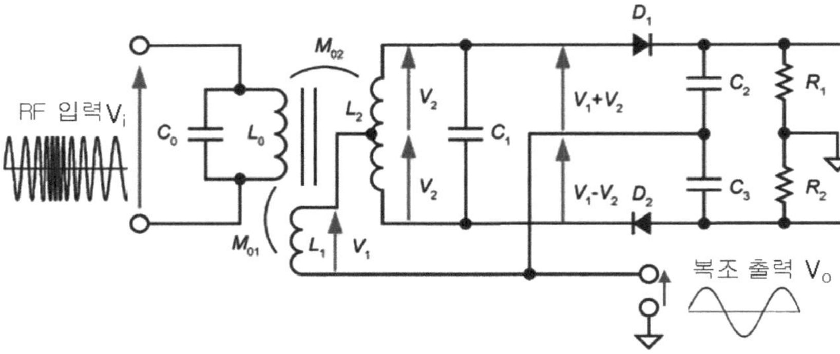

그림 3-47. 비 검파기(ratio detector)

3.5.6.2 위상고정루프(PLL : Phase Locked Loop) 방식

PLL(Phase Locked Loop) 회로는 FM 복조기에 뿐 아니라 각종 통신 시스템에 가장 널리 이용되는 회로 중에 하나이다. 예를 들면 FM 변조기, 복조기, 주파수 합성기, 각종 국부 발진기, 비트 동기회로, 톤 검출기, 스테레오 복호기 등이며 통신 분야 외에도 모터 속도 제어, 광 디스크 및 컴퓨터 디스크 드라이브 제어 등, 각종 자동 제어가 필요한 분야에 응용되고 있다. 따라서 시장에는 PLL 구성 요소가 내장된 다양한 PLL IC가 출시되어 있다.

PLL 복조기는 주파수/위상 비교기를 사용하여 수신되는 FM 피변조파에 수신기 국부 발진기의 출력의 주파수와 위상을 동기시키면서 얻어지는 위상 차 신호를 적분하여 루프 여파기에서 검파 출력을 얻어내는 방식으로 PLL 회로의 포착(acquisition)과 추적(tracking) 과정을 통해 FM 신호의 복조가 이루어진다고 보면 된다. 그러면 우선 PLL 회로 자체에 대해 살펴보기로 하자.

PLL 회로는 아래 그림에서와 같이 위상 비교기(phase comparator), 루프 여파기(loop filter : 일종의 저역 여파기), 전압제어 발진기(VCO : Voltage Controlled Oscillator) 등으로 구성되는데 각 구성 요소의 역할은 다음과 같다.

- **위상 비교기**(PC ; Phase Comparator)

  위상 비교기, 위상 검출기라고도 하며 보통 일정 주파수 범위 내에서는 주파수도 포착 가능하게 하므로 위상/주파수 비교기라고도 한다. 입력되는 기준 신호 f_R과 궤환된 VCO의 출력 신호 f_V와의 위상을 비교하여 그 차이에 비례하는 전압을 출력시키는 회로이다.

■ **루프 여파기**(Loop Filter)

위상 비교기 출력 신호에서 고주파 성분을 제거하여 직류 제어 전압으로 변환시키기 위한 저역통과 여파기(LPF)이다. 일종의 적분기라고 볼 수 있다.

■ **전압 제어 발진기**(VCO; Voltage Controlled Oscillator)

루프 여파기로부터 입력되는 제어 전압에 따라 그에 상응하는 주파수의 발진 신호를 출력하는 회로로, 제어 전압에 따라 LC 공진회로와 연결된 가변용량 다이오드(varactor diode)의 역 바이어스 전압이 바뀜에 따라 출력 신호의 발진 주파수가 변화한다.

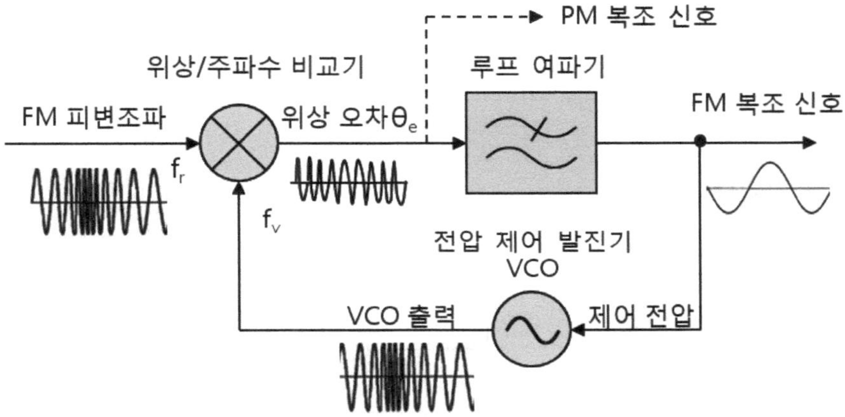

그림 3-48. PLL 방식 FM 복조기 구성도

위와 같은 요소로 구성된 PLL FM 복조기의 동작 원리는 다음과 같다.

PLL 회로의 입력 단에 FM 수신 신호가 입력되면 발진 가능 주파수 범위 내의 임의의 주파수로 발진하고 있던 전압 제어 발진기(VCO)의 주파수가 위상 비교기에서 비교되어 위상 오차 신호가 출력되는데 이 신호를 적분한 신호를 이용하여 위상 오차가 최소화되도록 VCO의 주파수와 위상을 제어하고, 제어된 VCO의 출력을 다시 위상 비교기에 입력시키는 부궤환 과정을 지속되면서, VCO 발진 주파수가 FM 수신 신호 주파수와 위상을 추적(tracking)하게 된다. 이때 루프 여파기(적분기)에서는 주파수의 오차에 해당되는 만큼의 전압 변동이 출력되는데 이것이 결국 송신된 신호파, 즉 FM 복조 신호이다. 따라서 FM 복조 신호는 루프 여파기 출력에서 얻을 수 있고, 반면 루프 여파기 전단인 위상 비교기 출력에서는 위상 변조(PM) 복조 신호를 얻을 수 있다.

이러한 PLL FM 복조기의 특징을 요약하면 다음과 같다.

■ IC화되어 소형화가 가능하고 구현하기 쉽다

■ 잡음에 강하고 수신 감도가 높은 변별기 구현이 가능하다

- 수정 발진기를 이용하여 기준 클럭 신호를 발생시키므로 안정적이다
- 기준 클럭 신호 잡음을 제거하기 어렵다

3.5.6.3 기타 방식

(1) **쿼드러춰 검파기**(quadrature detector)

일종의 위상 비교 검파기로 아래 그림과 같이 **이상**(phase shift) **회로**를 이용하여 90° 위상 천이 된 FM 신호와 원래의 FM 수신파와의 위상차를 검출하여 이에 비례한 출력 신호를 얻어내는 방식이다. FM 피변조파를 펄스 형태의 **PWM(Pulse Width Modulation)** 신호로 바꾼 다음, 저역통과 여파기(적분기)를 통과시켜서 원래의 신호파를 얻어내는 방식이라 할 수 있다. 위상 천이를 위한 쿼드러춰 코일 1개만 필요하므로 회로가 간단하고 IC로 구현하기 용이하여 복조기의 소형화도 가능하다.

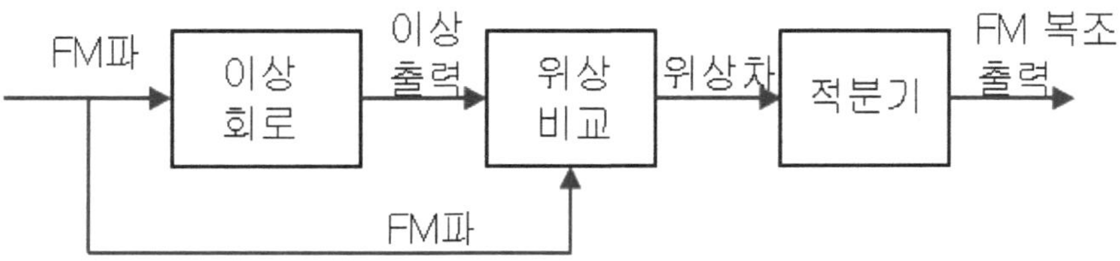

그림 3-49. 쿼드러춰 검파기 구성도

(2) **펄스 카운터 검파기**(pulse counter detector)

수신된 FM 피변조파를 진폭 제한기를 통해 구형파로 만든 후, 이 신호를 **단안정 멀티바이브레이터**를 이용하여 펄스 폭이 일정한 구형파로 변형한 다음, 적분기를 통해 평균값을 구함으로써 검파 출력 신호를 얻어내는 방식이다. 즉 FM파를 AM파로 변환하지 않고 직접 복조 신호를 얻는 방식이다. 디지털 펄스화하여 검파하므로 IC화가 용이하며 소형화가 쉽다.

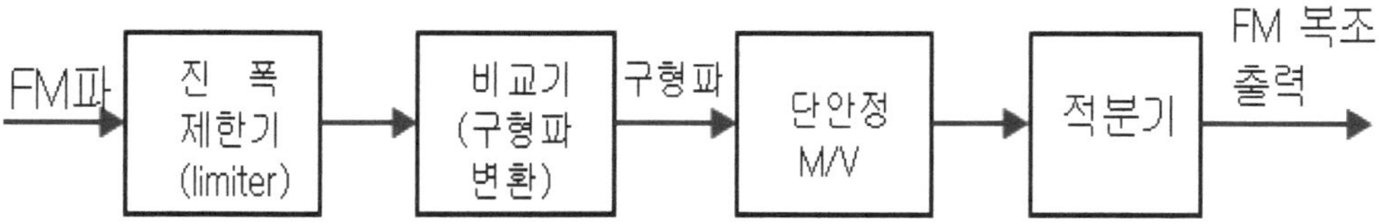

그림 3-50. 펄스 카운터 검파기 구성도

3.5.6.4 FM의 문제점 해결을 위한 기법

(1) 프리엠퍼시스(pre-emphasis)와 디엠퍼시스(de-emphasis)

앞 절에서 FM 피변조파 반송파 주파수 편이는 신호파의 진폭에 비례하며 주파수 스펙트럼 간격이 신호파 f_s의 주파수와 같음을 언급한 바 있다. 또한 변조지수 m_f는 앞서 설명했듯이 주파수 편이와 신호파(변조신호)의 주파수 비로

$$m_f = \frac{\Delta\omega}{\omega_s} = \frac{\Delta f}{f_s}$$

이다. 또한 FM 피변조파의 스펙트럼 크기가 변조지수 m_f의 함수로 제1종 n차 베셀 함수 값 $J_n(m_f)$에 따르며 변조지수가 커질수록 스펙트럼의 측파의 개수가 많아지며 넓게 퍼진다는 사실도 이미 살펴본 바 있다. 따라서 변조지수 m_f가 커지면 그만큼 넓은 전송 대역폭이 요구되나 출력 신호 대 잡음비 S_o/N_o가 변조지수의 제곱에 비례하여 좋아지므로 그만큼 성능이 우수해진다. 그러나 전송 대역폭은 무한정 크게 할 수 없고 일정하게 제한할 수밖에 없다. 따라서 **주파수 편이** Δf가 고정된 채 신호파 f_s의 주파수가 높아지면 당연히 주파수 스펙트럼의 간격은 벌어지고 변조지수는 낮아진다. 변조지수가 낮아지면 스펙트럼이 아래 그림에서와 같이 중심 주파수(반송파 주파수) 근방의 신호 세기가 커지기는 하나 스펙트럼 간격이 벌어져서 전송 대역폭 내에서의 측파의 개수가 줄어들므로 그만큼 출력 신호 대 잡음비가 낮아져서 성능이 나빠진다. 즉 주파수 스펙트럼 측파들의 간격이 신호파 f_s의 주파수와 같으므로 최대 전송 대역폭을 일정하게 제한하게 되면 신호파가 높을수록 변조지수가 작아져서 스펙트럼이 넓게 퍼지는 현상은 줄어드나 아래 그림에서와 같이 주어진 대역폭 내에 들어있는 측파의 개수가 줄게 되어 그만큼 신호 전력이 약해지므로 S/N 비가 낮아지게 되는 것이다. 이와 같이 FM에서는 신호파의 주파수가 높아질수록 S/N 비가 낮아지는 문제점이 발생한다. 따라서 이를 개선하고 도입한 기법이 **프리엠퍼시스(pre-emphasis)** 및 **디엠퍼시스(de-emphasis)**이다.

프리엠퍼시스(pre-emphasis)및 디엠퍼시스(de-emphasis)는 송신 측에서 변조 시에 미리 신호파 f_s의 고주파 영역의 신호 크기를 저주파 영역 신호 크기보다 크게 강조하여 전송하고 수신 측에서 다시 원래 크기로 감쇄시킴으로써 신호파 전 주파수 대역에 걸쳐서 S/N 비가 일정하도록 보상하는 기법이다. 이 기법의 목적을 한 마디로 요약하면 FM에서 신호파의 고주파 영역에서의 S/N 비의 개선이라 할 수 있다.

이를 위해서는 아래 그림과 같은 프리엠퍼시스 회로와 디엠퍼시스 회로를 각각 FM 송신기와 수신기에 사용하여야 한다. 프리엠퍼시스 회로는 미분회로로, 주파수 특성이 고역통과 여파기(HPF) 특성을 갖는 회로이다. 반대로 디엠퍼시스 회로는 일종의 적분회로로 저역통과 여파기(LPF) 특성을 갖는 회로이다.

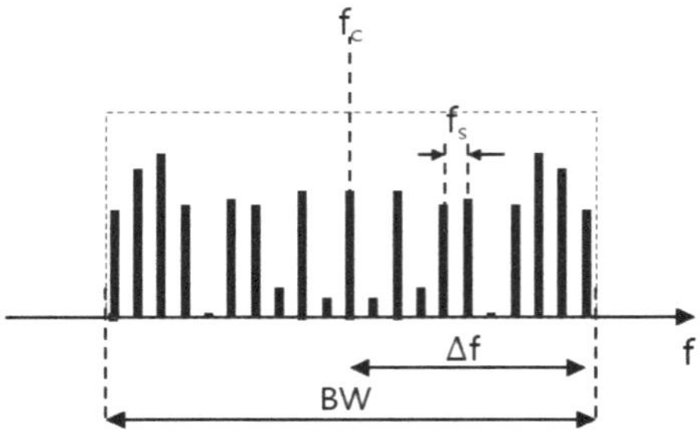

(a) 신호파 주파수가 낮을 경우(대역폭 고정)
(Δf = 10kHz, f_s = 5kHz , m_f =2 일 때)

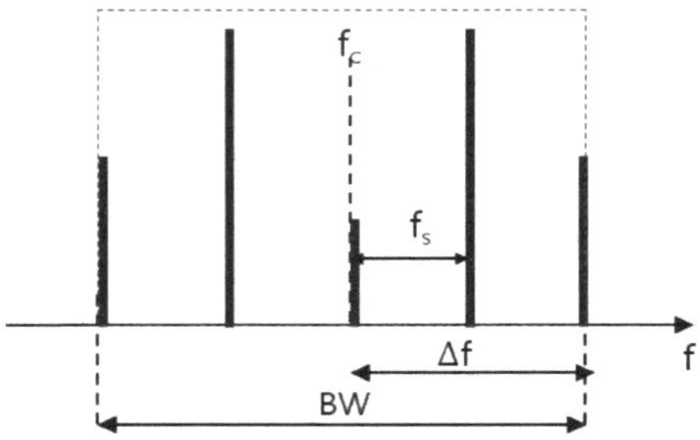

(b) 신호파 주파수가 높을 경우(대역폭 고정)
(Δf = 10kHz, f_s = 5kHz , m_f =2 일 때)

그림 3-51. 일정한 전송 대역폭에서의 신호파 주파수에 따른 FM 피변조파 스펙트럼

이들 회로를 이용하여 송신 측에서 신호파의 고역을 강조하고 수신측에서 다시 신호파의 고역을 감쇄시키는 것이다. 이제 각 회로의 전달함수 및 주파수 특성을 살펴보기로 하자. 먼저 아래 그림과 같은 프리엠퍼시스 회로의 전달함수는

$$\frac{V_o}{V_i} = \frac{R_2}{R_2 + \dfrac{1}{j\omega_s C_1 + \dfrac{1}{R_1}}} = \frac{j\omega_s + \dfrac{1}{R_1 C_1}}{j\omega_s + (\dfrac{1}{R_1 C_1} + \dfrac{1}{R_2 C_1})}$$

이며, 전달함수는

$T(s) = \dfrac{s+z_1}{s+p_1}$ 의 형태로 폴(pole)과 제로(zero)가 하나씩 있어서

$$z_1 = \frac{1}{R_1 C_1} \ , \ p_1 = \frac{1}{R_1 C_1} + \frac{1}{R_2 C_1} = \omega_{cl} \quad (p_1 > z_1)$$

로 저역차단 주파수가 된다. 전압 이득은

$$A_v = \left|\frac{V_o}{V_i}\right| = \sqrt{\frac{z_1^2 + \omega_s^2}{p_1^2 + \omega_s^2}} = \sqrt{\frac{1 + \left(\dfrac{z_1}{\omega_s}\right)^2}{1 + \left(\dfrac{p_1}{\omega_s}\right)^2}}$$

이다. 따라서 $A_v(j0) = \dfrac{z_1}{p_1} = \dfrac{R_2}{R_1 + R_2}$, $A(j\infty) = 1$

로 주파수 특성은 아래 그림과 같이 미분기, 즉 고역통과 여파기(HPF) 특성과 유사하다.

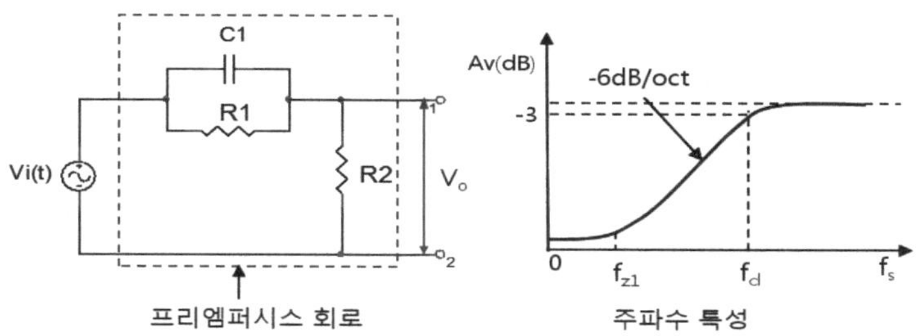

그림 3-52. 프리엠퍼시스 회로와 주파수 특성

이와 같이 프리엠퍼시스 회로를 통해서 고주파 영역이 강조된 신호를 수신하여 그대로 검파(재생)하면 고음이 강조되어 원래의 신호 파형과 동일하지 않고 왜곡된 신호가 출력된다. 따라서 송신측에서 강조한 만큼 수신측에서 고주파 영역을 억압시켜 주어야 하는데 이러한 역할을 하는 회로가 바로 디엠퍼시스 회로이다. 즉 FM에서 신호파의 고주파 영역에서의 S/N 비를 향상시키기 위해 프리엠퍼시스에 의해 강조되어 전송된 신호파의 고주파 영역을, FM 수신회로에서 다시 원래의 레벨로 환원시키기 위한 회로인 것이다. 디엠퍼시스 회로는 아래 그림과 같은 적분회로, 즉 저역통과 여파기(LPF)를 사용하며 전달함수는

$$\frac{V_o}{V_i} = \frac{\frac{1}{j\omega_s C}}{R + \frac{1}{j\omega_s C}} = \frac{1}{1 + j\omega_s CR} = \frac{1}{1 + j\left(\frac{\omega_s}{\omega_{ch}}\right)}$$

이다. (여기서 고역차단주파수 $\omega_{ch} = \frac{1}{RC}$) 전압 이득은

$$A_v = \left|\frac{V_o}{V_i}\right| = \frac{1}{\sqrt{1 + (\omega_s CR)^2}} = \frac{1}{\sqrt{1 + \left(\frac{\omega_s}{\omega_{ch}}\right)^2}}$$

으로 프리엠퍼시스 회로와 반대로 신호파의 고주파 영역을 감쇄시키는 주파수 특성을 갖는다.

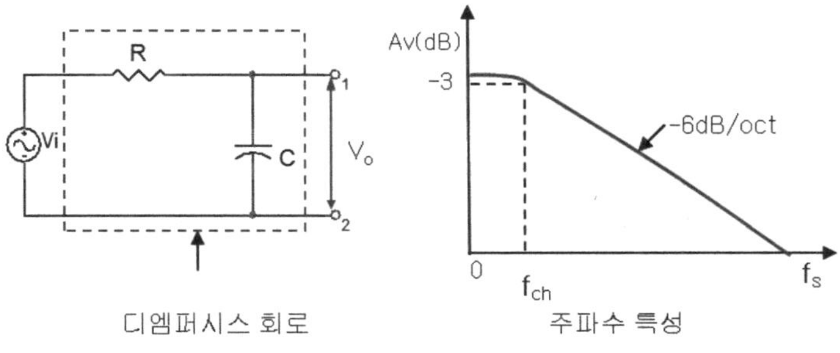

그림 3-53. 디엠퍼시스 회로와 주파수 특성

(2) 진폭 제한기(limitter)

FM 방식은 피변조파의 진폭의 변화에는 아무런 정보가 없다. 그러나 근본적으로 변조기로부터의 출력 신호에 진폭의 변화가 있고 전송 간에 채널 잡음으로 인한 진폭의 변화가 발생하면 수신기의 감도가 저하되고 검파 출력 신호가 왜곡되므로 검파하기 전에 진폭을 일정하게 해주는 장치가 필요하다. 이러한 역할을 위해 검파 전에 미리 수신된 FM 피변조파의 진폭을 일정하게 해주는 장치가 진폭 제한기이다.

(3) 자동 주파수 제어(AFC: Automatic Frequency Control)

수신되는 FM 피변조파 주파수는 여러 가지 여건에 의해 수시로 약간의 변동이 발생할 수밖에 없다. 수신기가 최대한 왜곡이 적게 검파하려면 국부 발진기의 발진 출력이 이러한 변화에 동기를 맞추어 주파수를 정확히 따라가야 한다. 이렇게 자동으로 주파수를 맞추어 쫓아가는 것을 자동 주파수 제어라 하며 보통 앞서 설명한 PLL 회로를 이용한다.

(4) 자동 이득 조절(AGC: Automatic Gain Control)

변별기(검파기) 회로에 너무 큰 신호가 입력되면 검파기의 비직선성에 의해 포화되어 복조 신호가 왜곡되므로 작은 신호일수록 이득을 크게 하고 큰 신호일수록 이득을 작게하여 출력 신호의 레벨을 거의 일정하게 유지하는 것을 자동 이득 제어라 한다. 이를 위해서는 자동 제어에 널리 이용되는 **부궤환**(negative feedback) 회로를 주로 사용한다.

3.6 위상 변조(PM)

3.6.1 위상 변조의 개념 (FM과의 차이점)

앞 절에서 다른 주파수 변조(FM)는 사실 **위상 변조**(PM : Phase Modulation) 또는 각 변조의 일종이라고 봐도 무방하다. 왜냐하면 정현파에 있어서 위상, 즉 각의 변동 $\Delta\theta$라는 것은 각속도를 시간 적분한 것의 변동이기 때문이다. 즉 위상이 시간에 바뀌는 정현파의 경우

$$\theta_i(t) = \theta(t) + \phi$$

$$v(t) = V_c \sin\theta_i(t) = V_c \sin[\theta(t) + \phi]$$

로 표현할 수 있다. 그런데 $\theta(t) = \omega t$, $\theta(t) = \int \omega(t)dt$인 관계가 있으므로

$$v_{PM}(t) = V_c \sin\theta_i(t) = V_c \sin\left[\omega_c t + \int_0^t \omega_i(\tau)d\tau\right]$$

이 된다. 위 식은 앞 절에서 소개한 FM 피변조파 표현식과 동일하다. 따라서 FM은 PM의 일종이라고 볼 수 있는 것이다.

위 식에서 ω가 반송파 주파수 ω_c, 신호파는 $f_s(t) = V_s \sin\omega_s t$ 라고 하면 신호파에 의한 순시 위상 편이는

$$\phi = \Delta\theta \sin\omega_s t = k_p V_s \sin\omega_s t$$

라고 쓸 수 있다. 이때 $\Delta\theta = k_p V_s$는 최대 순시 위상 편이가 되며 k_p는 **위상 이득**(phase gain), 또는 **위상 편이 상수**(phase deviation constant)라고 한다. 따라서 PM 피변조파는

$$\begin{aligned} v_{PM}(t) &= V_c \sin(\omega_c t + \phi) = V_c \sin(\omega_c t + k_p V_s \sin\omega_s t) \\ &= V_c \sin(\omega_c t + m_p \sin\omega_s t) \end{aligned}$$

라고 표현할 수 있다. 여기서도 FM의 경우와 마찬가지로 **PM 변조지수**(modulation index) m_p를 정의할 수 있으며

$$m_p = k_p V_s$$

이다. PM 변조지수 m_p도 위상 변조의 특성과 성능을 좌우하는 중요한 파라미터 중의 하나이다.

아래 그림은 신호파와 위상 변조된 PM 피변조파의 모습을 나타낸 것이다. 신호파의 진폭이 증가하는 구간에서는 반송파의 위상이 계속 빨라져가고 진폭이 감소하는 구간에서는 반송파의 위상이 계속 늦어져가는 것을 볼 수가 있다.

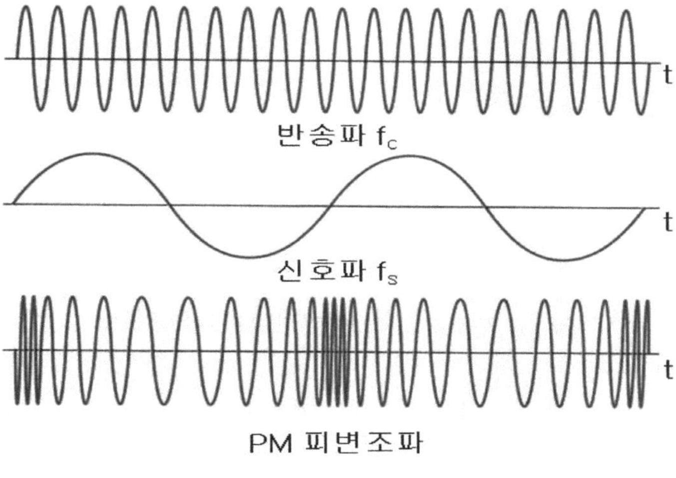

그림 3-54. 신호파와 PM 피변조파

이제껏 살펴본 바와 같이 PM과 FM은 근본적인 차이는 없다. 다만 PM의 경우는 피변조파의 순시 위상 $\theta_i(t)$가 변조 신호, 즉 신호파의 진폭에 비례하고, 순시 주파수 $f_i(t)$는 변조 신호의 미분 값, 즉 신호파의 기울기에 비례하는데 비하여, FM의 경우는 피변조파의 순시 주파수 $f_i(t)$가 변조 신호의 진폭에 비례하고, 순시위상 $\theta_i(t)$는 변조 신호의 적분 값에 비례하는 점이 다를 뿐이다. 이상의 관계를 도식화하면 아래 그림과 같다. PM파는 그림에서도 알 수 있듯이 반송파를 신호파에 따라 직접 위상 변조해도 되지만, 간접 FM 방식과 유사하게 신호파를 미분한 후, 주파수 변조를 해도 변조 신호 진폭에 따라 반송파 위상이 변화되는 위상 편이가 일어나므로 위상 변조가 가능하다.

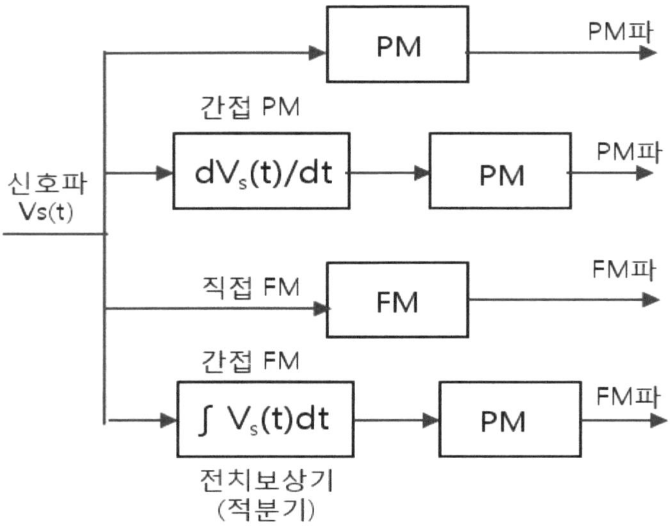

그림 3-55. PM과 FM의 관계

3.6.2 위상 변조의 주요 파라미터

위상 변조(PM)의 특성을 표현하는 주요 변수들은 아래와 같다.

(1) 표현식

$$v_{PM}(t) = V_c \sin(\omega_c t + \Delta\theta \sin\omega_s t) = V_c \sin(\omega_c t + m_p \sin\omega_s t)$$

여기서 $m_p = \Delta\theta = k_p V_s$, k_p는 위상 이득(phase gain)이다.

(2) 변조지수

$m_p = \Delta\theta = k_p V_s$, k_p는 위상 이득(phase gain)

(3) 주파수 스펙트럼과 전송 대역폭

$B_{PM} = 2f_s$: AM과 동일하다

(4) 피변조파 전력

PM 피변조파는 반송파와 진폭이 동일하고 위상만 변형되므로 피변조파 전력이

$$P_{t_{PM}} = \frac{1}{2} V_c^2 = P_c$$

로 반송파 전력과 동일하다.

3.6.3 위상 변조의 특징

위상 변조 방식은 다음과 같은 특징이 있다.

- 위상 변조는 진폭 변조보다 넓은 대역폭을 필요로 하지만 방해 전파나 형광등, 변압기 등에서 발생하는 간섭 신호에 강하다. 또한 위상 변조의 경우 아래 그림과 같이 피변조파와 방해 전파의 주파수 차이에 관계없이 일정한 간섭 효과가 나타나지만 주파수 변조의 경우는 피변조파와 방해 전파의 주파수 차이에 비례하는 간섭 효과가 발생한다. 따라서 주파수 변조는 두 신호의 주파수 차이가 작을 때는 문제가 없지만 차이가 커지면 위상 변조 신호보다 간섭 효과가 커진다. 반대로 위상 변조는 두 신호의 주파수 차이가 작을 때는 주파수 변조의 경우 보다 간섭 효과가 상대적으로 커지는 단점이 있다.

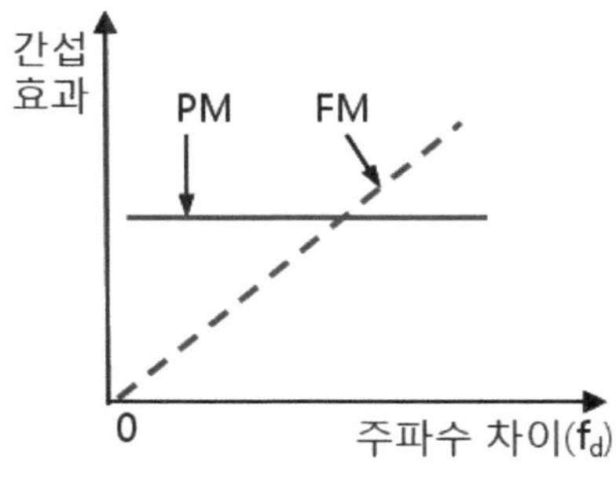

그림 3-56. 방해 전파에 의한 PM과 FM 간섭 효과

- 위상 변조 방식은 간섭 신호가 일정 수준 이하로 약할 때는 간섭 신호를 억압하는 **캡쳐 효과**(capture effect)가 있다.
- 주파수 변조 방식은 신호파의 주파수가 높아짐에 따라 변조지수가 작아져서 신호 대 잡음비의 열화가 발생하는데 비해 위상 변조 방식은 신호파의 주파수에 따라 주파수 편이가 직선

적으로 증가하므로 변조지수 m_p가 일정하게 유지된다. 따라서 신호파의 주파수가 높아져도 주파수 변조 방식과 같이 프리엠퍼시스나 디엠퍼시스를 할 필요가 없고 성능에도 큰 변화가 없게 된다. 따라서 고주파 신호 전송에는 FM 방식보다는 PM 방식이 유리하다.

- 주파수 변조 방식의 전송대역폭은 카슨의 규칙에 따라 $2(\Delta f + f_s)$인데 $\Delta f \gg f_s$ 인 WBFM 경우, 비교적 넓긴 하지만 $2\Delta f$로 일정한데 반해, 위상 변조 방식의 전송대역폭은 진폭변조의 전송 대역폭과 같은 $2f_s$로 신호파의 주파수가 높아지면 이에 비례하여 전송대역폭이 증가하는 특징이 있다.
- 위상 변조의 AM에 대한 성능비는 100% 변조 AM일 경우와 비교할 때, FM과 유사하게

$$\left(\frac{S_o}{N_o}\right)_{PM} / \left(\frac{S_o}{N_o}\right)_{AM} = \left(\frac{k_p V_s \omega_s}{\omega_s}\right) = \left(\frac{\Delta\omega}{\omega_s}\right)^2 = \left(\frac{\Delta f}{f_s}\right)^2$$

로 표시된다. 여기서 $\Delta\omega$는 주파수 편이, ω_s은 신호파의 대역폭이다. 따라서 PM의 AM에 대한 성능비는 전송대역폭, 즉 주파수 편이의 제곱에 비례한다.

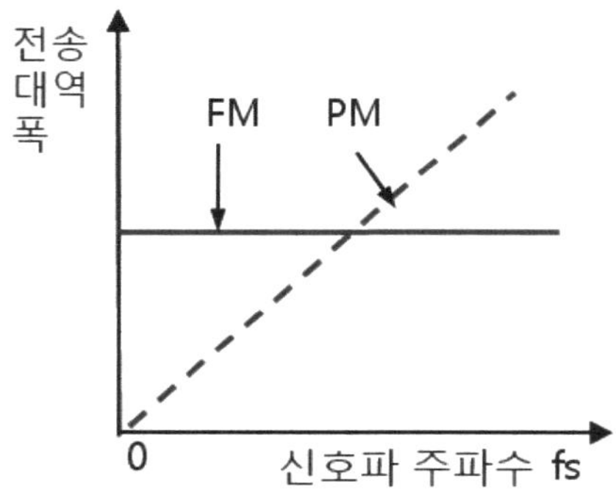

그림 3-57. 신호파 주파수에 따른 PM과 FM의 전송대역폭

참 고

- **캡쳐 효과(capture effect)**

무선통신 등에서 신호끼리의 충돌이 일어났을 때 상대적으로 강한 신호가 약한 신호를 포획하여 강한 신호만 나타나는 현상을 말한다. 약한 신호가 강한 신호에 의해 억제되어 강한 신호가 수신 가능하게 되는 현상이다.

3.6.4 위상 변조기 및 복조기의 구현 방법

PM 피변조파는 앞서 살펴본 대로 평형 변조기를 사용하여 직접 PM파를 발생시키거나 신호파를 미분한 후 FM 하면 발생 가능하므로 FM 변조기 회로 전단에서 미분기를 두고 신호파를 미분한 후, FM 변조기에 입력하면 된다. 전자의 경우를 직접 PM 방식, 후자의 경우는 간접 PM 방식이라 할 수 있다.

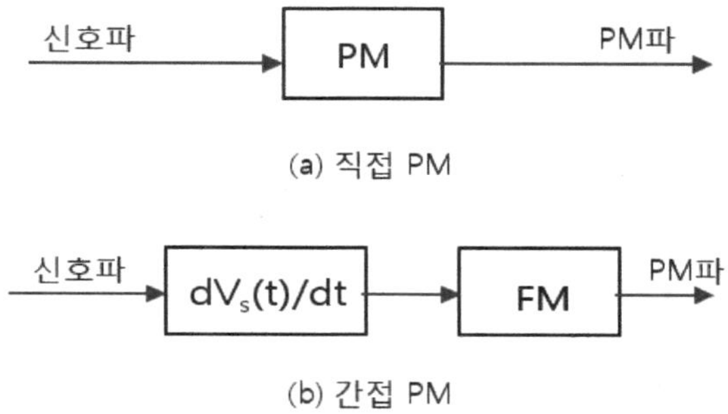

그림 3-58. PM 변조기 구성도

따라서 PM 변조 회로는 아래 그림과 같이 DBM(Double Balanced Mixer)와 같은 평형 변조기에 신호파와 -90° 위상 천이한 반송파를 입력하고 그 출력 신호 반송파 신호를 더하면

$v_{PM}(t) = V_c \sin\omega_c t - V_c k_p f_s(t) \cos\omega_c t$

가 된다. 참고로 위 식은 진폭 변조 신호

$v_{AM}(t) = [V_c + f_s(t)] \sin\omega_c t = V_c \sin\omega_c t + f_s(t) \sin\omega_c t$

의 형태와 거의 동일하다. 위 식을 푸리에 변환하여 주파수 스펙트럼을 구해보면

$$V_{AM}(\omega) = j\pi V_c [\delta(\omega+\omega_c) - \delta(\omega-\omega_c)] + \frac{1}{2j} [F_s(\omega+\omega_c) - F(\omega-\omega_c)]$$

이다. 따라서 위의 $v_{PM}(t)$의 푸리에 변환에 의한 주파수 스펙트럼도

$$V_{PM}(\omega) = j\pi V_c [\delta(\omega+\omega_c) - \delta(\omega-\omega_c)] + \frac{k_p V_c}{2} [F_s(\omega+\omega_c) + F(\omega-\omega_c)]$$

이 된다. 위 식과 같은 주파수 스펙트럼은 협대역 FM 신호

$$v_{NBFM}(t) = V_c \sin\omega_c t - V_c k_f g_s(t) \cos\omega_c t,\ g_s(t) = \int_0^t f_s(\tau)\, d\tau$$

의 주파수 스펙트럼

$$V_{NBFM}(\omega) = j\pi V_c[\delta(\omega+\omega_c) - \delta(\omega-\omega_c)] + \frac{k_f V_c}{2}[G_s(\omega+\omega_c) + G_s(\omega-\omega_c)]$$

과 동일한 형태로 앞의 $\delta(\omega)$로 이루어진 항은 반송파 성분이고 뒤의 $G_s(\omega)$로 이루어진 항은 측대파 성분이다. 협대역 FM 신호와 PM 신호는 편이 상수만 다를 뿐 결국 근사적으로 동일한 방식이다. 따라서 아래 그림의 덧셈기의 출력 단으로부터 PM 피변조파를 얻어낼 수 있다.

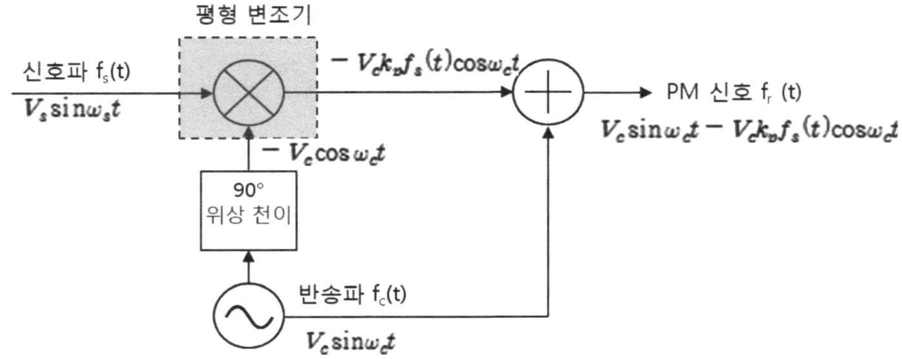

그림 3-59. 평형 변조기를 이용한 PM 변조기

위의 그림과 같은 방법으로 발생된 PM 피변조파 신호에서 원래의 신호파를 얻어내는 PM 복조기는 다음 그림과 같이 평형 변조기로도 사용되는 DBM와 저역통과 여파기를 사용하여 구현할 수 있다. 즉 평형 변조기의 일종인 DBM에 수신되는 PM 피변조파와 반송파에 동기된 국부 발진기의 출력 신호를 인가하여 두 신호의 위상차 신호를 추출한 뒤, 이를 저역통과 여파기를 사용하여 적분하면 아래 그림에서와 같이 원래의 신호파를 얻어낼 수 있다.

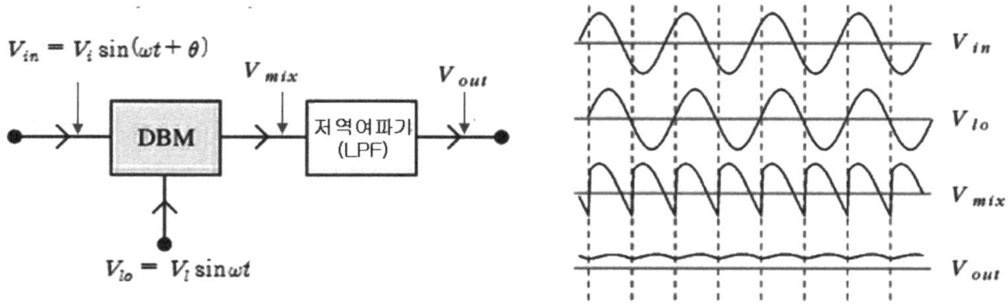

그림 3-60. DBM을 이용한 PM 복조기의 구성도

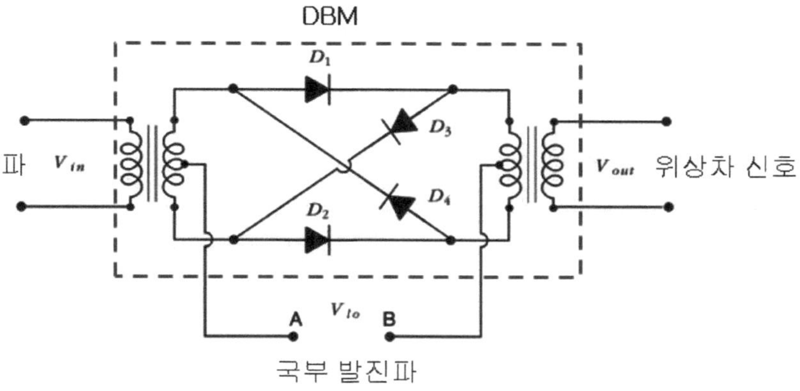

그림 3-61. DBM의 입력과 출력 신호

또 한 가지 널리 쓰이는 복조 방법은 위상고정루프(PLL)를 다룬 절에서 이미 설명한 바와 같이, PLL 회로를 사용하여 위상 비교기에 PM 피변조파와 반송파에 동기된 국부 발진기의 출력 신호를 입력하고 위상 비교기의 출력 신호를 추출하면 PM 복조 신호를 얻을 수 있다.

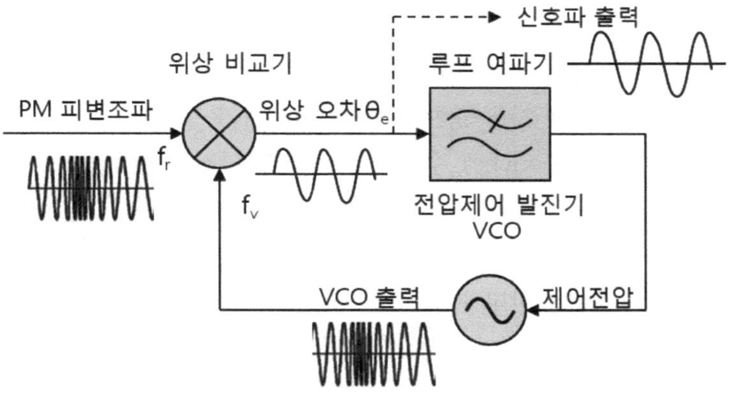

그림 3-62. PLL을 이용한 PM 복조기

제3장 연습문제

(주관식 문제)

1. 변조의 정의와 과정을 설명하라.
2. 변조는 왜 필요한지 그 필요성과 목적에 대해 설명하라.
3. AM 피변조파의 최대값, 최소값과 변조도 m_a와의 관계를 설명하라.
4. AM의 피변조파 전압 $v(t)=(70+35\cos 2\pi\times 10^3 t)\cos 2\pi\times 10^6 t$일 때, 변조도 m_a는 얼마인가?
5. 변조도 $m_a=80[\%]$인 AM 피변조파 신호를 제곱 검파했을 때 왜율은 몇 %인가?
6. 진폭 변조의 반송파 전력을 P_c, 변조파 전력을 P_m이라 할 때, 피변조파 전력과의 관계식은 어떻게 되는가? 단, 변조도는 m_a이다. 또한 변조도가 100%일 때는 어떻게 되는가?
7. AM 방송을 AM-SC가 아닌 반송파 삽입 방식으로 하는 이유를 설명하라.
8. DSB-SC 방식의 동기식 복조기에서 수신된 반송파와 국부 발진기 주파수의 위상이 θ만큼 차이가 날 경우, 수신기의 복조 신호는 정상적인 경우에 비해 어떻게 되는지 설명하라.
9. 단일 측대파 통신(SSB)의 장 단점을 설명하라.
10. 잔류 측대파(VSB) 방식의 장점과 특징 및 용도에 대해 설명하라.
11. AM 변조 방식에서 제곱 변조란 어떠한 개념인지 설명하라.
12. 링(ring) 변조기의 특징과 사용 용도에 대해 설명하라.
13. 슈퍼헤테로다인(superheteodyne) 수신기의 장점과 단점을 설명하라.
14. 슈퍼헤테로다인 수신기의 (1)영상 주파수에 대하여 설명하라. 또한 (2)영상 주파수를 쉽게 분리해 내려면 중간 주파수를 가급적 어떻게 선정하여야 하는가?
15. FM의 장점에 대해 AM과 비교하여 설명하라.
16. FM에서 변조지수 m_f의 정의와 의미를 설명하라.
17. FM에서 변조지수 m_f와 주파수 스펙트럼과의 관계를 설명하라.
18. FM에서 변조지수 m_f와 전송대역폭과의 관계를 설명하라.
19. FM 방식이 AM 방식보다 성능이 우수하기 위한 조건을 설명하라.
20. FM 방식에서 잡음이 충분히 적은 경우, 소요 전송대역폭을 2배 증가시키면 출력 신호 대 잡음비가 4배($6dB$) 개선됨을 설명하라.
21. FM에서 임계 현상(threshold effect)이란 무엇인지 설명하라.

22. 간접 FM 방식이란(암스트롱 방식) 어떻게 하는 것이며 이 방식을 사용하게 된 이유는 무엇인가?
23. 간접 FM 방식(암스트롱 방식)에서 전치보상기란 어떤 것인지 설명하라.
24. FM의 전송 대역폭은 어떻게 결정되는지 설명하라.
25. FM 검파기에는 어떠한 방식들이 있는지 설명하라.
26. PLL의 구성요소와 FM 또는 PM 복조기로 동작하는 원리를 설명하라.
27. FM에서 프리엠퍼시스(pre-emphasis)와 디엠퍼시스(de-emphasis)가 필요한 이유와 이를 위한 회로 구성을 설명하라.
28. FM 방식이 PM 방식 중 하나임을 설명하라.
29. 주파수 변조(FM) 파와 위상 변조(PM) 파의 관계에 대해 설명하라.
30. PM에서 변조지수 m_p는 어떻게 정의되는지 설명하라.
31. PM에서 캡쳐 현상(capture effect)이란 무엇인지 설명하라.
32. PM 방식이 FM 방식에 비해 고주파나 고속 전송에 적합한 이유를 설명하라.
33. PM 피변조파 신호를 발생시키는 변조 방식에는 어떠한 것들이 있는지 설명하라.
34. PM 복조기에는 어떠한 방식이 있는지 설명하라.

(객관식 문제)

35. 변조를 하는 이유로 적당하지 않은 것은?
    ① 잡음과 혼신 배제
    ② 회로 소자의 단순화 및 시스템 소형화
    ③ 시분할 다중 통신 수행
    ④ 전파의 복사 효율 증대 및 안테나의 소형화
36. 변조 신호의 진폭이 400mV, 반송파 신호의 진폭이 1V인 AM 송신기에서 반송파 전력이 500mW일 때 피변조파 신호의 평균 전력은?
    ① 460mW ② 520mW ③ 540mW ④ 580mW

제3장 연습문제

37. AM 변조에서 반송파 주파수가 1MHz, 변조신호 주파수가 1kHz일 때, 소요 전송 대역폭은?

① 2kHz ② 1kHz ③ 1MHz ④ 2MHz

38. 진폭 변조에서 변조도가 1인 경우 그 변조 출력은 반송파 전력의 몇 배가 되는가?

① 0.5배 ② 0.75배 ③ 1.25배 ④ 1.5배

39. 반송파 전력이 50(kW)이고 80%의 진폭 변조를 하였을 경우, 피변조파 전력은 얼마인가?

① 66 kW ② 55 kW ③ 78 kW ④ 82 kW

40. 반송파 전력이 10kW인 AM 피변조파의 최대치가 3(V)이고 최소치가 1(V)일 때 피변조파의 평균 전력은 얼마인가?

① 10.8kW ② 11.25kW ③ 12.5kW ④ 15kW

41. 다이오드 직선 검파 회로에서 변조도 60%, 진폭이 10V인 AM 피변조파가 인가되었을 때 부하저항 R_L에 나타나는 피변조파 출력 전압의 실효치는? (단, 검파 효율은 80%라고 가정)

① 4.8(V) ② 2.4(V) ③ 3.4(V) ④ 6.8(V)

42. 다이오드 직선검파 회로에서 진폭 $10\sqrt{2}$ (V)의 피변조파가 입력되었을 때 부하저항에 나타나는 출력변조파 전압의 실효치는? (단, 변조도는 75%, 검파효율은 80%이다)

① 6V ② 7.5V ③ 8V ④ 8.5V

43. 반송파 $v_c(t) = V_c \cos \omega_c t$ 를 신호파 $v_s(t) = V_s \cos \omega_s t$ 로 진폭 변조했을 때 피변조파의 상측파대의 진폭은? (단, 변조도= m_a)

① $\frac{m_a V_c}{2}$ ② $m_a V_c$ ③ $\frac{m_a V_s}{2}$ ④ $m_a V_s$

44. 반송파 $v_c(t) = V_c \cos \omega_c t$ 를 신호파 $v_s(t) = V_s \cos \omega_s t$ 로 진폭 변조(DSB-LC) 했을 때 피변조파의 식은?

① $v_{AM}(t) = (V_c + V_s) \sin\omega_s t$

② $v_{AM}(t) = (V_c + V_s \sin \omega_s t) \sin\omega_c t$

③ $v_{AM}(t) = (V_c + V_s) \sin\omega_c t$

④ $v_{AM}(t) = (V_s + V_c \sin\omega_c t) \sin\omega_s t$

45. 평형변조회로의 출력에 나타나지 않는 것은?

① 상측파 대 ② 하측파 대 ③ 반송파 ④ 상하측파 대

46. 자승 검파를 행하는 수신기에서 60%의 변조파를 수신하였을 때 검파된 신호의 이론상 왜율은?

① 9 %　② 15 %　③ 20 %　④ 40 %

47. SSB에 대한 설명 중 맞는 것은?

① 소요 주파수 대역폭이 반으로 줄고 전력 소모도 작아진다.

② LSB와 USB로 구성된다.

③ 전력 손실이 높다.

④ DSB에 비해서 진폭은 1/2로 줄고, 대역폭은 2배로 늘어난다.

48. 반송파 $v_c(t) = V_c \sin\omega_c t$를, $v_m(t) = V_m \sin pt$로 FM 변조했을 때 피변조파 $v_{FM}(t)$의 식은? (단 $m_f = \frac{kV_m}{p}$)

① $v_{FM}(t) = V_c \sin\omega_c t + m_f V_m \sin pt$　② $v_{FM}(t) = (V_c + m_f \sin pt)\sin\omega_c t$

③ $v_{FM}(t) = (V_c + m_f V_m)\sin\omega_c t$　④ $v_{FM}(t) = V_c \sin(\omega_c t + m_f \sin pt)$

49. FM 변조 기법이 아닌 것은?

① 가변용량 다이오드 변조 방식　② 세라소이드(serrasoid) 방식

③ 암스트롱 방식　④ 링 변조 방식

50. FM 검파 방식으로 이용하지 않는 것은?

① 비 검파 방식　② 포스터-실리(Foster-Seely) 검파 방식

③ 자승 검파 방식　④ PLL 방식

51. 기저대역 신호 대역폭이 20kHz일 때 최대 주파수 편이 Δf= ±75kHz인 FM스테레오 방송 신호의 전송 대역폭은?

① 95 kHz　② 150 kHz　③ 180 kHz　④ 190 kHz

52. 주파수 변조에서 최대 주파수 편이가 75 kHz이고 최대 변조 주파수가 5kHz 라 할 때 소요 대역폭은 얼마인가?

① 80 kHz　② 95 kHz　③ 150 kHz　④ 160 kHz

53. FM 방식에서 프리엠퍼시스(pre-emphasis)를 하는 이유는?

① 소요 대역폭을 작게 하기 위하여

② 수신 감도를 개선하기 위하여

③ 전송 신호 고역에서의 S/N비를 개선하기 위하여

④ 송신 전력을 줄이기 위하여

제3장 연습문제

54. 위상 변조(PM)에 대한 설명 중 옳지 않은 것은?
   ① PM은 주파수 편이가 주파수에 비례하여 증가한다.
   ② PM의 변조지수는 주파수에 비례하여 감소한다.
   ③ PM의 변조지수는 순시위상차 $\Delta\theta$와 같다.
   ④ PM 소요 대역폭은 AM과 같이 신호 주파수의 2배이다.

55. PM과 FM의 관계에 대한 설명으로 옳지 않은 것은?
   ① 변조 신호를 미분하여 FM 변조하면 PM 피변조파가 얻어진다.
   ② 변조 신호를 적분하여 PM 변조하면 FM 피변조파가 얻어진다.
   ③ PM 피변조파는 주파수 편이가 신호 주파수에 비례하나 FM 피변조파는 일정하다.
   ④ PM의 변조지수는 신호 주파수에 관계없이 $\Delta\theta$로 일정하나 FM의 변조지수는 신호 주파수에 비례한다.

56. 다음 중 아날로그 변조 방식에 속하는 것은?
   ① 위상 변조(PM) ② 펄스 부호 변조(PCM)
   ③ 차분 펄스 부호 변조(DPCM) ④ 적응 델타 변조(ADM)

57. 다음 중 아날로그 변조에 해당하는 것은?
   ① PAM ② PCM ③ DM ④ PNM

58. 다음 아날로그 변조 방식 중에 고속 전송에 가장 적합한 것은?
   ① AM ② PM ③ FM ④ PAM

59. PLL(Phase Locked Loop)의 구성요소가 아닌 것은?
   ① 위상 검출기(phase detector) ② 루프 여파기(loop filter)
   ③ 전압제어 발진기(VCO) ④ 리미터(limiter)

제4장

디지털 통신의 기초

■ 학습목표

- 디지털 통신의 개념과 디지털 통신시스템의 구성 요소에 대해서 살펴본다
- 아날로그/디지털 신호 변환 과정과 유의할 점에 대해 파악한다
- 표본화 정리와 심볼 간 간섭(ISI)에 대해 학습한다
- 아날로그 펄스 변조 방식(PAM, PPM, PWM 등)에 대해 살펴본다
- 펄스 부호 변조(PCM)에 대해 학습한다
- 여러 가지 PCM 방식에 대해 살펴본다
- 선로 부호화(전송 부호화) 방법에 대해 학습한다

4.1 디지털 통신의 개념과 특징

4.1.1 디지털 통신의 개념

제1장에서 아날로그와 디지털은 무엇이고 차이점은 어떠한 것인지에 대해 다룬 바 있다. 아날로그 신호는 연속적인 값을 갖고 디지털은 불연속적인 값을 갖는다는 것은 재론할 필요가 없을 것이다. 따라서 디지털 통신은 어떠한 형식이 되었든지 불연속적인 값을 갖는 신호로 통신을 하는 것이다.

전기통신의 역사로 볼 때 최초의 디지털 통신은 1837년 시연된 바 있는 모르스(Morse) 전신기에 의한 통신이라 하겠다. 또한 최초의 아날로그 방식의 전기 통신은 1876년 알렉산더 그레이엄 벨(A. G. Bell)에 의해 발명된 전화기를 이용한 음성 통신이라 할 수 있으니 인류의 전기통신 역사에 있어 디지털 통신이 아날로그 통신보다 먼저 개발된 방식이라 할 수 있을 것이다. 전기통신이라는 조건을 벗어나 생각하자면 중국 후한 때부터 체계화되어 이용되었던 **봉화(烽火)**도 불연속적인 봉화의 숫자로 위급 상황에 대한 정보를 원격지에 전달했으니 어떻게 보면 인류 최초의 디지털 통신은 봉화라고도 할 수 있겠다.

디지털 통신은 근본적으로 한정된 가지 수의 신호로 의사(意思), 즉 정보를 전달하는 것이므로 반드시 0, 1의 2진수로 할 필요는 없겠으나, 가장 편하고 쉬운 방법이 2진수로 부호화하는 것이므로 일반적으로 디지털 통신이라 하면 2진수 0과 1로 부호화하여 정보를 전달하는 것으로 알려져 있다. 따라서 디지털 통신을 하려면 보내고자 하는 신호를 일단 1과 0의 부호로 만드는 과정이 필요하다. 이 과정을 아날로그/디지털 변환(ADC)이라 한다. 이러한 ADC 과정은 대역제한 - 표본화 - 압축 - 양자화 - 부호화 과정을 거쳐 이루어진다. 또한 디지털 통신은 이렇게 부호화한 2진 정보를 압축하여 양을 줄이고 전송 채널에서의 잡음, 왜곡을 보상하거나 전송 간에 발생한 오류를 정정하는 것이 가능하여 아날로그 통신보다 송신측의 정보를 좀 더 효율적이고 완벽하게 전달할 수 있는 장점이 있다.

디지털 통신은 원리적인 관점에서 볼 때 원래의 연속적인 아날로그 신호 자체를 전송하는 것이 아니라 그 원래의 신호를 재생(regeneration)하는데 필요한 정보를 전달하는 것이다. 아날로그 통신의 경우는 원래 전송하고자 하는 신호에 대한 정보를 반송파의 진폭이나 주파수, 위상 등에 실어서 전달하므로 전송 간에 잡음이나 외부 신호에 의한 반송파의 진폭, 주파수. 위상 등의 변화에 민감할 수밖에 없다. 하지만 디지털 통신은 신호 파형에 대한 정보를 부호(대개 1과 0의 2진 부호)로 변환하여 그 부호를 전송한다. 따라서 부호만 틀리지 않으면 수신측에서 원래 전송하고자 한 신호 그대로의 모습을 재생해낼 수 있다. 이것은 마치 어떤 풍경을 수신자에게 전달한다 할 때 그 풍경화 자체를 신호로 전달하는 것이 아니라 송 수신자 간에 풍경화 양식을 미리 정해놓고 풍경을 묘사하는 정보만 받아서 수신자가 다시 그려내는 것(재생 ; regeneration)과 같다고 할 수 있다. 따라서 아날로그 통신보다는 전달 간에 발생할 수 있는 외부 영향을 덜 받을 수 있다는 이점이 있다.

이제 본 장에서는 이러한 디지털 통신에 대해 살펴보고자 한다.

(a) 봉화

(b) 전신기

(c) 전화

그림 4-1. 디지털 통신과 아날로그 통신의 예

4.1.1.1 디지털 통신 발전의 배경

디지털 통신에 대한 수학적인 기초는 1948년 **클라우드 샤논** (Claude Shannon)에 의해 처음 발표되었다. 그때 발표한 두 논문에서 샤논은 전송속도(채널용량)는 전송 채널의 대역폭 W와 신호 대 잡음비 S/N 의 함수로 나타난다는 것을 밝혔고 다음과 같은 관계식을 유도하였다.

$$C = W \log_2 (1 + \frac{S}{N}) \quad \text{[bits]}$$

위 관계식은 **샤논 - 하틀리의 정리**(Shannon-Hartley' theorem)로 우리에게 잘 알려진 식이다. 이 정리의 의미는 대역폭이 넓으면 신호 대 잡음비(S/N, SNR)가 낮아도 원하는 수준의 전송속도를 갖는 통신이 가능하다는 것이다. 심지어는 전송 대역폭이 무한대에 가까우면 잡음 레벨이 신호 레벨보다 커도 통신이 가능하다는 의미이다. 그러나 위 식으로부터 알아두어야 할 또 한 가지 중요한 사실은 사람이 어떠한 조작을 하더라도 오류가 없는 정보의 전송을 위해서 넘을 수 없는 '샤논의 한계(Shannon limit)'라고 하는 신호 대 잡음비의 한계가 존재하며 그 값이 $\log_e 2 = -1.59[dB]$라는 것이다. 샤논의 한계에 대한 유도 과정은 제1장에서 참고 사항에 기술한 바 있다. 샤논의 한계가 알려주는 바는 대역폭을 무한대로 넓게 하더라도 통신이 가능하려면 최소한 신호 대 잡음비가 $-1.59[dB]$ 이상은 되어야 한다는 것이다.

1950년대에는 디지털 정보 전송에 대한 필요성도 거의 없었고 샤논의 이론에서 예측된 것과 같은 높은 효율과 신뢰도를 실현하기 위해서는 하드웨어가 매우 복잡하고 비쌌기 때문에 이러한 이론이 주목받지 못했다. 그러다가 1970년대에 들어와서는 많은 양의 디지털 데이터 전송이 요구되었고 좀 더 효율적이고 신뢰성 있는 통신 시스템의 개발이 활발하게 이루어지면서 샤논의 이론이 주목 받기 시작하여, 샤논의 한계가 디지털 통신 시스템의 성능과 최대 전송 한계에 대한 기준으로 사용되기 시작하였으며 이 수준에 최대한 가까이 도달하기 위하여 지금도 많은 사람들이 꾸준히 노력을 기울이고 있다.

4.1.1.2 디지털 통신 시스템의 구성

이제 디지털 통신 시스템에 있어서 정보의 송신에서 수신까지의 전체적인 구성과 일련의 신호처리 과정에 대한 전반적인 내용을 살펴보기로 하자.

일반적인 디지털 통신 시스템의 구성을 다음 그림에 나타내었다. 정보 발생지(source)에서 생긴 신호는 정보 목적지(destination)로 전송되는데 그 신호의 특성은 이 신호를 만드는 원천에 따라 다르게 나타난다. 즉 정보 발생지에서 생긴 신호는 음성이나 영상일 수도 있고 광학 처리에 의해서 얻어진 빛일 수도 있다. 일반적으로 이러한 신호는 아날로그 신호이며, 만약 이 아날로그 신호를 진폭 변조(Amplitude Modulation, AM), 주파수 변조(Frequency Modulation, FM), 위상 변조(Phase Modulation, PM) 등의 기술을 이용하여 채널을 통하여 정보 목적지에 보내면 아날로그 통신 시스템이 된다. 우리가 자주 사용하는 유선 전화나 HAM, 무전기 등은 대표적인 아날로그 통신 시스템이며, 현재 매일 사용하는 유선, 무선 인터넷을 비롯하여 2G 이상의 이동 통신, Wi-Fi(Wide-Fidelity)로 불리는 무선 LAN, 그 밖에 블루투스(Blue tooth)시스템 등이 모두 디지털 통신 시스템이다.

디지털 통신 시스템에서는 이러한 아날로그 신호를 먼저 디지털 형태 (대개는 '0'과 '1'의 2진 부호)로 변환하여 보내고자 하는 정보 목적지에 채널을 통하여 전송한다. 이때 채널 특성에 부합되도록 여러 가지 방법으로 디지털 신호를 조작하는 과정이 들어간다.

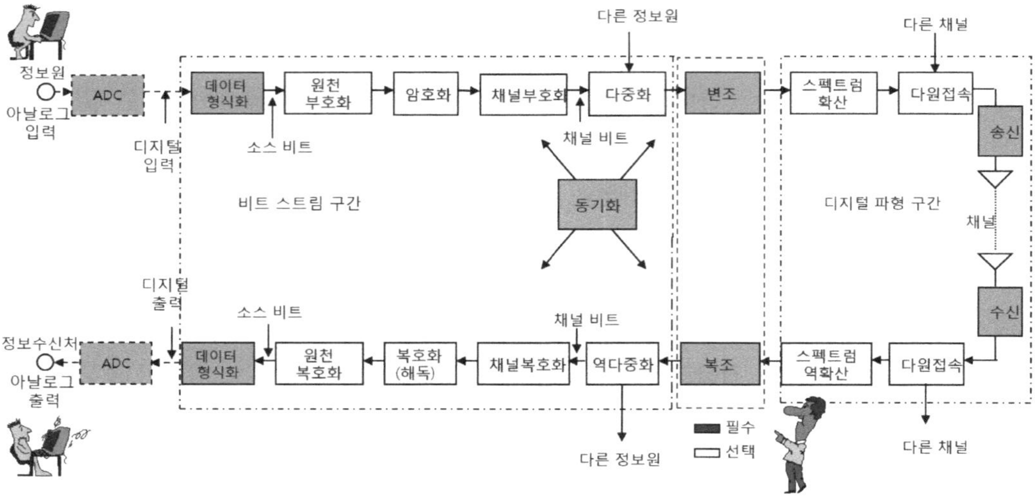

그림 4-2. 디지털 통신 시스템 구성도

위의 그림의 위 부분은 아날로그/디지털 변환 (Analog/Digital(A/D) convert), 원천 부호화(source encoding), 암호화(encryption), 채널 부호화(channel encoding), 다중화(multiplexing), 변조(modulation), 스펙트럼 확산(spectrum spreading), 다원 접속 (multiple access)을 통하여 정보 발생지에서 정보 목적지(정보 수신처)로 신호가 전달되는 과정을 나타낸 것이다. 아래 부분은 위 부분에서 수행된 과정을 역으로 처리하는 것으로서 정보 수신처에서 신호를 받아 신호(음성이나 영상 등)를 재생하는 과정을 나타낸다. 편의상 그림의 위 부분을 송신 단, 아래 부분을 수신 단이라 하면, 송신 단과 수신 단의 중간 부분에 점선으로 표시된 부분에 속한 변조 및 복조 부를 흔히 모뎀(MODEM)이라 하는데 예전에는 모뎀이 변조기와 복조기로만 구성되었으나 현재의 모뎀은 디지털 신호 처리 기술의 발전에 따라 필요한 경우 통신 시스템의 전부 또는 대부분을 포함되게 되었다. 위 그림의 신호 처리 단계 중 아날로그/디지털 변환, 변조, 복조, 디지털/아날로그 변환 과정은 모든 디지털 통신 시스템의 필수 요소이며 그 외의 과정은 선택 요소로서 필요에 따라 사용 여부가 결정된다.

위의 그림에서 위 부분, 즉 송신 단에서의 각 과정의 역할은 다음과 같다.

- **정보원**(information source)은 아날로그 형태로 표현된 정보 신호를 말한다. 즉 시간에 따라 연속적으로 변화하는 전화의 음성 신호나 TV 영상 신호 등이다.
- ADC(Analog to Digital Conversion)는 아날로그/디지털 변환 과정으로 연속적인 아날로그 신호를 일정 시간 간격으로 표본화(sampling)하여 1, 0과 같은 데이터로 변환하는 과정을 말한다.

- **데이터 형식화**(format)는 변환된 1, 0의 데이터를 송수신자 간의 약속된 형식(format))에 맞게 정리하는 과정이다.
- **원천 부호화**(source coding)는 디지털 신호로 변환된 신호를 효율적으로 전송하기 위하여 데이터 량을 줄이는 압축 과정이다.
- **암호화**(encryption)는 신호를 도청 당하거나 해킹 당하더라도 내용을 파악할 수 없도록 데이터를 가공함으로써 통신 기밀을 보장하기 위한 과정이다. 즉 약속된 키(key)를 통해 허가받은 수신자만 내용을 파악할 수 있도록 하는 과정이다.
- **채널 부호화**(channel coding)는 전송 매체를 통해 데이터를 전송할 때 발생할 수 있는 에러를 줄이기 위한 것으로 데이터의 비트오율(BER : Bit Error Rate)을 개선하여 신뢰성 있는 통신이 이루어질 수 있도록 하는 과정이다.
- **다중화**(multiplexing)는 다른 정보원(source)으로 부터 신호들이 주어진 통신 선로나 전송 채널 자원을 효율적, 경제적으로 공유하여 사용 할 수 있도록 데이터를 묶어 주는 역할을 한다.
- **변조**(modulation)는 기저대역의 정보 신호를 효율적으로 전송하기 위하여 높은 주파수의 반송파에 싣는 과정이다. 이렇게 함으로써 짧은 안테나의 길이로도 효율적인 복사(radiation)가 가능하고 음성 신호 간의 혼신이나 송신기 간의 간섭, 전송 간의 채널 잡음이나 간섭파에 의한 영향을 줄일 수 있다.
- **스펙트럼 확산**(spectrum spreading)은 신호의 주파수 스펙트럼을 보다 넓게 확산시킴으로써 전송 채널에서의 잡음, 또는 방해 전파에 의한 간섭의 영향을 줄이고, 도청이나 감청의 가능성을 매우 어렵게 함으로써 통신 성능과 보안성을 개선하기 위한 과정이다.
- **다원 접속**(multiple access)은 여러 송신자, 즉 정보원들이 주어진 전송 매체나 채널 자원을 공유하게 될 경우, 상호 충돌을 최소화하면서 효율적으로 나누어 사용할 수 있도록 하는 과정이다.

위의 그림에서 아래 부분, 즉 수신 단의 일련의 처리 과정은 송신 단에서의 처리 과정의 역순이며 그 역할은 송신 단에서 각 과정의 역할에 대한 역 과정, 즉 복원 과정으로 보면 된다.

4.1.2 디지털 통신의 특징 (아날로그 통신과의 비교한 장 단점)

4.1.2.1 장점

- **잡음에 강하다** : 통신 시스템에서는 통신 회로나 통신 채널 상에서 필연적으로 잡음이 더하여지게 된다. 또한 잡음이 심할수록 송신 신호 파형이 왜곡되어 원래의 신호 파형을 잃고 점점 백색 잡음과 같은 형태로 바뀌게 된다. 그런데 아날로그 통신의 경우 수신 측에서 수신되는 신호의 파형에 민감하다. 왜냐하면 결국 수신되는 신호 파형의 진폭이나 주파수, 그

리고 위상 등의 연속적인 미세한 변화를 파악하여 원래의 정보 신호를 얻어내기 때문이다. 그러나 디지털 통신은 불연속적인 특정 값에 따라 정보가 표현되므로 수신 신호 파형의 미세한 변화를 무시할 수 있을 만큼 파형의 일그러짐에 대한 여유가 크다. 예를 들어 원래의 아날로그 신호를 0, 1의 2진 데이터로 PCM 부호화하여 진폭 천이 변조(ASK)를 하여 전송하는 경우, 약속된 주파수의 반송파가 정해진 임계 값(보통은 최대 최소 사이의 중간 값) 이상의 레벨로 수신되는지 아닌지에 따라, 좀 더 극단적으로 말하면 있는지 없는지에 따라, 송신 데이터가 1인지, 0인지를 판단하면 되므로 잡음에 의한 파형의 왜곡에 그만큼 둔감할 수밖에 없다. 따라서 잡음이 정해진 임계 값 이상으로 더하여지지 않은 한 1, 0을 잘못 복원할 확률이 거의 없다. 여기서 복원이라 함은 수신된 신호 파형을 잡음을 제거하여 잘 정제한다는 의미가 아니라, 수신 측에서 송신된 데이터에 대한 정보를 가지고 파형을 다시 만들어 낸다는 의미이다. 즉 잡음 없는 깨끗한 파형을 재생(regeneration)한다는 것이다. 이것이 디지털 통신이 아날로그 통신과 다른 근본적인 차이점이자 장점인 것이다. 따라서 디지털 통신은 아날로그 통신보다 잡음에 강할 수밖에 없다.

- **신뢰도가 높다** : 통신 시스템에의 경우 사용되는 전자회로는 시간이나 온도에 따라 특성이 변화하기 마련인데 이러한 아날로그 통신의 경우 이러한 회로 내의 전자 소자들의 특성 변화에 따른 레벨이나 주파수, 위상 등의 변동이 직접적으로 정보 신호에 영향을 미친다. 그러나 디지털 신호로 변화시킨 정보 신호는 회로 소자 특성 변화에 따른 변동이 발생하더라도 불연속적으로 할당된 다른 값과의 차이, 즉 여유분을 넘지 않는 한 다른 값으로 판단할 확률이 거의 없어 통신 오류 발생 가능성이 매우 적다. 따라서 그만큼 신뢰도가 높다고 할 수 있다.
- **경제적이다** : 아날로그 회로는 코일, 콘덴서 등을 이용한 여파기, 발진기 등을 사용하는데 이들은 동일한 특성을 가지도록 대량 생산하기 어렵고 이러한 소자로 구성된 시스템을 특정 값으로 조정, 세팅하기도 어렵다. 그러나 디지털 통신 회로는 주로 저렴한 가격에 대량 생산이 가능한 고집적 반도체 소자를 사용하기 때문에 생산성도 양호할 뿐아니라 경제적인 구현이 가능하다. 또한 아날로그 여파기 등이 많이 사용되는 주파수 분할 다중화(FDM) 회로의 경우도 주로 디지털 신호를 다중화하는데 이용되는 시 분할 다중화(TDM) 회로에 비해 훨씬 복잡하고 제작 비용도 높다.
- **정보 신호 처리와 저장 매체 변환이 용이하다** : 아날로그 통신은 송신된 신호 파형 자체를 그대로 복원해 내야 하지만 디지털 통신은 원래 신호 파형 0, 1과 같은 약속한 형태의 신호로 변환하여 표현하는데, 이렇게 변환된 신호는 정보의 형태와 상관없이 일단 동일하게 취급 가능하므로 여러 가지 형식으로 변환 처리하기가 용이할 뿐 아니라, 처리된 정보를 반도체 메모리, 하드 디스크, CD 등 다양한 디지털 매체에 저장하는 것이 가능하고 압축, 암호화 등도 용이하다.

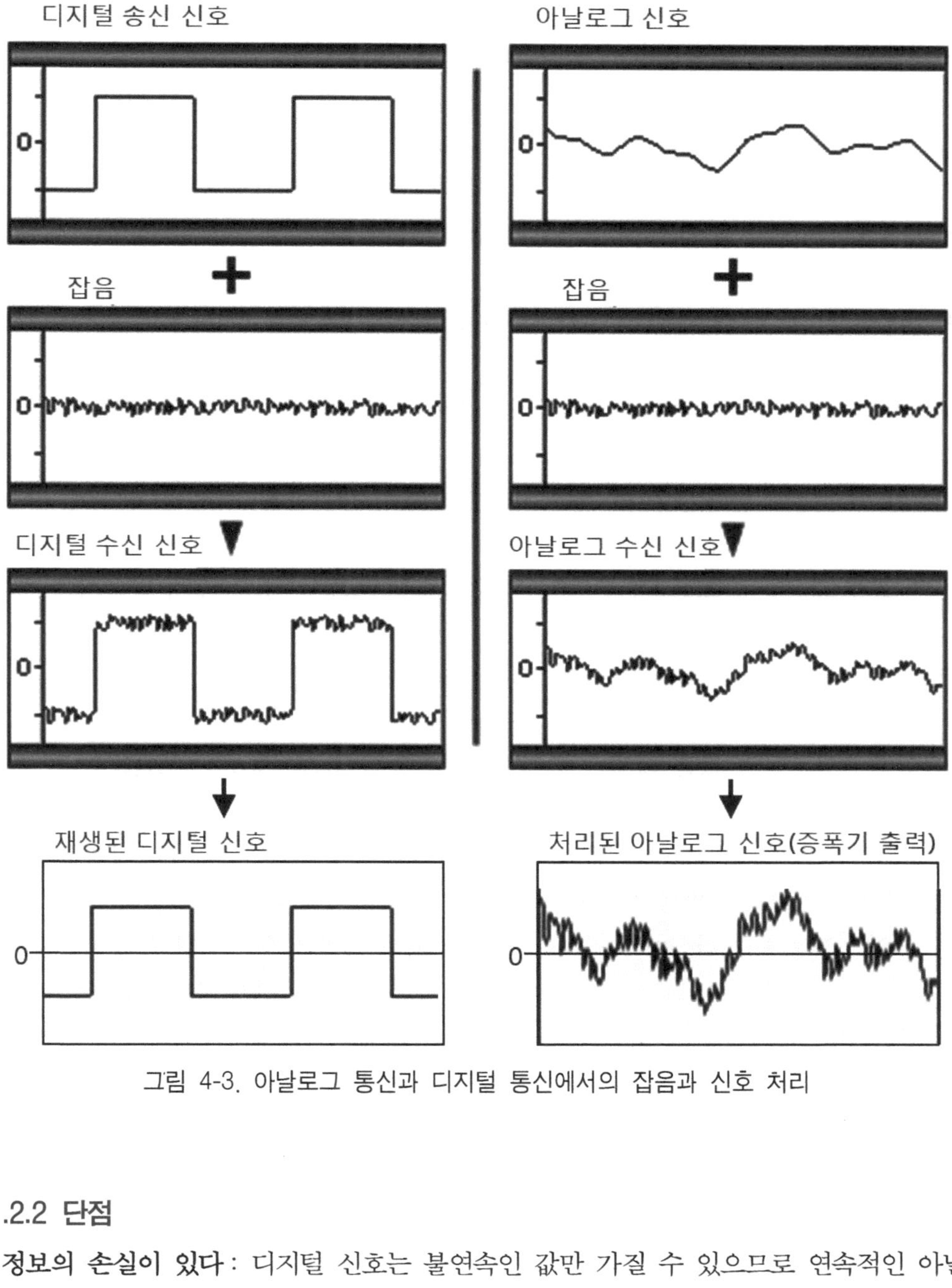

그림 4-3. 아날로그 통신과 디지털 통신에서의 잡음과 신호 처리

4.1.2.2 단점

- **정보의 손실이 있다**: 디지털 신호는 불연속인 값만 가질 수 있으므로 연속적인 아날로그 신호를 한정된 수의 불연속적인 레벨의 디지털 신호로 변환(양자화)하면 필연적으로 정보의 왜곡과 손실이 발생한다. 즉 원래의 신호가 가지고 있는 세세한 차이의 값 들을 가장 가까운 대표 값으로 대체하는 과정에서 발생하는 양자화 잡음에 의한 왜곡이 발생한다.

- **넓은 주파수 대역 폭을 필요로 한다** : 아날로그 신호를 디지털 신호로 변환하면 일반적으로 원래의 아날로그 신호의 전송 대역폭보다 넓어진다. 예를 들면 4kHz의 음성 신호를 아날로그 방식으로 변조하여 전송하려면 4kHz 또는 8kHz의 대역폭을 필요로 한다. 그런데 가장 일반적인 경우를 예로 들어, 4kHz의 음성 신호를 나이퀴스트(Nyquist) 샘플링(표본화)을 하여 8비트 양자화할 경우 1개의 양자화된 데이터당 8개의 비트가 전송되어야 하므로 초당 $8000 \times 8 = 64,000$(비트), 즉 64kbps의 전송 속도가 필요하고, 이를 단순히 RZ 파형으로 전송할 경우 이론적으로 64kHz의 대역폭이, NRZ 파형으로 전송하더라도 32kHz의 대역폭을 필요로 한다. 결국 디지털 신호는 1개의 표본화된 신호를 여러 개의 비트 데이터로 표현하므로 단위 시간 내에 전송해야 할 신호의 변화가 잦아지고 이에 따라 넓은 주파수의 전송 대역폭을 필요로 하게 된다. 이는 이미 앞 절에서 언급한 샤논-하틀리의 정리에서도 알 수 있듯이, 디지털 통신 시스템은 이와 같이 넓어진 전송 대역폭에 의해서도 신호 대 잡음비에 대한 요구 조건이 완화될 수 있으므로 아날로그 통신 시스템에서보다 좀 더 많은 잡음 조건에서도 원하는 수준의 통신을 가능하게 할 수 있는 것이다.
- **문턱 효과(threshold effect)가 있다** : 일반적으로 아날로그 신호는 잡음의 크기에 비례하여 수신 품질이 점차 나빠지는 반면에, 디지털 신호는 잡음 크기가 어느 한계를 넘기 전까지는 잡음 영향을 거의 받지 않다가, 잡음이 어느 한계를 넘어서면 디지털 신호에 오류가 발생하여 데이터의 정상적인 재생이 불가능하게 됨으로써 통신이 불가능하게 되는 문턱 효과 현상이 있다. 이때 문턱 값은 대개의 경우 BER(Bit Error Rate) 값으로 표현한다.
- **정확한 타이밍 정보가 필요하다** : 아날로그 신호는 모든 시간에 대한 신호 값이 연속적으로 존재하고 그 값 자체가 의미를 가지고 있으므로 이 값은 어느 시점에서의 신호 값이고 얼마만큼의 시간 간격으로 발생되는 신호 값인지에 대해 정확하게 알 필요가 없는데 비해, 디지털 신호는 일정 시간 간격마다 얻어낸 값들이므로 송신기와 수신기 상호 간에 신호 값들의 정확한 시점과 시간 간격을 알지 못하면 디지털 신호를 정확하게 복원, 재생할 수 없게 된다. 따라서 비트 동기와 프레임과 동기 등을 위한 타이밍 정보가 필수적이다.

4.1.3 디지털 통신 시스템의 고려 사항

디지털 통신 시스템은 다음과 같은 사항을 최대한 고려하여 설계되어야 한다.

- 데이터 전송률을 높여야 한다.
- 심볼 에러율을 최소화하여야 한다.
- 채널 대역폭(전송 대역폭)을 최소화하여야 한다.
- 전력 소모를 최소화하여야 한다.

- 채널의 방해 신호와 잡음에 강해야 한다.
- 구현 알고리즘과 회로 구성이 간단하여야 한다.

4.2 아날로그 / 디지털 신호 변환

4.2.1 아날로그/디지털 신호 변환 과정

디지털 통신은 근본적으로 1, 0의 2진 부호로 정보를 전달하는 것이므로 아날로그 신호의 경우, 일단 디지털 부호로 변환하는 과정이 필요하다. 이 과정을 바로 '아날로그/디지털 변환'(ADC)이라 한다.

아날로그 신호를 디지털 신호로 변환하고, 반대로 디지털 신호를 아날로그 신호로 변환하는 과정은 아래 그림과 같이 간략하게 줄여서 '표 - 양 - 부', 즉 표본화 – 양자화 – 부호화의 과정을 거쳐서 이루어진다. 이때 표본화에 앞서 대역통과 여파기로 아날로그 신호의 대역폭을 제한하는 이유는 나중에 언급하게 될 **표본화 정리**(sampling theorem)에 따라 최대 신호 주파수의 2배의 주파수로 표본화하기 위해서이다, 즉 입력 신호가 어느 일정 주파수 이하로 제한된 아날로그 신호이어야만 **나이퀴스트(Nyquist) 샘플링 주파수**를 정할 수 있기 때문이다. 이제 표본화부터 부호화까지 각 과정에 대해 좀 더 자세히 살펴보기로 한다.

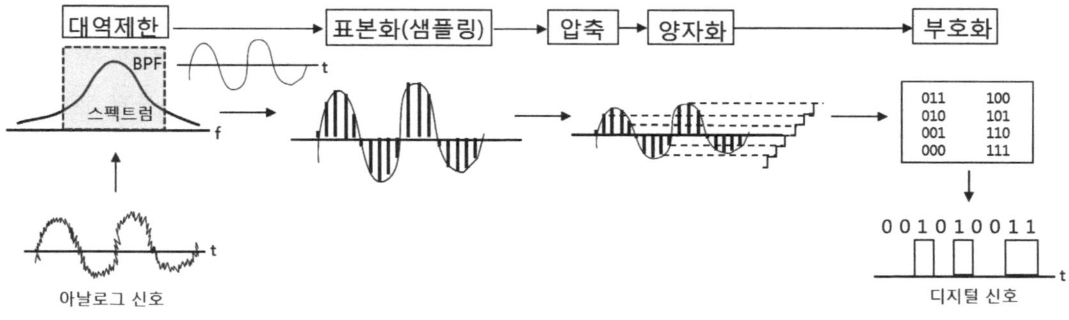

그림 4-4. A/D 변환 과정

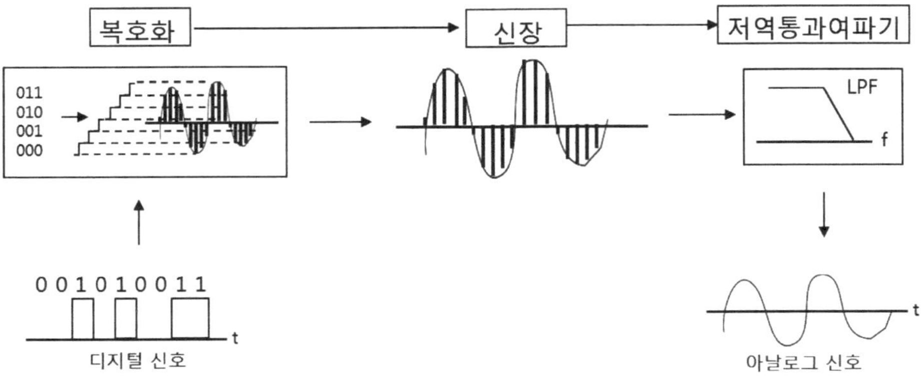

그림 4-5. D/A 변환 과정

4.2.2 표본화 (sampling)

표본화(sampling)란 음성 또는 영상과 같은 연속적인 아날로그 신호에서 일정 시간 간격으로 값을 취함으로써 불연속적인 디지털 신호로 바꾸는 과정이다. 즉 연속적인 원래의 신호에서 일정한 주기로 순간적인 표본 값을 추출하는 것을 말한다. 추출된 신호의 진폭을 표본 값이라 하며, 이 표본 값은 일정한 간격으로 추출되는데 이 간격을 프레임(frame) 또는 표본 간격 (sampling interval)이라 한다. 이렇게 표본 값으로 이루어진 펄스 열(列)을 펄스진폭변조(PAM : Pulse Amplitude Modulation) 신호라 한다.

그런데 연속적인 아날로그 신호를 불연속적인 디지털 신호로 바꾸면서 그 특성을 잃어버리지 않으려면 얼마나 자주 신호를 추출하여야 할까? 이에 대한 해답은 나이퀴스트(Nyquist)의 **표본화 정리**(Sampling Theorem)에서 얻을 수 있는데, 최소한 대상 아날로그 신호 최대 주파수의 2배로만 하면 원래 신호의 복원이 가능하다는 것이다. 이때 이러한 표본화 빈도를 **나이퀴스트 율**(Nyquist rate)이라고 한다. 예를 들어, 전화 단말기의 음성 신호의 경우 단말기의 최대 음성 주파수인 3,400Hz의 2배인 6,800Hz로 표본화(1초당 6,800회 데이터 추출)하면 원 신호를 문제없이 재생할 수 있다는 것이다. 그러나 실제에 있어서는 표본화 이전에 선 처리를 위한 대역 제한을 위한 여파기의 특성이 이상적이지 않으므로 2배보다 좀 더 높은 주파수로 표본화하는 것이 요구된다.

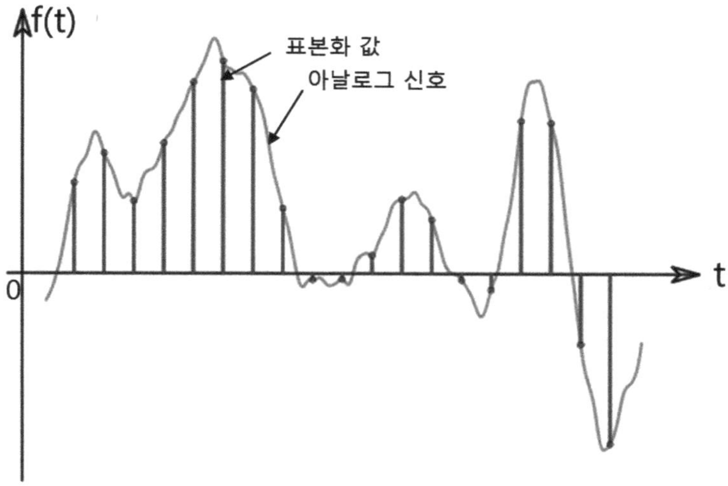

그림 4-6. 아날로그 신호의 표본화에 따른 이산 신호

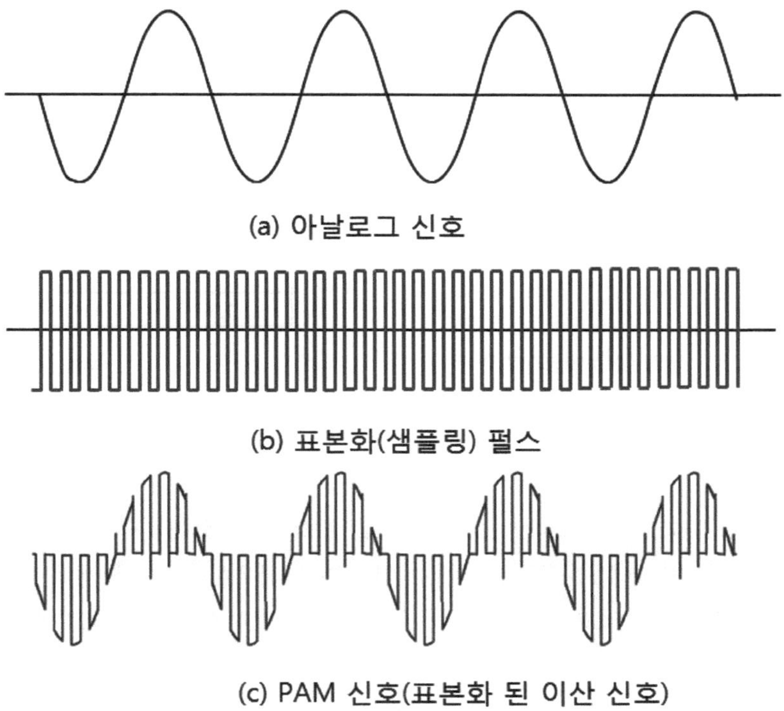

그림 4-7. 표본화에 의한 PAM 신호

4.2.3 양자화(quantization)

표본화에 의해 얻은 PAM 신호를 디지털 신호화하기 위해서는 각 PAM 신호 진폭의 크기를 그 값에 가장 가까운 불연속적인 이산 값(대표 값)으로 할당(매핑)하는 과정이 필요하며 이러한 과정을 **양자화**(quantization)라고 한다.

아래 그림은 양자화가 무엇인지를 보여주기 위한 것으로 아날로그 정보 신호를 표본화 한 후, 4비트로 양자화(양자화 레벨의 수 : $2^4 = 16$)하여 부호화한 과정까지를 예로써 보여주고 있다.

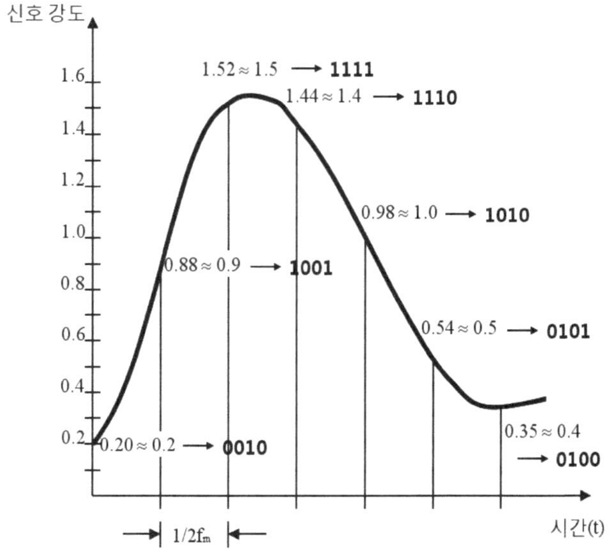

(a) 정보신호의 양자화 값

신호 강도	이진수	펄스코드 파형
0.0	0000	
0.1	0001	
0.2	0010	
0.3	0011	
0.4	0100	
0.5	0101	
0.6	0110	
0.7	0111	
0.8	1000	
0.9	1001	
1.0	1010	
1.1	1011	
1.2	1100	
1.3	1101	
1.4	1110	
1.5	1111	

(b) 부호화 코드

그림 4-8. 4비트 양자화 및 부호화의 예

이제 아래 그림을 참고로 양자화에서 고려해야 할 주요 사항에 대해서 살펴보기로 하자. 아래 그림은 아날로그 신호 전체의 크기를 10단계로 양자화한 경우이다. 이때 샘플링하는 일정 시간 간격 T_s를 표본화 주기라고 하고 이의 역수인 $f_s = \frac{1}{T_s}$를 표본화 주파수라고 한다. 이때 얻어진 PAM 신호를 양자화하기 위한 레벨과 레벨 사이의 간격 Δ를 **양자화 스텝 크기**(quantization step size)라고 한다. 양자화 스텝 크기는 당연히 **양자화 레벨 수**(quantization step number), 결국 **양자화 비트 수**에 좌우된다. 비트 수가 많을수록 양자화 레벨의 수 L이 기하급수적으로 늘어나게 되므로 양자화 스텝의 크기가 작아져서 실제 샘플링한 값과의 오차를 줄일 수 있다.

아래 그림에서는 첫 번째 샘플링 값은 그 값과 가장 가까운 '1000'로, 두 번째 샘플링 값은 그 값과 가장 가까운 '1001'로, 세 번째 샘플링 값은 다시 그 값과 가장 가까운 '1000'로 할당하고 있다. 이때 실제 샘플링 값과 할당된 부호 값과의 차이가 발생하는데 이것을 **양자화 오차**(quantization error) 또는 **양자화 잡음**(quantization noise)이라고 한다. 즉 양자화 과정에서 발생하는 이러한 오차는 레벨 수가 무한대가 아닌 한 필연적으로 발생하는 오차이며 결국 이러한 오차가 잡음으로 작용하여 디지털화에 따르는 품질 저하의 요인이 된다. 따라서 신호 대 잡음비를 높이려면 양자화 레벨 수를 늘려야 하고 이를 위해서는 양자화 비트 수를 늘려야 한다.

그러나 양자화 비트 수를 많게 하면 원 신호를 충실히 부호화할 수 있는 대신에 동일한 시간에 많은 비트를 보내야 하므로 고속의 데이터 전송이 필요하게 된다. 따라서 무조건 비트 수를 늘리는 것이 아니라 요구되는 품질의 수준과 경제성을 고려해서 비트 수를 결정해야 한다.

실제로 보통 품질의 TV 영상 신호는 7 또는 8비트 양자화, 스튜디오급 고급 품질의 경우는 10비트 양자화를 주로 사용하고 있다. 또한 현재 우리가 많이 사용하는 일반 전화 음성의 경우는 표본 당 8비트를 할당하여 최대값과 최소값 사이를 $2^8 = 256$개의 레벨로 양자화하고 있고(G.711 PCM), CD급 일반 음향은 16비트, 스튜디오급 고급 음향은 20 또는 24비트로 양자화하고 있다.

양자화와 관련한 주요 변수에 대한 수식은 다음과 같다.

- 양자화 스텝 크기 : $\Delta = \dfrac{v_{id}}{L} = \dfrac{v_{i\max} - v_{i\min}}{2^n}$

  여기서 v_{id}는 아날로그 입력 신호의 최대값과 최소값의 차이로 입력 신호의 **동적 범위**(dynamic range)라고도 한다. L은 양자화 레벨 수, 즉 양자화 스텝(계단) 수로 2^n이며 n은 양자화 비트수이다.

  결국 Δ는 구별 가능한 아날로그 전압의 최소 간격으로 **양자화 분해능**(resolution)이 된다.
- 양자화 레벨 수 : $L = 2^n$ (n: 양자화 비트 수) 대표 값으로 양자화할 수 있는 레벨의 개수로 양자화 비트 수 n에 의해 결정된다.

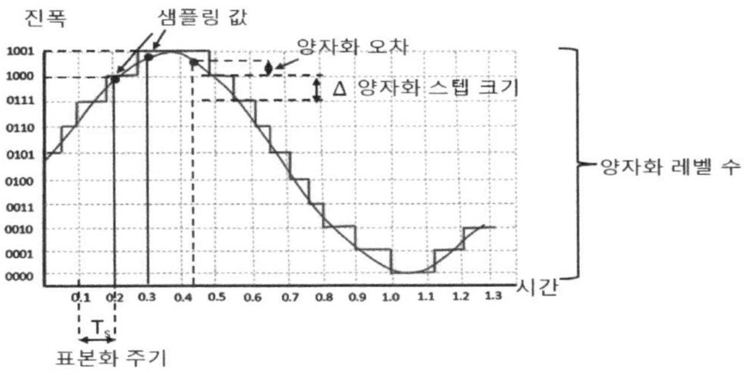

그림 4-9. 양자화

또한 비트 수를 늘리지 않고 양자화 잡음을 줄이는 방법도 사용하는데, 양자화 폭을 일정하게 고정하는 **선형 양자화**(linear quantization) 대신에, 아래 그림에서와 같이 신호의 진폭이 작은 영역이나 발생 확률이 큰 영역에서는 양자화 폭을 작게 하고, 진폭이 크거나 발생 확률이 낮은 영역에서는 양자화 폭을 넓게 함으로써 전체적으로 양자화 오차를 줄이는 방법이다. 이러한 방식의 양자화를 **비선형 양자화**(non-linear quantization)라고 한다.

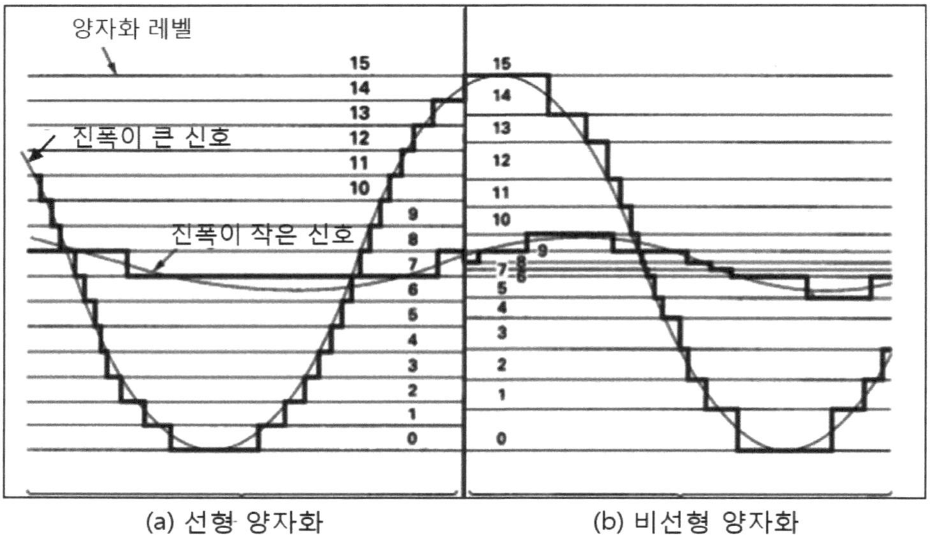

그림 4-10. 선형 양자화와 비선형 양자화

비선형 양자화는 다음과 같은 과정으로 할 수 있다. 먼저 입력 신호를 로그 함수적 전달 특성을 갖는 비선형 회로에 통과시켜서 진폭이 큰 영역에서의 이득을 작게하면 자연스럽게 압축된(compress) 신호가 얻어진다. 이렇게 압축된 신호를 선형 양자화기로 양자화하고 출력 신호를 다시 지수함수(로그함수의 역함수)의 전달 특성을 갖는 비선형 회로를 통과 시켜 신장하면(expand)결과적으로 비선형 양자화 효과를 얻을 수 있다. 즉 로그 함수적으로 압축된 신호를 일정한 양자화 스텝 크기로 균등하게 양자화한 신호를 다시 지수 함수적으로 늘리면 일정하던 간격이 신호 레벨에 따라 지수 함수적으로 점점 증가하게 되어 비선형 양자화 효과가 나타나게 되는 것이다. 이러한 기법을 **압축-신장 알고리즘**(companding algorithm)이라고 한다. 실제로 이러한 비선형 양자화 기법을 사용하는 대표적인 시스템이 전화망에서의 PCM 전송 시스템이다. 전화망에서 사용하는 비선형 양자화 방식에는 'μ - law'이라고 하는 북미 방식과 'A - law'라고 하는 유럽 방식이 있는데 압축 신장하는 전달 함수 특성이 조금 다를 뿐 큰 차이는 없다. 이들 방식은 모두 ITU-T의 오디오 압축 신장의 표준(standard for audio companding)인 G.711 권고안에 채택된 기술이며 양자화 전달 특성은 아래 그림과 같다. 참고로 북미 방식인 μ - **law 압신**의 경우 대수적 압축기의 특성이 다음과 같이 정의된다.

$$F(x) = sgn(x)\, V_{\max} \frac{\ln\left(1 + \dfrac{\mu|x|}{V_{\max}}\right)}{\ln(1+\mu)}, \quad 0 \le |x| \le V_{\max}$$

여기서 x는 입력 신호의 진폭, $V_{\max}$는 동작 영역에서의 신호 최대 값, μ는 압축량을 나타낸다. 미국의 벨 시스템은 8비트 디지털 전송 시스템에서 $\mu = 255$의 압축량을 채용하고 있다. 위의 식을 $V_{\max}$로 정규화(normalization)하고 양(+)의 x값에 대해서만 고려하면 위의 식은

$$y(x) = \frac{\ln(1+\mu x)}{\ln(1+\mu)}$$

로 간략화할 수 있다. 여기서 정규화 변수 $y(x) = \dfrac{F(x)}{V_{\max}}$, $x = \dfrac{|x|}{V_{\max}}$ 이다.

또한 유럽 방식인 **A - law 압신**의 경우는 대수적 특성이 다음과 같다.

$$y(x) = \begin{cases} sgn(x) \dfrac{A|x|}{1+\ln A}, & 0 \le |x| \le 1/A \\ sgn(x) \dfrac{1+\ln(A|x|)}{1+\ln A}, & 1/A \le |x| \le 1 \end{cases}$$

여기서 A는 동적 범위(dynamic range)를 결정하는 변수이다. 8비트 양자화 시스템의 대표적인 권고 값은 $A = 87.6$이다.

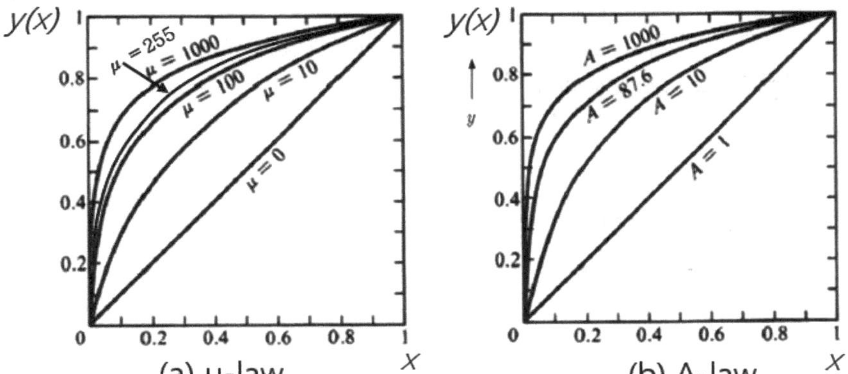

(a) μ-law (b) A-law

그림 4-11. μ-law와 A-law 방식의 비선형 양자화 특성

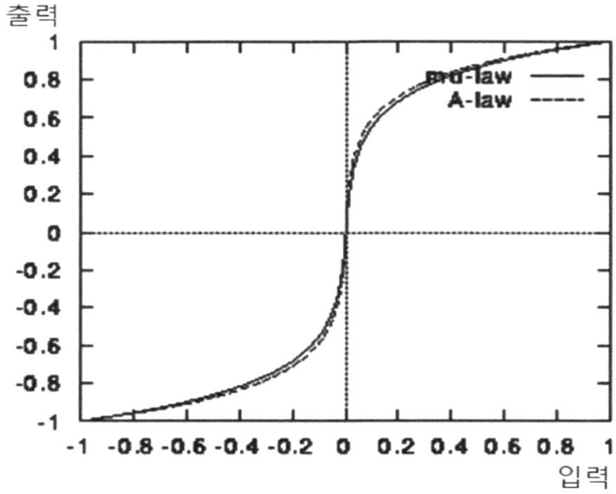

그림 4-12. μ-law와 A-law 방식의 비선형 양자화 특성 비교

참 고

- **비선형 양자화(nonlinear quantization)**

자연계의 많은 신호를 분석한 결과 신호 레벨에 따른 통계적 분포가 일정한 것이 아니라 낮은 레벨의 신호 일수록 빈도가 높고 높은 레벨의 신호일수록 빈도가 낮다는 것이 알려져 있다. 따라서 모든 신호에 대해 양자화 스텝의 크기를 일정하게 하는 것보다는 작은 신호 레벨 영역에서는 간격을 조밀하게 하고 큰 신호 레벨에서는 간격을 크게 하는 것이 유리함을 알 수 있다. 즉 작은 오차, 즉 왜곡에도 민감하고 자주 발생하는 작은 레벨의 신호에 대해서는 양자화 잡음을 작게 하고 왜곡에도 둔감하고 발생 확률도 낮은 큰 레벨의 신호에 대해서는 양자화 잡음을 크게 하면 전체적으로는 체감되는 왜곡(오차, 잡음)이 줄어들 수 있다는 점에 착안하여 아래 그림 (b)에서와 같이 직선이 아닌 S자 형태의 비선형 전달 특성을 갖도록 하는 양자화 기법이다.

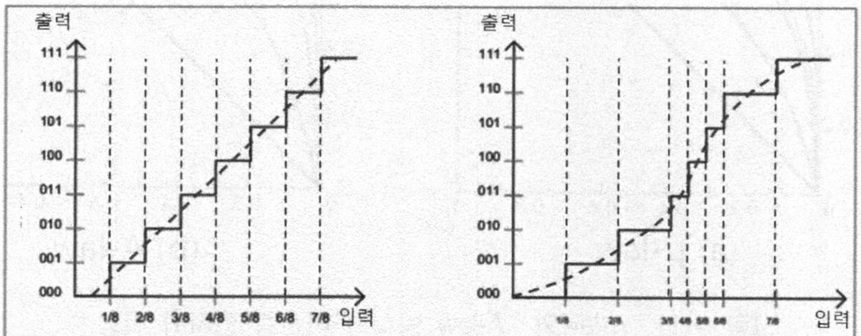

(a) 선형 양자화 (b) 비선형 양자화

4.2.4 양자화 오차와 신호 대 잡음비

앞 절에서 아날로그 신호를 양자화하는 과정에서 필연적으로 원래 신호와의 오차가 발생하는데 이를 양자화 오차 또는 양자화 잡음이라한다는 것을 언급한 바 있다. 이러한 양자화 오차는 양자화 레벨 간의 간격 즉 양자화 스텝 크기에 따라 달라지고 이는 또한 양자화 비트 수와 관계되므로 결국 양자화 비트 수가 얼마이냐에 따라 양자화 잡음의 양이 달라진다. 이제 이러한 양자화 잡음의 양, 다시 말해 양자화 잡음 전력과 양자화 비트 수와 관계를 살펴보기로 한다. 아래 그림에서와 같이 진폭이 V_p, 최대값과 최소값의 차이가 $2V_p$인 아날로그 입력 신호를 $L=2^n$개의 레벨로 양자화한다고 하면 양자화 레벨 간격, 즉 양자화 스텝 크기는

$$\Delta = 2V_p/2^n$$

가 된다. 여기서 n은 물론 양자화 비트 수이다. 양자화 스텝 크기에 의해서 아래 그림에서와 같이 $-\Delta/2 \sim +\Delta/2$ 사이의 입력 신호는 모두 해당 양자화 레벨에 할당되므로 양자화 잡음 크기도 그만큼이 될 것이고 최대 잡음 크기는 $\frac{\Delta}{2}$가 될 것이다.

입력 신호가 모든 양자화 레벨에 고루 균일하게 분포하여 양자화 잡음의 확률 밀도 함수가 위의 그림에서와 같이 일정하다고 가정하고 양자화 잡음의 평균 전력을 구하면

$$N_q = \frac{1}{\Delta}\int_{-\frac{\Delta}{2}}^{\frac{\Delta}{2}} e^2\, de = \frac{1}{3\Delta}\left[\left(\frac{\Delta}{2}\right)^3 - \left(-\frac{\Delta}{2}\right)^3\right] = \frac{1}{3}\left(\frac{\Delta}{2}\right)^2 = \frac{1}{3}\left(\frac{V_p}{2^n}\right)^2$$

따라서 양자화 잡음은 양자화 스텝 크기의 제곱에 비례하여 증가한다. 이제 양자화된 신호의 신호 대 잡음비(SNR)를 구하기 위해 평균 신호 전력을 구하면

$$P_s = \frac{1}{2V_p}\int_{-V_p}^{V_p} s^2\, ds = \frac{1}{T}\int_0^T V_p^2 \sin^2\omega t\, dt = \frac{1}{2}\left(\frac{2^n\Delta}{2}\right)^2 = \frac{2^{2n}\Delta^2}{8}$$

이다. 따라서 신호 대 잡음비는

$$SNR = \frac{P_s}{N_q} = \frac{2^{2n}}{2}\left(\frac{\Delta}{2}\right)^2 \Big/ \frac{1}{3}\left(\frac{\Delta}{2}\right)^2 = \left(\frac{3}{2}\right)2^{2n}$$

이 된다. 이를 데시벨[dB] 단위로 환산하면

$$SNR[dB] = 10\log\left(\frac{3}{2} \cdot 2^{2n}\right) \cong 6n + 1.8\,[dB]$$

가 된다. 위의 결과 식으로부터 우리는 양자화를 통해 디지털로 변환한 신호의 신호 대 잡음비(SNR)는 양자화 비트 수를 1비트 늘릴 때마다 약 6[dB]씩 증가한다는 매우 중요한 사실을 알 수가 있다. 위 식은 양자화에 있어 **'6n의 법칙'**이라는 이름으로 잘 알려진 식이다. 위 식에 따르면 8비트로 양자화하는 일반 전화 음성의 경우는 위의 식에 따르면 이론적으로 약 50[dB]의 신호 대

잡음비를, 16비트의 CD급 일반 음향은 약 98[dB], 20 비트의 스튜디오급 고급 음향은 약 122[dB]의 신호 대 잡음비를 얻을 수 있다.

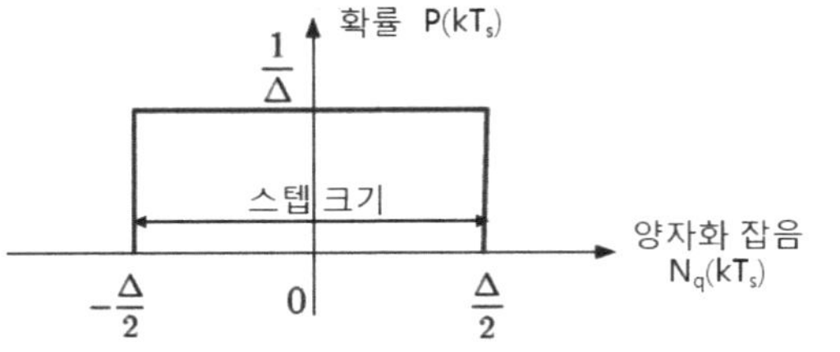

(a) 양자화 잡음의 확률 밀도 함수

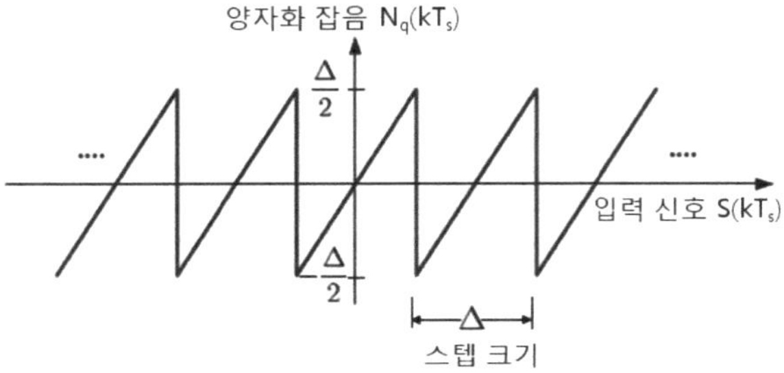

(b) 입력 신호 값에 따른 양자화 잡음의 크기

그림 4-13. 입력 신호에 따른 양자화 잡음의 확률밀도와 크기

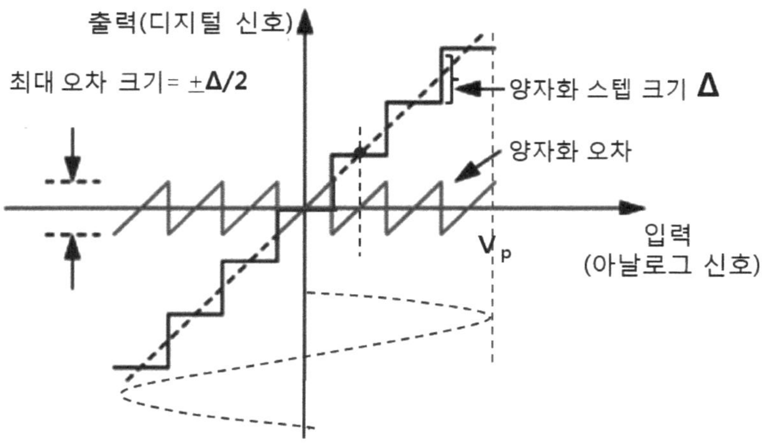

그림 4-14. 양자화 스텝과 양자화 오차 크기

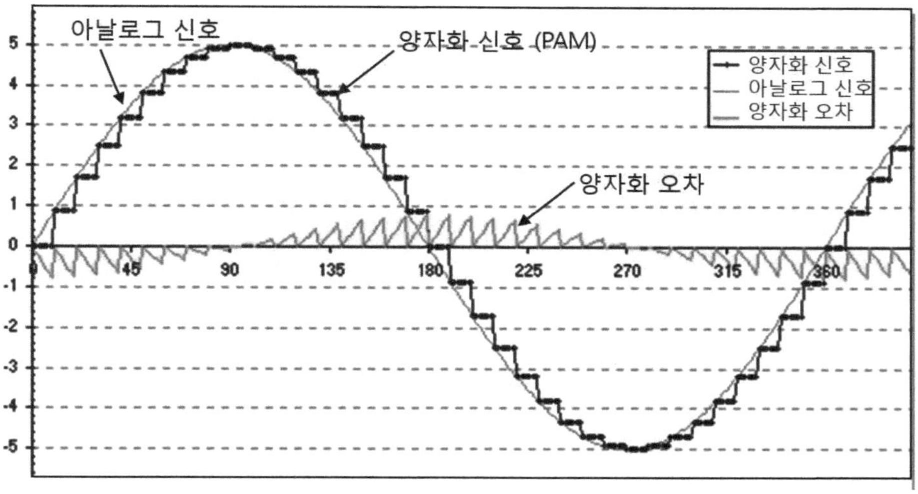

그림 4-15. 양자화 오차의 예

4.2.5 부호화 (encoding)

양자화된 신호들은 그 자체를 그대로 전송하면 아날로그 신호와 마찬가지로 진폭 잡음에 매우 민감하게 된다. 따라서 양자화된 신호 값을 디지털 전송에 적합한 형태의 디지털 부호로 변환하여야 한다. 이러한 과정을 **부호화(encoding)**라 한다. 부호화는 사실상 앞 절에서 다룬 바 있듯이 양자화 레벨에 따라 자동적으로 부호가 할당되기 때문에 일반적인 PCM 신호는 별도의 과정을 마련하여 처리한다기보다, PAM 신호를 양자화된 대표 값으로 할당함과 동시에 부호어가 정해지게 된다.

부호화에 있어서 대부분 2진 펄스의 형태가 전송 및 재생이 쉽고 편리하므로 대부분의 경우, 2진법에 의한 부호화가 행해진다. 2진법에서는 한 개의 비트로 '0'과 '1'의 두 개의 상태를 표현할 수 있으며, 두 개의 비트로는 00, 01, 10, 11의 4가지 상태를 표현할 수 있다. 8가지의 정보를 전송하거나 표현할 수 있다 즉 비트 수가 n개 일 때, 표현 가능한 독립적인 상태의 수를 L이라 하면 $L = 2^n$인 관계가 있음은 이미 살펴본 바 있다. 이때 사용되는 n개의 비트를 PCM(Pulse Code Modulation) 부호어라 하며 일반적으로 음성 신호는 256개의 단계(레벨), 즉 8비트로 양자화되기 때문에 각 표본은 8비트가 한 개의 PCM 부호어가 된다. 역으로 양자화 레벨 수가 L개이면 이것을 부호화하는데 필요한 2진 비트 수 n은

$n = \log_2 L$ 비트가 되는 것은 쉽게 알 수 있을 것이다.

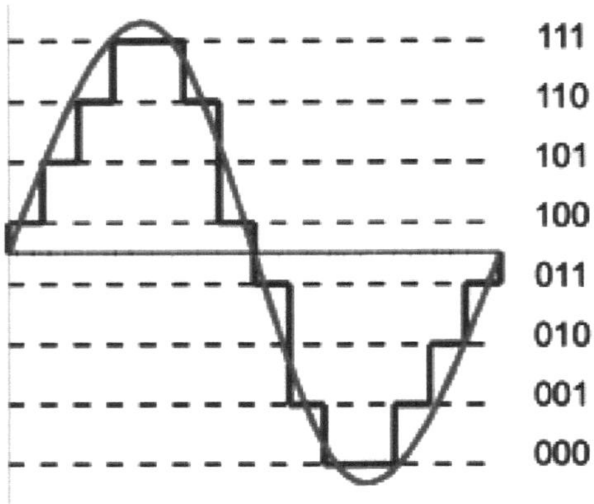

그림 4-16. 3비트 PCM 부호어의 예

여기서 현재 사용되고 있는 전화에서의 아날로그 음성 신호를 디지털 PCM 신호로 변환하여 디지털 전송을 하는 경우를 생각해 보자. 전화의 국간 전송은 4[kHz]로 대역 제한되어 있으므로 표본화 정리에 따라 음성 신호의 최대 주파수의 2배인 8[kHz]로 표본화하고, 표본당 8비트로 부호화하면, 1초에 $8,000 \times 8 = 64,000$비트의 데이터가 생성되므로 이를 전송하기 위해서는 $64[kbps]$의 **데이터 전송 속도**(data rate)가 요구됨을 알 수 있다. 따라서 실제 전화망에서 음성 신호를 PCM으로 전송할 경우 **데이터 전송률**을 $64[kbps]$로 하고 있다.

4.2.6 부호화와 전송 대역폭과 전송속도

앞 절에서 현재 사용되고 있는 전화에서의 아날로그 음성 신호를 PCM으로 전송할 경우 요구되는 데이터 전송 속도가 $64\{kbps\}$임을 설명하였다. 이는 부호화 과정에서 PAM 펄스 1개의 값을 나타내기 위해 여러 개의 비트를 사용하므로 표본화 시간 구간인 $T = \frac{1}{f_s}$동안 전송 속도가 해야 하는 비트 수가 많아지고 따라서 그만큼 필요한 전송 속도가 증가하므로 필요한 전송 대역폭도 증가하게 된다. 예를 들어 주파수 f_m 으로 대역 제한된 신호를 나이퀴스트 율로 표본화하고 이를 n비트로 부호화한다고 하면 $T = \frac{1}{f_s}$ 초 내에 n개의 2진 펄스가 발생하게 되는데 이러한 펄스의 주파수 스펙트럼은 아래 그림에서와 같이 샘플링 함수 $A\tau Sa(\pi f\tau)$, 즉 $A\tau \mathrm{sinc}(f\tau)$의 형태를 보이게 되는데 그림에서와 같이 주엽(main lobe) 부분만을 전송한다고 할 때 필요한 전송 주파수 대역폭은 $W = nf_s = 2nf_m$[Hz]가 된다. 따라서 우리가 알고 있는 가장 기본적인 아날로그 변조 기법인 표준 AM(DSB-LC)의 소요 전송 대역폭인 $W_{AM} = 2f_m$에 비해 n배나 전송 대역폭이 필요하게 된다. 따라서 어떻게든 대역폭을 감소시키는 것이 중요한 과제이다. 이렇게 전송 대역폭을 줄이는 문제는 주로 부호화 된 2진 데이터를 어떠한 형태의 디지털 신호, 즉 **심볼**(symbol)로 변환하는 변조 과정에서 수행된다. 예를 들어 0, 1의 2진 부호 대신에 2의 배수인 M진 부호 (여기서 $M > 2$), 즉 M 가지의 심볼을 사용하면 하나의 M진 부호에 대응시킬 수 있는 2진 부호의 비트 수 $n = \log_2 M$개가 되므로 심볼 1개당 할당할 수 있는 2진 비트 수가 증가하게 되어 실제적으로 전송할 수 있는 전송 데이터 속도가 증가 하게 된다. 따라서 2진 부호의 전송 속도를 동일하게 유지한다면 반대로 심볼의 전송 속도를 그만큼 낮출 수가 있고 이에 따라 전송 대역폭을 그만큼 줄일 수 있게 되는 것이다. 예를 들어 $M = 16 = 2^3$인 경우는 16가지의 심볼이 존재하므로 2진 부호의 3비트를 1개의 심볼에 할당할 수 있고 따라서 심볼 1개가 전송되면 수신자는 2진 부호 3개 비트를 받는 셈이므로 데이터 전송 속도가 3배로 빠른 효과를 얻는다. 여기서 중요한 점은 부호화 과정에서 생성된 2진 부호를 데이터라 하고 M진 부호를 심볼이라 했을 때, 이들의 전송 속도를 나타내는 단위가 다르다는 점이다. 즉 **데이터 전송 속도** 또는 **데이터 전송률(data rate)**은 1초당 전송되는 데이터 비트 수로 나타내어 [bps], [bits/sec]를 사용하고 M진 신호의 전송 속도, 즉 **심볼 전송률(심볼률)**은 1초 당 전송되는 심볼 수로 나타내어 [sps], [symbol/sec]로 표시한다. 이때 [sps]를 달리 [baud]라고도 표시하며 '**보오**'라고 읽는다.

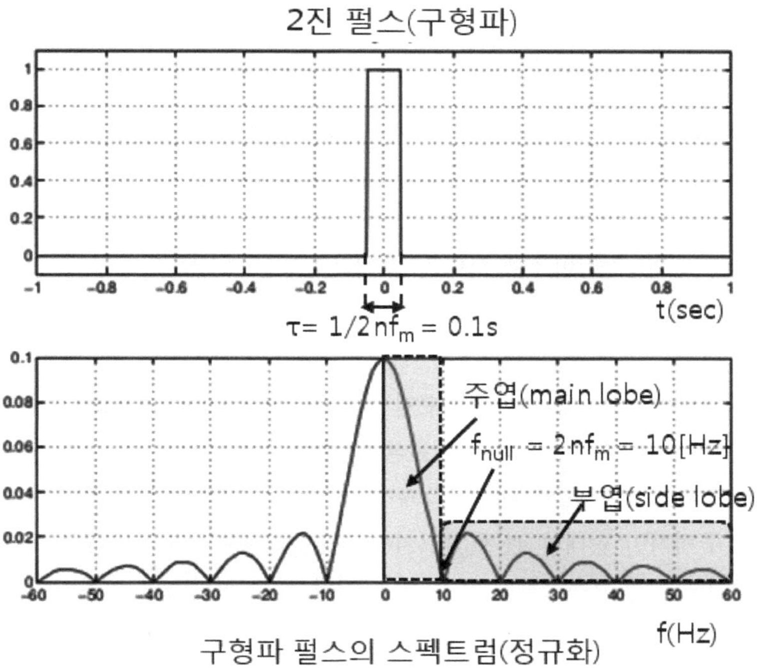

그림 4-17. 2진 펄스의 주파수 스펙트럼의 예

예제 4-1

전송 대역폭이 6[MHz]인 채널에서 $M=256$인 256QAM 디지털 변조 방식을 사용할 경우, 전송 가능한 최대 데이터 전송 속도는 얼마인가? 또한 심볼률은 얼마인가?

(풀이)

$M=256=2^8$이므로 1개의 M진 심볼에 할당 가능한 2진 부호의 비트 수가 8개이다. 그런데 6[MHz] 대역폭에 2진 부호를 그대로 전송할 경우, 최대 6[Mbps] 데이터 전송이 가능하므로 M 진 부호를 사용할 경우의 데이터 전송 속도는

$6[Mbps] \times 8 = 48[Mbps]$

가 된다. 이때 심볼의 전송 속도, 즉 심볼률은 2진 부호 때와 마찬 가지로

$6[Msps] = 6[Mbaud]$

이다.

4.2.7 표본화 정리(sampling theorem)

표본화 정리(sampling theorem)는 미국의 전자 공학자인 **해리 나이퀴스트**(Harry Nyquist)가 1924년과 1928년의 논문에서 발표한 이론이다. 간단히 요약하면 아날로그 신호를 디지털 신호로 변환할 때 이론적으로는 최소한, 표본화 대상인 아날로그 신호의 최대 주파수의 2배로만 하면 원래 신호의 완벽한 복원(재생)이 가능하다는 것이다. 즉 표본화하고자 하는 신호의 최대 주파수가 f_m이라고 하고, 이 신호를 복원하기 위해 요구되는 표본화 주파수를 f_s라고 하면

$f_s \geq 2f_m$

인 관계가 있다. 이때 최소 표본화 주파수인 $2f_m$을 **나이퀴스트(표본화) 율**(Nyquist rate)이라 하며 원래 신호를 복원할 수 있는 최소의 표본화 주파수이다.

표본화 정리를 직관적으로 해석하면 다음과 같다. 즉 주기적으로 변화하는 어떠한 아날로그 신호에 대해서 그 구체적인 형태와 관계없이 가장 높은 주파수 성분의 신호에 대해 최소 1주기당 두 번, 즉 반주기마다 한번 샘플링하면, 올바른 디지털 신호 형태로의 변환이 가능하다는 의미이다. 예를 들어 다음 그림과 같은 정현파 신호를 표본화하는 경우를 살펴보자. 이 신호를 주기적으로 샘플링하여 그 값이 양(+)이면 +5[V] (2진 부호의 '1'), 그 값이 음(-)이면 0[V](2진 부호의 '0')으로 변환하는 경우, 신호 1주기당 충분히 많은 횟수를 샘플링하면 당연히 원래 신호를 디지털 신호로 변환('1', '0' 값 할당)하는데 있어 '1'과 '0'을 틀리게 할당하는 오류가 발생하지 않는다.

이제 신호파의 1주기 당 샘플링 횟수를 점점 줄여서 2회로 하면 최소한 반주기 당 1회씩은 샘플링할 수 있다. 이 경우에는 신호파의 형태를 알 수는 없으나 단순히 1, 0의 2진 디지털 신호로 변환하는데 지장은 없다. 그러나 만일 1주기당 1번만 샘플링하면 항상 양(+)의 값 또는 음(-)의 값이 추출될 것이므로 주파수가 존재하는 신호가 아닌 직류 신호로 인식하게 된다. 따라서 원래 신호를 1주기당 1회만 샘플링하면 원래 신호의 올바른 디지털 신호로의 변환이 불가능해지며 최소한 1주기당 2회 이상은 표본화해야 함을 알 수 있다. 그러므로 아날로그 신호의 올바른 디지털 변환을 위해서는 해당 신호가 가지고 있는 최대 주파수 성분보다 2배 이상의 주파수로 표본화해야 하는 것이다.

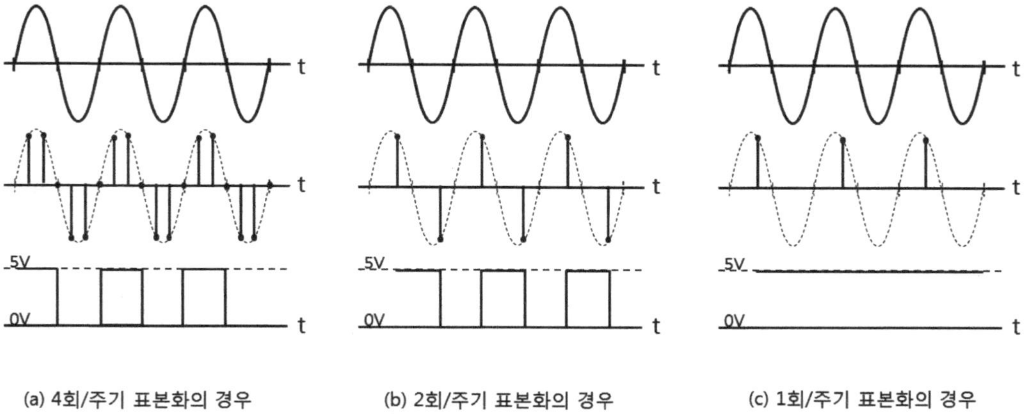

그림 4-18. 아날로그 신호의 표본화율에 따른 디지털 변환 파형

4.2.8 표본화 주파수와 스펙트럼과의 관계, 앨리어싱

앞 절에서 원래의 연속적인 신호를 표본화하여 불연속적인 이산 신호를 만들어냄에 있어 원래 신호의 최대 신호 주파수의 2배 이상으로 표본화하면 원래 신호를 복원할 수 있는 표본화 정리를 살펴보았다. 이제 표본화 정리를 주파수 영역에서 살펴보기로 하자.

아래 그림의 (a)와 같은 연속적인 기저대역 신호의 최대 주파수가 f_m이고 따라서 주파수 스펙트럼도 f_m으로 대역 제한되어 있다고 가정하자. 이러한 신호를 아래 그림 (b)와 같이 $f_s = \frac{1}{T}$의 주파수의 임펄스 열로 표본화한다고 하는 것은 그림 (b)와 같은 임펄스 열을 그림 (a)의 신호 파형에 곱하는 것과 같다. 그런데 푸리에 변환의 성질에서 **주파수 중첩의 정리(frequency convolution theorem)**에 따라 시간 영역에서의 두 함수의 곱은 주파수 영역에서는 두 함수의 스펙트럼을 중첩(convolution)한 결과와 같다는 사실을 알고 있다. 아래 그림 (b)와 같이 시간 영역에서 주기가 T인 임펄스 열의 주파수 영역에서의 스펙트럼은 마찬가지로 주기 $f_s = \frac{1}{T}$ 인 임펄스 열이 되는 것은 제2장에서 살펴본 바 있다. 따라서 이러한 임펄스 열 스펙트럼과 기저대역 신호 스펙트럼을 중첩하면 아래 그림 (c)에서와 같이 기저대역 신호 스펙트럼이 표본화 주파수 $f_s = \frac{1}{T}$ 간격으로 반복되는 형태가 되는 것을 알 수 있다. 여기서 우리는 중요한 사실 하나를 발견할 수 있다. 표본화 주파수 f_s가 원래의 기저대역 신호의 최대 주파수 f_m의 2배 보다 크면, 즉 $f_s > 2f_m$이면 주파수 스펙트럼의 간격이 넓어서 반복되는 신호 스펙트럼이 겹치는 일이 없다. 마찬가지로 $f_s = f_m$일 때도 신호 스펙트럼 사이에 여유는 없지만 겹치지는 않는다. 그러나 $f_s < 2f_m$이 되면 신호 스펙트럼이 겹치는 현상이 발생하는데 이러한 현상을 **앨리어싱(aliasing)**이라고 한다. 이렇게 신호 스펙트럼이 겹치게 되면 겹쳐진 부분에서는 스펙트럼 크기가 더해지면서 원래 신호의 높은 주파수 성분일수록 낮은 주파수 성분에 겹쳐지게 되고, 낮은 주파수 일수록 높은 주파수 성분과 겹쳐지게 되어 원래의 스펙트럼 형태가 변형되면서 원래의 신호파형을 왜곡시키게 된다. 이 경우에는 아무리 예리한 차단 특성의 여파기로 잘라낸다 해도 원래의 스펙트럼을 원형 그대로 분리해 낼 수 없고 파형이 왜곡되게 된다. 이렇게 표본화 주파수가 나이퀴스트 표본화 주파수보다 낮아서 신호 주파수 스펙트럼이 겹치면서 나타나게 되는 왜곡을 **앨리어싱 왜곡(aliasing distortion)**이라고 한다. 이러한 앨리어싱 왜곡은 원래 정보 신호의 최대 주파수의 2배 이상으로 표본화하면 피할 수 있다.

이제 그림 (c)와 같이 표본화된 불연속 이산 신호에서 원래의 연속적인 신호를 복원해 내는 과정을 생각해보자. 이산 신호의 주파수 스펙트럼은 표본화 주파수인 f_s 간격으로 반복되므로 차단 주파수가 f_m인 이상적인(ideal) 저역통과 여파기(LPF)를 이용하면 원래의 정보 신호를 복원할 수 있다. 그러나 현실적으로는 그러한 이상적인 여파기는 구현 불가능하다. 따라서 실제적으로는 LPF 구현성을 고려하여 $f_s = 2f_m$보다는 좀 더 높은 주파수로 표본화하여야 한다. 일 예로 유선 전화망에서는 국간 전공에서의 표본화 주파수는 $f_s = 8[kHz]$이지만 나중에 복원 시에 사용되는 LPF의 완만한 차단 특성을 고려하여 음성 신호 자체의 차단 주파수를 4[kHz]보다 낮은 3.4[kHz]로 설정함으로써 $f_s > 2f_m$인 조건을 만족시키고 있다. 이러한 여파기를 **안티-앨리어싱(anti-aliasing) 여파기**라고 한다.

이와 같이 표본화 주파수를 미리 정해 놓고, 안티-앨리어싱 여파기로 정보 신호의 주파수 대역을 미리 정해 놓은 표본화 주파수 f_s의 1/2보다 낮게 제한한 후에 표본화 과정을 진행하는 이유는 현실적으로 정보 신호의 최대 주파수가 얼마인지 정확하게 파악하기 어렵고, 최대 주파수를 안다고 해도 두 배 이상의 주파수로 표본화하기에는 현실적으로 불가능하거나 불필요한 경우가 있기 때문이다.

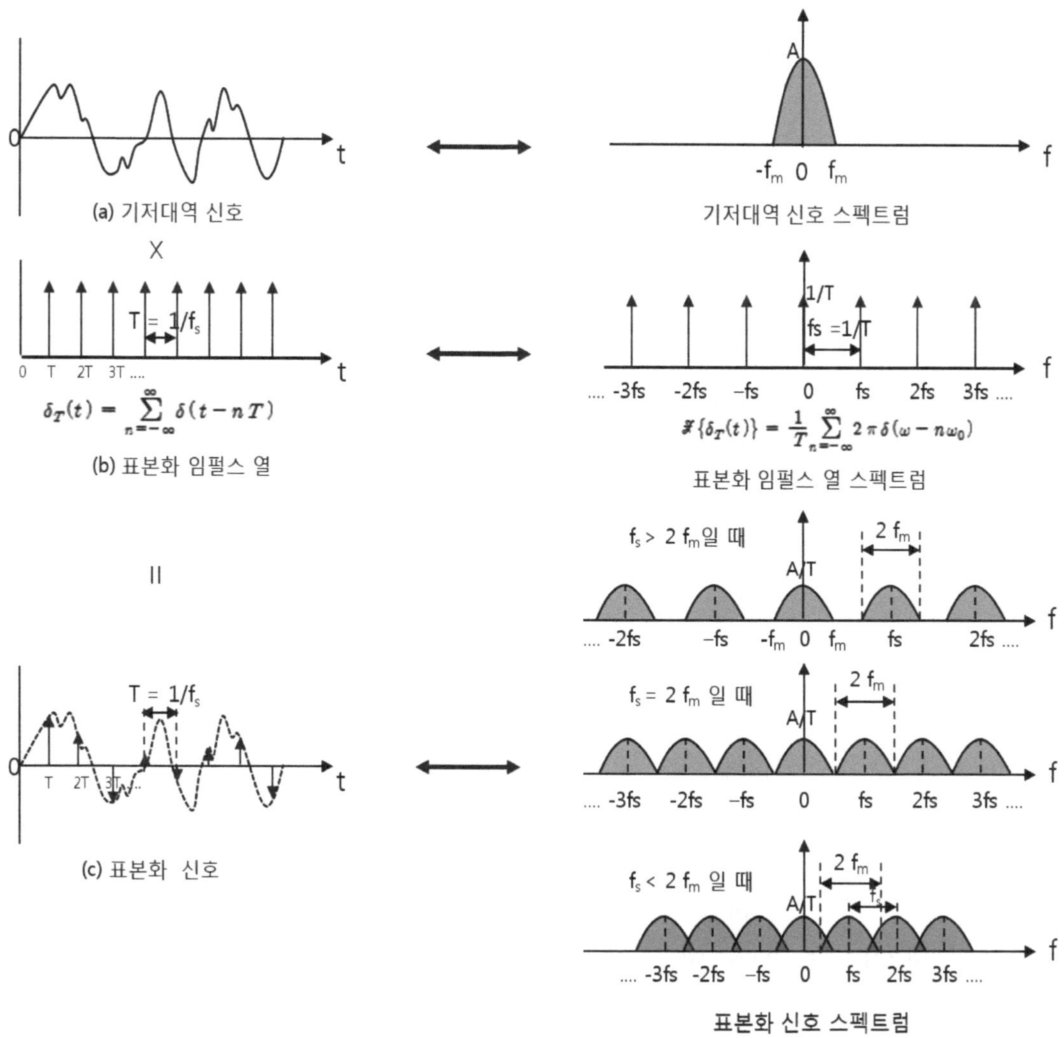

그림 4-19. 표본화 주파수와 스펙트럼과의 관계

4.3 펄스 변조 방식(PAM, PWM, PPM, PCM, 기타)

4.3.1 펄스 변조 방식의 개요와 종류

이제까지 연속적인 아날로그 신호를 표본화를 통해 시간에 따라 불연속적인 이산(離散) 신호로 변환하고 그 신호를 부호화하는 과정까지를 살펴보았다. 이제 본 절에서는 표본화를 통해 불연속적인 이산 신호로 변환된 펄스를 표현하는 방식에 대해서 살펴보기로 한다. 이 같은 표현 방식을 **펄스 변조**(pulse modulation) **방식**이라고 한다. 펄스 변조 방식은 원래의 신호를 표본화한 값을 표현하는 방식을 여러 가지로 달리한 것으로 볼 수 있으며, 순간 첨두 전력은 높지만 평균 반송파 전력을 낮게 유지할 수 있어 전력 소모를 줄일 수 있고, 순간적인 첨두 전력이 높은 편이라 낮은 평균 전력에 비해서는 장거리 전송이 가능하다는 장점이 있다.

펄스 변조 방식은 앞 장에서도 언급했듯이 다음과 같이 구분할 수 있다.

(1) 아날로그 펄스 변조 방식 (연속 펄스 변조)

아날로그 신호 파형을 이산적인 시간 간격으로 표본화시키면서 나타나는 펄스열의 진폭, 폭, 위상(위치) 등의 파라미터를 변화시키는 방식으로 펄스 파형의 파라미터가 아날로그 신호의 양에 따라 변조되며 다음과 같은 방식이 있다.

- **펄스 진폭 변조**(PAM : Pulse Amplitude Modulation) : 아날로그 신호를 일정한 시간 간격으로 표본화 값의 크기에 비례한 신호의 진폭 크기에 대응되는 변조 방식
- **펄스 폭 변조**(PWM : Pulse Width Modulation) : 아날로그 신호를 일정한 시간 간격으로 표본화 값의 크기에 비례하여 펄스의 폭을 변화시키는 변조 방식
- **펄스 위치 변조**(PPM : Pulse Position Modulation) : 아날로그 신호를 일정한 시간 간격으로 표본화 값의 크기에 비례하여 펄스의 위치를 변화시키는 변조 방식

전통적인 아날로그 변조 방식과 비교할 때, PAM이 AM과 비슷하다면 PWM이나 PPM은 FM이나 PM과 비슷하다고 할 수 있다.

(2) 디지털 펄스 변조 방식 (불연속 펄스 변조)

아날로그 파형을 일정 시간 간격으로 표본화하여 얻은 PAM 신호를 양자화한 후에 이를 일정한 형식의 디지털 신호로 부호화하여 나타내는 방식으로 다음과 같이 나눌 수 있다.

- **펄스 부호 변조** (PCM : Pulse Code Modulation) : 디지털 펄스 변조 방식의 가장 기본적이

고 대표적인 방식으로 PAM 신호를 양자화 레벨 수에 따라 여러 개의 디지털 비트로 부호화하여 나타내는 방식이다.

- **펄스 수 변조** (PNM : Pulse Number Modulation) : PAM 신호를 크기에 따라 일정한 폭의 펄스의 수를 변화시켜 나타내는 방식이다.
- PCM 변형 방식 : 기본적으로는 PCM이나 연속한 두 개의 표본 값 간의 차이를 부호화한다거나 1개의 비트로 부호화하는 등으로 변형한 방식이다.
  - **차분 펄스 부호 변조**(DPCM : Differential Pulse Code Modulation)
  - **적응 차분 펄스 부호 변조**(ADPCM : Adaptive DPCM)
  - **델타(Δ) 변조**(DM: Delta Modulation) 또는 **차분 변조**(DM : Differential Modulation)
  - **적응 델타 변조**(ADM : Adaptive Delta Modulation)

이들 방식 중 통신에서 가장 널리 사용되는 방식은 디지털 펄스 변조 방식의 하나인 PCM 방식과 이것을 변형한 방식이며 아날로그 펄스 방식은 장점을 활용할 수 있는 특수한 경우를 제외하고는 거의 사용하지 않고 있다. 이제 이들 여러 가지 펄스 변조 방식에 대해 좀 더 자세히 다루어 보기로 한다.

4.3.2 펄스 진폭 변조(PAM)

펄스 진폭 변조(PAM)는 앞 절에서 그림으로 보았듯이 시간적으로 연속한 아날로그 신호에 일정 간격의 진폭이 일정한 펄스열을 곱합으로써 표본화가 이루어지는데 그 결과 얻어지는 펄스 파형이 마치 일정한 진폭의 펄스열이 신호 파형에 의해 진폭 변조된 형태와 같으므로 펄스 진폭 변조라고 한다. 이때 유의해야 할 점은 표본화에 있어 이상적인 파형은 펄스 폭이 없는 임펄스(impulse)인데 현실적으로는 그렇지 않다는 사실이다. 크기가 무한대이고 시간 폭이 0인 임펄스 함수는 구현 불가능하기 때문이다. 따라서 임펄스 대신 한정된 크기와 일정한 시간 폭을 갖는 펄스열을 이용하게 된다. 이때 펄스열과 정보 신호 파형에 의해 만들어지는 PAM 신호는 최상단부가 정보 신호파의 형태와 일치하는 **자연 표본화 PAM 방식**과 정보 신호의 형태와 관계없이 항상 평평한 형태의 **평탄 표본화 PAM 방식**의 두 가지로 나누어진다. 다음 그림은 이상적인 표본화, 자연 표본화, 그리고 평탄 표본화 경우의 함수 형태를 표시하였다.

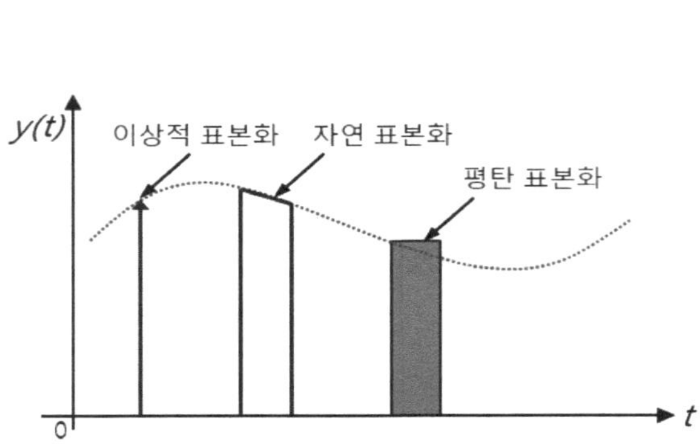

그림 4-20. PAM 표본화 방식

다음 그림은 자연 표본화와 평탄 표본화 PAM 생성 과정을 나타낸 것이다. 자연 표본화는 그림에서 알 수 있듯이 일종의 게이트(gate)회로를 이용한다고 보면 된다. 즉 일정한 주기의 펄스열로 on/off 제어하는 스위치를 사용하여 아날로그 신호, 즉 변조 신호를 스위치가 on 되는 기간 동안 신호 값을 출력 측으로 통과시키는 방식이다. 따라서 출력 파형의 상단부가 변조 신호 파형을 그대로 따라가게 된다. 반면에 평탄 표본화는 그림에서와 같이 **샘플 앤드 홀드**(sample & hold) **회로**를 이용한다. 즉 충전 스위치를 순간적으로 on 하였다가 off 하면 그 순간의 신호의 순시 값이 얻어지고 이 전압이 후단에 있는 콘덴서에 충전된다. 따라서 충전 스위치는 off 되어도 그 값이 그대로 유지되다가 방전스위치를 on 하는 순간, 순식간에 방전되어 0 전압 레벨로 떨어진다. 이러한 회로를 샘플 앤드 홀드 회로라고 하는데, 이 회로에 의해 아래 그림과 같이 표본화 펄스의 상단부가 평탄한 형태의 PAM 신호를 얻어낼 수 있다.

표본화 펄스의 주기 T_s와 폭 τ의 비율 τ/T_s를 **듀티 사이클**(duty cycle)이라 한다. 따라서 듀티 사이클이 크다는 것은 주기에 대한 펄스의 폭이 상대적으로 넓다는 것이다. 듀티 사이클이 극단적으로 작아져서 0에 가깝게 되면 임펄스 파형으로 볼 수 있다. 아래 그림은 임펄스 열로 표본화할 경우의 신호 스펙트럼과 펄스 폭이 어느 정도 있는 펄스로 표본화할 경우의 스펙트럼을 비교하여 나타내었다. 그림에서 볼 수 있듯이 표본화하는 펄스가 임펄스일 경우는 푸리에 변환에서도 살펴보았듯이 스펙트럼의 크기가 A/T_s로 작아지면서 표본화 주파수 간격 $f_s = 1/T_s$로 스펙트럼이 반복되는데 크기는 전 주파수 대역에서 일정하다. 그런데 폭 τ인 펄스열로 표본화할 경우에는 표본화 주파수 간격으로 스펙트럼이 반복되는 것은 동일하나 듀티 사이클 τ/T_s에 비례하여 스펙트럼의 크기가 작아지고 스펙트럼이 반복될수록 싱크(sinc) 함수 형태로 크기가 감소하여 $1/\tau$이 되는 주파수에서는 **영 교차**(zero-crosssing)가 일어나는 것을 알 수 있다. 따라서 듀티 사이클이 커질수록 표본화한 신호 전력도 커져서 얻어지는 PAM 신호 스펙트럼의 크기가 커지고 듀티 사이클이 작을수록 스펙트럼의 크기도 작아진다. 그러나 듀티 사이클 큰 펄스를 사용할수록 표본화에 의해 반복되는 신호 스펙트럼의 크기가 좀 더 빠르게 감소하는 현상 발생한다. 만일 듀티 사이클이 1에 가까운 펄스로 표본화할 경우에는 최초의 영(0) 교차점 즉, **널(null) 점**인 $1/\tau$ 이 표본화 주파수 f_s와 같게 되는데 이럴 경우에는 스펙트럼의 고주파 부분의 크기가 감소하면서 왜곡이 발생할 가능성이 매우 크다. 따라서 듀티 사이클을 크게 하는 것은 신호의 왜곡 측면에서 바람직하지 못하다.

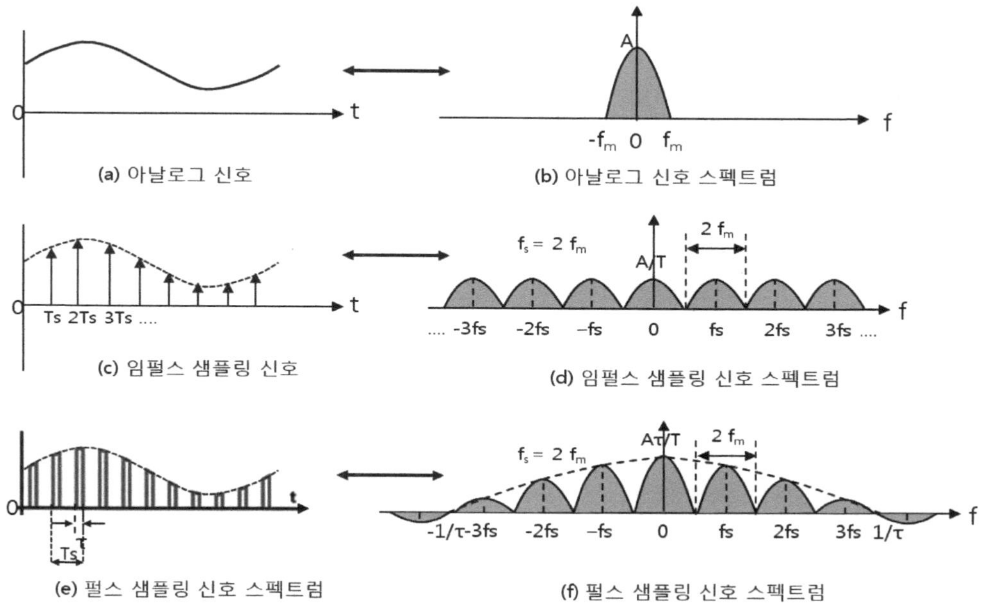

그림 4-21. 표본화 펄스의 폭과 스펙트럼과의 관계

그러면 자연 표본화 PAM 방식과 평탄 표본화 PAM 방식의 결과에는 어떠한 차이점이 있을까? 표본화에 있어 이상적인 경우는 임펄스 함수로 표본화하는 것이다. 이 경우는 대략 듀티 사이클이 0인 펄스라고 생각할 수 있다. 따라서 전술한 바, 표본화에 의해 반복되는 PAM 신호 스펙트럼의 크기가 저주파에서 고주파 영역까지 감쇄가 거의 없이 평탄한 형태이므로 신호 스펙트럼의 왜곡이 없다. 자연 표본화 PAM 방식의 경우는 일정 시간 폭을 가진 펄스를 변조 신호에 곱하므로 표본화에 의해 반복되는 PAM 신호 스펙트럼이 반복되면서 그 크기가 sinc 함수 형태로 감쇠하는 현상은 피할 수 없으나 표본화 주파수가 신호 대역폭의 2 배 이상이 되어 반복되는 스펙트럼 간의 앨리어싱 현상만 없다면 왜곡이 거의 없이 복조가 가능하다.

그런데 평탄 표본화의 PAM 방식의 경우 변조 신호를 임펄스 함수로 표본화한 신호를 $x_s(t)$라 하면 이 신호를 임펄스 응답이 $p(t)$인 시스템, 즉 여파기를 통과 시키는 시스템으로 모델링할 수 있다. 이 경우 시스템의 출력이 $x_s(t)$와 $p(t)$의 시간 중첩(convolution)

$y(t) = p(t) * x_s(t)$

가 되므로 주파수 영역에서는 두 신호의 스펙트럼의 곱

$Y(f) = P(f)X_s(f)$

가 된다. 이는 입력 신호 스펙트럼에 $P(f)$라는 스펙트럼을 곱한 것이므로 당연히 스펙트럼의 형태가 원래의 입력 신호 스펙트럼 $X(f)$과도 다르게 된다. 이러한 현상을 필터링(filtering) 효과라고 하는데 이러한 필터링 효과로 인해 복조 시 원래 신호의 고주파 영역에서 손실이 발생하여 신호가 왜곡되게 된다. 따라서 이 경우, 복조 시 신호의 고주파 영역에서의 이득을 크게 해주는 **등화기(equalizer)**를 사용하여야 한다. 다행히 수신기에서 펄스의 모양을 사전에 알고 있기 때문에 어떻게 왜곡되었는지를 알 수 있고 따라서 이를 보상하는 등화기를 만드는 것은 그다지 어렵지 않다. 또한 필터링 효과는 표본화 펄스열의 듀티 사이클을 크게 할수록 커지므로 가급적 펄스의 폭을 줄여서 듀티 사이클을 작게 하는 것이 좋다. 그러나 듀티 사이클을 작게 할수록 PAM 신호의 스펙트럼이 넓게 퍼져서 소요 전송 대역폭이 넓어지므로 이를 고려하여 적절하게 조정하는 것이 필요하다.

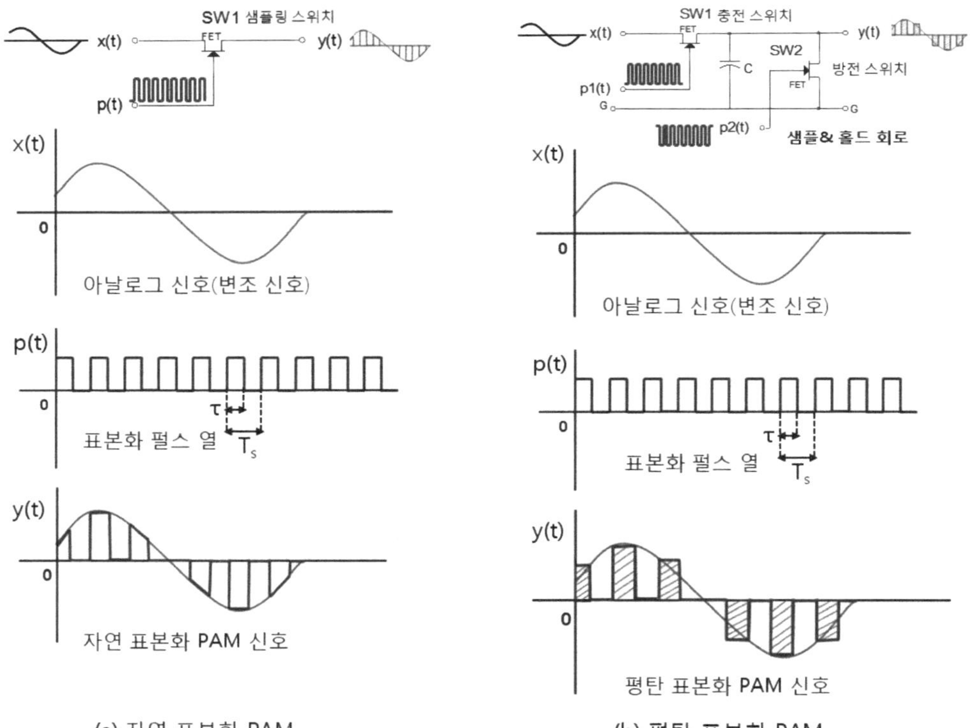

(a) 자연 표본화 PAM (b) 평탄 표본화 PAM

그림 4-22. 자연 표본화 PAM과 평탄 표본화 PAM 신호 생성 방법

PAM 신호는 변조 신호의 정보를 펄스의 진폭에 실어서 전송하는 방식이므로 수신기에서 전송 간의 진폭 잡음에 의한 영향을 제거하기 위한 리미터나 클리퍼의 사용이 불가능하고 따라서 잡음이나 **페이딩**(fading)에 의한 진폭의 변화에 취약하다. 또한 아날로그 신호를 좁은 폭의 펄스 열로 표본화한 것이므로 원래의 아날로그 신호 대역폭보다 넓은 전송 대역폭이 필요하고, 전송 대역폭이 넓어야 왜곡도 작게 할 수 있다. 또한 잡음에 대한 성능이 아날로그 신호를 직접 전송하는 것보다 좋아질 수 없다. 이러한 단점 때문에 PAM신호 자체는 신호 전송에는 잘 사용되지 않고 주로 PCM 신호의 중간 단계로 사용된다.

참고로 PAM 신호에서 원래의 아날로그 신호를 복원, 즉 복조하는 방법을 간단히 살펴보자. 우선 자연 표본화 PAM 신호는 아래 그림과 같이 저역통과 여파기만 통과시키면 간단히 복원 된다. PAM 펄스가 저역통과 여파기를 거치면 아래 그림에서와 같이 최대 크기 PAM 펄스 크기에 비례하는 샘플링 함수 형태의 펄스 열로 바뀌게 된다. 이때 이 펄스의 최대값들로 이어지는 포락선이 복원하고자 하는 원래의 신호가 된다. 또한 평탄 표본화의 PAM 방식은 아래 그림에서와 같이 저역통과 여파기를 거친 후 전술한 등화기를 거치면 원래의 신호가 복원된다. 이 경우 저역통과 여파기는 변조 시와 같은 샘플 앤드 홀드 회로를 사용할 수 있으나 방전 스위치를 사용하지 않는 점이 다르다.

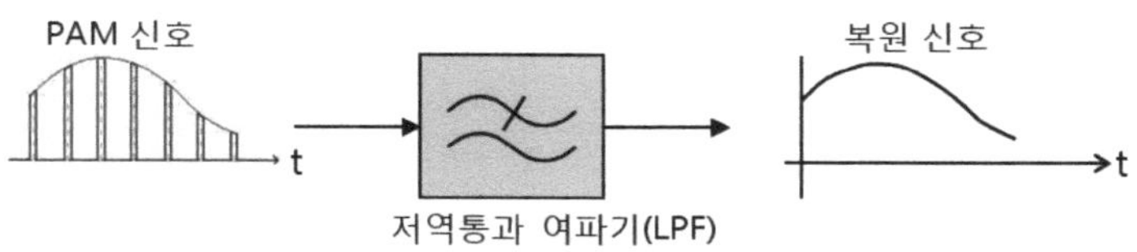

(a) 자연표본화 PAM 신호의 복조

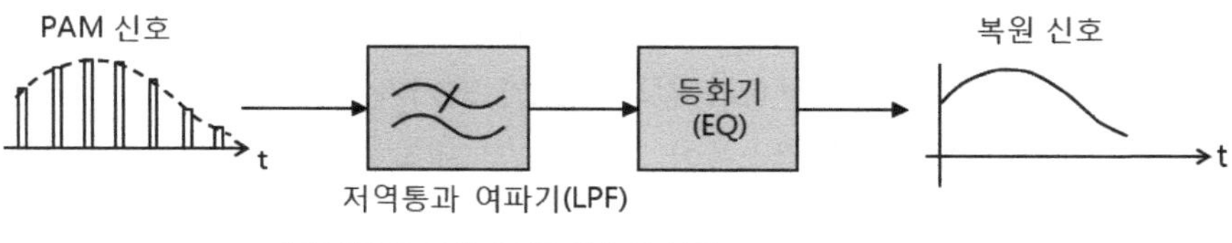

(b) 평탄 표본화 PAM 신호의 복조

그림 4-23. PAM 신호의 복조 과정

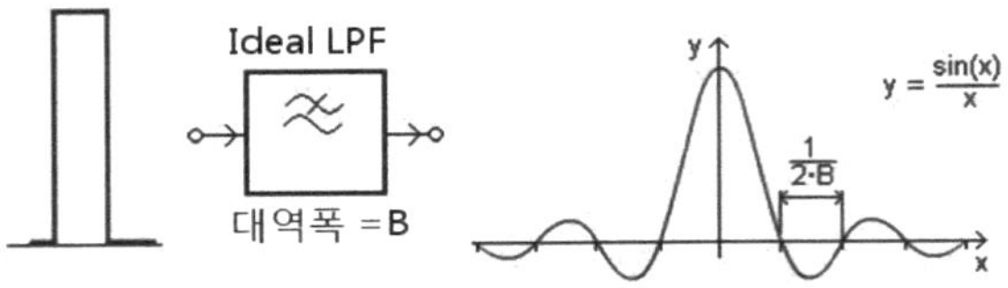

(a) 이상적인 LPF의 임펄스 응답

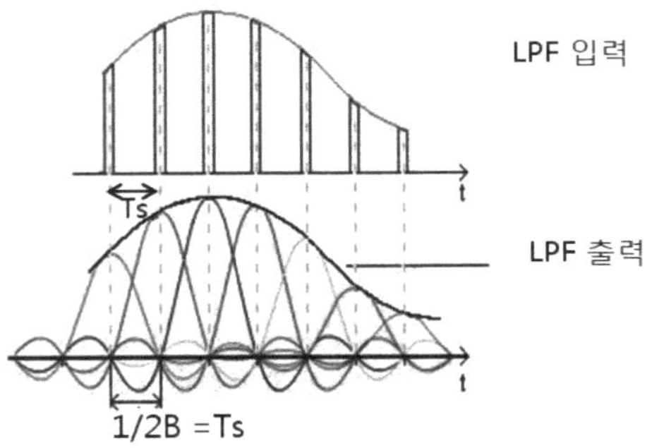

(b) 이상적인 LPF에 의한 PAM 신호의 복조 파형

그림 4-24. 이상적인 LPF 임펄스 응답과 PAM 복조 파형

4.3.3 펄스 폭 변조(PWM)

펄스 폭 변조(PWM)는 아날로그 신호, 즉 변조 신호의 크기에 따라서 펄스의 폭을 변화시켜 변조하는 방식이다. 아래 그림에서 보는 바와 같이 진폭과 주기가 일정한 펄스의 폭이 신호파의 진폭이 클 때는 커지고, 진폭이 작을 때는 작아진다. 즉 펄스의 주파수는 일정하나 펄스 폭, 즉 펄스의 듀티 사이클을 변화시킴으로써 변조 신호 크기에 비례하여 결국 펄스 신호 전력이 변화하는 방식이다. PWM 방식은 아날로그 신호의 진폭 정보가 크기가 일정한 펄스의 폭으로 변환되므로 디지털 신호라고 생각하기 쉽지만 펄스폭이 연속적으로 변화한다는 점에서는 아날로그 신호라고 보는 것이 옳다. 그러나 진폭이 일정한 신호 특성으로 인하여 마이크로 컨트롤러의 전력 제어 신호와 같은 디지털 기기의 입출력(I/O) 신호로 자주 사용된다. 또한 레이저, 마이크로파 장비 등으로 쉽게 구현이 가능하고 시간 분할 다중화가 용이한 장점이 있는 반면 넓은 주파수 대역이 필요한 단점이 있다.

PWM을 통신에 이용할 경우, 정보 신호의 크기를 진폭과 주기가 일정한 펄스의 폭에 실어 보내므로 전송 간의 진폭 잡음의 영향을 크게 줄일 수 있다는 점에서 PAM보다 훨씬 우수하나, 다음 절에서 다루게 될 PPM이 좀 더 우수하여 현재는 펄스 통신에 거의 사용되지 않는다.

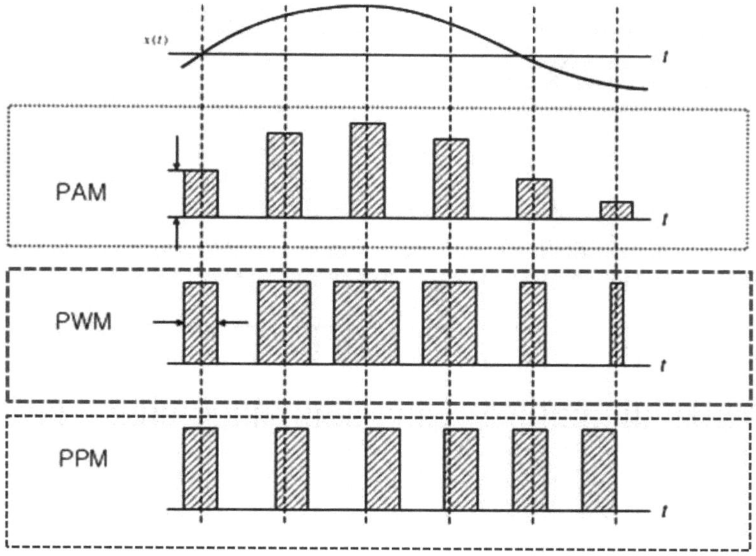

그림 4-25. PAM, PWM, PPM 신호 파형

아래 그림에 PWM 신호를 발생시키는 개념도를 보였다. 그림에서 알 수 있듯이 PWM 신호를 발생시키기 위해서는 아날로그의 변조 신호와 톱니파를 비교하여 변조 신호 레벨을 기준으로 톱니파를 잘라내는 원리를 이용한다. 즉 비교기의 음(-) 입력 단자에 쵸핑 신호를, 양(+) 입력 단자에 변조 신호를 입력하면 매 주기 마다 톱니파의 크기가 변조 신호의 크기와 비교되어 톱니파의 크기가 변조 신호 크기보다 클 경우, 비교기 출력이 최소값으로 떨어지므로 변조 신호 크기에 비례하는 폭을 가진 펄스가 만들어 진다. 이때 쵸핑 신호인 톱니파의 주파수는 아날로그 신호의 주파수보다 훨씬 높아야 하며 발생되는 PWM 신호의 주파수는 톱니파 쵸핑 신호 주파수와 같다.

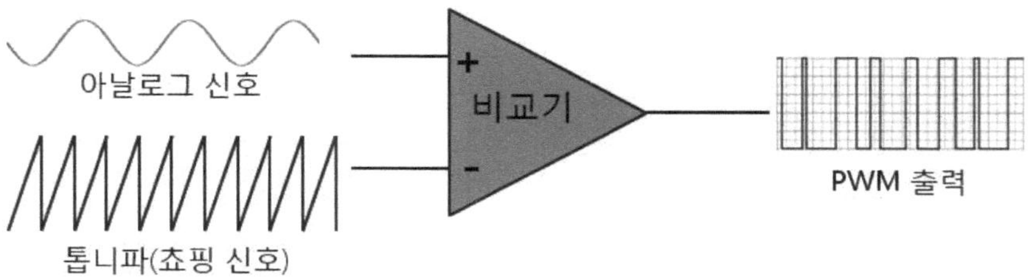

그림 4-26. PWM 신호 발생 개념도

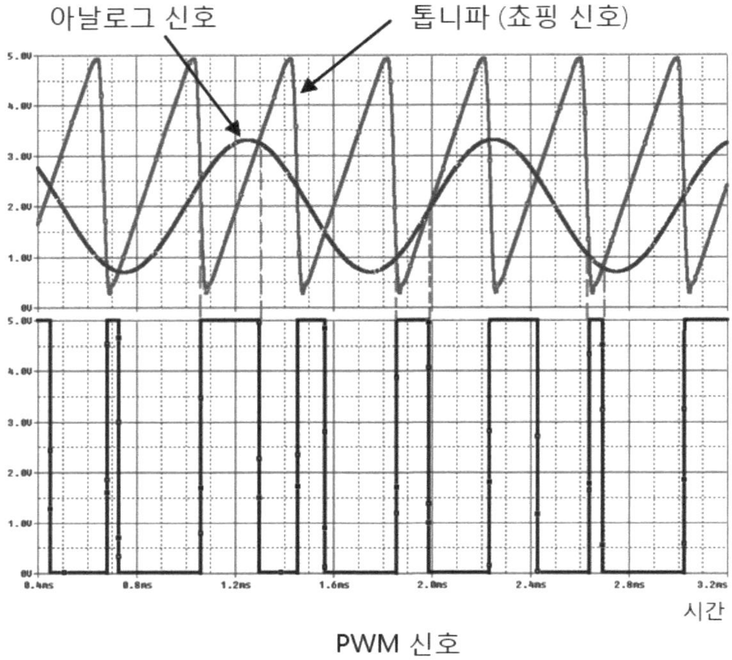

그림 4-27. PWM 신호 발생 과정

이제 PWM 신호에서 원래의 아날로그 신호를 복원하는 방법을 간단히 살펴보자. 이 과정은 PWM 신호 발생의 역 과정을 거치면 된다. 기본 원리는 PWM 신호에 대해 한 주기 내의 시간 평균 값을 구하여 PAM 신호로 변환하고 이것을 저역통과 여파기에 통과시키면 원래의 아날로그 신호가 얻어진다. 즉 아래 그림에서와 같이 신호 크기가 선형적으로 증가하는 램프 신호와 펄스 주기에 맞춘 동기 펄스를 더한 후에 일정한 레벨로 잘라내면 PAM 신호가 얻어지고 이를 저역통과 여파기에 통과시키면 원래의 아날로그 신호가 얻어진다.

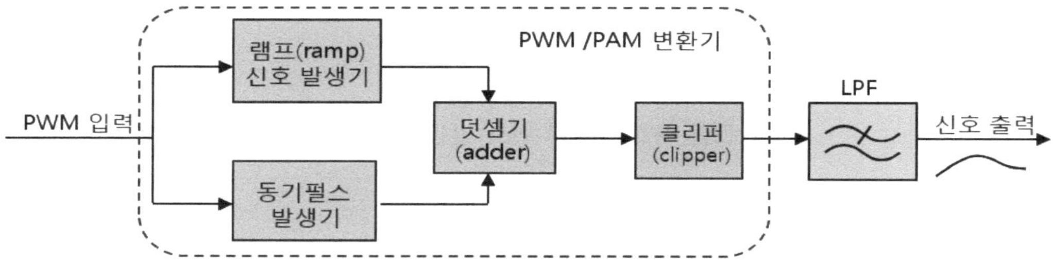

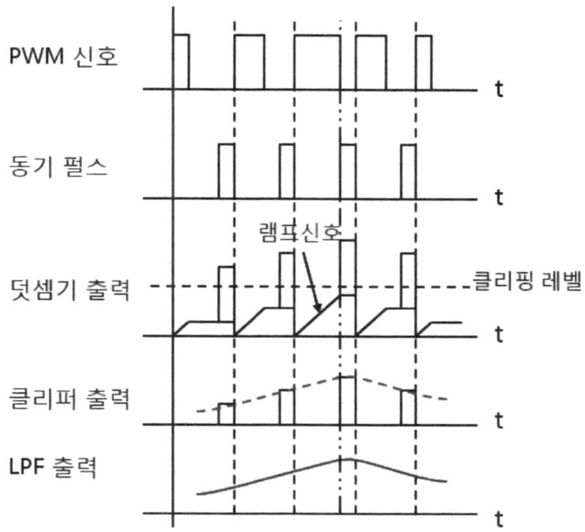

그림 4-28. PWM 신호 복조 과정

4.3.4 펄스 위치 변조(PPM)

펄스 위치 변조(PPM)는 펄스의 시간적 위치를 신호파의 진폭에 비례하여 변화시키는 변조 방식이며, 펄스의 시간적 위치 변화는 위상의 변화이므로 펄스의 위상 변조라고도 한다. 이때 펄스의 크기와 폭은 모두 동일하며 펄스 위치를 결정하는 기준이 되는 타이밍은 정보 신호의 표본화 시점이다.

PPM 신호는 펄스의 진폭과 시간 폭에는 변조 신호에 대한 정보가 없고 펄스의 시간적 위치에만 있으므로 중계기나 증폭기와 같은 통신 시스템의 비직선성에 의한 영향이 적고 PAM 방식보다 S/N 비가 좋다. 또한 수신기에서 리미터(limiter)나 **클리핑 회로**(clipping circuit)를 이용하여 전송 간의 진폭 변화를 제거한 다음, 펄스의 타이밍만 검출하여 복조하면 되므로 **페이딩**(fading)의 영향을 감소시킬 수 있는 장점이 있다. 그러나 수신기에서 표본화 시점을 찾기 위한 타이밍, 즉 클럭의 복원이 PAM이나 PWM 비해 어렵다는 단점도 있다. 하지만 PWM 신호보다 통신에 좀 더 효율적이며 잡음의 영향을 거의 받지 않는 특성 때문에 초기의 펄스 통신에 많이 사용되었다.

PPM 신호는 아래 그림에서와 같이 PWM 신호로부터 간단한 과정을 거쳐 쉽게 얻어낼 수 있다. 즉 아래 그림에서와 같이 PWM 신호를 반전(inverting)한 후, 미분기(고역 통과 여파기, HPF)를 통과시켜 PWM 신호의 엣지(edge)에 동기된 펄스를 만들어 낸 후, **단안정 멀티 바이브레이터**(mono-stable mult-vibrator) 또는 **원샷**(one-shot)이라고 하는 펄스 발생기에 입력하면 입력 펄스

중, 양(+)의 에지 펄스가 입력될 때마다 일정한 폭의 구형파 펄스가 발생되어 아날로그 신호의 크기에 따라 위치가 변화하는 PPM 신호가 얻어진다.

반대로 PPM 신호로부터 원래의 신호를 복원해내는 복조 과정은 변조 과정의 역 과정이며 PPM 신호를 일단 PAM 신호로 변환한 뒤, PAM 복조 회로를 통해 원래 신호를 얻어낸다.

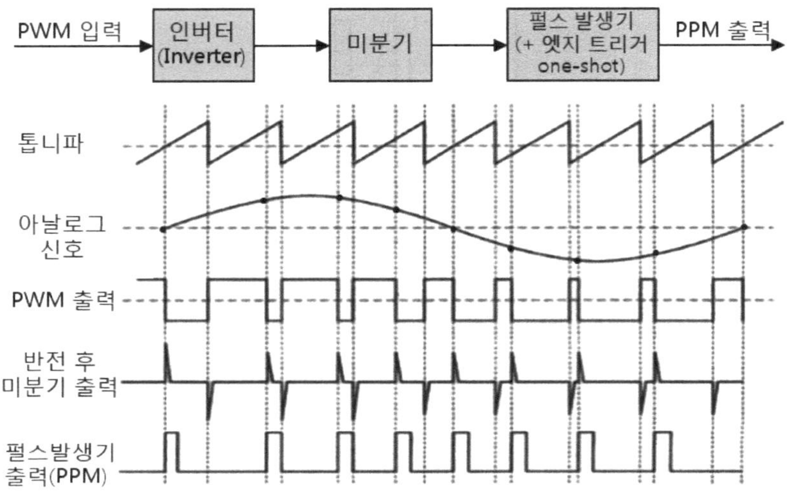

그림 4-29. PPM 신호 발생 과정

4.3.5 펄스 부호 변조(PCM)

이제껏 살펴본 아날로그 펄스 변조는 표본화 값들이 이산적(discrete)이지만 표본 값을 나타내는 펄스의 진폭이나 펄스의 시간 폭, 위치 등과 같은 펄스 변수들이 연속적이다. 그러나 **펄스 부호 변조(PCM)**는 표본화 값뿐 아니라 펄스의 진폭과 같은 펄스 변수도 이산적인 완전 디지털 방식으로 신호파의 진폭을 양자화한 후에 2진수의 부호로 변환하고 그 2진수를 펄스 열로 나타내는 방식이다. PCM 통신 방식은 상대방에게 펄스의 유무('1'이나 '0')만 전달하기 때문에 전송 간 잡음에 의해 파형이 왜곡되어도 별 지장을 받지 않는다. 따라서 잡음에 매우 강하고 **패리티 비트(parity bit)** 등을 부가하여 오류를 검출할 수 있어 높은 신뢰도의 통신이 가능함은 재론할 필요가 없을 것이다.

PCM 신호의 발생과 복원 과정은 아날로그 신호의 디지털 변환 과정인 표본화, 양자화, 부호화에 대한 설명을 통해 이미 자세히 다루었기 때문에 여기서는 또 다시 다루지는 않기로 한다. 대신 PCM 방식의 등장 배경과 역사를 간단히 살펴보자.

PAM과 같은 아날로그 펄스 변조 방식은 1930년대에 연구되기 시작하였으나 근본적으로 통신 채널의 잡음이나 통신 시스템의 왜곡의 영향을 받기 쉬운 단점이 있고 이를 극복하기 위해서 고안한 PWM이나 PPM도 진폭 잡음에 의한 영향을 크게 개선하기에는 미흡하였다. 결국 모든 펄스 변수가 변화하지 않는 한 가지의 펄스만을 사용하되 펄스의 존재 유무를 기준으로 정보를 전달하는 방식을 고안하게 되었고 그 결과 PCM 방식이 탄생하게 되었다. PCM은 1937년 영국의 **Alec. H. Reeves**에 의해 발명되었다. PCM은 그 당시 통신 방식과는 근본적으로 달랐으며 전송 간에 잡음 , 왜곡, 누화에 이상적으로 강한 방식으로 평가되었다. 그러나 기존의 아날로그 펄스 변조의 펄스 1개당 n개의 많은 펄스로 변환되므로 그 만큼 넓은 (n배) 전송 대역폭을 필요로 하였다. 그 당시의 기술로는 이러한 문제점을 해결할 수 없었으므로 2차 세계대전 이후 까지 PAM, PWM, PPM 방식이 사용되어 오다가 전자소자 및 컴퓨터 기술의 발달과 1949년 샤논(Shannon)의 통신 용량에 관한 정리에 힘입어 PCM 실용화 연구가 힘을 받게 되었고 마침내 1962년 미국의 벨(Bell) 연구소가 24채널의 PCM 통신 시스템 T-1의 실용화에 성공하면서 사용되기 시작하였다. PCM 방식의 출현은 바야흐로 아날로그 통신에서 디지털 통신으로의 변혁의 계기가 되었다고 할 수 있다. 오늘날 전화망(PSTN)에서의 음성 전송을 위한 PCM 방식은 **국제 전기 통신 연합(ITU : International Telecommunication Union)**의 **G.711 권고안**에 따라 표준(standard)을 규정하고 있다. ITU-T의 G.711은 64 kbps PCM을 위한 음성 부호화 표준으로 기술적 주요 특징은 다음과 같다.

- 대역폭 : 300Hz ~ 3400Hz (음성 대역 신호)
- 표본화 주파수 : 8kHz (125μs)
- 양자화 비트수 : 비트 부호화
- 양자화 방식 : 비선형 양자화(Companding 방식: μ-law, A-law)
- 전송 비트율 : 8000[samples/sec]×8 [bits] = 64kbps

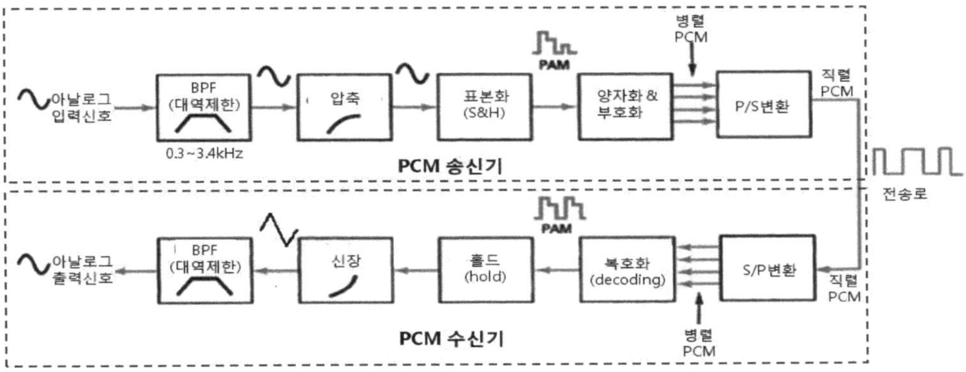

그림 4-30. PCM 시스템 구성

이제 PCM의 장점과 단점을 간단히 살펴보면 다음과 같다.

(장점)

- 2진수 1과 0에 해당하는 일정한 형태의 펄스만을 전송하면 되므로 수신기가 간단하고 전송 간에 잡음에 의한 왜곡이나 누화의 영향이 매우 작다.
- 펄스의 유무만 전송하면 되므로 중계기나 증폭기와 같은 통신 시스템의 비 직선성에 의한 영향이 적다.
- 주기가 일정한 좁은 폭의 펄스를 사용하므로 여러 개의 다른 정보원의 신호들을 펄스 간의 공백 기간에 끼워 넣어 전송하는 **시분할 다중화**(TDM : Time Division Multiplexing)가 쉽고 편리하다.

(단점)

- 표본화 주기마다 1개의 펄스를 전송하는 대신 펄스 폭을 작게하여 여러 개의 펄스를 전송하므로 전송 대역폭이 증가한다. 즉 1개의 표본을 n으로 부호화하면 n배의 전송 대역폭을 필요로 한다.
- 채널 대역폭이 PCM 신호의 전송 대역폭보다 작을 경우 왜곡이 발생된다.
- 장거리 전송의 경우 펄스의 크기가 감쇠하고 왜곡이 심하게 되므로 적절한 거리마다 **중계기**(repeater)를 설치하여야 한다. 그런데 단순히 신호를 증폭하여 재전송하는 중계기는 연결되는 단수가 증가할수록 잡음이 누적되는 효과가 있으므로 **재생 중계기**(regenerative repeater)를 통해 아예 손상된 펄스를 원상 복구하는 재생 과정을 거쳐 전송하여야 한다.
- 양자화에 따른 잡음이 근본적으로 존재한다. 따라서 비선형 양자화 등, 비트 수를 늘리지 않고도 양자화 잡음을 최소화 하는 방안이 필요하다.
- 시분할 다중화를 할 경우 동기화의 문제가 매우 중요하고 어렵다.

그림 4-31. PCM 재생 중계기와 일반적인 중계기의 비교

4.3.6 여러 가지 펄스 부호 변조

4.3.6.1 DPCM(Differential Pulse Code Modulation, 차분 펄스 부호 변조)

PCM은 기존의 아날로그 펄스 변조 방식에 비해 잡음 면역성이나 신뢰도가 훨씬 우수하나 펄스의 수가 많아져서 전송 대역폭이 넓어지는 단점을 언급한 바 있다. 그러면 이러한 단점을 보완할 수 있는 없을까? 그 해답 중의 하나가 바로 데이터의 범위, 즉 동적 영역을 작게 하는 것이다. 아래 그림을 참고하여 보자. 아날로그 신호를 표본화, 양자화하여 얻은 PAM 신호 값의 최소값과 최대값의 범위가 12인데 반해 이들의 이전 값과 현재 값의 차이, 즉 차분 값의 범위는 8로 줄어들게 된다. 즉 하나의 표본화 펄스의 진폭 값과 다음 표본화 펄스의 진폭 값의 변화는 신호 자신의 변화보다 훨씬 적다는 것을 알 수 있다.

아래 그림은 한 가지 예이지만 일반적인 신호의 경우, 대체로 차분 값의 변화 범위가 신호 값 자체의 변화 범위보다 작다.

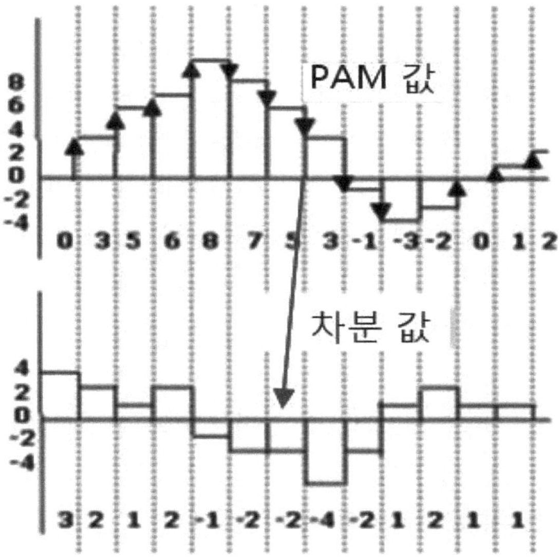

그림 4-32. PAM 신호 값과 차분 값

신호의 동적 범위가 작아지면 부호화를 할 때 양자화 스텝 크기는 동일하게 하면서도 그만큼 레벨 수를 적게 할 수 있으므로 부호화 비트 수가 줄어들 수가 있다. 즉 PAM 파형을 그대로 양자화 및 부호화하는 것에 비해 차분된 파형을 양자화, 부호화하는 것이 부호화 비트 수(정보량)를 감소시킬 수 있으며 따라서 전송 대역폭도 줄일 수 있게 되는 것이다. 또는 전송 대역폭을 줄이지 않고 그대로 사용한다면 양자화 스텝 크기를 작게 할 수 있으므로 양자화 잡음이 줄어들어 SNR이 개선되는 효과를 얻을 수도 있다. 이러한 원리를 바탕으로 고안해 낸 방식이 **차분 펄스 부호 변조** (DPCM : Differential Pulse Code Modulation) 방식이다.

DPCM은 PCM의 전송 속도, 즉 전송 대역폭 문제를 해결하기 위해 주로 음성 또는 영상 신호를 압축할 때 사용하는 예측 부호화(predictive coding) 기법을 도입한 방식이다. 예측 부호화의 기본 원리는 음성 신호가 상관성이 큰 특성을 이용하여 음성 신호를 직접 양자화하지 않고, 과거의 음성 신호의 표본을 기준으로 다음에 들어올 신호의 크기를 예측하고, 예측 신호와 실제의 입력 신호와의 오차 신호를 구하여 이를 양자화, 부호화하여 전송하는 것이다.

그러면 DPCM 신호는 어떻게 발생시키고 복원하는지 살펴보기로 하자. 아래 그림은 DPCM 송신기와 수신기의 구성도이다. 송신기는 크게 양자화기(quantizer)와 부호화기(encoder), 그리고 **예측기**(prediction filter)로 구성된다. 그림에서 원래 신호인 아날로그 입력 신호를 $x(t)$라 하고, 이를 표본화 주기 T_s로 k번째 표본화한 신호를 $x[k]$라고 하면 이전의 $k-1$번째 표본 값 $x[k-1]$으로부터 예측한 k번째의 예측 표본값을 $\hat{x}_q[k]$라 할 때 이 두 값의 차이 $d[k]=x[k]-\hat{x}_q[k]$를 양자화한 신호를 $d_q[k]$라 하면 이를 부호화(encoding)한 것이 바로 DPCM 신호이다. 이 때 $\hat{x}_q[k]$는 k번째의 이전의 양자화 표본 값들로부터 예측된 값이며 이는 과거의 펄스 값으로부터 다음의 펄스 값을 예측(prediction)하여 추정한 값이다. 이 예측 값과 k번째 실제 표본 값과의 오차를 구하여 이를 양자화하는 것이다. 위 그림에서 **예측기**(prediction filter)는 선형 예측기로 단지 인접 샘플만이 아니라, 과거의 n개 양자화된 차분 값들을 기초로 선형 모델을 계산하여 현 신호치의 예측 값을 만들어낸다. 가장 간단한 선형 예측기는 단순히 상수 A를 곱하는 곱셈기라고 생각해도 된다. 본래 예측기는 내부의 여파기 계수를 고정시킬 수도 있고, 입력 신호에 따라 변화시킬 수도 있는데, DPCM 방식에서는 고정 예측기(fixed predictor)를 사용하고 있다.

송신기에 입력되는 정보 신호가 일반적으로 입력 신호가 안정적(stationary)이라고 가정하나, 음성 신호 같은 경우 실제로는 안정적이 아니므로 신호가 급격히 변화하기도 한다. 이때 **고정형 예측기**를 사용하면 형성하는 여파기(filter)의 계수와 양자화기의 양자화 스텝 크기의 제약으로 인하여 **경사 과부하**(slope over load) 왜곡(또는 잡음)이 발생하는 경우가 있다. 이러한 현상은 고정형 예측기를 사용할 경우의 피할 수 없는 단점으로 이를 해결하려면 예측기의 특성이 입력 신호의 통계적 특성에 맞추어 변하는 **적응 예측기**(adaptive predictor)를 사용하여야 한다.

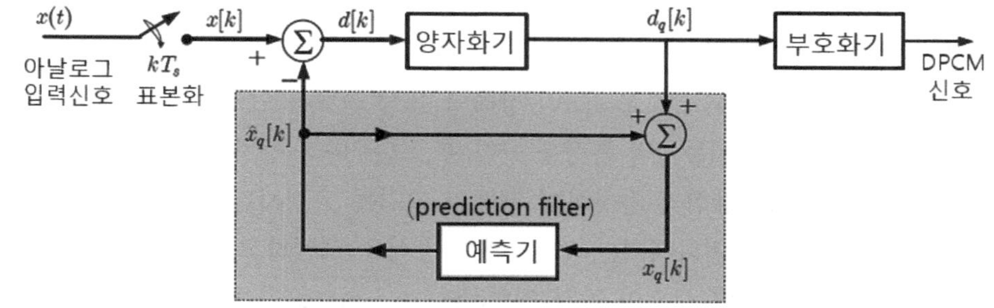

DPCM 송신기

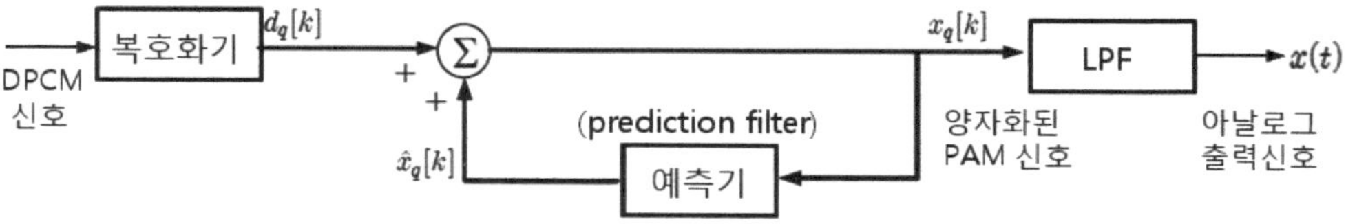

DPCM 수신기

그림 4-33. DPCM 송신기와 수신기 구성도

4.3.6.2 ADPCM(Adaptive DPCM, 적응 차분 펄스 부호 변조)

적응 차분 펄스 부호 변조(ADPCM : Adaptive Differential Pulse Code Modulation)는 앞 절의 DPCM보다 좀 더 개선된 방식으로, 신호 표본 값의 변화 폭이 큰 경우 변화 폭이 심한 구간과 적은 구간을 구분하여 양자화 스텝 크기를 적응적으로 변화시키는 기법이다.

즉 예측 값을 고정된 상수 값으로 사용하지 않고, 입력 신호의 변화 폭이 클 경우에는 양자화 스텝 크기를 크게 하고 작을 경우에는 작게 하는 식으로 스텝의 크기를 동적(dynamic)으로 변화시키거나 양자화의 레벨의 크기는 고정시킨 채, 예측기의 여파기 계수를 입력되는 신호의 통계적 특성에 맞추어 동적으로 변화시키는 기법을 사용한다.

이렇게 하면 좀 더 효율적으로 전송 대역폭을 줄이거나 양자화 잡음을 줄여서 SNR을 개선할 수가 있다. 다시 말해 예측기가 입력 신호의 표본 값의 통계적 특성에 맞추어 적응적으로 자신의 변수 값을 변화시킴으로써 변화 폭이 적은 구간에서는 단위 시간에 전송해야 할 펄스의 수를 적게 하여 전송 대역폭을 줄이거나, 동일한 전송 대역폭을 사용한다면 양자화 스텝 크기를 작게 함으로써 SNR을 개선할 수 있는 것이다.

아래 그림에 ADPCM 송신기와 수신기의 구성도를 나타내었다. 여기서 송수신기 사이의 부호화기와 복호화기는 생략하였다. 송신기(부호화기)는 **적응 양자화기**(adaptive quantizer)와 **적응 예측기**(adaptive predictor), **역 적응 예측기**(inverse adaptive predictor) 등으로 구성되며, 적응 양자화기(adaptive quantizer)는 입력 신호의 변화 특성에 따라 양자화 스텝 크기를 동적으로 변화 시킬 수 있고, 적응 예측기(adaptive predictor)는 입력 신호에 따라 여파기의 계수를 동적으로 변화시킬 수 있다. 즉 비안정적(non-stationary) 상태의 음성 신호를 안정적(staionary) 신호로 간주할 수 있는 구간으로 분할해서 통계적 특성을 구한 후, 그에 따라 양자화의 스텝의 크기를 동적으로 변화시키는 **적응 양자화 방식**과 양자화의 레벨의 크기는 고정시킨 채, 예측기의 여파기 계수를 입력되는 신호에 맞추어 변화시키는 **적응 예측 방식**을 채택하고 있는 것이다.

적응 양자화 방식을 통해 입력 신호의 동적 영역(dynamic range)이 클 때 양자화 스텝의 크기를 이에 비례해서 증가시키게 되면 오차 신호의 분산이 원래 신호의 분산에 비례하여 증가하게 되므로, 입력 신호의 변화 특성에 맞추어 적응 예측기의 여파기 계수를 오차 신호의 분산이 적어지도록 조절한다. 이때 적응 양자화기는 매 표본 단위로 양자화 레벨을 변화시키는 **순간 압신 방식**을 적용하고, 적응 예측기는 매 입력의 표본 단위로 여파기 계수를 변경하는 **순차 적응 방식**을 적용한다.

ADPCM은 전화망에서 사용 중인 기존 8비트 양자화의 64kbps PCM 방식과 직접 연결이 가능하고 기존 PCM 방식의 1/2밖에 되지 않는 32kbps 전송 속도로도 양호한 품질의 전송이 가능하여 널리 사용되고 있으며 특히 이동 통신, 군 통신에서 주로 사용한다.

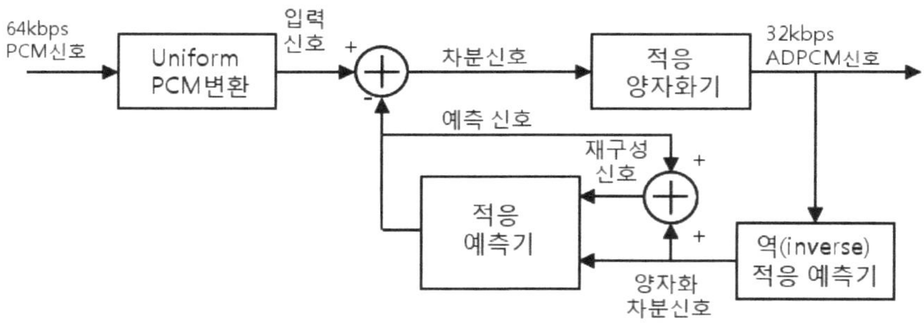

(a) ADPCM 부호화기

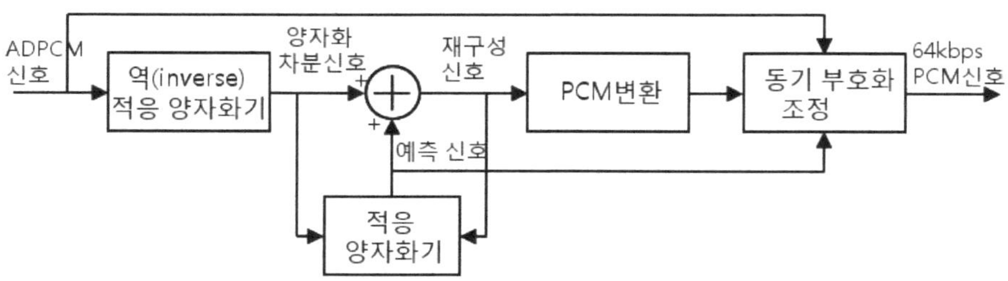

(b) ADPCM 복호화기

그림 4-34. ADPCM 송신기와 수신기 구성도

4.3.6.3 DM[Delta Modulation, 델타(Δ)변조, 차분 변조]

델타 변조(delta modulation, DM)는 DPCM 부호화의 특수한 형태이다. 전술한 DPCM과 같은 원리이나 아래의 그림에서와 같이 정보 신호의 현재 표본 값과 직전 값을 통해 예측한 값의 차이를 1비트로 부호화한다는 것이 다른 점이다. 즉 입력 신호의 인접 표본 간의 상관성이 클 때는 이전 표본과의 예측 오차가 작으므로 현재의 신호 표본 값이 이전 표본 값에 비해 큰지 작은지만을 1비트를 사용하여 양자화하는 것이다. 1비트 양자화는 정보 신호의 현재 표본 값과 예측한 값을 비교하여 작으면 +1로, 크면 0 (또는 −1)으로 부호화하는 것이다. 따라서 신호 값의 차이가 이진 수 1 또는 0으로 변환되고 이에 따라 현재의 예측 값이 직전의 값보다 1스텝 크기인 Δ만큼 증가시키거나, Δ만큼 감소시킨다. 즉 현재의 표본 값과 예측한 값의 오차를 구하여 그 오차를 계속적으로 줄여나가 오차가 최소가 되도록 하는 과정을(일종의 부궤환 과정) 반복하면서 원래의 정보 신호 파형을 쫓아서 부호화하는 방식이다. 따라서 DM은 원리상 표본화 주파수가 나이퀴스트(Nyquist) 주파수보다 어느 정도 높은 경우, 즉 **오버 샘플링(over sampling)** 경우에 적합하며(나이퀴스트 율의 2 ~ 4배인 16 ~ 32 kHz 정도) 1개의 표본마다 1비트의 데이터로 부호화되므로 표본화율과 전송 속도가 동일하게 된다.

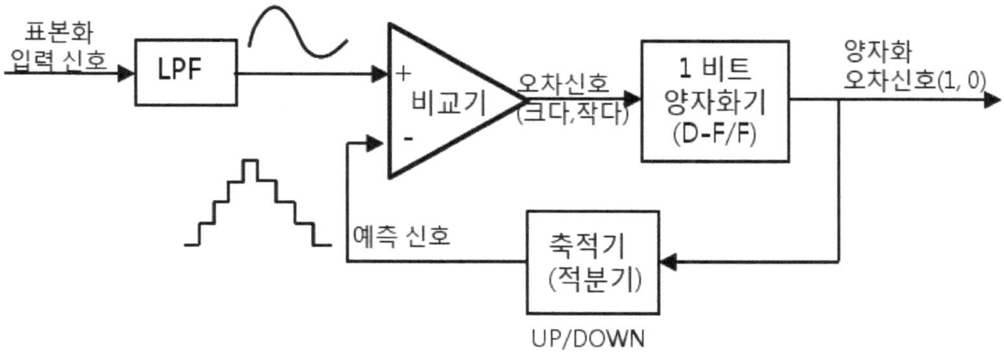

그림 4-35. DM 원리도

아래 그림에서 DM 부호기, 즉 DM 송신기는 1비트 양자화기(quantizer), 부호화(encoder), **축적기**(accumulator)로 구성되며 이전 양자화 신호 값을 표본화 주기 T_s만큼 지연시켜서 다음에 입력되는(현재의) 표본화 값과 비교기를 통해 비교한 후, 그 오차 신호를 1 또는 0으로 1비트 양자화하고 부호화하는 구조로 되어있다. 이때 이전 양자화 신호 값은 덧셈기와 1 T_s 지연 장치로 구성되는 축적기를 통해 만들어 진다. 즉 루프 구조의 일종의 궤환 회로 형태의 축적기를 통해 이전 양자화 신호 값과 현재의 양자화 오차 값을 더하여 또 다시 양자화 값을 만들어내게 된다.

또한 DM 복호화기, 즉 DM 수신기는 수신되는 DM 신호를 일단 복호화 한 후, 얻어지는 1, 0의 양자화 오차 신호를 송신기에서와 같은 구조의 축적기를 통해 축적하여 계단(step) 파형의 양자화 표본 신호를 복원하고 이를 저역통과 여파기(LPF)로 통과 시켜서 원래의 정브 신호를 재생해낸다.

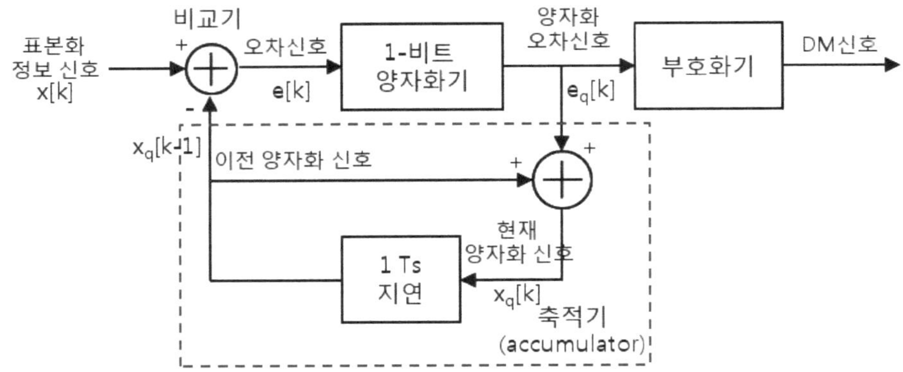

(a) DM 송신기

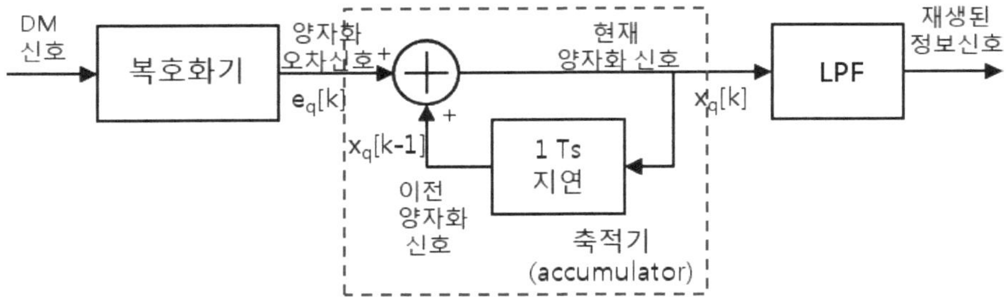

(b) DM 수신기

그림 4-36. DM 송신기와 수신기 구성도

델타 변조는 고정된 크기의 1스텝 차이만을 가지기 때문에 아래의 그림에서와 같이 원래의 정보 신호가 급격히 변하는 부분에 있어서는 미처 따라가지 못하는 현상이 발생한다. 이러한 경우에 발생하는 왜곡 또는 잡음을 경사 **과부하 잡음**(slope over load noise)이라 한다. 또한 신호의 변화가 적은 경우에는 아래 그림에서와 같이 원래 신호 크기보다 크거나 작음이 연속적으로 반복하게 됨에 따라 **그래뉼러 잡음**(granular noise)이 발생한다. 그래뉼러 잡음은 **입상(粒狀) 잡음** 또는 **과립형 잡음**이라고도 하며 일종의 양자화 잡음이다.

여기서 스텝 크기 Δ와 잡음과의 관계를 잘 살펴볼 필요가 있다. 스텝 크기를 작게 하면 신호의 변화가 큰 경우 경사 과부하 왜곡이 발생이 커지고, 반대로 스텝 크기를 크게 하면 신호의 변화 적은 경우 그래뉼러 잡음(granular noise)이 증가한다. 그러므로 DM의 성능은 양자화 스텝 크기와 표본화율에 따라 좌우된다고 볼 수 있다. 따라서 될 수 있는 한 표본화율을 높이고 입력 신호의 통계적 특성에 맞추어 스텝의 크기를 적절히 선정함으로써 두 잡음의 합이 최소가 되도록 최적화 하여야 한다.

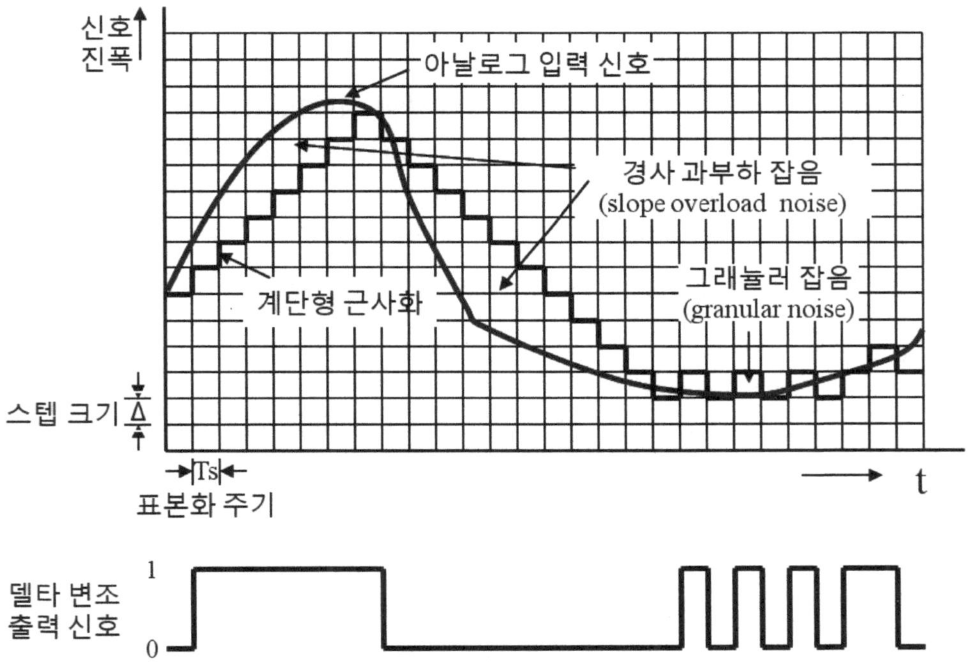

그림 4-37. 델타 변조에서의 잡음

이상에서 살펴본 델타 변조의 장점과 단점을 요약하면 다음과 같다.

(장점)

- 부호기 및 복호기의 구조가 간단하여 구현이 쉽고 신뢰도가 높다.
- 정보량을 상당히 줄일 수 있어(1비트 부호화) 전송 대역폭을 작게 할 수 있다.
- 1비트 단위로 부호화되므로 전송 에러에 강하다.

(단점)

- **동적 영역**(dynamic range)이 좁아서 경사 과부하 잡음이 발생하고 일종의 양자화 잡음인 그래뉼러 잡음이 발생되어 신호 대 잡음비(S/N)가 떨어진다.

4.3.6.4 ADM(Adaptive DM, 적응델타변조)

적응 델타 변조(ADM) 방식은 양자화기의 스텝 크기를 입력 신호의 특성에 맞추어 적응적으로 변화시켜 잡음을 감소시키는 방식이다. 즉 입력 신호가 급격하게 증가하거나 감소하면 양자화 계단의 크기를 증가시켜 경사 과부화 잡음을 감소시키고, 입력 신호가 서서히 변화하거나 또는 입력 신호의 레벨이 전체적으로 감소하면 양자화 계단의 크기를 감소시켜 그래뉼러 잡음을 감소시킨다. ADM은 동작 원리 또는 양자화기의 스텝 크기를 적응적으로 변화시키는 적응 양자화 방식과 예측기의 계수를 적응적으로 변화시키는 적응 예측 방식을 동시에 사용하는 점에서 이전에 다룬 ADPCM과 동일하나 양자화 비트 수가 1비트인 점이 다르다. 일반 공중 음성 통신에 주로 사용한다.

양자화 스텝 크기 Δ를 동적으로 조정하는 방법 중에 **자이안트(Jayant) 알고리즘**이라는 것이 있다. 이는 양자화 오차 신호의 부호가 연속적으로 양(+)과 음(-)으로 번갈아 가면서 변화하면 그 부분은 신호 파형이 완만하여 그래뉼러 잡음이 발생되는 영역이므로 양자화 스텝 크기를 작게 하고 반대로 양자화 오차 신호의 부호가 연속적으로 동일하면 신호의 경사가 큰 것으로 간주하여 양자화 스텝 크기를 크게 조정하는 것이다. 이를 수식으로 표현하면

$$\Delta_n = \Delta_{n-1} k^{sgn(\hat{e}_n) sgn(\hat{e}_{n-1})}$$

이다. 여기서 sgn 함수는 $x \geq 0$일 때는 +1, $x < 0$일 때는 -1인 부호 함수이고 k는 1보다 큰 상수이다. 예를 들어 $k = 2$ 라 하면 $sgn(\hat{e}_n)$과 $sgn(\hat{e}_{n-1})$의 부호가 동일한 경우 경사가 큰 것으로 추정되어 스텝 크기는 이전 스텝 크기의 두 배로 증가되고, 이들의 부호가 연속적으로 다른 경우 경사는 완만한 것으로 추정되어 스텝 크기가 반으로 줄게 되는 것이다. 이러한 알고리즘을 적용하여 입력 신호의 변화하는 특성에 맞추어 스텝 크기 적응적으로 변화시킴으로써 잡음을 감소시켜 SNR을 개선하거나, 동일한 SNR에서도 표본화율을 낮추어 전송 대역폭을 감소시티는 효과를 얻을 수 있는 것이다.

아래 그림은 ADM 송신기와 수신기의 구성도이다. 기본적으로 DM과 동일하나 적응 알고리즘을 탑재한 **스텝 크기 조절기**(step size controller)가 부가된 점이 다르다. 이 스텝 크기 조절기도 현재의 양자화 스텝 크기를 이전의 스텝 크기와 연속적으로 비교하면서 양자화 오차를 최소화하도록 하는 궤환형 구조를 가지고 있음을 알 수 있다.

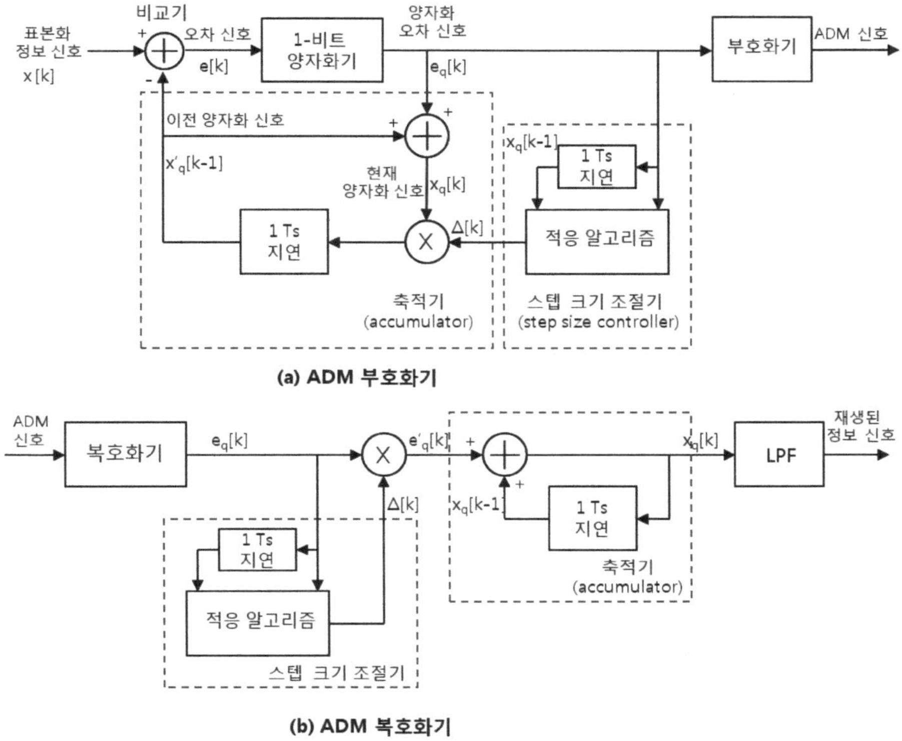

그림 4-38. ADM 송신기와 수신기 구성도

4.4 선로 부호화와 펄스 성형(line coding & pulse shaping)

4.4.1 선로 부호화란?

디지털 통신에 있어 데이터를 전송하는 방법을 전송대역에 따라 구분해보면 크게 기저대역 전송과 통과대역 전송 두 가지로 나눌 수 있다. **기저대역 전송**(baseband transmission)은 데이터 신호를 높은 주파수의 반송파에 싣는 변조 과정을 거치지 않고 그대로 전송하는 방식이고 **통과대역 전송**(passband transmission)은 변조 과정을 거쳐 전송하는 방식이다. **선로부호화**(line coding)는 기저대역 전송에 속하며 정보원의 논리 '1', '0'에 해당하는 데이터를 선로를 통해 전송할 때, 전송 효율 개선을 위해 전송 선로 특성에 맞는 전기적 신호 파형으로 변환하는 것을 말한다. 이에 따라 **전송 부호화**라고도 한다.

디지털 통신에서 정보 신호는 일반적으로 2진 데이터이며 논리적으로는 '1', '0'의 값을 가진다. 그러나 전송 매체나 채널을 통해 전송할 때는 논리 '1', '0'의 데이터에 대해서 각각 TTL 레벨의 3.5[V], 0.2[V]라든지 RS-232C에서는 +15[V], -15[V] 등의 전압 레벨 신호로 변환하여 전송하게 된다. 그런데 이와 같이 논리 신호를 실제적인 전기 신호로 바꾸어 전송할 때는 전송 매체와 시스템의 물리적 특성과 통신 프로토콜 등 여러 가지 조건을 고려하여 문제점을 극복할 수 있고 전송 효율과 신뢰성을 높일 수 있는 방향으로 신호의 레벨이나 파형을 변환하여야 한다. 선로 부호화는 이와 같이 정보원 데이터의 전송 효율을 높일 수 있도록 전송 선로의 특성에 맞추어 신호 파형을 변환하는 과정이다.

4.4.2 선로 부호화 시 고려 사항

선로 부호화 시에 필히 고려할 사항은 다음과 같다.

- **DC 성분 존재 여부** : 우선, 디지털 통신 시스템에서 송신기와 수신기 간에 선로와 같은 전송 매체를 통해 데이터 TTL 레벨과 같이 '1'을 5[V]로, '0'을 0[V]로 하여 주고 받는 경우의 문제점을 살펴보자.

  첫째, 수신기는 선로로부터의 전압의 변동이 감지되어야 그 전기적 신호를 수신하여 데이터를 읽어 들이는데, 만일 송신하는 데이터가 '1' 이나 '0' 연속되면 직류와 다를 바 없이 변화가 없으므로 데이터가 송신되지 않은 휴지 기간과의 구분이 불명확하게 된다. 또한 대부분의 통신 시스템이 전송 선로와 AC 결합되어 직류 성분을 통과시키지 않게 되어 있는데, 데이터가 '1'이 지속되는 경우에는 임펄스처럼 처음에만 순간적으로 5[V]가 나타났다가 바로 0[V]로 지속되므로 데이터가 '1'으로 지속되는 것인지 '0'으로 지속되는 것인지를 구별할 수 없게 된다.

  둘째, TTL 레벨 그대로를 선로 부호로 사용하면 데이터의 '1'과 '0'이 동일한 확률로 발생한다고 가정할 경우 평균 소비 전력이 $P_c = 5^2/2 = 12.5\,[W]$인데 반해, 데이터 '1'을 +2.5[V]로 '0'를 −2.5[V] 하여 평균적으로 직류(DC) 성분이 0이 되도록 선로 부호화한 경우는 $P_c = (2.5)^2/2 = 6.25\,[W]$가 되어 반으로 감소할 수 있다. 즉 송출 평균 전력이 동일한 전압 레벨 차이로 (+), (-) 양극화한 경우보다 2배나 된다.

  셋째, 유선 전송 선로를 이용한 다원 접속 통신을 할 경우 다른 정보원과의 동시 송출로 인한 충돌을 감지하는 것이 매우 중요하다. 이러한 충돌 감지 기능은 충돌이 없을 경우는 데이터의 '1' 과 '0' 통계적 분포가 바뀌지 않아서 선로 부호의 평균 직류 값이 0을 유지하나, 충돌이 있을 경우에는 데이터의 통계적 분포가 변하게 되어 0이 아닌 직류 값이 나타나게 되는 원리를 이용한다. 즉 전송 선로로부터 직류 전압 값을 읽어 들여 0이면 충돌이 없는 것으로 판단하고, 0이 아닌 직류 값이 발생하면 다른 신호와의 충돌이 발생한 것으로 판단하는 것이다. 따라서 선로 부호의 평균 직류 값(DC 성분)은 데이터 '1'과 '0'의 발생 확률이 1/2로 동일하다고 할 때 0인 것이 절대적으로 유리하다.

이상 언급한 이와 같은 이유에서 선로 부호화는 평균 직류(DC)이 존재하지 않는 것이 좋다.

- **클럭(clock) 성분 존재 여부** : 디지털 통신에 있어 대부분의 장거리 통신 시스템은 경제적 이유로 데이터의 비트 동기를 위한 **타이밍 정보(클럭 성분, 동기 정보)**를 별도로 송신하지 않는다. 따라서 수신기는 수신 신호로부터 클럭 성분을 복원하는 기능을 가지고 있다. 그런데, 위에서 언급한 첫 번째 문제점에서와 같이 데이터가 '1'이나 '0'이 연속되는 경우 수신기가 수신 신호로부터 추출할 수 없게 된다. 따라서 선로 부호는 최대한 자주 전기적 신호의 변화 성분, 즉 엣지(edge)가 존재하여야 한다. 이때 선로 부호에 클럭 성분이 존재하는지의 여부는 시간 영역에서 신호 파형의 위상 연속성이 있는지 없는지의 여부, 즉 주파수 영역에서 볼 때 날카로운 톤 형태의 스펙트럼이 존재하는지의 여부로 판단할 수 있다.
- **오류 검출 용이성(회선 감시성)** : 이는 선로 부호가 위에서 언급한 충돌 감지 기능과 같이 데이터 전송 간에 발생한 오류를 쉽게 검출할 수 있도록 되어 있는지를 고려해야 한다는 의미이다. 예를 들어 선로 부호의 극성이 양(+)과 음(-)으로 항상 교번하도록 되어있는 경우, 아무 문제나 오류 없이 전송되면 항시 양(+)과 음(-)이 교번하는데, 오류가 발생하면 교번하지 않게 되므로 오류를 쉽게 검출할 수 있다.
- **소요 전송 주파수 대역폭(전력 스펙트럼 밀도 분포)** : 통신 시스템에서 경제성 측면에서 대역폭을 작게 차지할수록 유리하다는 것은 언급할 필요도 없다. 그런데 위에서 언급한 동일 데이터 연속 시의 문제점 해결이나, 클럭 성분 추출, 오류 검출의 용이성 확보를 위해서는 선로 부호에 가능한 한 많은 엣지가 자주 존재하여야 한다. 그런데 이는 시간 영역에서 선로 부호의 폭을 줄이게 되므로 주파수 영역에서 스펙트럼이 넓어지게 된다. 따라서 보다 넓은 전송 대역폭이 필요하게 되는데 이는 위에서 언급한 고려 사항과 상충된다. 따라서 위에서 언급한 사항과 소요 주파수 대역의 절감 문제는 적절히 절충하여야 한다. 실제로 선로 부호의 종류에 따라 **전력 스펙트럼 밀도**(PSD; Power Spectral Density) 분포가 많이 달라지므로 주어진 대역폭 여건에 맞추어 선로 부호를 적절히 선택하거나 변형할 필요가 있다.

다음 그림에 몇 가지 대표적인 선로 부호에 대한 전력 스펙트럼 밀도를 나타내었다. 밀러(Miller) 부호는 직류 성분이 거의 없고 다른 부호들에 비해 좁은 주파수 대역에 신호의 전력이 집중되어 있음을 볼 수 있다. 이런 경우는 소요 전송 대역폭이 좁아지므로 전송 매체의 대역폭이 좁은 경우에 매우 편리하다. NRZ 부호의 경우는 직류 성분이 많고 양 위상(Biphase) 부호는 직류 성분은 작은 반면 넓은 주파수 대역폭을 차지하는 것이 단점이다. 소요 전송 대역폭보다 작게 대역을 제한하여 전송하고자 하는 경우에는 선로 부호의 ISI가 최소가 되도록 펄스 성형(pulse shaping)을 할 필요가 있다.

- **잡음 면역성**: 선로 부호가 잡음에 강하려면 비트 당 잡음 전력과 신호 전력과의 비, 즉 E_b/N_o가 커야 한다. 따라서 전송 데이터의 주기 T라고도 할 수 있는 전송 디이터의 1칩 시간(1 chip time) 내에 어느 정도의 시간 폭으로 신호가 존재하는가가 관건이다. 즉 데이터 주기 T를 기준으로 한 신호의 듀티 사이클(duty cycle)이 중요한 변수가 된다. 예를 들어 데이터의 1칩 시간 동안 계속 같은 레벨을 유지하는 NRZ(Non Return to Zero) 신호는 1/2 칩 시간에 반드시 원래 값으로 되돌아가는 RZ(Return to Zero) 신호보다 비트 당 신호전력이 2배이므로 그만큼 잡음에 강하게 된다. 이와 같이 잡음 면역성, 즉 전송 간의 잡음에 얼마나 강인한지에 대한 특성은 선로 부호의 종류에 따라 다르므로 통신 시스템에서의 요구 조건에 맞추어 적절히 선택해야 한다.

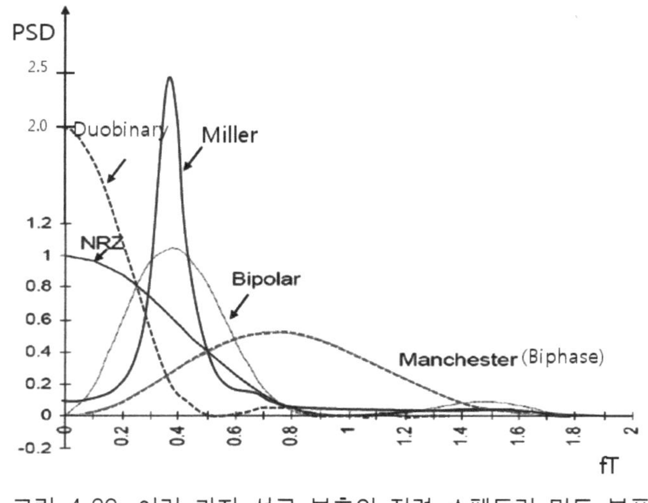

그림 4-39. 여러 가지 선로 부호의 전력 스펙트럼 밀도 분포

4.4.3 선로 부호화의 종류

선로 부호는 아래 그림과 같이 여러 가지 유형으로 분류할 수 있다. 본 절에서는 각 유형에 속하는 각각의 선로 부호화에 대해 살펴보기로 한다.

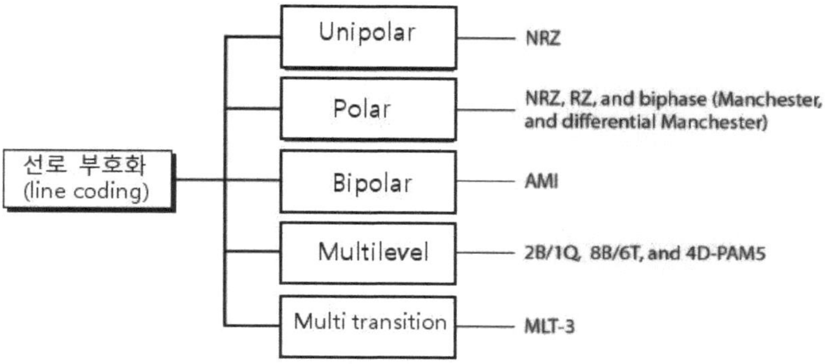

그림 4-40. 선로 부호화의 종류

(1) NRZ, RZ 방식

- **NRZ(Non Return to Zero)** : 가장 기본적인 선로 부호 방식 중 하나로 아래 그림과 같이 1비트의 데이터 시간 구간인 T 동안 논리 '1', '0'에 해당하는 신호 레벨을 그대로 유지하는 방식이다.
- **RZ(Return Zero)** : 아래 그림에서와 같이 1칩 시간 T의 중간에 반드시 0레벨로 돌아가는 방식이다.

  신호 대 잡음비는 NRZ가 RZ보다 우수하고 타이밍 정보(클럭 성분)에 의한 동기 유지는 RZ가 NRZ보다 우수하나 소요 전송 대역폭은 RZ가 NRZ보다 넓다.

  NRZ와 RZ 방식에는 여러 가지 변형된 방식이 있다. 아래 그림과 같이 양(+)의 레벨만 갖는 단극(Unipolar) 형이 있는가 하면 양(+)과 음(-)의 두 가지 레벨을 갖는 양극(Bipolar)형도 있다. 또한 기본형의 NRZ 방식을 NRZ-L라고 표현하기도 한다. 이때 'L'은 레벨(Level)을 의미한다.
- **NRZ-M(NRZ-Mark)** : 아래 그림과 같이 데이터가 '1'일 경우에만 이전 전압 레벨을 반전시키는 방식이다. 여기서 'M'은 마크(Mark)의 약자인데, 주기가 T인 펄스열에서 펄스가 존재하는 시간 구간, 즉 펄스 폭에 해당하는 구간을 마크(Mark)라 하고 펄스 존재하지 않는 구간을 스페이스(Space)라고 한다. 즉 펄스열에서 높은 레벨을 마크(Mark), 낮은 레벨을 스페이스(Mark)라고 한다. 따라서 마크(Mark)는 데이터 '1', 스페이스(Space)는 데이터 '0'에 해당한다고 보면 된다.
- **NRZ-S(NRZ-Space)** : 아래 그림에서와 같이 NRZ-M 과는 반대로 데이터가 '0'일 경우에만 이전 전압 레벨을 반전시키는 방식이다. 'S'는 스페이스(Space)의 약자이다.

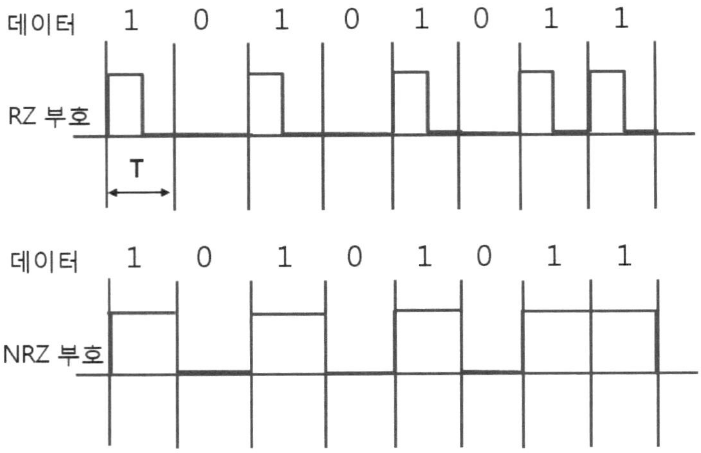

그림 4-41. RZ와 NRZ 부호

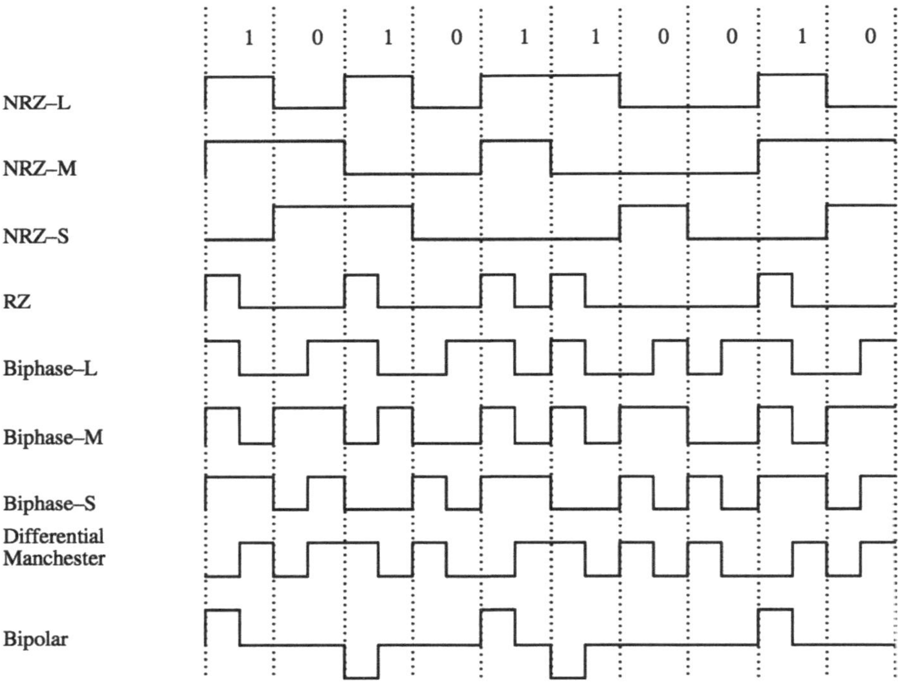

그림 4-42. 여러 가지 선로 부호의 예

(2) 단극(단류), 복극(복류) 방식

- **단극(Unipolar) 방식** : 데이터가 '0'이면 0 전압을, 데이터가 '1'이면 양(+) 전압 또는 음(-)전압 중 하나를 전송하는 방식이다.(예 : Unipolar-RZ, Unipolar-NRZ)
- **복극(Polar) 방식** : 데이터가 '0'이면 음(-) 전압, 데이터가 '1'이면 양(+) 전압으로 전송하는 방식으로 극성을 반대로 대응시킬 수도 있다.(예 : Polar-RZ, Polar-NRZ)

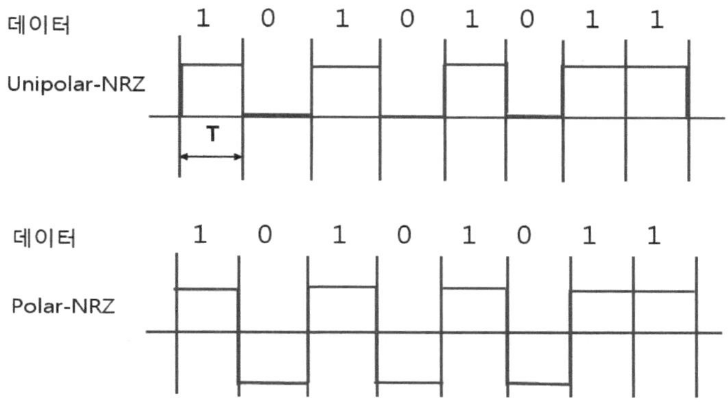

그림 4-43. 단극(Unipolar)과 복극(Polar) 방식

(3) 바이폴라(Bipolar) 방식(AMI : Alternate Mark Inversion)

일종의 **복수 레벨 2진(Multi level Binary) 방식**, 즉 **이중 2진 (Duo-binary) 방식**에 속하며 양(+), 음(-), 0 의 3개 레벨을 사용한다. 아래 그림과 같이 데이터 '0'인 경우 0 전압을 전송하고, 2진 데이터 '1'인 경우에는 양(+)과 음(-)의 전압을 번갈아 전송하는데, 부호의 극성이 양(+)과 음(-)에 걸쳐있기 때문에 바이폴라(Bipolar) 부호라고 한다. 또는 데이터가 '1', 즉 마크(Mark)일 때마다 이전 부호의 극성을 반전시키므로 **AMI(Alternate Mark Inversion)** 또는 **Bipolar-AMI** 방식이라고도 한다.

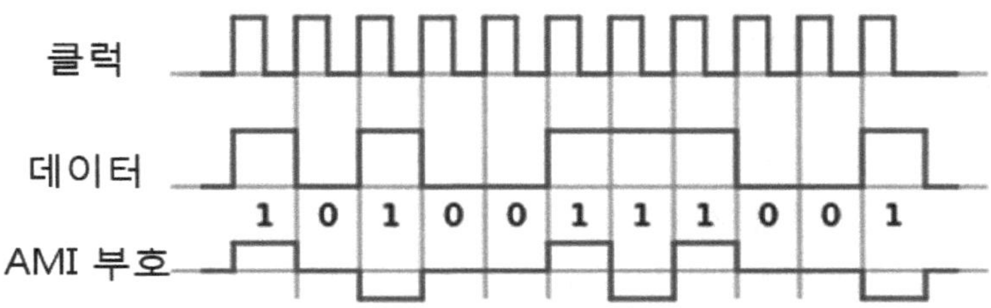

그림 4-44. AMI 방식

이 방식은 데이터 '0'이나 '1'이 연속될 경우, 타이밍 정보, 즉 클럭 성분이 없는 문제점과 천이가 자주 발생할수록 소요 전송 대역폭이 넓어지는 점을 고려하여 polar 방식을 변경한 형태로, 데이터 '0'이 지속될 경우는 신호 파형의 변화를 주지 않고, 데이터 '1'이 연속될 경우에만 변화를 주어 클럭 성분을 얻을 수 있도록 한 것이다. 이렇게 함으로써 클럭 성분이 존재하면서도 소요 전송대역폭이 비교적 넓지 않도록 하는 효과가 있다. 단 '0'이 지속되는 경우는 비트를 삽입하는 기법을 사용하여 클럭 성분을 보완하기도 한다.

그러나 복수 레벨 2진(Multi level Binary) 방식은 정보량이 $I = \log_2 3 = 1.58\,bits$ 로 2 레벨 2진 방식의 정보량 $I = \log_2 \frac{1}{P} = \log_2 2 = 1\,bit$ 보다 크므로 정보를 전달하는데 더 많은 비트 수를 필요로 하므로 전송 효율이 떨어지고, 인식해야하는 레벨이 3 가지이므로 진폭 잡음에 그 만큼 민감하게 되어 2레벨 방식과 동일한 BER(Bit Error Rate)에 대해서 약 3dB 더 큰 신호전력이 요구되는 단점이 있다.

(4) 다이코드(Dicode) 방식

이중 2진 (Duo-binary) 방식의 하나로서 데이터의 인접한 2개의 비트 간의 관계를 이용하여 부호화한다. 즉 데이터가 '0' → '1'로 변할 때는 양(+)전압, '1' → '0'일 때는 음(-)전압, 변화가 없을 때는 0 전압을 유지하는 방식이다.(예 : Dicode NRZ, Dicode RZ)

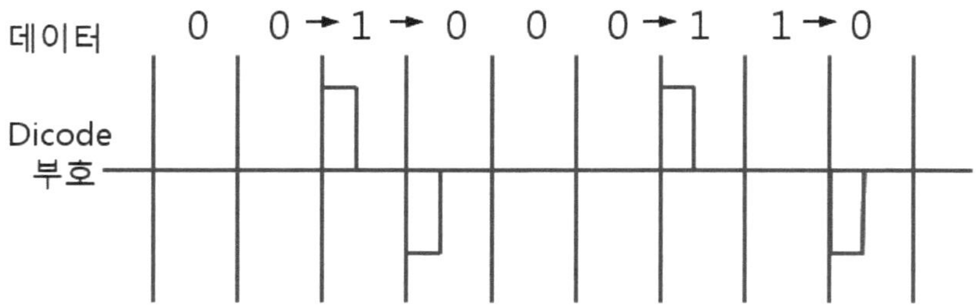

그림 4-45. 다이코드 부호

(5) 위상 부호화(Phase-encoded) 계열

이 방식에 속하는 부호는 맨체스터(Manchester)(Biphase), 차분 맨체스터 (Differential Manchester, Biphase-Space), nB/mB, kBnT 등이 있으며 주로 LAN (Ethernet)에서 사용되므로 LAN code라고도 하는데 다음과 같은 특징이 있다.

- 데이터 비트의 중앙에서 천이가 발생한다.
- 데이터와 동기(synchronization) 클럭 성분을 동시에 전송함으로써 동기에 강하다.

- 직류(DC) 성분이 없어 전송 에러 검출이 가능하다.
- 고속 전송에 유리하여 LAN에 널리 사용한다.
- 전력 스펙트럼 밀도가 고주파까지 퍼져서 소요 전송 대역폭이 넓다(NRZ의 약 1.5배).

■ **맨체스터(Manchester, Biphase) 부호**

Biphase 부호 또는 **Biphase-Mark 부호**라고도 한다. 데이터의 1칩 시간의 중간에 엣지(edge)가 존재하는 것이 특징이다. 즉 아래 그림과 같이 데이터가 '0'일 때 비트 중간에 상승엣지(_/‾)가, '1'일 때 비트 중간에 하강엣지(‾_)가 존재한다.(또는 그 반대인 경우도 있음)

맨체스터 부호는 위상의 연속성이 보장되지 않으므로 클럭 성분(톤 성분)은 없지만 1칩 시간마다 항시 영 교차(zero-crossing)가 발생되어 동기가 용이하다.

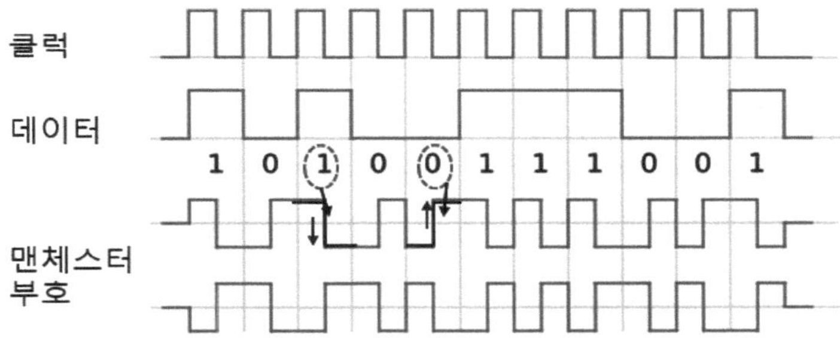

그림 4-46. 맨체스터(Manchester) 부호

■ **차분 맨체스터 (Differential Manchester, Biphase-Space) 부호**: 1칩 시간, 즉 비트 시간 시작 시점에서 엣지(edge)의 존재 여부로 데이터 '0', '1'을 판별하고 비트 중간에서의 엣지는 동기화를 위해 사용하는 방식이다. 즉 데이터가 '0'인 경우 비트의 시작 시점에 항상 엣지가 존재하고 '1'인 경우에는 존재하지 않는다.

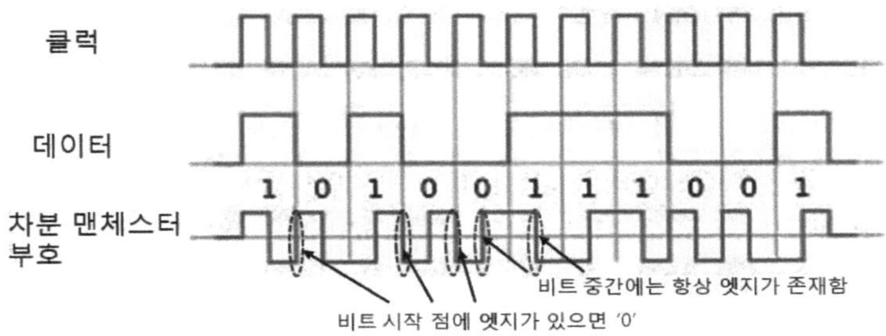

그림 4-47. 차분 맨체스터(differential Manchester) 부호

(6) 밀러 부호(Miller code)

데이터가 '0'일 때는 0 전압(또는 Polar 방식에서는 음(-) 전압)을 유지하고, 데이터가 '1'일 때는 비트의 중앙에 상승엣지(_|¯)와 하강엣지(¯|_)가 번갈아 가면서 존재한다. 밀러 부호는 앞 절의 여러 가지 선로 부호의 전력 스펙트럼 밀도 분포 그림에서와 같이 전력 스펙트럼 밀도 저주파 부근에 집중되고 대역폭이 작아서 주로 자기 테이프 기록이나 광통신에 이용된다. delay encoding **방식**이라고도 한다.

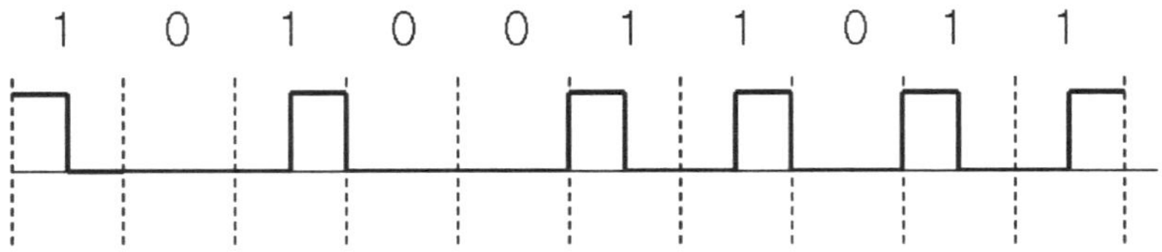

그림 4-48. 밀러(Miller) 부호

(7) 차분(differential) 부호

밀러 코드와는 반대로 데이터가 '0'일 때만 비트의 중간에 상승엣지(_|¯)와 하강엣지(¯|_)가 교번하여 존재하고 데이터가 '1'일 때는 양(+) 전압을 유지한다. 비트 에러에는 약하나 비트 반전(inversion)에는 강하여 전송 간에 신호의 극성이 반전되어도 올바르게 수신할 수 있는 것이 특징이다.

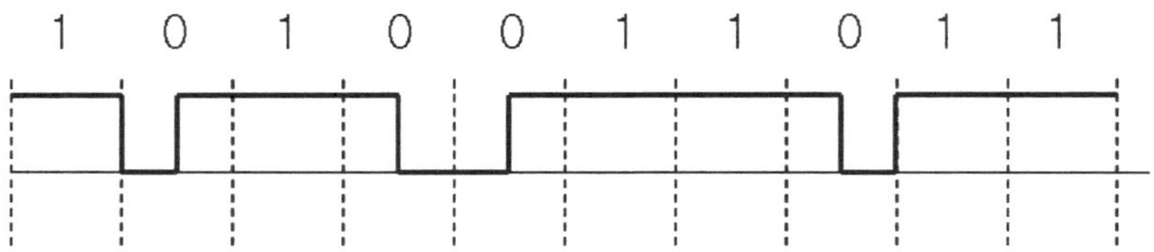

그림 4-49. 차분 부호(differential code)

(8) CMI(Code Mark Inversion) 부호

명칭에서 알 수 있듯이 데이터가 '1'일 때 이전 전압 레벨을 반전시킨다. 즉 이전의 데이터 '1'이 양(+) 전압이었으면 그 다음의 데이터 '1'은 음(+) 전압으로 전송하고 반대로 음(-) 전압이었으면 양(+) 전압으로 전송한다. 데이터가 '0'일 때는 동기를 위해 항상 비트 중간에 상승엣지(_|¯)를 삽입한다.

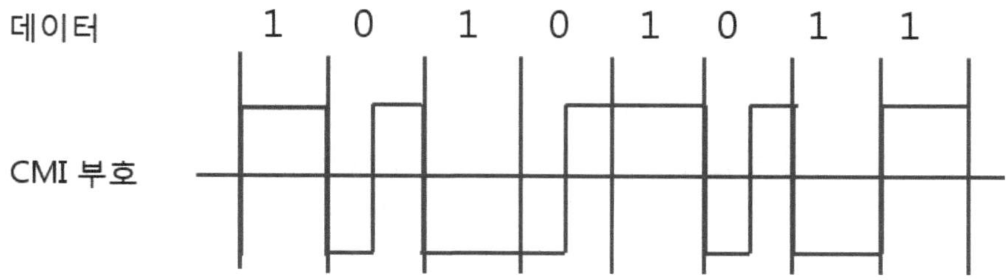

그림 4-50. CMI 부호

(9) 멀티 레벨(multi-level) 부호

지금까지의 살펴 본 선로 부호화 방식은 모두 2진 부호(binary code)이다. 즉 펄스가 양(+), 음(-), 또는 0 레벨의 3가지가 전부인 방식이다. 멀티 레벨 부호는 펄스의 진폭을 동일한 레벨이 아닌 여러 개의 레벨로 구분하여 전송하는 방식이다. 이렇게 함으로써 복수의 데이터 비트를 각각의 펄스에 할당할 수 있어 동일한 선로 부호의 속도, 즉 심볼 속도에서도 좀 더 많은 비트를 전송할 수 있으므로 데이터 전송 속도가 증가하게 된다. 물론 2진 부호의 경우보다 심볼의 구별을 위한 차이가 줄어들므로 진폭 잡음이나 왜곡에 대한 면역성이 줄어들지만 전송 대역폭이 제한되어 있는 조건에서 고속 전송이 필요한 경우 유용한 선로부호화 방식이다. 멀티 레벨 변조는 **M진 변조, 다치 변조**, **다치 레벨 변조**, **다원 변조** 등 여러 용어로 불린다.

레벨의 수가 M개인 멀티 레벨 부호의 데이터 전송 속도 R은 1비트 시간을 T_b라 할 때 다음 식과 같다.

$$R = \frac{1}{T_b} \log_2 M \, [bps]$$

위 식에서 $1/T_b$는 선호 부호의 전송 속도로 흔히 심볼 속도 또는 변조 속도라고도 한다. 데이터 전송 속도의 단위는 [bit/sec]이지만 심볼 속도의 단위는 [symbol/sec]로 보통 **보오[baud]**라고도 한다. 위 식에서도 알 수 있듯이 2진 부호의 경우에는 심볼 속도와 데이터 전송 속도가 동일하나 멀티 레벨 부호에서는 동일하지 않다.

예를 들어 펄스 레벨의 수가 16이면 데이터 전송 속도는

$$R = \frac{1}{T_b} \log_2 16 = 4\left(\frac{1}{T_b}\right) \, [bps]$$

가 되어 1심볼 구간인 T_b 동안 4비트를 전송할 수 있으므로 심볼 속도[baud]의 4배가 되는 데이터 전송 속도[bps]를 얻을 수 있다. 이와 같은 멀티 레벨 부호는 전송 채널 간에 충분한 신호 대 잡음비를 확보할 수 있다면 동일한 에러 확률과 전송 대역폭의 조건에서 보다 높은 데이터 전송 속도를 얻을 수 있는 선로 부호화 방식이다.

4.4.4 펄스 성형

이상적인 펄스 신호의 주파수 스펙트럼은 아래 그림과 같이 주엽(main lobe)과 부엽(side lobe)으로 구성되며 부엽이 무한대의 주파수까지 펼쳐져 있다. 그런데 일반 통신 채널이나 시스템의 주파수 응답 특성은 대역 제한되어 있는 경우가 대부분이다. 따라서 무한대의 주파수 대역을 가지고 있는 펄스를 이렇게 대역 제한된 시스템에 통해 전송하면 파형이 왜곡될 수 밖에 없다. 전송 과정에서 스펙트럼이 왜곡되면서 발생하는 문제뿐 아니라 펄스 파형이 시간 영역 상에서 퍼지면서 인접한 펄스 파형과 간섭을 일으켜 왜곡이 발생 문제도 생기는데 이러한 현상을 **심볼간 간섭**(ISI : Inter Symbol Interference)이라고 한다. ISI가 발생하면 펄스 형태의 심볼 파형의 레벨이 변화하여 2진 데이터 1, 0의 정확한 판단을 할 수 없게 되는 경우가 발생한다. 따라서 펄스가 제한된 대역폭을 가진 시스템을 통과하여 ISI에 의한 왜곡이 발생하여도 신호 레벨을 정확하게 판단할 수 있도록 하는 대책이 필요하다. 다행히 디지털 신호는 모든 시간의 신호 레벨이 중요한 것이 아니라 순간적인 판단 시점에서의 값만 중요하다. 따라서 왜곡이 발생하더라도 판단 시점에서의 신호 레벨만 변동이 없으면 수신기에서의 정확한 판정이 가능하다. 이를 위해 송수신 시스템 전 구간에 걸친 왜곡 특성이 이와 같이 판단 시점에서의 왜곡이 최소화하도록 송신 시에 미리 적절한 여파기(filter)로 대역을 제한함으로써 펄스 파형을 의도적으로 왜곡시켜 전송하는 방법을 사용하는데 이를 **펄스 성형**(pulse shaping), 또는 **펄스 정형**이라고 한다. 펄스 성형은 송신기에서만 하는 경우와 송신기와 수신기에서 나누어 하는 경우가 있다.

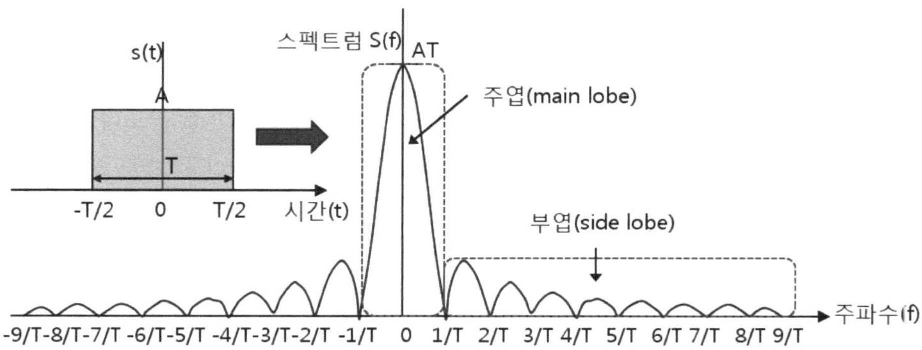

그림 4-51. 이상적인 펄스의 주파수 스펙트럼

펄스 성형에 사용되는 여파기(filter)에는 표본 함수라고도 하는 **싱크 여파기**(sinc filter), **상승 코사인 여파기**(raised cosine filter), **가우시안 여파기**(Gaussian filter)등이 있으나 디지털 통신에 있어 펄스 정형에 대표적인 것은 **상승 코사인 여파기**(raised cosine filter)이다. 이 여파기의 시간 영역에서의 임펄스 응답 특성과 주파수 스펙트럼을 아래 그림에 보였다. 상승 코사인 여파기의 주파수 스펙트럼은 펄스의 주기(데이터의 1칩 타임)가 T라고 할 때 이에 해당하는 펄스의 주파수 $f = 1/T$의 반인 $1/2T$의 주파수에서 스펙트럼의 크기가 최대값의 1/2이 되고 그 주파수를 기준으로 점대칭(회전대칭의 일종)인 특징을 갖는다. 그림에서 β는 제2장에서 다룬 바 있는 **롤-오프 계수**(roll-off factor)로 스펙트럼이 $1/2T$ 주파수를 기준으로 얼마나 더 높은 주파수에 걸쳐 퍼져있는가를 나타내주는 계수이다. 즉

$$\beta = \frac{\text{초과 대역폭}(excess\ bandwidth)}{\text{나이퀴스트 대역폭}(Nyquist\ bandwidth)} = \frac{W - W_0}{W_0}$$

이다. 여기서 W는 **절대 대역폭**(absolute bandwidth), $W_0 = \frac{1}{2T}$로 **최소 나이퀴스트 대역폭**(minimum Nyquist bandwidth)이다. 그런데 이러한 상승 코사인 여파기의 시간 영역에서의 펄스 성형 파형, 즉 임펄스 응답 파형을 보면 원래의 펄스와는 달리 T 구간에만 존재하는 것이 아니라 상당히 오랜 시간 구간 동안 마치 꼬리처럼 존재함을 알 수 있다. 따라서 가까운 시간 내에 인접 펄스가 존재할 경우, 인접 심볼 간에 간섭, 즉 ISI를 일으켜 파형이 왜곡되고 레벨이 변동될 것으로 예상되나, 아래 그림에서처럼 펄스가 0을 지나는 **영 교차**(zero crossing)**점**인 $1/T$, $1/2T$, $1/3T$.... 이 정확히 일치하여 영 교차점에서의 모든 인접 펄스들의 총합이 0이 되면서 그 시점의 펄스 값에는 전혀 영향을 주지 않는다. 따라서 영 교차점에서 펄스의 값을 판정하면 오류 없이 데이터를 수신할 수 있다. 그러나 만일 통신 시스템에서 연속되는 펄스가 펄스의 간격인 T를 정확하게 유지하지 못한다면 ISI에 의한 영향을 받게 된다. 이때 발생하는 ISI의 크기는 β 값이 작을수록 시간 영역에서의 펄스 파형의 퍼짐 현상이 크므로 ISI가 증가하며 β 값이 클수록 ISI가 작아짐을 알 수 있다. 따라서 전송 간에 발생하는l ISI를 줄이려면 펄스 파형을 성형할 때 가능한 한 대역폭을 넓게 하여야 함을 알 수 있다.

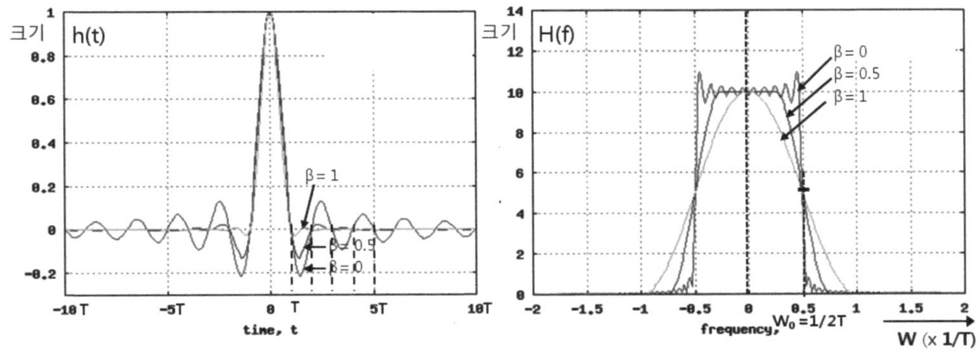

(a) 상승 코사인 여파기에 의한 펄스 성형 파형 (b) 상승 코사인 여파기에 의한 펄스 성형 주파수 스펙트럼 특성

그림 4-52. 상승 코사인 여파기에 의한 펄스 성형

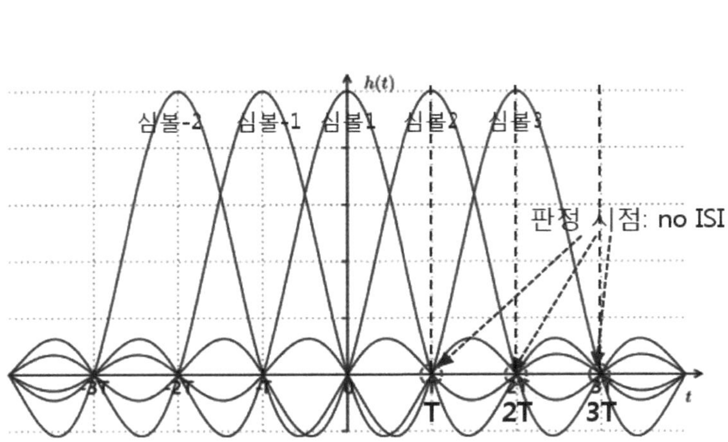

그림 4-53. 상승 코사인 여파기로 펄스 정형할 경우의 심볼 간 간섭

제4장 연습문제

(주관식 문제)

1. 디지털 통신의 기본 원리와 아날로그 통신의 차이점을 설명하라.
2. 샤논-하틀리의 정리(Shannon-Hartley theorem)란 무엇인지 설명하라.
3. 디지털 통신시스템의 구성 요소에 대해서 설명하라.
4. 디지털 통신의 장점과 단점에 대해 설명하라.
5. 아날로그/디지털(A/D) 변환 과정을 설명하라.
6. 표본화 정리(sampling theorem)는 무엇인지 설명하라.
7. 나이퀴스트 율(Nyquist rate)이란 무엇인지 설명하라.
8. 심볼 간 간섭(ISI)에 대해 설명하라.
9. 양자화 잡음이란 무엇인지 설명하라.
10. 양자화 비트 수와 양자화 레벨 수와의 관계를 설명하라.
11. 양자화 잡음을 줄이기 위한 방법에는 어떠한 것이 있는지 설명하라.
12. 비선형 양자화가 선형 양자화와 다른 점과 필요성에 대해 설명하라.
13. 양자화에 있어 6n의 법칙을 설명하라.
14. 전송 대역폭과 데이터 전송률 그리고 변조 신호의 심볼률의 관계를 설명하라.
15. 2진 데이터를 M진 부호(심볼)로 변환할 경우 데이터 전송 속도와 심볼 속도와의 관계는 어떻게 되는지 설명하라.
16. 표본화 주파수와 스펙트럼과의 관계와 앨리어싱(aliasing) 왜곡에 대해 설명하라.
17. 자연 표본화와 평탄 표본화의 어떻게 다르며 표본화 결과에는 어떠한 차이점이 있는지 설명하라.
18. 듀티 사이클(duty cycle)이란 무엇인지 설명하라.
19. PWM 신호를 발생시키고 복원하는 과정을 설명하라.
20. PPM 신호를 발생시키고 복원하는 과정을 설명하라.
21. 공중 전화망(PSTN)에서 사용하는 PCM 시스템의 규격과 구성, 그리고 장단점에 대해 설명하라.
22. PCM 방식에서 변형된 방식에는 어떠한 것들이 있는지 설명하라.
23. DPCM이 등장하게 된 원인과 PCM과의 차이점은 무엇인지 설명하라.
24. DPCM 송신기와 수신기의 구성과 동작 원리를 설명하라.

제4장 연습문제

25. ADPCM과 DPCM의 차이점은 무엇이고 DPCM의 단점을 극복하기 위하여 어떠한 기법을 사용하는가?
26. DM과 DPCM과의 차이점은 무엇인지 설명하라.
27. DM 송신기와 수신기의 구성과 동작 원리를 설명하라.
28. DM에서 발생할 수 있는 잡음에는 어떠한 것들이 있는지 설명하라.
29. DM의 장점과 단점을 설명하라.
30. ADM과 DM의 차이점과 동작 알고리즘은 무엇인지 설명하라.
31. 선로 부호화란 무엇이고 그 필요성은 무엇인지 설명하라.
32. 선로 부호화 시에 고려해야 할 사항은 무엇인지 설명하라.
33. 유선 선로에서 다른 정보원 신호와의 충돌이나 전송에러를 어떻게 감지하는지 동작원리를 설명하라.
34. 선로부호화에는 어떠한 종류가 있는지 설명하라.
35. 선로 부호화에서 E_b/N_o(아날로그 신호에서의 SNR)는 무엇으로 결정되는지 NRZ와 RZ 신호를 예로 들어 설명하라.
36. 선로 부호화 중 맨체스터 부호, 차분맨체스터 부호, 밀러 부호, 차분 부호의 차이점에 대해 설명하라.
37. 선로 부호화에서 AMI 방식과 CMI 방식의 차이점은 무엇인지 설명하라.
38. 선로 부호화에서 복수 레벨 2진(Multi-level Binary) 방식은 2진 레벨 방식에 비해 어떠한 장점과 단점이 있는지 설명하라.
39. 여러 가지 선로 부호화에 대한 전력 스펙트럼 밀도 분포에 대해 설명하라.
40. 펄스 성형이란 무엇이고 왜 필요한지에 대해 설명하라.
41. 롤-오프 계수(roll-off factor)란 무엇인지 설명하라.
42. ISI란 무엇이고 이를 개선하기 위한 방법은 무엇인지 설명하라.
43. 최대 주파수 4kHz, 최대 진폭이 10V로 제한되어 있는 신호를 PCM부호화 하려고 한다. 다음 물음에 답하라.
    (1) SNR을 60dB 이상으로 하기 위한 양자화 비트 수는?
    (2) 이때 양자화 잡음의 최대 크기는 얼마인가?
    (3) 이 신호를 2레벨 및 64레벨 신호로 부호화했을 때 각각의 심볼 속도는 얼마인가?

(객관식 문제)

44. 다음 중 디지털 통신시스템의 송신 기능 구성 순서로 적당한 것은?
① 소스 부호화-->암호화-->채널 부호화-->다중화-->변조
② 암호화-->소스부호화-->채널 부호화-->변조-->다중화
③ 채널 부호화-->소스부호화-->암호화-->다중화-->변조
④ 소스 부호화-->암호화-->채널 부호화-->변조-->다중화

45. 아날로그 신호를 PCM 부호로 변환하는 과정으로 맞는 것은?
① 대역 제한 - 표본화 - 압축 - 양자화 - 부호화
② 대역 제한 - 표본화 - 양자화 - 압축 - 부호화
③ 표본화 - 대역제한 - 압축 - 양자화 - 부호화
④ 표본화 - 압축 - 양자화 - 부호화 - 대역 제한

46. 신호파의 최고 주파수가 4kHz이다. PCM 방식에서 원래 신호의 복호가 가능하도록 하는 표본화 펄스의 최소 주파수는 ?
① 1kHz ② 2kHz ③ 8kHz ④ 16kHz

47. 4kHz로 대역 제한된 신호를 나이퀴스트(Nyquist) 표본화 하여 8비트 신호로 양자화할 경우 필요한 전송 속도는?
① 4kbps ② 16kbps ③ 32kbps ④ 64kbps

48. 3.4kHz로 대역 제한된 음성 신호를 10비트 PCM으로 전송할 경우 전송 속도는 얼마이어야 하는가?
① 34kbps ② 68kbps ③ 102kbps ④ 128kbps

49. 4kHz로 대역 제한된 음성 신호를 16비트 PCM으로 전송할 경우, 표본화 최소 주파수(Nyquist Rate)와 요구되는 전송 속도는?
① 4kHz, 16kbps ② 4kHz, 32kbps
③ 8kHz, 64kbps ④ 8kHz, 128kbps

50. 신호파의 최고 주파수가 3kHz이다. PCM 검파 방식에서 원래 신호를 복호해내기 위한 표본화 펄스의 최소 주파수는?
① 2kHz ② 4kHz ③ 6kHz ④ 8kHz

제4장 연습문제

51. 표본화 정리에 의하면 주파수 대역이 300~3400(Hz)인 전화의 경우, 얼마 간격으로 표본화하면 정보를 완전히 전송할 수 있는가?

① 1/300초 ② 1/3400초 ③ 1/2000초 ④ 1/6800초

52. 24채널용 PCM 시스템에서 각 채널의 입력 주파수가 0~4kHz이고 나이퀴스트 율(Nyquist rate)로 동일하게 표본화했을 때 이를 SSB 방식으로 전송한다고 하면 소요되는 최소 주파수 대역폭은 얼마인가?

① 48kHz ② 96kHz ③ 192kHz ④ 288kHz

53. 심볼당 2비트인 데이터의 통신 속도가 2400보오(baud)일 때 비트 전송률은 얼마인가?

① 1200 bps ② 2400 bps ③ 3600 bps ④ 4800 bps

54. 통신 속도가 4800(bit/sec)인 회선에서 데이터를 30분간 전송했을 때 오류 비트가 108 비트이었다면 이 회선의 평균 오율은?

① 1.25×10^{-6} ② 1.25×10^{-5}

③ 2.5×10^{-5} ④ 2.5×10^{-4}

55. 음성 신호 $f_s(t) = 3\cos 500t$ 를 10 비트 PCM화할 때 신호 대 잡음비는 얼마인가?

① 58(dB) ② 62(dB) ③ 66(dB) ④ 68(dB)

56. 최대 주파수 20kHz, 최대 진폭이 8V로 제한되어 있는 신호를 PCM 부호화할 때 SNR을 60dB 이상으로 하기 위한 최소 양자화 비트 수와 이때 양자화 잡음의 최대 크기는?

① 16bit, 7.8mV ② 12bit, 78mV

③ 10bit, 7.8mV ④ 8bit, 78mV

57. 최대 진폭이 Vp = 10V로 제한되어 있는 신호를 PCM 부호화할 때 SNR을 96dB 이상으로 하기 위한 최소 양자화 비트 수와 이때 양자화 잡음의 최대 크기는?

① 8bit, 39.1mV ② 10bit, 9.77mV

③ 12bit, 2.44mV ④ 16bit, 0.153mV

58. 음성 신호의 주파수 대역을 4kHz로 볼 때 보통 환경에서 채널의 S/N 비는 약 33(dB)이다. 이때 채널 용량은 얼마인가?

① 8kbps ② 36kbps ③ 44kbps ④ 88kbps

59. 디지털 변조(불연속 레벨 변조)에 해당하는 것은?

① PAM ② PCM ③ PWM ④ PPM

60. PCM 부호화 과정에서 양자화 방법으로 적합하지 않은 것은?

① 선형 양자화 ② 비선형 양자화

③ 적응형(adaptive) ④ 분포형 양자화

61. 양자화 잡음을 경감시키는 방법이 아닌 것은?

① 비선형 양자화를 한다.

② 압축 - 신장기를 사용한다.

③ 입력 신호 진폭이 작은 곳에서 양자화 스텝을 크게 한다.

④ 부호의 비트 수를 늘린다.

62. 앨리어싱(aliasing)에 대한 설명으로 옳지 않은 것은?

① 표본화 시에 발생할 수 있는 에러이다.

② 앨리어싱이 발생하면 원래의 신호를 정확히 복원할 수 없다.

③ 표본화 전에 대역 제한을 하면 앨리어싱이 감소한다.

④ Nyquist 속도보다 낮은 주파수로 표본화하면 앨리어싱이 감소한다.

63. 앨리어싱(aliasing) 왜곡에 대해 올바르게 설명한 것은?

① 나이퀴스트(Nyquist) 주파수보다 낮게 표본화하였을 때 발생한다.

② 나이퀴스트(Nyquist) 주파수의 2배 이상으로 표본화하였을 때 발생한다.

③ 나이퀴스트(Nyquist) 주파수의 2배 이하로 표본화하였을 때 발생한다.

④ 나이퀴스트(Nyquist) 주파수로 표본화하였을 때 발생한다.

64. 앨리어싱(aliasing)을 방지하기 위한 방법으로 적합한 것은?

① 신호를 디지털화할 때 양자화 비트 수를 작게 한다.

② 신호의 최대 주파수와 동일한 주파수로 표본화 한다.

③ 표본화 주기를 신호의 최대 주기보다 길게 한다.

④ 신호를 저역통과 필터에 통과시킨 후 표본화한다.

65. ISI를 줄이는 방법으로 적합한 것은?

① 신호의 진폭을 가급적 크게 한다.

② 신호의 파형 정형 여파기 대역폭을 넓게 한다.

③ 리미터를 통해 신호의 진폭을 미리 제한 한다.

④ 신호의 파형 정형 여파기의 롤-오프 계수(roll-off)를 작게 한다.

제4장 연습문제

66. PCM 통신 방식의 송수신 과정으로 옳은 것은?
   ① 대역 제한 - 표본화 - 양자화 - 부호화 - 통신 채널 - 복호화 - 여파
   ② 표본화 - 대역 제한 - 양자화 - 부호화 - 통신 채널 - 여파 - 복호화
   ③ 대역 제한 - 표본화 - 양자화 - 필터링 - 부호화 - 통신 채널 - 복호화
   ④ 표본화 - 양자화 - 부호화 - 대역 제한 - 통신 채널 - 복호화 - 여파
67. PCM 전송 방식에서 표본화 주파수가 8kHz이고, 1프레임에 수용되는 비트 수가 193개일 때 데이터 전송률은 얼마인가?
   ① 0.386 Mbps ② 0.772 Mbps ③ 1.544Mbps ④ 2.048Mbps
68. k 번째 표본 값 $m(k)$와 k-1 번째의 표본 값 $m(k-1)$ 사이의 차이를 다수 비트로 PCM 부호화하여 전송하는 방식은?
   ① DM ② ADM ③ DPCM ④ PCM
69. DPCM 부호화에 대해 잘못 설명한 것은?
   ① 과거의 데이터로 현재의 데이터를 예측한 것과 실제 데이터의 차이를 PCM화 한다.
   ② 송신기는 양자화기, 예측기, 부호화기로 구성된다.
   ③ ITU-T G.721는 4kHz 대역폭의 음성 신호를 64kbps로 부호화하는 ADPCM에 대한 권고안이다.
   ④ 오류 전파(error propagation)현상이 발생할 수 있다.
70. 전송 부호(선로부호)가 가져야 하는 조건에 해당되지 않는 것은?
   ① 직류(DC) 성분을 포함하고 있어야 한다.
   ② 클럭과 같은 동기 정보가 충분히 포함되어 있어야 한다.
   ③ 전송 중에 발생할 수 있는 에러의 검출이 가능하여야 한다.
   ④ 전송 대역폭을 가급적 적게 차지하여야 한다.
71. 다음 중 NRZ 부호 방식의 특징이 아닌 것은?
   ① RZ 부호 방식보다 넓은 대역폭을 요구한다.
   ② 직류 성분이 존재하며 동기화 능력이 부족하다.
   ③ RZ 부호 방식보다 잡음에 강하다.
   ④ 타이밍 정보(클럭)를 추출하기가 용이하지 않다.
72. 기저대역 전송 신호 부호화 기법 중에 '1' 또는 '0' 이후에 '0' 레벨로 돌아가지 않고 1비트 시간 동안 그대로 유지하는 방식은?
   ① NRZ ② RZ ③ 맨체스터 부호 ④ 밀러(Miller) 부호

73. 선로 부호화 방식 중에 데이터의 1칩 시간 동안 '1' 또는 '0'으로 유지한 후에 반드시 '0' 레벨로 돌아가는 방식은?

① NRZ ② RZ ③ Manchester coding ④ Miller coding

74. 다음 그림과 같은 선로 부호화 방식은?

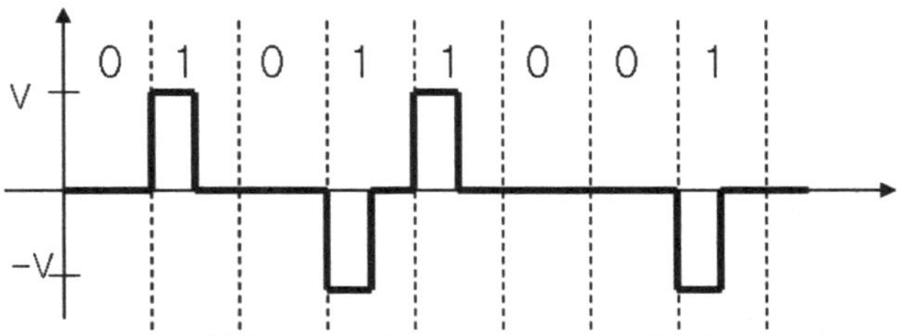

① CMI 방식 ② 다이코드 방식
③ Bipolar-RZ ④ Bipolar(AMI)

75. 다음 그림과 같이 데이터가 '0'일 때는 0 전압을 유지하고, 데이터가 '1'일 때는 비트의 중앙에 상승엣지와 하강엣지가 번갈아 가면서 존재하며 PSD 분포가 저주파 부근에 집중되어 주로 자기 테이프 기록에 이용되는 선로 부호화 방식은?

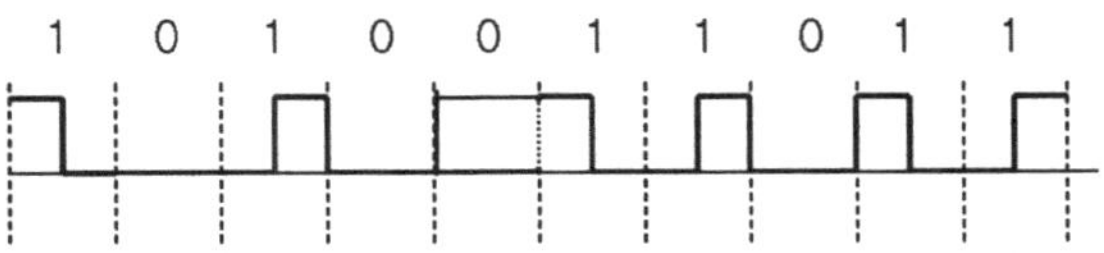

① Dicode_NRZ ② Manchester code
③ Miller code ④ RZ-AMI

76. 다음 그림과 같이 데이터가 0일 때는 펄스의 중앙에서 0→1로 변화하고 데이터가 1일 때는 이전의 데이터 1에 해당하는 상태를 반전시키는 선로 부호화 방식은?

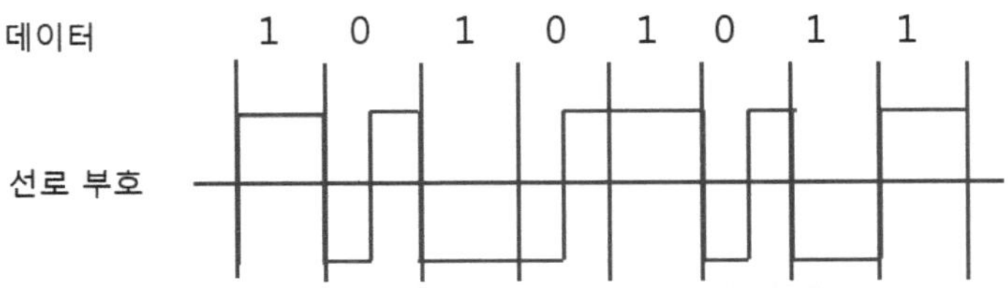

① 바이폴라 RZ ② 바이폴라 AMI ③ CMI ④ 다이코드

제4장 연습문제

77. Duo-binary 방식의 하나로서 데이터가 '0' → '1'로 변할 때는 양(+) 전압, '1' → '0'일 때는 음(-) 전압, 변화가 없을 때는 0 전압을 유지하는 선로 부호화 방식은?

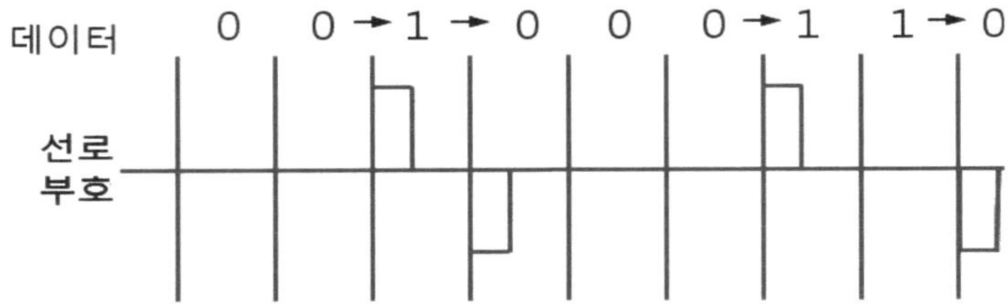

① AMI ② CMI ③ BIphase-S ④ Dicode

78. 데이터가 '0'일 때 비트 중간에 상승엣지가, '1'일 때 비트 중간에 하강엣지가 존재하며 LAN에 주로 사용되는 선로 부호화는?

① 차분 부호(differential code) ② 맨체스터 부호(Manchester code)

③ 밀러 부호(Miller code) ④ CMI

제5장

디지털 변·복조

■ 학습목표

- 디지털 변조란 무엇이고 어떻게 하는 것인지에 대해 살펴본다
- 디지털 변조와 아날로그 변조의 공통점과 차이점은 무엇인지 알아본다
- 디지털 변조 방식에는 어떠한 것들이 있는지 알아본다
- 단일 반송파 변조 방식 중 가장 기본적인 방식인 ASK, FSK, PSK의 개념과 원리, 장단점, 용도, 변조 및 복조 방법 등에 대해 학습한다
- 직교 위상 편이 변조(QPSK, OQPSK)의 개념과 원리, 장단점, 용도, 변조 및 복조 방법 등에 대해 학습한다
- 직교 진폭 변조(QAM)의 개념과 원리, 장단점, 용도, 변조 및 복조 방법 등에 대해 학습한다
- 최소 위상 편이 변조(MSK)의 개념과 원리, 장단점, 용도, 변조 및 복조 방법 등에 대해 학습한다
- 직교 주파수 분할 다중 방식(OFDM)의 개념과 원리, 장단점, 용도, 변조 및 복조 방법 등에 대해 학습한다
- 채널 잡음과 디지털 신호의 성질, 그리고 잡음이 부가된 디지털 신호의 판정 방법을 살펴보고 여러 가지 디지털 변조 방식의 BER 비교 평가에 대해 살펴본다

5.1 디지털 변조의 개념

변조란 어떻게 하는 것이고 목적과 필요성은 무엇인지에 대해서는 이미 제3장 아날로그 변복조에서의 다룬 바 있다. 이제 연속적인 아날로그 신호에 대한 변조가 아닌 불연속적인 신호에 대한 변조, 즉 **디지털 변조**(digital modulation)에 대해 살펴보기로 한다.

디지털 변조(digital modulation)란 1, 0 형식의 불연속적인 기저 대역의 정보 신호를 높은 주파수의 반송파를 이용하여 주파수 대역을 천이시켜 통과 대역(pass band) 신호로 변환하는 것으로 불연속적인 신호에 대한 변조도 반송파의 진폭이나 주파수, 위상을 변화시켜 신호를 전달하는 기본적인 원리와 방법에서는 아날로그 변조와 특별히 다를 것이 없다.

그렇다면 차이점은 무엇일까?

아날로그의 변조 방식의 표현은 정보 신호를 연속적인 레벨의 변화로 표현하기 때문에 약간의 잡음이 있어도 본래의 신호를 왜곡하게 된다. 따라서 신호를 정확히 알기 위해서는 잡음에 대비한 신호의 크기가 중요하므로 신호 대 잡음 전력비가 높을수록, 즉 반송파 신호의 전력이 잡음과 비교하여 클수록, 깨끗한 아날로그 신호가 전송되며 신호를 복원하기 쉽다. 따라서 아날로그 변조 방식의 전송에서는 최대한 송신 전력을 크게 하여야 높은 통신 품질을 유지할 수 있다.

반면 디지털 변조 방식에서는 전송 간에 잡음에 의한 신호 왜곡 있더라도 데이터 판정 시점에서 오류가 발생하지 않을 정도의 신호 전력이면 충분할 뿐 아니라 수신 시에 일정 부분의 잡음을 제거하거나 어느 수준 이하의 비트 에러가 발생하였을 때는 이를 정정할 수도 있다.

다만 변조 신호 자체가 아날로그 신호파가 아닌 디지털 신호, 즉 데이터 1과 0의 불연속적인 펄스 형태이기 때문에 반송파도 진폭이나 주파수, 위상 등이 불연속적이 되고 그 결과 피변조파의 주파수 스펙트럼이 넓게 퍼지는 경향이 있다. 따라서 주어진 전송 대역폭에 스펙트럼의 대부분이 수용될 수 있도록 적절하게 펄스를 성형하여 스펙트럼의 부엽(side lobe)을 작게 하고 전송 간의 중계기나 증폭기의 비선형성에 의한 부엽 재생 효과를 억제하며, 심볼 간 간섭(ISI)에 의한 수신 신호의 왜곡을 최소화하여 수신기에서의 데이터 판정 오류를 최소화하는 것이 중요하다. 또한 전송 채널의 특성에 따라 적절한 변조 방법을 채택하고 채널의 잡음 특성이나 주파수 특성에 맞추어 등화(equalization)하는 것도 필요하다.

디지털 변조에는 데이터 비트 1, 0에 대응하여 2개의 이산적(discrete) 상태, 즉 심볼(symbol)을 사용하는 **2진 변조**(binary modulation) 방식이 있고, 다수의 비트를 동시에 전송하고자 다수의 이산적 상태를 사용하는 **멀티 레벨 변조**(multi-level modulation) 방식이 있다. 2진 변조 방식에는 데이터 비트에 따라 반송파의 진폭을 변화시키는 ASK(Amplitude Shift Keying), 주파수를 변화시키는 FSK(Frequency Shift Keying), 위상을 변화시키는 BPSK(Binary Phase Shift Keying)와 같은 방식이 있고 'modulation'라는 용어보다 'shift keying'이라는 용어를 사용하고 있다. 멀티 레벨 변조 방식에는 M진 ASK, M진 PSK, M진 FSK, M진 QAM(M-ary Quadrature Amplitude Modulation) 등이 있다. 멀티 레벨 변조 방식에서는 k개의 비트를 묶어서 1개의 메시지로 하고 이를 1개의 심볼에 대응시킬 경우, 심볼의 가지 수를 M개라 하면 $M = 2^k$의 관계가 성립하므로 1개의 심볼당 전송 가능한 데이터 비트 수가 많아져서 고속 전송에 유리한 특징이 있다.

디지털 변 · 복조 기술은 아날로그 변 · 복조 기술에 비해 성능이 우수할 뿐만 아니라 반도체 기술의 급속한 발전에 따라 디지털 소자의 비용이 낮아지고 이에 따라 정보량 대비 비용도 낮아짐에 따라 현재 통신 서비스 시장에서 널리 이용되고 있다.

이제 이러한 여러 가지 디지털 변조 방식 각각에 대하여 살펴보기로 하자.

5.2 진폭 편이 변조(ASK)

진폭 편이 변조(ASK : Amplitude Shift Keying)는 반송파의 진폭을 변조 신호에 따라 변화시키는 것은 아날로그 변조 방식의 AM, 특히 DSB-SC와 동일하나 변조 신호 자체가 극단적으로 커졌다 작아졌다 하는 경우로 생각하면 된다. 즉 디지털 신호의 0과 1의 값에 따라 반송파의 진폭을 변화시키는 방식으로 아래 그림 (a)에서와 같이 데이터 1일 때만 반송파를 전송하고, 0일 때는 반송파를 전송하지 않는 경우를 **OOK(On-Off Keying)**이라고 한다. OOK(On-Off Keying)의 경우 데이터 0일 때 송신 전력이 0이므로 전력 소비 절감 효과가 있다.

ASK 신호를 수학적으로 표현하면 다음과 같다. 즉 일반적인 반송파의 수식을 사용하여

$$S_i(t) = A_i \cos(\omega_c t + \theta),\ (0 \le t \le T),\ (i = 1, 2, \ldots, M)$$

로 쓸 수 있다. 그런데 일반적인 디지털 통신 시스템에서는 성능 평가 관점에서 볼 때 1개 비트 또는 1개 심볼당 에너지가 중요한 변수이므로 진폭 A_i를 비트당 에너지로 바꾸어

$$S_i(t) = \sqrt{\frac{2E_i(t)}{T}} \cos(\omega_c t + \theta),\ (0 \le t \le T),\ (i = 1, 2, \ldots, M)$$

로 나타내는 것이 여러모로 편리하다. 여기서 E_k는 비트(또는 심볼)당의 전력이고 T는 비트 시간, 즉 심볼의 주기이다. 또한 $M=2$이면, **이진 ASK(BASK)**가 되고 2개 심볼의 크기는 '0'과 $\sqrt{\frac{2E}{T}}$ 이다.

위와 같이 표시 할 경우 단위 부하 저항에 대한 ASK 신호의 평균 전력은 데이터 1, 0의 발생 확률이 1/2로 동일하다고 가정하면

$$P = \overline{S_i^2(t)} = \frac{2E_i}{T} \times \frac{1}{2} = \frac{E_i}{T}$$

이 되므로 신호 전력 E_i가 심볼(또는 비트)당 에너지를 직접 나타낼 수 있어 성능 분석이나 평가에 이용하기 편리하다. 가장 간단한 ASK 방식인 OOK에서는 데이터 0 상태는 심볼 전력 $E_i=0$, 데이터 1 상태는 심볼 전력 $E_i=E$로 전송한다.

ASK 방식은 구성이 간단하여 구현이 쉽고 편리하며 포락선 검파와 같은 비동기식 검파와 정합 여파기를 사용하는 동기식 검파 모두 가능한 장점이 있으나 전송 채널에서의 진폭 잡음과 페이딩에 매우 취약하고 오류 확률이 높아 무선 채널에서 사용할 경우 저비용, 저속(1200bps 이하)의 근거리 데이터 전송에 적합한 방식이다. 20세기 초에는 무선 전신에 사용되었으나, 현재는 주로 이론적 해석에만 유용하게 쓰인다.

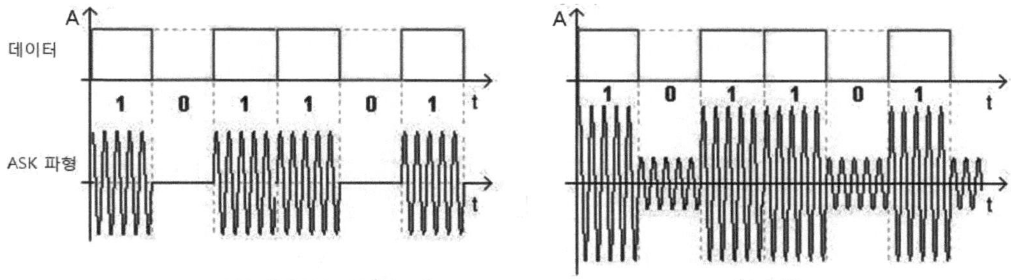

(a) ASK {OOK(On/Off Keying)}

(b) ASK

그림 5-1. ASK 파형

ASK 신호를 발생시키기 위한 변조기의 구성은 아래 그림과 같이 비교적 간단하다. 즉 반송파 발진기를 1, 0 데이터에 따라 스위치를 이용하여 on, off 하거나(스위칭 기반 비선형 변조) 아래 그림과 같이 믹서를 통해 데이터와 반송파를 곱하면(곱셈 기반의 선형 변조) 된다. 데이터 1, 0과 반송파를 곱하면 반송파가 on, off 되면서 아래 그림과 같은 ASK 변조파가 발생된다.

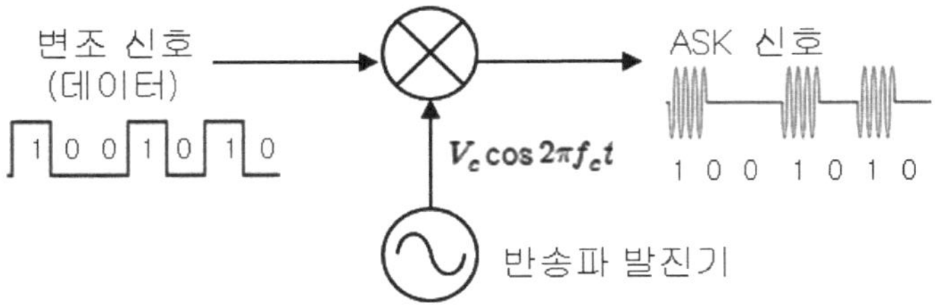

그림 5-2. ASK 변조기 구성도

또한 ASK 신호에 대한 복조는 아래 그림과 같이 포락선 검파와 같은 비동기 검파 방식이나 동기 검파 방식을 이용한다. 포락선 검파 방식은 다이오드 정류기를 통해 전파 또는 반파 정류한 후 LPF를 통해 적분하여 얻어지는 직류 성분을 정한 기준 전압과 비교하여 1, 0을 판정한다. 동기 검파 방식은 변조기에 사용된 반송파와 동일한 반송파를 수신 신호와 곱하고 이때 얻어지는 출력을 LPF를 통해 2체배 이상의 고주파 성분을 제거하여 직류 성분만을 추출한 뒤, 이를 기준 전압과 비교하여 1, 0을 판정한다. 동기 검파는 송신측의 반송파 주파수와 위상을 정확하게 알고 있으므로 비동기 검파보다 특성이 우수하다.

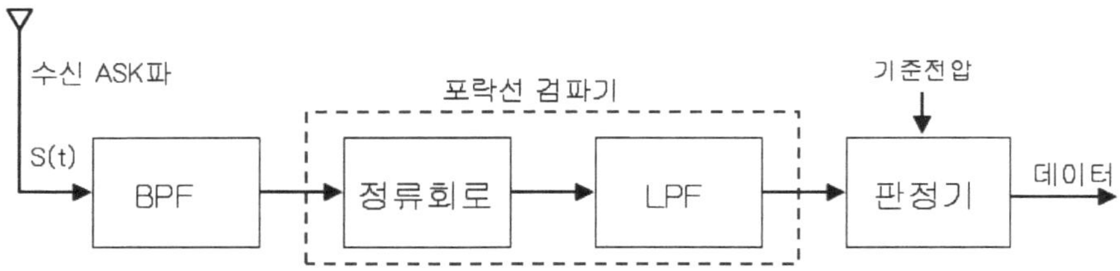

그림 5-3. 포락선 검파 방식 ASK 복조기 구성도

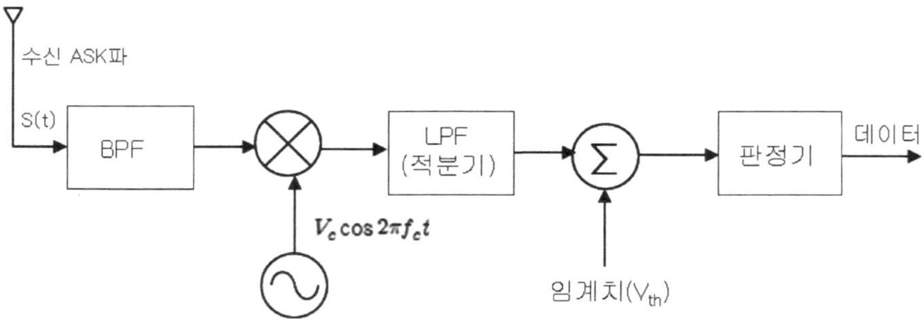

그림 5-4. 동기 검파 방식 ASK 복조기 구성도

ASK에서 알아 두어야 할 주요 변수는 다음과 같다.

- 대역폭 : 비트 시간이 T 인 NRZ 신호의 대역폭 $W = \frac{1}{T}$ 이라면 ASK 신호의 null-to-null 대역폭은

  $BW_{ASK} = 2W = 2R_b$

  로 비트 전송 속도의 2배이다
- **전력 스펙트럼 밀도(PSD) 분포**

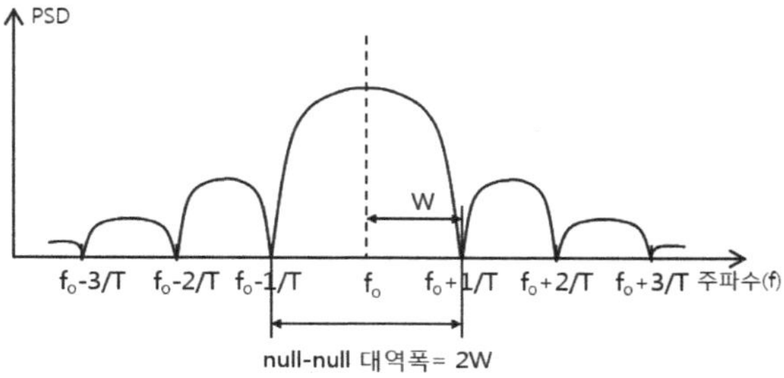

그림 5-5. 2진 ASK 신호 스펙트럼과 대역폭

- 대역폭 이용 효율 : 이진 ASK(BASK)의 경우 1 bps/Hz
- **ASK 비트 오율(BER: Bit Error Rate)** : ASK의 비트 오류 확률은

  $$P_e = \frac{1}{2} erfc\left(\sqrt{\frac{E_b}{2N_o}}\right) = Q\left(\sqrt{\frac{E_b}{N_o}}\right) \quad \text{(동기(coherent) 방식)}$$

  이다. 여기서 $erfc(x)$는 **여오차(餘誤差) 함수**(complementary error function)로 오차 함수 $erf(x) = \frac{2}{\sqrt{\pi}} \int_0^x e^{-t^2} dt$ 를 전체 확률 1에서 뺀 나머지 $1 - erf(x)$을 의미한다. 또한 $Q(x)$는 '**Q-함수**'라고 하며 $erfc(x) = 2Q(\sqrt{2}\,x)$, $Q(x) = \frac{1}{2} erfc\left(\frac{x}{\sqrt{2}}\right)$ 관계가 있다.

5.3 주파수 편이 변조(FSK)

주파수 편이 변조(FSK : Frequency Shift Keying)는 디지털 신호의 0과 1의 값에 따라 반송파의 주파수를 달리하는 방식이다. 즉 진폭과 위상이 동일한 반송파의 주파수를 정보 신호, 즉 데이터에 따라 반송파의 순시 주파수를 이산적으로 변화시켜 전송하는 방식이다. 이를 수학적으로 표현하면 다음 식과 같다.

$$S_i(t) = \sqrt{\frac{2E}{T}}\,cos(\omega_i t + \theta),\ (0 \le t \le T),\ (i = 1, 2, \ldots, M)$$

위 식에서도 진폭은 $\sqrt{\frac{2E}{T}}$ 로 일정하고 주파수만 달라지는 방식임을 알 수 있다. 예를 들어 2진 데이터 1, 0을 전송할 경우, $i = 1, 2$ 이므로 두개의 서로 다른 주파수 f_1, f_2의 반송파를 사용하게 되는데 2진 FSK(Binary FSK)에서는 '1'은 **마크(mark) 주파수**, '0'은 **스페이스(space) 주파수**라 불린다. 또한 FSK 반송파는 진폭이 일정하므로 전송 신호의 정(定) 진폭 특성이 매우 우수하다. 따라서 증폭기의 비선형 특성에 의한 스펙트럼 왜곡(부엽 재생 현상)이 거의 없는 장점이 있다.

FSK 방식은 사용하는 반송파 주파수의 차이에 따라 성능과 전송 대역폭이 달라지며 주파수 차이를 크게 할수록 신호 대 잡음비는 좋아지나 전송 대역폭도 넓어지는 단점이 있다. 이는 아날로그 변조 방식인 FM에서 주파수 편이 Δf를 크게 할수록 신호 대 잡음비가 좋아지나 대역폭이 넓어지는 것과 동일하다.

데이터에 대한 정보가 반송파의 주파수에 실리므로 전송 채널에서의 진폭 왜곡, 노화, 간섭, 페이딩 등에 의한 영향이 적고 회로 구성도 비교적 간단하기 때문에 공중전화망(PSTN)에서의 전신 데이터 전송이나 전송로 상태가 열악한 구내 통신, 홈 네트워크 등에서 주로 사용되며, 전송 대역폭이 기저대역 신호의 2배 이상이 되므로 전송 대역폭에 크게 제한을 받지 않는 중속, 저속의 데이터 전송에 적합하다.

FSK는 서로 다른 반송파 주파수 수에 따라 **2진 FSK(Binary FSK)**, **M진 FSK(M-ary FSK)**로 나눌 수 있고, 서로 다른 주파수 신호 간에 위상 변화가 연속적인지 불연속적인지 여부에 따라 **비동기 방식** FSK(Noncoherent FSK), **동기 방식** FSK(Coherent FSK) 로 나눌 수 있다. 또한 서로 다른 주파수 간에 직교성(orthogonal) 여부에 따라 **직교** FSK(Orthogonal FSK)와 **비직교** FSK (Nonorthogonal FSK)로 나눌 수도 있다.

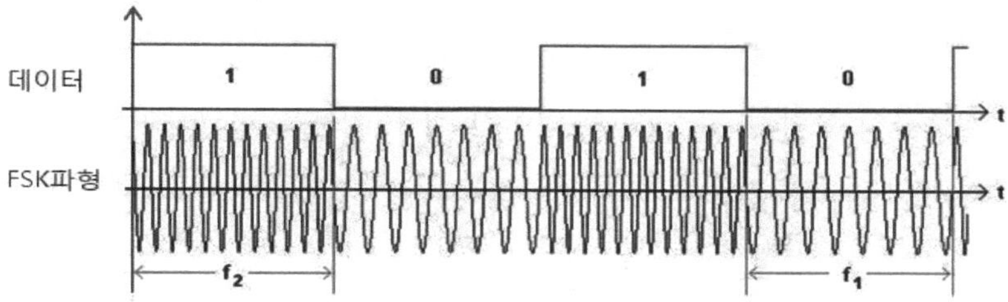

그림 5-6. FSK 신호 파형

이상 FSK 특징을 요약하면 다음과 같다.

- 전송 채널에서의 진폭 왜곡, 누화, 간섭, **페이딩** 등에 의한 영향이 적고 회로 구성도 비교적 간단하다.
- 반송파의 진폭이 일정하여 전송 신호의 정(定) 진폭 특성이 매우 우수하므로 증폭기의 비선형 특성에 의한 스펙트럼 왜곡(부엽 재생 현상)이 거의 없다.
- 절대 주파수 정확성이 필요하지 않고 상대적인 주파수 차이가 중요하므로 어느 정도의 국부 발진기 변동(drift)나 **도플러 효과(Doppler effect)**에 그다지 영향을 받지 않는다.
- 동기 검파와 비동기 검파 모두 가능하다
- 여러 주파수를 사용하므로 소요 전송 대역폭이 넓어져서 ASK나 PSK에 비해 대역폭 이용 효율이 떨어진다.
- 오류 확률이 PSK보다 높다
- 최대 전력 소비가 2진 ASK에 비해 2배가 된다.

FSK 신호를 발생시키기 위한 FSK 변조기는 아래 그림과 같이 간단히 구성할 수 있다. 즉 2개의 서로 다른 주파수 $f_1 = f_c + \Delta f$ 와 $f_2 = f_c - \Delta f$ 로 발진하는 발진기의 출력을 데이터 1, 0에 따라 스위칭하면 FSK 신호를 쉽게 얻어낼 수 있다.

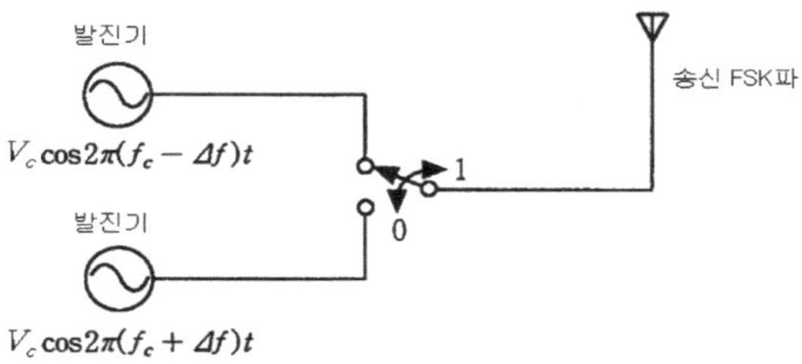

그림 5-7. FSK 변조기 구성도

FSK 복조기는 포락선 검파 방식과 동기 검파 방식 둘 다 가능하다. 포락선 검파 방식은 아래 그림과 같이 변조기에 사용한 2개의 반송파와 동일한 중심 주파수의 BPF를 통해 일정 주파수의 고주파 신호를 검출하여 포락선 검파한 후 얻어진 직류 성분을 비교하여 큰 쪽 신호의 데이터 값으로 판정한다.

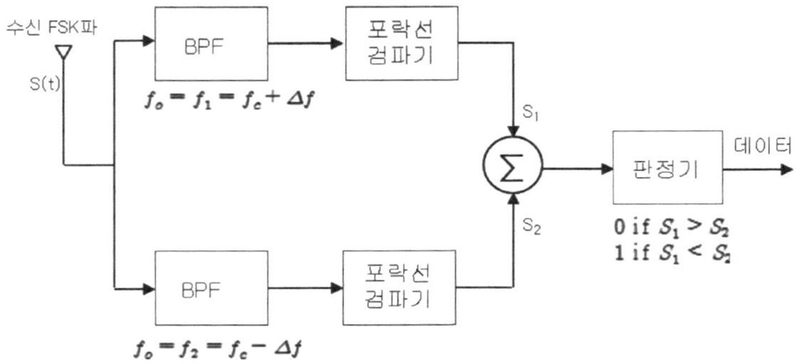

그림 5-8. FSK 복조기(포락선 검파방식) 구성도

동기 검파 방식은 아래 그림과 같이 변조기에서 사용된 2개의 반송파와 동일한 중심 주파수의 BPF를 통해 일정 주파수의 고주파 신호를 검출한 후, 수신기의 발진기에서 출력되는 2개의 반송파 신호와 곱하여 얻어지는 출력을 LPF를 통해 2체배 이상의 고주파 성분을 제거하여 직류 성분만 추출한 뒤, 이를 기준 전압과 비교하여 1, 0을 판정한다.

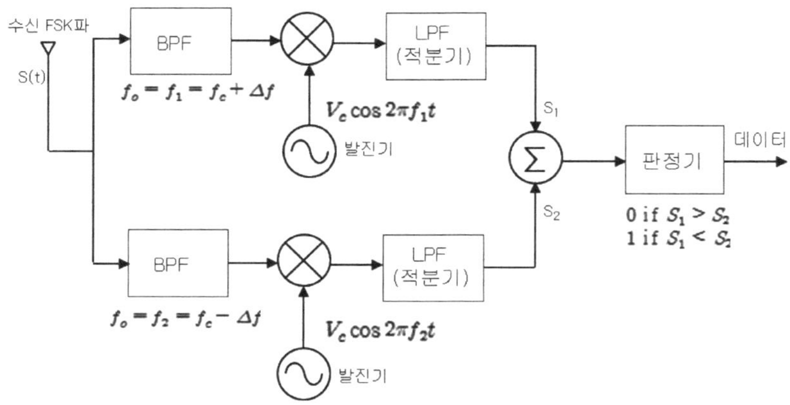

그림 5-9. FSK 복조기(동기검파 방식) 구성도

FSK에서 알아두어야 할 주요 변수는 다음과 같다.

- 대역폭 : 비트 시간이 T 인 NRZ 신호의 대역폭 $W = \frac{1}{T}$ 인 경우 FSK 수신기에서 f_1 , f_2 두 개의 반송파 주파수에 의한 스펙트럼의 주엽이 겹치지 않기 위해서는 이들 주파수 사이의 최소 간격이 아래 그림에서도 알 수 있듯이 $\Delta f = \frac{2}{T}$ 이상 되어야 한다. 예를 들어 1200[bps]의 NRZ 데이터를 FSK으로 전송하는 경우 $R = \frac{1}{T}$ 인 관계가 있으므로 $\Delta f = \frac{2}{T} = 2400[Hz]$ 이상 되어야 한다. 따라서 두 개의 반송파 주파수가 f_1 , f_2인 FSK 신호의 전송 대역폭은

  $$BW_{FSK} = f_2 + \frac{1}{T} - (f - \frac{1}{T}) = f_2 - f_1 + \frac{2}{T}$$

  가 된다. ASK의 $BW_{ASK} = 2W = \frac{2}{T}$ 에 비해 더 넓은 대역을 필요로 함을 알 수 있다.

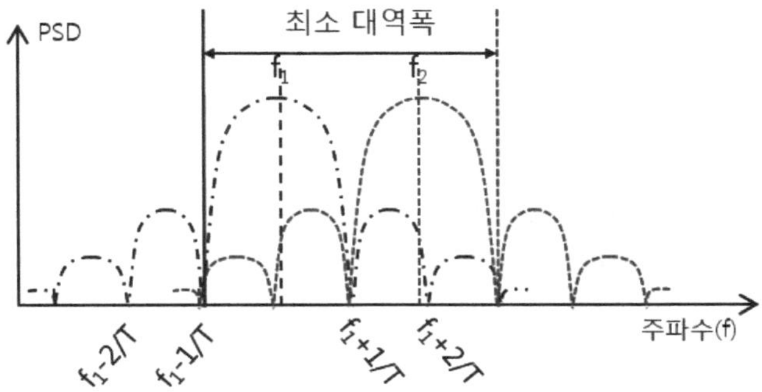

그림 5-10. FSK 신호의 최소 대역폭

- 전력 스펙트럼 밀도(PSD) 분포

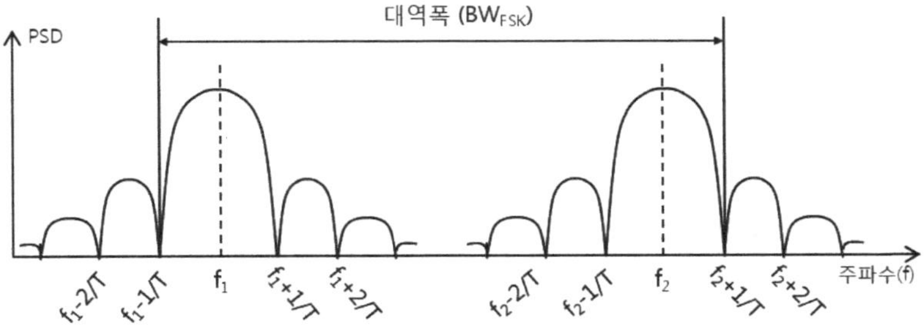

그림 5-11. 2진 FSK 신호 스펙트럼과 대역폭

- 대역폭 이용 효율 : 이진 FSK(BFSK)의 경우 1/2 bps/Hz 이하
- **FSK 비트 오율(BER) :**

  동기 방식의 경우 비트 오류 확률은 ASK와 동일하다

$$P_e = \frac{1}{2} erfc\left(\sqrt{\frac{E_b}{2N_o}}\right) = Q\left(\sqrt{\frac{E_b}{N_o}}\right) \quad \text{[동기(coherent) 방식]}$$

$$P_e = \frac{1}{2} e^{-\frac{E_b}{2N_o}} \quad \text{[비동기(noncoherent) 방식]}$$

5.4 위상 편이 변조(PSK)

위상 편이 변조(PSK : Phase Shift Keying) 방식은 디지털 신호의 0과 1의 값에 따라 반송파의 위상을 달리하는 방식이다. 즉 일정 진폭의 반송파의 위상을 2등분, 4등분, 8등분 등을 하여 각각의 위상이 180°, 90°, 45° 차이가 나도록 설정하고 각각에 데이터 비트 열을 할당하여 전송하는 방식으로 전송 대역폭과 신호 전력 소모 측면에서 매우 효율적이므로 가장 널리 사용되는 변조 방식이다. 이러한 PSK 신호를 수학적으로 표현하면 다음 식과 같다.

$$S_i(t) = \sqrt{\frac{2E(t)}{T}} \cos(\omega_c t + \Phi_i(t)), \ (0 \le t \le T), \ (i = 1, 2, \ldots, M)$$

여기서 $\sqrt{\frac{2E}{T}}$ 는 진폭, $\Phi_i(t)$은 위상을 나타내며 M-ary PSK의 경우

$$\Phi_i(t) = \frac{2\pi i}{M} \quad i = 1, 2, \ldots, M$$

이다. 위 식에서 반송파 위상 변화 상태 수를 몇 개로 하느냐에 따라 M진 PSK가 가능하다. 예를 들면 M=2이면 위상이 0°와 180°인 **2진 PSK** (**BPSK** : **Binary PSK**), M=4인 경우는 위상이 90°씩 차이 나는 **4진 PSK**(**QPSK** : **Quadrature Phase Shift Keying**)가 된다.

이외에도 위상이 미리 정해지는지 여부에 따라, 미리 정해진 위상으로 반송파를 변조시키는 **동기 방식** PSK(coherent PSK)와 연이어 나타나는 심볼 간 위상 차이로 반송파를 변조시키는 **차분** PSK(DPSK : Differential PSK) 방식이 있다.

PSK 방식은 송신기와 수신기 간에 반송파의 위상에 대한 기준이 동일해야만 올바른 복조가 가능하다. 예를 들어 BPSK 경우 송신기와 수신기의 반송파 간에 위상 동기가 180° 차이가 나면서 맞아지는 경우, 복조되는 1, 0의 데이터가 완전히 반대로 출력될 수도 있다. 이러한 문제는 **위상**

모호성에 의해 발생하는데 이를 해결할 수 있는 방식이 연속된 두 개의 데이터 비트 간의 차이를 전송하는 DPSK 방식이다.

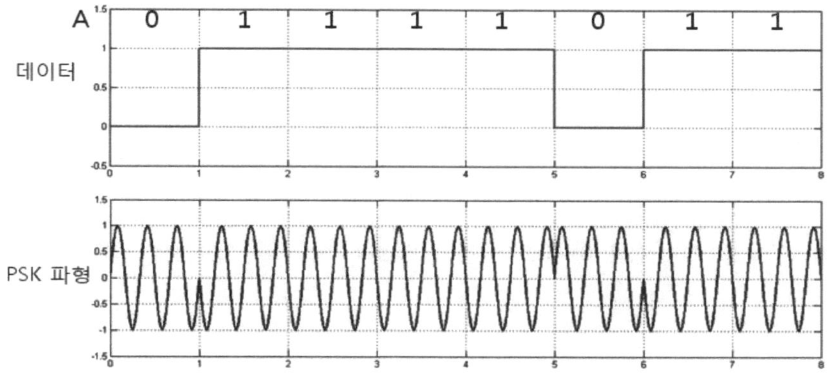

그림 5-12. PSK 파형

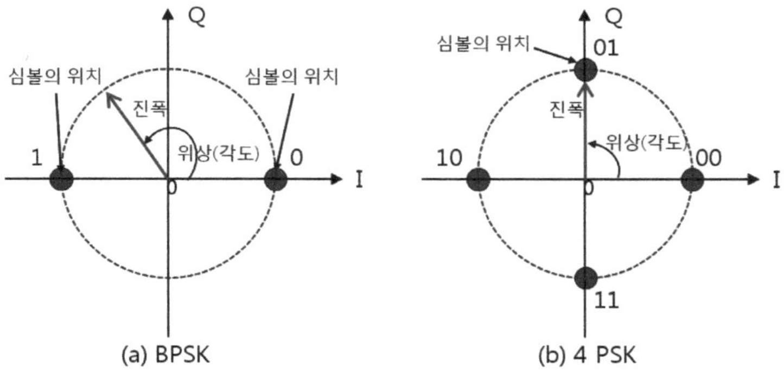

그림 5-13. BPSK 성상도(위상 상태도)

PSK 특징을 요약하면 다음과 같다.

- 전송 채널에서의 진폭 왜곡, 누화, 간섭, 페이딩 등에 의한 영향이 적고 반송파에 타이밍 및 주파수 정보가 모두 있어 변조 및 복조 회로가 비교적 간단하다.
- 반송파의 진폭이 일정하여 전송 신호의 정(定) 진폭 특성이 매우 우수하므로 증폭기의 비선형 특성에 의한 스펙트럼 왜곡(부엽 재생 현상)이 거의 없다.
- PSK 변조 방식은 위상에 정보 신호가 포함되어 있으므로, 동기 검파만 가능하다(단, DPSK는 비동기 검파로 가능)

- 수신측에서 변조된 신호의 위상을 추적하기 위한 고가의 위상동기 회로가 필요하다.(단 DPSK 방식은 제외)
- 전송 대역폭은 ASK와 같다
- 수신이 용이한 변조 방식으로 채널 환경이 열악한 이동 통신이나 위성 방송에서 주로 사용된다.
- FSK ASK 방식보다 고속의 데이터 전송에 적합하다.

PSK 변조기는 비교적 간단하게 구성이 가능한데, 아래 그림과 같이 데이터를 양극화하여 1, -1 로 만든 후, 반송파 신호를 곱하면 위상이 180° 서로 다른 반송파 신호가 얻어지는데 이를 BPF를 통하여 곱하기 과정에서 발생되는 불요 주파수 성분을 제거하면 된다.

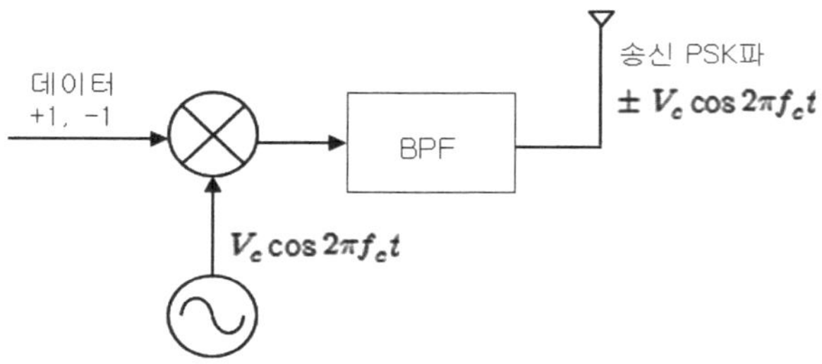

그림 5-14. PSK 변조기 구성도

PSK 복조기는 아래 그림과 같이 수신 PSK파를 BPF를 통해 반송파 주파수 성분만을 추출한 후, 변조기에서의 반송파와 동일한 주파수와 위상의 신호를 곱하여 얻어지는 출력을 LPF를 통해 2체배 이상의 고주파 성분을 제거하여 직류 성분만을 추출하고 이를 기준 전압과 비교하여 1, 0을 판정하는 방식이다. 이는 ASK나 FSK 동기 검파의 경우와 다를 바가 없다.

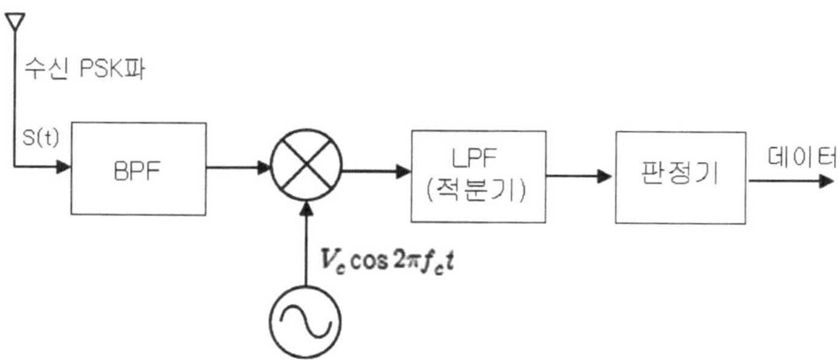

그림 5-15. PSK 복조기 구성도

PSK에서 알아 두어야 할 주요 변수는 다음과 같다.

- 대역폭: 비트 시간이 T인 NRZ 신호의 대역폭 $W = \frac{1}{T}$이라면 PSK 신호의 null-to-null 대역폭은 ASK와 동일하게
  $BW_{PSK} = 2W = 2R_b$
  로 비트 전송 속도의 2배이다.
- 전력 스펙트럼 밀도(PSD) 분포

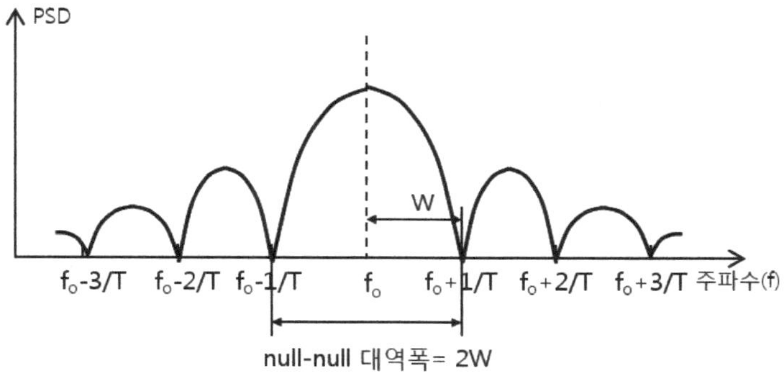

그림 5-16. PSK 신호 스펙트럼과 대역폭

- 대역폭 이용 효율: 이진 PSK(BFSK)의 경우 1bps/Hz 이하
- **PSK 비트 오율(BER)**:
  $P_e = \frac{1}{2}erfc\left(\sqrt{\frac{E_b}{N_o}}\right) = Q(\sqrt{\frac{2E_b}{N_o}})$ [동기(coherent) PSK 방식]
  로 FSK나 ASK보다 우수하다.

5.5 차분 위상 편이 변조(DPSK)

차분 위상 편이 변조(DPSK: Differential Phase Shift Keying) 방식은 아래 그림과 같이 디지털 신호의 이전 데이터 비트 값과 현재 데이터 비트 값의 차이에 따라 반송파의 위상을 달리하는 방식이다. 즉 현재 데이터와 이전 데이터를 비교하여 같으면 논리 0에 해당하여 반송파에 0° 위상 천이를 적용하고 다른 경우는 논리 1에 해당하여 180°의 위상 천이를 적용한다. 이렇게 하

면 이전과 현재의 데이터 비트가 0 → 1로 변하든지 1 → 0으로 변하든지 관계없이 동일한 논리값을 적용하므로 송신기와 수신기의 반송파의 위상을 반드시 동기시킬 필요가 없다.

PSK 방식에서는 반송파의 기준 위상을 기반으로 현재 수신 신호와의 위상을 비교하여 정보를 복원해야 하므로 반드시 송 · 수신 반송파의 위상 동기가 필요한 반면, DPSK에서는 연속된 두 개의 데이터 비트 간의 변화 여부를 정보로 하여 신호를 복원하므로 PSK 경우와 같이 송신기와 수신기 간의 위상이 180° 틀어져 1, 0의 데이터가 뒤집혀서 출력될 경우는 발생하지 않는다. 또한 수신기가 수신 신호의 정확한 위상을 알아내기 위해 기준 신호의 복사본, 즉 동기 기준 신호를 가지고 있을 필요가 없기 때문에 복조기의 구현이 PSK보다 훨씬 간단하다.

DPSK 방식은 BPSK의 변형 방식이므로 특징과 용도는 PSK와 거의 동일하다. 그러나 PSK의 경우 반송파 복구를 거쳐 생성된 잡음이 없는 정현파를 동기 기준 신호로 사용하는 것에 비해, DPSK에서는 잡음이 섞인 수신 신호를 지연시켜 위상 기준 신호로 사용하는 비동기식 복조 방법을 사용하므로 비트 오율(BER) 성능이 동기 방식의 PSK 방식에 비해 다소 떨어진다.

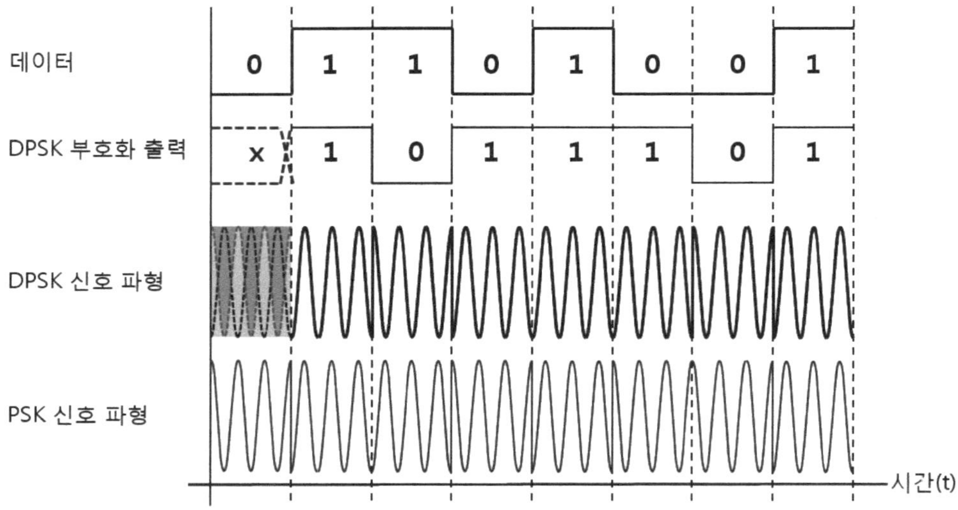

그림 5-17. DPSK 파형

DPSK 신호를 발생시키는 변조기, 즉 부호화기는 다음 그림과 같이 exclusive-OR 게이트를 사용하여 구성할 수 있다. 이때의 입출력 관계식은

$$y_n = x_n \oplus y_{n-1}$$

이다.

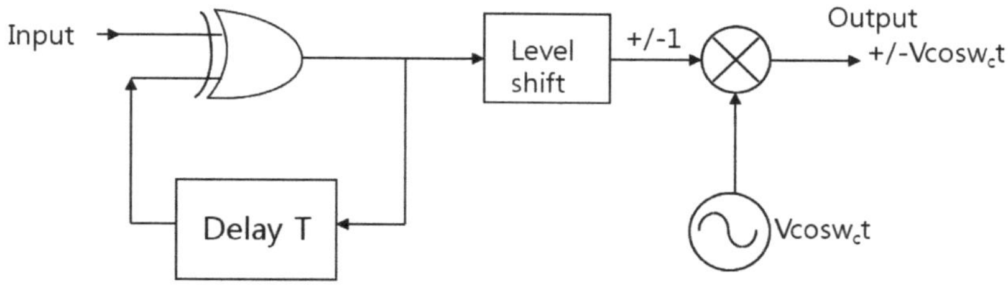

그림 5-18. DPSK 부호화기(송신기) 구조

예로서 '1101001'의 데이터가 부호화기에 입력될 경우, 차분 부호화를 위해서는 부호화 된 이전 비트의 값을 초기 값으로 주어야 하는데 여기서는 T 만큼 지연된 신호의 초기 값을 1로 가정한다. 이 경우 반송파의 위상은 아래 표와 같다.

표 5-1 DPSK 부호화기의 입출력 관계

입 력	x	1	1	0	1	0	0	1
부호화기 출력	1	0	1	1	0	0	0	1
지연 신호	x	1	0	1	1	0	0	0
반송파 위상	π	0	π	π	0	0	0	π

DPSK 복조기는 exclusive-OR 게이트를 사용하여 아래 그림과 같이 구성할 수 있다. 이때의 입출력 관계식은

$x_n = y_n \oplus y_{n-1}$

이다.

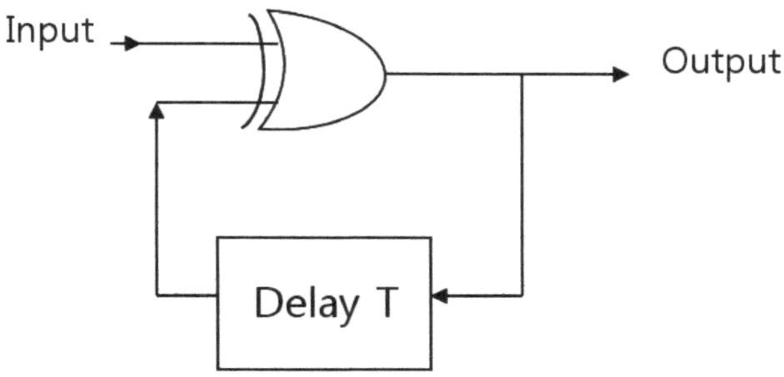

그림 5-19. DPSK 복호화기(수신기) 구조

예로서 위 표에서 부호화기의 출력 '10110001'의 데이터가 복호화기(복조기)에 입력될 경우 복호화기 출력은 아래 표와 같다. 이때는 T만큼 지연된 신호 값이 주어지기 전에 출력되는 복호화기 출력을 무시하면 송신 데이터 '1101001'이 복원됨을 알 수 있다.

표 5-2. DPSK 복화화기 입출력 관계

복호화기 입력	1	0	1	1	0	0	0	1	x
지연 신호	x	1	0	1	1	0	0	0	1
복호화기 출력	x	1	1	0	1	0	0	1	x

DPSK에서 알아 두어야 할 주요 변수는 다음과 같다.

- 대역폭 : 비트 시간이 T인 NRZ 신호의 대역폭 $W=\frac{1}{T}$이라면 PSK 신호의 null-to-null 대역폭은 ASK 와 동일하게

  $BW_{DPSK}=2W=2R_b$

  이다.
- 전력 스펙트럼 밀도(PSD) 분포 : PSK와 거의 동일하다.
- 대역폭 이용 효율 : 이진 DPSK의 경우 1bps/Hz 이하
- **DPSK 비트 오율(BER)** : DPSK의 오류 확률은

  $P_e=\frac{1}{2}e^{-\frac{E_b}{N_o}}$ [비동기(noncoherent) DPSK 방식]

  로 비동기 방식 FSK보다 우수하다.

요 약

- DPSK는 PSK의 위상 모호성의 문제를 해결할 수 있으며 BER 성능이 동기 방식의 PSK 방식에 비해 약간 떨어지나 대역폭 이용 효율은 우수한 특징이 있다.
- BPSK는 동기 방식으로 반송파의 절대 위상에 정보가 담겨 있고 DPSK는 비동기 방식으로 인접 비트 구간에서의 상대적인 위상에 정보가 담겨 있다.
- DPSK 복조기는 동기 검파 방식이 아니라 1비트 시간만큼 지연시킨 신호와의 상대적 위상차를 통해 검파하는 비동기 검파 방식이므로 위상 동기 및 추적을 위한 회로가 필요 없어 복조기의 구조가 간단하다.

5.6 직교 위상 편이 변조(QPSK)

직교 위상 편이 변조(QPSK : Quadrature Phase Shift Keying) 방식은 PSK 방식에서 이미 언급한 바 있는 4진 PSK와 같다. 주파수가 같고 위상이 90° 다른 두개의 반송파를 각각 BPSK 변조시킨 후 합성하면 각 반송파에 대해 2가지 서로 다른 위상을 갖는 신호가 발생되므로 위상이 90°씩 차이나는 4개의 서로 다른 위상의 반송파가 발생된다. 반송파가 직교하는 4개의 위상을 갖는다하여 'quadrature'라는 용어를 쓴다. 이러한 4개의 서로 다른 위상을 가진 반송파를 심볼(symbol)이라 하는데, 아래 그림 (b)에 반송파의 크기와 위상에 따른 심볼의 위치를 나타내었다. 이러한 그림을 **성상도**(constellation diagram)라고 한다.

QPSK 신호는 4진 PSK 신호와 같으므로 수학적 표현도 PSK 경우와 다를 바가 없다. 즉

$$S_i(t) = \sqrt{\frac{2E(t)}{T}}\cos(\omega_c t + \Phi_i(t)),\ (0 \le t \le T),\ (i = 1, 2, \ldots, M)$$

에서 $M=4$인 경우로 진폭은 $\sqrt{\dfrac{2E}{T}}$ 로 일정하고 위상만

$$\Phi_i(t) = \frac{\pi}{2},\ \pi,\ \frac{3\pi}{2},\ 2\pi$$

의 4가지인 경우로 생각하면 된다.

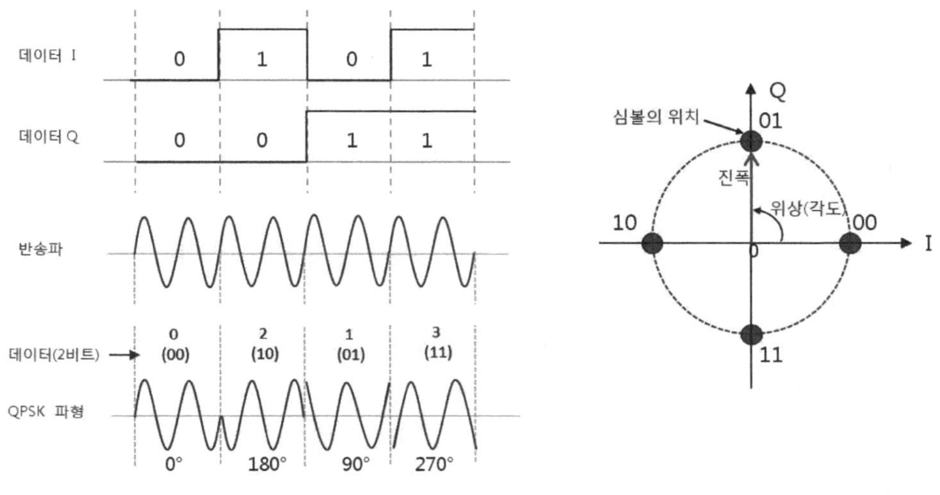

(a) QPSK 데이터와 심볼 (b) QPSK 성상도

그림 5-20. QPSK 파형(심볼)과 성상도

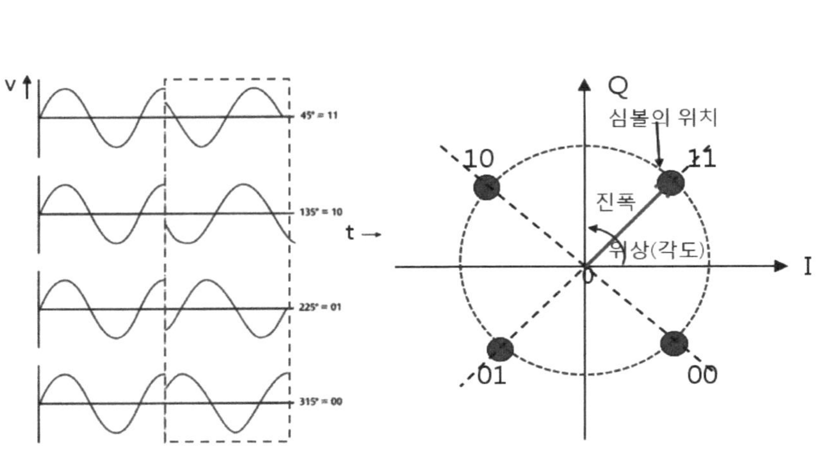

(a) QPSK파형(심볼) (b) QPSK 성상도

그림 5-21. 또 다른 QPSK 파형(심볼)과 성상도의 예

BPSK 방식에서는 1개의 데이터 비트에 1개의 심볼이 할당되므로 심볼이 단위 시간동안 전송되는 속도인 심볼률(symbol rate)과 데이터가 전송되는 속도인 데이터 전송률이 동일하다. 이때 심볼률의 단위는 sps(symbol/sec) 또는 보오(baud)를 사용하고 데이터 전송률의 단위는 bps(bit/sec)를 사용한다. 그런데 QPSK 방식에서는 1개의 심볼당 2비트가 할당되므로 데이터 전송 속도가 심볼율의 2배로 높아진다. 달리 말해서 BPSK 방식과 동일한 전송 속도로 데이터를 전송한다면 이론적으로 대역폭이 반으로 줄 수 있게 되는 것이다. 비단 QPSK뿐 아니라 이와 같은 M진 PSK 방식은 $M = 2^k$이라 할 때, k배 만큼 데이터 전송률을 높일 수 있는 것이 커다란 장점이다. 이러한 QPSK 방식의 주요 특징을 살펴보면 다음과 같다.

- 전송 채널에서의 다중 경로 페이딩에 의한 왜곡이나 진폭 잡음에는 비교적 강하나 BPSK에 비하여 반송파 복원 시의 **위상 지터(phase jitter)**에 약하다. 즉 수신기에서 심볼의 위상이 틀어지면 신호 출력이 감쇠하고 심볼 간 간섭이 증가하여 데이터 판정 오류가 발생할 수 있다.
- 대역폭 이용 효율이 BPSK 방식의 2배로 우수하다. 즉 동일한 데이터 전송률에 대한 소요 대역폭이 BPSK의 1/2이다.
- 동기 방식(coherent) QPSK 복조기는 2개의 독립된 동기 방식 BPSK 수신기로 수신하는 것과 같으므로 비트 오율이 BPSK와 동일하다.
- CDMA 이동 통신의 하향 채널(기지국 → 단말기)이나 위성 통신, 위성 방송의 음성 전송에 널리 사용된다.
- 신호의 정진폭 특성이 미흡하므로 중계기나 증폭기에서의 신호 스펙트럼의 **부엽(side lobe) 재생 효과**를 억제를 위해서는 증폭기의 선형성이 매우 중요하다.

이에 대해 좀 더 자세히 설명하면 다음과 같다. 즉 QPSK 방식은 각 비트 시간마다 심볼이 변화할 때 아래 그림에서와 같이 심볼 간의 위상차가 90° 또는 180°가 된다. 그런데 180°의 위상 천이가 일어나는 경우, 2개의 독립된 I(In-phase) 및 Q(Quadrature) 신호의 펄스 정형을 위해 상승 코사인 여파기(raised cosine filter)과 같은 여파기를 거쳐 직교 변조를 하게 되면 아래 그림에서와 같이 신호의 포락선의 변화가 심하게 되어 진폭이 순간적으로 0이 되는 **널(null)점**이 발생하게 된다. 한편 위상차가 90°인 경우는 상대적으로 진폭의 변화가 덜한 것을 알 수 있다. 이때 신호의 진폭이 일정하게 유지되는 정도를 **정(定) 진폭 특성** 또는 **등 진폭 특성**이라 하는데 이러한 정 진폭 특성이 양호한 신호일수록 전송 간의 증폭기나 중계기의 선형성의 문제가 덜 심각하게 된다. 즉 신호의 진폭이 일정하지 않고 변화가 심하면 심할수록 증폭기나 중계기의 비선형성에 따른 스펙트럼의 부엽(side lobe) 재생 효과가 심해져서 SNR의 열화를 가져오게 된다. 따라서 정 진폭 특성이 미흡한 신호를 다루는 전력 증폭기는 선형성(linearity)이 매우 우수하여야 하는데 이러한 장비는 대부분 고가로 비용이 증가하게 된다. 이와 같은 비용 관점에서 볼 때 이동 통신에서 휴대 전화기와 같이 저렴하면서도 전력 효율이 좋은 증폭기를 사용해야 하는 경우에는 신호의 정진폭 특성이 좋지 않은 QPSK 방식을 송신 채널에 사용하는 것은 바람직하지 않다. 따라서 이러한 제반 문제점을 해결하기 위해 고안된 방식이 **OQPSK(Offset QPSK)** 방식이다. OQPSK는 I, Q 데이터에 시간 오프셋을 주어서 신호를 발생시키는 방식으로 다음 절에서 자세히 다루기로 한다.

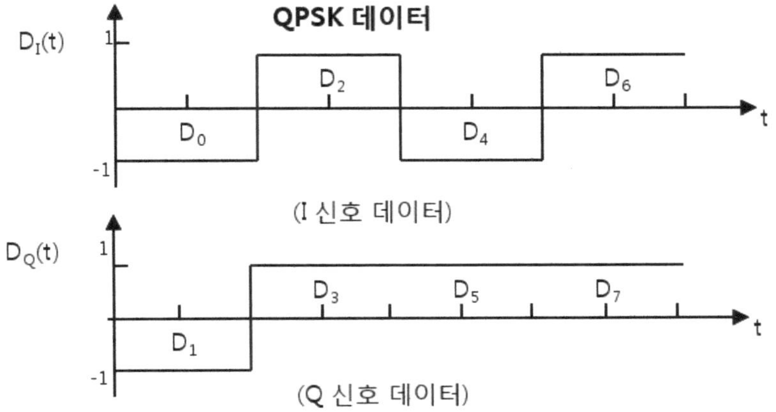

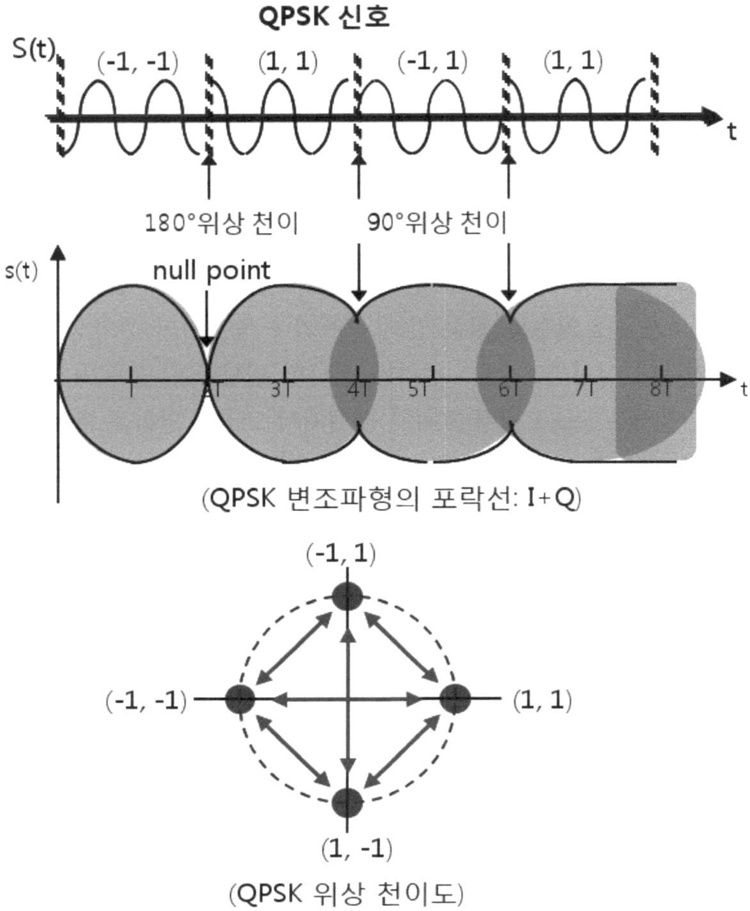

그림 5-22. QPSK 데이터 및 신호의 위상 천이에 따른 진폭 변화

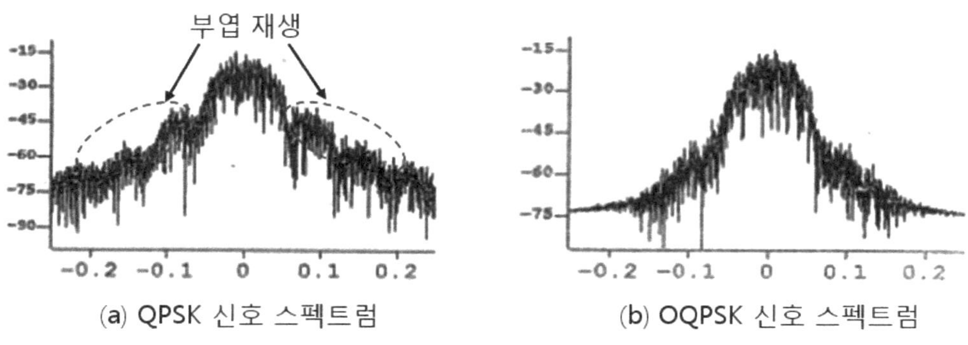

그림 5-23. 증폭기의 비선형성에 의한 부엽 재생 효과

QPSK 신호는 아래 그림과 같이 국부 발진기 출력 신호인 $V_c \cos\omega_c t$와 이를 90° 위상 천이시켜 직교하는(orthogonal) 신호인 $V_c \sin\omega_c t$를 만든 후 이들 각각을 독립된 데이터에 따라 변조하는 **직교 위상 변조기(quadrature modulator)**를 이용하면 편리하게 만들어 낼 수 있다.

즉 연속되는 이진 데이터를 직렬/병렬 변환기(S/P converter)를 이용하여 2개의 독립된 I(In-phase) 및 Q(Quadrature) 채널 데이터로 분리시키고, 서로 90° 위상차를 갖는 2개의 반송파 $\cos\omega_c t$와 $\sin\omega_c t$를 I 채널과 Q 채널의 이진 데이터로 진폭 변조(DSB-SC)한 후 더하면 QPSK 신호가 만들어진다. 이렇게 하면 I와 Q 신호 각각의 데이터의 1비트 시간이 2배로 늘어나므로 신호 스펙트럼의 주엽의 폭이 줄어들고 따라서 전송 대역폭이 감소하는 효과가 있다.

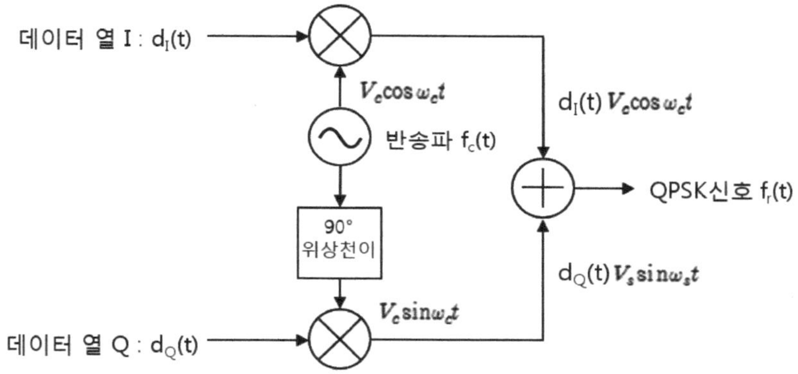

그림 5-24. 직교 위상 변조기

직교 변조기를 이용한 QPSK 변조기의 구성을 아래 그림에 나타내었다. 변조기의 동작을 살펴보면 다음과 같다.

일련의 1, 0의 직렬 데이터를 직렬/병렬 변환기를 통해 I 및 Q 채널 데이터로 분리시킨 후, 심볼 매퍼(symbol mapper)를 통해 2비트씩을 한 묶음으로 00, 01, 10, 11에 대해 위상이 서로 다른 4개의 심볼에 할당하고 할당한 심볼 파형은 상승 코사인 여파기(raised cosine filter)로 **펄스 성형(pulse shaping)** 한다. 이때 아래 그림에서 같이 심볼 매핑(mapping)까지의 과정을 불연속적인 디지털 신호로 처리한 경우에는 D/A 변환기를 통해 연속적인 아날로그 신호 형태로 변환한 후, I와 Q 신호를 직교 변조기에 입력하면 아래 그림에서와 같은 포락선을 가진 QPSK 신호가 얻어진다. QPSK 방식 모뎀에서는 이와 같은 반송파의 포락선에 실려 있는 정보를 이용하여 데이터를 복조해 낸다고 보면 된다.

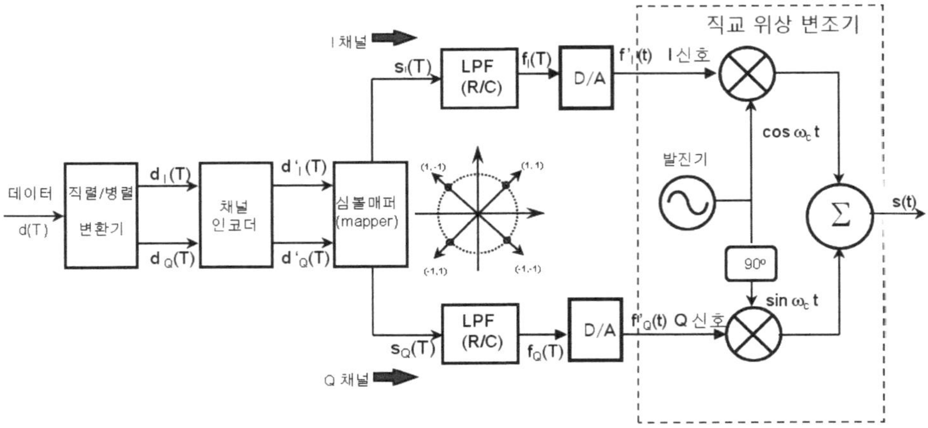

그림 5-25. QPSK 변조기 구성도

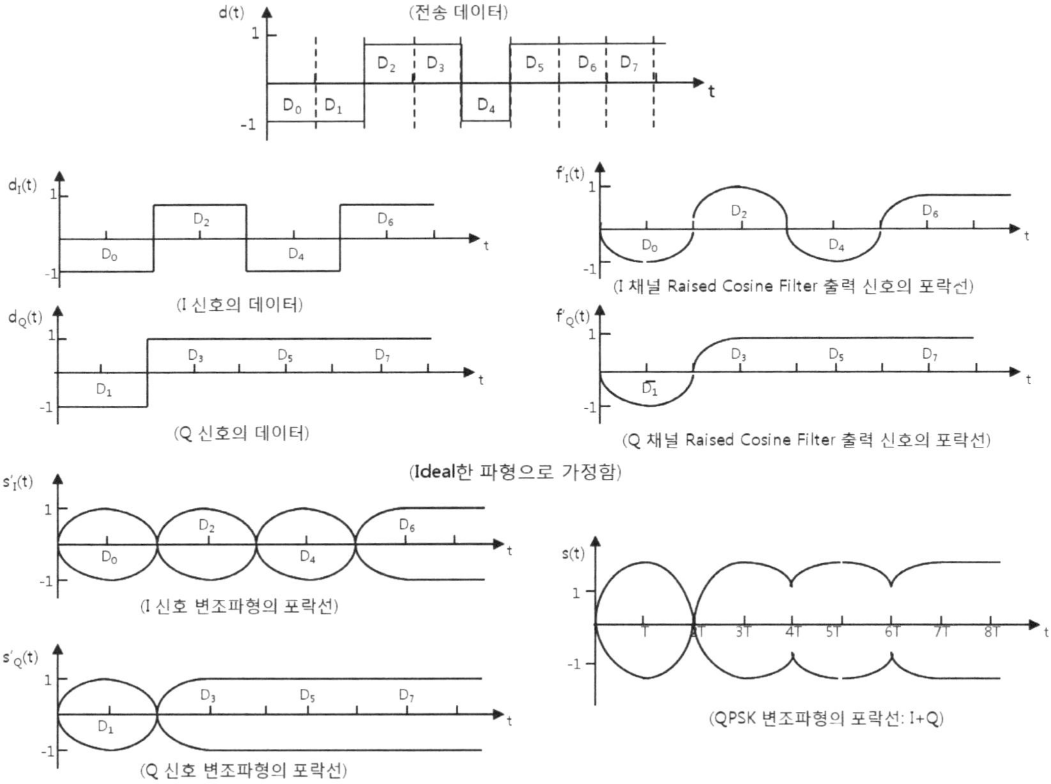

그림 5-26. QPSK 데이터와 신호 파형

아래 그림은 실제 QPSK 신호 파형으로 1심볼 주기 간격으로 신호의 진폭이 0으로 떨어지는 것을 볼 수 있어서 **정진폭 특성**이 그다지 좋지 않은 것을 알 수 있다.

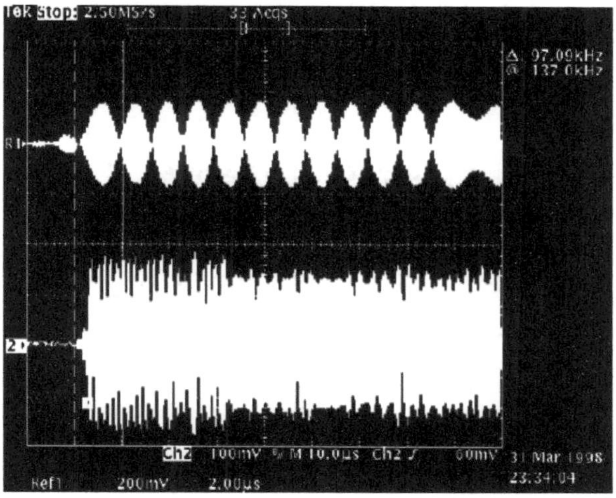

그림 5-27. 실제 QPSK 변조 파형

QPSK 복조기의 구성은 아래 그림과 같고 이의 동작을 살펴보면 다음과 같다. 즉 수신기의 RF 단을 통해 수신된 심볼을 BPF를 통해 정제하여 I 신호와 Q 신호로 분리한 후, PSK 복조기와 마찬가지로 송신측과 동기된 반송파를 이용하여 동기 검파함으로써 반송파가 제거된 I , Q 각각의 출력을 얻는다. 이를 A/D 변환한 후 더하면 해당 심볼에 할당된 2비트의 디지털 데이터가 얻어지며, 병렬/직렬 변환기를 통해 직렬 데이터 열로 변환하면 일련의 데이터를 얻을 수 있다.

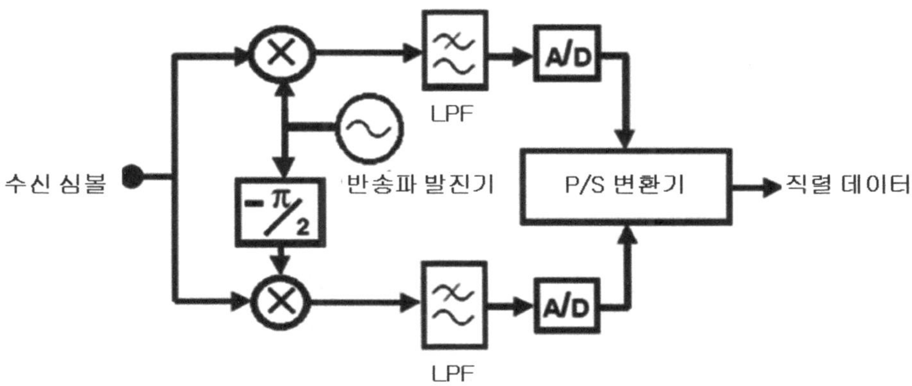

그림 5-28. QPSK 복조기 구성도

아래 그림은 QPSK 복조기에서 수신된 심볼들이 진폭과 위상을 그대로 2차원 평면상에 표시한 **성상도**이다. 평면상에 찍힌 점들이 1개의 심볼을 나타내는데 SNR이 그다지 좋지 않아 이들이 심볼의 정확한 지점에 수렴하지 않고 다소 흩어져 분포함을 알 수 있다. 전송 채널에서의 SNR이 높을수록 심볼들의 성상이 원래 정해진 심볼의 진폭과 위상의 지점에 수렴한다.

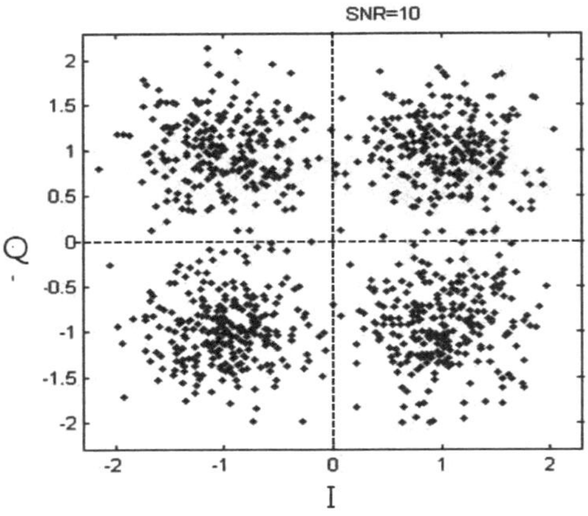

그림 5-29. QPSK 성상도의 실제 예

QPSK에서 알아두어야 할 주요 변수는 다음과 같다.

- 대역폭 : 비트 시간이 T 인 NRZ 신호의 대역폭 $W = \frac{1}{T}$이라면 QPSK 신호의 null-to-null 대역폭은

  $BW_{QPSK} = W$

  이다.
- 전력 스펙트럼 밀도(PSD) 분포

  BPSK와 거의 비슷하나 전반적으로 스펙트럼의 엽(lobe)의 폭이 BPSK에 비해 1/2 정도로 좁다.

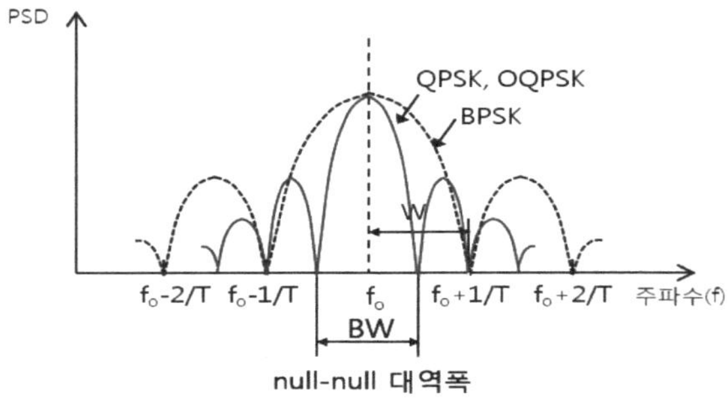

그림 5-30. QPSK, OQPSK 신호 스펙트럼과 대역폭

- 대역폭 이용 효율 : 2bps/Hz로 BPSK의 2배이다.
- **QPSK 비트 오율(BER)** :

$$P_e = \frac{1}{2} erfc\left(\sqrt{\frac{E_b}{N_o}}\right) = Q(\sqrt{\frac{2E_b}{N_o}})$$

로 BPSK와 동일하다.

5.7 오프셋 직교 위상 편이 변조(OQPSK)

앞 절에서 QPSK 신호의 정진폭 특성 문제를 언급한 바 있다. 이러한 신호의 정 진폭 특성을 개선하기 위한 방식이 **OQPSK(Offset QPSK)**방식이다. 특성이나 변복조 방법은 QPSK 동일하나 두 채널로 분리한 I와 Q 데이터 비트열 간에 1비트 시간만큼의 시간 차이를 두어 심볼 매핑하는 방식이다. 이렇게 하면 아래 그림에서도 알 수 있듯이 인접 심볼 간의 위상 천이가 180°가 되는 경우가 발생하지 않는다. 즉 항상 0° 또는 90°가 된다. 따라서 이러한 심볼들을 상승 코사인 여파기를 통해 펄스 설형한 뒤 직교 변조기를 이용하여 각각을 진폭 변조하여 더하게 되면 아래 그림에서와 같이 I+Q 변조 파형의 포락선의 변화가 1비트 간격으로 자주 발생하기는 하지만 순간적으로 진폭이 0으로 떨어지는 널(null)점은 발생하지 않는다. 따라서 진폭의 변화가 QPSK 경우보다 훨씬 작아지며 이에 따라 신호의 정 진폭 특성이 개선된다. 따라서 OQPSK 방식은 증폭기의 선형성이 그다지 문제되지 않으므로 이동 통신에서는 단말기에서 기지국으로 송신하는 상향 채널에서 사용하고 있다.

OQPSK 방식의 정 진폭 특성을 제외한 대역폭, 대역폭 이용 효율, 전력 스펙트럼 밀도 분포(PSD), 비트 오율(BER) 등의 주요 변수는 QPSK와 동일하며, 동기 검파가 필요하고 다중경로 페이딩 환경에서 수신 심볼의 위상이 틀어질 경우 심볼 간 간섭이 증가하여 성능이 열화 될 수 있는 특징도 동일하다.

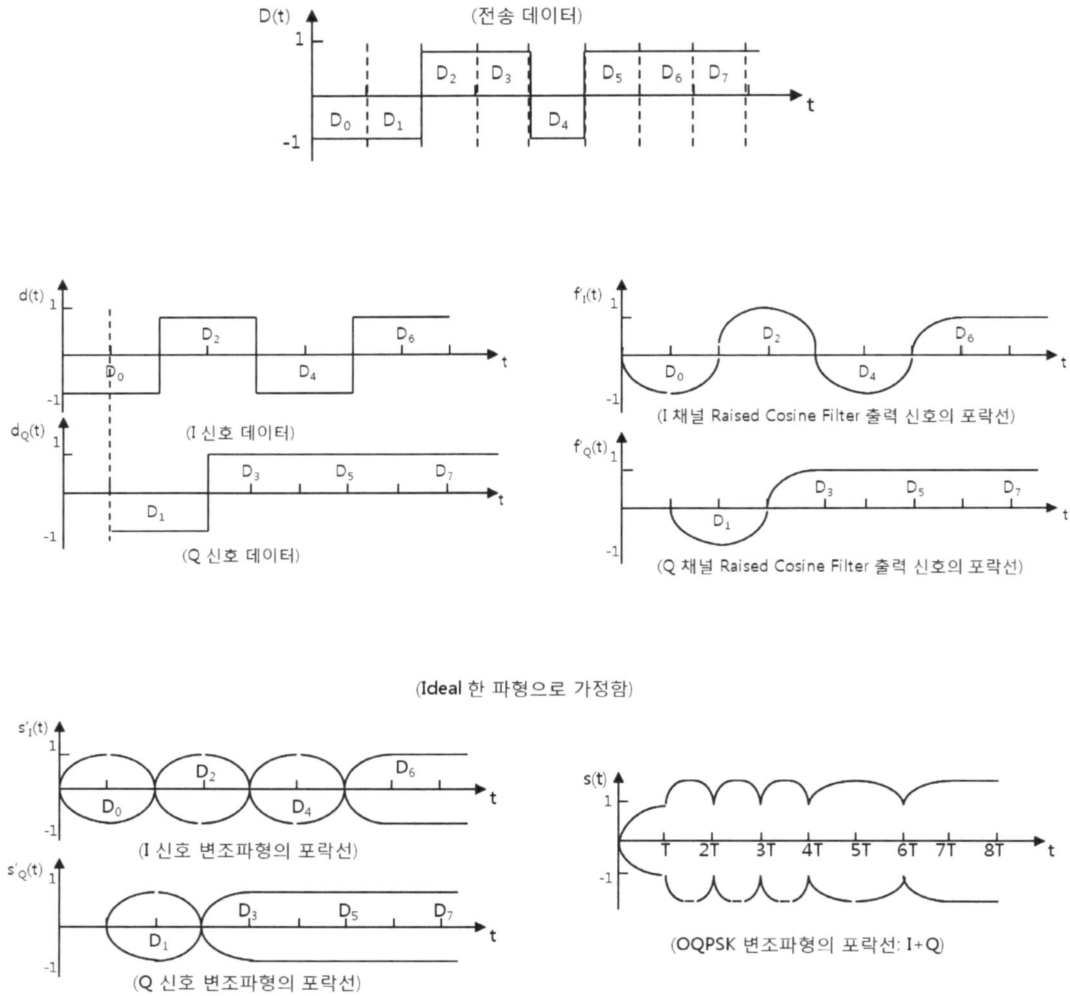

그림 5-31. OQPSK 데이터와 신호 파형

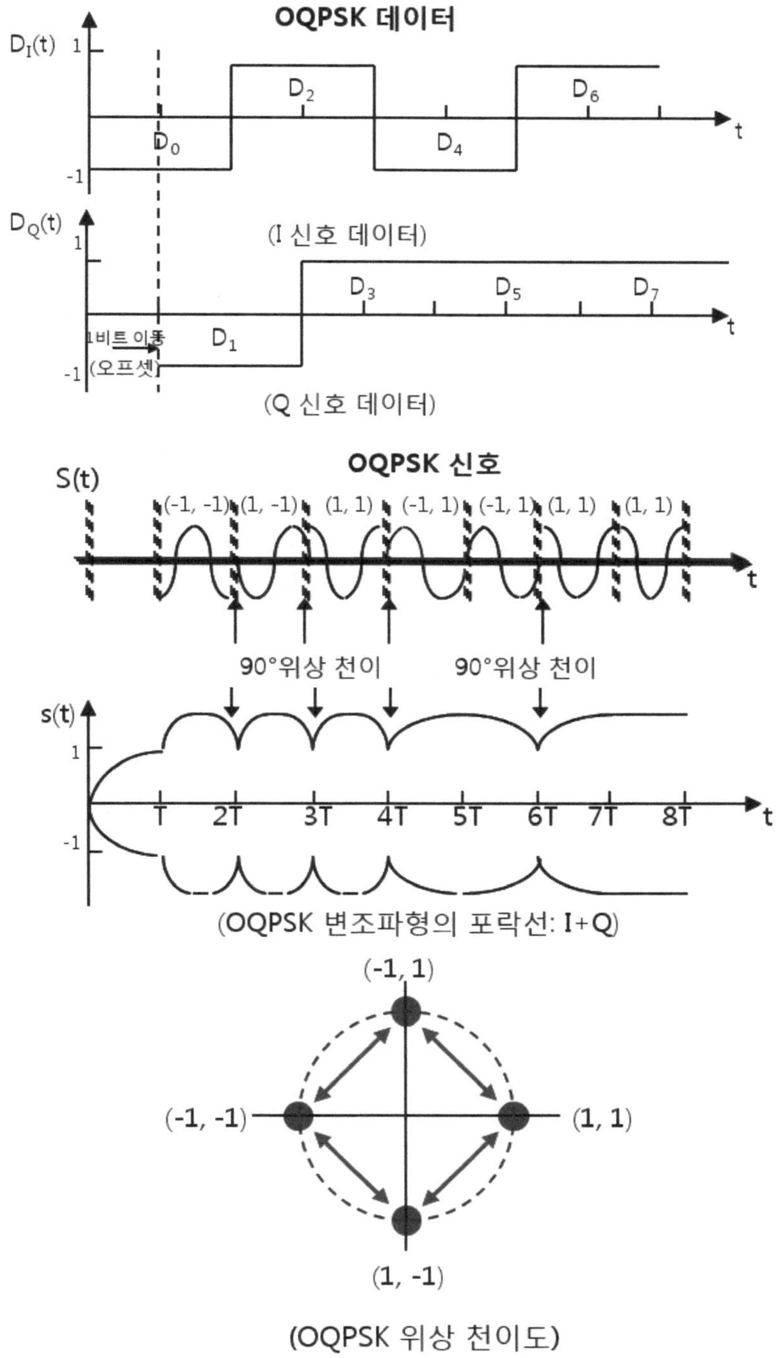

그림 5-32. OQPSK 데이터 및 신호의 위상 천이에 따른 진폭 변화

5.8 직교 진폭 변조(QAM)

직교 진폭 변조 (QAM : Quadrature Amplitude Modulation) 방식은 멀티 레벨 변조(multi-level modulation) 방식의 하나로, 반송파의 진폭과 위상 둘 다를 조합하여 이용하는 방식이다. 즉 ASK와 PSK의 결합한 방식으로 볼 수 있다.

QPSK 방식이나 M진 PSK 방식은 각 심볼들을 크기는 동일하고 위상만 다르게 할당하였다. 그런데 2의 배수인 M 값이 커질수록 심볼 간의 위상차가 작아져서 점점 구별하기 어려워진다. 따라서 심볼의 진폭도 다르게 할당하여 M 값이 커져도 성상도 상에서의 심볼들 간의 거리를 어느 정도 이상 확보함으로써 구별이 용이하도록 한 방식이 직교 진폭 변조 (QAM : Quadrature Amplitude Modulation) 방식이다. 이렇게 하면 $M=2^k$ 값이 커도 심볼 간의 거리를 어느 정도 확보할 수 있다. 따라서 그만큼 심볼 당 할당되는 비트 수(k)가 증가하므로 동일한 전송 대역폭 내에서 데이터 전송 속도를 높일 수 있다. 즉 데이터 전송 속도와 대역폭 이용 효율을 높이기 위해 고안된 방식이라고 할 수 있다. 예를 들어 k 값이 4, 5, 6, 8이면 M 값이 16, 32, 64, 256이 되며, 각각 16QAM, 32QAM, 64QAM, 256QAM이라 한다. k 값은 1개의 심볼에 할당할 수 있는 비트 수이고 이 값이 클수록 전송 속도를 높일 수 있다. 다만 성상도(constellation)상의 심볼 간의 거리가 점점 가까워지므로 수신 시 판정 오류를 일으킬 확률이 그만큼 높아진다. 따라서 요구되는 비트 오율(BER) 이하로 전송하기 위해서는 전송 채널의 C/N 비가 그만큼 더 높아야 한다.

이러한 QAM 신호를 수학적으로 표현하면 다음 식과 같다.

$$S_i(t) = \sqrt{\frac{2E_i(t)}{T}}\cos(\omega_c t + \Phi_i(t)),\ (0 \le t \le T),\ (i = 1, 2, \ldots, M)$$

여기서 $\sqrt{\frac{2E_i}{T}}$ 는 진폭, $\Phi_i(t)$는 위상을 나타내며 M진 QAM의 경우

$$A_i = \sqrt{\frac{2E_i}{T}},\ \Phi_i(t) = \frac{2\pi i}{M} \quad i = 1, 2, \ldots, M$$

이다. 위 식에서 반송파 위상 변화 상태 수를 몇 개로 하느냐에 따라 M진 QAM이 정해진다. 예를 들어 16QAM에서 수신기가 1개 심볼 파형을 수신하면 한꺼번에 4비트를 얻어낼 수 있기 때문에 심볼 속도를 2400bps로 하면 9600bps의 데이터 전송 속도가 가능하다. 다만 수신기에서는 16가지의 심볼들을 좀 더 용이하게 구별할 수 있도록 전송 간의 채널 잡음에 의한 신호 왜곡을 제거하는 **채널 등화**(channel equalization)를 하여야 한다. 최근에는 이러한 채널 등화 기술이

점점 발달하여 더욱 더 큰 M 값의 QAM 방식의 데이터 전송이 가능해지고 있고 무선 채널에서도 마이크로파 QAM 모뎀의 실용화가 진행되고 있다. 현재 디지털 CATV 전송에서는 256QAM 방식이 널리 쓰이고 있고 가까운 시일 내에 1024QAM도 상용화 될 것으로 보인다. 또한 아날로그 전화 회선을 이용한 고속 데이터 전송에도 널리 사용되고 있다.

아래 그림은 16QAM 경우의 **성상도**(constellation)와 심볼 매핑도이다. 16QAM은 그림에서와 같이 I와 Q의 2개의 진폭 레벨과 2개 위상으로 구분하므로 성상도 상에 16개의 심볼이 존재하며 심볼 간의 거리는 d이다. 각 심볼에는 4비트의 데이터가 할당된다.

그 다음 그림은 16QAM 과 8QAM 신호 파형의 예이다. 각각 3개와 2개의 진폭 레벨이 있고 심볼 구간마다 위상의 변화가 있음을 볼 수 있다.

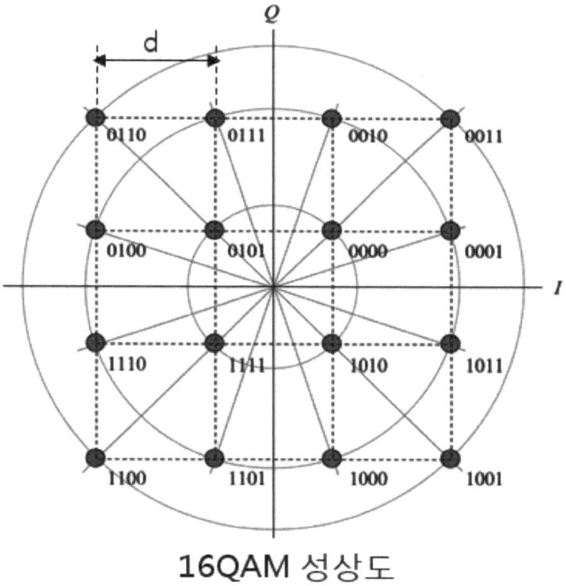

그림 5-33. 16QAM 성상도

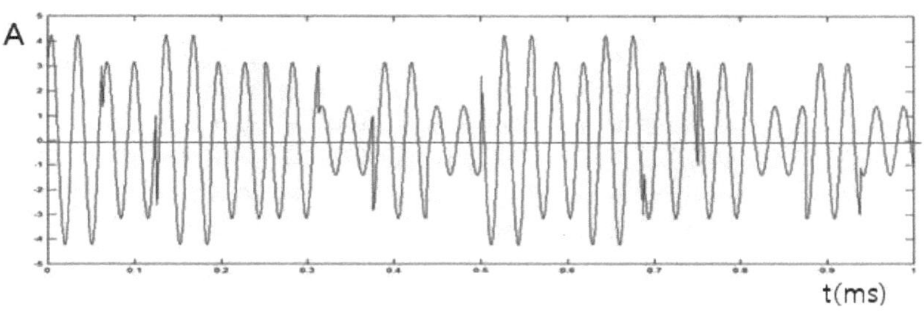

그림 5-34. 16QAM 파형

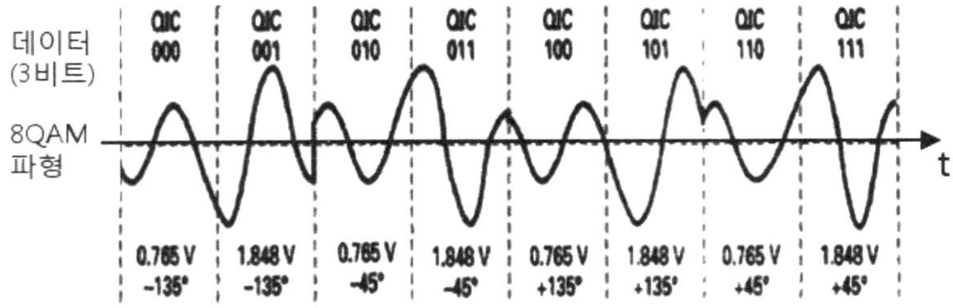

그림 5-35. 8QAM 파형의 예

아래 그림은 256QAM의 **성상도**의 예이다. 각 4사분면에 진폭과 위상을 8가지로 나누어 8×8=64개의 심볼 위치 존재하고 이러한 것이 4개 있으므로 총 256가지의 심볼 위치(성좌)가 있음을 볼 수 있다. 각 심볼 위치에 찍힌 점은 개개의 수신된 심볼의 진폭과 위상을 나타내고 있고 이 점들은 한 점에 수렴할수록 양호한 수신 상태를 나타낸다. 그림에서 이러한 QAM 심볼들의 수신 상태를 MER(Modulation Error Rate)이나 BER(Bit Error Rate)로 정량화하여 나타내기도 하는데 변조 신호에 대해서는 **MER(Modulation Error Rate)**, 기저대역 신호에 대해서는 BER(Bit Error Rate)로 나타낸다.

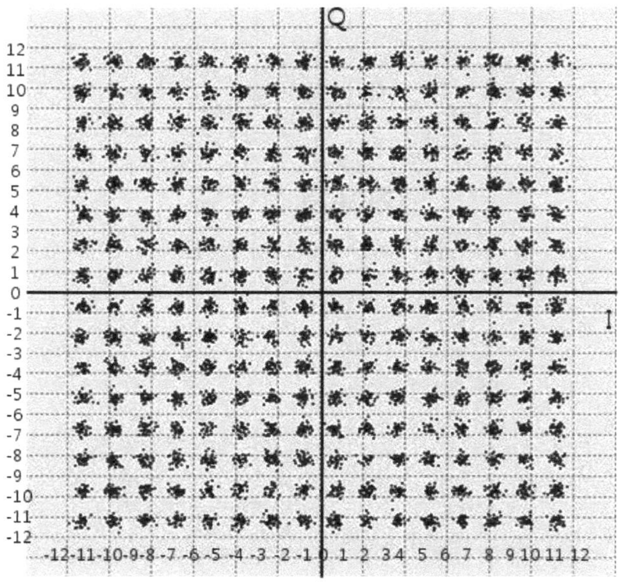

그림 5-36. 256QAM 성상도의 예

이제 QAM 방식의 특징을 요약하여 보면 다음과 같다.

- 주어진 동일한 대역폭에서 데이터 전송 속도와 성능이 M-PSK 방식보다 우수하다.
- 수신기 구현이 비교적 용이하다
- 전력 스펙트럼 밀도(PSD)의 형태의 좌우 대칭성이 없다.
- 대역폭 이용 효율과 전송 효율은 우수하나, 전송 채널의 잡음 및 페이딩에 취약하다.

QAM 변조기의 구성을 16QAM 변조기를 예로 들어 살펴보면 아래 그림과 같다. 기본적으로 구조는 QPSK 변조기와 동일하나 중간에 2비트- 4레벨 변환기가 있는 점이 다르다. I와 Q 신호 각각에 대하여 2비트의 데이터를 4가지 레벨로 변환하는 변환기를 이용하여 변환한 후 LPF를 거쳐 고주파 성분을 제거한 후 직교 위상 변조하면 QAM 신호파가 출력된다.

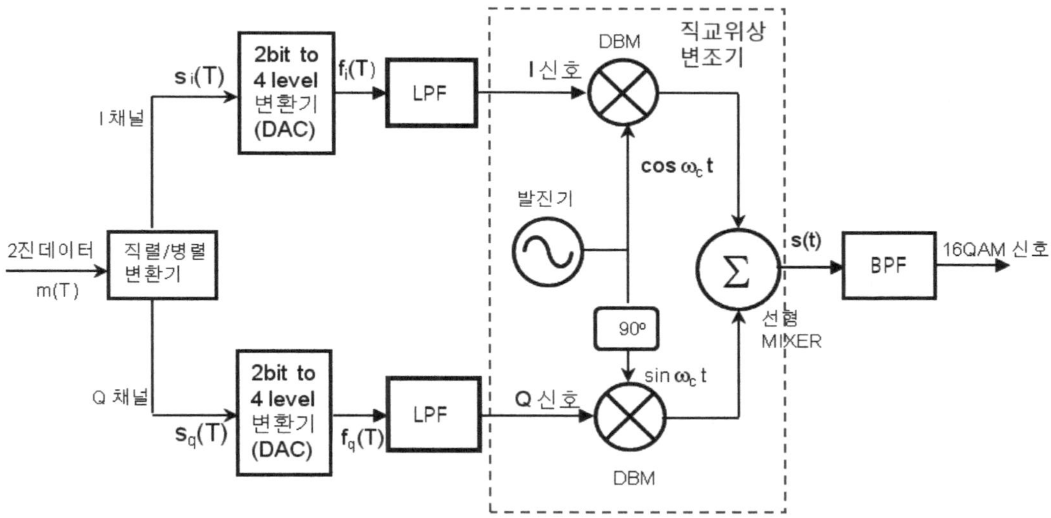

그림 5-37. 16QAM 변조기 구성도

이러한 16QAM 신호를 복조하기 위한 복조기는 아래 그림과 같다. QPSK 복조기의 경우나 마찬가지로 수신기의 RF단을 통해 얻어진 수신 심볼을 BPF를 통해 불필요한 주파수 성분을 제거하고 I 신호와 Q 신호로 분리한 후, 각각을 동기 검파하여 4가지 레벨의 심볼을 얻어낸다. 이를 4레벨-2비트 변환기를 통해 원래의 2비트 데이터 열로 변환한 후, 병렬/직렬변환기를 통하여 4비트의 데이터 열로 변환하면 원래의 데이터가 얻어진다.

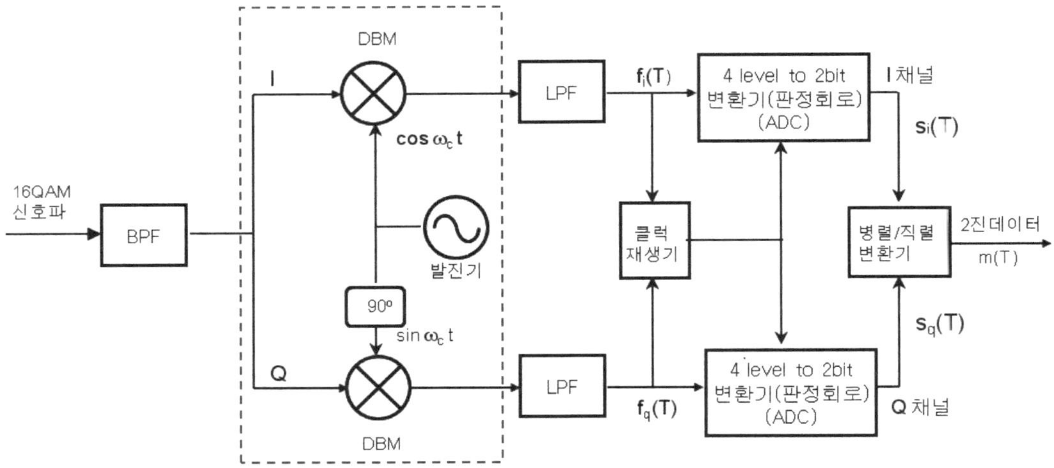

그림 5-38. 16QAM 복조기 구성도

QAM에서 알아두어야 할 주요 변수는 다음과 같다.

- 대역폭 : 비트 시간이 T 인 NRZ 신호의 대역폭 $W = \frac{1}{T}$이라면 PSK 신호의 null-to-null 대역폭은 BPSK 와 동일하게

  $BW_{QAM} = 2W$

  이다.
- 전력 스펙트럼 밀도(PSD) 분포

  주엽(main lobe)은 BPSK와 거의 비슷하나 전반적으로 스펙트럼의 부엽(side lobe)이 작다.

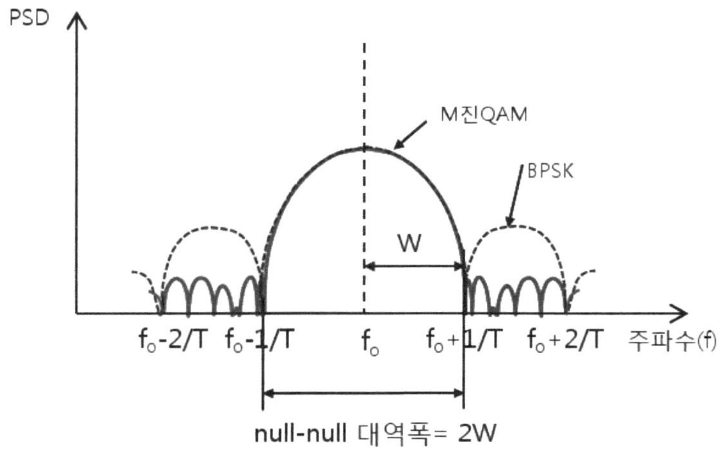

그림 5-39. QAM 신호 스펙트럼과 대역폭

■ 대역폭 이용 효율: $M=2^k$ 일 때 대역폭 이용 효율이 $k$bps/Hz로 PSK나 QPSK 보다 훨씬 우수하다.

■ M진 QAM 비트 오율(BER):

$$P_{be} = 1-(1-P_{bec})^2$$

여기서 $P_{bec} = \frac{4}{k}\left(1-\frac{1}{\sqrt{M}}\right)Q\left(\sqrt{\frac{3k}{M-1}\frac{E_b}{N_0}}\right)$

* M진 QAM 심볼 오율(SER):

$$P_{se} = 1-(1-P_{\mathrm{sec}})^2$$

여기서 $P_{\mathrm{sec}} = 2\left(1-\frac{1}{\sqrt{M}}\right)Q\left(\sqrt{\frac{3}{M-1}\frac{E_b}{N_0}}\right)$

5.9 최소 편이 변조(MSK)

앞 절의 FSK에서도 언급한 바 있듯이 FSK 신호를 비롯한 BPSK나 QPSK, OQPS K 등 대부분의 디지털 변조 방식의 신호는 비트와 비트 구간의 경계점에서 위상의 불연속이 있다. 그런데 이러한 위상의 불연속은 고주파 성분을 증가시켜 신호의 스펙트럼의 부엽의 크기를 증가시킨다. 부엽의 전력이 커지면 전송 간의 증폭기나 중계기의 비선형성에 의한 영향이 증가한다. 결국 이전에 언급했던 바, 신호를 변조하였을 때 변조된 신호의 포락선의 정진폭 특성(등 진폭 특성)이 악화되어 부엽 재생 효과가 발생하게 되는 것이다.

OQPSK에서는 180°의 위상 변화는 발생하지 않지만 기본적으로 PSK 변조된 신호의 스펙트럼은 부엽이 크기 때문에 대역 외 간섭이 크다는 단점이 있다. 이러한 부엽은 LPF를 통해 제거할 수 있으나 위상 변화가 큰 신호의 부엽을 여파기로 제거하는 경우 위상 변화가 급격한 시점에서 변조된 신호 파형의 진폭의 변화가 크게 발생하게 된다. 신호의 진폭에 변화가 생기면 증폭기나 중계기의 비선형 특성에 의한 부엽 재생 효과가 발생하므로 LPF로 부엽을 제거함으로써 전송 대역폭을 제한하는 효과가 없어진다. 따라서 기저 대역 신호의 위상 불연속을 그대로 둔 채 신호 스펙트럼의 부엽을 단순히 LPF를 통해 제거하는 방법은 바람직하지 않고 근본적으로 비트의 경계점에서의 위상의 불연속을 없애는 것이 필요한데 이러한 점을 고려해 고안한 방식이 **최소 편이**

변조(MSK : Minimum Shift Keying) 방식이다. 즉 MSK 방식은 심볼 매핑된 변조 신호의 매 심볼 시작 시점에서의 위상 불연속을 제거하여 위상의 변화가 연속적이 되도록 하고, 이에 따라 변조 신호 파형이 정진폭 특성을 갖도록 함으로써 전송 채널상의 증폭기 비선형 특성에 의한 주파수 스펙트럼의 부엽(side lobe) 재생 현상을 억제하도록 한 방식으로, FSK 방식에서 비트 경계점에서 위상이 연속되도록 한 **연속 위상 주파수 편이 변조**(CPFSK : Continuous Phase FSK)의 심볼 간 주파수 차이, 즉 주파수 편이를 최소 한도로 작게 하여 소요 전송 대역폭을 최소화하였다는 의미에서 '최소 편이'라는 명칭을 사용하게 되었다.

CPFSK는 진폭이 일정하기 때문에 페이딩 등의 영향을 받기 쉬운 이동 통신 전송로나 진행파관과 같이 포화 동작의 증폭기를 사용하는 위성 전송로 등에 적합하지만, 소요 전송 대역폭이 넓다는 단점이 있었는데 이러한 CPFSK의 주파수 대역을 제한하여 주파수 효율을 높인 방식이 최소 편이 방식(MSK)이다. 따라서 MSK는 위성을 이용한 음성 방송, 이동체를 대상으로 하는 FM 다중 방송, 디지털 방식의 위성 뉴스 취재(SNG) 등에 주로 사용된다.

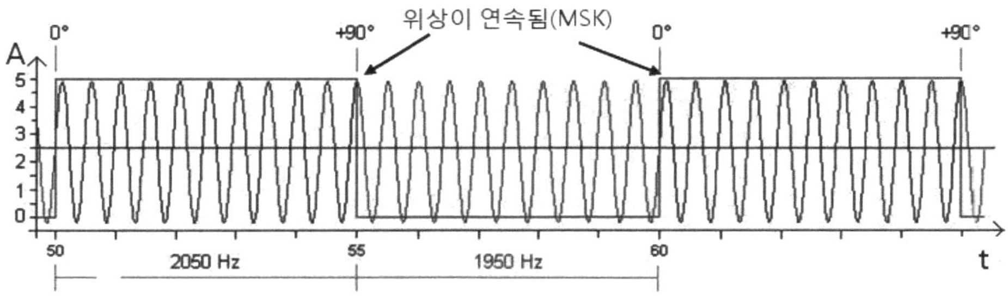

그림 5-40. MSK 파형

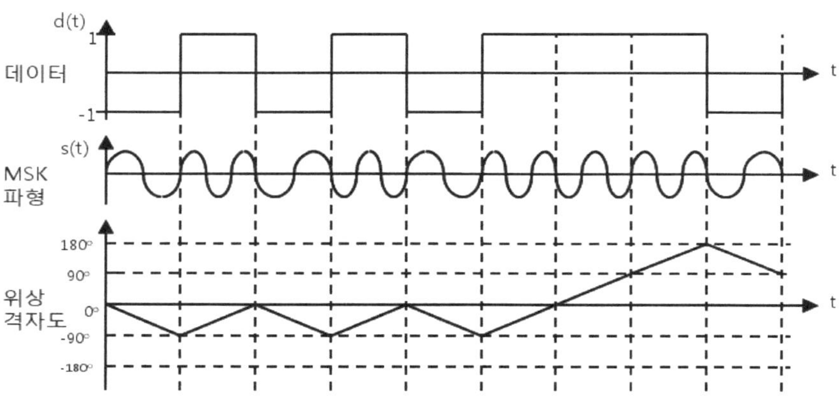

(a) MSK 위상 격자도

그림 5-41. MSK 신호의 위상 격자도(천이도)

MSK는 FSK와 조금 다른 관점에서 보면 OQPSK 신호의 위상을 연속적으로 변하게 한 변조 방식으로 볼 수 있다. 즉 기저대역 신호 파형을 QPSK나 OQPSK에서와 같이 크기 변화가 급격한 구형파를 사용하지 않고 1비트 구간이 반주기인 정현파를 사용함으로써 비트 경계점에서의 위상의 불연속이 최소화하도록 하는 방식으로 볼 수 있다. 따라서 MSK 신호의 발생 방법도 변조된 신호의 위상이 연속적으로 변하도록 미리 데이터 신호 파형을 비트 구간당 반주기의 정현파로 펄스 성형하는 것을 제외하면 OQPSK 신호 발생 방법과 유사하다. 정현파 펄스는 크기 변화가 완만하므로 MSK 변조된 신호의 파형은 QPSK 변조된 신호에 비해 주엽의 폭은 1.5배 증가하지만 부엽의 크기가 대폭 감소한다. 이를 아래 그림을 참고하여 설명하면 다음과 같다.

데이터 비트열 d(t)를 OQPSK에서와 같이 홀수 비트열 $d_I(t)$와 짝수 비트열 $d_Q(t)$로 분해한다. 따라서 $d_I(t)$와 $d_Q(t)$는 주기가 $2T$가 된다. 여기서 $d_Q(t)$는 아래 그림에서와 같이 $d_I(t)$에 비해 반 심볼, 즉 한 비트 구간인 T만큼 지연되도록 한다.

각 기저대역 신호에 주기가 $4T$인 정현파 중 반주기의 파형을 사용하여 펄스 정형을 한다.

T의 홀수 배마다 위상이 변화하는 $d_I(t)$에는 $\cos\left(\frac{\pi t}{2T}\right)$를 곱하고, T만큼 지연되어 T의 짝수 배마다 위상이 변화하는 $d_Q(t)$에는

$$\cos\left[\frac{\pi(t-T)}{2T}\right] = \sin\left(\frac{\pi t}{2T}\right)$$

를 곱한다.

이때 각 채널의 신호는 심볼 구간의 끝에서 항상 값이 0이 된다.

두 채널의 신호를 직교하는 반송파 $\cos\omega_o t$와 $\sin\omega_o t$로 각각 BPSK 변조한 뒤 두 신호를 더하면 최종적으로 아래 그림에서와 같이 진폭이 일정하고 위상이 연속적인 MSK 신호

$$s(t) = d_I(t)\cos\left(\frac{\pi t}{2T}\right)\cos\omega_o t + d_Q(t)\sin\left(\frac{\pi t}{2T}\right)\sin\omega_o t$$

를 얻을 수 있다.

MSK 신호는 이와 같이 OQPSK에서 구형파 대신 반 파장의 정현파로 펄스 정형을 한 방식 또는 **연속 위상 이진 FSK 신호(CPFSK : Continuous Phase FSK)**의 주파수 편이를 최소화한 방식으로 볼 수 있다. 그러므로 MSK 신호의 복조는 OQPSK의 복조 방식이나 FSK의 복조 방식 모두 가능하다.

OQPSK 신호로서의 복조는 정합 필터를 사용하는 **동기식 복조** (coherent demodulation)가 가능하고 FSK 신호로서의 복조는 동기식(coherent demodulation)과 **비동기식**(noncoherent demodulation) **복조** 모두 가능하다.

$$d_I(t)\cos\left(\frac{\pi t}{2T}\right)$$

$$s_I(t) = d_I(t)\cos\left(\frac{\pi t}{2T}\right)\cos\omega_o t$$

$$d_Q(t)\sin\left(\frac{\pi t}{2T}\right)$$

$$s_Q(t) = d_Q(t)\sin\left(\frac{\pi t}{2T}\right)\sin\omega_o t$$

$$s(t) = s_I(t) + s_Q(t)$$

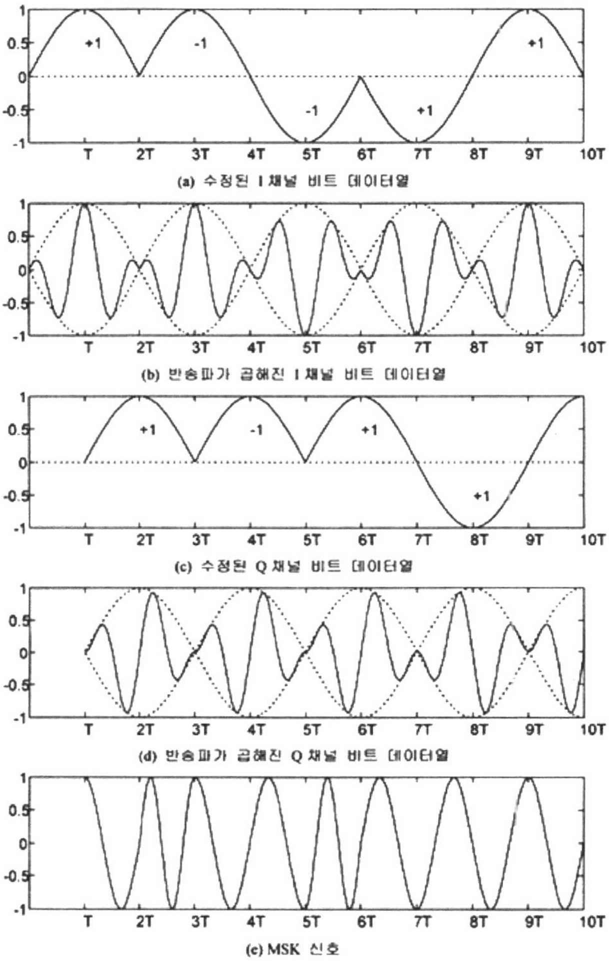

그림 5-42. MSK 신호 생성 방법

이상 MSK 신호 발생 방법과 복조 방법을 살펴보았는데 이를 기초로 MSK 변조기의 구성을 살펴보면 아래 그림과 같다. 기본적으로 QPSK 변조기와 동일한 구조이나 OQPSK와 같이 Q 채널 신호를 1비트 시간만큼 지연시킨 후, I와 Q 데이터 각각에 대하여 정현파 성형기를 통해 코사인과 사인의 정현파를 곱하고 LPF를 통해 고주파 성분을 제거한 다음, 이를 직교 위상 변조하면 된다.

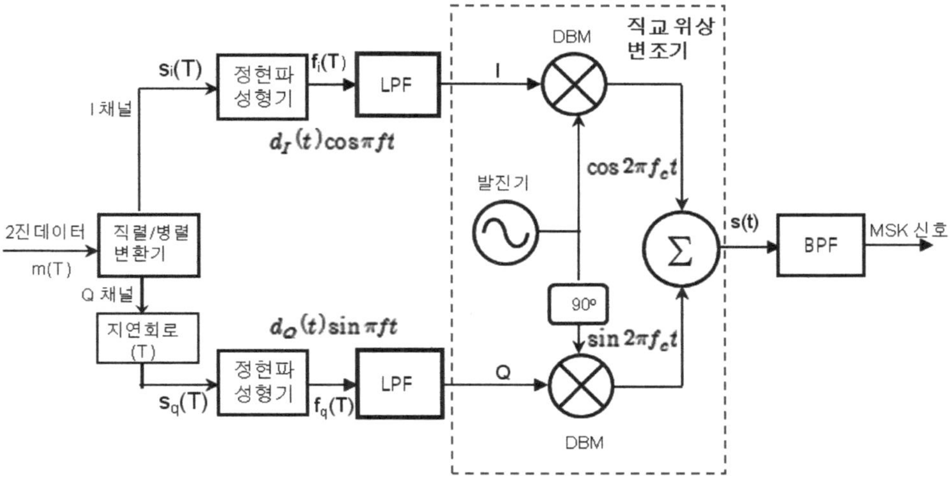

그림 5-43. MSK 변조기 구성도

MSK 복조기의 구성도는 아래 그림과 같다. QPSK 복조기의 경우와 마찬가지로 수신기의 RF 단을 통해 얻어진 수신 심볼을 BPF를 통해 정제하고, I 신호와 Q 신호로 분리하여 각각을 동기 검파기를 통해 검파한 후 비교기를 통해 1, 0을 판정한다. 이후 I 채널 데이터를 1비트만큼 지연시킨 후 **병렬/직렬변환기**를 통하여 I와 Q 채널 데이터를 직렬 데이터 열로 변환하면 원래의 데이터가 얻어진다.

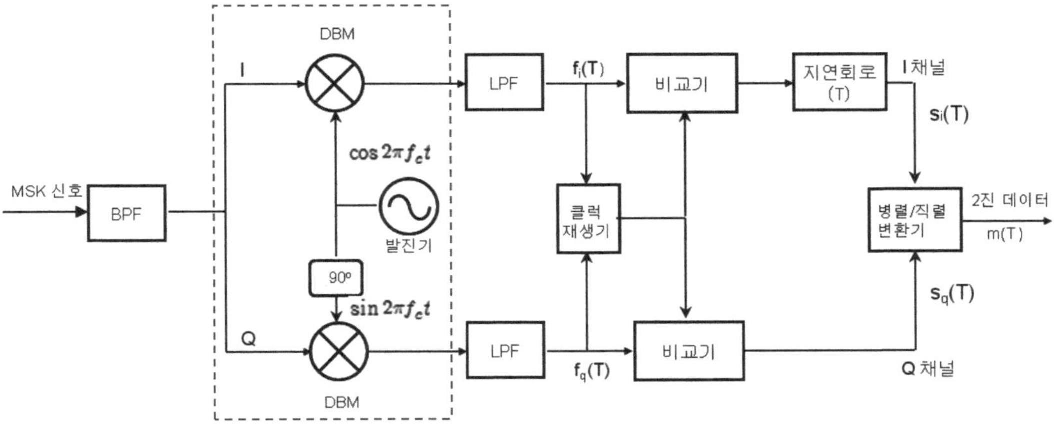

그림 5-44. MSK 복조기 구성도

MSK에서 알아두어야 할 주요 변수는 다음과 같다.

- 대역폭 : MSK 신호 주파수 스펙트럼의 주엽(main lobe)은 BPSK 방식보다는 좁으나 QPSK 방식보다는 넓다. 따라서 전송 대역폭은 BPSK와 QPSK의 중간이다.
  비트 시간이 T인 NRZ 신호의 대역폭 $W=\frac{1}{T}$이라면 MSK 신호의 null-to-null 대역폭은 $BW_{MSK}=1.5W$이다.
- 전력 스펙트럼 밀도(PSD) 분포
  MSK 신호 주파수 스펙트럼의 주엽(main lobe)은 QPSK보다 넓으나 부엽의 크기가 QPSK나 BPSK 방식보다 작다는 것이 장점이다.

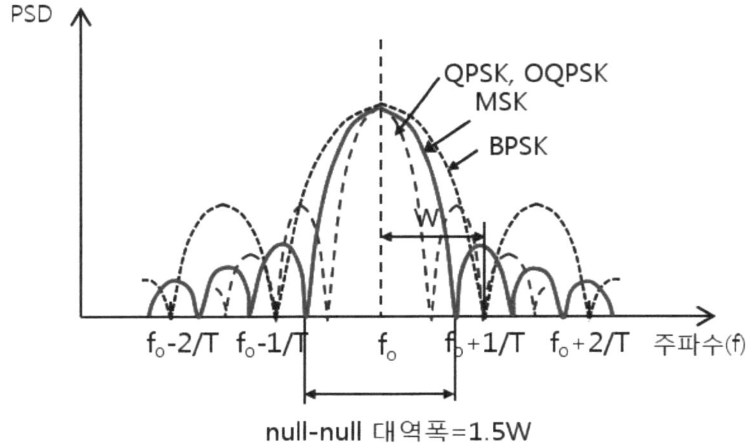

그림 5-45. MSK 신호 스펙트럼과 대역폭

- 대역폭 이용 효율 : $\simeq \frac{3}{2}$ bps/Hz
- **MSK 비트 오율(BER) :**
  MSK와 OQPSK의 차이점은 기저대역 펄스의 모양이다. 이로 인하여 비트 오율 성능은 변하지 않는다. 따라서 MSK 이 비트 오율은 OQPSK와 동일하다. 또한 OQPSK나 QPSK 는 두 개의 직교 반송파로써 BPSK 변조한 것으로 볼 수 있기 때문에 BPSK와 비트 오율과 다르지 않다. 따라서 MSK의 비트 오율은 OQPSK 방식과 같은 동기식 복조의 경우

  $$P_e=\frac{1}{2}erfc\left(\sqrt{\frac{E_b}{N_o}}\right)=Q\left(\sqrt{\frac{2E_b}{N_o}}\right)$$

  이고

  동기식 FSK의 경우는 BPSK에 비하여 3dB 열화하여

  $$P_e=Q(\sqrt{\frac{E_b}{N_o}})$$

이다. 또한 MSK 신호를 포락선 검출기를 이용하여 검파하는 비동기식 FSK 복조의 경우는

$$P_e = \frac{1}{2} e^{-\frac{E_b}{2N_o}}$$

이다.

참고

• BPSK, QPSK(OQPSK), MSK 신호 전력 스펙트럼 밀도의 비교

BPSK, QPSK(OQPSK), MSK 디지털 변조 방식의 정규화된 신호 전력 스펙트럼 밀도(normalized power spectral density)를 비교해보면 아래 그림과 같다. MSK의 주엽(main lobe)이 BPSK 보다는 좁고 QPSK보다는 1.5배 넓으나 부엽(side lobe)이 QPSK나 BPSK보다 약 10[dB] 정도 낮아 부엽 억제 특성이 우수한 것을 볼 수 있다.

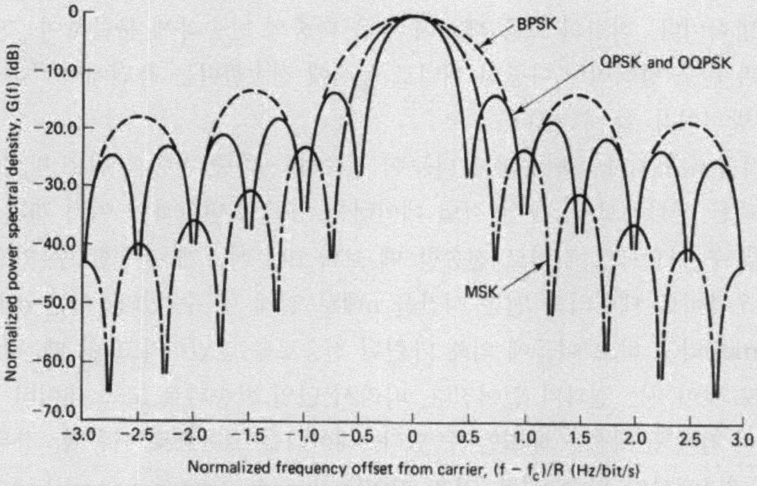

인용 Normalized power spectral density for BPSK, QPSK, OQPSK, and MSK. (Reprinted with permission from F. Amoroso, "The Bandwidth of Digital Data Signals," *IEEE Commun. Mag.*, vol. 18, no. 6, Nov. 1980, Fig. 2A, p. 16. © 1980 IEEE.)

5.10 직교 주파수 분할 다중 방식(OFDM)

5.10.1 OFDM의 기본 개념

데이터를 높은 주파수의 반송파에 실어서 전송하기 위한 변조 기법에는 1개의 반송파에 실어서 전송하는 **단일 반송파 변조**(SDM : Single-Carrier Modulation) **방식**과 여러 개의 반송파에 나누어 전송하는 **다중 반송파 변조**(MDM : Multi-Carrier Modulation) **방식**으로 나눌 수 있다.

단일 반송파 변조는 이제껏 살펴본 대부분의 변조 방식에서 사용하는 일반적인 방법이고 다중 반송파 변조 방식은 **주파수 분할 다중화**(FDM : Frequency Division Multiplexing) 기술을 적용한 방식으로 볼 수 있다. 본 절에서 다룰 **직교 주파수 분할 다중 방식**(OFDM)은 고속의 정보 신호를 수백 개 이상의 **직교하는**(orthogonal) 협대역 **부 반송파**(subcarrier)로 변조시키고 이를 다중화하여 전송하는 방식이다. 직렬의 고속 데이터 열을 다중의 반송파에 분할하여 전송한다는 측면에서 다중 반송파 변조 방식이며 다중의 채널로 동시에 전송한다는 측면에서 주파수 분할 다중화 기술이 적용된 방식이라 할 수 있다.

그러면 데이터를 n개의 다중 반송파에 나누어 전송하는 다중 반송파 변조 방식은 어떠한 장점과 단점이 있는지를 생각해보자. 우선 직렬 데이터를 병렬로 변환하여 여러 개의 데이터 비트를 한꺼번에 전송할 수 있으므로 직렬로 전송할 때 보다 n배 빠르게 전송할 수 있으며, 동일 전송속도로 보낼 경우 1비트 데이터의 전송 시간을 n배로 길게 할 수 있다. 이는 n개의 반송파들을 **부반송파**(subcarrier)라고 하고 이들에 의해 마련된 전송로를 채널이라고 할 때, 각 채널의 데이터 전송속도가 $\frac{1}{n}$로 낮아지는 결과가 얻어진다. 따라서 단일 반송파로 고속 데이터 전송을 할 경우에 발생되는 여러 가지 문제점을 해결할 수 있다. 데이터를 고속으로 전송 할 경우의 문제점들은 무선 이동통신 채널에서의 **다중 경로 전파 지연**(multipath propagation delay)에 의한 **페이딩**(fading), **도플러 효과**(Doppler effect)에 의한 간섭이나 협대역 간섭 등인데, 데이터를 저속으로 전송하면 1비트 시간이 길어지므로 웬만큼 지연된 신호가 수신 단에서 합쳐져도 1비트 시간 대비 지연 시간의 비율이 작아서 신호들의 위상차가 미미하게 되므로 페이딩 현상이 그만큼 발생하지 않게 된다. 따라서 전파 지연에 의한 페이딩이나 도플러 효과에 의한 간섭이 문제가 되는 다중경로(multipath) 채널이나 무선 이동 통신 채널에 적합한 방식으로 떠오르게 되었다.

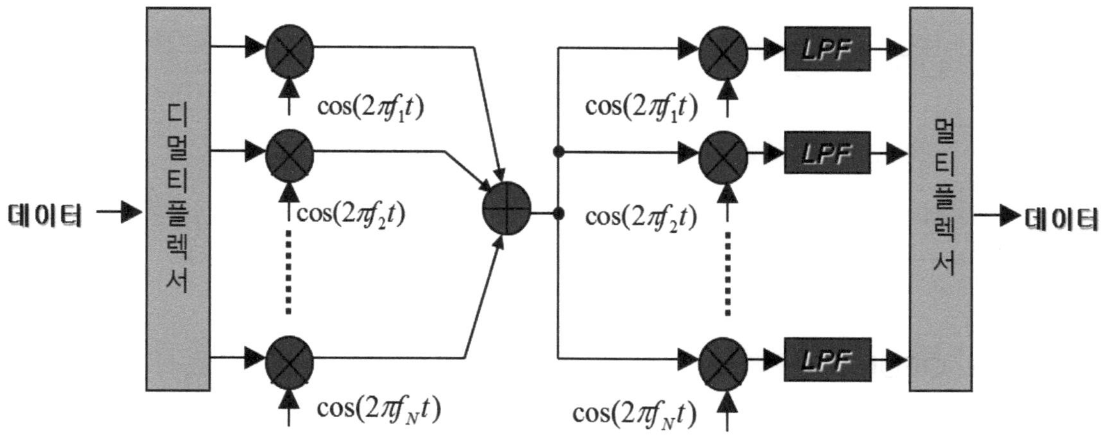

그림 5-46. 다중 반송파 변조 방식의 원리도

그러나 다중 반송파 변조 방식은 아래 그림과 같이 전송 주파수 대역폭을 넓게 차지하는 것이 문제다. 주파수 대역을 반송파의 개수만큼 **주파수 분할 다중화**(FDM : Frequency Division Multiplexing)하여 사용하므로 각 채널의 대역폭을 최대한 좁게 사용한다 하더라도 채널 간의 간섭을 피하기 위해 간격(보호 대역) 두어야 하므로 단일 반송파를 사용할 때 보다 전송 대역폭이 넓어진다. OFDM 방식은 이러한 단점을 극복하기 위하여 아래 그림에서와 같이 상호 **직교하는**(orthogonal) 주파수의 부반송파를 사용하여 하나의 부반송파의 크기가 1일 때 다른 부반송파들의 크기가 0이 되도록 함으로써 서로 겹칠 수 있도록 하여 전송대역폭을 줄인 것이 특징이다. 즉 각 부반송파 스펙트럼들의 중심 주파수가 아래 그림에서와 같이 정확하게 $f_T = \frac{1}{T}$ (T: 1 비트 시간)에서 **영 교차**(zero-crossing)가 일어나며, 인접 부 반송파 스펙트럼 간의 주파수 간격도 정확히 $\frac{1}{T}$이 되어 상호 간섭이 배제되는 **직교성**(orthogonality)을 가지도록 함으로써 주파수 대역 이용 효율을 증대시킨 것이다. 즉 분할된 반송파 간의 간격을 최소로 하기 위해 반송파 간에 직교성을 부가하여 다중화하는 것이다. 이로 인해 다중 반송파를 사용하더라도 단일 반송파와 대등한 주파수 대역 이용 효율을 확보할 수 있다.

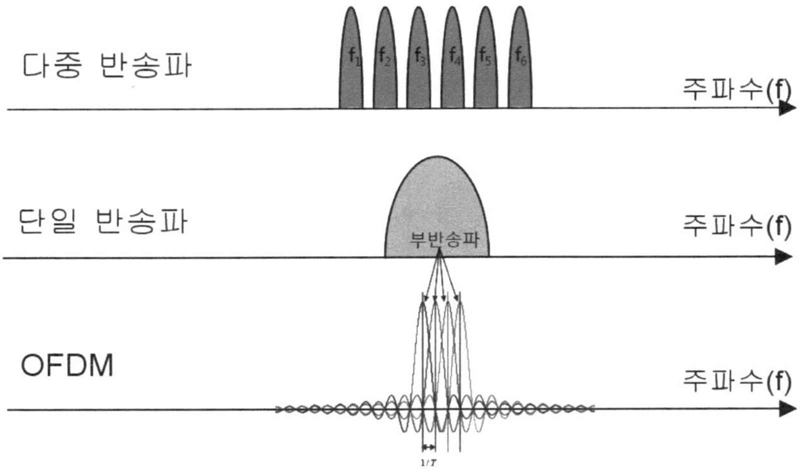

그림 5-47. 다중 반송파 방식, 단일 반송파 방식, OFDM 방식 신호 스펙트럼

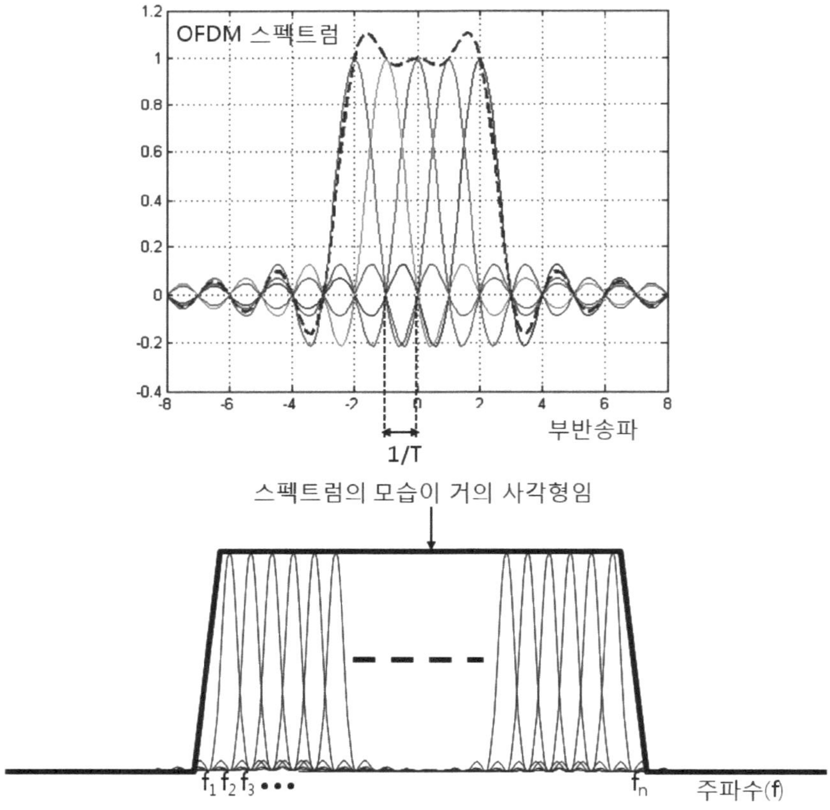

그림 5-48. OFDM 스펙트럼

참 고

- **다중 경로 페이딩(fading), 다중 경로 전파 지연(multipath propagation delay) 페이딩(fading)**

전파가 수신기에 도달할 때 서로 다른 경로에 따라 여러 물체에 부딪혀 반사(reflection)되면서 도달한 반사파들과 직접 도달한 직접파가 수신점에서 합해지면서 진폭 ,위상, 편파 등이 보강 간섭이나 소멸 간섭을 일으켜 수신파의 세기가 불규칙하게 요동치는 현상이다. (반사는 전리층 반사/굴절, 산, 빌딩 등과 같은 지상 물체에 의한 반사가 있을 수 있다)

육상 이동 통신과 같은 무선 이동 채널 환경에서 주로 나타나며 대책으로는 주파수 다이버시티, 공간 다이버시티, 경로 다이버시티와 같은 다이버시티 기법이 이용된다.

이러한 페이딩 전파 환경 해석을 위한 통계 모델은 레일리 분포(Rayleigh distribution)에 따르는 레일리 페이딩(Rayleigh fading)이나 라이시안 페이딩(Racian fading) 전파 모델을 사용한다. 레일리 페이딩은 송수신기 사이에 LoS(Line-of-Sight) 경로의 전파가 없을 때 가장 적합하고 주요 신호가 LoS 경로로 있을 때는 라이시안 페이딩이 좀 더 적합하다.

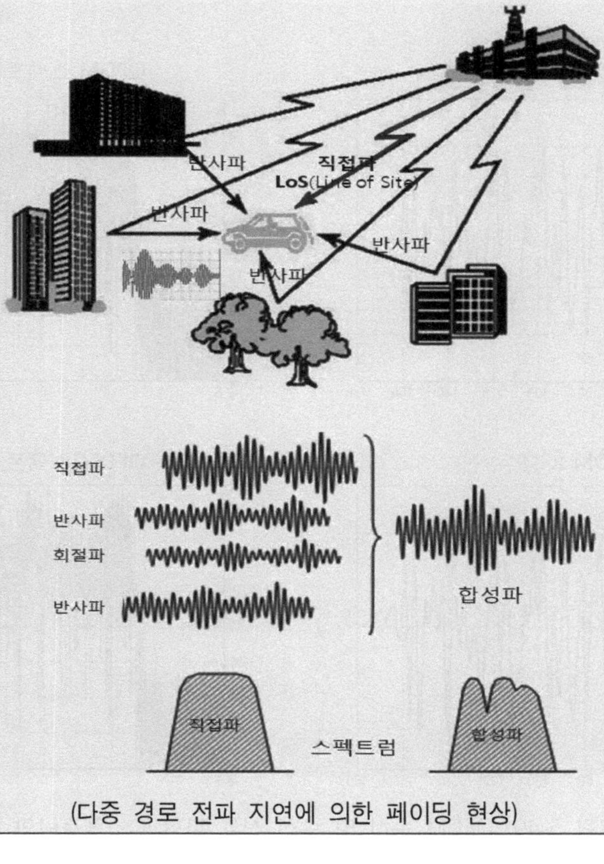

(다중 경로 전파 지연에 의한 페이딩 현상)

아래 그림은 송신 OFDM 신호와 수신 OFDM 신호 파형 및 스펙트럼의 예이다. OFDM 신호의 특징은 주파수 스펙트럼은 사각형에 가까운 모습이나 시간 영역에서의 파형은 거의 잡음과 같이 불규칙하고 최대 피크 값과 최소값의 차이가 크다는 점이다. 이러한 특성은 신호의 **최대 전력 대 평균 전력의 비인** PAPR(Peak to Average Power Ratio)로 나타내는데 OFDM 신호와 같이 다수의 반송파로 구성된 신호에서는 이 값이 크게 나타난다. 수신 신호 파형은 전송 채널 잡음에 의해 좀 더 심한 것을 볼 수 있다. 이러한 특성은 신호의 **정 진폭(등 진폭) 특성**이 열악한 것이므로 이전에 설명한 전송로의 중계기나 증폭기에서의 부엽 재생 현상이 심하게 발생될 수 있다. 따라서 OFDM용 증폭기나 중계기는 선형성 확보가 매우 중요한 요소가 된다.

PAPR을 줄이는 방법에는 송신 시 IFFT 변환하여 합한 신호에 대해 clipping이나 windowing 기법을 사용하여 신호 자체의 최대 값을 제한하거나 아예 PAPR 값이 큰 OFDM 심볼이 발생하지 않도록 특수한 에러 정정용 부호를 사용하는 방법, 그리고 OFDM 심볼에 여러 가지 비화 열(scrambling sequence) 적용하여 최소의 PAPR을 발생하게 하는 것을 선택하여 사용하는 방법 등이 있다.

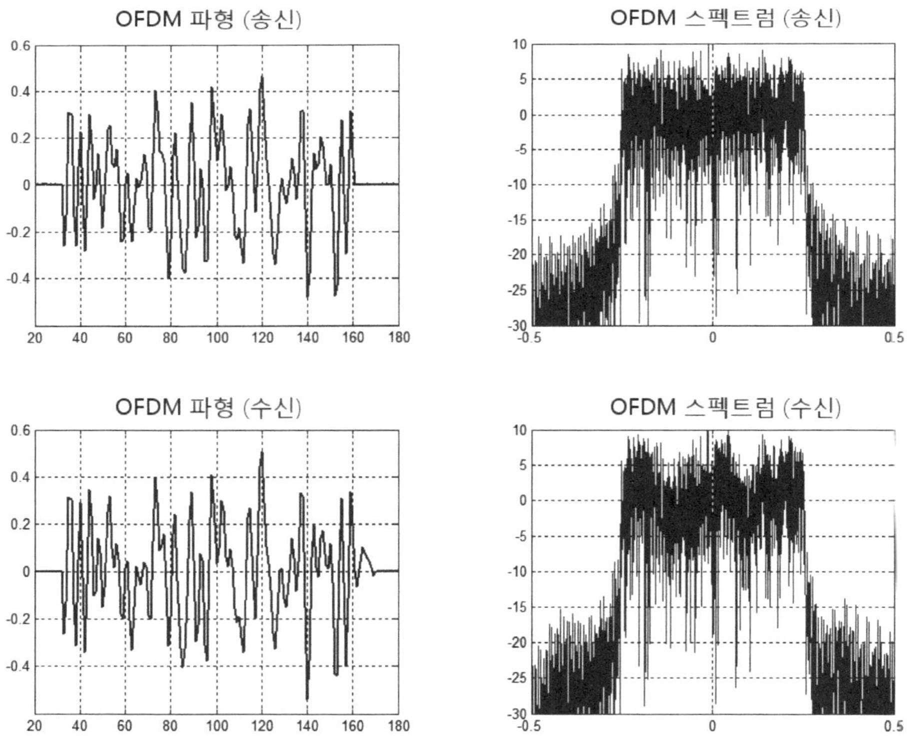

그림 5-49. OFDM 송신 및 수신 신호 파형과 스펙트럼의 예

요 약

- OFDM(Orthogonal Frequency Division Multiplexing) 방식은 송신 데이터를 적절한 길이의 병렬 데이터로 변환한 뒤 서로 직교 관계에 있는 다수의 부반송파에 실어서 동시에 전송하는 방식으로 전송 대역폭을 아주 효율적으로 알뜰하게 이용할 수 있고 다중 전파 경로에 의한 페이딩과 잡음에 강한 장점이 있으나 변조 신호의 PAPR(Peak Average Power Ratio)이 상대적으로 커서 증폭기 비선형 특성에 민감한 단점이 있다.
- OFDM은 직교 부호화 주파수 분할 다중 방식(Coded OFDM, COFDM) 및 **DMT(Discrete Multi-Tone) 변조 방식**과 근본적으로 동일하며, 주파수 분할 다중화(FDM : Frequency-Division Multiplexing)를 이용한 다중 반송파 변조 (MDM : Multi-Carrier Modulation) 방식의 한 형태이다.

참 고

- **신호의 직교성 (orthogonality) 에 대한 수학적 표현**

직교성이란 어떠한 두개의 신호 f(t), g(t)가 서로 독립적이고 서로 아무런 상관관계가 없다는 뜻으로 다음과 같은 수식을 만족할 때 직교성이 있다고 한다.

$$\int_0^T f(t)\,g(t)\,dt = 0$$

직교 관계에 있는 가장 대표적인 함수는 sin 함수와 cos 함수가 있다. 그리고 어떠한 삼각함수와 정수배 주파수를 갖는 고조파(harmonics) 성분들도 서로 직교성을 만족한다. 직교성이 있으면 두 신호가 독립적이기 때문에 상호 간섭이 없다. 이러한 직교성을 연속 시간과 이산 시간의 경우로 나누어 복소 정현파 $e^{j2\pi ft}$를 사용하여 수학적으로 표현하면 다음과 같다.

(아날로그, 연속 시간에서의 표현)

$$\frac{1}{T}\int_0^T e^{j2\pi f_k t} e^{-j2\pi f_i t}\,dt = \frac{1}{T}\int_0^T e^{j2\pi \frac{k}{T}t} e^{-j2\pi \frac{i}{T}t}\,dt = \frac{1}{T}\int_0^T e^{j2\pi \frac{(k-i)}{T}t}\,dt = \begin{cases} 1, k=i \\ 0, otherwise \end{cases}$$

(이산 시간에서의 표현)

$$\frac{1}{N}\sum_{n=0}^{N-1} e^{j2\pi \frac{k}{T}\frac{nT}{N}} e^{-j2\pi \frac{i}{T}\frac{nT}{N}} = \frac{1}{N}\sum_{n=0}^{N-1} e^{j2\pi \frac{(k-i)}{N}n} = \begin{cases} 1,\ k=i \\ 0,\ otherwise \end{cases}$$

즉 두 개의 서로 다른 복소 정현파가 정확히 일치될 때만 값이 있고 그 외의 경우는 모두 값이 0인 관계가 성립할 경우를 의미한다.

참 고

• 최대 전력 대 평균 전력 비 : PAPR (Peak to Average Power Ratio)

신호의 최대 전력과 평균 전력의 비로 교류 신호에서 얼마나 큰 피크가 있는지를 나타내는 Crest factor $C = \dfrac{f(t)_{peak}}{f(t)_s}$ 의 제곱 비와 같다. 따라서

PAPR [dB]는

$$PAPR[dB] = 10\log_{10} C^2 = 20\log_{10} C$$

로, [dB]로 나타낸 Crest factor 값과 동일하다. 참고로 주요 신호 파형의 PAPR은 다음과 같다.

신호파형	사인파	구형파	QPSK	OQPSK	64QAM	OFDM	GMSK
PAPR [dB]	3.01	0	≃4	≃3.5	≃5~7	≃12	0

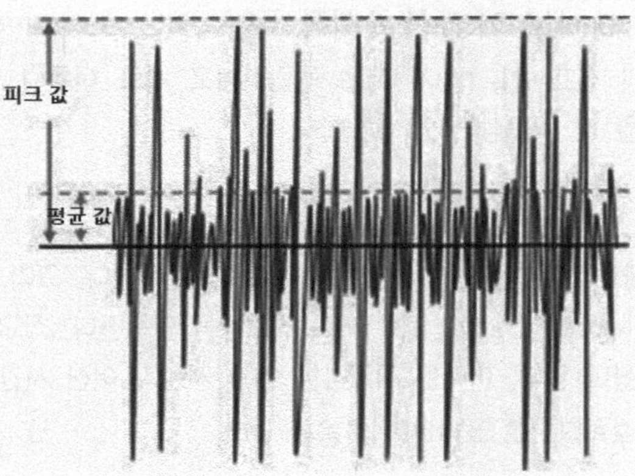

(OFDM 신호의 PAPR)

5.10.2 OFDM의 원리

OFDM의 원리를 아래 그림을 참고로 간단히 살펴보자. 아래 그림에서와 같이 1비트 시간이 T인 9개의 직렬 데이터를 1과 0에 대해 +1과 -1 값으로 변환한 뒤, 각각의 비트를 주파수가 f_0, $2f_0$, $3f_0 \cdots 9f_0$인 정현파와 곱한 후 이들을 전부 더하면 푸리에 급수에서 알 수 있듯이 아래 그림처럼 복잡한 신호 파형이 만들어지는데 이 파형이 시간 영역에서 본 OFDM 신호 파형이다.

이 신호의 시간축 상의 길이는 9비트의 구간인 $9T$가 된다. 즉 원래의 비트 시간이 부반송파의 개수 배만큼 늘어나게 되는 것이다. 부반송파의 개수와 각 부반송파에서의 데이터 비트 시간은 비례하게 된다. 각각의 데이터마다 서로 직교관계에 있는 $\cos(2\pi n f_0 t)$, $(n = 1, 2, \ldots 9)$ 함수를 곱한다는 것은 데이터를 반송파에 싣는 과정, 즉 단일 반송파 변조 과정이고 그 결과를 합한 결과는 결국 다중 반송파 변조를 한 결과인 것이다.

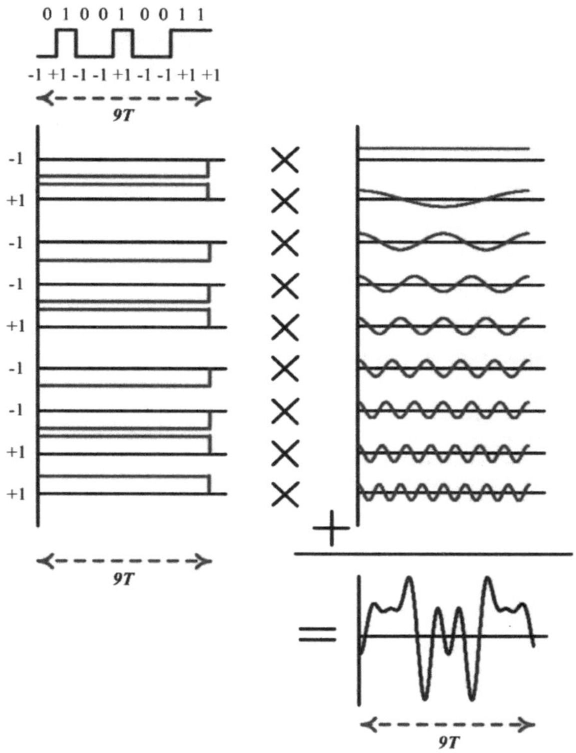

그림 5-50. 시간 영역에서의 본 OFDM 원리

OFDM 신호의 발생 원리를 시간 영역에서 살펴보았는데 실제적으로는 아래 그림에서와 같이 직렬 데이터를 일단 고속 데이터 변조 방식인 QAM 방식으로 변조한 후 각 심볼에 해당하는 크기와 위상 정보를 N개의 직교하는 정현파에 매핑시키는 것이다. 이 과정은 **고속 푸리에 역변환(IFFT : Inverse Fast Fourier Transform)**에 의해서 이루어진다. 또한 수신기에서 OFDM 신호로부터 원래의 데이터를 복원해내는 과정은 IFFT의 역과정인 **고속 푸리에 변환(FFT : Fast Fourier Transform)**을 통해 이루어진다. 이 과정을 통해 각 부반송파에 매핑되어 있던 QAM 심볼 정보와 원래의 데이터를 다시 얻어내는 것이다.

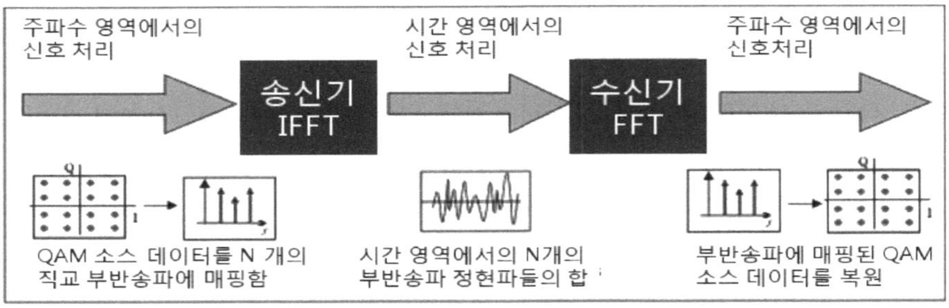

그림 5-51. OFDM 신호 처리 과정

그러면 여기서 OFDM의 송신기의 IFFT, 수신기의 FFT의 원리가 OFDM 신호 발생과 복원 과정에 어떻게 적용되는 것인지를 수학적으로 잠깐 살펴보기로 하자.

다중 반송파 전송을 위한 부반송파의 개수를 N이라 하고 각 부반송파 주파수를 ω_n 이라 하자. 이 경우 각각의 데이터들이 부반송파에 의해 변조된 신호는

$$s_n(t) = a_n \cos\omega_n t + b_n \sin\omega_n t = A_n \cos(\omega_n t + \theta_n),\quad A_n = \sqrt{a_n^2 + b_n^2},\ \theta_n = \tan^{-1}\frac{b_n}{a_n}$$

라고 쓸 수 있다. 여기서 $n=0,1,2,\ldots$ N-1로 부반송파의 인덱스이다. 이때 OFDM 송신 신호는 각 부반송파들에 의해 변조된 신호의 합이므로

$$s(t) = \sum_{n=0}^{N-1} s_n(t)$$

이다. 이를 다시 표현하면

$$\begin{aligned} s(t) &= \sum_{n=0}^{N-1} s_n(t) = \sum_{n=1}^{N-1} A_n \cos(\omega_n t + \theta_n) \\ &= Re\left[\sum_{n=0}^{N-1} A_n e^{j(\omega_n t + \theta_n)}\right] \\ &= Re\left[\sum_{n=0}^{N-1} \left(A_n e^{j\theta_n}\right) e^{j\omega_n t}\right] \\ &= Re\left[\sum_{n=0}^{N-1} S_n e^{j\omega_n t}\right] \end{aligned}$$

로 쓸 수 있다. 여기서 $S_n = A_n e^{j\theta_n} = a_n \cos\theta_n + jb_n \sin\theta_n$ 으로 각 데이터들이 M진 QAM 변조된 후의 신호의 위상이라고 보면 된다.

위 식의 대괄호 안의 식은 **이산 푸리에 급수**(DFS : Discrete Fourier Series) **합성 식**(synthesis equation)과 같은 형태로 아날로그 신호 주기를 무한대로 확장한 경우의 푸리에 역변환(Inverse Fourier Transform)의 식

$$f(t) = \int_{-\infty}^{\infty} F(\omega) e^{j\omega t} d\omega$$

에 해당한다고 볼 수 있다. 따라서 위 식의 출력 신호 $s(t)$는 변조 신호 S_n을 고속 푸리에 역변환(IFFT : Inverse Fast Fourier Transform)하여 실수부만 취한 것임을 알 수 있다. 여기서 중요한 사실은 OFDM 출력 신호는 다름 아닌 데이터에 의해 변조된 신호를 IFFT 처리만 하면 얻어질 수 있다는 점이다. 즉 주기 변조 신호를 이산 신호로 처리하기 위해 각 부반송파의 변조 신호의 심볼 주기가 T이고 편의상 $t=1$ 간격으로 표본화한다고 가정하면 위 식은 주기 복소 급수

$$s(k) = Re\left[\sum_{k=0}^{N-1} S_k e^{j\frac{2\pi kn}{N}}\right] = Re\left[\sum_{k=0}^{N-1} S_k W_N^{kn}\right],\ W_N^{kn} = e^{j\frac{2\pi kn}{N}},\ k = 0, 1, 2, \ldots N-1$$

로 표현할 수 있으며 이에 따라 이산 신호 처리 기법을 이용하여 각 부반송파의 변조된 위상값 S_n을 **이산 푸리에 역변환**(IDFT : Inverse Discrete Fourier Transform)한 후 실수부만을 취함으로써 OFDM 신호 $s(k)$를 얻어낼 수 있는 것이다. 이때 나이퀴스트 표본화 정리에 의하면 $1/N$의 주파수를 표현하기 위해서는 디지털 샘플이 $2N$개 이상 필요하므로 실제 실행 시에는 원 신호를 $2N$개로 확장한 다음과 같은 식에 의해 IDFT를 실행하여 OFDM 신호 $s(k)$를 얻어낸다.

$$s(k) = Re\left[\sum_{k=0}^{2N-1} S_k^{'} W_{2N}^{kn}\right],\ W_{2N}^{kn} = e^{j\frac{2\pi kn}{2N}},\ k = 0, 1, 2, \ldots 2N-1$$

여기서 $S_k^{'} = \begin{cases} A_k e^{j\theta_k}, & k < N \\ 0, & k \geq N \end{cases}$

이렇게 $s(k)$를 얻어내는 방법에는 위와 같이 복소 반송파 신호의 실수부만을 이용 방법 이외에도 대칭 복소 신호를 사용하거나, 1샘플 이동 후 두 쌍의 대칭인 복소 신호를 사용하는 방법 등이 있다.

OFDM 신호의 발생과는 반대로 OFDM 신호의 복원, 즉 복조 과정은 IDFT의 역과정인 **이산 푸리에 변환**(DFT : Discrete Fourier Transform)을 반드시 거치게 된다.

이와 같이 OFDM 신호 발생과 복원은 컴퓨터를 이용하거나 전용 신호 처리 칩을 사용한 이산 신호 처리 기술에 의해 이루어지는 것을 알 수 있다.

1950년대 말 아날로그 시대의 기술적 관점에서 보면 OFDM 신호를 발생시키기 위해서는 당연히 수백, 수천 개에 달하는 직교성의 부반송파 주파수 발진기를 모두 제작하여 넣고 동기를 맞추어 동작시켜야 한다고 생각할 것이므로 웬만해서 구현할 엄두가 나질 않았을 것이다.(참고로 WLAN 같은 경우 대략 64개 정도이나 지상파 비디오 전송의 경우는 수천 개에 달한다). 그러나 컴퓨터 기술과 디지털 신호 처리 기술의 급속한 발달과 더불어 푸리에 변환을 실시간에 쉽고 매우 빠르게 할 수 있는 기술이 확보되면서 디지털 데이터를 디지털적으로 처리함으로써 쉽고도 편리하게 데이터에 의해 변조된 신호를 서로 직교성을 유지하는 수많은 반송파에 실어보낼 수

있는 방법을 얻게 된 것이다. 우리는 신호를 다룰 때 통상적으로 시간 영역에서 다루거나 처리하고 난 후 그 결과를 주파수 영역으로 변환하여 관찰하고, 문제가 있으면 다시 시간 영역에서 신호를 처리하여 주파수 영역에서 관찰하는 방법을 사용하는 경우가 대부분이나, OFDM의 경우는 이와 반대로 아예 먼저 주파수 영역에서 서로 직교성을 갖도록 처리하고 난 후, 이를 시간 영역의 신호로 변환하여 관찰하고 처리하는 방법을 적용하는 점이 다른 점이라 할 수 있다.

$$s(t) = \sum_{n=0}^{N-1} \{a_n \cos n\omega_0 t + b_n \sin n\omega_0 t\}$$

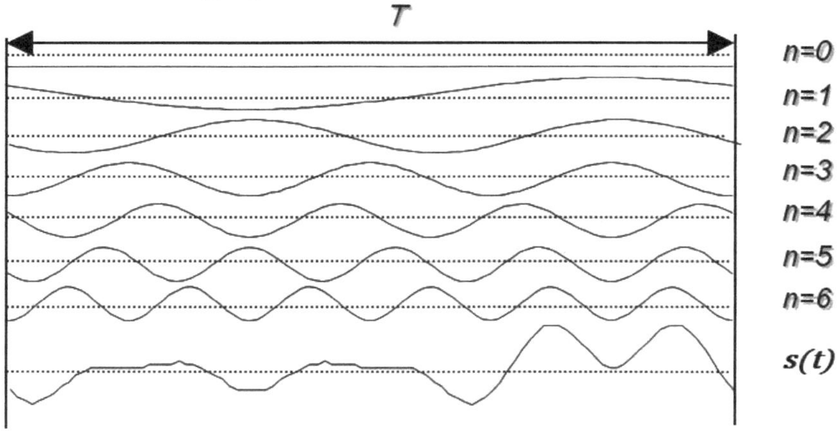

그림 5-52. OFDM 신호의 예

5.10.3 OFDM의 신호 구성

OFDM에 의한 데이터의 전송은 전송 심볼을 단위로 하고 있다. 각 전송 심볼은 아래 그림에서와 같이 유효 심볼 구간인 **원 심볼 구간**(original symbol time)과 **보호 구간**(guard interval)으로 구성된다. 보호 구간은 다중 경로(multipath) 반사파에 의해 신호가 지연되어 인접 심볼에 영향을 주는 현상(ISI)을 방지하기 위해 각 심볼의 앞 부분에 일정한 시간 간격을 두어 지연이 발생하여도 ISI가 발생하지 않도록 하는 것이다.

보호 구간(guard interval)은 심볼의 앞 부분에 강제로 삽입한 신호 구간으로 전송 채널에서의 다중 경로 전파 지연과 페이딩 등의 환경 조건에 따라 적절한 길이로 설정하되 반사파의 최대 지연 시간보다는 길게 하여야 한다. 또한 원래 심볼의 길이와 보호 구간을 더한 것을 전체 심볼 구간이라고 하는데 이 길이가 도플러 주파수의 역수, 즉 채널의 변화 주기보다 짧아야 한다. 따라서 채널 특성 변화가 크고 그 주기가 짧은 전송 채널일수록 심볼의 길이를 짧게 하여야 한다. 이때 삽입한 보호 구간은 무신호 구간으로 내버려 두는 것이 아니라 전치 부호인 **싸이클릭 프리픽스**(CP:Cyclic Prefix)를 삽입하게 되는데 이 CP는 아래 그림에서와 같이 해당 심볼 신호의 꼬리(tail) 부분을 복사하여 삽입한다.

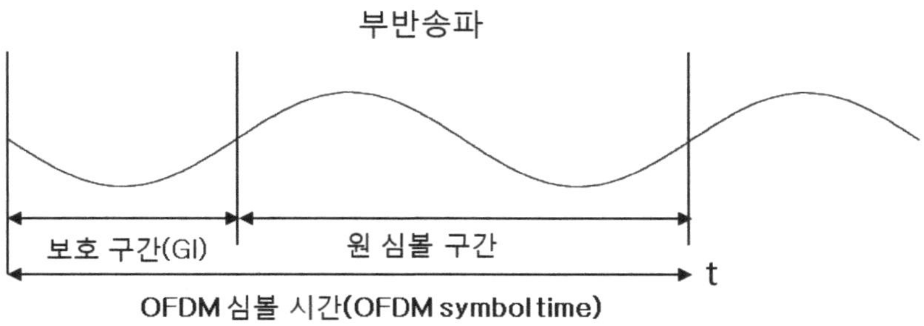

그림 5-53. OFDM 심볼의 구성

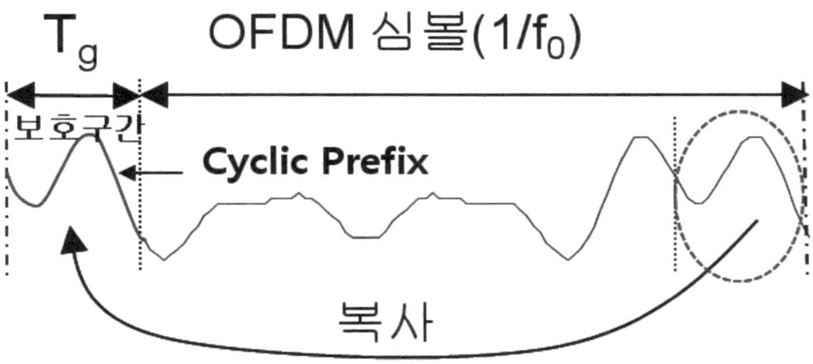

그림 5-54. OFDM 보호 구간과 CP

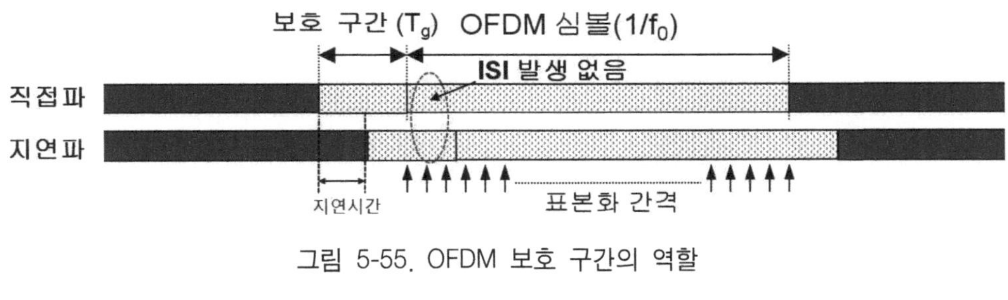

그림 5-55. OFDM 보호 구간의 역할

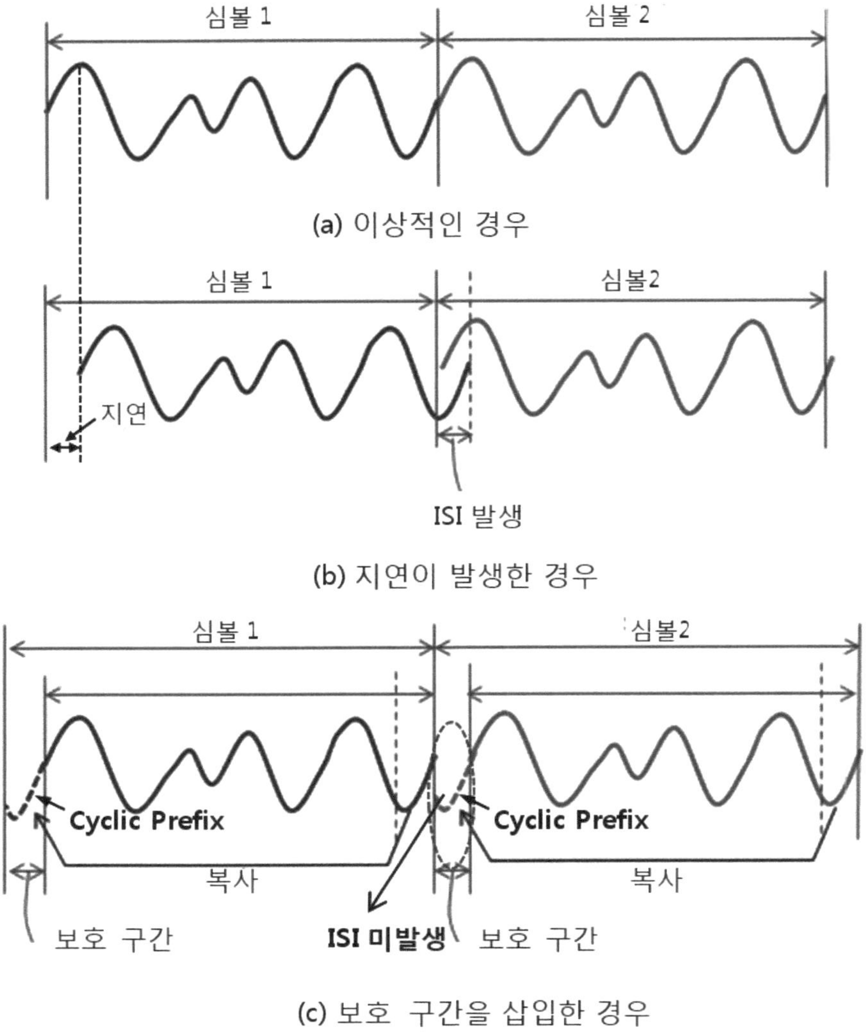

그림 5-56. ISI 방지를 위한 OFDM 신호의 구성

5.10.4 OFDM 부반송파의 수

OFDM 방식에서 부반송파의 수는 성능에 있어 매우 중요한 변수이다. 개수가 많은 수록 각 부반송파로 전송되는 심볼의 주기가 길어지므로 다중 경로에 의한 제반 문제에 강하게 된다. 그러나 메모리 등의 하드웨어가 증가하여 비용이 상승하고 심볼 간의 시간 간격이 길어져 채널의

변화가 심할 경우 적응이 어렵고 부반송파의 주파수 간격이 좁아져서 수신기 내의 발진기의 약간의 주파수 오차에도 시스템 성능이 크게 저하되는 단점이 있다. 반대로 개수가 너무 적으면 구현성은 양호하나 약간의 다중 경로에도 심볼 간 간섭이 발생하게 되는 문제가 있다.

부반송파의 수를 결정하는 주요 변수는 **채널 대역폭**, **다중 경로 전파 지연 시간**, 이동체에 의한 **도플러 주파수**이다. 채널 대역폭이 넓을수록 다수의 반송파를 사용하는 것이 다중 경로나 전송 효율 측면에서 유리하다. 반면 채널에서의 도플러 주파수는 높을수록 채널의 주파수 응답 특성이 자주 변화하여 **채널 등화**(equalization)가 어려워지고 이에 따른 성능 저하가 발생할 수 있으므로 이 경우에는 심볼 주기가 짧을수록, 즉 부반송파 개수가 적을수록 유리하다.

따라서 OFDM의 부반송파의 개수는 통신 시스템에 요구되는 전송 속도, 사용하고자 하는 전송 채널의 채널 대역폭과 다중 경로 전파 지연 시간, 도플러 주파수 등의 특성에 맞추어 적절하게 선정되어야 한다. 실제 사용되고 있는 시스템에서는 대략 64~2048개 정도가 일반적이다.

요 약

- **OFDM 부반송파의 수**
  OFDM 부반송파의 수는 다중 경로에 의한 반사파의 지연 시간에 비례하고 도플러 주파수에 반비례한다.

5.10.5 OFDM의 장점과 단점

(장점)

- 고속 데이터 전송이 가능하다 : 직렬의 정보 신호를 멀티 레벨 변조 후에 다수의 부반송파에 나누어 전송하므로 고속 전송이 가능하다.
- 전송 주파수 대역 이용 효율이 높다 : 다중 반송파를 사용하지만 각 부반송파의 주파수 스펙트럼을 겹칠 수가 있어서 전송 속도에 비해 협대역 전송이 가능하다.
- 협대역 간섭에 강하다 : 하나의 정보를 여러 개의 협대역 부반송파에 분할하여 전송함으로써 전송 간에 협대역 방해나 간섭이 일부 부반송파에만 영향을 주므로 **인터리빙**(interleaving)이나 **에러 정정 부호**(Foward Error Correction Code)를 사용한 에러 정정을 통해 효과적으로 복원 가능하다.(**주파수 다이버시티** 효과)
- 주파수 선택적 페이딩에 강하다 : 다중 경로 전파 지연에 의한 **주파수 선택적 페이딩**, 도플러 효과에 의한 간섭에 강하여 신뢰성 있는 통신이 가능하다.

- ISI에 강하다 : 각 채널 데이터의 비트 시간이 늘어남에 따라 고속 전송 시 문제가 되는 **심볼 간 간섭** (ISI : Inter-Symbol Interference)을 억제하기 위한 심볼과 심볼 간의 시간 간격, 즉 보호 구간(guard interval)을 둘 수 있을 만큼 여유가 생기므로 ISI를 효과적으로 줄일 수 있다. 이때 보호 구간에는 주기적 전치 부호(CP: Cyclic Prefix)를 삽입하여 심볼의 불연속성을 해결한다.
- 이동 수신 시 도플러 효과에 강하다 : 송수신 양단 사이에 상대적 이동이 있게 되면 도플러 천이 효과가 발생되는데 이러한 효과에 강하다.
- 복잡한 **채널 등화기**(channel equalizer)를 필요하지 않다 : 데이터 전송 속도를 그대로 유지하면서 각 부반송파에서의 심볼 주기를 부반송파의 수만큼 확장시킬 수 있기 때문에 하나의 탭(tap)을 갖는 간단한 등화기로도 채널 왜곡에 대한 보상이 가능하므로 쉽게 페이딩 채널에 대처할 수 있다. 채널 등화기가 이처럼 간단해 질 수 있는 이유는 높은 심볼률로 변조된 하나의 광대역 신호 대신 낮은 심볼률로 변조된 다수의 협대역 신호를 사용하기 때문이다. 낮은 심볼률은 심볼들 사이의 적절한 보호 구간(guard interval)을 둘 수 있게 하므로 심볼 간 간섭(Intersymbol Interference, ISI)을 제거할 수 있으며, 에코(echo)와 시간 분산(time-spreading)을 활용하여 다이버시티 이득(diversity gain)을 얻음으로써 신호 대 잡음비(signal-to-noise ratio, SNR)를 향상시킬 수 있다.
- 제작이 용이하고 저비용 구현이 가능하다 : IFFT와 FFT 신호처리 기법을 사용하여 상호 직교하는 수백, 수천 개의 부반송파를 갖는 변조기와 복조기의 설계가 가능하므로 일반 다중 반송파 변조 방식에 비해 제작이 용이하고 비용이 적게 든다.
- 이동통신 셀 간 간섭이 없고, 자원 할당이 용이하다 : 부반송파 간에 직교성이 우지되므로 셀 간 간섭이 거의 없다.
- TV 방송에서 다중 경로 전파에 의한 **고스트(ghost)**에 강하고 기존 방송 서비스에 방해를 주지 않는 특성이 있기 때문에 지상파 디지털 TV 방송에 널리 쓰이며 소전력의 다수 송신국을 이용하여 단일 주파수로 서비스 영역을 커버하는 **SFN(Single Frequency Network)**을 구성할 수 있는 장점이 있다. 즉 기존의 단일 반송파 체계에서 발생하는 신호의 간섭은 방지하고 먼 거리의 여러 송신기들로부터 보내진 신호를 건설적으로 결합시킴으로써, 여러 인접해 있는 송신기가 동시에 동일한 신호를 동일한 주파수로 보낼 수 있도록 하는 SFN의 설계가 가능해진다.

(단점)

- 반송파가 일정 주파수 간격으로 정렬된 다중 반송파 방식이므로 전송로에 비선형 특성이 존재하고, 상호 변조에 의한 특성 열화가 발생하기 쉽다. 따라서 중계기나 증폭기 등의 통신

시스템이 선형성이 중요하며 이를 확보하기 위해 비용이 증가한다.

■ PAPR 값이 매우 크다 : 단일 반송파 변조 방식에 비해 상대적으로 큰 **최대 전력 대 평균 전력 비(PAPR)**를 갖는다. 이는 신호의 정진폭 특성이 좋지 않다는 의미이고 따라서 신호 스펙트럼의 부엽 재생을 억제하려면 중계기 RF 증폭기의 선형성 확보가 중요하므로 이를 위한 비용이 증가한다.

■ 위상 잡음 및 송수신 단 간의 반송파 주파수 오프셋(offset)에 민감하다 : 송수신 단 간에 반송파 주파수 옵셋이 존재할 경우 SNR 열화 발생한다. 그 결과 수신된 부반송파간의 직교성(orthogonality)이 상실되어 신호 대 잡음비(SNR)가 크게 감소한다.

■ **프레임 동기**, **심볼 동기**에 민감하다 : 프레임 동기, 심볼 동기에 민감하게 동작하기 때문에 해당 시스템의 수신 단 구현 시 이를 극복할 수 있는 최적의 알고리듬이 요구된다.

표 5-3. OFDM의 장점(요약)

장 점	부가 설명
주파수 대역 이용 효율이 양호함.	• 부 채널을 주파수상에서 겹치게 할 수 있으므로 주파수 대역 효율이 매우 좋음.
이동통신에서 주로 문제가 되는 다중경로 페이딩에 강함.	• 데이터를 병렬로 전송하면 심볼 주기가 늘어나기 때문에, 지연 확산(Delay Spread)에 의한 심볼 간 간섭(ISI)이 줄어듦. • 또한, 보호구간을 인접하는 OFDM 심볼 사이에 적당히 두면 심볼 간 간섭을 완전히 없앨 수 있음.
이동 수신 시 도플러 효과에 강함.	• 송수신 양단 사이에 상대적 이동이 있게 되면 도플러 천이 효과가 발생되는데 이러한 효과에 강함.
협대역 간섭에 강함.	• 협대역 간섭이 일부 부반송파에만 영향을 주므로 다중 경로에 의한 주파수 선택적 페이딩의 극복이 용이함.
고속 구현이 용이함.	• FFT를 이용하여 고속의 신호 처리가 가능함.
복잡한 등화기를 필요하지 않고, 임펄스 잡음에 강함.	• OFDM은 복잡한 등화기가 필요로 하지 않는 대신에 다수의 부반송파를 복조하기 위해 사용되는 FFT에 의해 그 복잡도가 결정되는데 각 부 채널에서 간단한 단일 탭 등화기와 같은 간단한 채널 등화 방식을 사용하여 채널 왜곡을 보상하므로 단일 반송파 변조 방식에 비해 복잡도가 크게 감소함.
이동통신 셀 간 간섭이 없고, 자원 할당이 용이함.	• 부반송파 간에 직교성이 유지되므로 셀 간 간섭이 거의 없음.
제작이 용이하고 저비용 구현이 가능함.	IFFT와 FFT 신호처리 기법을 사용하여 상호 직교하는 부반송파를 갖는 변조기와 복조기의 설계가 가능하므로 일반 다중 반송파 변조 방식에 비해 저비용 구현이 가능함.

5.10.6 OFDM의 이용 분야

OFDM은 1960년대에 처음 나왔지만 당시 하드웨어의 기술의 한계로 인해 실용화가 되지 못하다가 수십 년이 지난 이후 신호 처리(DSP) 하드웨어 기술의 발전으로 IC 칩을 이용한 고속 푸리에 역변환(IFFT : Inverse-Fast Fourier Transform)과 고속 푸리에 변환(FFT : Fast Fourier Transform)을 낮은 비용으로 구현하는 것이 가능해졌고, 고속 데이터 전송이 필요한 현대의 통신 시스템에 적합하기 때문에 **무선 LAN(Wi-Fi : 802.11a, 802.11g, 802.11n, 802.11ac)**, **4G LTE, Mobile Wimax(WiBro)**, **지상파 디지털 TV방송** (유럽식(DVB-T), 미국식(ATSC), 일본식 등에 적용되어 널리 쓰이고 있다. 또한 차세대 HomePNA, 전력선 통신 등에서도 OFDM을 고려하고 있다. 참고로 기존의 전화선로를 이용한 ADSL과 VDSL에서도 고속의 데이터 전송용으로 OFDM 방식과 유사한 **DMT(Discrete Muti-Tone) 방식**이 채택된 바 있다. 아래 표에 이용 분야를 요약하였다.

표 5-4. OFDM의 이용 분야

분 야	내 용
Wireless LAN	• 전송 속도 54Mbps 이상의 IEEE 802.11a, g, n에서 높은 전송 속도를 얻기 위해 52개의 부반송파를 갖는 OFDM을 채택함. 등화가 간단하며 다중 경로 간섭에 대해 강함.
Wireless MAN	• 수 Km 이내의 옥내나 중소 사업장에 대한 광대역 액세스 수요를 증가로 광대역 무선 액세스 기술인 BWA에서 OFDM 기술을 채택함.
Digital Broadcasting (DMB/DAB)	• 영상 신호는 음성 신호에 비해 정보의 양이 현격히 많으므로, 한정된 주파수 대역에서 고속 전송하기 위해 OFDM 방식을 사용함. • 현재 유럽식, 미국식, 일본식 지상파 디지털 라디오 방송 시스템 모두 OFDM을 사용함.[OFDM은 서로 다른 송신기에서 보내진 동일한 신호가 시간 지연을 두고 수신되더라도 간섭을 주지 않으므로 여러 개의 방송국이 같은 주파수 망을 이용해 방송하는 SFN(Single Frequency Network)의 구현이 가능]
ADSL/VDSL	• 전화선을 이용 ADSL(Asymmetric Digital Subscriber Line)은 OFDM과 동일한 원리의 DMT(DiscreteMulti Tone) 방식을 사용함. • VDSL(Very high rate DSL)은 ADSL보다 고속의 데이터 전송을 위한 방식으로 부반송파 간 직교성 유지를 위한 Cyclic Prefix 외에 상향과 하향 스트림 간의 직교성을 유지하기 위한 Cyclic Suffix를 첨가하여 선로 간 혼신을 방지하게 함.
4세대 이동통신	• LTE, WiMAX에서 OFDM을 이용함.

5.10.7 OFDM 송수신기의 구성

OFDM의 송신기 및 수신기는 아래 그림과 같이 구성된다. 그림을 참고로 OFDM 신호의 발생과 복원 과정을 설명하면 다음과 같다.

우선 정보 신호인 직렬 데이터를 높은 전송 대역 이용 효율의 M진 QAM 방식으로 변조한다. 음성 방송용에는 QPSK, 지상파 디지털 TV 방송용으로는 대역 이용 효율이 우수한 64QAM이 주로 이용된다. 이후 각 비트 시간별 데이터의 주파수 영역에서의 샘플들을 **직렬-병렬 변환기(Serial/Parallel Converter)**를 통하여 병렬 심볼로 변환한 뒤, 각 채널 심볼들에 대해 IFFT를 실행하면 심볼들이 수백, 수천 개의 부 반송파 주파수로 변조된 시간 영역에서의 신호가 얻어진다. 이 신호를 병렬-직렬 변환기를 이용하여 다시 직렬 신호로 변환한 뒤에 ISI를 최소화하기 위한 파형 성형[상승 코사인 여파기(Raised Cosine Filter)등을 이용]과 심볼과 심볼 간에 주기적 **전치부호(CP : Cyclic Prefix)**를 삽입한 보호 구간(Guard Interval)을 둔 후, 아날로그/디지털 변환기(D/A converter)를 통해 아날로그 신호로 변환하여 높은 주파수 대역으로 천이하여 전송 채널을 통해 전송한다. 수신은 송신 과정의 역과정이므로 수신 신호를 낮은 대역 신호로 낮추고 아날로그 신호이므로 샘플링을 통해 디지털 신호로 변환한 후, 보호 구간에 삽입된 CP를 제거하고 직렬-병렬 변환하여 병렬 신호로 만든 후에 이를 FFT 신호 처리하여 시간 영역의 신호를 주파수 영역에서의 신호로 변환하면 부반송파가 제거된 심볼이 얻어지며 이를 직렬 신호로 변환한 뒤에 송신측에서 실행했던 디지털 변조에 대한 역과정을 거치면 원래의 데이터 열이 얻어진다.

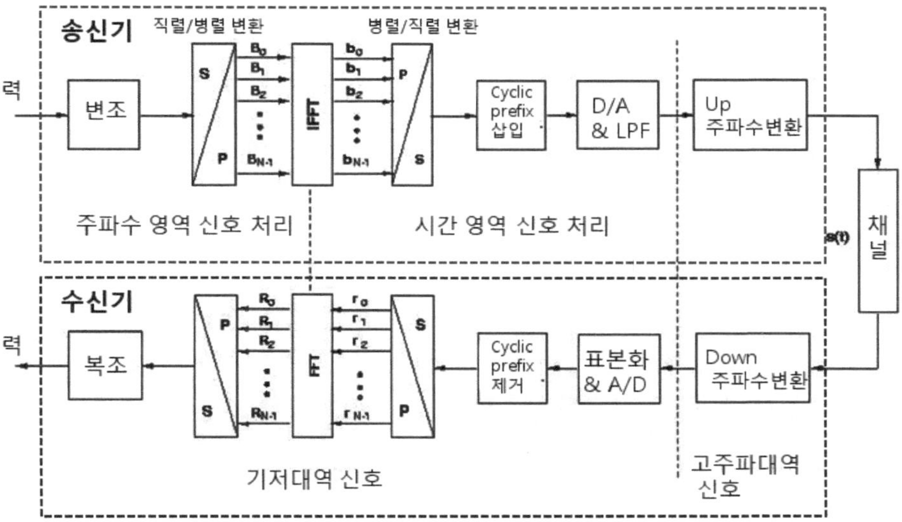

그림 5-57. OFDM 송 · 수신기 구성도

참 고

• 8VSB 방식

북미와 국내 지상파 디지털 TV에 사용되는 전송 방식을 말한다. 아날로그 TV의 VSB 방식을 기초로 디지털 TV 신호를 전송할 수 있도록 개발한 방식으로 직렬 디지털 신호를 2비트 병렬 신호로 변환 후, 부호율이 2/3인 트렐리스 부호화에 의해 3비트로 부호화한 후, D/A 변환기를 거쳐 PAM 신호로 변환하여 전송한다. PAM 신호의 레벨이 8가지로 구성되므로 8VSB라고 한다.

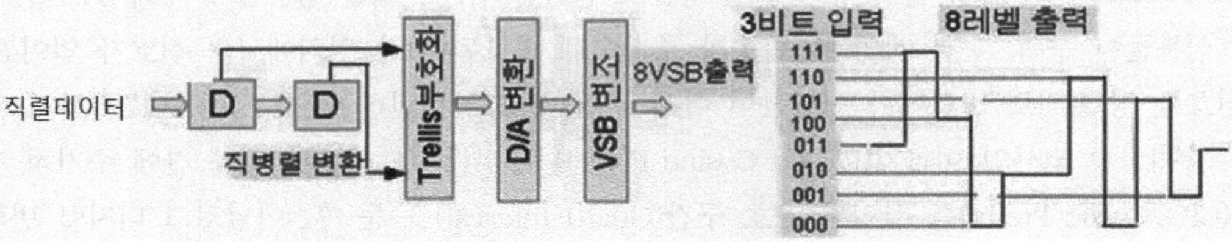

(8VSB 신호 발생 과정과 신호 형태)

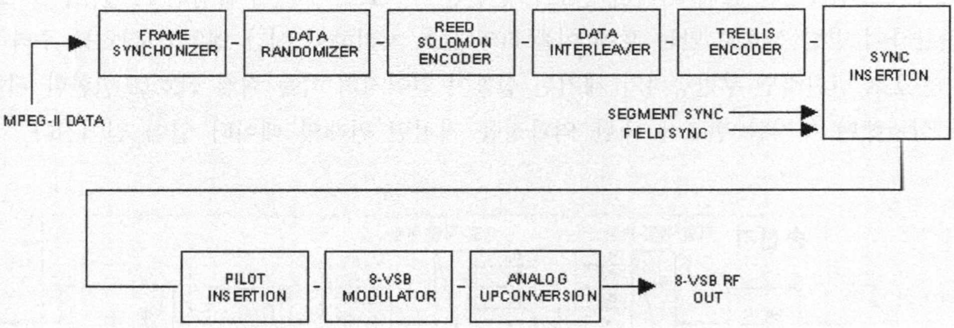

(8VSB 송신기 구성)

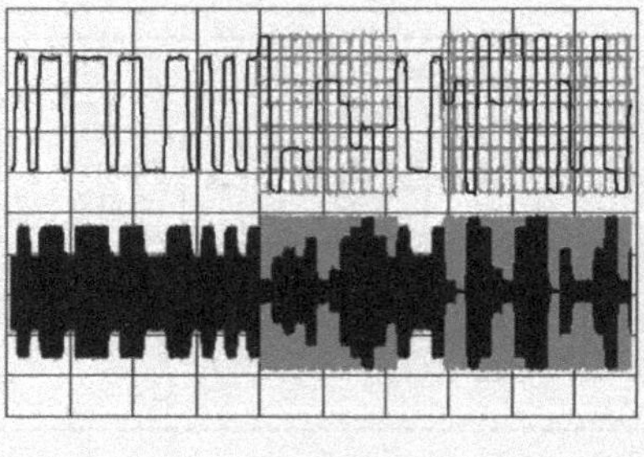

(a) AM 변조된 8VSB 기저 대역 신호 파형

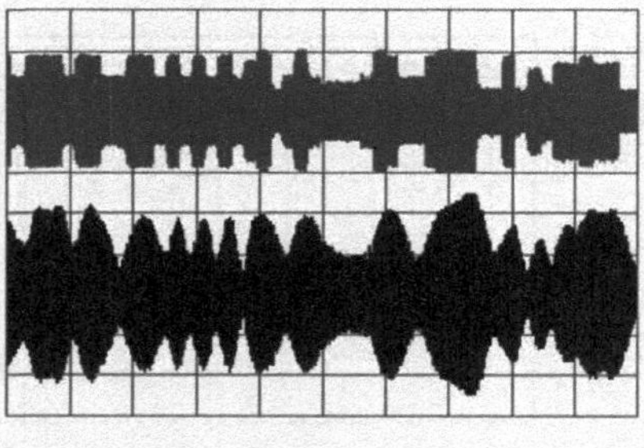

(b) 나이퀴스트 여파 후의 8VSB 신호 파형

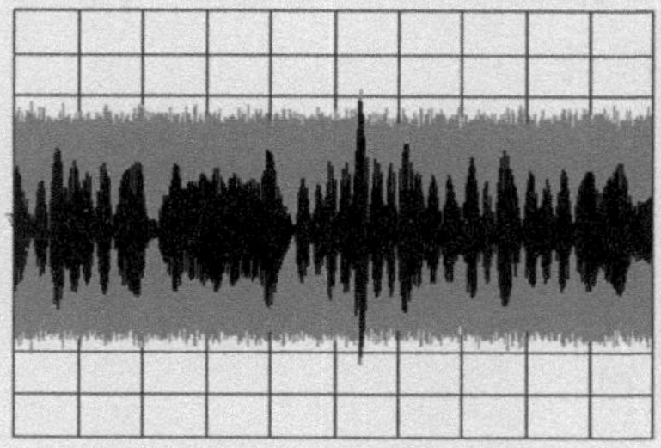

(c) 고주파(RF) 8VSB 신호 파형

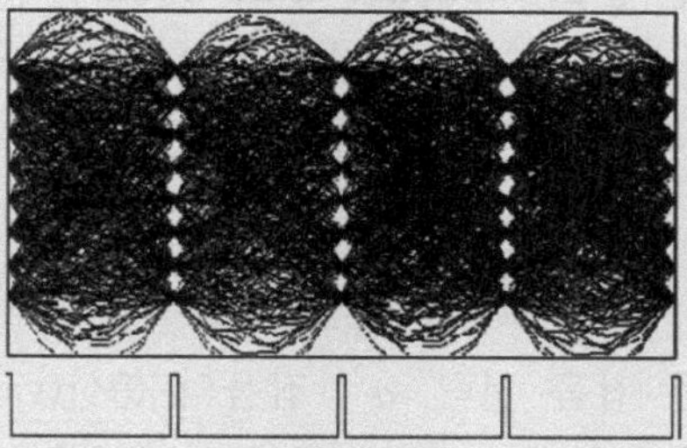

(d) 8VSB 수신 신호의 아이 패턴(eye diagram)

(8VSB 신호 파형)

5.11 디지털 변조 방식의 성능 비교

5.11.1 잡음의 성질

잡음의 종류와 발생 원인, 특성 등에 대해서는 이미 제2장 3절에서 다룬 바 있다. 여기서는 통신 시스템에 있어 가장 일반적이고도 항상 고려해야 하는 잡음으로 흔히 **'백색 잡음(white noise)'**이라고 불리는 가산성 백색 가우시안 잡음(AWGN : Additive White Gaussian Noise)의 성질에 대해 살펴보기로 한다. 명칭에 '백색(white)'이 들어간 이유는 주파수 스펙트럼 관점에서 볼 때 백색광처럼 모든 주파수 성분이 고르고 일정하게 분포하기 때문이고 '가우시안(Gaussian)"이 붙은 이유는 통계적인 특성이 정규 분포(normal distribution)라고도 하는 가우스 분포를 따르게 때문이다.

AWGN은 통신 공학에서는 일반적으로 $n(t)$로 표시하고 이의 전력 스펙트럼 밀도 (PSD : Powe Spectral Density)는

$$S_n(\omega) = \frac{N_0}{2}\,[W/Hz]$$

로 표시한다. AWGN은 아래 그림과 같이 매우 불규칙한 형태로 보이지만 시간 평균값이 0이고 시불변(time-invariant)형인 파형으로 다음과 성질을 가지고 있다.

- **가산성(Additivity)** : $r(t) = s(t) + n(t)$

- **가우시안 분포**(Gaussian distribution), 즉 **정규 분포**(normal distribution)의 확률 밀도 함수(pdf : probability density function)를 갖는다. 즉

$$p(n) = \frac{1}{\sqrt{2\pi\sigma^2}} e^{\frac{(n-\overline{n})^2}{2\sigma^2}}$$

$\overline{n}$: 평균 잡음 전력, σ^2: 잡음의 분산(variance)

로 표현되며 종 모양의 곡선 형태이다.

- 시간 평균(mean) $m = 0$이고 분산(variance) $\sigma^2 = \overline{n^2(t)}$이다.
- 시불변(time-invariant)형 통계적 특성을 가지며 시간 평균(time average)과 앙상블 평균(ensemble average)이 같은 **에르고딕 프로세스**(ergodic process)이다.
  $(m = E[n(t)] = < n(t) >)$
- 시간 평균 m과 분산 σ^2이 시간에 따라 변화하지 않는 **안정적 과정**(stationary process)이다.

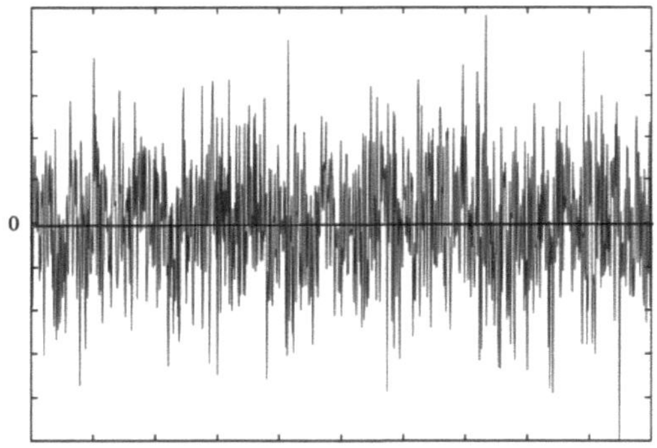

그림 5-58. 백색 잡음 파형

5.11.2 디지털 신호의 비트 오율 계산

디지털 통신시스템의 성능은 앞서 설명한 대로 데이터 1비트당의 신호 대 잡음비인 E_b/N_0 에 따른 비트 오율(BER)로 나타낸다. 본 절에서는 비트 오율, 즉 비트 에러 확률에 대한 개념을 좀 더 명확히 이해하기 위해 디지털 변조 기법의 가장 기본인 BPSK 시스템의 비토 오율을 백색 잡음(AWGN : Additive White Gaussian Noise) 환경 하에서 구해보고자 한다.

비트 오율은 송신된 총 데이터 비트 수에 대한 에러 비트 수를 나타내고, BPSK에서는 논리 1, 0에 대응하는 두 가지 신호만을 전송하므로 비트 오율은 다음 식으로 나타낼 수 있다.

$$P_b = P(0)P(e|0) + P(1)P(e|1)$$

여기서 $P(0)$은 0일 확률, $P(1)$은 1일 확률, $P(e|0)$는 0을 보냈으나 1로 잘못 판단할 확률, $P(e|1)$는 1을 보냈으나 0으로 잘못 판단할 확률이다.

송신측에서 전송하는 데이터의 논리 1과 0의 발생 확률은 동일하다고 가정하면 $P(0)$와 $P(1)$은 0.5로 생각할 수 있다. 그런데 통신 채널의 백색 잡음은 가산성의 가우시안 특성을 가지므로 다음과 같은 식으로 나타낼 수 있다.

$$p(n) = \frac{1}{\sqrt{2\pi\sigma^2}} e^{-\frac{(n-\overline{n})^2}{2\sigma^2}}$$

여기서 n은 잡음의 크기, $\overline{n}$는 평균(mean) 잡음 크기, σ^2는 잡음의 **분산**(variance)이다. 분산값은 잡음의 교류 성분 전력으로 생각하면 된다. 일반적으로 잡음의 평균값은 0이므로 이 경우에는 위 식에 $n = 0$으로 하면

$$p(n) = \frac{1}{\sqrt{2\pi\sigma^2}} e^{-\frac{n^2}{2\sigma^2}}$$

이 되며 이의 확률 밀도 함수인 **가우시안 확률 밀도 함수**(Gaussian pdf)는 아래 그림과 같이 종 모양(bell shape)을 띤다. 이를 **정상 분포**(normal distribution)라고도 한다.

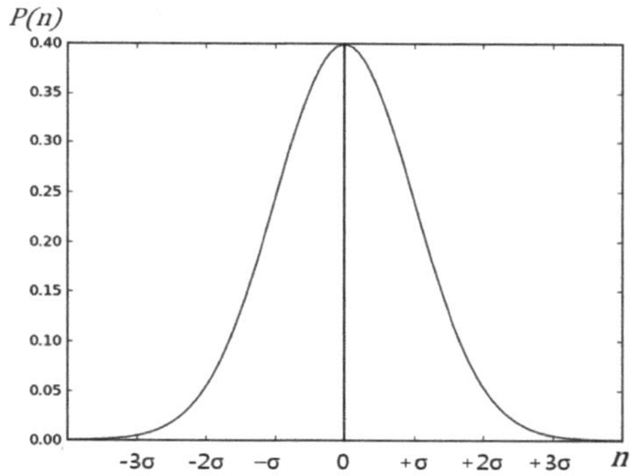

그림 5-59. 가우시안 확률 밀도 함수

이제 논리 1, 0에 대한 BPSK 신호가 각각 $-A$, $+A$라고 하면 확률 밀도 함수는 다음 식으로 나타낼 수 있다.

$$P(r|0) = \frac{1}{\sqrt{2\pi\sigma}} e^{-\frac{1}{2}\frac{(r+A)^2}{\sigma^2}}$$

$$P(r|1) = \frac{1}{\sqrt{2\pi\sigma}} e^{-\frac{1}{2}\frac{(r-A)^2}{\sigma^2}}$$

위 식에 대한 그래프는 가우시안 확률 밀도 함수와 같은 형태이나 평균값이 0이 아니므로 아래 그림과 같다.

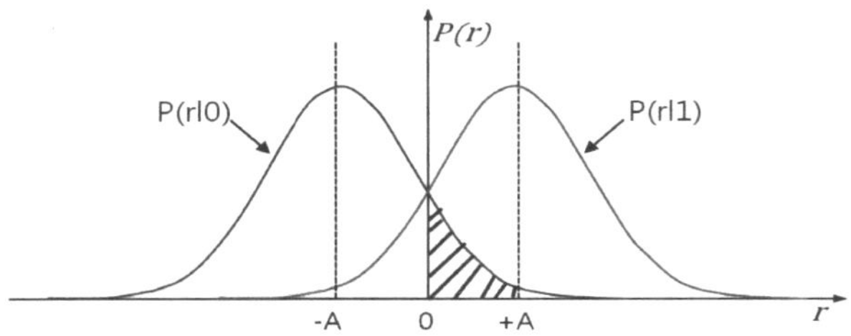

그림 5-60. BPSK 수신 신호의 확률 밀도 함수

위 그래프에서 논리 0 $(-A)$을 전송하였으나 수신 신호가 판정 기준인 0보다 큰 경우에 판정 오류가 발생하므로 위 그림에서 빗금 친 부분의 면적이 에러 확률이 된다. 이를 수식으로 나타내면

$$P(e|0)=\int_{0}^{\infty}\frac{1}{\sqrt{2\pi\sigma}}e^{-\frac{1}{2}\frac{(r+A)^2}{\sigma^2}}dr$$

이다. 마찬 가지로 논리 1 $(+A)$을 전송하였으나 수신 신호가 판정 기준인 0보다 작은 경우에 판정 오류가 발생하므로 이때의 에러 확률은 다음 식과 같다.

$$P(e|1)=\int_{-\infty}^{0}\frac{1}{\sqrt{2\pi\sigma}}e^{-\frac{1}{2}\frac{(r-A)^2}{\sigma^2}}dr$$

그런데 위 그림에서도 알 수 있듯이 $P(e|0)$과 $P(e|1)$은 결과 값이 동일하고 $P(0)=P(1)=0.5$이므로 비트 오율은 결국

$$P_b=P(e|0)=P(e|1)=\int_{0}^{\infty}\frac{1}{\sqrt{2\pi\sigma}}e^{-\frac{1}{2}\frac{(r+A)^2}{\sigma^2}}dr$$

이 된다. 위 식을 통신에서 주로 사용하는 **상보 에러 함수**(complementary error function)인 Q **함수**로 나타내기 위하여 $u=\frac{r+A}{\sigma}$로 치환하면 $du=\frac{1}{\sigma}dr$이 되어 다음과 같은 식으로 정리할 수 있다.

$$Q(x)=\frac{1}{\sqrt{2\pi}}\int_{x}^{\infty}e^{-\frac{u^2}{2}}du\ \ ,\ (Q(x)=\frac{1}{2}erfc(\frac{x}{\sqrt{2}}))$$

$$P_b=\int_{\frac{A}{\sigma}}^{\infty}\frac{1}{\sqrt{2\pi}}e^{-\frac{u^2}{2}}du=Q\left(\frac{A}{\sigma}\right)$$

여기서 A와 σ를 신호와 잡음 전력의 개념으로 생각하면 신호 전력을 A^2, 잡음 전력을 σ^2으로 나타낼 수 있으므로 디지털 성능을 나타내는 변수인 E_b/N_0로 표시하기 위해 이들 전력의 비를 신호 대 잡음 비로 표현하면 다음과 같이 쓸 수 있다.

$$\frac{A^2}{\sigma^2}=2\frac{S}{N}$$

그런데

$$\frac{E_b}{N_0} = \frac{S}{N}\frac{W}{R}$$

인 관계가 있음을 알고 BPSK에서는 $\dfrac{W}{R} = 1$ 이므로 위 식을 E_b/N_0로 나타내면

$$\frac{A^2}{\sigma^2} = 2\frac{S}{N} = 2\frac{E_b}{N_0}\frac{R}{W} = 2\frac{E_b}{N_0}$$

이고 따라서

$$\frac{A}{\sigma} = \sqrt{2\frac{E_b}{N_0}}$$

이다. 그러므로 BPSK의 비트 오율 P_b는 다음 식으로 구할 수 있다.

$$P_b = Q\left(\frac{A}{\sigma}\right) = Q\left(\sqrt{2\frac{E_b}{N_0}}\right)$$

결국 BPSK의 비트 오율을 비트당 신호 대 잡음비로 나타내면 **여오율 함수**의 값에 따른다는 것을 알 수 있다.

5.11.3 여러 가지 디지털 변조 방식의 비트 오율 비교

앞 절에서 BPSK의 E_b/N_0에 따른 비트 오율(BER)을 구하여 보았다. 이제 지금까지 살펴 본 여러 가지 디지털 변조 방식에 대한 성능 평가 차원에서 각 방식의 비트 오율을 비교하여 보기로 한다. 여러 가지 디지털 변조 방식에 대해 앞서 살펴 본 BPSK의 비트 오율 계산 과정과 유사한 과정을 통해 얻어낸 비트 오율 결과는 다음 표와 같다.

표 5-5 여러 가지 디지털 변조 방식의 비트 오율

변조 방식	비트 오율(BER)(P_b)
ASK	$P_e = \frac{1}{2}erfc\left(\sqrt{\frac{E_b}{2N_o}}\right) = Q\left(\sqrt{\frac{E_b}{N_o}}\right)$
동기식 BPSK(coherent BPSK)	$Q\left(\sqrt{\frac{2E_b}{N_o}}\right)$
QPSK , OQPSK, MSK(OQPSK 동기식 복조)	$Q\left(\sqrt{\frac{2E_b}{N_o}}\right)$
동기식 FSK (coherent FSK), CPFSK (동기식 복조)	$Q\left(\sqrt{\frac{E_b}{N_o}}\right)$

비동기식 FSK (noncoherent FSK), CPFSK (비동기식 복조)	$\frac{1}{2}e^{-\frac{E_b}{2N_o}}$
동기식 DPSK (coherent DPSK)	$2Q\left(\sqrt{\frac{2E_b}{N_o}}\right)\left[1-Q\left(\sqrt{\frac{2E_b}{N_o}}\right)\right]$
비동기식 DPSK (noncoherent DPSK)	$\frac{1}{2}e^{-\frac{E_b}{N_o}}$
M진 QAM	$P_{be}=1-(1-P_{bec})^2$ $P_{bec}=\frac{4}{k}\left(1-\frac{1}{\sqrt{M}}\right)Q\left(\sqrt{\frac{3k}{M-1}\frac{E_b}{N_0}}\right)$

위의 표의 결과에 따라 E_b/N_0에 대한 **비트 오율**(BER : P_b)를 그래프로 그려보면 아래 그림과 같이 곡선의 모양이 폭포수와 같은 형태를 띠게 된다. 이런 이유로 BER 곡선을 보통 'water fall' 곡선이라고 한다.

AWGN 환경에서 여러 가지 디지털 변조 방식에 대한 BER 곡선을 아래 그림에 나타내었다. 통신 시스템으로 실용성이 있기 위해서는 통상적으로 E_b/N_0 = 20[dB]~ 30[dB]에서 최소한 $BER \le 10^{-6}$ 정도 되어야 한다. $BER = 10^{-6}$을 기준으로 아래 그래프를 살펴보면 BPSK가 ASK보다 E_b/N_0가 약 3[dB] 낮으므로 그만큼 우수함을 알 수 있고, 동일한 대역폭 이용 효율을 갖는 16PSK와 16QAM을 비교해보면 QAM 방식이 약 4[dB] 정도 우수함을 알 수 있다.

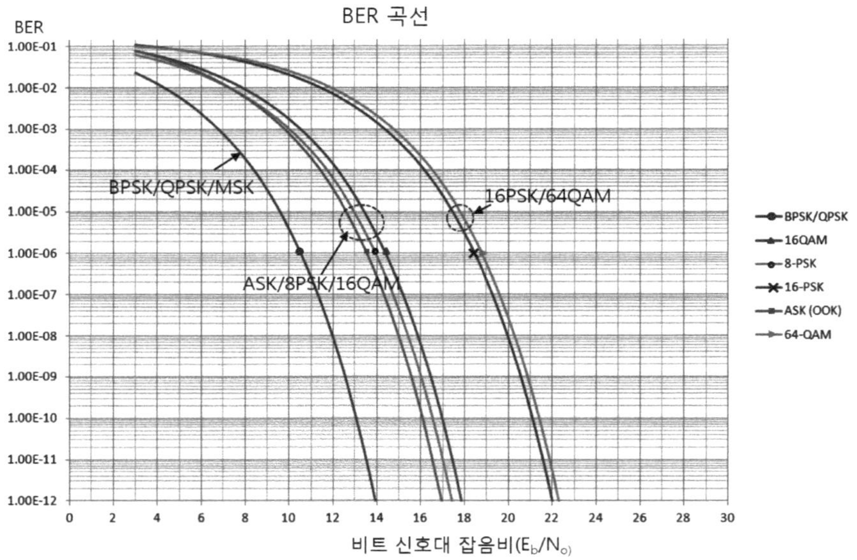

그림 5-61. 여러가지 디지털 통신 방식의 비트 오율(BER)

아래 그림은 AWGN 환경에서 BPSK와 FSK의 비트 오율을 비교한 그래프이다. FSK 방식이 기본 방식인 BPSK보다 BER 성능이 떨어지는데, 아래 그래프를 살펴보면 $BER = 10^{-5}$을 기준으로 동기식 FSK의 경우에는 약 3[dB] 정도, 비동기식 FSK의 경우에는 약 0.6[dB] 정도 더 높은 수준의 E_b/N_0를 요구하므로 FSK 방식이 그만큼 성능이 떨어진다고 볼 수 있다. 또한 차분 방식인 DBPSK도 기본 방식인 BPSK보다 성능이 떨어지는 것을 볼 수 있다.

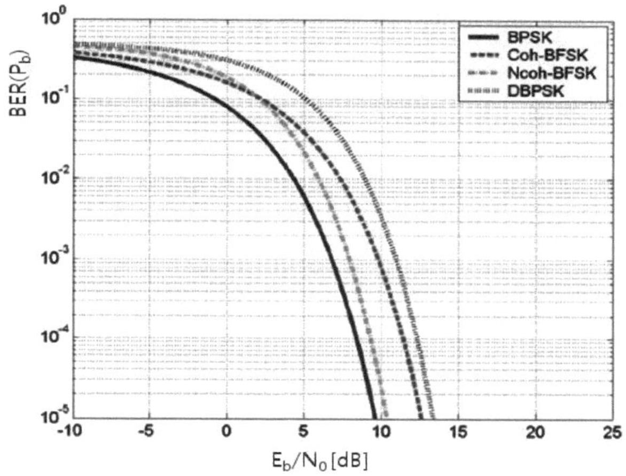

그림 5-62. BPSK와 FSK의 비트 오율 비교

아래 그림은 AWGN 환경에서 DBPSK나 DQPSK와 같은 차분 방식과 여타의 디지털 변조 방식과의 비트 오율을 비교한 그래프이다. 차분 방식이 기본 방식인 BPSK나 QPSK 방식보다 $BER = 10^{-6}$을 기준으로 E_b/N_0가 각각 약 0.6[dB]과 2.5[dB] 정도 더 높은 수준을 요구하므로 그만큼 성능이 떨어진다고 볼 수 있다.

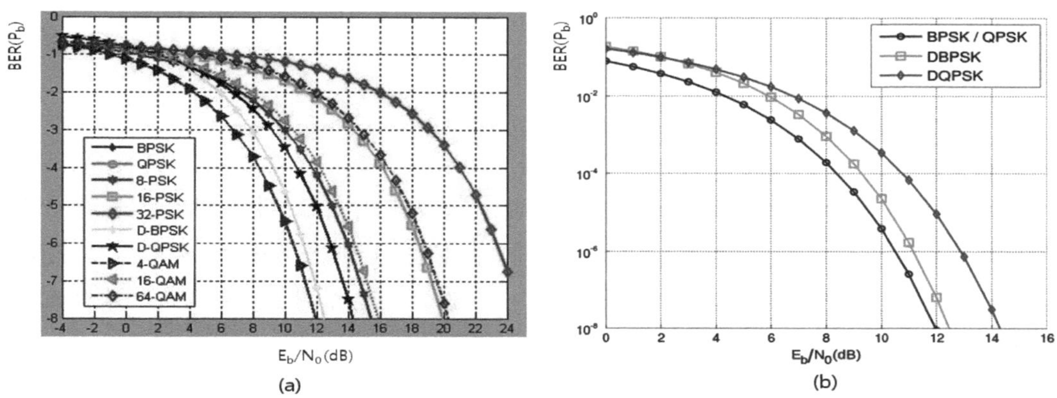

그림 5-63. 차분 방식과 여타 변조 방식의 비트 오율 비교

아래 그림은 AWGN 채널 환경에서 M진 QAM의 BER 곡선이다. 그래프를 통해 M 값이 클수록 BER 성능이 떨어지는 것을 알 수 있다. M 값이 4배가 될 때마다 동일한 BER을 유지하기 위한 E_b/N_0가 약 4~6[dB] 정도 높아지는 경향을 보이고 있다. 즉 M 값이 커질수록 동일한 수준의 비트 오율을 유지하려면 전송 채널에서의 신호 대 잡음비가 그만큼 높아야 한다는 의미이다.

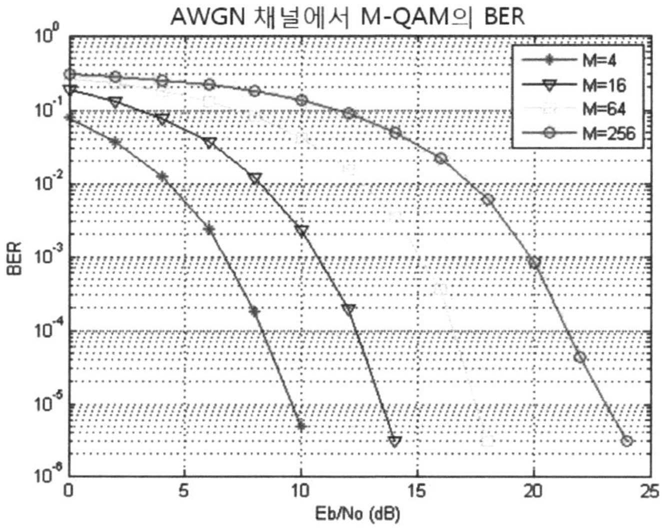

그림 5-64. M진 QAM의 비트오율(BER)

이상 지금껏 다루었던 여러 가지 디지털 변조 방식에 대한 비트 오율을 비교하여 보았다. 비트 오율 곡선은 디지털 통신 방식이나 시스템의 성능 지표이므로 시스템의 성능을 평가하는 매우 편리하고도 중요한 변수임을 숙지해두어야 할 것이다.

5.11.4 아이패턴(eye pattern), 아이 다이아그램(eye diagram)

디지털 통신 시스템의 성능이나 수신 상태를 점검해볼 수 있는 또 다른 방법은 동일 주기의 반복적인 신호를 누적 중첩한 전압 파형을 시간축 상에서 나타내는 것으로 흔히 **아이패턴(eye pattern)**이라고 하는 **아이 다이아그램(eye diagram)**이다. 잔상 시간이 긴 오실로스코프(oscilloscope)로 관찰하면 파형이 마치 눈과 같이 보여서 붙여진 이름이다. 아이패턴은 심볼 간 간섭(ISI)이나 부가 잡음에 의해 오염된 수신 신호의 품질을 살펴보는데 유용한 방법으로 디지털 수신 신호를 심볼 속도(symbol rate)의 정수배로 잘라서 1~2개 비트 주기로 누적 중첩시킨 것으로 그 모양은

눈과 유사하며 잔상 시간을 길게 세팅한 오실로스코프로 관찰 가능하다.(수신 신호를 수직 입력에 인가하고 수신되는 신호의 심볼 속도(R=1/T)와 동일한 주기를 갖는 톱니파를 수평 입력에 인가하면 눈 패턴이 생김)

이때, 수신 성능이나 품질은 아이패턴의 눈 열림(eye opening)의 크기(개구부 높이와 길이)로 평가한다. 아이패턴은 심볼 간 간섭(ISI)이나 부가 잡음에 의한 왜곡이 심할수록 모양이 점점 흐릿해지면서 닫히는 형상을 하게 되고 수신 상태가 양호할수록 눈을 크게 뜬 형태가 된다. 즉 눈 모양이 닫힐수록 신호 품질이 열화되었다고 판단한다. 이러한 평가 방법은 고성능의 정밀한 기법은 아니지만 데이터 신호의 품질을 전반적, 직관적으로 편리하게 평가할 수 있는 방법 중의 하나이다. 개안의 개수는 2진 시스템에서는 1개, M진 시스템에서는 보통 I와 Q 신호로 구성되므로 각각에 대해서는 $\sqrt{M}-1$개이고 총 $2(\sqrt{M}-1)$개이다.

참고로 아이패턴의 평가 요소는 다음과 같다

- **잡음 여유(Noise Margin)** : 눈 열림의 높이(Eye Height)로 잡음에 대한 여유도를 평가함
- **눈 열림의 폭(Opening Width)** : 수신 신호를 별 다른 에러 없이 샘플링할 수 있는 시간 구간
- **시간 에러 감도(Sensitivity to Timing Error)** : 아이패턴의 기울기로 이를 통해 시간 오차에 대한 민감도를 평가함
- **최대 왜곡(Maximum Distortion)** : 눈 패턴의 맨 위와 맨 아래의 파형들의 변동 폭으로 신호의 샘플링 시점에서의 최대 왜곡 값을 나타냄.
- **시간 지터(Timing Jitter)** : 파형에서 영점 교차 영역의 폭을 의미함

※ **최적 샘플링 시간(Optimum Sampling Time)** : 눈이 최대로 열린 시점을 말함

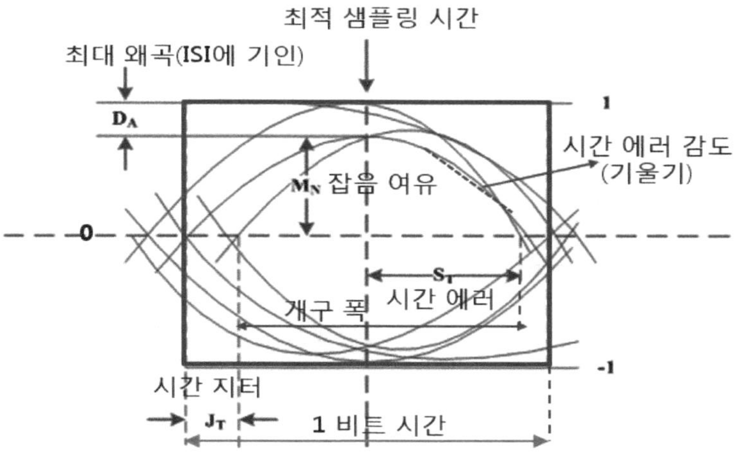

그림 5-65. 아이패턴의 평가 요소

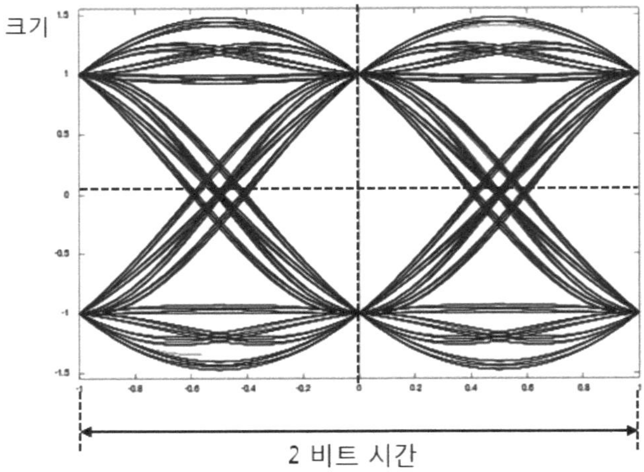

그림 5-66. BPSK 신호의 아이 다이아그램의 예

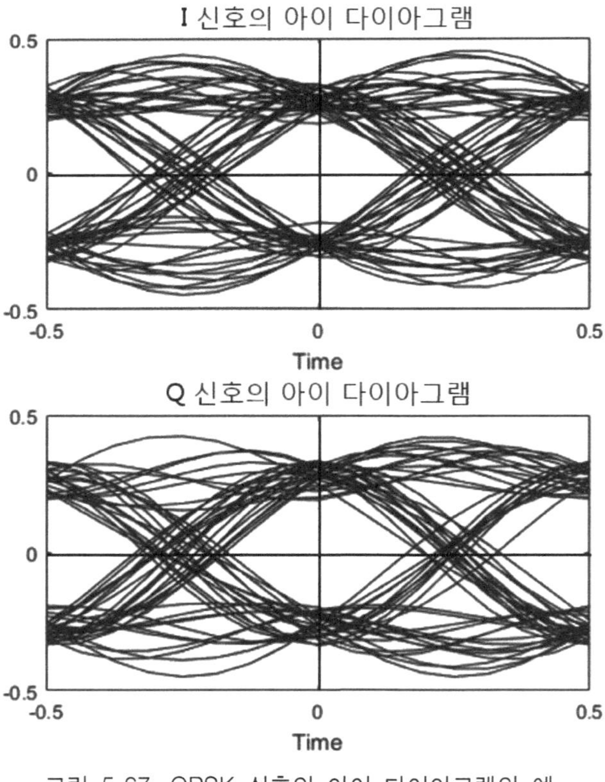

그림 5-67. QPSK 신호의 아이 다이아그램의 예

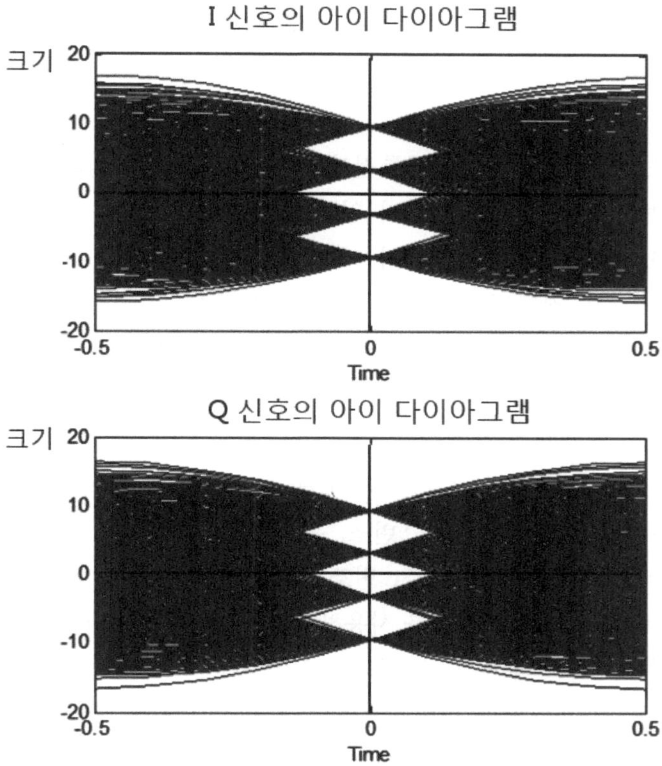

그림 5-68. 16QAM 신호의 아이 다이아그램의 예

제5장 연습문제

(주관식 문제)

1. 아날로그 변조와 디지털 변조의 공통점과 차이점에 대해 설명하라.
2. 디지털 변조 방식에는 어떠한 것들이 있는지 설명하라.
3. 디지털 변조 방식에는 어떠한 것들이 있는지 알아본다.
4. ASK의 개념과 원리, 장단점, 용도, 변조, 복조 방법에 대해 설명하라.
5. FSK의 개념과 원리, 장단점, 용도, 변조, 복조 방법에 대해 설명하라.
6. FSK에서 비트 전송률이 15Kbps인 경우, 다음 물음에 답하라.
   (1) 두 반송파 주파수의 최소 간격은?
   (2) 두 반송파 신호의 주파수가 각각 500kHz, 550kHz일 때 대역폭을 구하라.
7. PSK의 개념과 원리, 장단점, 용도, 변조, 복조 방법에 대해 설명하라.
8. DPSK의 개념과 원리, 장단점, 용도, 변조, 복조 방법에 대해 설명하라.
9. DPSK 방식의 예로서 XOR 게이트를 사용하고 DPSK 부호화기의 출력이 논리 0인 경우 반송파의 위상을 0으로 하고, 출력이 논리 1인 경우 π로 전송하는 경우에 '1101001'의 입력 데이터에 대한 DPSK 변조기의 반송파 위상 출력을 구하고 복조 과정을 표로 나타내라.
10. QPSK의 개념과 원리, 장단점, 용도, 변조, 복조 방법에 대해 설명하라.
11. OQPSK의 개념과 원리, 장단점, 용도, 변조, 복조 방법에 대해 설명하라.
12. OQPSK의 장점을 QPSK와 비교하여 설명하라.
13. QAM의 개념과 원리, 장단점, 용도, 변조, 복조 방법에 대해 설명하라.
14. MSK의 개념과 원리, 장단점, 용도, 변조, 복조 방법에 대해 설명하라.
15. ASK, FSK, PSK, DPSK, QPSK, QAM, MSK의 전송 대역폭, 대역폭 이용 효율, 비트 오율을 비교 설명하라.
16. ASK, FSK, PSK의 신호 전력 스펙트럼 밀도를 비교 설명하라.
17. BPSK, QPSK(OQPSK), MSK의 신호 전력 스펙트럼 밀도를 비교 설명하라.
18. QPSK, OQPSK, MSK 방식을 정진폭 특성과 주파수 스펙트럼, 그리고 비트 오율(BER) 관점에서 비교 설명하라.
19. 다중 반송파 변조의 개념과 장점, 단점을 설명하라.
20. OFDM의 개념과 원리, 특징, 용도에 대해 간략히 설명하라.

21. 다중 경로 전파 지연(multipath propagation delay)에 의한 페이딩(fading), 도플러 효과(Doppler effect)에 의한 간섭은 어떤 것인지 설명하라.
22. 신호가 상호 직교성(orthogonality)을 가지려면 어떠한 조건을 만족해야 하는지 설명하고 그러한 신호의 예를 들어보라.
23. PAPR이란 무엇이며 통신 시스템에 미치는 영향은 무엇인지 설명하라.
24. OFDM에서 PAPR을 개선하는 방법은 무엇인지 설명하라.
25. OFDM의 송신 과정에서의 IFFT, 수신 과정에서의 FFT가 OFDM 신호 발생과 복원 과정에 어떻게 적용되는 것인지 그 원리를 설명하라.
26. OFDM의 송신 및 수신기의 구성과 신호 처리 과정을 설명하라.
27. OFDM의 신호에서 보호 구간을 삽입하는 이유와 만드는 방법, 그리고 그 길이를 어떻게 설정해야 하는지 설명하라.
28. OFDM의 부반송파 개수는 무엇을 어떻게 고려하여 결정해야 하는지 설명하라.
29. OFDM의 장점과 단점을 설명하라.
30. OFDM은 현재 어떠한 통신 시스템에서 이용되고 있는지 설명하라.
31. OFDM에서 ISI를 줄이기 위해 사용하는 방법은 무엇인지 설명하라.
32. 지상파 디지털 TV 방송에 사용되는 8VSB 방식은 어떠한 것인지 개념과 원리를 간단히 설명하라.
33. 통신 시스템에서 가장 일반적으로 고려하는 AWGN의 성질에 대해 설명하라.
34. AWGN이 부가된 전송 채널 환경에서 BPSK의 BER을 구하여 보라.
35. M진 PSK와 동일한 전송 효율(대역폭 이용 효율)을 갖는 M진 QAM의 비트 오율은 어느 것이 우수한지 비교 설명하라.
36. BPSK/QPSK/MSK와 ASK/8PSK/16QAM의 비트 오율을 비교 설명하라.
37. BPSK와 FSK(동기식 및 비동기식)의 비트 오율을 비교 설명하라.
38. 차분 방식인 DBPSK, DQPSK와 기본 방식인 BPSK, QPSK의 비트 오율을 비교 설명하라.
39. 아이패턴이란 무엇이며 어떠한 용도로 쓰이는지 설명하라.
40. M진 QAM 방식에서 아이 다이아그램의 개안의 개수는 어떻게 결정되는지 설명하라.

제5장 연습문제

(객관식 문제)

41. 반송파 주파수가 100MHz, 입력 신호의 데이터 전송률이 1Mbps인 BPSK 신호의 보오(baud)와 null-to-null 소요 전송 대역폭은?

① 0.5 (Mbaud), 0.5 (MHz)　　② 1 (Mbaud), 1 (MHz)
③ 1 (Mbaud), 2 (MHz)　　④ 2 (Mbaud), 2 (MHz)

42. 디지털 변조 방식에 대한 다음 설명 중 틀린 것은?

① FSK 방식의 BER 성능이 PSK 방식보다 우수하고 고속 통신에는 PSK 방식보다는 FSK 방식이 더 적합하다.
② $DPSK$ 방식의 전송 대역폭 이용 효율은 PSK 방식보다 우수하나 BER 성능은 떨어진다.
③ $DPSK$ 방식은 디지털 신호의 이전 데이터 비트 값과 현재 데이터 비트 값의 차이를 부호화하는 방식이며 부호화, 복호화는 Exclusive-OR 연산을 통해 가능하다.
④ MSK 방식은 매 심볼 지점에서의 위상의 불연속을 최소화함으로써 부엽 억제 효과를 크게 한 방식이다.

43. 디지털 변조 방식에 따른 에러 확률이 틀리게 기술된 것은?

① 동기식 PSK --- $Q\left(\sqrt{\frac{2E_b}{N_o}}\right)$
② 비동기식 FSK --- $Q\left(\sqrt{\frac{E_b}{N_o}}\right)$
③ 비동기식 $DPSK$ --- $\frac{1}{2}exp\left(-\frac{E_b}{N_o}\right)$
④ 비동기식 FSK --- $\frac{1}{2}exp\left(-\frac{E_b}{2N_o}\right)$

44. 다음 중 입력되는 신호에 따라 반송파의 진폭만을 변화시키는 변조 방식은?

① ASK　　② FSK　　③ PSK　　④ MSK

45. 현재 데이터와 이전 데이터를 비교하여 같으면 논리 '0'으로 하여 반송파에 0° 위상 천이를 적용하고 다른 경우는 논리 '1' 로 하여 180°의 위상 천이를 적용하는 디지털 변조 방식은?

① ASK ② PSK ③ FSK ④ DPSK

46. 디지털 신호 '0' 또는 '1'에 따라 반송파의 위상을 변화시키는 변조 방식은?

① OOK ② ASK ③ 2진 FSK ④ BPSK

47. 다음 중 데이터에 따라 주파수를 변환시키는 디지털 변조 방식은?

① ASK ② FSK ③ PSK ④ QPSK

48. 2400(baud)의 변조 속도를 갖는 QPSK 모뎀의 데이터 전송 속도(비트 전송률)는 얼마인가?

① 1200 bps ② 2400 bps ③ 4800 bps ④ 7200 bps

49. 대역폭이 6MHz인 채널에서 2진 데이터를 64QAM 변조 방식으로 전송할 경우 이론적인 최대 전송 속도는?

① 6Mbps ② 12Mbps ③ 24Mbps ④ 36Mbps

50. 심볼률이 5Msps인 64QAM 변조 방식의 데이터 전송률은 얼마인가?

① 20Mbps ② 30Mbps ③ 35Mbps ④ 40Mbps

51. 심볼률이 1Msps인 256QAM 변조 방식의 데이터 전송률은 얼마인가?

① 4Mbps ② 8Mbps ③ 16Mbps ④ 32Mbps

52. 8PSK 변조 방식에서 변조 속도가 2400(baud)일 때 정보 신호의 전송 속도는 얼마인가?

① 1200(bps) ② 2400(bps) ③ 4800(bps) ④ 7200(bps)

53. 다음 중 전송 대역폭 이용 효율이 우수하고 비동기 검파도 가능한 디지털 변조 방식은?

① PSK ② QPSK ③ OQPSK ④ MSK

54. 다음 중 잡음이 있는 통신로에서 동일한 에너지로 전송할 때 비트 오율(BER) 특성이 가장 좋은 변조 방식은?

① 16PSK ② 16ASK ③ 16FSK ④ 16QAM

55. 다음 중 잡음이 있는 통신로에서 동기 검파시 비트 오율(BER) 특성이 가장 좋은 디지털 변조방식은?

① DPSK ② ASK ③ MSK ④ FSK

제5장 연습문제

56. 다음 중 비트의 신호 전력 대 잡음 전력비(E_b/N_o)가 동일할 경우 비트 오율(BER)이 가장 낮은 변조 방식은?

① BPSK ② QPSK ③ 8FSK ④ 16QAM

57. QAM에 대한 설명 중 맞는 것은?

① 위상이 90° 다른 2개의 반송파를 DSB 변조함으로써 2개의 디지털 신호를 같은 대역으로 전송하는 방식이다.

② 페이딩이 심한 무선 채널에 적당하다.

③ 비선형 변조라고도 한다.

④ 전송대역폭 효율과 일정 수준의 BER을 얻기 위한 전력 효율이 높다.

58. 16QAM에 관한 설명 중 틀린 것은?

① 성상도에 16개의 서로 다른 심볼 점이 존재한다.

② 진폭과 위상이 변화하는 변조 방식이다.

③ 비동기(noncoherent) 방식으로 신호를 검출할 수 있다.

④ 16PSK 변조 방식보다 동일한 전송 에너지에 대해 에러 확률이 낮다.

59. 16QAM에 관한 설명 중 틀린 것은?

① 진폭과 위상이 변화하는 변조 방식이다.

② BER 성능이 동일한 전송 에너지에 대해 16PSK 방식보다 우수하다.

③ 전송 대역폭 효율은 좋으나 일정 수준의 BER을 얻기 위한 전력 효율은 떨어진다.

④ 페이딩이 심한 무선 채널에 적합하다.

60. 다음 중 변조 방식과 복조 방식의 조합이 잘못된 것은?

① QAM -- 동기직교 검파 ② DPSK -- 동기 검파

③ PSK -- 포락선 검파 ④ QPSK -- 동기직교 검파

61. QPSK 변조기의 구성 요소가 아닌 것은?

① 병렬-직렬 변환기 ② 레벨 변환기

③ 믹서 ④ 국부 발진기

62. BPSK와 QPSK의 성능에 관한 비교 설명 중 틀린 것은?

① 비트 오율(BER)은 두 방식이 동일하다.

② 심볼 오율은 BPSK가 QPSK 방식에 비해 우수하다 .

③ 데이터 전송 속도는 QPSK 방식이 BPSK 방식보다 2배 빠르다.

④ 동일한 데이터 전송 속도에 대한 소요 대역폭은 두 방식이 동일하다.

63. OFDM 방식에 대한 설명 중 옳지 않은 것은?

① 데이터를 병렬화하여 직교성을 갖는 여러 개의 부반송파에 실어서 동시에 전송한다.

② ISI를 줄이기 위해서 보호 구간을 설정하고 cyclic prefix를 삽입한다.

③ 수신 장치에는 A/D 변환기와 FFT 변환기가 필요하다.

④ PAPR이 커서 비선형 전력 증폭기를 사용하는 통신 시스템과 다중 경로 페이딩 현상이 심한 무선 채널에 유리하다.

64. OFDM 방식에 대한 설명 중 옳지 않은 것은?

① 데이터를 병렬화 하여 직교성을 갖는 여러 개의 부반송파에 실어서 동시에 전송한다.

② 송신기에는 S/P 변환기와 FFT 변환기가 필요하다.

③ ISI를 제거하기 위해서 보호 구간을 설정하고 cyclic prefix를 삽입한다.

④ 오류 전파(error propagation) 현상이 발생할 수 있다.

65. 다음 중 백색 잡음의 성질이 아닌 것은?

① 가산성 ② 가우스성 ③ 시변성(time-varient) ④ 시간 평균 = 0

66. 동기식 FSK 복조 방식의 경우 에러 확률(P_b)은?

① $Q\left(\sqrt{\frac{2E_b}{N_o}}\right)$ ② $\frac{1}{2}exp\left(-\frac{E_b}{N_o}\right)$

③ $Q\left(\sqrt{\frac{E_b}{N_o}}\right)$ ④ $\frac{1}{2}exp\left(-\frac{E_b}{2N_o}\right)$

제6장

다중화와 다원 접속

■ 학습목표

- 다중화란 무엇이고 어떻게 하는 것인지 알아본다
- 다원 접속이란 무엇이고 다중화와 어떻게 다른지 알아본다
- 다중화 방식에는 어떠한 것들이 있는지 알아본다
- `대표적인 시분할 방식의 예로서 T1과 E1의 다중화 방법과 signaling 방법에 대해 살펴본다
- 다원 접속 방식에는 어떠한 것들이 있는지 알아본다
- 대표적인 3가지 다원 접속 방식(TDMA, FDMA, CDMA)의 개념과 원리를 파악한다
- TDMA, FDMA, CDMA 방식의 장단점을 알아본다
- 부호 분할 방식의 원리와 이에 사용되는 부호의 특성에 대해 살펴본다

6.1 다중화와 다원 접속의 개념

제1장에서 언급한 바 있듯이 통신에 있어서 신속성과 경제성이 매우 중요하며 이를 위해서는 한정된 통신 자원을 효율적으로 사용하는 것이 중요하다. 따라서 어떠한 전송 매체를 통해 데이터를 전송할 때에 다수의 정보원으로부터의 데이터를 따로 따로 전송하는 것보다는 하나의 프레임에 묶어서 한꺼번에 전송하는 것이 훨씬 효율적일 것이다. 이와 같이 효율적인 전송을 위하여 다수의 정보원 데이터를 결합하여 하나의 전송 매체를 통해 한꺼번에 전송할 수 있도록 하는 것을 **다중화**(multiplexing)라고 하고, 수신측에서 이를 다시 원래의 형태로 분리해 주는 것을 **역다중화**(demultiplexing)라고 한다. 즉 다중화는 다수의 채널을 하나의 전송로로 결합 구성하는 과정 또는 물리적인 전송로를 분할하여 다수의 정보원이 동시에 송수신할 수 있도록 다수의 통신 채널을 구성하는 기술이라고도 할 수 있다. 대표적인 다중화 방식으로는 **주파수 분할 다중화**(FDM : Frequency Division Multiplexing) **방식**, **시 분할 다중화**(TDM : Time Division Multiplexing) **방식**, **부호 분할 다중화**(CDM : Code Division Multiplexing) **방식**, **공간 분할 다중화**(SDM : Space Division Multiplexing) **방식** 등이 있다.

그림 6-1. 다중화의 개념도

반면에 **다원 접속**(Multiple Access) 또는 **다중 접속**이라 함은 자유공간, 광케이블, 동축케이블, 전화선 같은 동일한 전송 매체를 여러 사용자가 시간, 주파수, 공간, 부호 등을 이용하여 충돌이나 간섭 없이 나누어(share) 사용하는 것을 말한다. 즉 제한된 자원을 여러 개의 다른 정보원이 나누어 사용하는 통신 자원의 공유 방식을 말한다.

다원 접속은 다중화의 또 다른 형태로 보는 경우도 있으나 다중화는 한정된 자원의 효율적 사용 측면을 강조한 보다 포괄적인 용어이며, 다원 접속은 하나의 전송 매체를 다수의 사용자가 어떻게 공평하게 접근(access)할 것인지에 관한 기술로 사용자 간에 전송 매체의 공평한 공유 측면을 강조한 용어라고 볼 수 있다.

6.2 다중화(multiplexing)

6.2.1 개요

앞 절에서 언급하였듯이 **다중화**(multiplexing)라 함은 데이터의 효율적인 전송을 위하여 다수의 정보원 데이터를 결합하여 하나의 프레임(frame)에 묶어서 한꺼번에 전송할 수 있도록 하는 것을 말하며, 이를 다시 원래의 형태로 분리해 주는 것을 **역다중화**(demultiplexing)라고 한다. 아래 그림은 다중화를 통한 데이터 전송의 개념도이다. 아래 그림에서 **다중화기**(multiplexer)와 **역다중화기**demultiplexer)는 매우 빠르게 돌고 있는 스위치와 같다. 이들 스위치는 동기되어 같은 속도로 서로 반대 방향으로 돌면서 각 정보원의 데이터를 순서대로 프레임 단위로 묶고 다시 푸는 일을 한다. 그림에서 보듯이 정보원 A의 데이터 A1, A2, A3 … , 정보원 B의 데이터 B1, B2, B3 …, 정보원 C의 데이터 C1, C2, C3 … 를 프레임 단위로 묶어서 한꺼번에 전송한다. 이 때 송신측의 다중화기와 수신측의 역다중화기는 정보원 A, B, C로부터의 데이터가 각각의 수신자에게 전달되도록 동기가 맞아야 한다. 이러한 방식을 **동기식 시 분할 다중화**(STDM : Synchronous Time Division Multiplexing) **방식**이라고 한다. STDM은 할당된 **타임 슬롯**(time slot)에 전송할 데이터의 유무에 상관없이 모든 사용자(신호원)에 대해 동일하게 타임 슬롯을 할당한다. 즉 송신할 데이터가 없는 사용자라도 해당 타임 슬롯을 할당해 놓는 것이다. 따라서 타임 슬롯이 낭비되는 경우가 발생하여 통신 자원의 이용 효율이 떨어진다.

반면 **비동기식 시 분할 다중화 방식**(ATDM : Asynchronous Time Division Multiplexing)도 있는데 이 방식은 STDM 방식과 같이 고정적으로 타임 슬롯을 할당하는 것이 아니라 실제 전송 요구가 있는 사용자에게만 타임 슬롯을 동적으로 할당시켜 전송 효율을 높이는 방식이다. 즉 타임 슬롯이 할당된 송신자가 데이터를 송신하지 않을 경우, 다른 사용자의 데이터를 삽입해서 송신함으로써 타임 슬롯의 낭비를 최소화하고 전송 효율을 높일 수가 있는 것이다. 하지만, STDM에 비하여 접속에 소요되는 시간이 길고, 자원 할당에 관한 제어가 복잡해지며 시스템에 부가적으로 필요한 기억 장치나 주소 제어 장치 등으로 가격이 높아지는 단점이 있다.

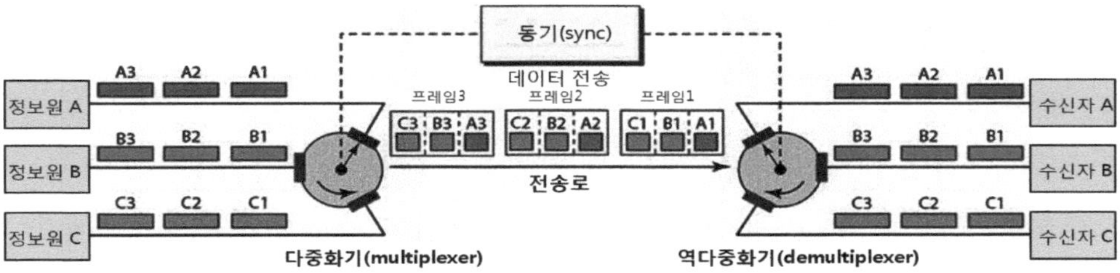

그림 6-2. 다중화를 통한 데이터 전송의 개념도 (동기식)

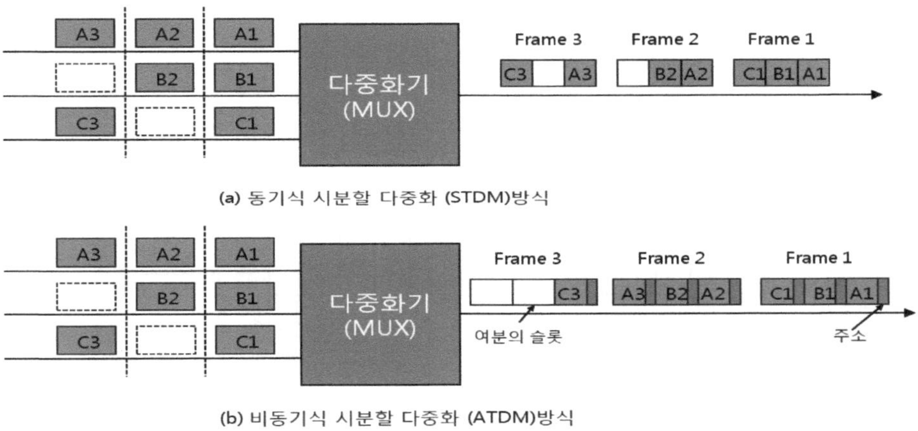

그림 6-3. STDM 방식과 ATDM 방식의 비교

6.2.2 방식

대표적인 다중화 방식으로는 주파수 분할 다중화(FDM : Frequency Division Multiplexing) 방식, 시 분할 다중화(TDM : Time Division Multiplexing) 방식, 부호 분할 다중화(CDM : Code Division Multiplexing) 방식이 있는데 **주파수 분할 다중화(FDM : Frequency Division Multiplexing) 방식**은 하나의 전송로를 여러 개의 주파수 대역(채널)으로 분할하여 다중화 하는 방식이고, **시 분할 다중화(TDM : Time Division Multiplexing) 방식**은 짧은 시간 간격의 타임 슬롯(time slot)으로 분할하여 다중화 하는 방식이다. **부호 분할 다중화(CDM : Code Division Multiplexing) 방식**은 각각의 사용자에게 고유한 부호를 할당하여 주파수와 시간에 관계없이 다중화하여 사용할 수 있도록 하는 방식이다. 광통신에서는 주파수 분할 방식을 **파장 분할 다중화(WDM : Wave length Division Multiplexing) 방식**이라고 한다. 아래 그림은 FDM, TDM, CDM 방식의 개념도이다.

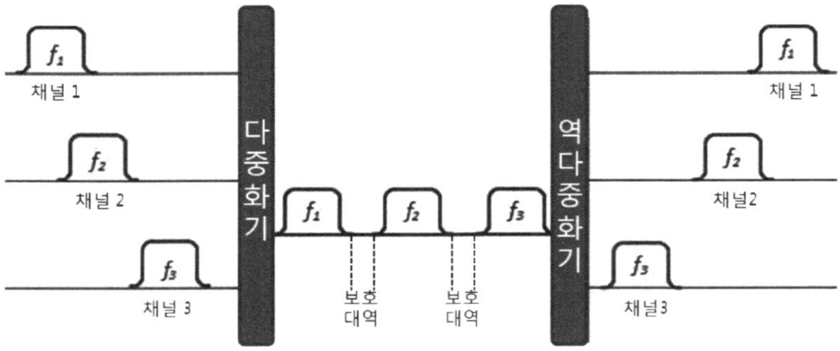

그림 6-4. FDM의 개념도

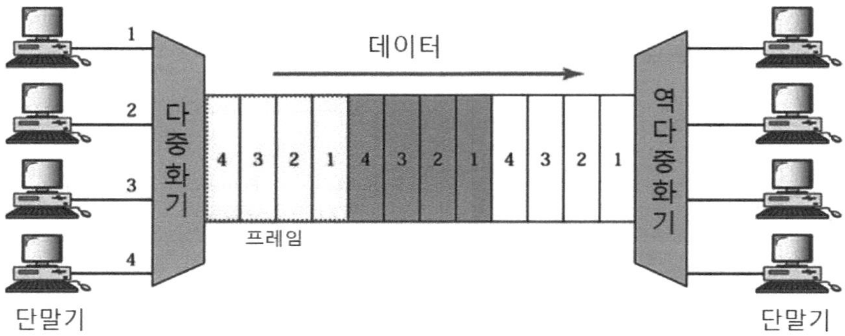

그림 6-5. TDM의 개념도

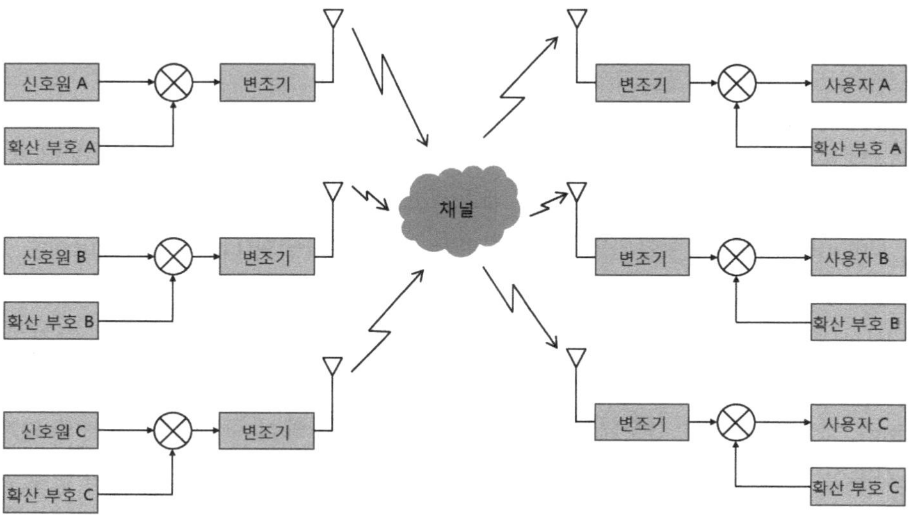

그림 6-6. CDM의 개념도

6.2.3 시 분할 다중화 방식의 예

6.2.3.1 북미 방식(T1) 시그널링(signaling)

1962년 처음 시행된 미국, 일본의 캐리어(전용선) 규격으로 24채널의 PCM 음성 신호를 다중화하여 프레임 단위로 전송하는 방식이다. CCITT에서는 2가지의 비호환 규격에 합의하였는데 하나는 **CAS 방식**, 다른 하나는 **CCS 방식**이다. 여기서 'signaling'은 전화망에서 호 처리를 위해 교환기 간 또는 교환기와 단말기 상이에 주고받는 신호를 말한다.

■ **채널 관련 시그널링(CAS : Channel Associated Signaling, In-slot(In-band)) 방식**

- 비트 로빙(Bit robbing, rubbed-bit) signaling 방식이라고 하며 각 채널별로 필요한 signaling 신호를 대역 내 신호(In-band signaling) 기술을 활용하여 주기적으로 음성 신호 샘플 사이에 삽입하여 전송하는 방식이다. 매 6번째 프레임(6, 12, 18, 24 ....)의 8비트로 구성된 모든 타임 슬롯(time slot) 내의 LSB 1비트를 signaling으로 사용한다.
- ESF(Extended Super-frame Format) : 24개의 frame을 1개의 세트로 하여 signaling을 구성한다. F6 : A비트, F12 : B비트, F18 : C비트, F24 : D비트이다.
- 1개의 프레임은 8비트로 구성된 각 음성 채널(타임 슬롯) 24개와 맨 앞의 프레임 동기를 위한 1 비트를 포함하여 (8×24)+1= 193(bits)로 구성된다. 프레임 동기 비트 패턴은 12개의 프레임에 걸쳐 '100011011100'이 반복된다.
- 음성은 4kHz로 대역 제한되어 있으며 샘플링은 8kHz로 한다. 따라서 주기는 1/8(kHz)=125μs이다. 따라서 요구되는 전송 속도는 T1[Rate]=Frame sync 8kbits + (8bits × 24ch × 8kHz)=1.544[Mbps] 또는 193bits × 8kHz = 1.544[Mbps]이다.
- T1에서의 CCS(Common Channel Signaling) : 24번째 채널(타임 슬롯)을 다음과 같이 특수 목적으로 사용한다.
  - 홀수(odd) 프레임 : 프레임 슬립 시 복구를 위한 동기 비트로 할당(10101010)
  - 짝수(even) 프레임 : 모든 채널에 대한 signaling 정보 제공

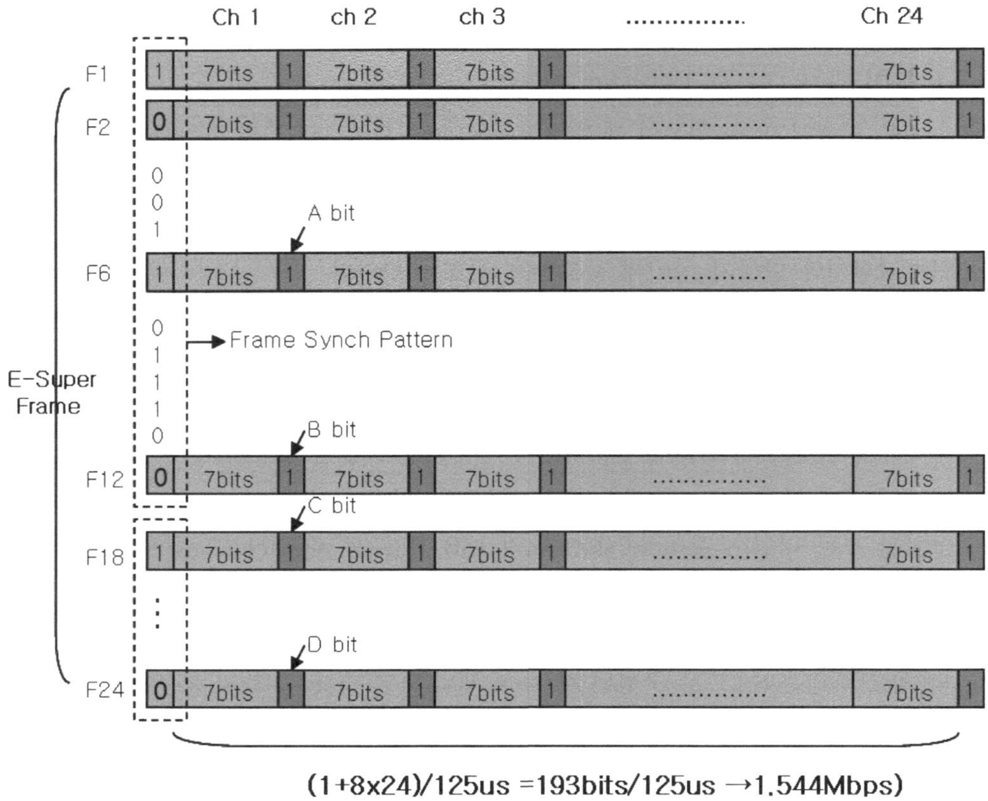

그림 6-7. T1 다중화 프레임 구조

6.2.3.2 유럽 방식(E1) 시그널링(signaling)

미국과 일본을 제외한 거의 모든 나라에서 채택하고 있는 방식이다.

- **공통선 신호(CCS : Common Channel Signaling, Out-of slot (Out-of band) 방식**
  - 32ch = 음성(voice) 30채널 + Signaling 2채널 (16번, 32번 채널)로 구성되며 16번째 채널은 30개 음성 채널 (1~15, 17~31)에 대한 signaling 전용 채널이고 32번째(또는 0번째) 채널은 프레임 동기 전용 채널이다. 각 채널은 8비트로 구성되므로 요구되는 전송 속도는 E1[Rate] = 8bits × 32ch × 8kHz = 2.048[Mbps]이다.
  - 4개의 프레임을 모아서 1개의 그룹(group)을 형성하므로 총 64bits/group의 비트가 존재한다. 그 중 4번의 16번째 채널 32비트는 각 채널별 signaling 비트로 이용하고 4번의 32번째 채널 32비트는 프레임 동기 패턴 비트열로 이용한다. 이러한 프레임 동기 방식을 묶음 시그널링(bunched framing)이라 한다.

- CCS에는 2가지 모드가 있는데 하나는 E1에서와 같은 **관련 모드**(associated mode, slot **고정 할당 방식**)와 필요시에만 signaling 채널을 할당하는 **비관련 모드**(non-associated mode, **슬롯 동적 할당 방식**)이다(예 : ISDN No.7 signaling).

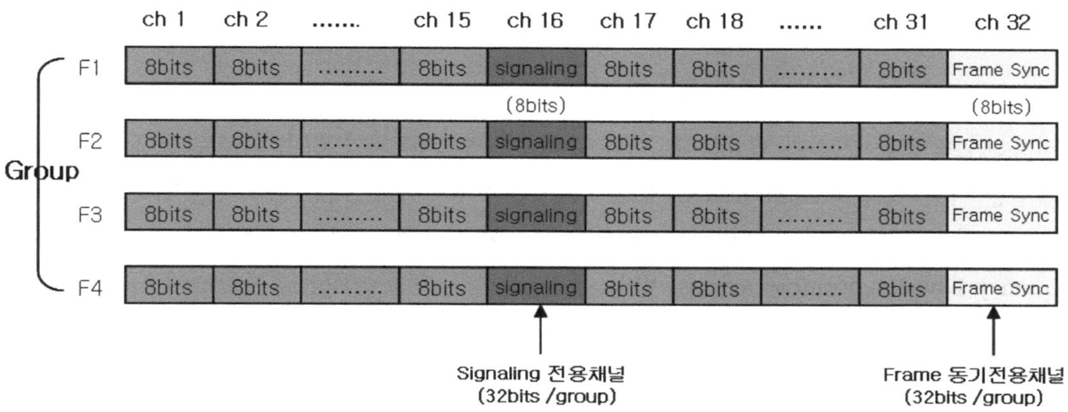

(32 ch x 8bits)/125us =256bits/125us →2.048Mbps

그림 6-8. E1 다중화 프레임 구조

참 고

- **시그널링(signaling)의 종류**
  - 감시 시그널링(Supervisory signaling) : Loop-start signaling(On-hook, Off-hook), Address signaling (DT, Dual-Tone Multi-Frequency(DTMF))
  - 정보 시스널링(Information signaling) : Busy tone, Fast busy signal, Ringing Signal, dial tone signal, Ring back signal
  - 트렁크 시그널링(Trunk signaling) : 교환기 간 트렁크(trunk) 라인을 통한 signaling (예) glare : 착발신 트렁크 예약
  - 트렁크 감시 시그널링(Trunk supervisory signaling) : Start-dial supervision signaling, Ground-start signaling, E&M signaling (예) loop-start, ground-start, E&M signaling 등

6.3 다원 접속(multiple access)방식

6.3.1 개요

대부분의 통신 시스템에서는 통신 자원이 제한되어 있으므로 다수의 사용자에게 동시에 나누어 사용하도록 하는 기술이 필요하다. 이와 같이 다수의 사용자가 전송 매체를 공유하여 사용하는 방법을 **다원 접속**(multiple access) 또는 **다중 접속**이라 한다. 대표적인 다원 접속 방식으로는 전송로를 여러 개의 주파수 대역(채널)으로 분할하여 사용하는 **주파수 분할 다원 접속**(FDMA : Frequency Division Multiple Access) **방식**, 짧은 간격의 타임 슬롯으로 분할하여 사용하는 각각의 사용자에게 고유한 부호를 할당하여 동시에 사용할 수 있도록 하는 **시 분할 다원 접속**(TDM : Time Division Multiple Access) **방식**, 각각의 사용자에게 고유한 부호를 할당하여 주파수와 시간에 관계없이 다중화하여 사용할 수 있도록 하는 **부호 분할 다원 접속**(CDMA : Code Division Multiple Access) **방식**, 하나의 자유공간을 영역으로 분할하여 사용하는 **공간 분할 다원 접속**(SDMA : Space Division Multiple Access) **방식** 등이 있다. 이들 방식은 모두 **고정**(fixed) **할당 방식**에 속하며 이러한 방식들은 최근에 OFDM 기술과 결합하여 복합적으로 사용하는 **OFDM 다원 접속 방식** 등 다양한 방식이 사용되고 있다. 이와는 달리 **동적**(dynamic) **할당 방식**으로 **경쟁**(contention) **방식**, **임의 접속**(random access) **방식**에는 CSMA/CD(Carrier Sense Carrier Sense Multiple Acess with Collision Detection), CSMA/CA(Carrier Sense Carrier Sense Multiple Acess with Collision Avoidance), ALOHA **방식** 등이 있다.

정보 통신 시스템에서는 OSI 7의 데이터 링크 계층의 부계층(sublayer)으로 네트워크 계층과 데이터 링크 계층 사이에 존재하는 MAC(Media Access Control) **부계층**이 이러한 경쟁 방식(랜덤 방식)의 다원 접속 제어를 함으로써 하나의 전송 매체를 공유할 수 있도록 하고 있다. 이러한 전송 매체 공유 방법에는 방금 전에 언급한 CSMA/CD, CSMA/CA, ALOHA와 같은 경쟁(contention) 방식과 **비경쟁**(noncontention) **방식**의 장점을 가미한 변형 방식인 p-지속[p-persistent(0.5~0.99)] 방식, slotted ALOHA **방식** 등이 있다.

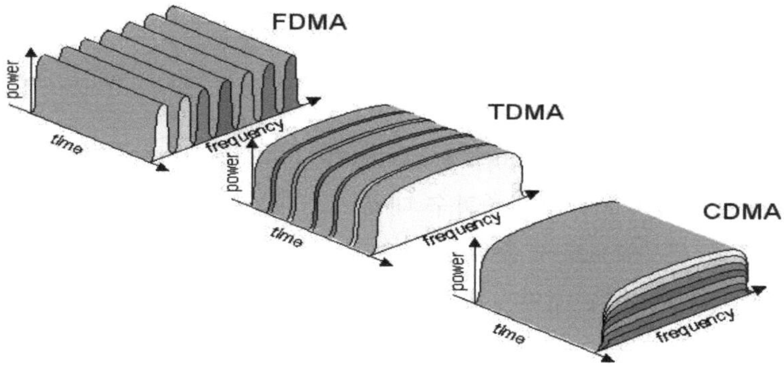

그림 6-9. 대표적인 3가지 다원 접속 방식의 개념도

참고

- **OFDM 다원 접속 방식 (직교 주파수 분할 다원 접속 방식)**
  - OFDM/TDMA 방식

    각 사용자에게 시간 슬롯이 할당되고, 할당된 시간 동안 각 사용자는 전체 부채널 모두 사용하는 방식으로 무선 LAN(WiFi)과 같이 독립적인 셀 환경 하에서 작은 크기의 FFT를 사용하는 경우에 유리하여 802.11a에서 사용하고 있다.
  - OFDM/FDMA (OFDMA)

    여러 사용자가 가능한 유효 부반송파의 부분 집합(부 채널) 들을 서로 분할하여 사용하는 방식으로 시간 및 주파수 영역에서 2차원적으로 자원을 할당하는 방식으로 매우 유연한 다원 접속 방식이다.) 현재 이동 통신(LTE), 휴대 인터넷에서 시용하고 있다.
  - OFDM/CDMA (MC-CDMA)

    각 사용자에게 직교 또는 직교성이 우수한 고유의 확산 부호를 할당함으로써 모든 사용자가 동시에 모든 시간과 부채널을 사용하는 방식

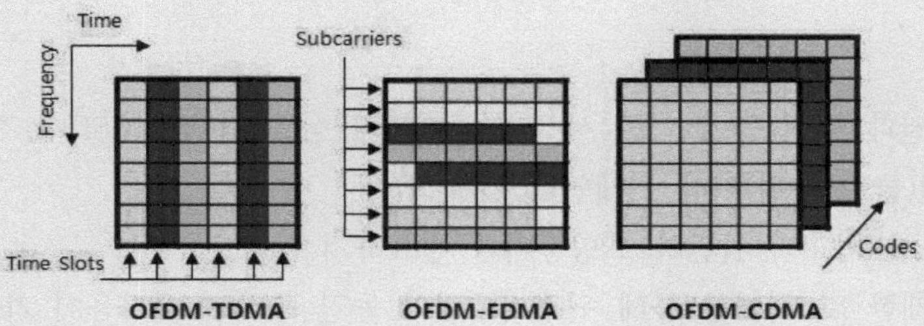

(OFDM 다원 접속방식)

6.3.2 주파수 분할 다원 접속(FDMA : Frequency Division Multiple Access)방식

주파수 분할 다원 접속(FDMA : Frequency Division Multiple Access) **방식**은 전송로에 할당되어 있는 주파수 대역을 여러 개의 좁은 주파수 대역으로 나누어 다수의 사용자(정보원, 신호원)들이 서로 다른 주파수를 사용함으로써 동일한 전송 매체를 공유하여 사용하는 방식으로, 전송 신호 대역폭보다 전송 매체의 유효 대역폭이 클 때 사용 가능하다. 이때 각 신호원은 전송 매체의 이용 가능한 전체 유효 주파수 대역폭을 여러 개로 나누어 놓은 것 중 어느 하나를 이용하게 되는데 이를 **채널**(channel)이라 한다. 주로 이동 통신 등 무선 통신에서 사용하는 방식이다.

FDMA 방식의 장점과 단점은 다음과 같다.

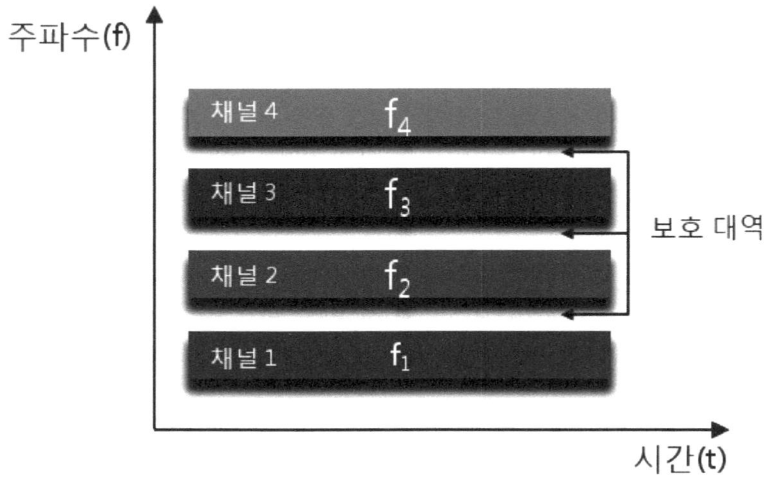

그림 6-10. FDMA 방식의 개념도

(장점)

- 다중 경로 전파 지연 등에 의한 시간 영역에서의 심볼 간 간섭(ISI)이 적다.
- 타이밍 복원(클럭 복원)이나 프레임 동기가 쉽다.
- 시스템 구조가 비교적 간단하고 망동기가 필요하지 않다.
- 송신 전력 제한 및 제어를 통해 원격지에서의 동일 주파수 재사용이 가능하다.
- 다른 이동국과의 충돌을 피하기 위한 동기 기술이 필요하지 않다.

(단점)

- 인접 채널 간 간섭과 누화가 발생하기 쉽다.
- 인접 채널 간 간섭을 방지하기 위한 보호대역이 필요하므로 주파수 이용 효율이 낮아진다.
- 송수신 신호를 분리하기 위한 듀플렉서와 고가의 여파기가 필요하며 소형 경량화가 어렵다.
- 기밀 유지가 어렵다.
- 주파수 이용 효율에 한계가 있어 사용자 수가 제한된다.
- 이동통신 시스템의 경우, 기지국 장치의 크기와 전력 소모가 크다.

6.3.3 시 분할 다원 접속(TDMA : Time Division Multiple Access) 방식

시 분할 다원 접속(TDMA : Time Division Multiple Access) **방식**은 하나의 반송파 주파수 대역을 여러 사용자가 공유하면서 각각의 사용자(신호원)가 동일 전송 매체에 대해 시간대별로 나누어 놓은 타임 슬롯 중 어느 하나를 택하여 통신함으로써 전송 매체를 공유하는 방식으로 주로 디지털 셀룰러 폰 통신 등에서 사용되는 기술이다. 이 때 N개의 신호원이 한번씩 전송 매체를 이용하는 시간 구간을 **프레임**(frame)이라고 한다. TDMA에는 **동기식**(Syncronous) TDMA과 **비동기식**(Asynchonous) TDMA가 있는데 동기식은 신호의 송수신 기본 주기가 되는 시간 프레임이 고정된 길이를 가지므로 연결된 모든 기지국이 각각에게 할당된 시간에 데이터를 전송하는 것이 보장되나, 실제로 송수신하는 데이터가 없어도 시간 구간을 고정적으로 할당하므로 동시 접속자 수가 많지 않을 경우 비효율적인 단점이 있다. 비동기식은 타임 슬롯이 할당된 송신자가 데이터를 송신하지 않을 경우, 다른 사용자의 데이터를 삽입해서 송신하므로 시간 슬롯의 낭비 없이 효율적으로 전송할 수 있는 장점이 있다. 반면 시스템과 전송 제어가 복잡해지는 단점이 있다.

TDMA 방식의 장점과 단점은 다음과 같다.

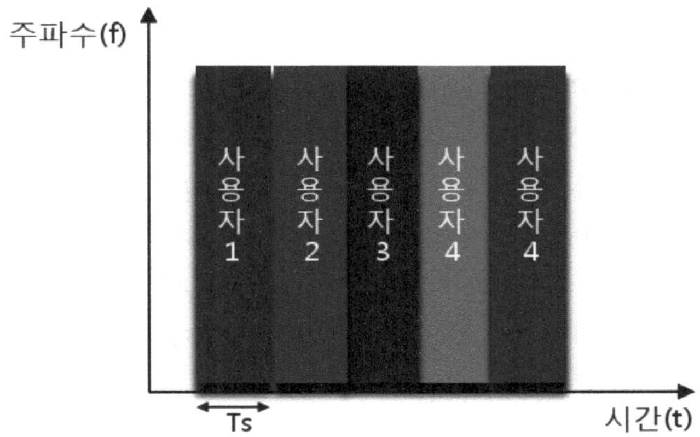

그림 6-11. TDMA 방식의 개념도

(장점)

- 인접 채널 간의 간섭이 발생하지 않는다.
- 보호대역이 불필요하므로 주파수 대역을 효율적으로 사용할 수 있다.
- 고가의 여파기가 필요하지 않으므로 경제적으로 구현 가능하다.
- 통계적 다중화를 이용할 경우 채널 이용 효율을 높일 수 있다.
- 이동 통신 시스템의 경우 기지국에서의 상호 변조가 없고, 기지국 및 이동국을 소형화할 수 있다.
- 주파수 스펙트럼 이용 효율이 우수하다(FDMA 방식에 비해 3~6배).

(단점)

- 동기 신호를 위한 채널이 필요하므로 주파수 이용 효율이 그만큼 낮아진다. (수신기에서 역다중화를 위한 정확한 타이밍이 필요하므로)
- 통계적 다중화 기법을 사용하는 경우 시스템이 복잡해진다. (타임 슬롯마다 주소가 추가되어야 하므로)
- 다중 경로 채널 등에 의한 시간 영역에서의 심볼 간 간섭이 발생할 수 있다.
- 기지국 장치에서 안테나 공용 장치가 불필요하다.
- 다른 이동국 송신 신호와의 간섭을 피하기 위한 동기 기술이 필요하다.

6.3.4 부호 분할 다원 접속(CDMA : Code Division Multiple Access) 방식

부호 분할 다원 접속 (CDMA : Code Division Multiple Access) 방식은 셀룰라 방식의 이동통신에 널리 사용하는 방식으로 각 사용자(신호원)에게 교차 상관(cross correlation)이 적은 **직교하는(orthogonal)** 서로 다른 부호열(code sequence)을 할당함으로써 여러 사용자가 전송 매체의 시간과 주파수를 공유하면서 사용하는 방식이다. 이 때 사용하는 부호열은 **의사 잡음 부호**(PN code : Pseudo random-Noise code)로, 각 사용자는 할당된 고유의 **PN 부호**를 이용하여 송신 신호를 확산하여 전송하고 수신측에서는 송신측과 동일한 PN 부호(일종의 식별 부호)를 이용하여 자신에게 송신된 신호만을 골라내고 역확산하여 원래 신호를 복조해낸다. 따라서 다수의 사용자가 동일한 주파수 대역과 시간을 사용하면서도 전송 매체를 공유할 수가 있다. 이때 여러 사용자가 신호를 전송할 때 반송파 및 PN 부호의 동기를 맞추어 전송하는 경우를 **동기식** CDMA라 하고, 그렇지 않을 경우를 **비동기식** CDMA라 한다.

CDMA 방식의 장점과 단점은 다음과 같다.

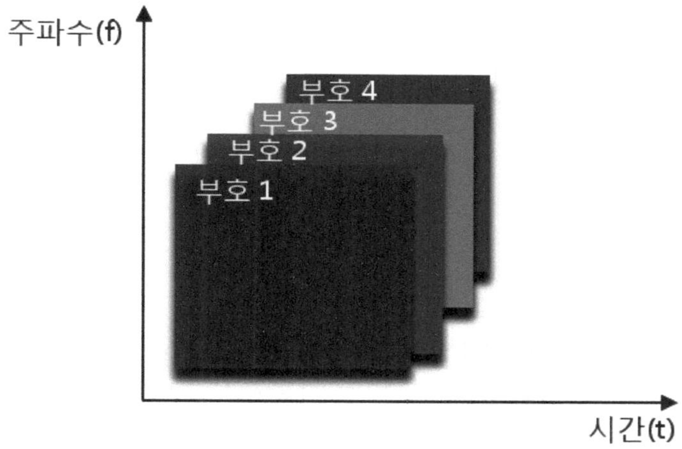

그림 6-12. CDMA 방식의 개념도

(장점)

- **대역 확산**(Spread Spectrum)에 의해 사용 주파수 대역이 넓어짐으로써 신호 대 잡음비가 개선되는 효과가 있다. 즉, 확산된 대역폭의 비율에 비례하는 **처리 이득**(processing gain)을 얻을 수 있으므로 잡음이나 방해 전파 및 페이딩에 강하고 신뢰성 있는 통신이 가능하며 통화 품질이 우수하다.
- 대역폭의 증가 없이 부호만 달리하면 동시에 접속하여 사용 가능하므로 전송 매체의 이용 효율이 높고 수용 용량이 크다(기존 FDMA 방식에 비해 10~20배).
- 접속 채널을 지정하고 할당받는 절차가 필요 없으므로 프로토콜이 간단해진다.
- 보안성이 강하고 비화(秘話) 통신이 가능하다.
- 다중 경로 페이딩을 극복할 수 있다.

(단점)

- 점유 주파수 대역폭이 크게 증가한다.
- **타이밍 복원(클럭 복원)**이나 **프레임 동기**를 위한 부호의 획득과 동기가 어려워 시간 지연이 커질 수 있다.
- 순방향과 역방향 채널의 구조가 다른 비대칭 시스템 구조이므로 시스템이 복잡하고 비용이 많이 든다.

- 전력 제어를 하지 않으면 전송 매체 공유가 어려운 원근(near-far)의 문제가 있어 송신 전력 제어가 반드시 필요하며 가입자 수를 최대로 하기 위한 전력 제어 방법이 어렵다.
- 통화 품질을 유지를 위해서는 잡음을 어느 레벨 이하로 유지하여야 하므로 채널 수(동시 사용자 수)를 무작정 늘릴 수 없다.
- 주파수나 시간과 같은 물리적 영역에서의 구분 없이 부호만으로 분할하므로 사용자 간에 간섭이 비교적 크다.
- 복잡한 동기기술이 필요하다.

참 고

- **PN 부호(Pseudo Noise Code)의 특성**
  - 예리한 자기상관 특성 : 송수신 PN 코드가 동일하고 시간적 관계가 정확히 일치한다.
  - 낮은 상호 상관 특성 : 사용자들에게 할당된 임의의 두 PN 코드 사이에 상호상관 특성이 작아야 한다.
  - 통계적 균형성(balance) : 한 주기 코드에 '0'과 '1'의 발생 빈도가 거의 50%로 동일하다.
  - 편이와 가산성: 특정 PN 코드를 시간 지연시켜 모듈러-2 연산하여 생긴 시퀀스는 본래 코드를 시간 지연시킨 코드와 동일한 코드가 된다.
  - 런(Run) 특성: 런(Run)은 한 주기 안에 있는 심볼이 연속적으로 이어져 나오는 시퀀스를 의미하는데, 1주기 내에 Run의 개수의 총합은 N = 2^n -1이고, 길이 1run (Run-1) = $\frac{1}{2}$ (50%), 길이 2 run(Run-2) = $\frac{1}{4}$ (25%), 길이 3Run(Run-3) = $\frac{1}{8}$ (12.5%) ....로 분포한다.
  - 발생의 용이성 : Long 시퀀스를 쉽게 발생시킬 수 있어야 한다.
  - 초기 동기화 용이성 : 초기 동기를 빠른 시간 내에 취할 수 있어야 한다.

참 고

- **MLSR 부호열(Maximum Length Shift Register sequence)**
  - 성능 가장 좋으며 부호 주기는 T = 2^n - 1 (n : 레지스터 단 수)이다.
  - Balance : 1주기 내에 1과 0이 거의 50%씩 분포한다(T가 홀수이므로 1,0의 개수는 1개 차이).
  - Run : 1주기 내에 Run의 개수 총합 N = 2^n - 1이고, 길이 1 run (Run-1) = $\frac{1}{2}$ (50%), 길이 2 run(Run - 2) = $\frac{1}{4}$ (25%), 길이 3 Run(Run - 3) = $\frac{1}{8}$ (12.5%) .... 로 분포한다.

(예 1) 아래 그림과 같이 n = 3, Out = S_2, S_1 = $S_2 \oplus S_2$이고, 레지스터 초기 값이 111인 경우를 생각해 보자 (초기 값이 000 경우는 안 됨)

주기 T = 2^3 - 1 = 7, 1주기 출력 Out = 1110010이다. 이때 Run의 총 개수 N = 2^3 - 1 = 2^2 = 4 이고, Run - 1 = 2, Run - 2 = 1, Run - 3 = 1이다.

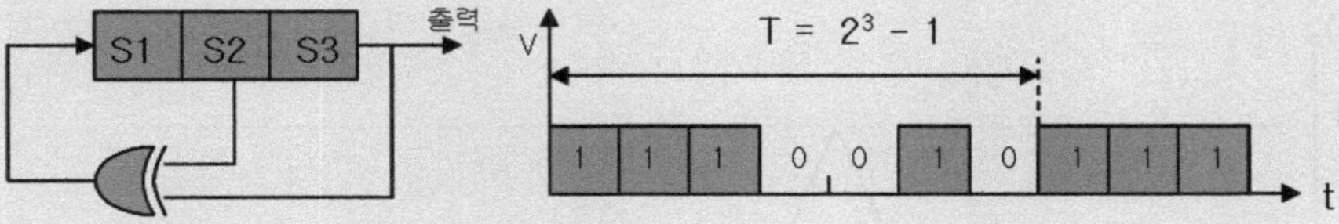

(예 2) n = 4인 PN 코드 발생기의 출력이 000100110101111인 MLSR 부호열의 특성을 알아보라.

(답) N = 2^{4-1} = 2^3 = 8개, Run - 1 = 4개, Run - 2 = 2개, Run - 1 = 1개, Run - 4 = 1개, 이들을 모두 더하면 총 Run의 개수인 N = 8개와 같다

참 고

- **상관(correlation)**

종류 : 자기 상관(auto correlation), 상호 상관(cross correlation), 전 상관(full correlation), 부분 상관(partial correlation)

- 자기 상관 함수(auto correlation function) : $R(\tau)=\int_{-\frac{T}{2}}^{\frac{T}{2}} S_x(t)S_x(t+\tau)dt$

- 상호 상관 함수(cross correlation function) : $R_{XY}(\tau)=\int_{-\frac{T_0}{2}}^{\frac{T_0}{2}} S_x(t)S_y(t+\tau)dt$

MLSR 출력 부호열의 자기 상관값: 같은 부호끼리 곱해질 경우 값이 1이 되고, 다른 부호와 곱해지면 값이 -1이 된다. 즉 일치할 경우 자기 상관 함수 $R(0)=1$, 일치하지 않을 경우 $R(\tau)=-1$ 이다.

(예) n=4인 PN 부호 발생기의 출력이 000100110101111인 MLSR 부호열의 자기 상관 특성

$R(0)=15$ 이를 정규화(normalization)하면 $15/15=1$

$R(-7)=-1$ 이를 정규화하면 $-\frac{1}{15}$

$R(-6)=-1$ 이를 정규화하면 $-\frac{1}{15}$

$R(1)=-1$ 이를 정규화하면 $-\frac{1}{15}$

이 되어 부호가 일치하는 경우에만 자기 상관 값이 1이고 나머지 경우는 -1/15, 즉 , $-\frac{1}{T} = \frac{1}{2^n - 1}$ 이 된다.

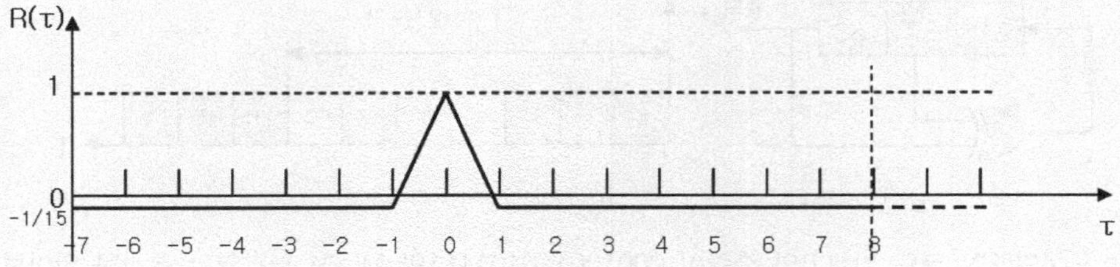

(n = 4 인 PN 부호의 자기 상관 특성)

6.3.5 공간 분할 다원 접속 (SDMA : Space Division Multiple Access)방식

공간 분할 다원 접속 (SDMA : Space Division Multiple Access) **방식**은 셀룰라 이동 통신망에서 지역을 셀 단위롤 나누어 적정 거리 이상 떨어진 셀에서 이미 사용하고 있는 동일한 주파수를 중복 사용하는 주파수 재사용(reuse) 기법이나 위성 통신에서 여러 개의 지구국이 통신 지역을 분할하여 주파수 자원을 이용하는 것과 같이, 서로 분리된 다른 공간을 사용함으로써 한정된 통신 자원을 공유하는 방식이다. **SDMA 방식**은 자체 반식만 독립적으로 사용되지 않고 대부분 FDMA, TDMA, CDMA 방식들과 연계하여 복합적으로 사용된다.

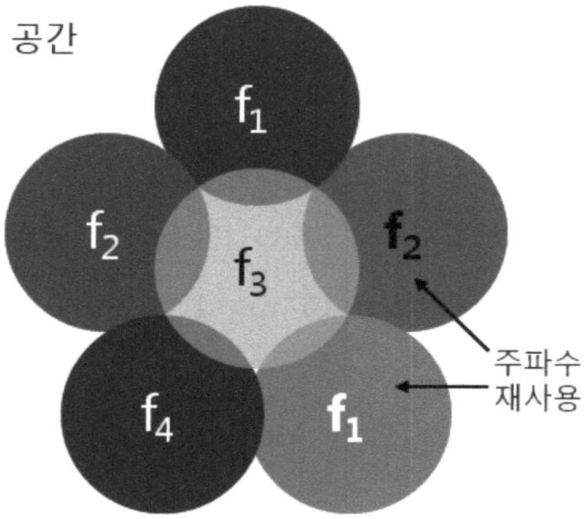

그림 6-13. SDMA 방식의 개념도

요 약

■ 다원 접속 방식의 장단점 비교

구분	FDMA	TDMA	CDMA
장점	구성이 간단함 동기 불필요	주파수 이용 효율이 우수, 용량 변경이 유연	간섭, 방해에 강함 페이딩 영향 적음
단점	주파수 이용 효율이 낮음 간섭에 약함	동기가 필요함 구성이 복잡함	넓은 대역폭 필요

6.3.6 동적(dynamic) 할당 방식의 다원 접속 방식

6.3.6.1 CSMA/CD 방식

CSMA/CD(Carrier Sense Multiple Access/Collision Detection)는 매체 접근 제어(MAC : Media Access Control) 부계층의 제어 알고리즘의 하나로 IEEE 802.3으로 표준화되었으며, 이더넷(Ethernet)에서 호스트(host)들이 전송 매체에 접속하는 것을 관리하는 방법이다. 명칭에서 짐작할 수 있듯이 호스트가 전송 전에 채널의 상태(타 국의 사용 여부)를 파악하여 전송하고, 충돌 여부를 체크하는 매체 접근 방식(충돌 감지 방식)이며 유선 LAN에서 사용하고 있다.

유선 LAN에 접속된 A, B 두 대의 호스트(컴퓨터)가 거의 같은 시간에 서버로 정보를 요청하는 경우를 가정할 때, CSMA/CD 매체 접근 절차는 다음과 같다.

1. 컴퓨터 A, B는 서버에 정보를 전송하기 전에 전송로 상의 반송파의 존재 여부를 감지(Carrier Sense)하거나 청취 회선이 사용 중인지 확인한다.(청취 모드)
2. 만일 두 컴퓨터가 회선이 사용 중이 아님을 확인하였다면 둘 다 서버로 정보를 요청한다.
3. 두 컴퓨터가 동시에 송신하여 **데이터 충돌**(collision)이 일어나면 비정상적인 레벨의 신호가 퍼져나가게 되므로 이를 감지하여 충돌을 확인한 전송 장비가 A, B 두 대의 컴퓨터에 충돌을 알린다.
4. A, B 컴퓨터가 충돌을 감지하면 전송을 하지 않고 기다리기 위한 **백오프**(back-off) 알고리즘을 수행하여 임의의 시간 동안 기다린다. 충돌이 발생 않았을 경우는 전송을 완료한다.
5. A, B 컴퓨터는 임의의 시간이 지난 후, 다시 청취 모드로 돌아가 충돌이 일어나지 않고 전송될 때까지 상기 과정을 반복한다. 이때 충돌 감지 후 재전송의 반복 횟수가 많아질수록 더욱 더 오래 기다린다.

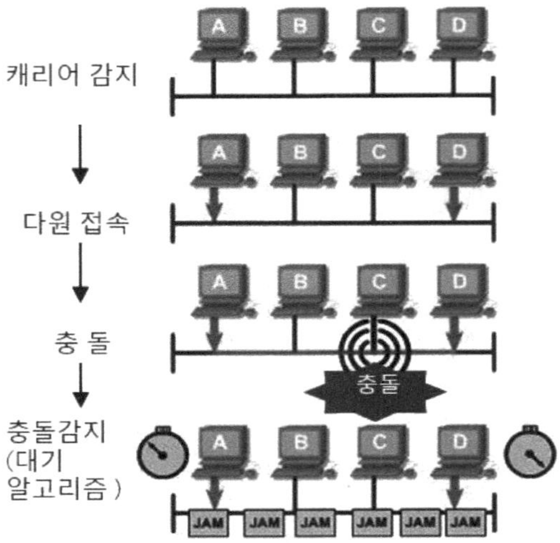

그림 6-14. CSMA/CD 개념도

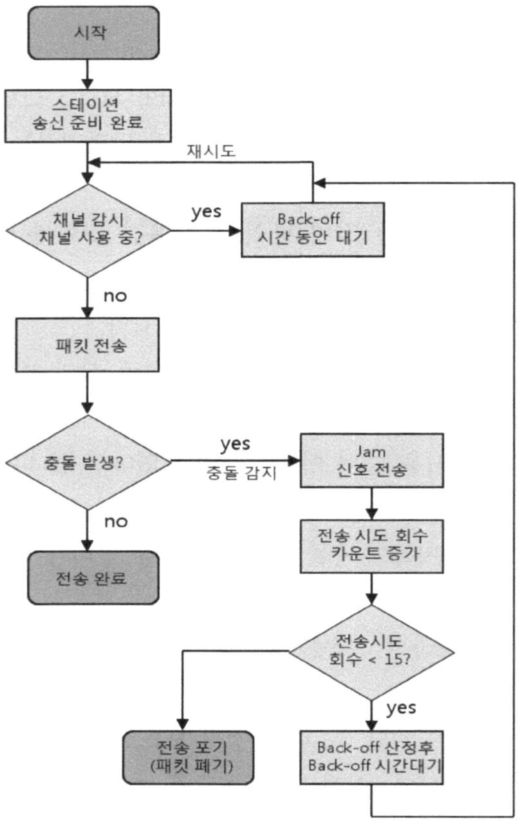

그림 6-15. CSMA/CD 매체 접근 절차의 흐름도

6.3.6.2 CSMA/CA 방식

CSMA/CA(Carrier Sense Multiple Access/Collision Avoidance)는 호스트들의 동시 전송에 의한 데이터의 충돌 감지가 어려운 무선 환경에서 사용하는 매체 접근 제어 방식이다. 무선 환경에서는 충돌을 감지하는 것이 쉽지 않기 때문에 충돌을 감지하는 CSMA/CD와는 다르게 처음부터 최대한 충돌을 피하는 방향으로 동작한다.(충돌 회피 방식)

CSMA/CA 매체 접근 절차는 다음과 같다.

1. 정보 프레임을 전송하고자 하는 스테이션(station)은 채널(매체)이 휴지(idle) 상태가 될 때까지 기다린다.
2. 만일 휴지 상태라고 파악되었더라도 통신하고자 하는 스테이션의 반대쪽에 있는 원거리의 다른 스테이션이 채널을 이미 사용하고 있을 수도 있기 때문에(이를 **Hidden Station Problem** 이라 함) 일단 **IFS(Inter Frame Space)**라고 하는 시간 동안 기다린다.
   (※ Hidden Station Problem의 반대의 경우를 **Exposed Station Problem**이라 함)
3. IFS 동안 대기한 후에도 휴지 상태라면 임의의 슬롯 타임(slot time)을 받아서 그 시간만큼 기다린다.
4. 슬롯 타임만큼 대기한 뒤에도 휴지 상태이면 프레임을 전송한 뒤, 수신자로부터 잘 받았다는 ACK 메시지가 오기를 기다린다. 기다리는 동안 타이머를 가동하여 타이머 종료 시까지 ACK 메시지가 오지 않으면 백오프 값을 증가시키고 처음부터 다시 위 과정을 반복하여 재전송을 시도한다.
5. ACK 메시지가 도착하면 전송이 성공적으로 이루어졌다고 생각하고 종료한다.

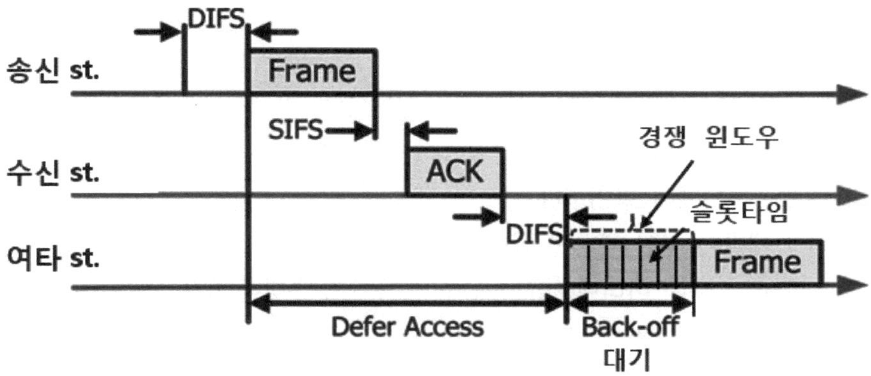

그림 6-16. CSMA/CA 매체 접근 알고리즘

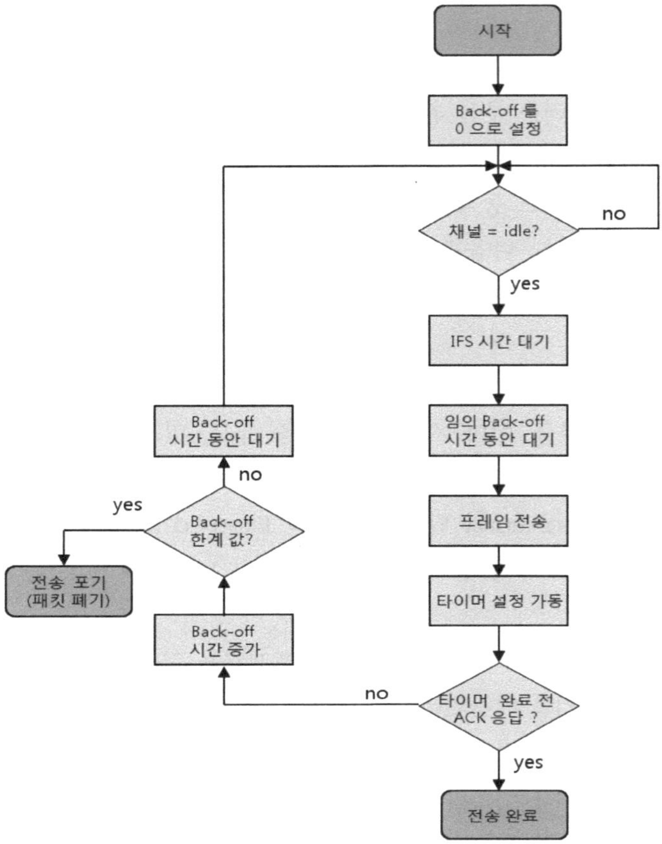

그림 6-17. CSMA/CA 매체 접근 절차 흐름도

6.3.6.3 ALOHA 방식

알로하(ALOHA)는 1970년대 초 하와이 군도에 있는 섬들 간에 무선 데이터 통신망을 구성하기 위해 하와이 대학에서 개발한 최초의 시 분할 다원 접속(TDMA) 기술로, 위성통신에서 사용하는 경쟁 방식의 매체 접근 제어 방법이다.

ALOHA의 연구 개발은 동일 채널을 여러 사용자가 공동으로 이용하는 다원 접속 방법의 효시가 되었는데 우리가 잘 아는 **이더넷(Ethernet)**도 복사기로 유명한 제록스 사(Xerox Corporation)의 팔로 알토(Palo Alto)연구소가 이 ALOHA를 근간으로 개발한 것이다.

매체 접근을 위한 ALOHA 알고리즘은 매우 간단하다. 위성을 이용한 섬들 간의 통신에서는 위성과 지구국 사이에 전파가 한번 오고 가는데 걸리는 시간이 길므로 통신을 위한 핸드 쉐이크(hand shake) 절차가 복잡하면 실제 데이터 전송 시간보다 링크 설정 시간이 너무 길어져서 매우 비효율적이다. 따라서 ALOHA는 송신자가 채널 사용 여부의 확인 없이 언제든지 원하는 순간에 전송해버리는 방식이다. 즉 어느 스테이션이건 송신할 패킷이 준비되면 여타의 스테이션들에게 송신하겠다고 브로드캐스트(broadcast) 한 후 무조건 송신하며, 만일 충돌이 일어나면 일정시간 후에 재전송하는 간단한 프로토콜을 가지고 있다. 그러나 절차가 간단한 대신 매체(회선)의 부하가 증가할수록 패킷 충돌 횟수가 늘어나므로 **최대 처리율**(throughput)이 18% 이하로 낮은 단점이 있다.

이러한 ALOHA의 매체 접근 절차는 다음과 같다.

1. 송신 스테이션이 송신할 패킷이 준비되면 여타의 스테이션들에게 송신하겠다고 브로드캐스트(broadcast) 한 후 패킷을 전송한다.
2. 수신 스테이션은 수신된 패킷이 유효한지를 확인하고, 유효하면 즉시 ACK(확인 응답)를 전송한다. 만일 여러 스테이션이 동시에 패킷을 전송하여 충돌이 발생한 경우에는 해당 패킷을 무시한다.
3. 송신 스테이션은 수신 스테이션으로부터 ACK가 올 때까지 기다리다가, **최대 왕복 전파지연 시간**(max. round trip time) 이상이 기다려도 오지 않으면 해당 패킷을 재전송한다. 만일 최대 재전송 회수까지도 재전송이 반복되면 전송을 포기한다.

ALOHA에는 크게 **pure ALOHA**와 **slotted ALOHA**의 두 가지 타입이 있다. **pure ALOHA**는 이제껏 설명한 기본형이고, **slotted ALOHA**는 시간을 각 스테이션 간 동기화된 타임 슬롯으로 나누고 각 타임 슬롯의 시작 부분에서만 전송 시도를 할 수 있도록 한 것이다. 따라서 아래 그림에서와 같이 타임 슬롯에 동기되어 충돌이 발생하거나 발생하지 않거나 한다. 이 때문에 충돌 확률이 줄어들어 최대 처리율(max. throughput)이 pure ALOHA에 비해 두 배로 증가한다.

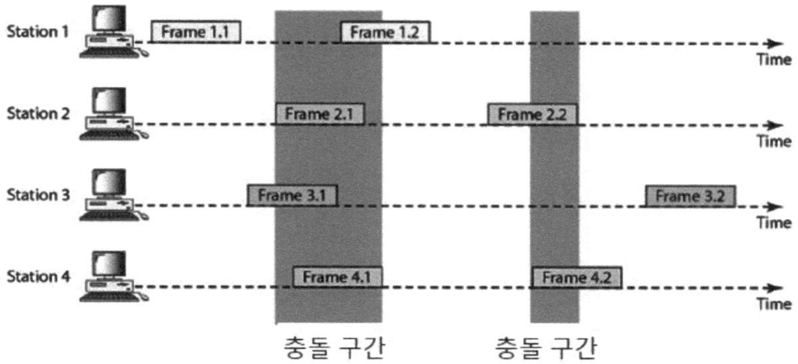

(a) pure ALOHA

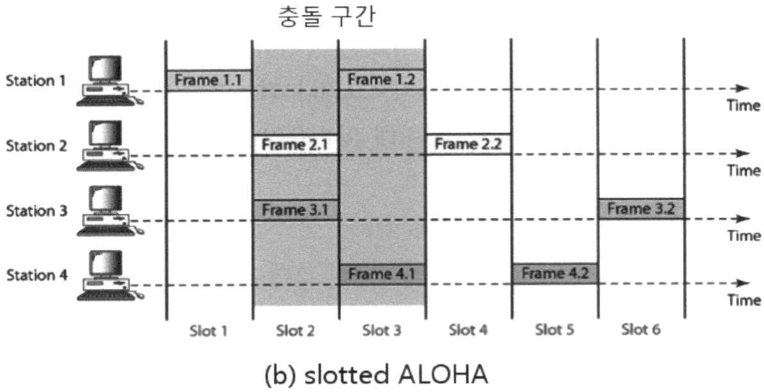

그림 6-18. pure ALOHA와 slotted ALOHA 개념도

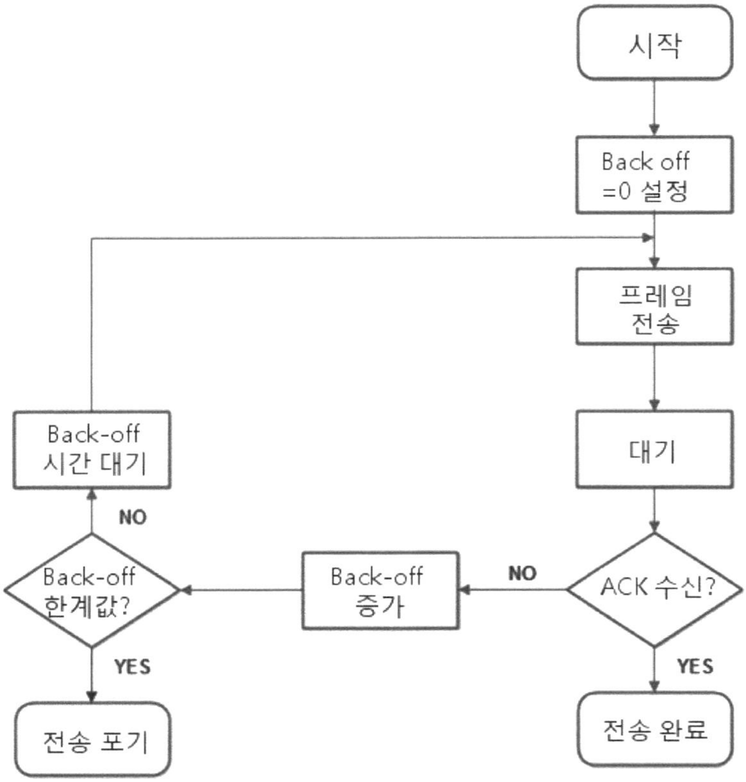

그림 6-19. ALOHA 매체 접근 절차 흐름도

참고

- **ALOHA의 처리율 (throughput)**

스테이션이 송신을 시도하여 성공적으로 패킷 전송을 완료하는 비율을 말하며 스테이션들의 전송 시도에 대한 확률 분포가 Poisson distribution에 따른다고 할 때, pure ALOHA의 최대 처리율(max. throughput)은

$S_{max} = Ge^{-2G} = 0.184$ ($G = 0.5$ 때)

이다. 여기서 G는 1개의 프레임당의 평균 전송 시도량(회수)이고, e^{-2G}는 패킷 전송 성공 확률이다. 또한 slotted ALOHA의 최대 처리율은 pure ALOHA의 두 배인

$S_{max} = Ge^{-G} = 0.368$ ($G = 1$ 때)

이다.

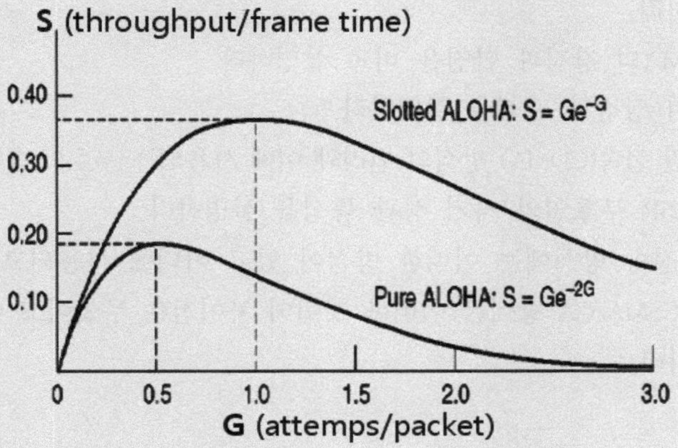

[ALOHA의 처리율(throughput)]

제6장 연습문제

(주관식 문제)

1. 다중화와 다원 접속은 무엇이고 어떻게 다른지 설명하라.
2. 다중화 방식의 종류를 들고 어떠한 방법으로 다중화하는 것인지를 설명하라.
3. T1과 E1의 다중화 방법에 대해 설명하라.
4. CAS(Channel Associated Signaling)과 CCS(Common Channel Signaling)에 대해 설명하라.
5. TDM 방식에서의 T1 전송률이 1.544Mbps가 되는 이유를 설명하라.
6. 3가지 대표적인 다원 접속 방식인 TDMA, FDMA, CDMA 방식은 어떠한 것인지 개념과 원리를 설명하라.
7. TDMA와 FDMA의 장점과 단점을 비교 설명하라.
8. CDMA 방식의 장점과 단점을 설명하라.
9. 부호 분할 다원 접속(CDMA) 방식의 원리와 이에 사용되는 부호의 특성에 대해 설명하라.
10. PN부호인 MLSR 부호열의 자기 상관 특성을 설명하라.
11. OFDM 다원 접속 방식에는 어떠한 방식이 있고 어디에 사용되고 있는지 설명하라.
12. CSMA/CD와 CSMA/CA 방식은 어떠한 것이며 차이점은 무엇이고 어떤 통신망에 사용되는지 설명하라.

(객관식 문제)

13. 시 분할 다중화 방식에 대해 잘 못 설명한 것은?
    ① point-to-point 통신 방식에 널리 사용한다.
    ② 한 전송 매체를 일정한 시간 폭으로 나누어 사용한다.
    ③ 비트 삽입식과 문자 삽입식이 있다.
    ④ 주파수 분할 방식에 비해 장치가 간단하며 경제적으로 구성할 수 있다.

14. 주파수 분할 다중화의 특징을 잘못 설명한 것은?
   ① 타이밍 동기를 필요로 하지 않다.
   ② 인접 채널 간 간섭이 발생하기 쉽고 주파수 대역 이용 효율이 낮다.
   ③ 인접 심볼과의 신호 간섭(ISI)이 발생하기 쉽다.
   ④ 주파수 대역을 작은 대역폭으로 나누어 사용하므로 정교한 여파기가 필요하다.
15. 여러 개의 타임 슬롯으로 하나의 프레임이 구성되며 각 정보원의 데이터 발생량에 따라 유동적으로 타임 슬롯을 할당하여 다중화 하는 방식은?
   ① SDMA ② CDMA ③ STDM ④ ATDM
16. 다중화 방식의 다음 설명 중 옳은 것은?
   ① TDM은 FDM보다 전송로 잡음이나 누화 등의 방해가 많다.
   ② FDM은 TDM에 비해 협대역이고 필터 기술이 매우 중요하다.
   ③ TDM에서는 상호 변조에 의해 채널 사이의 혼신이 발생한다.
   ④ FDM은 전송 매체의 대역폭이 전송 신호의 소요 대역폭보다 적을 때 사용 한다.
17. 유럽식 시 분할 다중화 방식인 E1에서 주로 사용하고 있는 신호(signaling) 방식은?
   ① CAS 방식 ② CCS 방식 ③ 혼합 방식 ④ In-band 방식
18. 전화망의 PCM 전송 방식에서 표본화 주파수가 8KHz이고, 1프레임에 수용되는 비트 수가 193개일 때 다중화 비트율은 얼마인가?
   ① 0.386Mbps ② 0.772Mbps ③ 1.544Mbps ④ 2.048Mbps
19. TDM 방식에 대한 설명 중 옳지 않은 것은?
   ① 주파수 대역을 효율적으로 사용할 수 있다.
   ② 시스템이 복잡하나 FDM 방식보다 경제적 구현이 가능하다.
   ③ CDMA 방식에 비해 통신 프로토콜이 간단하다.
   ④ 동기식과 비동기식이 있으며 장거리 전화 통신에도 이용된다.
20. 주파수 분할 다중화(FDM) 방식 설명 중 옳지 않은 것은?
   ① 전송 매체의 대역폭이 전송 신호의 소요 대역폭보다 클 때 사용한다.
   ② TDM 방식에 비해 협대역이고 정교한 여파기가 필요하다.
   ③ 채널 간 상호 변조에 의해 채널 사이의 혼신이 발생하기 쉽다.
   ④ 동기 신호를 필요로 하며 다중 경로 채널에 의한 ISI가 발생하기 쉽다.

제6장 연습문제

21. 여러 사용자가 시간과 주파수를 공유하되, 각 사용자에게 독립적인 특정 비트 부호열을 할당함으로써 다중화하는 방식은?

    ① TDM　② FDM　③ CDM　④ SDM

22. 다음 중 대역 확산 방식을 이용하는 다원 접속 방식은?

    ① FDMA　② TDMA　③ CDMA　④ SDMA

23. FDMA에 대한 설명으로 옳지 않은 것은?

    ① 다중 경로 전파 지연 등에 의한 시간 영역에서의 ISI가 적다

    ② 타이밍 복원(클럭 복원)이나 프레임 동기가 어렵다.

    ③ 주파수 이용 효율이 떨어지고 인접 채널 간 간섭과 누화가 발생하기 쉽다.

    ④ 단말 장치에 고가의 여파기가 필요하며 소형 경량화가 어렵다.

24. CSMA/CD 방식에 대한 설명 중 틀린 것은?

    ① 주로 LAN과 같은 유선망에서 사용한다.

    ② 데이터를 송신한 후 데이터 전송 선로의 직류 전압 레벨을 측정하여 충돌 여부를 검출한다.

    ③ 송신하고자 하는 단말은 어느 때고 일단 송신한 뒤 충돌 여부를 검사한다.

    ④ 충돌 감지 시에는 임의의 시간 동안 대기한 후 전송 절차의 첫 번째 단계부터 반복한다.

부 록

1.1 삼각 함수 항등식

•곱을 합으로

$$\sin\alpha\cos\beta=\frac{1}{2}\{\sin(\alpha+\beta)+\sin(\alpha-\beta)\}$$

$$\cos\alpha\sin\beta=\frac{1}{2}\{\sin(\alpha+\beta)-\sin(\alpha-\beta)\}$$

$$\cos\alpha\cos\beta=\frac{1}{2}\{\cos(\alpha+\beta)+\cos(\alpha-\beta)\}$$

$$\sin\alpha\sin\beta=-\frac{1}{2}\{\cos(\alpha+\beta)-\cos(\alpha-\beta)\}$$

• 합을 곱으로

$$\sin(x)+\sin(y)=2\sin\left(\tfrac{x+y}{2}\right)\cos\left(\tfrac{x-y}{2}\right)$$
$$\cos(x)+\cos(y)=2\cos\left(\tfrac{x+y}{2}\right)\cos\left(\tfrac{x-y}{2}\right)$$
$$\cos(x)-\cos(y)=-2\sin\left(\tfrac{x+y}{2}\right)\sin\left(\tfrac{x-y}{2}\right)$$

• 기타

$$\sin(x\pm y)=\sin(x)\cos(y)\pm\cos(x)\sin(y)$$
$$\cos(x\pm y)=\cos(x)\cos(y)\mp\sin(x)\sin(y)$$
$$\sin(2x)=2\sin(x)\cos(x)$$
$$\cos(2x)=\cos^2(x)-\sin^2(x)$$
$$\sin^2(x)=\tfrac{1}{2}\big(1-\cos(2x)\big)$$
$$\cos^2(x)=\tfrac{1}{2}\big(1+\cos(2x)\big)$$
$$\cos^2(x)+\sin^2(x)=1$$

• 삼각함수 간의 관계

$$\tan(\alpha)=\frac{\sin(x)}{\cos(x)} \qquad \cot(\alpha)=\frac{\cos(x)}{\sin(x)}$$

$$\sec(\alpha)=\frac{1}{\cos(x)} \qquad \csc(\alpha)=\frac{1}{\sin(x)}$$

• 복소수 형식

$$\sin(x) = \frac{e^{ix} - e^{-ix}}{2i} \qquad \cos(x) = \frac{e^{ix} + e^{-ix}}{2}$$

$$\tan(x) = -i\frac{e^{ix} - e^{-ix}}{e^{ix} + e^{-ix}} \qquad \cot(x) = i\frac{e^{ix} + e^{-ix}}{e^{ix} - e^{-ix}}$$

1.2 에러 함수(Error Function)

- 에러 함수(error function)

$$erf(x) = \frac{2}{\sqrt{\pi}}\int_0^x e^{-t^2}dt$$

- 상보 에러 함수(complementary error function)

$$erfc(x) = 1 - erf(x) = \frac{2}{\sqrt{\pi}}\int_x^\infty e^{-t^2}dt$$

- Q(x) 함수

$$Q(x) = \frac{1}{\sqrt{2\pi}}\int_x^\infty e^{-\frac{t^2}{2}}dt$$

- Q(x) 함수와 에러 함수와의 관계

$$Q(x) = \frac{1}{2}erfc(\frac{x}{\sqrt{2}}),\ erf(x) = 2Q(\sqrt{2}x)$$

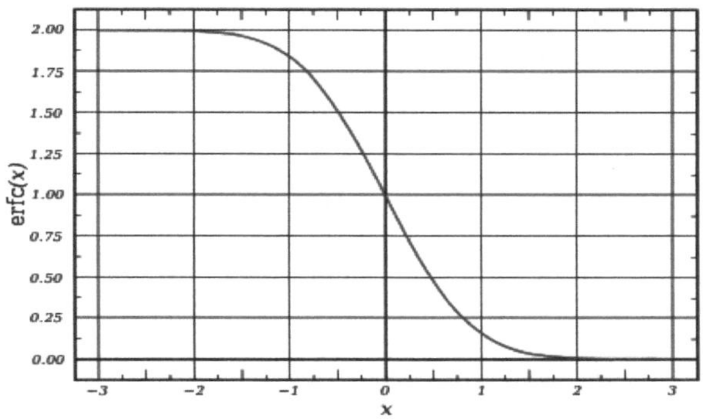

상보 에러 함수(complementary error function) 그래프

상보 에러 함수 표

		Complementary Error Function Table											
x	erfc(x)	x	erfc(x)	x	erfc(x)	x	erfc(x)	x	erfc(x)	x	erfc(x)	x	erfc(x)
0	1.000000	0.5	0.479500	1	0.157299	1.5	0.033895	2	0.004678	2.5	0.000407	3	0.00002209
0.01	0.988717	0.51	0.470756	1.01	0.153190	1.51	0.032723	2.01	0.004475	2.51	0.000386	3.01	0.00002074
0.02	0.977435	0.52	0.462101	1.02	0.149162	1.52	0.031587	2.02	0.004281	2.52	0.000365	3.02	0.00001947
0.03	0.966159	0.53	0.453536	1.03	0.145216	1.53	0.030484	2.03	0.004094	2.53	0.000346	3.03	0.00001827
0.04	0.954889	0.54	0.445061	1.04	0.141350	1.54	0.029414	2.04	0.003914	2.54	0.000328	3.04	0.00001714
0.05	0.943628	0.55	0.436677	1.05	0.137564	1.55	0.028377	2.05	0.003742	2.55	0.000311	3.05	0.00001608
0.06	0.932378	0.56	0.428384	1.06	0.133856	1.56	0.027372	2.06	0.003577	2.56	0.000294	3.06	0.00001508
0.07	0.921142	0.57	0.420184	1.07	0.130227	1.57	0.026397	2.07	0.003418	2.57	0.000278	3.07	0.00001414
0.08	0.909922	0.58	0.412077	1.08	0.126674	1.58	0.025453	2.08	0.003266	2.58	0.000264	3.08	0.00001326
0.09	0.898719	0.59	0.404064	1.09	0.123197	1.59	0.024538	2.09	0.003120	2.59	0.000249	3.09	0.00001243
0.1	0.887537	0.6	0.396144	1.1	0.119795	1.6	0.023652	2.1	0.002979	2.6	0.000236	3.1	0.00001165
0.11	0.876377	0.61	0.388319	1.11	0.116467	1.61	0.022793	2.11	0.002845	2.61	0.000223	3.11	0.00001092
0.12	0.865242	0.62	0.380589	1.12	0.113212	1.62	0.021962	2.12	0.002716	2.62	0.000211	3.12	0.00001023
0.13	0.854133	0.63	0.372954	1.13	0.110029	1.63	0.021157	2.13	0.002593	2.63	0.000200	3.13	0.00000958
0.14	0.843053	0.64	0.365414	1.14	0.106918	1.64	0.020378	2.14	0.002475	2.64	0.000189	3.14	0.00000897
0.15	0.832004	0.65	0.357971	1.15	0.103876	1.65	0.019624	2.15	0.002361	2.65	0.000178	3.15	0.00000840
0.16	0.820988	0.66	0.350623	1.16	0.100904	1.66	0.018895	2.16	0.002253	2.66	0.000169	3.16	0.00000786
0.17	0.810008	0.67	0.343372	1.17	0.098000	1.67	0.018190	2.17	0.002149	2.67	0.000159	3.17	0.00000736
0.18	0.799064	0.68	0.336218	1.18	0.095163	1.68	0.017507	2.18	0.002049	2.68	0.000151	3.18	0.00000689
0.19	0.788160	0.69	0.329160	1.19	0.092392	1.69	0.016847	2.19	0.001954	2.69	0.000142	3.19	0.00000644
0.2	0.777297	0.7	0.322199	1.2	0.089686	1.7	0.016210	2.2	0.001863	2.7	0.000134	3.2	0.00000603
0.21	0.766478	0.71	0.315335	1.21	0.087045	1.71	0.015593	2.21	0.001776	2.71	0.000127	3.21	0.00000564
0.22	0.755704	0.72	0.308567	1.22	0.084466	1.72	0.014997	2.22	0.001692	2.72	0.000120	3.22	0.00000527
0.23	0.744977	0.73	0.301896	1.23	0.081950	1.73	0.014422	2.23	0.001612	2.73	0.000113	3.23	0.00000493
0.24	0.734300	0.74	0.295322	1.24	0.079495	1.74	0.013865	2.24	0.001536	2.74	0.000107	3.24	0.00000460
0.25	0.723674	0.75	0.288845	1.25	0.077100	1.75	0.013328	2.25	0.001463	2.75	0.000101	3.25	0.00000430
0.26	0.713100	0.76	0.282463	1.26	0.074764	1.76	0.012810	2.26	0.001393	2.76	0.000095	3.26	0.00000402
0.27	0.702582	0.77	0.276179	1.27	0.072486	1.77	0.012309	2.27	0.001326	2.77	0.000090	3.27	0.00000376
0.28	0.692120	0.78	0.269990	1.28	0.070266	1.78	0.011826	2.28	0.001262	2.78	0.000084	3.28	0.00000351
0.29	0.681717	0.79	0.263897	1.29	0.068101	1.79	0.011359	2.29	0.001201	2.79	0.000080	3.29	0.00000328
0.3	0.671373	0.8	0.257899	1.3	0.065992	1.8	0.010909	2.3	0.001143	2.8	0.000075	3.3	0.00000306
0.31	0.661092	0.81	0.251997	1.31	0.063937	1.81	0.010475	2.31	0.001088	2.81	0.000071	3.31	0.00000285
0.32	0.650874	0.82	0.246189	1.32	0.061935	1.82	0.010057	2.32	0.001034	2.82	0.000067	3.32	0.00000266
0.33	0.640721	0.83	0.240476	1.33	0.059985	1.83	0.009653	2.33	0.000984	2.83	0.000063	3.33	0.00000249
0.34	0.630635	0.84	0.234857	1.34	0.058086	1.84	0.009264	2.34	0.000935	2.84	0.000059	3.34	0.00000232
0.35	0.620618	0.85	0.229332	1.35	0.056238	1.85	0.008889	2.35	0.000889	2.85	0.000056	3.35	0.00000216
0.36	0.610670	0.86	0.223900	1.36	0.054439	1.86	0.008528	2.36	0.000845	2.86	0.000052	3.36	0.00000202
0.37	0.600794	0.87	0.218560	1.37	0.052688	1.87	0.008179	2.37	0.000803	2.87	0.000049	3.37	0.00000188
0.38	0.590991	0.88	0.213313	1.38	0.050984	1.88	0.007844	2.38	0.000763	2.88	0.000046	3.38	0.00000175
0.39	0.581261	0.89	0.208157	1.39	0.049327	1.89	0.007521	2.39	0.000725	2.89	0.000044	3.39	0.00000163
0.4	0.571608	0.9	0.203092	1.4	0.047715	1.9	0.007210	2.4	0.000689	2.9	0.000041	3.4	0.00000152
0.41	0.562031	0.91	0.198117	1.41	0.046148	1.91	0.006910	2.41	0.000654	2.91	0.000039	3.41	0.00000142
0.42	0.552532	0.92	0.193232	1.42	0.044624	1.92	0.006622	2.42	0.000621	2.92	0.000036	3.42	0.00000132
0.43	0.543113	0.93	0.188437	1.43	0.043143	1.93	0.006344	2.43	0.000589	2.93	0.000034	3.43	0.00000123
0.44	0.533775	0.94	0.183729	1.44	0.041703	1.94	0.006077	2.44	0.000559	2.94	0.000032	3.44	0.00000115
0.45	0.524518	0.95	0.179109	1.45	0.040305	1.95	0.005821	2.45	0.000531	2.95	0.000030	3.45	0.00000107
0.46	0.515345	0.96	0.174576	1.46	0.038946	1.96	0.005574	2.46	0.000503	2.96	0.000028	3.46	0.00000099
0.47	0.506255	0.97	0.170130	1.47	0.037627	1.97	0.005336	2.47	0.000477	2.97	0.000027	3.47	0.00000092
0.48	0.497250	0.98	0.165769	1.48	0.036346	1.98	0.005108	2.48	0.000453	2.98	0.000025	3.48	0.00000086
0.49	0.488332	0.99	0.161492	1.49	0.035102	1.99	0.004889	2.49	0.000429	2.99	0.000024	3.49	0.00000080

1.3 베셀 함수(Bessel Function)

- 베셀 함수 공식(Bessel function formula)

$$J_n(x) = \frac{1}{2\pi}\int_{-\pi}^{\pi} e^{j(x sin\theta - n\theta)} d\theta$$

$$J_n(x) = \frac{x^n}{2^n \Gamma(n+1)}\left\{1 - \frac{x^2}{2(2n+2)} + \frac{x^4}{2 \cdot 4(2n+2)(2n+4)} - \dots\right\}$$

$$= \sum_{m=0}^{\infty} \frac{(-1)^m \left(\frac{x}{2}\right)^{n+2m}}{m!\Gamma(n+m+1)} = \sum_{m=0}^{\infty} \frac{(-1)^m \left(\frac{x}{2}\right)^{n+2m}}{m!(n+m)!}$$

※ 감마 함수(gamma function): $\Gamma(n) = (n-1)!$

$J_{-n}(x) = (-1)^n J_n(x)$, $J_n(-x) = (-1)^n J_n(x)$

$$e^{jx\sin\theta} = \sum_{m=-\infty}^{\infty} J_n(x) e^{jn\theta}$$

$$e^{j\omega t\ jx\sin\theta} = \sum_{m=-\infty}^{\infty} J_n(x) e^{j(\omega t + n\theta)}$$

- 베셀 함수 그래프

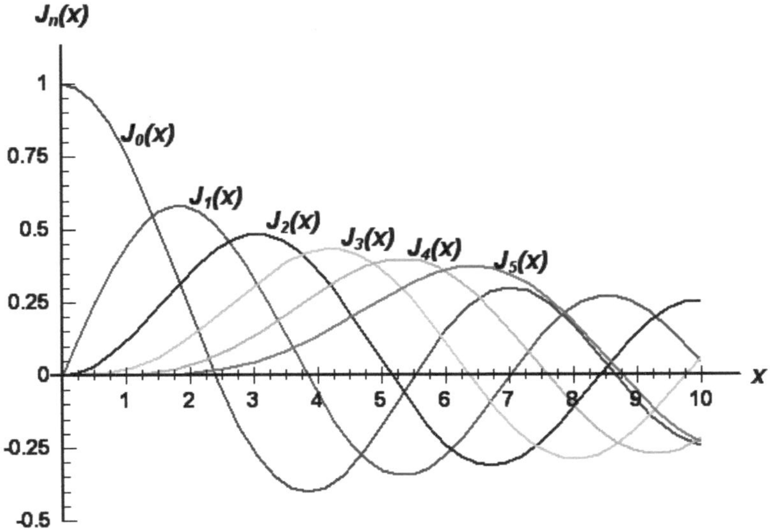

(베셀 함수 그래프)

- 베셀 함수 표

n	$J_n(1)$	$J_n(2)$	$J_n(3)$	$J_n(4)$	$J_n(5)$	$J_n(6)$	$J_n(7)$	$J_n(8)$	$J_n(9)$	$J_n(10)$	$J_n(11)$	$J_n(12)$	$J_n(13)$	$J_n(14)$	$J_n(15)$
0	0.7652	0.2239	−0.2601	−0.3971	−0.1776	0.1506	0.3001	0.1717	−0.0903	−0.2459	−0.1712	0.0477	0.2069	0.1711	−0.0142
1	0.4401	0.5767	0.3391	−0.0660	−0.3276	−0.2767	−0.0047	0.2346	0.2453	0.0435	−0.1768	−0.2234	−0.0703	0.1334	0.2051
2	0.1149	0.3528	0.4861	0.3641	0.0466	−0.2429	−0.3014	−0.1130	0.1448	0.2546	0.1390	−0.0849	−0.2177	−0.1520	0.0416
3	0.0196	0.1289	0.3091	0.4302	0.3648	0.1148	−0.1676	−0.2911	−0.1809	0.0584	0.2273	0.1951	0.0033	−0.1768	−0.1940
4		0.0340	0.1320	0.2811	0.3912	0.3567	0.1578	−0.1054	−0.2655	−0.2196	−0.0150	0.1825	0.2193	0.0762	−0.1192
5			0.0430	0.1321	0.2611	0.3621	0.3479	0.1858	−0.0550	−0.2341	−0.2383	−0.0735	0.1316	0.2204	0.1305
6			0.0114	0.0491	0.1310	0.2458	0.3392	0.3376	0.2043	−0.0145	−0.2016	−0.2437	−0.1180	0.0812	0.2061
7				0.0152	0.0534	0.1296	0.2336	0.3206	0.3275	0.2167	0.0184	−0.1703	−0.2406	−0.1508	0.0345
8					0.0184	0.0565	0.1280	0.2235	0.3051	0.3179	0.2250	0.0451	−0.1410	−0.2320	−0.1740
9						0.0212	0.0589	0.1263	0.2149	0.2919	0.3089	0.2304	0.0670	−0.1143	−0.2200
10							0.0235	0.0608	0.1247	0.2075	0.2804	0.3005	0.2338	0.0850	−0.0901
11								0.0256	0.0622	0.1231	0.2010	0.2704	0.2927	0.2357	0.0999
12									0.0274	0.0634	0.1216	0.1953	0.2615	0.2855	0.2367
13									0.0108	0.0290	0.0643	0.1201	0.1901	0.2536	0.2787
14										0.0119	0.0304	0.0650	0.1188	0.1855	0.2464
15											0.0130	0.0316	0.0656	0.1174	0.1813

참고문헌

[1] John G. Proakis, Digital Communications, 4th Ed., McGraw-Hill, 2001.

[2] Bernard Skalr, Digital Communications Fundamentals and Applications, Prentice-Hall, Englewood Cliffs, N.J., 1988.

[3] 한동석, "원리로 이해하는 통신 이론", 한빛 아카데미, 2015.

[4] 정현기, 송대건, 김영철, "통신 공학", 신화전산기획, 2012.

[5] 이해선, 이재설, 조한유, "아날로그 & 디지털 통신 이론 및 시스템", 복두출판사, 2006.

[6] 이충웅, "통신 방식의 기초", 홍익출판사, 1979.

찾아보기

(ㄹ)

(ㅁ)

(ㅂ)

(ㅅ)

(ㅇ)

(ㅈ)

(ㅎ)

개념이해

쉽게 풀어 쓴 디지털통신이론 개정판

2017년 7월 31일 1판 1쇄 발 행
2022년 3월 5일 2판 1쇄 발 행

지은이 : 조 병 학

펴낸이 : 박 정 태

펴낸곳 : **광 문 각**

10881
파주시 파주출판문화도시 광인사길 161
광문각 B/D 4층
등 록 : 1991. 5. 31 제12-484호
전화(代) : 031) 955-8787
팩 스 : 031) 955-3730
E-mail : kwangmk7@hanmail.net
홈페이지 : www.kwangmoonkag.co.kr

• ISBN : 978-89-7093-759-5 93560

값 27,000원